Sommerfeld 理论物理学

(第二卷)

变形介质力学

〔德〕Arnold Sommerfeld 著

范天佑 李显方 廖日东 郭瑞平 译

范天佑 王国玉 李 植 缪劲松 校

科 学 出 版 社

北 京

内 容 简 介

本卷为Sommerfeld理论物理学的第二卷，讨论变形介质力学，从统一的观点分析流体力学、弹性理论、塑性与位错理论，内容完整全面．有些内容，例如，晶体位错理论、晶体低温比热的弹性理论基础，等等，是其他连续介质力学和理论物理学教程中所没有的，它们是著者和他的学生的独创，这是本书的一大特点．同时著者对相关理论的发展历史，追根溯源，提供了极其珍贵的原始文献，对研究物理学相关学科发展史，极具参考价值．

本卷根据 *Mechanik der Deformierbaren Medien*, Ditrich Verlag Buchhandlung, Wiesbaden, 1943 年的德文版和它的英文版(*Mechanics of Deformable Bodies* Academic Press Inc, Publisher, New York, 1950 年)翻译，同时根据 Verlag Harri Deutsch, Thun. Frankfurt/M, 1992 年的德文增补版增补翻译了第九章塑性与位错，第九章习题和习题解答，以及4个附录．

本书适合高等院校物理专业、力学专业和数学专业的本科生、研究生和大学教师作为教材，也可供相关专业教师和科研人员参考．

图书在版编目(CIP)数据

变形介质力学/(德)阿诺德·索末菲著；范天佑等译．—北京：科学出版社，2018.3

(Sommerfeld 理论物理学；第二卷)

书名原文：Mechanik der deformierbaren Medien: Vorlesungen ueber Theoretische Physik, Band II

ISBN 978-7-03-056946-2

Ⅰ. ①变… Ⅱ. ①阿… ②范 Ⅲ. ①连续介质力学 Ⅳ. ①O33

中国版本图书馆 CIP 数据核字(2018) 第 049671 号

责任编辑：陈玉琢／责任校对：彭珍珍 樊雅琼
责任印制：张 伟／封面设计：无极书装

科学出版社出版
北京东黄城根北街16号
邮政编码：100717
http://www.sciencep.com

北京中科印刷有限公司印刷

科学出版社发行 各地新华书店经销

*

2018年3月第 一 版 开本：720×1000 B5
2019年11月第三次印刷 印张：25 3/4
字数：516 000

定价：178.00 元

(如有印装质量问题，我社负责调换)

Sommerfeld 及其成就

Arnold Sommerfeld (1868—1951)

Sommerfeld 是德国伟大的理论物理学家、应用数学家、流体力学家、教育家、原子物理与量子物理的创始人之一. 他对理论物理多个领域, 包括力学、光学、热力学、统计物理、原子物理、固体物理 (包括金属物理) 等有重大贡献, 在偏微分方程、数学物理等应用数学领域也有重要贡献. 他引进了第二量子数 (角量子数)、第四量子数 (自旋量子数) 和精细结构常数, 等等. 20 世纪最伟大的物理学家之一 Planck 在获得 1918 年度诺贝尔物理学奖的颁奖典礼的仪式上的演讲中指出: “Sommerfeld ⋯ 便可以得到一个重要公式, 这个公式能够解开氢与氦光谱的精细结构之谜, 而且现在最精确的测量 ⋯ 一般地也能通过这个公式来解释 ⋯ 这个成就完全可以和海王星的著名发现相媲美. 早在人类看到这颗行星之前 Leverrier 就计算出它的存在和轨道.”

Sommerfeld 思想深刻, 研究成果影响深远. 例如, 他去世后发展起来的数值广义相对论和新近崛起的引力波理论研究中, 还引用 “Sommerfeld 条件”, 该条件在求解中发挥了重要作用. 这再次彰显了他的科学工作的巨大价值.

Sommerfeld 非常重视教育, 他培养的博士生中有 Heisenberg, Debye, Pauli 和

Bethe 四人获诺贝尔物理学或化学奖, 博士后中有 Laue, Pauling 和 Rabi 三人获诺贝尔物理学或化学奖, 他的学生中还有数十位国际顶尖科学家, 如 Hopf, Meissner, Froehlich, Brillouin, Morse 等, 这在迄今所有作为研究生导师的科学工作者与教育工作者中是绝无仅有的. 这些学生中除了 Laue 的成就在晶体衍射, Hopf 等在流体力学, Morse 等在数学方法等领域之外, 绝大多数在量子物理与量子化学领域, 他被称为 "量子理论之父" 是当之无愧的. 当然其中有时代的条件, 他置身于经典物理向现代物理发展的关键时期. 20 世纪初, 德国是世界量子物理研究的中心, 而他所在的 Goettingen 大学和 Muenchen(Munich) 大学又是德国量子物理研究的中心, 他本人又居该中心的中心. 在年龄上, 他位于量子理论的开创者 Planck (1858—1947) 和集大成者 Schroedinger (1887—1961) 的中间, 承上启下. 这按中国话讲, 是 "时势造英雄". 除去客观条件外, 他本人的深邃的洞察力, 集数学物理和理论物理的才能于一身, 科学地组织讨论班, 发现人才, 提携后学, 等等, 也是他成功的原因之一. 1918 年起他担任德国物理学会主席, 1920 年创办和长期主持《德国物理学杂志》(*Zeitschrift fuer Physik*), 编委会决定任何一位有信誉的科学工作者的原始性研究论文, 不经审稿人审查就发表, 从稿件收到至发表最快仅两个星期, 这极大地推动了科学理论的发展, 其中包括使得 Heisenberg, Born 和 Jordan 等的矩阵量子力学的论文及时得以报道, 促进了量子力学在德国的发展. 他同时热诚地对奥地利青年科学家 Schroedinger 的波动量子力学给以崇高的评价, 热诚支持它的发展 (Schroedinger 的论文是由 Planck 主编的, 另一本德国物理杂志 ——《德国物理年鉴》(*Annalen der Physik*) 上得以及时报道的). 可见当时德国科学界伯乐不少, 办事公平和效率之高. 他本人当然是一位天才. Born 称赞他具有发现和发展天才的才能. Einstein 佩服他凝聚和造就了那么多青年天才. 他领导和大大推动了 1910—1930 年全世界原子结构与光谱学的研究, 这属于微观物理的领域. 同时在流体动力学等宏观领域也很有成就, 他指导 Hopf 与 Heisenberg 等在湍流方面的研究, 对后来的研究者, 包括取得很大成就的美籍中国科学家林家翘等都有重要影响, 等等. 按中国话说, 这又是 "英雄造时势".

Sommerfeld 一生的著述丰富, 其中之一是由他的讲课手稿整理的理论物理教程 (*Vorlesungen ueber theoretische Physik*), 共六卷, 包括: 第一卷力学 (*Mechanik*), 第二卷变形介质力学 (*Mechanik der deformierbaren Medien*), 第三卷电动力学 (*Elektrodynamik*), 第四卷光学 (*Optik*), 第五卷热力学与统计学 (*Thermodynamik und Statistik*), 第六卷物理学中的偏微分方程 (*Partielle Differentialgleichungen der Physik*). 迄今各国先后出版了各种理论物理教程, 那些著者都是有成就的科学家. 像 Sommerfeld 这样对教程所涉及的各个领域都有重要贡献的著者, 还不多见. 另外, 在所有理论物理的教程中含有内容极其丰富的《光学》单独一卷,《物理学中的偏微分方程》单独一卷的, 这是唯一的一套, 因为 Sommerfeld 本人在这两个领域都有重要贡献, 这又构成此教程的特点之一. 这套书既是教程, 又是科学专著, 包含他本人, 他的学生, 例如 Debye 对固体比热, Heisenberg 对湍流的原创性的贡献的详细讨论的珍贵资料, 等等, 它对物理学、物理学教学和物理学史都有重要意义. 这一教程早就译成英文、法文、俄文和日文等其他文种出版, 遗憾的是, 迄今尚未见中文译本. 其实, 前辈学者早就酝酿过翻译成中文工作, 由于当时条件的局限, 迟迟未能实现. 现在的译本可以说是为圆他们的梦而作的一点努力, 但是未必做得好. 不过该教程不包括量子力学. 为了弥补这一缺憾, 此套译本之外补充一卷 Sommerfeld 1929 年出版的《波动力学》(德文原名*Atombau und Spektrallinien, Wellenmechanischer Ergänzungband*—— 原子结构与光谱, 波动力学补编) 的译本, 当然不作为他的这套教程中的一本 (顺便指出, 他的《原子结构与光谱》, 共 1555 页, 是另一套伟大的科学巨著). 通过读这博大精深的七本书, 我们可以看到, Sommerfeld 对理论物理的各个领域, 从宏观力学到量子力学, 从物理到数学都有创造性贡献, 这在所有目前已经出版的各种理论物理教程的著者中可能是绝无仅有的.

习近平主席 2016 年在全国高等学校思想政治工作会议上指出, 只有培养出世界一流人才的大学才能成为世界一流大学. 培养优秀人才, 需要优秀教材和优秀科学专著. Sommerfeld 这套培养出 7 位诺贝尔物理奖或化学奖的理论物理教程, 会提供我们借鉴和学习的一个良好材料.

这套书能译成中文, 应该感谢德国已故物理学家 Prof. H. G. Hahn (他属于 Sommerfeld 最后一波的学生) 多年前的建议, 当时他得知 Sommerfeld 的《理论物理学》尚无中文译本, 建议今后能出中文译本, 认为它会有益于中国青年学者和学生. 也感谢德国 Stuttgart 大学理论物理研究所前所长 Prof. H-R Trebin, 他从德国寄来这套书的德文版的第四卷和第五卷, 帮助了翻译和校对工作.

最后简单介绍一下原著和翻译的情况. 原书写于 1942 年, 是第二次世界大战最激烈的时期, 结束于 1951 年, 他不幸死于车祸, 第五卷尚未完稿, 后来由他的学生继续完成. 当时情况困难, 写出一卷, 就出版一卷, 出版社很分散. 第二次世界大战之后, 德国分裂为德意志民主共和国 (东德) 和德意志联邦共和国 (西德), 它们分别出版 Sommerfeld 的理论物理学, 出版社更加分散, 书一版再版. 其间, 他的学生们对一些卷的内容作了增补和修订, 其中第二卷增补最大, 增加了一章 (第九章)—— 塑性与位错. 它从物理学观点分析位错, 并且把晶体变形与宇宙时间 - 空间弯曲做了类比, 也就是和 Einstein 广义相对论做了类比, 这一思想很新颖. 包括这一章的习题和习题解答以及四个附录在内, 超过 80 页, 相当于原书的四分之一的篇幅. 第三卷增补了广义相对论和引力波的内容, 等等. 1991 年两德统一前后, 由 Harri Deutsch 出版社统一出版, 现在我们采用的作为最终校对的就是这一版本.

该书首卷 1943 年出版后, 美国首先出版了英文译本, 其中许多译者是过去在德国留学的 Sommerfeld 的学生, 翻译得很出色, 这些英文译本成为我们现在翻译的有力的资料. 鉴于这些英文译本出版时间比较早, 而且还存在许多错误, 甚至有的德文词句未能翻译, 德文版后来的增补和修订版的内容在英文翻译版中没有, 只能按照德文版翻译. 现在的中文翻译稿是按照德文原版和英文版翻译的结果, 因为我们德文水平的局限, 也只能这么做. 做的不好之处, 请读者多多批评指正.

此书中文译本的出版, 得到北京理工大学物理学院、爆炸科学与技术国家重点实验室和教务处以及某些译者个人的资助.

总　　序

因受到以前学生的鼓励和出版社的多次邀请, 我决定出版一本关于理论物理学课程的书, 这也是我在 Muenchen 大学教授了长达三十二载的课程.

该课程属于基础课程, 听课的学生有的来自 Muenchen 大学和理工学院物理专业, 有的来自数学和物理学专业, 也有的来自天文学和物理化学专业, 他们大部分都是大三、大四的学生. 该课程每周四次课, 并辅以两小时的答疑时间. 本书并未涉及现代物理学的专业课程. 专业课程的讨论主要集中在我的论文和其他专著中. 虽然在研究背景和文献综述中有提及量子力学, 但这些课程的核心依然是经典物理学.

课程顺序安排如下:

1. 力学
2. 变形介质力学
3. 电动力学
4. 光学
5. 热力学和统计学
6. 物理中的偏微分方程

力学课程由我和另一位数学专业的同事轮流讲授. 流体动力学、电动力学和热力学则由较为年轻的老师讲授. 矢量分析会在单独的课程中讲授, 本系列课程将不会涉及.

本书将会基本沿用我上课的风格, 我不会拘泥于数学论证, 而是将主要精力用来解决物理问题. 我希望通过适当的数学和物理学角度, 为读者展现物理学的生动性和趣味性. 因此, 若本书在系统论证和公理结构部分留有空白, 我也不会过于苛求. 我不希望读者被冗长繁琐的数学论证和错综复杂的逻辑推理所吓倒, 进而分散了物理学本身的趣味性. 这种风格在课堂教学中颇有成效, 故而被运用到本书的撰写中. Planck 的课程在理论框架部分是无可挑剔的, 但我相信我可以提出更广泛的题材并能更灵活地使用数学方法解决问题. 此外, 我很乐意更全面更彻底地向读者介绍 Planck 的理论知识, 尤其是热力学和统计学.

各卷末收集的问题是对正文的补充. 这些问题是学生的课下作业, 并在课堂答疑环节进行了讨论. 基础的数学问题并未收录在书末的附录内. 问题按章节进行了排序. 每个小节、每个方程都有编号. 因此, 通过给出小节和方程的编号, 便可找到每卷内引用的方程. 为了便于查询和翻阅, 每个页面左上角都标有章节号.

回顾多年的教学生涯, 我由衷感谢伦琴和菲利克斯 · 克莱因. 伦琴不仅为我的学术活动创造了外部条件, 让我得以享受优厚待遇, 并且多年陪伴在我左右, 致力于拓宽我的研究范围. 在我职业生涯早期, 菲利克斯 · 克莱因向我传授了最适合于教学的实践方法; 他深谙教学之道, 对我的教学方式产生了强烈而又潜移默化的影响. 值得一提的是, 当我在 Goettingen 大学任指导教授时, 我的课程虽不如现在的六卷那么全面, 但是却在听众中引起了很大的共鸣. 后期, 当我重新讲授这门课程时, 我的学生经常向我反馈, 他们只有在这里才真正掌握了数学结果的处理和应用, 例如傅里叶方法、函数理论的应用和边界值问题.

最后, 由衷希望这本书能激发读者对物理学的兴趣, 同时, 也希望本书带给读者的是身临其境的听课体验.

Arnold Sommerfeld

Muenchen, 1942 年 9 月

第一、二卷序

因受到以前学生的鼓励和出版社的多次邀请, 我决定出版一本关于理论物理学课程的书, 这也是我在 Muenchen 大学讲授了长达三十二载的课程.

该课程属于基础课程, 听课的学生有的来自 Muenchen 大学和理工学院物理专业, 有的来自数学和物理学师范专业, 也有的来自天文学和物理化学专业, 他们大部分都是大三、大四的学生. 该课程每周四次课, 并辅以两小时的答疑时间. 本书并未涉及现代物理学的专业课程. 专业课程的讨论主要集中在我的论文和其他专著中. 虽然在研究背景和文献综述中有提及量子力学, 但这些课程的核心依然是经典物理学.

课程顺序安排如下:

1. 力学
2. 变形介质力学
3. 电动力学
4. 光学
5. 热力学和统计学
6. 物理学中的偏微分方程

力学课程由我和另一位数学专业的同事轮流讲授. 流体动力学、电动力学和热力学则由较为年轻的老师讲授. 矢量分析会在单独的课程中讲授, 本系列课程将不会涉及.

本书将会基本沿用我上课的风格, 我不会拘泥于数学论证, 而是将主要精力用来解决物理学问题. 我希望通过适当的数学和物理学角度, 为读者展现物理学的生动性和趣味性.

因此, 若本书在系统论证和公理结构部分留有空白, 我也不会过于苛求. 我不希望读者被冗长繁琐的数学论证和错综复杂的逻辑推理所吓倒, 进而分散了物理学本身的趣味性. 这种风格在课堂教学中颇有成效, 故而被运用到本书的撰写中. Planck 的课程在理论框架部分是无可挑剔的, 但我相信我可以提出更广泛的题材并能更灵活地使用数学方法解决问题. 此外, 我很乐意更全面更彻底地向读者介绍 Planck 的理论知识, 尤其是热力学和统计学.

各卷末收集的问题是对文本的补充. 这些问题是学生的课下作业, 并在课堂答疑环节进行了讨论. 基础的数学问题并未收录在书末的附录内. 问题按章节进行了排序. 每个小节、每个方程都有编号. 因此, 通过给出小节和方程的编号, 便可找到每卷内引用的方程.

第二卷给出了部分数学方法完善的推演过程. 这些方法通常是在理论物理学入门课程中进行阐述的; 本书将其合并在第二卷, 故而, 第二卷内容较为庞杂. 但是第二卷的核心内容是具有无限自由度系统的力学, 因此, 在本卷中, 常微分方程 (控制具有有限自由度系统的力学) 被偏微分方程所取代, 矢量代数被矢量分析取代, 这些内容在第一章略有涉及. 另外, 张量分析是弹性固体和黏性流体理论中不可或缺的工具, 也是本卷的重要内容. 这部分内容在笛卡儿坐标中已经被证明并且其中一部分可以推广到正交曲线坐标.

本卷中所提及的部分观点比同级别教科书更为完善. 第一章第 2 节证明了涡旋是一个轴向矢量 (或反对称张量). 第二章第 10 节涉及两个相似的定律和两个相应的不变量, 除了通常的 Reynolds 数之外, 还有表示压力依赖性的无量纲数 S. 第三章第 15 节讨论了准弹性体 (陀螺乙醚); 它在连续介质中的逻辑位置与第一章第 1 节中形变基本定理相当. 其目的是在讨论中展示电动力学与力学的基本差异, 而不是用机械模型来解释 Maxwell 方程组. 第五章第 27 节和第 28 节探讨了圆形波和船行波的相关问题. 应用固定相位法得到完整的计算过程, 它是最速下降法的简化. 第六章讨论了板和射流问题. 在整个计算过程中, 板的尺寸和孔口的尺寸等作为参数. 这种分析形式可能比通常采用无量纲数量的分析方法更有吸引力. 根据 Maue 的做法, 推广了 Kármán 的涡街 (第 32 节) 使得包括不平行于涡街的非对称情况. 第七章第 36 节对轴颈轴承的流体动力理论进行了简要论述. 第 37 节讨论了 Riemann 的冲击波理论, 特别是关于 Bechert 在某些初等可积的情况下得到的结果. 第 38 节是较难的湍流问题的历史和现状报告, 并介绍了 Burgers 的湍流数学模型. 第八章第 43 节阐释了螺旋弹簧的问题, 并以弯扭组合为例. 第 44 节讨论了振动平行六面体的边界条件和固体比热的量子理论热力学基础*.

很明显, 本书中所涉及的专题在短短一个学期的课程中并不能全部涉及, 因此, 上述提到的部分专题是在本书中特意添加的.

第二卷补充了限于三维和正交线元素的一般张量微积分的表示方法. 对于书中所涉及的例子分析, 简单的矢量解析公式即可, 张量微积分的用处不大 (参见附录Ⅳ), 但是由于它在广义相对论中十分重要, 若想用数学方法完整阐述理论物理学, 这一部分不能完全省略.

关于湍流问题的讨论, 在第一版中已经出现了很大的困难, 必须对 CF von Weizsaecker和W. Heisenberg 未发表的作品进行修改. 依我之见, CF von Weizsaecker 和 W. Heisenberg 所研究的 "各向同性湍流" 的特殊案例, 推翻了长期以来将 Navier-Stokes 方程整合为非线性形式来解释湍流的做法. 正如气体的动力学理论一样, 在

---

* 即固体低温比热 Debye 量子理论, 这一结果非常重要, 声子概念由此而诞生, 后来发展成固体物理学和凝聚态物理学重要分支 — 晶格动力学. —— 译者注

这一案例中, 统计方法具有相对的优越性. 当然, 本书不可能对新的结果进行详细的回顾, 但是以前的表述必须按照新的观点加以纠正.

Arnold Sommerfeld

Muenchen, 1946 年 7 月

目　　录

Sommerfeld 及其成就

总序

第一、二卷序

第一章　变形介质运动学 ········ 1

1. 运动学基本定理 ········ 1
2. 矢量分析回顾 ········ 8
3. Gauss, Stokes 和 Green 定理 ········ 16
4. 张量分析概要 ········ 21

第二章　变形介质静力学 ········ 31

5. 应力的概念, 变形介质的一般分类 ········ 31
6. 不可压缩流体的平衡 (流体静力学) ········ 34
7. 可压缩流体静力学 ········ 41
8. 弹性固体的应力状态 ········ 46
9. 应变–应力关系, 弹性常数, 弹性势 ········ 51
10. 黏性压力和耗散, 尤其在不可压缩流体中 ········ 60

第三章　变形介质动力学 ········ 69

11. 理想不可压缩流体的 Euler 方程 ········ 69
12. 根据 Hamilton 原理推导 Euler 方程　压力 Lagrange 乘子 ········ 74
13. 理想可压缩流体的 Euler 方程及其在声学中的应用 ········ 78
14. 弹性体动力学 ········ 88
15. 作为以太模型的准弹性介质 ········ 90
16. 黏性流体动力学　流体力学和水力学　湍流的 Reynolds 准则 ········ 94
17. 关于毛细管现象的几个要点 ········ 102

第四章　涡旋理论 ········ 108

18. Helmholtz 涡旋理论 ········ 108
19. 二维和三维势流 ········ 114
20. 矢量分析的基本定理 ········ 124
21. 直的与平行的涡丝 ········ 129
22. 圆形涡环 ········ 136

第五章 波动理论 ··· 142
23. 深水中的平面重力波 ··· 142
24. 浅水与中度深水中的平面重力波 ··· 146
25. 平面毛细波和毛细–重力组合波 ··· 152
26. 群速度概念 ··· 156
27. 圆形波 ··· 161
28. 船行波 (Kelvin 极限角和 Mach 角) ··· 169
第六章 给定边界的流动 ··· 175
29. 平板绕流 ··· 175
30. 尾区的问题, 间断面 ··· 182
31. 用保角映射求解自由射流问题 ··· 189
32. Karman 涡街 ··· 195
33. Prandtl 边界层 ··· 202
第七章 所选择流体动力学问题的补充注释 ··· 205
34. Lagrange 方程 ··· 205
35. Stokes 阻力定律 ··· 207
36. 润滑的流体动力学理论 ··· 213
37. Riemann 激波, 描述可压缩一维流动 Euler 方程的一般积分 ··· 221
38. 湍流 ··· 227
第八章 弹性理论增补 ··· 240
39. 晶体弹性 ··· 240
40. 梁的弯曲 ··· 244
41. 扭转 ··· 250
42. 螺旋弹簧的弯曲扭转 ··· 256
43. Debye 比热的弹性理论基础 ··· 261
44. 弹性半空间的表面波 ··· 270
第九章 塑性与位错 ··· 279
45. 引论 ··· 279
46. 塑性的实验结果 ··· 282
47. 位错 ··· 287
48. 晶体缺陷场论 ··· 301
49. 连续介质塑性理论 ··· 332
习题 ··· 343
习题解答 ··· 352

附录 ······ 386
附录 I　在正交曲线坐标系中矢量与张量分析, 一阶微分的表示 ······ 386
附录 II　附录 I 的结果在柱坐标和球坐标中的应用 ······ 389
附录 III　二阶微分表示, 在柱坐标和球坐标中的应用 ······ 391
附录 IV　与广义相对论的联系 ······ 393

第一章　变形介质运动学

1. 运动学基本定理

在关于涡旋运动的论文开篇, Helmholtz 建立了下列定理①: 一个可变形介质(非刚体) 上充分小单元的最普通运动可以表示为如下几项之和

(1) 平移;

(2) 旋转;

(3) 在三个相互正交方向上的膨胀/拉伸 (收缩).

该定理可通过两个相邻点 P 和 O 在原始坐标差值基础之上的相对位移的 Taylor 展开式进行证明.

设 P 是所考虑的体积单元上一点, 其笛卡儿坐标为 x,y,z, 坐标原点 O 位于单元内. 在通常介质运动中, 点 P 和 O 关于固定空间坐标系都经历位置变化, 其位移可以分别用 ξ,η,ζ 和 ξ_0,η_0,ζ_0 来表示. 对点 P 的位移来说, 其 Taylor 展开式为

$$\begin{cases} \xi = \xi_0 + \dfrac{\partial \xi}{\partial x}x + \dfrac{\partial \xi}{\partial y}y + \dfrac{\partial \xi}{\partial z}z + \cdots \\ \eta = \eta_0 + \dfrac{\partial \eta}{\partial x}x + \dfrac{\partial \eta}{\partial y}y + \dfrac{\partial \eta}{\partial z}z + \cdots \\ \zeta = \zeta_0 + \dfrac{\partial \zeta}{\partial x}x + \dfrac{\partial \zeta}{\partial y}y + \dfrac{\partial \zeta}{\partial z}z + \cdots \end{cases} \tag{1}$$

引入简记

$$\frac{\partial \xi}{\partial x} = a_{11}, \quad \frac{\partial \xi}{\partial y} = a_{12}, \quad \frac{\partial \eta}{\partial x} = a_{21}, \quad \frac{\partial \eta}{\partial y} = a_{22}, \ \cdots \tag{2}$$

把每个量 a_{ik} 写成一个 “奇” 项和一个 “偶” 项之和的形式:

$$a_{ik} = \frac{a_{ik} - a_{ki}}{2} + \frac{a_{ik} + a_{ki}}{2}$$

“奇” 和 “偶” 表示下标交换的奇偶性.

于是, 式 (1) 可以写为下列形式:

$$\xi = \xi_0 + \left(0 + \frac{a_{12} - a_{21}}{2}y + \frac{a_{13} - a_{31}}{2}z\right)$$

---

① Ueber Integrable der hydrodynamischen Gleichungen, welche den Wirbelbewegungen entsprechen. Crelles J. 55,25(1858).

$$
\begin{aligned}
&+\left(a_{11}x+\frac{a_{12}+a_{21}}{2}y+\frac{a_{13}+a_{31}}{2}z\right)\\
\eta =&\eta_0+\left(\frac{a_{21}-a_{12}}{2}x+0+\frac{a_{23}-a_{32}}{2}z\right)\\
&+\left(\frac{a_{21}+a_{12}}{2}x+a_{22}y+\frac{a_{23}+a_{32}}{2}z\right)\\
\zeta =&\zeta_0+\left(\frac{a_{31}-a_{13}}{2}x+\frac{a_{32}-a_{23}}{2}y+0\right)\\
&+\left(\frac{a_{31}+a_{13}}{2}x+\frac{a_{32}+a_{23}}{2}y+a_{33}z\right)
\end{aligned}
\tag{3}
$$

式中省略了高阶项, 并引入符号 $\boldsymbol{s}$ 表示点 P 的位移, 式 (3) 中的分隔括号说明位移 $\boldsymbol{s}$ 是由三个分运动 $\boldsymbol{s}_0$, $\boldsymbol{s}_1$, $\boldsymbol{s}_2$ 构成的, 即

$$
\boldsymbol{s}=\boldsymbol{s}_0+\boldsymbol{s}_1+\boldsymbol{s}_2 \tag{4}
$$

对一个体积元的所有点 P 来说, 位移 $\boldsymbol{s}_0$ 的坐标分量 ξ_0,η_0,ζ_0 是相同的, 因而是平移.

式 (3) 中的中间部分 $\boldsymbol{s}_1$ 是旋转. 引入矢量 $\boldsymbol{\varphi}$ 和位置矢量 $OP=\boldsymbol{r}$, 其中 $\boldsymbol{\varphi}$ 的分量为

$$
\varphi_x=\frac{a_{32}-a_{23}}{2},\quad \varphi_y=\frac{a_{13}-a_{31}}{2},\quad \varphi_z=\frac{a_{21}-a_{12}}{2} \tag{5}
$$

可以得到

$$
\boldsymbol{s}_1=\boldsymbol{\varphi}\times\boldsymbol{r} \tag{6}
$$

上述位移在刚体运动学中是众所周知的 (Vol. I[①], Eq. 22.3), 它相当于由 $\varphi_x,\varphi_y,\varphi_z$ 给出旋转轴和大小的无穷小旋转 $\boldsymbol{\varphi}$(更恰当的标记应该是 $\delta\boldsymbol{\varphi}$)[②].

从严格意义上来说, 无穷小旋转不是矢量, 它和描述平移位移的极矢量不同. 然而, 我们仍然用通常的矢量符号体系来表示它, 此时极矢量 $\boldsymbol{\varphi}$ 指向旋转轴方向并且长度等于无穷小旋转角. 关于轴矢量的更多内容可参考本章第 2 节.

当然, 矢量 OP 的长度并没有因为位移 $\boldsymbol{s}_1$ 而发生变化. 从刚体运动学的观点来考虑 $\boldsymbol{s}_1$ 是显而易见的, 这里我们会独立地给出证明. 距离 $\overline{OP}$ 的平方为

$$
\overline{OP^2}=|\boldsymbol{r}+\boldsymbol{s}_1|^2=|\boldsymbol{r}|^2+2\boldsymbol{r}\cdot\boldsymbol{s}_1+|\boldsymbol{s}_1|^2
$$

① A. Sommerfeld, Vorlesungen ueber Theoretische Physik, Akademische Verlags-gesellschaft, Leipzig, 1944, Bd.I, quoted henceforth as Vol.I. English translation in press(Academic Press Inc., New York).

② 参见 J. L. Synge and B.A.Griffith, Principles of Mechanics, Mcgraw-Hill, New York, 1942 Sec. 10.5.

但是根据式 (6)

$$\boldsymbol{r}\cdot\boldsymbol{s}_1=\boldsymbol{r}\cdot(\boldsymbol{\varphi}\times\boldsymbol{r})=\boldsymbol{\varphi}\cdot(\boldsymbol{r}\times\boldsymbol{r})=0$$

如同式 (3) 中一样不考虑二阶项, 得到

$$|\boldsymbol{r}+\boldsymbol{s}_1|^2=|\boldsymbol{r}|^2=r^2$$

(注意: 此处以及随后类似情况的讨论中, "没有变化" 是指 "一阶近似没有变化".)

为了从无穷小向有限量过渡, 必须考虑位移对时间的依赖, 这导致引入速度而不是位移, 即

$$\boldsymbol{s}=\boldsymbol{v}\Delta t,\quad \boldsymbol{\varphi}=\boldsymbol{\omega}\Delta t \tag{7}$$

或者用分量表示

$$\begin{aligned}&\xi=u\Delta t, &&\eta=v\Delta t, &&\zeta=w\Delta t,\\ &\varphi_x=\omega_x\Delta t, &&\varphi_y=\omega_y\Delta t, &&\varphi_z=\omega_z\Delta t\end{aligned} \tag{8}$$

此处, $\boldsymbol{v}$ 是所考虑的点或体积元的速度, $\boldsymbol{\omega}$ 是涡量, 它在物理上的重要性是由 Helmholtz 首先认识到的.

根据式 (8)、(5) 和 (2), 在坐标系 x,y,z 中涡量的分量为

$$\omega_x=\frac{1}{2}\left(\frac{\partial w}{\partial y}-\frac{\partial v}{\partial z}\right),\quad \omega_y=\frac{1}{2}\left(\frac{\partial u}{\partial z}-\frac{\partial w}{\partial x}\right),\quad \omega_z=\frac{1}{2}\left(\frac{\partial v}{\partial x}-\frac{\partial u}{\partial y}\right) \tag{9}$$

该基本定义的更全面的分析可见后面矢量分析回顾部分.

现在我们研究式 (3) 中第三部分运动 $\boldsymbol{s}_2$, 这时变形性质变得重要起来, 而其他两部分运动如前所述是刚体运动.

位移 $\boldsymbol{s}_2$ 是位置矢量 $\boldsymbol{r}$ 的线性矢量函数, 见 Vol. I, 22[①]. 我们用 ξ_2, η_2, ζ_2 表示 $\boldsymbol{s}_2$ 的分量, 并引入记号

$$\xi_2=\varepsilon_{xx}x+\varepsilon_{xy}y+\varepsilon_{xz}z,\quad \eta_2=\varepsilon_{yx}x+\varepsilon_{yy}y+\varepsilon_{yz}z,\quad \zeta_2=\varepsilon_{zx}x+\varepsilon_{zy}y+\varepsilon_{zz}z \tag{10}$$

从式 (2) 和 (3) 可知系数 ε_{ik} 为

$$\left\{\begin{aligned}&\varepsilon_{xx}=\frac{\partial\xi}{\partial x},\quad \varepsilon_{xy}=\varepsilon_{yx}=\frac{1}{2}\left(\frac{\partial\xi}{\partial y}+\frac{\partial\eta}{\partial x}\right)\\ &\varepsilon_{yy}=\frac{\partial\eta}{\partial y},\quad \varepsilon_{yz}=\varepsilon_{zy}=\frac{1}{2}\left(\frac{\partial\eta}{\partial z}+\frac{\partial\zeta}{\partial y}\right)\\ &\varepsilon_{zz}=\frac{\partial\zeta}{\partial z},\quad \varepsilon_{zx}=\varepsilon_{xz}=\frac{1}{2}\left(\frac{\partial\zeta}{\partial x}+\frac{\partial\xi}{\partial z}\right)\end{aligned}\right. \tag{11}$$

① 参见 L. Brand. Vector and Tensor Analysis. Wiley, New York, 1947, §§60 and 62.

$\varepsilon_{xx}, \varepsilon_{xy}, \varepsilon_{xz}, \cdots$ 是应变张量分量，如同 Vol. I, 22.13①中的惯性矩一样，张量本身也可以表示成二阶排列形式

$$\boldsymbol{\varepsilon} = \begin{pmatrix} \varepsilon_{xx} & \varepsilon_{xy} & \varepsilon_{xz} \\ \varepsilon_{yx} & \varepsilon_{yy} & \varepsilon_{yz} \\ \varepsilon_{zx} & \varepsilon_{zy} & \varepsilon_{zz} \end{pmatrix} \tag{12}$$

由式 (3) 中第三部分运动中 $\boldsymbol{s}_2$ 的定义得知，张量 $\boldsymbol{\varepsilon}$ 是对称的 (也就是说，张量分量关于从左上角到右下角的主对角线是对称的). 相反，旋转运动 $\boldsymbol{s}_1$ 的系数所表示的张量是反对称张量，由方程 (6) 和 (3) 可知

$$\boldsymbol{\varphi} = \begin{pmatrix} 0 & \varphi_{xy} & \varphi_{xz} \\ \varphi_{yx} & 0 & \varphi_{yz} \\ \varphi_{zx} & \varphi_{zy} & 0 \end{pmatrix}, \quad \varphi_{ik} = -\varphi_{ki} \tag{12a}$$

记号改为 $\varphi_z = \varphi_{xy} = -\varphi_{yx}$ 等，建立了与式 (10) 中引入的双下标记号的对应. 需要注意的是，反对称张量总是可以用一个矢量来表示，而对称张量并不一定，这将在本章第 2 节中给予证明.

如同第一卷 22.5 一样，在应变张量分析中，我们使用张量二次曲面概念分析惯性矩. 为此，考虑标量积

$$\boldsymbol{s}_2 \cdot \boldsymbol{r} = \varepsilon_{xx}x^2 + 2\varepsilon_{xy}xy + \varepsilon_{yy}y^2 + \cdots = f(x, y, z) \tag{13}$$

令 $f(x, y, z)$ 为常数，可以得到一个二次曲面 —— 应变 (或变形) 二次曲面，也称为应变椭球面，或膨胀椭球面. 当然，该概念也包含收缩情形，同时也不意味着二次曲面一定像惯性张量一样是椭球面，它可能是二次曲面中的任意一种，例如，可能是单叶或双叶双曲面，或者是退化曲面 (如一对平面).

为此，把应变二次曲面放到主轴上，引入相应的直角坐标 X_1, X_2, X_3，方程 (13) 采用如下形式:

$$F(X_1, X_2, X_3) = \varepsilon_1 X_1^2 + \varepsilon_2 X_2^2 + \varepsilon_3 X_3^2 = \text{const} \tag{14}$$

系数 $\varepsilon_1, \varepsilon_2, \varepsilon_3$ 称为主膨胀/拉伸 (如果是负的，则称为主收缩).

利用式 (13)，线性矢量函数 (10) 可写为如下形式:

$$\xi_2 = \frac{1}{2}\frac{\partial f}{\partial x}, \quad \eta_2 = \frac{1}{2}\frac{\partial f}{\partial y}, \quad \zeta_2 = \frac{1}{2}\frac{\partial f}{\partial z} \tag{15}$$

① 参见 Synge and Griffith, *op. cit.*, Sec. 11.3.

采用直角坐标, 有相应简化的线性矢量函数

$$\Xi_1 = \frac{1}{2}\frac{\partial F}{\partial X_1} = \varepsilon_1 X_1, \quad \Xi_2 = \frac{1}{2}\frac{\partial F}{\partial X_2} = \varepsilon_2 X_2, \quad \Xi_3 = \frac{1}{2}\frac{\partial F}{\partial X_3} = \varepsilon_3 X_3 \tag{16}$$

其中位移 Ξ_i 的主分量是矢量 $\boldsymbol{s}_2$ 在主轴 X_i 上的投影.

关系式 (16) 的建立已经完成了 Helmholtz 定理的证明, 说明第三部分运动是由变形二次曲面的相互正交主轴方向上的三个膨胀 (收缩) 组成的. 实际上, 根据式 (16), 体积元上主坐标为 X_i 的任意一点 P 移动到点 P' 后, 其坐标为

$$X_i + \Xi_i = X_i(1 + \varepsilon_i) \tag{17}$$

上面介绍了张量二次曲面的形式定义, 下面通过引入坐标微分或方向余弦代替坐标 x, y, z 来给出其直接的物理解释 [见第四章方程 (21)].

我们先从线性拉伸 ε_i 过渡到立体拉伸或膨胀 Θ, 所谓膨胀是指体积变化之比 (即单位体积上的体积变化)

$$\Theta = \frac{\Delta V' - \Delta V}{\Delta V} \tag{18}$$

其中 ΔV 是原单元体积, $\Delta V'$ 是膨胀后 (或压缩后) 的单元体积. 对具有长方体单元、边平行于主轴的体积元来说, 计算比较简单. 设一个角与点 O 重合, 分别用 a_i 和 a_i' 表示膨胀前和膨胀后的边, 则 $\Delta V = a_1 a_2 a_3$, $\Delta V' = a_1' a_2' a_3'$. 根据式 (17), 有 $a_i' = a_i(1 + \varepsilon_i)$, 因而 $\Delta V' = \Delta V(1 + \varepsilon_1)(1 + \varepsilon_2)(1 + \varepsilon_3)$, 并且由式 (18), 得到

$$\Theta = (1 + \varepsilon_1)(1 + \varepsilon_2)(1 + \varepsilon_3) - 1 = \varepsilon_1 + \varepsilon_2 + \varepsilon_3 \tag{19}$$

(略去乘积项)

对任意笛卡儿坐标系来说, 式 (19) 中 Θ 的表示都是正确的, 包括初始坐标系 x, y, z. 我们有如下结论:

$$\Theta = \varepsilon_{xx} + \varepsilon_{yy} + \varepsilon_{zz} \tag{20}$$

为了证明这一结论, 需要把方程 (13) 中的曲面 $f(x, y, z) = \text{const}$ 变换为方程 (14) 中的曲面 $F(X_1, X_2, X_3) = \text{const}$. 将变换写成如下图表形式:

$$\begin{array}{cccc} & x & y & z \\ X_1 & \alpha_1 & \beta_1 & \gamma_1 \\ X_2 & \alpha_2 & \beta_2 & \gamma_2 \\ X_3 & \alpha_3 & \beta_3 & \gamma_3 \end{array} \tag{21}$$

$$\begin{aligned} &\sum \alpha_i^2 = 1, \quad \sum \alpha_i \beta_i = 0, \quad \cdots \\ &\alpha_1^2 + \beta_1^2 + \gamma_1^2 = 1, \quad \cdots \\ &\alpha_1 \alpha_2 + \beta_1 \beta_2 + \gamma_1 \gamma_2 = 0, \quad \cdots \end{aligned} \tag{21a}$$

将图表 (21) 中的 $X_i = \alpha_i x + \beta_i y + \gamma_i z$ 代入式 (14), 得到

$$F = \sum \varepsilon_i X_i^2 = \sum \varepsilon_i(\alpha_i x+\beta_i y+\gamma_i z)^2 = x^2 \sum \varepsilon_i \alpha_i^2 + 2xy \sum \varepsilon_i \alpha_i \beta_i + y^2 \sum \varepsilon_i \beta_i^2 + \cdots$$

该表达式必须要和式 (13) 一致, 因此

$$\begin{cases} \varepsilon_{xx} = \alpha_1^2 \varepsilon_1 + \alpha_2^2 \varepsilon_2 + \alpha_3^2 \varepsilon_3 \\ \varepsilon_{yy} = \beta_1^2 \varepsilon_1 + \beta_2^2 \varepsilon_2 + \beta_3^2 \varepsilon_3 \\ \varepsilon_{zz} = \gamma_1^2 \varepsilon_1 + \gamma_2^2 \varepsilon_2 + \gamma_3^2 \varepsilon_3 \end{cases} \tag{22}$$

$$\begin{cases} \varepsilon_{xy} = \alpha_1 \beta_1 \varepsilon_1 + \alpha_2 \beta_2 \varepsilon_2 + \alpha_3 \beta_3 \varepsilon_3 \\ \varepsilon_{yz} = \beta_1 \gamma_1 \varepsilon_1 + \beta_2 \gamma_2 \varepsilon_2 + \beta_3 \gamma_3 \varepsilon_3 \\ \varepsilon_{zx} = \gamma_1 \alpha_1 \varepsilon_1 + \gamma_2 \alpha_2 \varepsilon_2 + \gamma_3 \alpha_3 \varepsilon_3 \end{cases} \tag{22a}$$

考虑到正交关系 (21a), 以及方程 (22), 我们最终得到

$$\varepsilon_{xx} + \varepsilon_{yy} + \varepsilon_{zz} = \varepsilon_1 + \varepsilon_2 + \varepsilon_3 \tag{23}$$

从而得到: 应变张量主对角线上元素之和不依赖于坐标系的选择, 它是张量不变量. 在第 4 节中将通过寻找一个张量的所有不变量来进一步补充该结论, 同时到目前为止还未完全使用的关系式 (22a) 也将在那里再次出现.

利用式 (19)、(20) 和 (11), 膨胀 Θ 可以化简为

$$\Theta = \frac{\partial \xi}{\partial x} + \frac{\partial \eta}{\partial y} + \frac{\partial \zeta}{\partial z} \tag{24}$$

建立了主膨胀 ε_i 的几何意义后, 下面我们给出一般应变分量 ε_{xx} 和 ε_{xy} 的几何解释. 对角线分量 $\varepsilon_{xx}, \cdots$ 与 $\varepsilon_1, \cdots$ 的情况没什么不同: ε_{xx} 是 x-纤维上单位长度的增量. 如果把 $x = 0$ 到 $x = \Delta l$ 这段纤维从单元体上剪下来, 那么变形之后它的长度为 $\Delta l' = \Delta l + \xi - \xi_0$, 因而长度变化之比是

$$\frac{\Delta l' - \Delta l}{\Delta l} = \frac{\xi - \xi_0}{\Delta l}$$

如果把特殊值 $x = \Delta l$, $y = z = 0$ 代入方程 (1), 则后一表达式等于

$$\frac{\partial \xi}{\partial x} = \varepsilon_{xx}$$

为了解释分量 ε_{xy}, 我们考虑 "x, y-薄层" 而不是 "x-纤维". 如图 1 所示, 设 0123 表示该薄层的无穷小矩形部分, 其边为 a 和 b. 在变形过程中, 点 0, 1, 2 分别移动到 $0'$, $1'$, $2'$, 矩形变形为平行四边形 (注意: 没有考虑 z 方向位移, 变形图可看作是在 xy 平面上的投影, 略去高阶项后, 变形点 3 的投影 $3'$ 是 $0'1'$ 和 $0'2'$ 所张成

的平行四边形的第四个顶点. 类似省略也出现在有 ε_{xx} 的情形). 图 1 中的角 γ_1 和 γ_2 在略去高阶项后如下:

$$\begin{cases} \gamma_1 = \tan\gamma_1 = \dfrac{\eta_1 - \eta_0}{a + \xi_1 - \xi_0} = \dfrac{\eta_1 - \eta_0}{a} = \dfrac{\partial \eta}{\partial x} \\ \gamma_2 = \tan\gamma_2 = \dfrac{\xi_2 - \xi_0}{b + \eta_2 - \eta_0} = \dfrac{\xi_2 - \xi_0}{b} = \dfrac{\partial \xi}{\partial y} \\ \gamma_1 + \gamma_2 = \dfrac{\partial \eta}{\partial x} + \dfrac{\partial \xi}{\partial y} = 2\varepsilon_{xy} \end{cases} \tag{25}$$

上述方程中, ξ, η 的下标表示移动的点. 角度 $\gamma = \gamma_1 + \gamma_2$ 等于原点处的直角在矩形 0123 变形时的变化; ε_{xy} 是剪切应变, 它等于 γ 的一半. ε_{yz} 和 ε_{zx} 关于 y, z-薄层和 z, x-薄层有同样的含义.

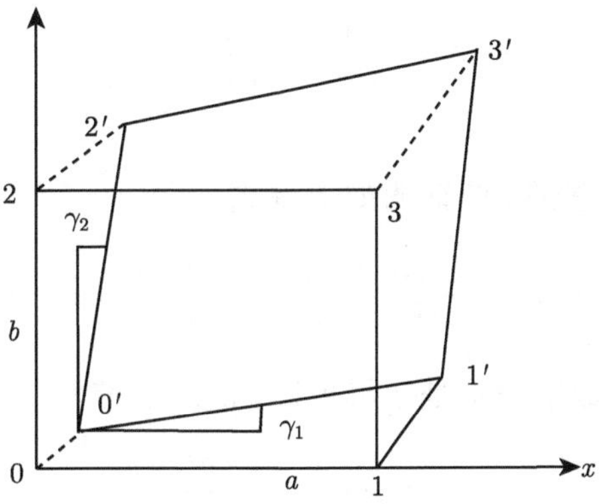

图 1　应变分量 ε_{xy} 的几何解释为原正交体积元中的角度变化, 图表给出在 xy 平面上的投影

下面列出应变张量的一些标记方式.

本书	ε_{xx}	δ_{yy}	δ_{zz}	$\delta_{xy} = \delta_{yx}$	$\delta_{yz} = \delta_{zy}$	$\delta_{zx} = \delta_{xz}$
Love 和一些美国作者	e_{xx}	e_{yy}	e_{zz}	$e_{xy} = e_{yx}$	$e_{yz} = e_{zy}$	$e_{zx} = e_{xz}$
Kirchhoff 和 Planck	x_x	y_y	z_z	$\frac{1}{2}x_y = \frac{1}{2}y_x$	$\frac{1}{2}y_z = \frac{1}{2}z_y$	$\frac{1}{2}z_x = \frac{1}{2}x_z$
一些英国作者	e	f	g	$\frac{1}{2}a$	$\frac{1}{2}b$	$\frac{1}{2}c$
工程应用	ε_x	ε_y	ε_z	$\frac{1}{2}\gamma_{xy} = \frac{1}{2}\gamma_{yx}$	$\frac{1}{2}\gamma_{yz} = \frac{1}{2}\gamma_{zy}$	$\frac{1}{2}\gamma_{zx} = \frac{1}{2}\gamma_{xz}$

在 $\varepsilon_{xy}, \cdots$ 的定义中, 因子 $\dfrac{1}{2}$ 是由一般张量分析的标记体系所确定的, 但在第 40 节中我们会看到 Kirchhoff 记号 $x_y, \cdots$ 在需要得到简单的能量表达式时有明显的优点.

2. 矢量分析回顾

本卷中, 我们将经常使用矢量分析, 即把微积分应用于矢量. 因此, 在假设部分读者已熟悉矢量代数内容和矢量分析基本概念的前提下, 我们有必要回顾一下几个基本观点.

首先, 回顾一下第一卷 22.6 后面所给出的矢量和标量概念. 一个量在坐标系的一个正交变换中遵循与位置矢量 $\boldsymbol{r} = x, y, z$ 相同的变换规则, 那么它是一个矢量; 一个量在坐标系的正交变换中是不变的, 那么它是一个标量①.

从第 1 节式 (24) 中的矢量 $\boldsymbol{s} = \boldsymbol{s}(x, y, z)$ 导出的量 Θ 是一个标量, 我们把上面定义用在此证明上. 用任意矢量 $\boldsymbol{A} = (A_x, A_y, A_z)$②代替 $\boldsymbol{s}$, 更一般地不考虑 Θ, 而是考虑量

$$\mathrm{div}\boldsymbol{A} = \frac{\partial A_x}{\partial x} + \frac{\partial A_y}{\partial y} + \frac{\partial A_z}{\partial z} \tag{1}$$

称为矢量场 $\boldsymbol{A}$ 的散度.

下面证明散度的不变性, 即证明如下等式:

$$\mathrm{div}'\boldsymbol{A} = \frac{\partial A_{x'}}{\partial x'} + \frac{\partial A_{y'}}{\partial y'} + \frac{\partial A_{z'}}{\partial z'} = \mathrm{div}\boldsymbol{A}$$

为简洁起见, 坐标将用数字而不是字母来标记, 第 1 节变换 (21) 的简化表示为

$$\begin{array}{cccc} & x_1 & x_2 & x_3 \\ x_1' & \alpha_{11} & \alpha_{12} & \alpha_{13} \\ x_2' & \alpha_{21} & \alpha_{22} & \alpha_{23} \\ x_3' & \alpha_{31} & \alpha_{32} & \alpha_{33} \end{array} \tag{2}$$

$$\left\{ \begin{aligned} \sum_k \alpha_{ik}\beta_{jk} &= \delta_{ij} \\ \sum_i \alpha_{ik}\alpha_{il} &= \delta_{kl} \end{aligned} \right. \tag{2a}$$

符号 δ_{ij}(同样地 δ_{kl}) 的含义如下:

$$\delta_{ij} = \begin{cases} 1, & i = j \\ 0, & i \neq j \end{cases}$$

① 对此定义, 与 H. 和 B. S. Jeffreys. Methods of Mathematical Physics. Cambridge University Press, Cambridge, 1946, Chap. 2.023 中的定义进行比较.

② 在德文版中, 矢量及其分量用相同的 Gothic 字母印刷, 更一般的方式是对它们采用不同的字母, 从而加以区别.

对任意函数 $U(x_1, x_2, x_3)$, 同时根据式 (2) 也将它作为 x_1', x_2', x_3' 的函数, 有

$$\frac{\partial U}{\partial x_i'} = \sum_k \frac{\partial U}{\partial x_k} \frac{\partial x_k}{\partial x_i'} \tag{3}$$

由式 (2) $x_k = \alpha_{1k}x_1' + \alpha_{2k}x_2' + \alpha_{3k}x_3'$, 上式也可以写为

$$\frac{\partial U}{\partial x_i'} = \sum_k \alpha_{ik} \frac{\partial U}{\partial x_k} \tag{3a}$$

根据矢量的定义, 也可以将关于 $\boldsymbol{r}$ 的变换规则 (2) 应用于 $\boldsymbol{A}$, 即根据 $x_i' = \alpha_{i1}x_1 + \alpha_{i2}x_2 + \alpha_{i3}x_3$, 有

$$A_i' = \sum_l \alpha_{il} A_l \tag{4}$$

将式 (3a) 中的任意函数 U 换成矢量分量 A_i, 并令 $i = 1, 2, 3$, 相加之后得到

$$\sum_i \frac{\partial A_i'}{\partial x_i'} = \sum_i \sum_k \sum_l \alpha_{ik}\alpha_{il} \frac{\partial A_l}{\partial x_k} = \sum_k \sum_l \delta_{kl} \frac{\partial A_l}{\partial x_k}$$

这里前部分是 $\mathrm{div}'\boldsymbol{A}$, 后部分如果给出 δ-符号的恰当取值是 $\mathrm{div}\ \boldsymbol{A}$, 因而散度不变性得以证明. 第 1 节立体膨胀 (24) 现在可以写为 $\Theta = \mathrm{div}\ \boldsymbol{s}$.

通过散度算子, 我们从一个矢量得到一个标量. 相反, 梯度算子是从一个标量得到一个矢量的最简单的微分算子. 用 U 表示标量 (同前, 是一个标量函数), 我们构造出矢量

$$\mathrm{grad}\ U = \left(\frac{\partial U}{\partial x_1}, \frac{\partial U}{\partial x_2}, \frac{\partial U}{\partial x_3}\right) \tag{5}$$

其矢量特点可以从式 (3a) 中通过符号 "grad" 立刻得出

$$\mathrm{grad}_i'\ U = \sum_k \alpha_{ik} \mathrm{grad}_k\ U \tag{5a}$$

因此梯度变换与位置矢量的变换方式相同.

下面讨论第 1 节式 (9) 中引入的微分运算, 为此使用了符号 "curl", 并用它来改写第 1 节式 (9) 为

$$\boldsymbol{B} = \mathrm{curl}\ \boldsymbol{A}, \quad \mathrm{curl}_x\ \boldsymbol{A} = \frac{\partial A_z}{\partial y} - \frac{\partial A_y}{\partial z}, \quad \cdots \tag{6}$$

其中 $\boldsymbol{B}$ 表示 $2\boldsymbol{\omega}$①, $\boldsymbol{A}$ 表示 $\boldsymbol{v} = (u, v, w)$, 第 1 节方程 (6) 已包含了矢量 $\boldsymbol{\omega}$ 的定义. 如同第 1 节式 (7) 一样, 设

$$\boldsymbol{s}_1 = \boldsymbol{v}_1 \Delta t, \quad \boldsymbol{\varphi} = \boldsymbol{\omega} \Delta t$$

① 稍后我们将讨论 $\boldsymbol{B}$ 的定义中的因子 $\frac{1}{2}$.

则第 1 节式 (6) 可改写为

$$\boldsymbol{v}_1 = \boldsymbol{\omega} \times \boldsymbol{r} \tag{7}$$

由式 (1) 中的讨论可知, 由式 (6)[或第 1 节式 (9)] 给出的 $\boldsymbol{\omega}$ 定义显然与由式 (7)[或第 1 节式 (6)] 给出的 $\boldsymbol{\omega}$ 定义是一致的, 在问题 I .1 中将通过直接计算对此进行检验.

用与式 (6) 中相同的字母来写式 (7), 用 $\boldsymbol{B}$ 代替 $2\boldsymbol{\omega}$, 用 $\boldsymbol{A}$ 表示 $\boldsymbol{v}_1$, 因为我们只关心矢量特征, 故旋度 $\boldsymbol{v}_1$ 和旋度 $\boldsymbol{v}$ 是相同的, 从而式 (7) 变为

$$2\boldsymbol{A} = \boldsymbol{B} \times \boldsymbol{r} \tag{7a}$$

我们的目的是证明 $\boldsymbol{B}$ 至少在一定程度上具有矢量特征, 这种证明尽管在大部分教材中都被省略了, 但它绝不是多余的, 可以帮助我们更好地理解 "旋度" (curl) 概念.

正式证明可直接根据定义 (6), 此时需要大量的计算 (问题 I .2), 但也可以从方程 (7a) 得到问题的证明①, 这时将 $\boldsymbol{B}$ 的分量作为一个线性矢量函数的系数, 如第1节式(10)中的量ε_{ik}. 引进双下标表示, 用数字而不是字母来标识矢量分量, 有

$$\begin{cases} B_x = B_1 = B_{32} = -B_{23}, & A_x = A_1 \\ B_y = B_2 = B_{13} = -B_{31}, & A_y = A_2 \\ B_z = B_3 = B_{21} = -B_{12}, & A_z = A_3 \end{cases} \tag{8}$$

这种 $\boldsymbol{B}$ 的分量符号与第 1 节式 (12a) 中给出的 φ 的表示是相符的, 在这两种情况下对角线项 (B_{ii}, φ_{ii}) 为零, "矢量" $\boldsymbol{B}$ 同 φ 一样确实是一个反对称张量.

将方程 (7a) 写为简单的形式

$$2A_i = \sum_k B_{ik} x_k \tag{9}$$

对 $i = 1$, 我们可以验证

$$2A_1 = 2A_x = B_{11}x_1 + B_{12}x_2 + B_{13}x_3 = -B_z y + B_y z = (\boldsymbol{B} \times \boldsymbol{r})_x$$

这与式 (7a) 是一致的.

为了在旋转坐标系 x' 中定义量 $\boldsymbol{B}$, 将方程 (9) 写为

$$2A'_i = \sum_k B'_{ik} x'_k \tag{10}$$

① 然而, 需要注意在一般矢量场 $\boldsymbol{A}$ 的情形下, 方程 (6) 绝不意味着方程 (7a). 观察问题 I .1 中的公式.

根据式 (2), 通过

$$x'_k = \sum_l \alpha_{kl} x_l, \quad A'_i = \sum_k \alpha_{ik} A_k$$

引入 $\boldsymbol{x}$ 和 $\boldsymbol{A}$, 从而将式 (10) 变换为

$$2\sum_k \alpha_{ik} A_k = \sum_k \sum_l B'_{ik} \alpha_{kl} x_l \tag{11}$$

由于重置下标字母后, 式 (9) 可以写为 $2A_k = \sum\limits_l B_{kl} x_l$, 代入方程 (11) 得到

$$\sum_k \sum_l B_{kl} \alpha_{ik} x_l = \sum_k \sum_l B'_{ik} \alpha_{kl} x_l$$

对三个独立变量 x_1, x_2, x_3 来说, 上式是一个恒等式. 通过比较系数, 可以得到 $\boldsymbol{B}$ 和 $\boldsymbol{B}'$ 之间的三个方程

$$\sum_k B_{kl} \alpha_{ik} = \sum_k B'_{ik} \alpha_{kl}, \quad l = 1,\ 2,\ 3 \tag{12}$$

从中可以确定出 $\boldsymbol{B}'$, 这只需用 α_{il} 乘方程 (12) 两端, 并对 l 求和. 例如, 方程 (12) 的右端变为

$$\sum_l \sum_k B'_{ik} \alpha_{kl} \alpha_{jl} = \sum_k B'_{ik} \sum_l \alpha_{kl} \alpha_{jl} = \sum_k B'_{ik} \delta_{kj} = B'_{ij} \tag{12a}$$

从而确定出 $\boldsymbol{B}'$, 即

$$\sum_l \sum_k B_{kl} \alpha_{ik} \alpha_{jl} = B'_{ij} \tag{13}$$

正如 $\boldsymbol{B}'$ 所表示的, 它是 $\boldsymbol{B}$ 的所有九个分量的线性函数, 但由于 $B_{kl} = -B_{lk}$ 和 $B_{kk} = 0$, 因而项数减少到三个, 从而 $\boldsymbol{B}'$ 的表达式可写为

$$B'_{ij} = B_{32}(\alpha_{i3}\alpha_{j2} - \alpha_{i2}\alpha_{j3}) + B_{13}(\alpha_{i1}\alpha_{j3} - \alpha_{i3}\alpha_{j1}) + B_{21}(\alpha_{i2}\alpha_{j1} - \alpha_{i1}\alpha_{j2}) \tag{14}$$

对 $i = 3, j = 2$, 有

$$B'_{32} = B_{32}(\alpha_{33}\alpha_{22} - \alpha_{32}\alpha_{23}) + B_{13}(\alpha_{31}\alpha_{23} - \alpha_{33}\alpha_{21}) + B_{21}(\alpha_{32}\alpha_{21} - \alpha_{31}\alpha_{22}) \tag{15}$$

上式中 $\boldsymbol{B}$ 的系数正是变换 (2) 的行列式的第一行元素的余子式. 根据行列式是 $+1$ 还是 -1 来确定余子式是与它们所属的元素相同还是相反① (见第一卷, 问题 I .10),

① 参考例如 Brand, *op. cit.*, §149.

因此方程 (15) 可写为

$$\pm B_1' = \alpha_{11}B_1 + \alpha_{12}B_2 + \alpha_{13}B_3$$

其中对 $\boldsymbol{B}$ 重新引入单下标记号. 同理, 可得到 B_2' 与 B_3'. 上面结果可写作如下形式:

$$\pm B_i' = \sum_l \alpha_{il}B_l \tag{16}$$

除正负号外, 这正是方程 (4) 的矢量变换规则.

从上述结果中可以得到:

(1) $\boldsymbol{B} = \mathrm{curl}\boldsymbol{A}$ 的变化正如一个旋转中的极矢量一样, 就是一个行列式为 1 的正交坐标变换, 因而我们将采用简单的术语 "旋度矢量" 来称呼它.

(2) 严格来说, 旋度不是一个极矢量, 而是一个轴矢量, 原因是: 右手坐标系到左手坐标系的变换中, 或者更一般地, 在一个坐标系发生变化的旋转中 (行列式值为 -1), 旋度的新分量都是原系统中表示旋度矢量新分量的负数.

下面我们来看看为什么在先前的证明中使用双下标具有优点: 一个轴矢量不适合用轴向箭头来表示①, 正确的符号应该是关于轴的环向箭头. 通过这种方式, 环向箭头平面, 比如说 y, z 平面, 成为 x 轴的函数, 并且表示方程 (6) 的左端的更好的方法是

$$\mathrm{curl}_{yz}\,\boldsymbol{A} = \frac{\partial A_z}{\partial y} - \frac{\partial A_y}{\partial z} \tag{17}$$

记号 $\mathrm{curl}_{yz}\,\boldsymbol{A}$ 代表用极矢量表示的轴矢量, 根据式 (1) 可知在纯旋转中这是可能的, 而且这确实有助于联想.

在这种联系中, 需要提及一个著名的而且经常应用的规则, 这有助于牢记表达式 (6) 或 (17) 的结构, 特别是在这些公式中的符号序列, 这就是

$$\mathrm{curl}\,\boldsymbol{A} = \begin{vmatrix} \boldsymbol{i} & \boldsymbol{j} & \boldsymbol{k} \\ \dfrac{\partial}{\partial x} & \dfrac{\partial}{\partial y} & \dfrac{\partial}{\partial z} \\ A_x & A_y & A_z \end{vmatrix} \tag{18}$$

此处字母 $\boldsymbol{i}, \boldsymbol{j}, \boldsymbol{k}$ 表示 x 轴、y 轴、z 轴方向的单位矢量②, 乘以 $\partial/\partial x, \partial/\partial y, \partial/\partial z$ 表示关于相应变量的微分. 行列式 (18) 的展开式为

$$\mathrm{curl}\,\boldsymbol{A} = \boldsymbol{i}\left(\frac{\partial A_z}{\partial y} - \frac{\partial A_y}{\partial z}\right) + \boldsymbol{j}\left(\frac{\partial A_x}{\partial z} - \frac{\partial A_z}{\partial x}\right) + \boldsymbol{k}\left(\frac{\partial A_y}{\partial x} - \frac{\partial A_x}{\partial y}\right) \tag{18a}$$

① 实际上, 两种定向是可能的, 但只有一种定向与坐标系的定向是一致的.

② 在德文原版中 $\boldsymbol{i}, \boldsymbol{j}, \boldsymbol{k}$ 没有被印刷为矢量, 因而符号表示方法 $\boldsymbol{V} = \boldsymbol{i}V_x + \boldsymbol{j}V_y + \boldsymbol{k}V_z$ 具有 "复数" 特点, 这揭示了矢量、通常复数和 Hamilton 四元数之间的概念关系.

这是表示旋度分量的正确方法.

然而, 应该注意, 只有在三维空间中才有可能将轴矢量映射到极矢量, 这可以从如下事实中推导出来: 分量数 v, 当然在极矢量的情形它等于维数 n, 而一般地, 对轴矢量来说

$$\nu = \frac{n(n-1)}{2}, \quad \text{或者} \left\{ \begin{array}{l} n = 1, 2, 3, 4, \cdots \\ \nu = 0, 1, 3, 6, \cdots \end{array} \right.$$

数 ν 和轴矢量的双下标标记是有关的: 它是在 n 维空间选取 2 个方向的所有可能组合数. 当 $n=3$ 时 v 等于 n 只是一个巧合, 在四维空间中分量数 $v=6$ 在电动力学中作用至关重要, 它和电磁场的分量数一致 (3 个电场分量 +3 个磁场分量).

我们再回到开始, 用矢量形式写出方程 (19)

$$\boldsymbol{\omega} = \frac{1}{2}\text{curl } \boldsymbol{v} \tag{19}$$

不可否认公式中的因子 $\frac{1}{2}$ 是一个瑕疵, $\boldsymbol{\omega}$ 的含义正如我们所知是与速度分布 $\boldsymbol{v}$ 有关的涡旋或旋转. 在式 (6) 中正式引入的符号 curl 揭示 "物理旋转" 仅是 "数学旋转" 的一半, 在符号 curl 的定义中通过吸收因子$\frac{1}{2}$ 来消除这个悖论是不可行的, 否则对通常矢量分析, 特别是对电动力学来说, 将导致最难以接受的结果, 因此我们只能指出这个瑕疵并表示抱歉, 除此之外无能为力.

通过微分运算, 我们已定义了三个算子 grad、div 和 curl, 然而通过积分运算可以给出一个引入 div 和 curl 的非常简单的方法, 我们先从散度开始.

将矢量场 $\boldsymbol{A}$ 可视化为一个流场, 即通过 $\boldsymbol{A}$ 的大小和方向给出流场中各点的大小和方向. 设流场中的 P 点被一个闭曲面包围, $\Delta\tau$ 是所围的体积. 如果 n 是曲面元 $\mathrm{d}\sigma$ 的外法线方向, A_n 表示单位曲面流, 方向与曲面垂直. 求 $\Delta\tau \to 0$(或 $\sigma \to 0$) 时积分 $\frac{1}{\Delta\tau}\int A_n \mathrm{d}\sigma$ 的极限, 则有

$$\text{div } \boldsymbol{A} = \lim_{\Delta\tau \to 0} \frac{1}{\Delta\tau} \int A_n \mathrm{d}\sigma \tag{20}$$

显然, 当 $\Delta\tau$ 是一个中心为 P、边长分别为 $\Delta x, \Delta y, \Delta z$ 的长方体时 (如图 2 所示), 上述定义与式 (1) 是一致的. 如果在点 $x + \Delta x$ 将 A_x 展开为 Taylor 公式, 并且像以前一样忽略 Δx 的高次幂项, 可以发现对两个 x 平面 (即垂直于 x 轴的平面)

$$\int A_n \mathrm{d}\sigma = \oint (A_x(x + \Delta x) - A_x(x))\, \mathrm{d}y\mathrm{d}z = \int \frac{\partial A_x}{\partial x} \Delta x \mathrm{d}y\mathrm{d}z = \frac{\partial A_x}{\partial x} \Delta\tau \tag{20a}$$

对两对 y 平面和 z 平面也可以得到类似结果, 从而得到 div $\boldsymbol{A}$ 的表示. 在写式 (20) 时, 数学家会加上附带条件, 即极限实际上已经存在. 我们略去了这一点, 因为强加

在矢量场上的限制不会比定义 (1) 中所蕴含的条件更苛刻. 因此, 作为定义, 式 (20) 当然与式 (1) 是等价的, 然而, 我们选择它是由于这个表达式没有流于数学形式上的僵硬.

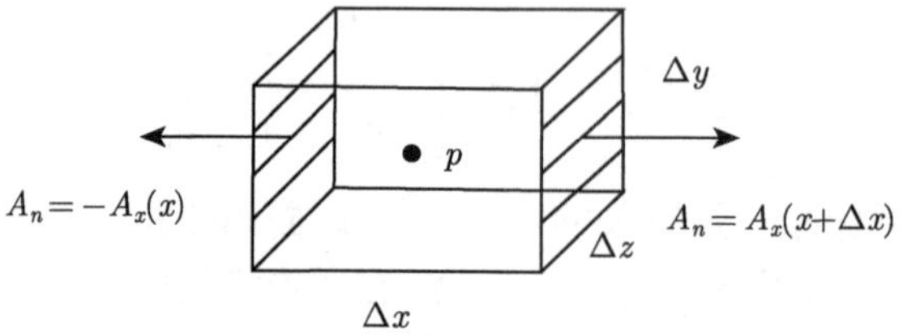

图 2　通过无穷小平行六面体面上积分来计算 div$\boldsymbol{A}$

在流场中可以通过如下方法来定义旋度, 设 a 是通过点 P 的任意一条定向直线, 在包含点 P 且垂直于 a 的平面上围绕点 P 画一条闭曲线 s, 其所围的区域记为 $\Delta\sigma$. 设 A_s 是弧微元 ds 方向上 $\boldsymbol{A}$ 的分量, 该方向与轴 a 构成右手螺旋. 现在考察线积分 $\oint A_s \mathrm{d}s$, Lord Kelvin 称其为环量, 它与面积 $\Delta\sigma$ 之比的极限为

$$\mathrm{curl}_a\ \boldsymbol{A} = \lim_{\Delta\sigma\to 0} \frac{1}{\Delta\sigma} \oint A_s \mathrm{d}s \tag{21}$$

适当选取 s, 可以看到上述定义与式 (17) 是一致的. 假定要证明式 (21) 中旋度的 y,z 分量 $\mathrm{curl}_{yz}\boldsymbol{A}$, 直线 a 的方向与 x 轴正向相同, 选取 s 为一个矩形, 中心为 P, 边为 $\Delta y, \Delta z$(如图 3 所示). 同前, 在每对边上进行展开, 则由第一对 (平行于 y 轴) 得到

$$\int A_s \mathrm{d}s = \int (-A_y(z+\Delta z) + A_y(z))\mathrm{d}y = -\frac{\partial A_y}{\partial z}\Delta y \Delta z$$

由第二对得到

$$\int A_s \mathrm{d}s = \frac{\partial A_z}{\partial y}\Delta y \Delta z$$

上述结果连同式 (21) 一起得到

$$\mathrm{curl}_x\ \boldsymbol{A} = \mathrm{curl}_{yz}\ \boldsymbol{A} = \frac{\partial A_z}{\partial y} - \frac{\partial A_y}{\partial z}$$

如果直线 a 的方向与其他坐标轴方向相同, 则可得到其他类似部分, 这只需循环置换下标字母即可.

通过分析可知, “积分” 定义赋予算子 div 和 curl 几何意义, 但是还没有对运算 grad U 的几何意义进行说明, 为此, 假设在空间给出等高面 (即曲面 $U = \mathrm{const.}$) 和它们的正交轨迹, 则梯度的方向与这些轨迹处处相切, 其大小 $\partial U/\partial n$ 表示水平曲面的聚集程度: 对常量 δU 来说, δn 越小, 则 $\partial U/\partial n$ 越大.

与初始定义 (1)、(5) 和 (17) 相比, 几何定义的优点不仅在于形式上更简洁, 而且在于在一般坐标中的有效性, 特别地, 这些坐标系允许存在到任何所需的曲线正交坐标系的简单变换.

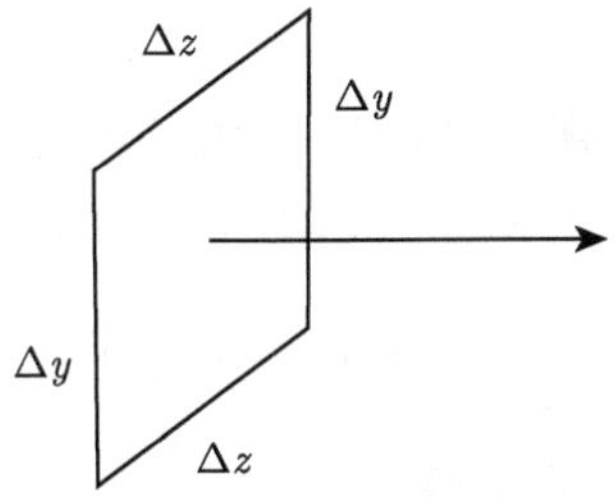

图 3　通过正交环路上的线积分来计算旋度 $\boldsymbol{A}$

我们将证明, 上面结论对通常三类相互正交的曲面族坐标系情形成立, 而对更特殊的情形 (如极坐标系) 将在问题 I .3 中讨论. 设 p_1, p_2, p_3 为三类曲面族的参数, 由于相互正交, 两个相邻点的距离的平方的解析表达式里不包含类似 $\mathrm{d}p_i\mathrm{d}p_k$ 的混合项. 遵循广义相对论理论的符号 g_{ik}, 我们用 g_i^2 表示二次项的系数, 从而长度的平方为

$$\mathrm{d}s^2 = g_1^2\mathrm{d}p_1^2 + g_2^2\mathrm{d}p_2^2 + g_3^2\mathrm{d}p_3^2 \tag{22}$$

特别地, 对三个坐标方向的微分, 上式隐含着下列表达式:

$$\mathrm{d}s_1 = g_1\mathrm{d}p_1, \quad \mathrm{d}s_2 = g_2\mathrm{d}p_2, \quad \mathrm{d}s_3 = g_3\mathrm{d}p_3 \tag{23}$$

当应用正交曲线坐标系而不用通常的笛卡儿坐标系时, $\mathrm{d}s_1, \mathrm{d}s_2, \mathrm{d}s_3$ 就代替了 $\mathrm{d}x, \mathrm{d}y, \mathrm{d}z$. 因而, 梯度分量表示式

$$\operatorname{grad} U = \left(\frac{\partial U}{\partial x}, \frac{\partial U}{\partial y}, \frac{\partial U}{\partial z}\right)$$

现在变为

$$\operatorname{grad} U = \left(\frac{1}{g_1}\frac{\partial U}{\partial p_1}, \frac{1}{g_2}\frac{\partial U}{\partial p_2}, \frac{1}{g_3}\frac{\partial U}{\partial p_3}\right) \tag{24}$$

在新坐标系中, 对散度而言, 如果体积 $\Delta\tau$ 为无穷小单元, (曲线) 边为 $\Delta s_1, \Delta s_2, \Delta s_3$, 则从式 (20) 中可以得到其表达式为

$$\operatorname{div} \boldsymbol{A} = \frac{1}{g_1g_2g_3}\left\{\frac{\partial}{\partial p_1}(g_2g_3A_1) + \frac{\partial}{\partial p_2}(g_3g_1A_2) + \frac{\partial}{\partial p_3}(g_1g_2A_3)\right\} \tag{25}$$

选取曲面, 令其包含矩形环路, 并且该环路垂直于坐标方向 p_1, 则可得到旋度第 1 部分

$$\operatorname{curl}_1 \boldsymbol{A} = \frac{1}{g_2g_3}\left(\frac{\partial(g_3A_3)}{\partial p_2} - \frac{\partial(g_2A_2)}{\partial p_3}\right) \tag{26}$$

"轮换" 下标数字 1, 2, 3 可得到第 2 部分和第 3 部分.

3. Gauss, Stokes 和 Green 定理

从第 2 节式 (20) 和式 (21) 中散度与旋度的积分定义不难引申出 Gauss 和 Stokes 积分定理.

设矢量场 $\boldsymbol{A}$ 在闭曲面 σ 所围的区域 τ 内是可微的, 从而可建立在该闭区域内各点处散度 div $\boldsymbol{A}$ 的值. 下面的积分关系给出了 Gauss 定理:

$$\int \text{div}\,\boldsymbol{A}\,\mathrm{d}\tau = \int A_n \mathrm{d}\sigma \tag{1}$$

式中 $\boldsymbol{n}$ 是曲面微元 $\mathrm{d}\sigma$ 的外法矢量①.

为了证明上面关系式, 我们把空间区域 τ 分成 M 个小体积单元 $\Delta\tau_m$ (其体积也为 $\Delta\tau_m$), 与数学里定积分定义一致, 将式 (1) 左端写成极限和的形式

$$\lim_{M\to\infty}\sum_{m=0}^{m=M} \text{div}\,\boldsymbol{A}\,\Delta\tau_m \tag{1a}$$

其中 $M\to\infty$ 时 $\Delta\tau_m\to 0$, div $\boldsymbol{A}$ 在小体积单元 $\Delta\tau_m$ 上任意点处的值都存在. 将 div $\boldsymbol{A}$ 的积分定义第 2 节式 (20) 代入上式, 式 (1a) 中的和式变为

$$\sum_m \Delta\tau_m \lim_{\Delta\tau\to 0}\frac{1}{\Delta\tau}\int A_n\,\mathrm{d}\sigma \tag{1b}$$

将 $\Delta\tau_m$ 拿到极限符号右面, 并将求和 (有限项) 符号和积分符号交换, 则上式变为

$$\lim_{\Delta\tau\to 0}\sum_m \frac{\Delta\tau_m}{\Delta\tau}\int A_n\,\mathrm{d}\sigma \tag{1c}$$

令 $\Delta\tau$ 和 $\Delta\tau_m$ 相同②, 同时将 $\mathrm{d}\sigma$ 写成 $\mathrm{d}\sigma_m$, 用以表明 $\mathrm{d}\sigma_m$ 是所围区域体积为 $\Delta\tau_m$ 的曲面微元, 则式 (1c) 可以写为

$$\lim_{\Delta\tau_m\to 0}\sum_m \int A_n \mathrm{d}\sigma_m \tag{1d}$$

在对 m 求和时, 由于法矢量符号相反, 位于 σ 内、法矢量符号相反的一对曲面上的积分之和为零, 只剩下与 σ 曲面相邻的曲面单元上的积分, 因而式 (1d) 中的求和部分可写成简单的形式

$$\int A_n \mathrm{d}\sigma \tag{1e}$$

① 这种说法也许会带来不方便, 如当 $\boldsymbol{A}=\text{grad}\,U$ 时, $\partial U/\partial\boldsymbol{n}$ 一般在 σ 的外面没有定义, 然而, 我们可以用 $-\partial U/\partial\boldsymbol{n}'$ 来代替 $\partial U/\partial\boldsymbol{n}$, 其中 $\boldsymbol{n}'$ 是内法矢量.

② 这意味着极限过程 $\Delta\tau\to 0$ 和 $\Delta\tau_m\to 0$ (或 $m\to 0$) 同时进行, 尽管根据式 (1b) 它们是独立进行的.

同式 (1) 中积分一样, 上式中的积分是指最初给定的空间区域上的曲面积分. 由于该积分不依赖于单元体 $\Delta\tau_m$ 的划分, 因而式 (1d) 中的极限过程没什么变化, 式 (1a) 中的和式也一样没有变化, 所以表达式 (1e) 是表达式 (1a) 的值, 也就是式 (1) 左端部分积分的另外一种描述方式. 由于式 (1e) 与式 (1) 的右端相等, 因此 Gauss 定理得以证明.

在一般教科书中, Gauss 定理通常使用直角坐标系中的分部积分方法来证明, 但从上面的论述中我们看到, Gauss 定理也可用积分计算和矢量分析中的一般原则来论证. 对 Stokes 定理的证明类似, 我们只给出证明过程的总体思想, 具体细节可以参考 Gauss 定理的证明.

对流体来说, 式 (1) 的右端部分意味着流出曲面边界的流 (如果是负的, 则表示流进的流), 式 (1) 的左端部分表示连续分布在区域内的所有源点或汇集点强度的代数和, 二者相等是显而易见的.

在 Stokes 定理中, 我们考虑任意的、以一条封闭的定向曲线 (环路) s 为边界的曲面 σ, 在每个曲面单元 $\mathrm{d}\sigma$ 上构造法矢量 $\boldsymbol{n}$, 法矢量的方向和曲线 s 的方向符合右手螺旋规则. Stokes 定理的内容是: 对任何在 σ 的邻域内连续的矢量场 $\boldsymbol{A}$, 有

$$\int \mathrm{curl}_n\, \boldsymbol{A}\, \mathrm{d}\sigma = \oint A_s\, \mathrm{d}s \tag{2}$$

为证明此定理, 我们把 σ 划分成若干小曲面单元, 这些小曲面单元可以看成是相应切平面的一部分, 并设它们的边界 s_m 的定向与 s 的定向一致. 对每个单元 $\Delta\sigma_m$, 将第 2 节式 (21) 两端分别乘以 $\Delta\sigma_m$, 再对 m 求和, 然后求极限, 得到

$$\lim_{m\to\infty}\sum_m \mathrm{curl}_n\, \boldsymbol{A}\, \Delta\sigma_m = \lim_{m\to\infty}\sum_m \oint \lim_{\Delta\sigma\to 0}\frac{\Delta\sigma_m}{\Delta\sigma} A_s\, \mathrm{d}s_m \tag{3}$$

令 $\Delta\sigma = \Delta\sigma_m$, 按照类似方程 (1a)~(1d) 的顺序, 右端所有内部边界上的线积分相互抵消, 这是因为两个相邻曲面单元的公共边界方向相反, 从而只剩下外边界上的线积分, 即为式 (2) 右端的线积分. 用流体力学理论来解释, 方程 (2) 说明: 沿着边界曲线 s 的环量等于通过以 s 为边界的任意曲面 σ 的涡量的通量.

如果 Stokes 定理中的积分曲面是一个闭曲面, 则在边界上的积分为零, 即

$$\oint \mathrm{curl}_n\, \boldsymbol{A}\, \mathrm{d}\sigma = 0 \tag{4}$$

当然旋度 $\mathrm{curl}_n\, \boldsymbol{A}$ 在闭曲面上是连续的, 这一点在前面也强调过.

特别地, 若选取矢量 $\boldsymbol{A}$ 为一个梯度, 例如 $\boldsymbol{A} = \mathrm{grad}\, U$, 则微分表达式

$$A_s \mathrm{d}s = A_x \mathrm{d}x + A_y \mathrm{d}y + A_z \mathrm{d}z \tag{5}$$

变成全微分 $\mathrm{d}U$, 此时对任意边界曲线而言, 有

$$\oint A_s \,\mathrm{d}s = 0 \tag{6}$$

式 (2) 左端积分对任何曲面 σ 以及任何法矢量 $\boldsymbol{n}$ 来说都为零, 这通常意味着

$$\text{curl grad } U = 0 \tag{7}$$

该式也可以从第 2 节方程 (6) 中旋度的微分定义得到.

直角坐标系中的方程 curl $\boldsymbol{A} = 0$ 等价于使得微分表达式 $A_x\mathrm{d}x + A_y\mathrm{d}y + A_z\mathrm{d}z$ 成为全微分的三个条件 (见方程 (5)), 这些条件作为力场中势的存在条件已经出现于第一卷中的方程 (18.17), 它们现在可以写为更统一的形式 curl $\boldsymbol{A} = 0$.

另外需要注意, 虽然运算 curl grad U 有完好的意义, 但是 grad curl 没有, 这是因为根据定义, 梯度不能作用于矢量.

当 Gauss 定理应用于旋度矢量时, 即在式 (1) 中当 $\boldsymbol{A}$ 用 curl $\boldsymbol{B}$ 来代换时, 式 (1) 右端成为形如式 (4) 的积分, 因而它等于零. 相应地, 对包含在 τ 内的任何闭曲面 σ 来说, 式 (1) 左端的表达式也为零, 这通常意味着

$$\text{div curl } \boldsymbol{B} = 0 \tag{8}$$

该恒等式也可以直接从第 2 节微分定义 (1) 和 (6) 中得到. 同样, 符号 curl div $\boldsymbol{B}$ 也没有意义, 因为运算 curl 不能作用于标量.

我们也来看一下符号 div grad 和 grad div, div grad 应用于标量, 如 U, 记

$$\text{div grad } U = \nabla^2 U \tag{9}$$

在笛卡儿坐标系中算子 ∇^2 为

$$\nabla^2 = \frac{\partial^2}{\partial x^2} + \frac{\partial^2}{\partial y^2} + \frac{\partial^2}{\partial z^2} \tag{9a}$$

在正交曲线坐标 p_1, p_2, p_3 中, 利用第 2 节关系式 (24) 和 (25) 得到

$$\nabla^2 U = \frac{1}{g_1 g_2 g_3}\left\{\frac{\partial}{\partial p_1}\left(\frac{g_2 g_3}{g_1}\frac{\partial U}{\partial p_1}\right) + \frac{\partial}{\partial p_2}\left(\frac{g_3 g_1}{g_2}\frac{\partial U}{\partial p_2}\right) + \frac{\partial}{\partial p_3}\left(\frac{g_1 g_2}{g_3}\frac{\partial U}{\partial p_3}\right)\right\} \tag{9b}$$

符号 ∇^2 称为 Laplace 算子, 也称为第二微分参数. 第一微分参数定义为

$$\begin{aligned} DU = (\nabla U)^2 &= \left(\frac{\partial U}{\partial x}\right)^2 + \left(\frac{\partial U}{\partial y}\right)^2 + \left(\frac{\partial U}{\partial z}\right)^2 \\ &= \frac{1}{g_1^2}\left(\frac{\partial U}{\partial p_1}\right)^2 + \frac{1}{g_2^2}\left(\frac{\partial U}{\partial p_2}\right)^2 + \frac{1}{g_3^2}\left(\frac{\partial U}{\partial p_3}\right)^2 \end{aligned} \tag{9c}$$

这两个符号都作用在标量函数上. Laplace 算子的其他写法为 Δ^2 和 Δ, 主要见于法语和德语著作中①.

然而, 将符号 grad div 应用于矢量时, 为了充分讨论它, 我们看下面的公式:

$$\text{curl curl } \boldsymbol{A} = \text{grad div } \boldsymbol{A} - \nabla^2 \boldsymbol{A} \tag{10}$$

需注意上式中符号 $\nabla^2 = \text{div grad}$ 作用在矢量上, 这一点与其定义中要求作用在标量上冲突. 实际上, 该公式作用于矢量 $\boldsymbol{A}$ 在笛卡儿坐标系下的各个分量, 而 ∇^2 作用在 $\boldsymbol{A}$ 视作标量的单个分量上. 因而, 式 (10) 的证明需要在笛卡儿坐标系中完成, 这只需通过简单的计算来验证等式即可, 其中用到了算子 ∇.

反过来, 式 (10) 将量 $\nabla^2\boldsymbol{A}$ 变换到一般坐标系中. 定义

$$\nabla^2 \boldsymbol{A} = \text{grad div } \boldsymbol{A} - \text{curl curl } \boldsymbol{A} \tag{10a}$$

根据第 2 节式 (24)~(26), 等式右端的含义在任意正交坐标系中是明确的, 从而等式左端的含义也是明确的, 这一点将在第 9 节方程 (18) 后看到. 在问题 Ⅰ.4 中, 我们会讨论和解释在柱面坐标系中 $\nabla^2\boldsymbol{A}$ 的分量的正确计算与不正确计算之间的差别.

我们现在回到 Green 定理②, 它在矢量分析各积分定理间占据独特的位置, 在数学物理中的应用也是很广泛的. 它在势理论中起着奠基作用, 这也是 Green 定理首次提出的领域. 同时, 它在流体动力学、电动力学、光学中是不可或缺的, 即使在纯数学里它也被广泛应用. 根据 Green 定理的二维形式, Riemann 创立了复变函数理论. 在变分法、特征函数理论和积分方程中, Green 定理也随处可见. Green 通过

① 符号 ∇(读作 "del" 或者 "nabla", "nabla" 的叫法来源于一种希伯来人三角形乐器的名字) 定义为

$$\nabla = \boldsymbol{i}\frac{\partial}{\partial x} + \boldsymbol{j}\frac{\partial}{\partial y} + \boldsymbol{k}\frac{\partial}{\partial z}$$

∇^2 定义为如下形式的标量积:

$$\nabla^2 = \nabla \cdot \nabla = \frac{\partial^2}{\partial x^2} + \frac{\partial^2}{\partial y^2} + \frac{\partial^2}{\partial z^2}$$

∇ 与标量 φ 的乘积就是 φ 的梯度, 根据矢量代数运算规则标量积 $\nabla \cdot \boldsymbol{A}$ 给出 $\boldsymbol{A}$ 的散度:

$$\nabla \cdot \boldsymbol{A} = \frac{\partial A_x}{\partial x} + \frac{\partial A_y}{\partial y} + \frac{\partial A_z}{\partial z} = \text{div } \boldsymbol{A}$$

相应地, 矢量积 $\nabla \times \boldsymbol{A}$ 给出 $\boldsymbol{A}$ 的旋度. 由第 2 节式 (18b) 中 $\boldsymbol{i} \times \boldsymbol{j} = -\boldsymbol{j} \times \boldsymbol{i} = \boldsymbol{k}$, $\boldsymbol{i} \times \boldsymbol{i} = 0$ 等可得到

$$\nabla \times \boldsymbol{A} = \boldsymbol{i}\left(\frac{\partial A_x}{\partial y} - \frac{\partial A_y}{\partial z}\right) + \boldsymbol{j}\left(\frac{\partial A_x}{\partial z} - \frac{\partial A_z}{\partial x}\right) + \boldsymbol{k}\left(\frac{\partial A_y}{\partial x} - \frac{\partial A_x}{\partial y}\right) = \text{curl } \boldsymbol{A}$$

② George Green, An Essay on the Application of Mathematical Analysis to the Theories of Electricity and Magnetism, published in Nottingham, 1828.

该定理出现于上述著作中的第 3 章, 当然其计算是在笛卡儿坐标中而不是对矢量完成的. 式 (11) 中用到的记号 U, V 是 Green 使用的.

分部积分法证明了该定理, 这也是经常使用的方法. 我们将更为简单地从 Gauss 定理推出 Green 定理, 显然, Green 定理并不同于 Gauss 定理. 设 U 和 V 是满足必要的连续性 (二阶偏导数存在, 一阶偏导数连续) 的两个标量点函数, 在式 (1) 中将 $\boldsymbol{A}$ 替换为

$$\boldsymbol{A} = U \operatorname{grad} V - V \operatorname{grad} U \tag{11}$$

相应地, 将 A_n 替换为

$$A_n = U\frac{\partial V}{\partial n} - V\frac{\partial u}{\partial n} \tag{12}$$

经计算得到①

$$\operatorname{div}(U \operatorname{grad} V) = \operatorname{grad} U \cdot \operatorname{grad} V + U \operatorname{div} \operatorname{grad} V \tag{13a}$$

$$\operatorname{div}(V \operatorname{grad} U) = \operatorname{grad} V \cdot \operatorname{grad} U + V \operatorname{div} \operatorname{grad} U \tag{13b}$$

从而由式 (11) 可知

$$\operatorname{div} \boldsymbol{A} = U \operatorname{div} \operatorname{grad} V - V \operatorname{div} \operatorname{grad} U = U\,\nabla^2 V - V\,\nabla^2 U \tag{14}$$

利用式 (14) 和 (12), Gauss 定理 (1) 变为

$$\int \left(U\,\nabla^2 V - V\,\nabla^2 U\right) \mathrm{d}\tau = \int \left(U\frac{\partial V}{\partial n} - V\frac{\partial U}{\partial n}\right) \mathrm{d}\sigma \tag{15}$$

这就是 Green 第一定理. [不巧的是, 命名习惯并不一致, 许多作者把式 (15) 称为 Green 第二公式, 美国人更喜欢使用该方式.]

Green 定理对任意两个函数 U 和 V 以及区域 τ 的边界 σ 来说都是正确的, 需要注意的是 $\boldsymbol{n}$ 的正向指向外面.

到目前为止, 我们都是假设区域 τ 有且只有一个外边界曲面, 如果它也存在内边界, 例如有一个或多个洞, 则式 (15) 右端的积分必须包含内边界上的积分. 特别地, 当区域内包含着这样一些点, 在其上函数 U 或 V 是无穷大的或者是奇异的, 那么必须通过内边界 σ_i 把这些点从积分中去掉, 相应地在式 (15) 的右端就会出现内边界 σ_i 上的积分.

如果在 Gauss 定理中 $\boldsymbol{A} = U \operatorname{grad} V$, 即 $A_n = U\,\partial V/\partial n$, 那么由式 (13a) 可知式 (1) 变为

$$\int \operatorname{grad} U \cdot \operatorname{grad} V\,\mathrm{d}\tau + \int U\,\nabla^2 V\,\mathrm{d}\tau = \int U\frac{\partial V}{\partial n}\,\mathrm{d}\sigma \tag{16}$$

① 对任意一个标量 ψ 和任意一个矢量 $\boldsymbol{A}$, 可以很容易验证公式 $\operatorname{div} \psi \boldsymbol{A} = \psi \operatorname{div} \boldsymbol{A} + \boldsymbol{A} \cdot \operatorname{grad} \psi$ 成立.

这就是第二形式 Green 定理 (或 Green 第一公式). 如果令 U 和 V 相等, 则可以得到下列形式:

$$\int (\nabla U)^2 \, \mathrm{d}\tau + \int U \, \nabla^2 U \, \mathrm{d}\tau = \int U \frac{\partial U}{\partial n} \, \mathrm{d}\sigma \tag{16a}$$

式中包含两个微分参数 (9b, c).

上面等式直接导出势定理中起奠基作用的结论, 用数学语言描述就是如下微分方程:

$$\nabla^2 U = 0 \tag{17}$$

其解是调和函数或势函数. 从式 (16a) 中可以立即得到如下引理: 在闭曲面 σ 上为零而在其内部正则的势函数, 在 σ 内处处为零. 实际上, 由于式 (17) 及边界条件 $U = 0$, 方程 (16a) 隐含着

$$\int (\nabla U)^2 \, \mathrm{d}\tau = 0, \quad 在\ \sigma\ 内 \tag{17a}$$

从而得到 $\nabla U = 0$, 被积函数是非负的, 这意味着 $U = \text{const}$. 由于 U 在 σ 上为零, 因而 $U = 0$.

势理论边界值问题解的唯一性也可以通过式 (16a) 来证明, 如下来说明这个问题: 假设式 (17) 中的 U 在给定边界曲面有给定的值, 在曲面内是正则的, 如果有两个解 U_1 和 U_2 满足问题的条件, 则它们的差 $U = U_1 - U_2$ 将满足上面引理的条件, 从而在 σ 内 $U = 0$, 故 $U_1 = U_2$.

作一个轻微改动, 不是 U 而是法向导数 $\partial U/\partial n$ 在边界上满足相应的条件, 结论也成立 (见问题 I .5).

这几个注解给出 Green 定理的一般思想, 第 20 节将给出一个如何具体应用该定理的特例.

4. 张量分析概要

下面来辨别对称张量、反对称张量和一般张量 (或非对称张量). 一个一般张量可以看作一个对称张量和反对称张量之和, 方法与第 1 节中将系数 a_{ik} 写成一个 "奇" 项和一个 "偶" 项之和的形式完全相同. 反对称张量可以通过一个 (轴) 矢量来描述, 如第 1 节式 (12a) 所示, 所以本部分我们只需处理对称张量. 我们仅限于讨论二阶张量 (分量下标不超过两个), 并且从应变张量的表示式第 1 节式 (12) 开始. 虽然这里只讨论应变张量, 但是相关结论对任意二阶张量来说都是正确的, 特别是对第二章的应力张量和摩擦张量.

在坐标变换中, 张量的作用与张量概念的一般意义是紧密联系的, 可以像第 1 节式 (10) 那样通过一个矢量函数的系数图表来研究, 也可以通过与张量二次曲面

第 1 节式 (13) 的关系来研究. 用 x_1, x_2, x_3 来代替 x, y, z, 用 ε_{ik} 来代替 $\varepsilon_{xx}, \varepsilon_{xy}, \cdots$, 用一般矢量符号 $\boldsymbol{A}$ 来代替特殊矢量 (ξ_2, η_2, ζ_2), $\boldsymbol{A}$ 的分量为 A_1, A_2, A_3, 从而得到

$$A_i = \sum_k \varepsilon_{ik} x_k \tag{1}$$

$$\sum_i \sum_k \varepsilon_{ik} x_i x_k = \text{const} \tag{2}$$

与变换后的方程

$$A'_i = \sum_k \varepsilon'_{ik} x'_k \tag{2'}$$

$$\sum_l \sum_m \varepsilon'_{lm} x'_l x'_m = \text{const} \tag{1'}$$

进行比较, 以便发现张量 ε 和 ε' 之间的关系. 再次利用矢量 $\boldsymbol{x}$, $\boldsymbol{A}$ 和 $\boldsymbol{x}'$, $\boldsymbol{A}'$ 之间的关系第 2 节式 (2), 即

$$A'_i = \sum_k \alpha_{ik} A_k, \quad A_i = \sum_k \alpha_{ki} A'_k \tag{3}$$

$$x_i = \sum_l \alpha_{li} x'_l, \quad x_k = \sum_m \alpha_{mk} x'_m \tag{4}$$

由于式 (1) 和 (1′) 的比较过程与反对称张量的变换第 2 节式 (9)~(13) 在形式上是相同的, 此处不再进行, 我们只需用 ε_{ik} 代替 B_{ik}, 用 $\boldsymbol{A}$ 代替 $2\boldsymbol{A}$, 而 $\boldsymbol{B}$ 的反对称性直到第 2 节式 (14) 才用到, 因而结果第 2 节式 (13) 体现在下面的表示中:

$$\varepsilon'_{ij} = \sum_l \sum_k \alpha_{ik} \alpha_{jl} \varepsilon_{kl} \tag{5}$$

比较式 (2) 与式 (2′), 也可得到相同的结果: 将式 (4) 中的 x_i 和 x_k 代入式 (2), 保留求和顺序, 则表达式 $\sum\limits_l \sum\limits_k \sum\limits_i \sum\limits_k \varepsilon_{ik} \alpha_{li} \alpha_{mk} x'_l x'_m = \text{const}$ 必定和式 (2′) 相同, 因此

$$\varepsilon'_{lm} = \sum_i \sum_k \varepsilon_{ik} \alpha_{li} \alpha_{mk} \tag{6}$$

除了下标字母外, 这和式 (5) 是相同的.

建立变换规则的第二种方法更为简单, 但是不能应用在反对称旋转张量上. 当一个二次曲面恒为零时, 是无法将其与这样一个张量联系起来的: 系数 $\varphi_{ii} = 0$, 由于 $\varphi_{ik} = -\varphi_{ki}$, 因而乘积项成对抵消.

结果式 (6) 可以用下列命题来表示: 对称张量分量按照坐标的乘积和平方进行变换, 该论述可看作张量的定义. 对极矢量而言, 相应的论述是: 分量按照坐标系变换的方式来变换.

式 (6) 中的方程是先前的关系式第 1 节式 (22) 和 (22a) 的概括, 它们是 6 项之和, 而第 1 节式 (22) 和 (22a) 是 3 项之和. 原因是很明显的, 应变张量假定在 "对角型" 中, 这是关于它的主轴而言的. 但是沿平行于这个主轴切下来的矩形单元在变形后仍然是矩形, 它的角度变化为零, 因而其剪切为零. 这样, 无论何时当 ε 涉及主轴时, 式 (6) 中 6 个张量分量中的 3 个为零.

作为第 1 节方程 (23) 中提到的对角和的不变性的补充, 现在我们讨论张量的不变量, 首先证明二次曲面 (2) 的系数行列式在正交坐标变换中是不变的.

将该行列式标记为 D, 我们将证明

$$D = \begin{vmatrix} \varepsilon_{11} & \varepsilon_{12} & \varepsilon_{13} \\ \varepsilon_{21} & \varepsilon_{22} & \varepsilon_{23} \\ \varepsilon_{31} & \varepsilon_{32} & \varepsilon_{33} \end{vmatrix} = D' \tag{7}$$

其中 D' 表示方程 (6) 中 ε' 的行列式. 证明基于行列式的乘法定理, 过程如下: 当 ε 的行列式乘以变换系数 α 的行列式时, 其结果可以写成元素为 $\beta_{kl} = \sum_i \varepsilon_{ik}\alpha_{li}$ 的行列式. 当再次用 α 的行列式乘以 β 的行列式时, 乘积行列式的元素为

$$\sum_k \beta_{kl}\alpha_{mk} = \sum_k \sum_i \varepsilon_{ik}\alpha_{li}\alpha_{mk}$$

根据式 (6), 它与变换张量分量 ε'_{ik} 是相同的, 其行列式记为 D'. 这样我们得到

$$D' = D \cdot |\alpha_{li}|\ |\alpha_{mk}| \tag{7a}$$

但是当 α 的行列式等于 1 时, 这与结论 (7) 相同.

当曲面 $f = \sum\sum \varepsilon_{ik}x_i x_k = \text{const}$ 被正交变换为 $f' = \sum\sum \varepsilon'_{ik}x'_i x'_k = \text{const}$ 时, 二次型 $\varphi = \sum x_i^2$ 被正交变换为 $\varphi' = \sum x_i'^2$. ("无穷远处的圆" $\varphi = 0$ 是欧拉度量的规范二次曲面, 在正交变换中变换为其自身.) 结果, 一个特殊的二次曲面族 $f + \lambda\varphi = \text{const}$ 变换为 $f' + \lambda\varphi' = \text{const}$, 参数 λ 在这两个相同二阶曲面的方程中有相同的值. 但是由于该曲面的系数行列式也是不变的, 因此可推出

$$D_\lambda = \begin{vmatrix} \varepsilon_{11}+\lambda & \varepsilon_{12} & \varepsilon_{13} \\ \varepsilon_{21} & \varepsilon_{22}+\lambda & \varepsilon_{23} \\ \varepsilon_{31} & \varepsilon_{32} & \varepsilon_{33}+\lambda \end{vmatrix} = D'_\lambda \tag{8}$$

该等式对任意参数 λ 都成立, 因此式 (7) 得以证明.

将 D_λ 展开为 λ 的幂函数的形式

$$D_\lambda = D + \lambda\varDelta + \lambda^2\Theta + \lambda^3 \tag{8a}$$

其中 Θ 是前面第 1 节式 (23) 的对角和, Δ 是二次展开式

$$\Delta = \varepsilon_{11}\varepsilon_{22} + \varepsilon_{22}\varepsilon_{33} + \varepsilon_{33}\varepsilon_{11} - \varepsilon_{12}\varepsilon_{21} - \varepsilon_{23}\varepsilon_{32} - \varepsilon_{31}\varepsilon_{13} \tag{9}$$

对 D'_λ 进行同样处理, 与式 (8a) 类似, 用 D', Δ', Θ' 表示系数, 利用式 (8) 得到

$$D + \lambda\Delta + \lambda^2\Theta + \lambda^3 = D' + \lambda\Delta' + \lambda^2\Theta' + \lambda^3$$

由于对任意 λ, 上式都成立, 因此

$$D = D', \quad \Delta = \Delta', \quad \Theta = \Theta' \tag{10}$$

对称张量有三个不变量, 这是三个不依赖于张量表示方式的特征量. 不变量和张量二次曲面的几何关系是问题 I .6 的研究对象. 如前所述, 从力学角度讲, 不变量 Θ 等价于体胀因数. 一般而言, Θ 被称为张量的第一标量或张量的迹.

前述讨论从一般意义上涉及二次型, 如同对称张量, 这对反对称张量也是正确的, 因而, 反对称张量也应该有三个不变量, 但是不变量 Θ 等于零 (对角项为零), 以及行列式 D 为零 (任何奇数阶的反对称行列式也为零). 只剩下不变量 Δ, 由式 (9) 可得如下特别形式:

$$\Delta = \varepsilon_{23}^2 + \varepsilon_{31}^2 + \varepsilon_{12}^2 \tag{11}$$

它等于与之相关的轴矢量分量的平方和, 所以, 在轴矢量情形, 只存在一个与坐标系选取无关的量, 恰如极矢量情形. 对极矢量来说这是长度, 对轴矢量来说这是 “扭曲” 强度, 它等于极矢量的长度, 轴矢量也由它来表示.

在惯性矩情况下①(第一卷, 图 40a, b, c), 我们将讨论张量二次曲面的一些特殊情形, 球张量二次曲面的重要性是显而易见的. 在应变方面, 这意味着在所有方向上的一致膨胀或收缩: 没有剪切发生, 因为每个轴都可以看作主轴, 所有直角都没有改变.

单向扩展与二次曲面 $x^2 = \mathrm{const}$ (这是一对平面) 相关联, 例如, 沿 x 轴方向的单向扩展, 此时所有与 x 轴垂直方向的扩展都为零. 然而, 需要注意的是这不是由 x 轴方向的单向应力所引起的应变状态, 否则在垂直于 x 轴方向会引起收缩. 应变二次曲面是一个单叶双曲面, 它关于 x 轴是对称的.

当物体上的点沿着关于不变轴的同心圆发生位移, 并且位移与轴的距离 r 成反比时, 应变状态就呈现出有趣的方面. 这促使我们引入柱面坐标, 并如下定义位移矢量:

$$s_r = 0, \quad s_\varphi = \frac{A}{r}, \quad s_z = 0 \tag{12}$$

① 参考 Synge 与 Griffith, 前面引用的书; 第 11.3 部分包含一个图表.

在后面导出的式 (26) 和 (28) 的基础上, 同一坐标系中的应变分量可以被确定, 它们对任意正交曲线坐标都成立, 从而得到

$$\varepsilon_{r\varphi}=-\frac{A}{r^2},\quad \varepsilon_{rr}=\varepsilon_{\varphi\varphi}=\varepsilon_{zz}=\varepsilon_{zr}=0 \tag{13}$$

在方向平行于增量 $\mathrm{d}r,\mathrm{d}\varphi,\mathrm{d}z$ 的 (局部) 坐标系 ξ,η,ζ 中, 写出任意点 r,φ,z 处的张量二次曲面:

$$2\varepsilon_{r\varphi}\xi\eta=\text{const} \tag{14}$$

系数 $\varepsilon_{r\varphi}$ 随着距离 r 而变化, 但是就变形介质中某个确定的点而言, 在方程 (14) 中 $\varepsilon_{r\varphi}$ 有一个固定值, 因此常数可以包含因子 $2\varepsilon_{r\varphi}$, 这样方程 (14) 就可以用下式来代替:

$$\xi\eta=\text{const} \tag{15}$$

这是一个等轴双曲线, 因此张量二次曲面就是一个等轴双曲柱面. 等轴双曲线 (15) 的两个轴构成了一个 45° 的夹角, 其渐近线为 $\xi=0,\eta=0$.

所切下的平行于 $\mathrm{d}r,\mathrm{d}\varphi,\mathrm{d}z$ 的体单元随后进行纯剪切变形, 最初有四个直角的面变形为一个长菱形 (见图 4a). 设

$$\boldsymbol{s}(r)=\boldsymbol{s}_0+\delta\boldsymbol{s},\quad \boldsymbol{s}(r+\mathrm{d}r)=\boldsymbol{s}_0-\delta\boldsymbol{s},\quad \varphi=\text{const}$$

可以看到, 只有 $\delta\boldsymbol{s}$ 导致变形, 而 $\boldsymbol{s}_0$ 的效果只是导致平移 (在图中没有显示). 相反, 在图 4b 中画出的方向平行于张量二次曲面的主轴的体单元不仅没有进行剪切应变 (主轴定义所要求的), 而且也没有进行伸缩①.

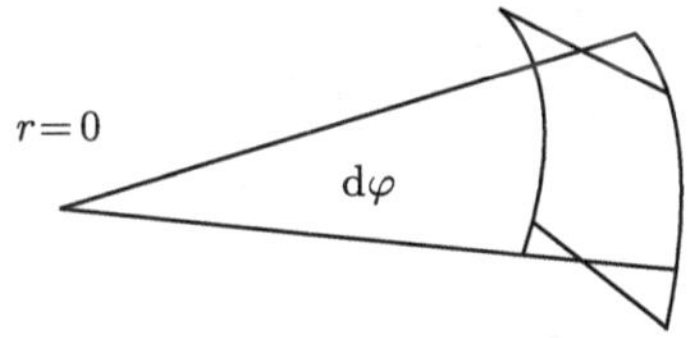

图 4a　纯剪切状态下一个初始长方体单元变为长菱形

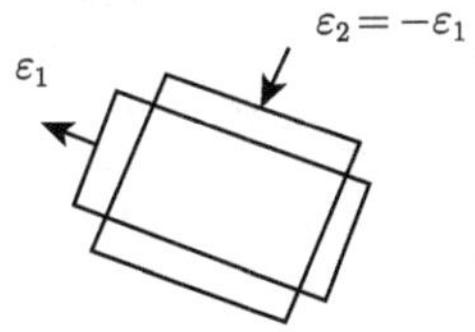

图 4b　主应变与剪切方向构成 45° 角, 它们大小相等但方向相反

① 这种应变状态形式上与屈服于挠率的圆形棒的横截面是相同的, 但是在后面情形下张量二次曲面的生成元与棒的轴是垂直的 [比较第 4 节式 (13) 与第 42 节式 (3)].

这是“等边形”张量二次曲面的结果: 从式 (13) 可以看出迹 Θ 为零, 因而它在切割下来平行于主轴的体单元上也为零 (迹的不变性). 由于 $\Theta=\varepsilon_1+\varepsilon_2+\varepsilon_3$, $\varepsilon_3=\varepsilon_{zz}=0$, 所以 $\varepsilon_2=-\varepsilon_1$. 纯剪切状态的特征是相反方向的主扩展.

总之, 我们得到了曲线坐标中表示应变张量的一些公式 [我们已经应用它们得到式 (13)], 这些公式不能像第 2 节方程 (24)~(26) 中梯度、散度和旋度那样以直接的方式表示出来, 因为不存在直观上内涵丰富的张量定义, 或像第 2 节中梯度、散度、旋度的定义那样不言而喻的几何不变量. 为此, 进行下列分析加以补偿①, 这也有益于更深刻理解张量二次曲面. 虽然这有点艰难, 但在后面将有巨大帮助, 例如, 第 42 节中的扭转问题.

设 $\mathrm{d}s$ 是所考虑介质中相邻两点 P 和 P' 之间的距离, $\mathrm{d}x,\mathrm{d}y,\mathrm{d}z$ 是它们的笛卡儿坐标微分, $\mathrm{d}p_1,\mathrm{d}p_2,\mathrm{d}p_3$ 是它们的曲线坐标微分. 根据第 2 节式 (22), 有

$$\mathrm{d}s^2=\mathrm{d}x^2+\mathrm{d}y^2+\mathrm{d}z^2=g_1^2\mathrm{d}p_1^2+g_2^2\mathrm{d}p_2^2+g_3^2\mathrm{d}p_3^2 \tag{16}$$

在介质变形中, 所有点经历由第 1 节式 (10) 给出的位移, 用 $\delta\boldsymbol{q}$ 来表示. 另一方面, 我们用 $\mathrm{d}\boldsymbol{q}$ 来表示变形前两个相邻点的相关位置矢量, 因而有 $|\mathrm{d}\boldsymbol{q}|=\mathrm{d}s$. 符号 $\mathrm{d}\delta\boldsymbol{q}$ 表示从一个场点到一个相邻场点的跃迁 d 所引起的位移 $\delta\boldsymbol{q}$ 的变化. 通过图 5 中的符号表示, 这是位移矢量 $P'Q'$ 和 PQ 的差. 根据图 5, 符号 $\delta\mathrm{d}\boldsymbol{q}$ 表示由位移作用 δ 所引起的位置矢量 PP' 的变化, 它把 P 移到 Q, 把 P' 移到 Q', 从而, $\delta\mathrm{d}\boldsymbol{q}$ 是变形前后位置矢量 QQ' 和 PP' 的差. 但是四边形 $PQQ'P'$ 满足矢量关系 $PP'+P'Q'=PQ+QQ'$ 或 $P'Q'-PQ=QQ'-PP'$, 这与交换关系

$$\mathrm{d}\delta\boldsymbol{q}=\delta\mathrm{d}\boldsymbol{q} \tag{17}$$

是等价的.

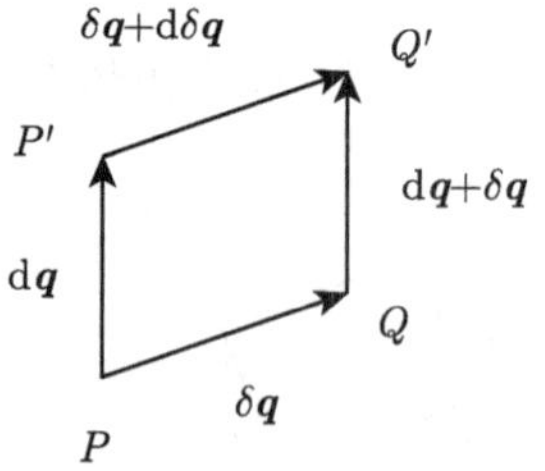

图 5　用以说明在一般直角坐标中应变张量的变化: 一个线单元 $\mathrm{d}\boldsymbol{q}$ 沿着位移矢量 $\delta\boldsymbol{q}$ 移动

现在回到第 1 节式 (10), 在笛卡儿坐标系中有

① 参考 E. Beltrami, Annali di Mathematica 10, 188(1881). Opere Mathematiche, III, 383.

$$\mathrm{d}\delta\boldsymbol{q}=\begin{cases}\mathrm{d}\delta x=\varepsilon_{xx}\mathrm{d}x+\varepsilon_{xy}\mathrm{d}y+\varepsilon_{xz}\mathrm{d}z\\ \mathrm{d}\delta y=\varepsilon_{yx}\mathrm{d}x+\varepsilon_{yy}\mathrm{d}y+\varepsilon_{yz}\mathrm{d}z\\ \mathrm{d}\delta z=\varepsilon_{zx}\mathrm{d}x+\varepsilon_{zy}\mathrm{d}y+\varepsilon_{zz}\mathrm{d}z\end{cases}\tag{18}$$

这些关系给出了位移 $\mathrm{d}\delta\boldsymbol{q}$ 的变化, 此时将 $\mathrm{d}\delta\boldsymbol{q}$ 看作矢量 $\mathrm{d}\boldsymbol{q}$ 的笛卡儿分量的一个线性矢量函数. 如果我们将 $\mathrm{d}\boldsymbol{q}$ 分解为由第 2 节式 (23) 给出的曲线坐标分量, 即

$$\mathrm{d}s_1=g_1\mathrm{d}p_1,\quad \mathrm{d}s_1=g_2\mathrm{d}p_2,\quad \mathrm{d}s_3=g_3\mathrm{d}p_3\tag{19}$$

我们再次得到一个线性矢量函数 $\mathrm{d}\delta\boldsymbol{q}$, 其系数是我们要寻找的张量分量

$$\mathrm{d}\delta\boldsymbol{q}=\begin{cases}\mathrm{d}\delta s_1=\varepsilon_{11}\mathrm{d}s_1+\varepsilon_{12}\mathrm{d}s_2+\varepsilon_{13}\mathrm{d}s_3\\ \mathrm{d}\delta s_2=\varepsilon_{21}\mathrm{d}s_1+\varepsilon_{22}\mathrm{d}s_2+\varepsilon_{23}\mathrm{d}s_3\\ \mathrm{d}\delta s_3=\varepsilon_{31}\mathrm{d}s_1+\varepsilon_{32}\mathrm{d}s_2+\varepsilon_{33}\mathrm{d}s_3\end{cases}\tag{20}$$

我们的任务是从位移分量 δq_1, $\delta q_2,\delta q_3$ 中计算 “曲线张量分量”ε_{ik}, 其中 δq_1, $\delta q_2,\delta q_3$ 沿 p_1, p_2,p_3 方向, 如第 1 节式 (11) 所示.

我们首先在笛卡儿坐标系中确定由位移 $\delta\boldsymbol{q}$ 产生的长度单元平方 $\mathrm{d}s^2$ 的变化, 从式 (16)~(18) 中可推知

$$\begin{aligned}\frac{1}{2}\delta\mathrm{d}s^2&=\mathrm{d}x\delta\mathrm{d}x+\mathrm{d}y\delta\mathrm{d}y+\mathrm{d}z\delta\mathrm{d}z\\&=\varepsilon_{xx}\mathrm{d}x^2+\varepsilon_{yy}\mathrm{d}y^2+\varepsilon_{zz}\mathrm{d}z^2+2\varepsilon_{xy}\mathrm{d}x\mathrm{d}y+2\varepsilon_{yz}\mathrm{d}y\mathrm{d}z+2\varepsilon_{zx}\mathrm{d}z\mathrm{d}x\end{aligned}\tag{21}$$

除了用变量 $\mathrm{d}x,\mathrm{d}y,\mathrm{d}z$ 替代 x,y,z 外, 最后一部分与张量二次曲面的多项式是相同的, 式 (21) 的第一部分可以写成 $\mathrm{d}s\ \delta\mathrm{d}s$ 的形式. 通过除以 $\mathrm{d}s^2$ 我们得到 $\delta\mathrm{d}s/\mathrm{d}s$, 这是单位长度上 $\mathrm{d}s$-纤维的扩展, 变量现在为 $\mathrm{d}x/\mathrm{d}s$, $\mathrm{d}y/\mathrm{d}s$, $\mathrm{d}z/\mathrm{d}s$. 因此, 张量二次曲面直接给出 $\mathrm{d}s$-纤维按照方向余弦 $\mathrm{d}x/\mathrm{d}s$, $\mathrm{d}y/\mathrm{d}s$, $\mathrm{d}z/\mathrm{d}s$ 的扩展, 从而将直觉上的物理意义赋予对称张量概念.

方程 (21) 的导出过程最好还是在曲线坐标系 p_1,p_2,p_3 中进行, 利用式 (19) 我们将长度单元写成 $\mathrm{d}s^2=\mathrm{d}s_1^2+\mathrm{d}s_2^2+\mathrm{d}s_3^2$ 的形式, 方程 (20) 和 (17) 给出

$$\begin{aligned}\frac{1}{2}\delta\ \mathrm{d}s^2&=\mathrm{d}s_1\delta\mathrm{d}s_1+\mathrm{d}s_2\delta\mathrm{d}s_2+\mathrm{d}s_3\delta\mathrm{d}s_3\\&=\varepsilon_{11}\mathrm{d}s_1^2+\varepsilon_{22}\mathrm{d}s_2^2+\varepsilon_{33}\mathrm{d}s_3^2+2\varepsilon_{12}\mathrm{d}s_1\mathrm{d}s_2+2\varepsilon_{23}\mathrm{d}s_2\mathrm{d}s_3+2\varepsilon_{31}\mathrm{d}s_3\mathrm{d}s_1\end{aligned}\tag{22}$$

方程两端除以 $\mathrm{d}s^2$, 则同前面一样得到 $\mathrm{d}s$-纤维的扩展.

根据 $\mathrm{d}s_i$ 和随后与式 (22) 右端的比较, 通过直接计算$\frac{1}{2}\delta\ \mathrm{d}s^2$, 可以得到 ε_{ik} 和位移分量 δq_i 之间的必需关系. 用紧凑的形式写式 (16), 我们首先得到

$$\frac{1}{2}\delta\ \mathrm{d}s^2=\sum_i g_i\ \delta g_i\ \mathrm{d}p_i^2+\sum_i g_i^2\ \mathrm{d}p_i\ \delta\mathrm{d}p_i\tag{22a}$$

这里利用由位移 $\delta \boldsymbol{q}$ 产生的系数 g_i 和坐标微分 $\mathrm{d}p_i$, 根据坐标自身的变分和微分, 我们必须表达变分, 或者换句话说, 我们必须在式 (22a) 中进行如下替换:

$$\delta g_i = \sum_k \frac{\partial g_i}{\partial p_k}\,\delta p_k, \quad \delta \mathrm{d}p_i = \mathrm{d}\delta p_i = \sum_k \frac{\partial \delta p_i}{\partial p_k}\mathrm{d}p_k$$

从而得到

$$\frac{1}{2}\delta\,\mathrm{d}s^2 = \sum_i\sum_k g_i\frac{\partial g_i}{\partial p_k}\,\delta p_k \mathrm{d}p_i^2 + \sum_i\sum_k g_i^2\frac{\partial \delta p_i}{\partial p_k}\,\mathrm{d}p_i\mathrm{d}p_k \tag{23}$$

现在我们将引入 $\mathrm{d}s_i$. 根据式 (19), 将 $\mathrm{d}p_i$ 写作 $\mathrm{d}s_i/g_i$. "曲线" 位移分量 δp_i 显然通过

$$\delta q_i = g_i\,\delta p_i \quad 或 \quad \delta q_k = g_k\,\delta p_k$$

与分量 δq_i 联系起来, 因此式 (23) 右端第一个和式变为

$$\sum_i\sum_k \frac{\delta q_k}{g_i g_k}\frac{\partial g_i}{\partial p_k}\,\mathrm{d}s_i^2 \tag{23a}$$

第二个和式变为

$$\sum_i\sum_k \frac{g_i}{g_k}\frac{\partial}{\partial p_k}\left(\frac{\delta q_i}{g_i}\right)\mathrm{d}s_i\mathrm{d}s_k$$

或者微分后, 有如下形式:

$$\sum_i\sum_k \frac{1}{g_k}\frac{\partial \delta q_i}{\partial p_k}\,\mathrm{d}s_i\,\mathrm{d}s_k - \sum_i\sum_k \frac{\delta q_i}{g_i g_k}\frac{\partial g_i}{\partial p_k}\,\mathrm{d}s_i\mathrm{d}s_k \tag{23b}$$

现在可以将式 (22) 中 $\mathrm{d}s_i\mathrm{d}s_k$ 的系数与式 (23a) 和 (23b) 中和式里的系数进行比较, 我们先从对角线项开始: 式 (23a) 中一个给定的 $\mathrm{d}s_i^2$ 的系数为

$$\sum_k \frac{\delta q_k}{g_i g_k}\frac{\partial g_i}{\partial p_k} \tag{24a}$$

式 (23b) 中, k 必须和所给的 i 相同, 因而系数可简化为

$$\frac{1}{g_i}\frac{\partial \delta q_i}{\partial p_i} - \frac{\delta q_i}{g_i^2}\frac{\partial g_i}{\partial p_i} \tag{24b}$$

把式 (24a) 和 (24b) 相加后, 有两项抵消, 从而得到

$$\frac{1}{g_i}\left(\frac{\partial \delta q_i}{\partial p_i} + \sum_{k\neq i}\frac{\delta q_k}{g_k}\frac{\partial g_i}{\partial p_k}\right) \tag{25}$$

这是 ε_{ii} 的值. 进一步, 式 (25) 意味着

$$\begin{cases} \varepsilon_{11} = \dfrac{1}{g_1}\left(\dfrac{\partial \delta q_1}{\partial p_1} + \dfrac{\delta q_2}{g_2}\dfrac{\partial g_1}{\partial p_2} + \dfrac{\delta q_3}{g_3}\dfrac{\partial g_1}{\partial p_3}\right) \\ \varepsilon_{22} = \dfrac{1}{g_2}\left(\dfrac{\partial \delta q_2}{\partial p_2} + \dfrac{\delta q_3}{g_3}\dfrac{\partial g_2}{\partial p_3} + \dfrac{\delta q_1}{g_1}\dfrac{\partial g_2}{\partial p_1}\right) \\ \varepsilon_{33} = \dfrac{1}{g_3}\left(\dfrac{\partial \delta q_3}{\partial p_3} + \dfrac{\delta q_1}{g_1}\dfrac{\partial g_3}{\partial p_1} + \dfrac{\delta q_2}{g_2}\dfrac{\partial g_3}{\partial p_2}\right). \end{cases} \tag{26}$$

在确定剪切应变张量 ε_{ik} 时, 我们首先注意到式 (23a) 无能为力. 在式 (23b) 中, 如果 i 和 k 确定后, 任一个和式都产生两项, 即一项为 $\cdots \mathrm{d}s_i \mathrm{d}s_k$, 另一项为 $\cdots \mathrm{d}s_k \mathrm{d}s_i$, 从而得到含有四项的表达式

$$\frac{1}{g_k}\frac{\partial \delta q_i}{\partial p_k} + \frac{1}{g_i}\frac{\partial \delta q_k}{\partial p_i} - \frac{1}{g_i g_k}\left(\delta q_i \frac{\delta g_i}{\partial p_k} + \delta q_k \frac{\partial g_k}{\partial p_i}\right) \tag{27}$$

相反, 这等于 $2\varepsilon_{ik}$, 写成具体形式, 得到

$$\begin{cases} \varepsilon_{12} = \dfrac{1}{2}\left(\dfrac{1}{g_2}\dfrac{\partial \delta q_1}{\partial p_2} + \dfrac{1}{g_1}\dfrac{\partial \delta q_2}{\partial p_1}\right) - \dfrac{1}{2g_1g_2}\left(\delta q_1 \dfrac{\partial g_1}{\partial p_2} + \delta q_2 \dfrac{\partial g_2}{\partial p_1}\right) \\ \varepsilon_{23} = \dfrac{1}{2}\left(\dfrac{1}{g_3}\dfrac{\partial \delta q_2}{\partial p_3} + \dfrac{1}{g_2}\dfrac{\partial \delta q_3}{\partial p_2}\right) - \dfrac{1}{2g_2g_3}\left(\delta q_2 \dfrac{\partial g_2}{\partial p_3} + \delta q_3 \dfrac{\partial g_3}{\partial p_2}\right) \\ \varepsilon_{31} = \dfrac{1}{2}\left(\dfrac{1}{g_1}\dfrac{\partial \delta q_3}{\partial p_1} + \dfrac{1}{g_3}\dfrac{\partial \delta q_1}{\partial p_3}\right) - \dfrac{1}{2g_3g_1}\left(\delta q_3 \dfrac{\partial g_3}{\partial p_1} + \delta q_1 \dfrac{\partial g_1}{\partial p_3}\right). \end{cases} \tag{28}$$

如果应用广义张量演算符号 (见附录 I), 式 (26) 和 (28) 用更加紧凑的形式表示出来.

目前, 我们只能运用这些公式来验证方程 (13). 如果我们通过令 $p_1 = r, p_2 = \varphi, p_3 = z$, 利用柱面坐标来表示 p_i, 则可以得到 $g_1 = g_3 = 1$, $g_2 = r$, 位移 (12) 给出

$$\delta q_1 = \delta q_3 = 0, \quad \delta q_2 = \frac{A}{r}$$

因而, 在式 (26) 和 (28) 中只有包含 δq_2 或 $\partial \delta q_2 / \partial p_1$ 的项才有实质意义, 它们没有为零的系数 $\partial g_i / \partial p_k$(注意到除了等于 1 的 $\partial g_2/\partial p_1$ 外, 所有这些导数都为零), 而只有 ε_{12} 包含这样的项, 即

$$\frac{1}{2g_1}\frac{\partial \delta q_2}{\partial p_1} = -\frac{1}{2}\frac{A}{r^2}, \quad -\frac{1}{2g_1g_2}\delta q_2 \frac{\partial g_2}{\partial p_1} = -\frac{1}{2}\frac{A}{r^2}$$

所以在上述情形, 式 (26) 和 (28) 归纳为 $\varepsilon_{12} = -A/r^2$, 而所有其他的 ε 都为零, 和式 (13) 一致.

通过令

$$v_r = 0, \quad v_\varphi = \frac{A}{r}, \quad v_z = 0 \tag{29}$$

我们最后将位移场 (12) 解释为速度场, 这种运动在涡旋理论中是非常重要的, 我们将看到只要 $r > 0$, 也就是说在轴外的所有点处, 它都是无旋的, 即使我们倾向于"看到"式 (29) 是沿着轴 $r = 0$ 的旋转. 以速度分布 (29) 为特征的稳态运动被认为是循环运动, 也被认为是 (直) 线涡旋或简单涡旋. 后一个术语显然使得轴上的点有一个特殊的意义: 它们形成一条涡旋线, 即一条集中的涡丝, 这将在第 19 节的 117 页中进行更全面的讨论, 在那里涡旋运动的无旋性也将被证明; 然而, 后一点现在就可通过列表回答问题 Ⅰ.3 的方法进行验证. 我们只需把矢量 (29) 与柱面坐标系中给出旋度分量公式中的矢量 $\boldsymbol{A}$ 视为相同的.

本章中, 通过研究从一个笛卡儿坐标系变换到另一个坐标系时的张量行为, 进一步深化了张量概念. 如果考虑更一般的变换, 就必须应用广义张量分析方法, 对此在附录Ⅰ ~ Ⅳ中有所叙述.

第二章　变形介质静力学

5. 应力的概念, 变形介质的一般分类

在本书中所使用的 “静力学” 这一术语具有与有限自由度系统力学相同的意义, 它遵循以下定义: 静力学着眼于分析物体所受的力, 而不考虑这些力所引发的运动 (参见第一卷第 5 节).

外力和内力之间需要区分. 当我们对某个力学系统进行隔离分析时, 系统的内力指的是那些遵循牛顿第三定律 (作用力与反作用力相等) 的力. 而在外力中, 重力和离心力①是变形介质力学中经常遇到的. 另外, 还有毛细力, 它们发生在内部和外部分子之间, 或者发生在固体边界与周围的流体分子之间. 内力的例子有源于分布在有限空间中的物质的反作用力 (拉力、压力和表面力). 在变形介质力学中, 内力扮演着最重要的角色②.

对固体来说, 按单位面积计量的作用力被称为**应力**; 对流体来说, 我们通常用**压力**(负应力) 来表示, 二者的量纲都是力/单位面积, 在厘米克秒制中为 $\mathrm{dyn/cm^2}$ ($1\mathrm{dyn}=10^{-5}\mathrm{N}$).

为了分析弹性固体中的应力概念, 我们想象物体被一个平面切开成两部分, 然后考虑在这两部分物体之间的相互作用. 如图 6 所示, 该分离平面垂直于 x 轴, 为便于观察, 两部分物体已经被分开绘制. 物体左侧部分的 “正 x 表面” 用剖面线表示 (该表面的外向法线指向正 x 方向, 因此简称为正 x 表面). 我们假设在图 6 中 x 表面是边长为 Δy 和 Δz 的矩形. 物体右侧的 x 表面, 实际上它和正 x 表面是重合的, 也用剖面线表示. 该平面是负 x 表面, 因为它的外向法线指向负 x 方向.

现在, 我们考虑负 x 表面作用于正 x 表面的力. 当这些力与正 x 方向平行时, 我们称之为正的法向应力 σ_{xx}, 它的大小等于力的总和除以面积 $\Delta y\Delta z$. 但一般来说, 合力并不会刚好垂直于 x 表面. 这时, 我们可以将该力向正 x、正 y 和正 z 方向进行分解从而得到相应的应力分量. 其中, y 和 z 方向分量就是所谓的切向应力或剪切应力, 分别用 σ_{xy} 和 σ_{xz} 表示. 这种记法的第一个下标表示受力表面的位置, 而第二个下标则表明了应力分量的方向.

---

① 离心力作为一种惯性效应, 在动力学中进行分析要更合适些. 但是对随物体运动的观测者来讲, 它也可以等效为一种外力, 因此也可以在静力学中进行考虑.

② 对于一个特定的系统, 外力和内力的差别一般来讲不同于源于物理的力 (外部施加的力) 和源于几何的力 (系统受到空间约束而产生的力) 的差别.

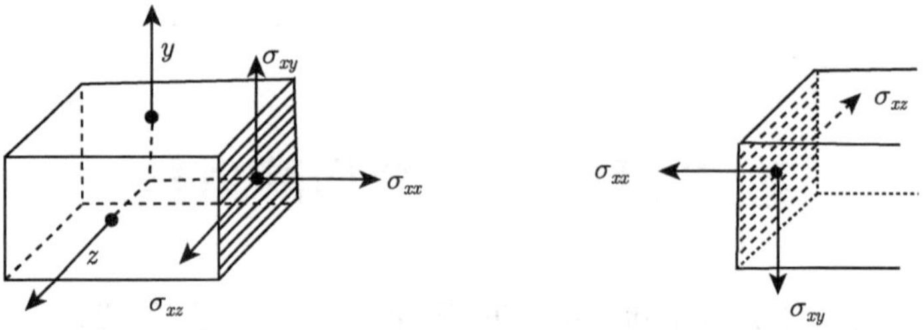

图 6 弹性体体积单元上的正应力和剪应力, 正 x 表面 (左) 和负 x 表面 (右)

根据作用力与反作用力原理, 对于图 6 中的右半部分负 x 表面的应力分量, 箭头应该指向相反的方向. 正 σ_{xk} 代表负 k 方向有应力. 这一点对于图中左半部分中的体积单元的负 x 表面来说也是一样的, 这个负 x 表面只需要将前面的负 x 表面平移一个小的位移 $(-\Delta x)$ 就可以得到. 在论及体积单元所有 σ_{ik} 分量的整体性质时, 我们可以使用**应力张量**这一术语, 但其张量性质, 包括对称性和变换法则等, 要到第 8 节才给出. 顺便说一句, **应力张量**这一术语显得有些多余, 因为正的应力表示着受拉, 而张量这个词本身就意味着**张力**.

对于所考虑的体积单元, 周围介质对它的作用力要么指向其外部要么指向其内部. 在后一种情况下 (压缩), 作用力被称为 "压力" 比称为 "应力" 其实要更合适些. 但是为了保持在弹性固体力学中术语的一致性, 我们将这种作用力统一称为 "应力", 只是将压力当作一种负应力而已.

而流体的情况则有所不同. 流体的内聚力非常弱, 在一般情况下它的 "极限强度" 与固体相比极小. 换句话说, 流体对拉力的抵抗能力很小, 实际上几乎不会出现正应力的情形, 因此我们更愿意采用压力 p 来处理方程, 而不是应力 σ. 在类似于图 6 的示意图中, 正 p_{xx} 应该绘制成向内的箭头①.

一个流体单元上作用的全部压力 p_{ik} 也被称为**张量**. 但是, 法向压力 p_{ii} 与切向压力 p_{ik} 之间存在着本质差别, 至少在静止状态或缓慢运动状态下是这样. 假设流动缓慢, 那么一个流体层沿相邻层移动时就不会有明显的能量消耗, 这意味着两个流体层缓慢地平行错动时其切向压力 p_{ik} 非常小. 由此引申, 静止状态下流体的所有切向压力均为零. 通过这种方式可以从根本上简化压力张量 p, 这一点将会在第 6 节 (流体静力学) 中得到应用.

对于相对速度更快的流体质点来说, 则必须研究它的完整压力张量, 同时还要分析压力张量对流体速度梯度的依赖性. 这一工作将在第 10 节 (黏性流体) 中完成.

流态的概念意味着气体和蒸汽也包括在内, 这二者具有大的可压缩特性. 在一定意义上说, 流体或者液体是大体不可压缩的. 当然, 在强外力作用下它们也能够

① 对于 p_{xy}, p_{xz} 等分量, 只要相应地反转其箭头方向即可. 因此 p_{xy} 的箭头指向负 y 方向时则表示它是正的. 从现在起, 后文将适用该约定.

在一定程度上被压缩, 但与气体或蒸汽相比它们的压缩度很小, 在众多问题中可以忽略; 水即如此, 常常被认为是不可压缩的.

根据第 1 节式 (24), 不可压缩条件可表示为 $\theta = 0$, 将第 1 节式 (7) 中的位移向量 $\boldsymbol{s}$ 替换为速度向量 $\boldsymbol{v}$, 我们可以获得关系式

$$\mathrm{div}\boldsymbol{v} = 0 \tag{1}$$

该式表明, 对于给定体积单元 $\Delta\tau$, 入口流量和出口流量的差在任意时刻均为零. 如果用 Δm 表示 $\Delta\tau$ 中的流体质量, 我们有

$$\Delta m = \rho \cdot \Delta\tau \tag{2}$$

其中 ρ 表示**密度**. 对于均匀不可压缩流体来说, ρ 在任意时刻和位置上都是常数.

对于**可压缩流体**, 此时体积不再恒定但质量不变, 则方程 (1) 的对应形式是什么? 除非有部分质量通过了体积单元 $\Delta\tau$ 的边界, 否则质量 Δm 不会减小. 边界上任意点上的质量流可以用矢量 $\rho\boldsymbol{v}$ 的法向分量来表示. 因此, 在时间段 Δt 内总的质量流出量为 [参考第 2 节式 (20)]

$$\int \rho v_n \mathrm{d}\sigma \Delta t = \mathrm{div}(\rho\boldsymbol{v})\Delta\tau\Delta t \tag{3}$$

另外, 从式 (2) 中可以看出, 在同样时间段内损失的质量为

$$-\frac{\partial\rho}{\partial t}\Delta\tau\Delta t$$

将其与式 (3) 进行比较, 可以得出**质量守恒条件**为

$$\frac{\partial\rho}{\partial t} + \mathrm{div}(\rho\boldsymbol{v}) = 0 \tag{4}$$

该条件也被称为**连续性方程**. 这个方程也可以写成以下形式:

$$\frac{\mathrm{d}\rho}{\mathrm{d}t} + \rho\mathrm{div}\boldsymbol{v} = 0 \tag{4a}$$

方程的第一项是**物质导数**, 在第 11 节中我们会对其进行更充分的讨论. 它的定义为

$$\frac{\mathrm{d}\rho}{\mathrm{d}t} = \frac{\partial\rho}{\partial t} + \boldsymbol{v}\cdot\mathrm{grad}\rho \tag{4b}$$

如果 ρ 在时间和空间上都是常数, 则方程 (4) 再次给出了不可压缩性条件 (1). 在不可压缩非均匀的流体中 (ρ 在空间上为变量), 通过式 (4b) 我们有

$$\frac{\mathrm{d}\rho}{\mathrm{d}t} = 0, \quad 也就是 \quad \frac{\partial\rho}{\partial t} = -\boldsymbol{v}\cdot\mathrm{grad}\rho \tag{4c}$$

该式描述了一个固定观测点上密度 ρ 的瞬时涨落, 但 ρ 的物质变化率为零.

这里我们给出在笛卡儿坐标系中方程 (1)、(4) 和 (4a) 的表达式:

$$\frac{\partial u}{\partial x}+\frac{\partial v}{\partial y}+\frac{\partial w}{\partial z}=0 \tag{1'}$$

$$\frac{\partial \rho}{\partial t}+\frac{\partial(\rho u)}{\partial x}+\frac{\partial(\rho v)}{\partial y}+\frac{\partial(\rho w)}{\partial z}=0 \tag{4'}$$

$$\frac{\mathrm{d}\rho}{\mathrm{d}t}+\rho\left(\frac{\partial u}{\partial x}+\frac{\partial v}{\partial y}+\frac{\partial w}{\partial z}\right)=0 \tag{4a'}$$

在涉及毛细力的问题中, 我们关注的是那些最靠近表面 (表面膜) 的流体层. 前面 (见图 6) 介绍的**分离面**现在被一个贯穿薄膜的**分割线**所取代. 目的是要研究分割线两侧所传递的作用力. 我们说的**表面张力**, 指的就是单位切面线长度的受力; 它的量纲是 dyn/cm.

6. 不可压缩流体的平衡 (流体静力学)

本节的研究对象当然并不仅仅是水 [尽管流体静力学的英文 (***hydrostatics***) 词根源于希腊语的水 "hydor"], 而是处于平衡状态的任意流体, 因为它们的流变特性差异对静止状态没有影响: 正如前面注意到的, 在平衡状态下剪应力为零, 或者

$$p_{ik}=0, \quad i\neq k \tag{1}$$

该方程式实际上相当于是给出了静止状态**流体的定义**—— 与固化状态相对: 没有晶体结构的玻璃, 在物理上必须被界定为**固态的流体**, 对玻璃而言, 方程 (1) 当然是不正确的.

从方程 (1) 中得出的一个基本结论是, 静水压力与一个球形张量二次曲面相关联. 因为方程 (1) 在任意坐标系下都应该成立, 所以该二次曲面的任意直径都可以视其为主轴. 静水压力张量的完全对称性可以表述成这样: **在给定点上任意面元上的压力均作用在法线方向 i 上, 且所有方向 i 上压力的大小均相同**; 在任意三个正交方向上 $p_{11}=p_{22}=p_{33}$. 资料表明, Pascal① 是第一个发现该定律的人.

我们可以从上述结果中得出结论, 静水压力是一个**标量**. 通常忽略下标直接用 p 来表示, 因为现在那些下标已经是多余的了. 注意, 如果一个诸如重力的**垂直**力作用于流体上, **水平**横截面上并不会优先承载, 相同的压力 p 会通过任意横截面 (包括垂直截面) 传递. **力的单向性并不会影响压力的对称性**.

① Blaise Pascal (1624—1662), 伟大的几何学家 (Pascal 定理) 和数学家 (Pascal 三角形, 奠基概率论), 同时也是伟大的作家和神学家; 他研究了空气压力定律, 首次推动测定了不同海拔处的大气压.

在外力的大小和方向已知条件下, 为了计算出压力, 用 $\boldsymbol{F}$ 表示单位流体**体积**上的外力, 因此 $\boldsymbol{F}$ 的量纲为 $\mathrm{dyn/cm^3}$. 那么体积单元 $\Delta\tau$ 受到的力为 $\boldsymbol{F}\Delta\tau$. 取体积单元为直六面体 ($\Delta\tau = \Delta x\Delta y\Delta z$), 记负 x 表面的 x 坐标为 x, 正 x 表面的 x 坐标为 $x+\Delta x$, 那么正 x 方向的力有

负 x 表面上	正 x 表面上	体积单元上
$p(x)\Delta y\Delta z$	$-p(x+\Delta x)\Delta y\Delta z$	$-F_x\Delta\tau$

(2)

将第一项和第二项加起来得到

$$-\frac{\partial p}{\partial x}\Delta x\Delta y\Delta z = -\frac{\partial p}{\partial x}\Delta\tau \tag{3a}$$

在除以 $\Delta\tau$ 后, 可以得到

$$-\frac{\partial p}{\partial x} + F_x = 0 \tag{3b}$$

这可以写为以下形式:

$$\mathrm{grad}p = \boldsymbol{F} \tag{4}$$

该方程适用于流体中任意点的任意方向.

显然, 关系式 (3b) 或展开的式 (4) 形成了平衡的必要条件. 从刚体静力学我们可以知道, 平衡所需的第二个条件是合力矩为零. 这一条件也必定适用于非刚体, 因为, 如果我们去除或放松刚体力学系统的内部约束, 就会得到一个自由度大大增加的非刚体系统. 因此, 毫无意外的是, 任何刚体的平衡条件也适用于变形体.

但是, 容易看到第二平衡条件或叫力矩平衡条件在流体情况下是自动满足的. 法向的压力对任何轴线都不会产生力矩. 例如, 对 x 轴的力矩只能由剪应力 p_{yz} 和 p_{zy} 产生, 但是它们等于零. 外力 $\boldsymbol{F}$ 也不产生矩; 如果我们假设力线是连续分布的, 这一点当然是正确的; 体力在任意的无穷小区域内总可以认为是平行分布的 (重力场就是说明这个含义的一个简单例子). 另一方面, 如果体力 $\boldsymbol{F}$ 的力线在我们的体积单元上有一个奇点 (在该点上力线相交), 那么此处的 $\boldsymbol{F}$ 必定为零, 因此 $\boldsymbol{F}$ 的力矩也为零. 实际上, 方程 (4) 不仅仅是平衡的必要条件, 而且也是充分条件.

方程 (4) 包含了一个非常著名的定理: **只有在外力有势的情况下,** 也就是说 $\boldsymbol{F}$ 可以表示为一个标量函数的梯度, **才可能保持平衡**. 这时, 我们可以记

$$\boldsymbol{F} = -\mathrm{grad}\,U \tag{5}$$

其中负号表示的是与势能的关系, 参考第一卷, 第 6 节, 脚注③. 势函数 U 不仅要**存在**, 而且还要在流体所占空间内**单值**. 只有在这种假设下, 我们才有可能根据式 (4) 中计算出形如式 (6) 的单值标量点函数 p,

$$p + U = \mathrm{const} \tag{6}$$

在式 (6) 中的积分常数要根据势能和压力的特殊归一化法则来确定.

对该定理的深入讨论将在本章末尾进行. 此刻, 我们先以重力为例, 分析一个标准情形, 其中力 $\boldsymbol{F}$ 具有单值势能. 将 $\boldsymbol{z}$=0 取在流体表面 (为简单起见, 下面称之为 "水") 并使正 z 轴指向垂直向下. 那么

$$\boldsymbol{F} = F_z\boldsymbol{k}, \quad F_z = \rho g = \gamma \tag{7a}$$

$$U = -\rho g z = -\gamma z \tag{7b}$$

这里 $\gamma(=\rho g)$ 表示水的**比重**, 与**比质量**或密度 ρ 有区别. 写成式 (7b) 是调整了 U 中的任意常数从而使表面的势能等于零. 现在我们再根据式 (6) 可以得到

$$p = \gamma z + \text{const} \tag{8}$$

其中 **const** 是表面 z=0 处的压力值, 等于大气压; 但是 p 也可以理解为相对于大气压的过压 (规范压), 这样理解对后文要更方便些. 令 p 是这种含义, 那么式 (8) 可以变成

$$p = \gamma z \tag{8a}$$

该方程包含了著名的连通器基本法则, 即在相互连通的容器中, 无论其形状如何, 相同深度处具有相同的压力. 同样的结果也可以根据微分方程 (4) 直接获得. 我们可以顺着容器的形状, 沿一条由一系列垂直线段和水平线段组成的折线深入水中并进行积分. 沿水平线有 $\mathrm{d}p = 0$, 而沿垂直线有 $\mathrm{d}p = y\mathrm{d}z$. 对垂直分量求和马上就可得到在深度 z 处 $p = \gamma z$.

让我们在这里引入一些基本的常数: 标准大气压力 =76cmHg, Hg 密度为 13.596 gr/cm^3 (1gr=0.064799g), 因此根据式 (8a) 有

$$p_{\text{atm}} = 76 \times 13.596 \times g(\text{gr/cm}^2) = 1033 \times g(\text{gr/cm}^2) = 1.033(\text{kg - wt./cm}^2)$$

1cm^2 的水面承受的压力大约为 1kgf (1kgf = 9.80665N), 也即每平方米为 10tf (1tf= 9.80665×10^{3}N). 对应于 76cmHg 的水柱高度为 10.33m, 利用这一高度值

$$p_{\text{atm}} = 1033 \times 1 \times g(\text{gr/cm}^2) = 1.033(\text{kg - wt./cm}^2),$$

这里水的密度 $\rho = 1$.

现在, 我们来考虑一个离心力和重力共同作用的例子: 在一个圆桶 (离心机) 中的流体以恒角速度 $\boldsymbol{\omega}$ 绕垂直轴旋转, 则单位体积的离心力为

$$\boldsymbol{F} = F_r\boldsymbol{r}, \quad F_r = \rho r\omega^2, \quad \boldsymbol{r}\ \text{是垂直于转轴的单位矢量}$$

它的势函数为

$$U = -\frac{1}{2}\rho r^2\omega^2 \tag{9}$$

重力和离心力的总势能为 (常数除外)

$$U = -\rho g z - \frac{1}{2}\rho r^2\omega^2 = -\gamma\left(z + \frac{r^2\omega^2}{2g}\right)$$

根据式 (6) 可知, 旋转流体的压力为

$$p = \gamma\left(z + \frac{r^2\omega^2}{2g}\right) + \text{const} \tag{10}$$

为了确定式 (10) 中的常数, 我们首先在圆桶的转轴上, 也即 $r=0$ 处, 标记水位 z_0. 如果 p 仍表示过压, 根据式 (10) 可以得出 $z = z_0$, $r=0$ 处有

$$0 = \gamma z_0 + \text{const}, \quad \text{const} = -\gamma z_0$$

一般情况下

$$p = \gamma\left(z - z_0 + \frac{r^2\omega^2}{2g}\right) \tag{11}$$

自由表面, 具有 $p=0$ 的特点, 其方程为

$$z_0 - z = \frac{r^2\omega^2}{2g} \tag{12}$$

图 7 示意了人们熟知的旋转抛物面. 由于 z 轴正向朝下, $z_0 - z$ 是抛物子午线在坐标轴正向朝上时的纵坐标. 用 h 表示四周水面和中心点的水位差, 而 v 代表圆周速率, h 可以表示为众所周知的速度水头的形式.

$$h = \frac{v^2}{2g} \tag{13}$$

所有恒定压力的液面都是互相全等的抛物面, 通过自由面垂直向下移动即可获得.

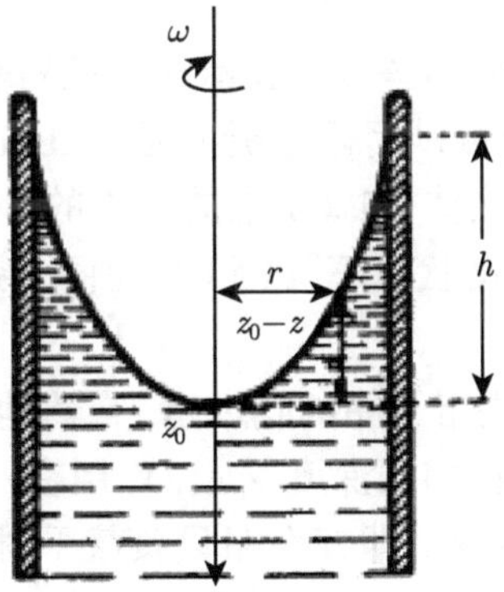

图 7　流体质量的旋转抛物面, 沿壁面的上升可以看作是速度头

接下来我们转到**船体平衡**问题上，在这个例子里重力又是唯一存在的外力. 图 8 给出了一个垂直于该船纵轴的横截面 (正 y 轴指向前). 让我们将船体看作母线与 y 轴平行的一个柱体表面. 当船体直立时, 令 S 是船的质量中心, C 是排出水或"排量"的质量中心.

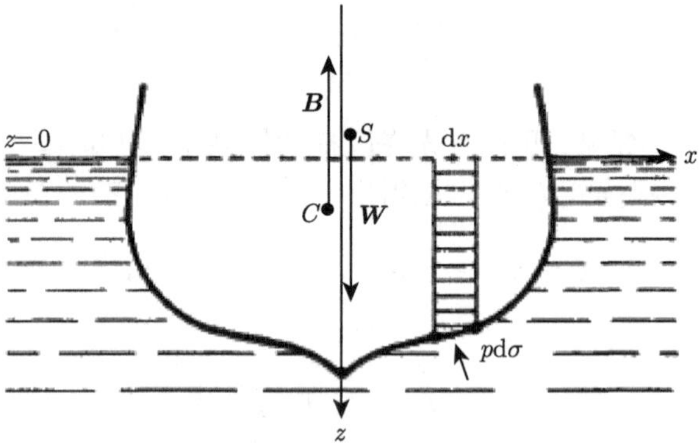

图 8　棱形船体的平衡. 浮力是所有作用在船体表面压力的合力

定义船的浮力为所有作用于船只浸水面的压力的合力, 我们可以证明该合力作用线会通过 C. 因此, C 点被称为浮力中心点.

令 $\mathrm{d}\sigma$ 为船体的一个表面单元. 根据船体的简化形式, $\mathrm{d}\sigma = \mathrm{d}s\mathrm{d}y$, 其中 $\mathrm{d}s$ 是横截面的线单元. 压强 γz 作用在面元 $\mathrm{d}\sigma$ 的法线方向上, 因此压力为 $\gamma z\mathrm{d}\sigma$, 并且它的垂直分量为 $\gamma z\mathrm{d}\sigma\cos(\boldsymbol{n},\boldsymbol{z})$, 其中 $\boldsymbol{n}$ 是 $\mathrm{d}\sigma$ 的内法线. $\mathrm{d}\sigma\cos(\boldsymbol{n},\boldsymbol{z})$ 在数值上等于 $\mathrm{d}\sigma$ 在水平方向上的投影, 而该压力单元的垂直分量可以写为 $\gamma z\mathrm{d}x\mathrm{d}y$. 浮力可以通过下式计算得出:

$$B = \gamma\int z\mathrm{d}x\mathrm{d}y = \gamma V \tag{14}$$

其中 V 是排水量的体积; 当然, $B = \gamma V$ 表示的就是阿基米德浮力原理. 向量 $\boldsymbol{B}$ 垂直向上, 并且它的作用线完全可以用像分析力元 $\gamma z\mathrm{d}x\mathrm{d}y$ 为垂直向量一样的方式获得; 因此 $\boldsymbol{B}$ 可以视为作用在柱体 $z\mathrm{d}x\mathrm{d}y$ 上的重力的合力, 故而其作用线通过排量的重心 C. 如图 8 所示, 在平衡状态下, C 和 S 在同一条垂直线上, 而 $\boldsymbol{B}$ 的大小与船的重量相等.

$B = \gamma V = W$ 这一条件决定了船的吃水量; 自然地, 船的吃水量会随着负载的增加而增加. 也要注意的是, 在相同深度 z 上, 作用在两个反向面元 $\mathrm{d}\sigma_1$ 和 $\mathrm{d}\sigma_2$ 上的压力的水平分量是相互平衡的. 即使在船只负载不对称的情况下仍然如此, 这一点可以从在垂直面上的投影 $\cos(n_1,x)\mathrm{d}\sigma_1 = \cos(n_2,x)\mathrm{d}\sigma_2$ 的等式立即得到.

现在我们来看平衡位置受到扰动时**船只的摆动**问题. 这个问题仍然属于流体静力学的范畴, 因为, 出于对实际的一个很好的近似, 我们可以假设在运动的任何阶段, 如果这一运动阶段是一个可能的静止位置, 则船只的压力分布与流体静力学压力分布并不存在很大的差异, 静水压力分布仍是主要的.

我们将该理念用于船只的滚动 (沿纵向或 y 轴旋转) 分析. 船只的对称平面现在与垂直面成一个可变的角度, 用 ϑ 来表示. 在滚动过程中, 排水量的形状以及 C 的位置是变化的. 假设滚动幅度很小, 令 C' 为滚动结束时排量的质心, C'' 为相反方向滚动结束时的质心点. 设 $\mathfrak{M}$ 为 $C'CC''$ 曲线的曲率中心 (在图 9 中, $\mathfrak{M}$ 采用了 C' 和 C'' 两点处法线相交的方式近似画出). $\mathfrak{M}$ 点被称为**稳心**. 我们的图中示意了当浮力 $\boldsymbol{B}$ 通过 C' 时的运动瞬间. 正如图中给出的, $\boldsymbol{B}$ 位于重力向量 $\boldsymbol{W}$ 的右侧, $\boldsymbol{W}$ 始终通过 S. 由力偶 $\boldsymbol{B}$ 和 $\boldsymbol{W}$ 形成的力矩 $\boldsymbol{M}$ 用弧形箭头来表示, 它的作用是减小滚动的角度 ϑ. 这是**船体稳定性**的充分必要条件. 无论何时, 只要稳心 $\mathfrak{M}$ 高于质心 S, 这一条件就是满足的 (如图中所画). 如果 $\mathfrak{M}$ 低于 S, 那么力矩 $\boldsymbol{M}$ 将会增加摆动幅度并最终使船倾覆.

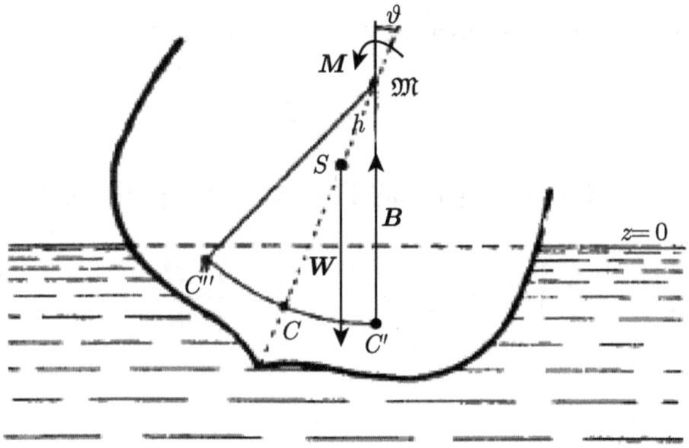

图 9　倾斜船体的稳心以及恢复力矩

S 和 $\mathfrak{M}$ 之间的距离称为稳心高度 h. 对于小角度 ϑ, 根据图 9 我们有

$$|\boldsymbol{M}| = M_y = hW\sin\vartheta \sim hW\vartheta$$

因此, 船体滚动的微分方程与复摆运动相同 (参见第一卷第 16 节的例子).①用 $\boldsymbol{\theta}$ 表示船绕其纵轴的惯性矩,

$$\theta\ddot{\vartheta} = M_y = -hW\vartheta \tag{15}$$

摆动的圆频率为

$$\omega = \sqrt{\frac{hW}{\theta}} \tag{16}$$

工程上, h 的值是 CS 距离的 3~5 倍.

① 参看 Synge and Griffith, *op. cit.*, Sec. 7.2.

从严格意义上讲, 上述分析仅适用于在无穷小振幅, 只用考虑一个稳心 $\mathfrak{M}$ 的情况. 这时 $\mathfrak{M}$ 实际上是 $\vartheta \to 0$ 时稳心的极限位置. 在造船工程学中, 人们还必须研究 ϑ 在有限值下的船的稳定性, 考虑到当 ϑ 变化时 $\mathfrak{M}$ 相对船体的移动情况.

现在, 我们转而讨论当力场没有单值势能时会出现什么情况. 我们来考虑一个在实际实验中容易看到的简单例子, 而不是做一般性的阐释. 一种弱导电流体, 如硫酸铜 ($CuSO_4$) 溶液, 置于具有绝缘底部和导电侧壁的浅圆筒形容器中. 一根铜线沿容器的轴线放置. 为保持电流从轴心处通过流体通向四壁上, 在中间的这根铜线与容器侧壁之间存在几伏特的电势差. 令 I 为电流, 并且 $\boldsymbol{J}$ 是电流密度矢量, $|\boldsymbol{J}|$ 是距离轴心 r 处的单位面积上通过的径向电流. 显然有

$$|\boldsymbol{J}| = \frac{I}{2\pi rh} \tag{17}$$

其中 h 是流体层的高度. 现在让我们施加一个相当均匀的磁场 $\boldsymbol{H}$, 它的力线垂直穿过流体层. 那么作用于流体单元单位体积上的电磁力为

$$\boldsymbol{F} = \boldsymbol{J} \times \boldsymbol{H} \tag{18}$$

这是一个垂直于 $\boldsymbol{J}$ 和 $\boldsymbol{H}$ 因此指向切向的矢量. 引入极角 φ, 考虑式 (17) 和 (18), 我们有

$$|\boldsymbol{F}| = F_\varphi = \frac{A}{r}, \quad A = \frac{I \cdot H}{2\pi h} \tag{19}$$

这个力有势

$$U = -A\varphi \tag{20}$$

事实上, U 对柱面坐标 r, z 的负梯度为零, 而对 φ 方向来说有

$$-\mathrm{grad}_\varphi U = -\frac{1}{r}\frac{\partial U}{\partial \varphi} = \frac{A}{r} = F_\varphi$$

不过这个势函数显然在该 (双连通) 流体域内不是单值的, 因为变量 φ 关于轴 r=0 每绕一圈, 势函数的值将变化 $2\pi A$.

由于流体静压力必须是一个单值的点函数, 在方程 (6) 意义上平衡这种势的压力分布并不存在. 因此流体在力 F_φ 作用下开始运动. 运动的速度模式是第 4 节式 (29) 中描述的单涡流运动; 在我们这个例子中, 圆周速度为

$$|\boldsymbol{v}| = v_\varphi = \frac{A}{r}\frac{t}{\rho}$$

其中 t 是磁场的作用时间, ρ 是流体的密度. 如果没有摩擦, 这个速度将会不断增大.

研究多值函数的数学家会尝试将函数值的集合分成多个不同的分支. 他对函数的定义域进行一个适当的分割, 从而限制自变量可以变化的曲线类型, 并借此建立起函数的单值分支. 我们可以在实验中完成类似的工作, 将一个隔板 (木板或纸板) 置于容器轴线与侧壁之间. 于是一侧的流体相对另一侧开始涨高, 在流体域中的势成为了单值函数, 建立了 $p = A\varphi$ 的流体静压以平衡势 U, 流体的运动停止了. 从液面的形状可以推断出压力分布; 在隔板的一侧, 水位比另一侧高出了 $2\pi A$ 的量. 这一高度差等于势函数的周期模量.

7. 可压缩流体静力学

可压缩气体和蒸汽的密度取决于压力. 假设二者之间的关系形如 $p = C\rho^n$, 这个关系可以写成参考正常态的 p_0, ρ_0 的形式如下:

$$\frac{p}{p_0} = \left(\frac{\rho}{\rho_0}\right)^n \tag{1}$$

该方程对应的曲线在技术和天体物理学应用中被称为**多变曲线**, n 被称为**多变指数**.

在等温状态下 (整个流体的温度恒定), n 等于 1. 这是如下状态方程的直接结果:

$$p = \rho\frac{R}{\mu}T \tag{2}$$

其中 R 为通用气体常数, μ 为气体的摩尔量①(例如, 对氧气 $(O_2)\mu$=32gr), T 为绝对温度. 在**绝热状态** (对流平衡, 例如无热交换的剧烈的混合过程) 双原子气体的 n=1.4. 在航空学中有时假定平均 n=1.2 (大气的多变指数, 见下文).

我们知道在绝热状态下 n=1.4, 等于在恒压和定容条件下的比热之比 c_p/c_v. 这一比值可以根据热力学第一定律运用经典统计理论 (能量均分定理) 获得. 理论值可以这样获得, $c_p/c_v = 1 + 2/f$, 其中 f 表示气体分子的自由度数. 对于氮气 (N_2) 或氧气 (O_2) 这类双原子分子来说, 该数值等于 5(3 个平动自由度及 2 个转动自由度, 量子理论表明绕两原子连线的转动不能发生), 因此 n 的值为 1+2/5=1.4.

在可压缩流体力学中, 出于方便可以采用另一种不同的方式来度量外力. 之前我们度量外力针对的是**单位体积**并用 $\boldsymbol{F}$ 来表示, 现在我们更倾向针对**单位质量**同时用 $\boldsymbol{P}$ 来表示. 因此有

$$\boldsymbol{F}\Delta\tau = \boldsymbol{P}\Delta m, \quad \text{所以}\ \boldsymbol{F} = \rho\boldsymbol{P} \tag{3a}$$

① 众所周知, 1mol 的克数等于气体的原子量之和. 经常使用的是术语**分子量**而不是**摩尔量**, 但我们希望保留这个术语 (分子量) 以将其应用到实际单个分子的重量 (或更准确地说, 质量). 正如 R. W. 波尔指出 (Z. f. Phys, 121,543, 1943) 摩尔的定义取决于质量单位的定义. 如果用千克 (kg) 而不用克 (gr), 摩尔就变成 “千摩尔”. 摩尔体积和每摩尔的 Loschmidt 数 (阿伏伽德罗常量 (Avogadro’s number)) 也作相应变化 (见后文).

在重力情形下, $|\boldsymbol{F}| = \rho g$, 我们容易有

$$\pm|\boldsymbol{P}| = P_z = \pm g \tag{3b}$$

正负号取决于 z 轴方向的选择; 对于离心力, 如第 6 节式 (9) 给出的 $|\boldsymbol{F}| = \rho r\omega^2$, 我们有

$$|\boldsymbol{P}| = r\omega^2 \tag{4}$$

如果我们考察对可压缩和不可压缩流体均适用的平衡条件第 6 节式 (4), 则新记法的优势就变得很明显了. 现在这个条件变为

$$\frac{1}{\rho}\mathrm{grad}p = \boldsymbol{P} \tag{5}$$

该式第二项是已知量, 而如果知道 p 或 ρ 的关系, 第一项可以表示为 p 或 ρ 的表达式.

对于 p, ρ 的关系 (1), 方程 (5) 可以转化为以下形式:

$$\mathrm{grad}\wp = \boldsymbol{P} \tag{6}$$

其中

$$\wp = \frac{p_0^{1/n}}{\rho_0}\frac{p^{1-(1/n)}}{1-(1/n)} \tag{6a}$$

对于任意给定的非多变的 p, ρ 关系来说, 方程 (6) 都同样适用, 我们可以将 $\wp$ 解释为

$$\wp = \int_A^B \frac{\mathrm{d}p}{\rho} \tag{6b}$$

在这里 A 是一个固定点, B 是可变的域点, 其坐标为 x, y, z.

与第 6 节式 (4) 相同的是, 方程 (6) 意味着, **在可压缩流体中, 也只有当外力**(当前情形下是单位质量的外力)**有势时才可能出现平衡状态**. 用 V 表示势能, 我们根据式 (6) 可以推出

$$\mathrm{grad}(\wp + V) = 0, \quad \wp + V = \mathrm{const} \tag{7}$$

对重力场, $V = gz$, z 按竖直向上为正来计算. 当采用多变关系 (1) 时, p 由式 (6) 给出, 由关系 (7) 的第二式得到

$$\frac{p_0^{1/n}}{\rho_0}p^{1-(1/n)} = \frac{n-1}{n}(\mathrm{const} - gz) \tag{8}$$

当 z=0 时, $p=p_0$(参考压力). 式 (8) 中的常数可以从 $p_0/\rho_0=\text{const}(n-1)/n$ 解出. 这样方程 (8) 可以写为

$$p=p_0\left(1-\frac{n-1}{n}\frac{\rho_0}{p_0}gz\right)^{n/(n-1)} \tag{9}$$

将 p 用 ρ 表示, 可以得到

$$\rho=\rho_0\left(1-\frac{n-1}{n}\frac{\rho_0}{p_0}gz\right)^{1/(n-1)} \tag{9a}$$

式 (9) 和 (9a) 表示了多元大气的压力和密度分布, 它的高度 h 可以通过将 p 或 ρ 设定为 0 来得到

$$h=\frac{n}{n-1}\frac{p_0}{\rho_0 g}. \tag{9b}$$

重新在式 (9) 和 (9a) 中引入 h, 这两个方程现在可以简化为

$$p=p_0\left(1-\frac{z}{h}\right)^{n/(n-1)},\quad \rho=\rho_0\left(1-\frac{z}{h}\right)^{1/(n-1)} \tag{10}$$

当通过式 (10) 计算出比值 p/ρ 后, 利用状态方程 (2) 就可以得到温度分布:

$$RT=\mu\frac{p_0}{\rho_0}\left(1-\frac{z}{h}\right) \tag{11}$$

根据这一结果, 多元大气的温度分布是一个关于高度的线性函数, 在 z=0 到 $z=h$ 之间, 温度从 $T_0=\mu p_0/\rho_0 R$ 下降到 T=0.

根据式 (9b) 可以得到多元大气高度的数值结果: 在绝热情况下, n=1.4, 高度仅有 28km, 而在多变情况下, 如果选择 n=1.2, 则可得到 48km; 当然, 等温大气的高度是**无限的**.

T=const 这一假设对整个大气是不可行的. 在对流层, 大气的最低部分, 随着高度增加会有一个非常明显的温度下降; 在平流层, 温度首先在一个相当大的区间内保持恒定, 然后再升高. 对流层与平流层的边界平均高度为 12km, 在两极比在赤道要低. 对于微小的高度差异, 恒定温度假设可以维持. 这种情况下推导的压力和密度分布就是我们熟知的**气压公式**. 由于该公式是人们普遍感兴趣的, 下面将直接根据方程 (5) 进行推导.

设 $P_z=-g$, 将式 (2) 写成如下形式:

$$\rho=Cp,\quad C=\frac{\mu}{RT} \tag{12}$$

根据式 (5) 我们得到

$$\frac{1}{p}\frac{\mathrm{d}p}{\mathrm{d}z}=-Cg$$

通过积分可以得到

$$\log p = -Cgz + \log p_0 \tag{13}$$

其中 p_0 是地面的压力 (z=0); 进一步解出 p, 我们有

$$p = p_0 \mathrm{e}^{-Cgz} = p_0 \mathrm{e}^{-\mu gz/RT} \tag{14}$$

同样的公式也适用于密度分布 [对比式 (12) 或 $\rho/\rho_0 = p/p_0$]:

$$\rho = \rho_0 \mathrm{e}^{-\mu gz/RT} \tag{15}$$

根据式 (13), 如果设备配以适当的刻度①, 那么高度就可以直接从气压计上读出.

人们可以在空气质量团沉降平衡的意义上来理解方程 (15). 简 · 佩兰 (Jean Perrin) 就成功地应用该理念, 将乳香滴入水中形成均匀的乳状液, 建立了大气的实验室模型. 他的目的是通过这种方式来确定原子理论中的一个基本常数. 这样做显然是行得通的, 只要将方程 (15) 中的 μ 替换为 Lm 就可以了, 其中 L 是 Loschmidt 常量②(或阿伏伽德罗常量), 即每摩尔的分子数量, 而 m 则是单个分子的质量, 因此 mg 表示了真正意义上的分子量. 这样方程 (15) 变为

$$\rho = \rho_0 \mathrm{e}^{-Lmgz/RT} \tag{15a}$$

但是我们不可能直接测量一个实际分子的 m 值, 佩兰的模型气体让我们直接确定**它的 m** 成为可能 (例如, 通过对足够数量的乳香滴液进行称重). 如果已经测量出密度 ρ 和 ρ_0, 方程 (15a) 就可以用来测定 L 值. 通过这种方式, 佩兰得出的值为 68×10^{22}, 非常接近今天普遍认可的值 $L = 60.2 \times 10^{22}$.

如果我们在式 (15a) 中引入的不是 R, 而是**每摩尔气体常数**③

$$k = \frac{R}{L} \tag{15b}$$

① 方程 (14) 或 (15) 可以在通用方程 (9) 或 (9a) 中令 n 趋向极限 1, 利用极限等式 $\mathrm{e}^x = \lim\limits_{m\to\infty}\left(1+\dfrac{x}{m}\right)^m$ 推导得到.

② 有时候, 人们采用 Loschmidt 数 (Loschmidt's number) 表示每立方厘米的分子数以区别于表示每摩尔的分子数的阿伏伽德罗常量 (Avogadro's number), Loschmidt 数的定义是由玻尔兹曼在一篇纪念 Loschmidt 的文章中提出的 (L. Boltzmann, Populare Schriften, Leipzig 1905, p. 243). 的确, Loschmidt 仅将他的注意力集中在了他能够用几种气体动力学方法估算的两个常数中的第一个, 但是基于阿伏伽德罗定律他本可以很容易地由第一个常数推导出第二个. 然而, 如果考虑到他那个时代的总体知识水平, 我们就必须承认, 即使是对这两个数中任意一个在数量级上的最粗糙估计也不是阿伏伽德罗所能及的. 因为**每摩尔**的分子数目是所有原子物理的一个基本常数, 为其单独起个特征名称看来是合理的. 难道不应该以第一个想出方法来确定它的人的名字来命名吗?

③ 通常称为 Boltzmann 常量, 尽管 Planck 绝对是第一个根据 Boltzmann 的思想引入它的人.

式 (15a) 中的指数函数将变成

$$e^{-mgz/kT}=e^{-V/kT} \tag{15c}$$

注意 V 在这里表示质点 m 在重力场中被升到高度 z 时的势能. 式 (15c) 的右侧被称为 Boltzmann 因子, 它包括一个给定的能量 V, 但是它的物理意义可以拓展为任何物理系统的能量状态, 从广义上讲, 代表了参照同等温度的标准状态, 该状态的相对概率.

Boltzmann 因子是所有统计研究的基础, 在这里我们插叙一两句原子理论是为了指出它与基本气压公式之间的关系.

既然摩尔量 μ 出现在式 (15) 中, 那么就存在通过沉降法将混合气体中的重分子和轻分子相互分离的可能性. 实际上, 在重力场中这是不能实现的, 但是在离心力场中可以有效利用这种方法来达到这一目的.

每单位质量的离心力 (4) 的势能为

$$V=-\frac{1}{2}r^2\omega^2 \tag{16}$$

根据式 (7) 我们有 $\wp$

$$\wp=\text{const}+\frac{1}{2}r^2\omega^2 \tag{16a}$$

这里我们假设离心机内 ω 为常数 [如第 6 节式 (9a)]. 另一方面, 对于等温气体或等温混合气, 积分 $\wp$ 可以由式 (6b) 和 (12) 得出

$$\wp=\frac{RT}{\mu}\int\frac{\mathrm{d}p}{p}=\frac{RT}{\mu}\log\frac{p}{p_0} \tag{17}$$

在这里 p_0 是离心机轴心处 (r=0) 的压力, 且式 (16a) 中的常数为零. 根据式 (16a) 和 (17) 得出离心机内的压力分布为

$$\log\frac{p}{p_0}=\frac{\mu}{RT}\cdot\frac{1}{2}r^2\omega^2,\quad p=p_0\exp\left(\frac{\mu}{2}\cdot\frac{r^2\omega^2}{RT}\right) \tag{18}$$

可以看到, 压力随着 r 的增加呈指数级上升.

现在, 考虑摩尔量分别为 μ_1 和 μ_2 的两种气体的混合物. 方程 (18) 给出了两个不同的分压 p_1 和 p_2, 分别对应两个依赖于混合比的常数 p_{01} 和 p_{02}. 总压力 $p=p_1+p_2$. 根据方程 (18), 当 r 增加时, 属于较大摩尔量的分压增速比属于较小 μ 的分压增速更快. 由于在给定温度下, 压力和密度按比例变化, 因此混合气体中更重的成分会集中于离心机的圆周附近. 空气 [氧气 (O_2)21%, 氮气 (N_2)79%] 的这种效应的数值大小 —— 或非常小 —— 留作习题Ⅱ.2.

正如不可压缩情形, 我们可以在离心力基础上考虑重力作用; 方程 (16) 中增加**重力势能** $(-gz)$. 对应于式 (18), 我们有

$$p = p_0 \exp\left\{\frac{\mu}{RT}\left(-gz + \frac{r^2\omega^2}{2}\right)\right\} \tag{19}$$

等压面 (也是等密度面) 同样是抛物面, 只是现在 p_0 代表了 $gz = \dfrac{r^2\omega^2}{2}$ 的特殊抛物面上的压力, 由该抛物面向上或向下的平移即可以获得另一个等压面. 注意不存在朝向真空 (p=0) 的自由面, 因为对于有限的参数值来说指数函数不会为零.

经过 Th. Svedberg*的研究, 巨型高效离心机的设计和建造已成为可能. 这些设备现在冠以超级离心机出售, 转速能够高达 100000r/s, 离心力场的强度能够达到 750000g. 这些机器的用途之一是将蛋白质分子 (摩尔量约为 30000) 进行分类. 它们的主要应用领域是胶体化学和生物学, 其中的研究对象都是近似不可压缩的混合物, 而不是可压缩的气体.

8. 弹性固体的应力状态

当被认识到是对称的二阶张量时, 固体应力的数学特性才是完整的. 换句话说, 必须证明应力矩阵

$$\boldsymbol{\sigma} = \begin{bmatrix} \sigma_{xx} & \sigma_{xy} & \sigma_{xz} \\ \sigma_{yx} & \sigma_{yy} & \sigma_{yz} \\ \sigma_{zx} & \sigma_{zy} & \sigma_{zz} \end{bmatrix}$$

关于主对角线是对称的, 即

$$\sigma_{xy} = \sigma_{yx}, \cdots \tag{1}$$

并且其分量可以按照坐标的平方和乘积一样的方式变换到另一个笛卡儿坐标系中 [参见第 4 节方程 (6)].

对称性容易根据力矩平衡条件推断出来. 如图 10 所示, 我们首先给出作用于边长分别为 Δx, Δy, Δz 的体积单元上绕 z 轴的力矩. 法向应力对该力矩均没有贡献, 因为它们的作用线与 z 轴相交. 现在考虑图中的切向应力 σ_{xy} 和 σ_{yx}, 相应的传递到该体积单元上的力和这些力的力臂为

$$\sigma_{xy}\Delta y\Delta z, \quad \frac{1}{2}\Delta x \quad 和 \quad \sigma_{yz}\Delta z\Delta x, \quad \frac{1}{2}\Delta y$$

---

* Theodor Svedberg, 1884—1971, 瑞典化学家, 曾获 1926 年诺贝尔化学奖. —— 译者注

至于图 10 中合力矩的符号, 我们观察到应力分量的方向由它的第二个指标表明, 当它作用于 "正" 表面单元时 (参见 p.38). σ_{xy} 和 σ_{yx} 的力矩和为

$$\frac{\Delta\tau}{2}(\sigma_{xy}-\sigma_{yx}) \tag{2}$$

这里没有考虑作用在我们体积单元的 "负" x 表面和 "负" y 表面的剪应力的贡献. 令 σ'_{xy} 和 σ'_{yx} 为这两个面上的剪应力, 将第一个按 Δx 进行展开, 第二个按 Δy 进行展开, 如果忽略 Δx 和 Δy 的高阶项, 我们马上就可以看到 $\sigma'_{xy}=-\sigma_{xy}$ 和 $\sigma'_{yx}=-\sigma_{yx}$. 如果仅保留到与 $\Delta\tau$ 数量级相同的项, 这些应力对 z 轴力矩的贡献量也与数量 (2) 相同. 通常还会存在一个额外的外力 $\boldsymbol{F}$ (每单位体积), 它的矩为 $|\boldsymbol{F}|\Delta\tau l$, 其中力臂 l 的数量级比边长要更小 [见第 6 节方程 (4) 之后]: 它不可能平衡那些反力矩. 因此, 平衡条件要求表达式 (2) 自身要为零, 而这就与式 (1) 中的第一个对称条件完全相同. 同样地, 其他两个对称条件可以通过考虑 x 轴和 y 轴的力矩获得.

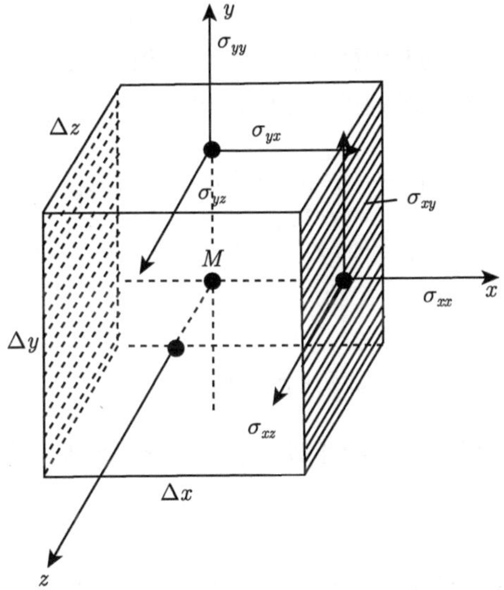

图 10　应力 (原文误写为应变 —— 译者注) 张量的对称性, 剪切力的合力矩一定为零

对第二点 (即**应力的张量性质**) 的证明要更加复杂难懂些. 它必须要基于传递到某表面单元上的**反作用力**的**矢量特性**, 这与基于位移的矢量特性证明应变的张量性质是相同的.

首先, 我们建立作用在四面体上的力的平衡条件, 该四面体的 3 个面与坐标平面重合, 第 4 个面的法向为任意方向 n(图 11). 令斜面面积为 F_n, 位于 x=0、y=0、

z=0 平面上的表面面积分别为 F_x、F_y、F_z, 考虑这些面积是 F_n 的投射:

$$F_x = F_n \cos(n,x), \quad F_y = F_n \cos(n,y), \quad F_z = F_n \cos(n,z) \tag{3}$$

那么 x 方向的平衡条件为①

$$F_n\sigma_{nx} = F_x\sigma_{xx} + F_y\sigma_{yx} + F_z\sigma_{zx} \tag{4}$$

根据式 (3), 以上公式可以写为

$$\sigma_{nx} = \alpha_1\sigma_{xx} + \beta_1\sigma_{yx} + \gamma_1\sigma_{zx} \tag{5}$$

在这里 α_1、β_1、γ_1 用于表示式 (3) 中的方向余弦, 如下图所示:

	n	t	t'
X	α_1	α_2	α_3
Y	β_1	β_2	β_3
Z	γ_1	γ_2	γ_3

方程 (5) 表示了作用于 n 平面上应力的 x 分量. 类似地, y 和 z 分量可以通过建立在 y 和 z 方向上的平衡条件来确定. 可以得出

$$\sigma_{ny} = \alpha_1\sigma_{xy} + \beta_1\sigma_{yy} + \gamma_1\sigma_{zy} \tag{6}$$

$$\sigma_{nz} = \alpha_1\sigma_{xz} + \beta_1\sigma_{yz} + \gamma_1\sigma_{zz} \tag{7}$$

根据式 (5)~(7), 将应力矢量

$$\sigma_{nx}\boldsymbol{i} + \sigma_{ny}\boldsymbol{k} + \sigma_{nz}\boldsymbol{l} \tag{8a}$$

投影到 n 方向上可以得到 n 表面上的**法向应力**. 投影结果为

$$\begin{aligned}\sigma_{nn} &= \alpha_1\sigma_{nx} + \beta_1\sigma_{ny} + \gamma_1\sigma_{nz}\\ &= \alpha_1^2\sigma_{xx} + \beta_1^2\sigma_{yy} + \gamma_1^2\sigma_{zz} + 2\alpha_1\beta_1\sigma_{xy} + 2\beta_1\gamma_1\sigma_{yz} + 2\gamma_1\alpha_1\sigma_{zx}\end{aligned} \tag{8}$$

前面引入的方向 t 和 t' 可以作为过任意点的 n 平面内一个直角的两条边. 现在我们将应力矢量 (8a) 也投影到 t 和 t' 的方向, 从而获得 n 平面上的**切向应力**或**剪应力**, 即分解得到的 t 和 t' 方向的应力分量:

$$\sigma_{nt} = \alpha_2\sigma_{nx} + \beta_2\sigma_{ny} + \gamma_2\sigma_{nz}$$

① 从图 11 可以看出, F_x, F_y, F_z 是负的 x、y、z 表面. 因此, 在总的 x 方向的力中, 有因子 σ_{xx}, σ_{yx}, σ_{zx} 的项本来就是负的. 在等式 (4) 中它们已被移到右侧带上正号.

$$
\begin{aligned}
&= \alpha_1\alpha_2\sigma_{xx} + \beta_1\beta_2\sigma_{yy} + \gamma_1\gamma_2\sigma_{zz} \\
&\quad + (\beta_1\alpha_2 + \alpha_1\beta_2)\sigma_{xy} + (\gamma_1\beta_2 + \beta_1\gamma_2)\sigma_{yz} + (\alpha_1\gamma_2 + \alpha_2\gamma_1)\sigma_{zx}
\end{aligned} \tag{9}
$$

(对于 $\sigma_{nt'}$, 只要将下标 2 变为 3 即可). 使用数字来取代下标 x, y, z 和 n, t, t', 同时用 α_{ik} 表示 9 个方向余弦, 则式 (8)、(9) 以及 $\sigma_{nt'}$ 的相应关系式可以简写为

$$\sigma'_{ik} = \sum_l \sum_m \alpha_{il}\alpha_{km}\sigma_{im} \tag{10}$$

该方程并没有涉及四面体的尺寸大小, 因此给出了图 11 中过 O 点的任意 n 平面上作用的法向应力和切向应力. 抛开 n、t 和 t' 的具体指向, 就充分理解方程 (10) 的含义, 它给出了如何用平行于 x, y, z 的单元上的应力来表示平行于任意正交坐标架 n、t 和 t' 的单元上的应力.

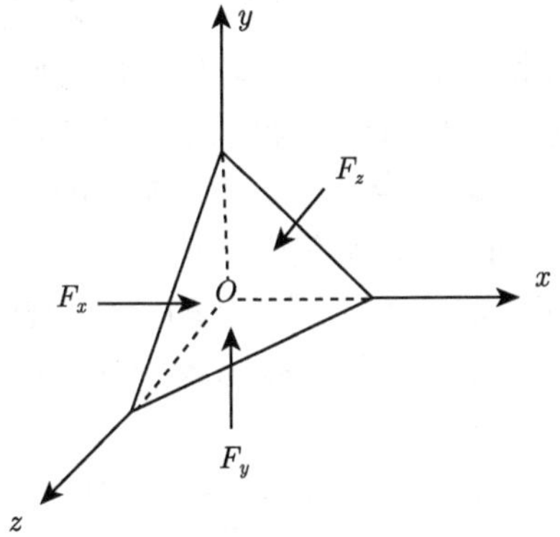

图 11　四面体单元上作用力的平衡示意图, F 表示面

由于式 (10) 具有张量变换公式的形式, 正如第 4 节式 (5) 中推导的应变张量, 所以从此可以称其为**应力张量**, 并通过应力二次曲面 (椭球、双曲面等) 来直观地表示一点邻域内的应力状态. 主应力的大小和方向取决于二次曲面的主轴. 对一个域点的足够小邻域, 任何应力状态都可以表示为具有最简单结构的三个相互 "正交" 的张量 (也即单向拉伸或压缩) 之和, 与用于第 1 节中方程 (16) 的应变的 Helmholtz 理论是一致的.

在建立无穷小**四面体**设定了平衡条件 (4) 的过程中, 只考虑了各表面所传递的反作用力, 而没有考虑体力. 这是由于体力与体积呈正比变化, 而应力则与各表面面积的大小是同价的. 如果我们要对一个微小的**六面体单元**①分析外力和内力的平衡, 情况就有所不同. 我们希望建立一个与流体静力学基本方程第 6 节式 (4) 相类似的关系式. 为了确保类似第 6 节式 (3) 的 x 方向的平衡, 我们必须考虑到作用于

① 因为两个相对表面所对应的面积项互相抵消了 [参见方程 (2) 后的评论].

正和负 x 表面的法向应力的作用, **此外**, 还需要考虑那些在正负 y 和正负 z 表面上的切向 x 应力, 后者在流体静力学中是没有的. 这些应力之和必须与由用每单位体积上矢量 $\boldsymbol{F}$ 表示的体力相平衡. 在除以 $\Delta\tau = \Delta x\Delta y\Delta z$ 后, 就可以得到平衡条件

$$\frac{\partial\sigma_{xx}}{\partial x} + \frac{\partial\sigma_{yx}}{\partial y} + \frac{\partial\sigma_{zx}}{\partial z} + F_x = 0 \tag{11}$$

y 和 z 方向的相应方程可以通过 "轮换" 字母得到. 需要注意的是, 在方程 (11) 中 $\boldsymbol{F}$ 与应力导数项的符号相同, 而在第 6 节式 (4) 中则相反. 显然, 其中的原因在于这里的正号表示受拉, 而之前的正号则表示受压.

对应于方程 (11) 的三个方程可以简记为

$$\mathrm{Div}\ \boldsymbol{\sigma} + \boldsymbol{F} = 0 \tag{12}$$

其中符号 Div 代表 "散度矢量"; 当我们进行 div(散度) 运算时, 可以从一个张量派生出一个矢量, 形式上, 按相同的方式我们可以解释, 通过 div 运算可以从一个矢量派生出一个标量. 在广义张量分析中, 我们要考虑任意阶数的张量, 需要研究特定的张量降阶运算. 上述这种运算会在标题 "带缩减的求导运算"①下介绍.

显然方程 (12) 中符号 Div 的定义仅限于笛卡儿坐标系, 但通过引入第 2 节式 (20) 中的面积分的极限, 可以将它推广到任意的正交坐标系. 取包含场内一点的封闭曲面 f, 其外法向为 n, 在该点上计算张量场 $\boldsymbol{\sigma}$ 的散度矢量的 p 向分量. 那么 Div 的广义定义为

$$\mathrm{Div}_p\boldsymbol{\sigma} = \lim_{\Delta\tau\to 0}\frac{1}{\Delta\tau}\int \sigma_{np}\mathrm{d}f \tag{13}$$

其中 $\Delta\tau$ 是 f 包围的体积, σ_{np} 是作用于 n 表面单元上 p 方向的应力分量.

在笛卡儿坐标系的特定情况下, 我们可以取 $\Delta\tau$ 为边长 $\Delta x, \Delta y, \Delta z$ 的六面体单元, 采用从第 2 节方程 (20) 推导第 2 节方程 (20a) 相同的方式, 来验证上述新的定义 (13). 在正交坐标系的一般情形 [参见第 2 节方程 (22)], 同样地选取表面 f 为正交曲边六面体单元 $g_1\Delta p_1, g_2\Delta p_2, g_3\Delta p_3$ 的边界. 根据式 (13), 可以得出散度矢量在 $\mathrm{d}p_k$ 方向上的分量为

$$\mathrm{Div}_k\ \boldsymbol{\sigma} = \frac{1}{g_1g_2g_3}\left\{\frac{\partial}{\partial p_1}(g_2g_3\sigma_{1k}) + \frac{\partial}{\partial p_2}(g_3g_1\sigma_{2k}) + \frac{\partial}{\partial p_3}(g_1g_2\sigma_{3k})\right\} \tag{14}$$

当然, σ_{ik} 的含义就是垂直于方向 $\mathrm{d}p_i$ 的表面单元上方向为 $\mathrm{d}p_k$ 的应力分量.

为了得到平衡条件表达式 (14) 中的第 k 个分量, 必须增加一个作用于坐标 p_k 方向上的 $\boldsymbol{F}$ 分量. 用这个和代替方程 (12) 的左端即可得到广义坐标系中的平衡方程.

① 参见附录 I ～ IV, 广义张量分析已经发展为一种恰当的描述广义相对论的数学语言.

但是仅有平衡条件并不足以根据矢量场 $\boldsymbol{F}$ 确定张量场 $\boldsymbol{\sigma}$, 因为张量场有 6 个独立的分量, 而式 (12) 只相当于 3 个标量方程. 所缺少的 3 个方程并不像有些人可能相信的那样可以由力矩平衡来补充, 因为这一条件已经被用来建立应力张量的**对称性**. 为了**确定**应力张量, 还必须采用第 9 节中的应变–应力关系.

在这方面, 有人可能要问及与方程 (12) 一起保证 $\boldsymbol{\sigma}$ 的 6 个量是物理上可能的应力状态的附加条件问题. 答案就是**协调条件**. 同样的问题本也存在于应变场情形中, 因为取决于三个位移分量 ξ、η、ζ 的 6 个应变函数 $\boldsymbol{\varepsilon}$ 当然不能任意给定①.

作为总结, 我们再将应力张量的常用记法罗列如下.

本书	σ_{xx}	σ_{yy}	σ_{zz}	$\sigma_{xy}=\sigma_{yx}$	$\sigma_{yz}=\sigma_{zy}$	$\sigma_{zx}=\sigma_{xz}$
许多美国作者	τ_{xx}	τ_{yy}	τ_{zz}	$\tau_{xy}=\tau_{yx}$	$\tau_{yz}=\tau_{zy}$	$\tau_{zx}=\tau_{xz}$
Love 和许多英国作者	X_x	Y_y	Z_z	$Y_x=X_y$	$Z_y=Y_z$	$X_z=Z_x$
Kirchhoff 和 Planck	$-X_x$	$-Y_y$	$-Z_z$	$-Y_x=-X_y$	$-Z_y=-Y_z$	$-X_z=-Z_x$
一些英国作者	P	Q	R	S	T	U
工程记法	σ_x	σ_y	σ_z	$\tau_{xy}=\tau_{yx}$	$\tau_{yz}=\tau_{zy}$	$\tau_{zx}=\tau_{xz}$

9. 应变–应力关系, 弹性常数, 弹性势

在本节中, 我们假定载荷足够小, 因此应力和应变分量的二次幂和更高次幂都可以忽略. 那样应力和应变关系的一般形式便是线性的. 与牛顿同一时代的胡克 (Hooke) 首次提出了这一 "定律", 尽管形式上要更简单一些. 关于线性定律的几个极限 (比例极限和弹性极限), 会在第八章第 39 节中进行一些评注.

我们进一步假设弹性体是各向同性的: 它的物理性质在所有方向都应该是相同的. 现在我们都知道大多数固体 (如矿物质、金属和工程材料等) 都是晶体或微晶体结构. 因此以下分析中提到的 "体积单元" 比材料的微观结构要大, 也就是说, 我们所说的体积单元包含了大量方向不规则的微晶体. 而宏观晶体的弹性特性将在第八章中讨论.

为了便于分析, 我们选取与应力椭球主轴相平行的体积单元. 三对表面分别作用有主应力 σ_1, σ_2, σ_3, 同时剪切应力 σ_{ik} 为零. 那么各向同性假设的第一个结果是, 在加载后体积单元的形状仍然是直六面体. 因而没有角度变化, 剪应变 ε_{ik} 等于零, 应变状态包含沿应力椭球主轴方向的纯拉伸. **所以应力二次曲面的主轴与应变二次曲面的主轴完全一致**. 主应变记为 ε_1, ε_2, ε_3, 与第 1 节式 (14) 相同.

现在根据应力–应变关系的线性假设, 可以得出应力分量与应变分量之间的关系为

① 参见 Love, Mathematical Theory of Elasticity, 第 4 版, Cambridge University Press, 1927, 第 49 和 135 页.

$$\sigma_1 = a\varepsilon_1 + b\varepsilon_2 + c\varepsilon_3 \tag{1}$$

由于坐标轴的选择是随意的，因此通过简单地轮换下标必定可以得到其他两个方程:

$$\sigma_2 = a\varepsilon_2 + b\varepsilon_3 + c\varepsilon_1, \quad \sigma_3 = a\varepsilon_3 + b\varepsilon_1 + c\varepsilon_2 \tag{1a}$$

同样因为各向同性, 在方程 (1) 中, c 必定等于 b, 否则方向 (2) 和 (3) 对于应力 σ_1 来说将变得并不等价. 为方便起见, 通过添加 $\pm b\varepsilon_1$, 可以将式 (1) 改写为

$$\sigma_1 = (a-b)\varepsilon_1 + b(\varepsilon_1+\varepsilon_2+\varepsilon_3)$$

或者, 采用别的记法①改写成

$$\sigma_1 = 2\mu\varepsilon_1 + \lambda(\varepsilon_1+\varepsilon_2+\varepsilon_3) \tag{2}$$

对方程 (1a) 也采用相同记法, 则式 (1) 和 (1a) 这三个方程可以简记为

$$\sigma_i = 2\mu\varepsilon_i + \lambda(\varepsilon_1+\varepsilon_2+\varepsilon_3) \tag{3}$$

接下来我们的任务是找出式 (3) 的**一般**形式 (也就是说, 适用于任意方向的体积单元), 这时就需要运用变换法则第 1 节式 (22) 和 (22a). 它们是通用的张量方程, 适用于应变张量, 也适用于应力张量.

$$\varepsilon_{xx} = \alpha_1^2\varepsilon_1 + \alpha_2^2\varepsilon_2 + \alpha_3^2\varepsilon_3, \quad \varepsilon_{xy} = \alpha_1\beta_1\varepsilon_1 + \alpha_2\beta_2\varepsilon_2 + \alpha_3\beta_3\varepsilon_3 \tag{4a}$$

$$\sigma_{xx} = \alpha_1^2\sigma_1 + \alpha_2^2\sigma_2 + \alpha_3^2\sigma_3, \quad \sigma_{xy} = \alpha_1\beta_1\sigma_1 + \alpha_2\beta_2\sigma_2 + \alpha_3\beta_3\sigma_3 \tag{4b}$$

将式 (3) 代入式 (4b), 同时借助式 (4a) 可以得到

$$\begin{cases} \sigma_{xx} = 2\mu\varepsilon_{xx} + \lambda(\alpha_1^2+\alpha_2^2+\alpha_3^2)(\varepsilon_1+\varepsilon_2+\varepsilon_3) \\ \sigma_{xy} = 2\mu\varepsilon_{xy} + \lambda(\alpha_1\beta_1+\alpha_2\beta_2+\alpha_3\beta_3)(\varepsilon_1+\varepsilon_2+\varepsilon_3) \end{cases} \tag{5}$$

注意到 $\sum\alpha^2 = 1, \sum\alpha\beta = 0$, 同时 $\theta = (\varepsilon_1+\varepsilon_2+\varepsilon_3) = (\varepsilon_{xx}+\varepsilon_{yy}+\varepsilon_{zz})$, 式 (5) 可以转化为

$$\begin{cases} \sigma_{xx} = 2\mu\varepsilon_{xx} + \lambda(\varepsilon_1+\varepsilon_2+\varepsilon_3) \\ \cdots\cdots \\ \sigma_{xy} = 2\mu\varepsilon_{xy} \\ \cdots\cdots \end{cases} \tag{6}$$

或者简记为②

$$\sigma_{ik} = 2\mu\varepsilon_{ik} + \lambda\delta_{ik}\theta \tag{7}$$

① 将方程 (2) 中 ε_1 的系数换为 2μ 是有目的的, 这一点在后面的方程 (16) 和 (18) 可以看出.

② 关于 δ_{ik}, 参见方程 (22a).

方程 (7) 即任意体积单元的应力–应变关系的一般形式.

我们容易推出相应的逆关系: 将式 (6) 中的前三个方程相加可得

$$\Sigma = \sigma_{xx} + \sigma_{yy} + \sigma_{zz} = (2\mu + 3\lambda)(\varepsilon_1 + \varepsilon_2 + \varepsilon_3)$$

这使我们可以通过第一标量 Σ 来表达第一标量 θ. 将 Σ 引入式 (6), 我们马上就可以得到

$$\begin{cases} \varepsilon_{xx} = \dfrac{1}{2\mu}\left(\sigma_{xx} - \dfrac{\lambda}{2\mu+3\lambda}\Sigma\right) = 2\mu'\sigma_{xx} + \lambda'\Sigma \\ \cdots\cdots \\ \varepsilon_{xy} = \dfrac{1}{2\mu}\sigma_{xy} = 2\mu'\sigma_{xy} \\ \cdots\cdots \end{cases}$$

也可简记为

$$\varepsilon_{ik} = 2\mu'\sigma_{ik} + \lambda'\delta_{ik}\Sigma \tag{7a}$$

这是应变–应力关系的一般形式. 采用 μ 和 λ, 式 (7a) 中的常数可以表示为

$$2\mu' = \frac{1}{2\mu}, \quad \lambda' = -\frac{1}{2\mu}\frac{\lambda}{2\mu+3\lambda} \tag{7b}$$

方程 (6) 和 (6a) 表明, 各向同性弹性体具有**两个弹性常数**, 它们代表了弹性体材料的物理性质并且与温度有关. 各向异性晶体具有两个以上的弹性参数, 最多可能达 21 个, 取决于它的不对称程度, 这一点我们会在第八章中进一步介绍. λ 和 μ 这两个量是拉梅 (Lamé) 引入的, 被称为**拉梅常数**, 或者更恰当地说是**拉梅模量**①. 对一般性研究, 它们是弹性行为的最方便的表征, 但是它们的物理意义却不是显见的. 现在, 我们要用其他两个常数来表达 λ 和 μ, 这两个常数可以用最简单的拉伸或压缩实验直接测得.

假设一个横截面为 F 的竖直等截面杆, 上端刚性固定, 下端作用载荷 P. 令 P 均匀分布于端截面上, 则端截面 (以及其他任意平行截面) 上分布的拉应力为 $\sigma = P/F$; 因为不存在侧向力, 所以没有剪应力, 因此 σ 是**主应力**. 相应的**主应变** ε 等于 $\Delta l/l$, 其中 l 表示杆的长度, 而 Δl 是端截面的位移. 我们发现应力与应变的比值是一个**材料常数**, 也就是说, 只要载荷不过大, 它与 P、F 和 l 无关. 该比值就是熟知的**杨氏模量**或**弹性模量**, 记为 E. 因此, 对于受拉杆, 我们有

$$E = \frac{\sigma}{\varepsilon} \tag{8}$$

① 按照 Voigt, 弹性应力–应变关系的系数称为弹性常数. 方程 (7a) 中的 μ', λ' 称为 Voigt 弹性模量. 在现今的叙述中, 弹性模量 E 也称为弹性常数.

其中 E 的量纲 [力/面积] 与 σ(ε 是无量纲的) 相同. 对于钢和锻铁来说, E 的平均值为 2×10^6kg-wt./cm^2.

但是在拉伸试验中, 伸长并不是我们唯一能够观察到的结构反应; 实际上, 总是会伴有横截面的收缩现象. 我们注意到橡皮筋在拉伸时就会在大得多的尺度上出现这种收缩, 而且将它视为是材料对负载的一种自然适应现象. 在这种情况下, 为了用 $-\varepsilon'$ 表示这种横截面上所有纤维均相同的收缩, 我们通常根据下式定义一个正数为

$$-\frac{\varepsilon'}{\varepsilon}=v \tag{9}$$

或者用式 (8)

$$\varepsilon'=-\frac{v}{E}\sigma$$

v 也是一个**材料常数**, 我们称其为横向收缩与纵向拉伸的 **Poisson 比**.

Poisson 不仅提出了这个概念, 而且他在相对有限的分子理论基础上实际确定它的值为 1/4. 现代固体晶格理论已经重新研究了该问题并且改进了 Poisson 的计算, 结果之一是, ν 不存在统一的理论值. 在工程应用中对铁通常采用 $v=1/m=0.3$.

当杆体不是受拉而是受压时, 则其在纵向收缩的同时会伴有横向膨胀, 但是除了变形量正负号出现变化外, E 和 v 仍将保持不变, 当然, 仍要假设载荷是小于弹性极限的 (也见 39).

现在, 我们将用在简单拉伸试验中的所学来分析一般应力状态, 我们考虑在三个主方向单向应力的叠加, 每个应力的作用都与前面杆问题中的相同. 由于所有的关系都是线性的, 我们可以将应力及相关的应变进行叠加. 但是, 沿主轴 1 方向的伸长不仅仅取决于应力 σ_1, 而且 (如果考虑成横向收缩) 还有主方向 2 和 3 上的应力的作用. 基于此, 我们可以根据式 (8) 和 (9) 得出

$$\varepsilon_1=\frac{\sigma_1}{E}-\frac{v}{E}(\sigma_2+\sigma_3)=\frac{1+\nu}{E}\sigma_1-\frac{v}{E}(\sigma_1+\sigma_2+\sigma_3)$$

或者, 简记为

$$\varepsilon_i=\frac{1+\nu}{E}\sigma_i-\frac{\nu}{E}\Sigma \tag{10}$$

在式 (10) 中, 分别令 i=1,2,3, 然后相加得到

$$\theta=\frac{1-2\nu}{E}\Sigma,\quad \Sigma=\frac{E}{1-2\nu}\theta \tag{10a}$$

将 Σ 代入式 (10) 得

$$\sigma_i=\frac{E}{1+\nu}\left(\varepsilon_i+\frac{\nu}{1-2\nu}\theta\right) \tag{10b}$$

对比式 (10b) 和式 (3), 我们可以找出弹性常数之间的关系是

$$2\mu=\frac{E}{1+\nu},\quad \lambda=\frac{vE}{(1+\nu)(1-2\nu)}, \tag{11}$$

上式用物理意义更加直接的 E 和 v 表示了两个拉梅常数.

现在让我们来分析另一个简单应力场的问题, 也即**所有方向压力相等**的情况, 例如我们已经知道液压机缸内的压力就是这样. 应力和应变椭球在这种情况下都是球形的 [也见第 4 节式 (11) 之后]:

$$\sigma_1 = \sigma_2 = \sigma_3 = -p, \quad \Sigma = -3p, \quad \varepsilon_1 = \varepsilon_2 = \varepsilon_3 = -\frac{1}{3}\left|\theta\right|.$$

在这种情况下, 通过方程 (10b) 得出

$$p = \frac{E\left|\theta\right|}{3(1-2\nu)}. \tag{12}$$

类似于式 (8), 我们现在定义**压缩模量**K 为

$$K = \frac{p}{\left|\theta\right|}. \tag{13}$$

根据式 (12) 和 (13) 可以直接推出

$$K = \frac{E}{3(1-2\nu)}. \tag{14}$$

不可压缩情形θ=0, 对应于 $K = \infty$ 或者 ν=1/2. 这个值代表了 Poisson 比取值的上限. 对于 $\nu > 1/2$ 的情况, 物体的行为将变得**不稳定**: 当它承受外部压力时, 其体积不是减小而是增加 ($\theta > 0$).

下面我们用另一个特殊的应力场, 即纯剪切情形, 来结束本次讨论. 取一个长方体, 其 z 表面自由, x 和 y 表面同时作用有剪应力 $\sigma_{xy} = \sigma_{yx} = \tau$. 这是一个平面应力的例子, 也就是说, 应力场与 z 无关, 可以简单地仅用平行于 x-y 表面的横截面来表示, 如图 12a 所示. 由 τ 所引发的变形将原来的长方形变成了平行四边形, 一对直角减小了 γ, 另一对直角则增加 γ. 与应变二次曲面 (参见第 4 节图 4a, b) 类似, 纯剪切情形下应力二次曲面是与 z 轴平行的以等轴双曲线为基的柱体. 主轴与 x 和 y 方向成 45° 角, 两个主应力数值相等. 符号相反: $\sigma_2 = -\sigma_1$; 当然, σ_3 等于零. 这是应力张量 Σ 的第一标量不变量的结果: 根据假设, 对初始单元 (图 12a) 有 $\sigma_{xx} = \sigma_{yy} = \sigma_{zz} = 0$, 因此与主轴平行的单元体承受的拉应力和压应力大小必定相等, 以保证 $\Sigma = \sigma_1 + \sigma_2 = 0$.

纯剪切应力状态可以用来定义**剪切模量**, 在这里, 我们暂时采用工程中普遍接受的记法, 用 G 表示. 与式 (8) 和 (13) 进行一定程度的类比, 我们设

$$G = \frac{\tau}{\gamma} \tag{15}$$

这里的类比并不十分恰当: 式 (8) 和 (13) 中的分母分别表示了由分子上应力所导致的拉伸和 (体积) 压缩, 但在本例中, 式 (15) 的分母是由分子中的应力所引发的角度变化, 而且根据第 1 节定义 (25), 这一变化是所产生应变分量的**两倍**.

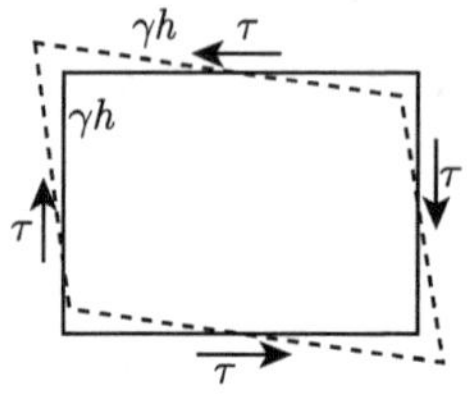

图 12a 纯剪切加载时的形状变化

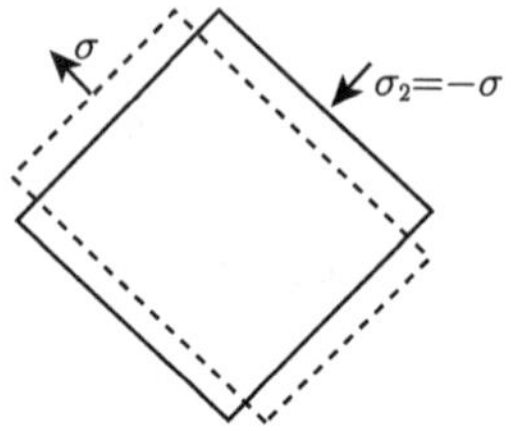

图 12b 纯剪切加载时两个主应力大小相等、方向相反

为求 G, 也就是用已经引入的弹性常数来表达它, 我们需要回到一般关系式 (6), $\sigma_{xy}/2\varepsilon_{xy}=\mu$, 用现在的符号写为 $\tau/\gamma=\mu$. 因此根据式 (15) 和 (11) 可以得到

$$G=\mu=\frac{1}{2}\frac{E}{1+v} \tag{16}$$

由于**剪切模量 G 与拉梅模量 μ 是完全相同的**, 因此不再需要符号 G. 由于对扭转波问题 (见 74 页) 和杆的扭转问题 (见第 42 节) 很重要, 因此这个参数也叫**扭转模量**.

现在, 我们完全能够根据平衡条件第 8 节式 (12) 确定应力了. 在第 8 节结尾处, 我们就提出了这一问题, 并且指出**3**个平衡条件不足以完全确定 6 个应力分量 σ_{ik}. 但是如果用应变 ε_{ik} 表达应力 σ_{ik}, 然后又根据应变的原始定义第 1 节式 (11) 将 ε_{ik} 用位移表示, 我们就得到恰好可以确定位移向量的 3 个方程.

在笛卡儿坐标系中, 这是容易实现的. 根据式 (6) 的应力–应变关系, 第 8 节式 (12) 散度矢量的 x 分量可转化为

$$\mathrm{Div}_x\sigma=2\mu\left(\frac{\partial\varepsilon_{xx}}{\partial x}+\frac{\partial\varepsilon_{yx}}{\partial y}+\frac{\partial\varepsilon_{zx}}{\partial z}\right)+\lambda\frac{\partial\theta}{\partial x}$$

再利用第 1 节式 (11) 将其转化为位移的形式

$$\mathrm{Div}_x\sigma=\mu\left(2\frac{\partial^2\xi}{\partial x^2}+\frac{\partial^2\xi}{\partial y^2}+\frac{\partial^2\eta}{\partial y\partial x}+\frac{\partial^2\xi}{\partial z^2}+\frac{\partial^2\zeta}{\partial z\partial x}\right)+\lambda\frac{\partial\theta}{\partial x}$$

整理后容易得到

$$\mathrm{Div}_x\sigma=\mu\nabla^2\xi+(\mu+\lambda)\frac{\partial\theta}{\partial x} \tag{17}$$

将式 (17) 代入第 8 节平衡条件 (12), 并通过指标轮换最后得到

$$\begin{cases} \mu\nabla^2\xi+(\mu+\lambda)\dfrac{\partial\theta}{\partial x}+F_x=0 \\ \mu\nabla^2\eta+(\mu+\lambda)\dfrac{\partial\theta}{\partial y}+F_y=0 \\ \mu\nabla^2\zeta+(\mu+\lambda)\dfrac{\partial\theta}{\partial z}+F_z=0 \end{cases} \tag{18}$$

在通过适当的边界条件确定物体表面的力学行为后, 则**物体内部任意一点的位移向量 $\boldsymbol{\xi}$, $\boldsymbol{\eta}$, $\boldsymbol{\zeta}$ 即由上述 3 个基本方程确定**. 而一旦求出 ξ、η、ζ 后, 则通过求导即可得到应变 ε, 然后根据应力–应变关系即可得到应力 σ. 因此方程 (18) 是弹性平衡问题的最终微分方程. 在方程 (18) 中的常数 μ 前面没有系数 2, 则再次说明了在第 9 节方程 (2) 中记法的选择是有目的的.

方程 (18) 仅限于笛卡儿坐标系. 如果我们希望将它们写成广义坐标的形式, 必须根据第 3 节式 (10a) 将符号 ∇^2 理解为 grad div − curl curl(散度的梯度减去旋度的旋度). 如第 4 节式 (17)~(28), 将位移向量 $\boldsymbol{\xi}$、$\boldsymbol{\eta}$、$\boldsymbol{\zeta}$ 用 $\delta\boldsymbol{q}$ 来表示, 即可获得方程 (18) 的矢量形式:

$$\mu\text{grad div}\delta\boldsymbol{q}-\mu\text{curl curl}\delta\boldsymbol{q}+(\mu+\lambda)\text{grad}\theta+\boldsymbol{F}=0$$

将上式中的 div$\delta\boldsymbol{q}$ 代之为 θ 得到

$$(2\mu+\lambda)\text{grad}\theta-\mu\text{curl curl}\delta\boldsymbol{q}+\boldsymbol{F}=0 \tag{19}$$

现在, 向广义坐标 p_1、p_2、p_3 的转换即由 grad(梯度) 等的通用表达式第 2 节式 (24)~(26) 控制. 为简洁起见, 设 $\boldsymbol{P}=\text{curl}\delta\boldsymbol{q}$, 得到

$$\begin{cases} (2\mu+\lambda)\dfrac{1}{g_1}\dfrac{\partial\theta}{\partial p_1}-\dfrac{\mu}{g_2g_3}\left(\dfrac{\partial g_3P_3}{\partial p_2}-\dfrac{\partial g_2P_2}{\partial p_3}\right)+F_1=0 \\ (2\mu+\lambda)\dfrac{1}{g_2}\dfrac{\partial\theta}{\partial p_2}-\dfrac{\mu}{g_3g_1}\left(\dfrac{\partial g_1P_1}{\partial p_3}-\dfrac{\partial g_3P_3}{\partial p_1}\right)+F_2=0 \\ (2\mu+\lambda)\dfrac{1}{g_3}\dfrac{\partial\theta}{\partial p_3}-\dfrac{\mu}{g_1g_2}\left(\dfrac{\partial g_2P_2}{\partial p_1}-\dfrac{\partial g_1P_1}{\partial p_2}\right)+F_3=0 \end{cases} \tag{20}$$

根据第 2 节式 (25) 和 (26), θ 和 $\boldsymbol{P}$ 的含义为

$$\begin{cases} \theta=\dfrac{1}{g_1g_2g_3}\left\{\dfrac{\partial}{\partial p_1}(g_2g_3\delta q_1)+\cdots\right\} \\ P_1=\dfrac{1}{g_2g_3}\left(\dfrac{\partial}{\partial p_2}(g_3\delta q_3)-\dfrac{\partial}{\partial p_3}(g_2\delta q_2)\right),\cdots,\cdots \end{cases} \tag{20a}$$

方程 (18) 或 (20) 的边界条件既可能是位移边界条件也可能是应力边界条件, 或者如同 43 节所示, 一部分是位移边界条件, 一部分是应力边界条件 (混合边值问题). 若弹性体整个表面给定位移条件

$$\xi = \xi_0, \quad \eta = \eta_0, \quad \zeta = \zeta_0 \tag{21}$$

其中 ξ_0, η_0, ζ_0 是给定的沿表面位置的函数, 则边值问题与势论问题 (p.21) 是类似的, 只是要复杂得多. 为了给定**应力**条件, 我们假设物体表面上分布有形如 $\boldsymbol{F} = \boldsymbol{f} d0$ 的外力系统, 因此外力 "表面集度" $\boldsymbol{f}$ 是沿表面的一个有限的位置矢量. 由该物体产生的表面应力必须与表面上给定的矢量 $\boldsymbol{f}$ 处处平衡. 因此, 对于法向为 $\boldsymbol{n}$ 的每个表面单元, 我们有

$$\sigma_{nx} + f_x = 0, \quad \sigma_{ny} + f_y = 0, \quad \sigma_{nz} + f_z = 0 \tag{21a}$$

在物体表面上没有外力作用的特殊情况下, 边界条件变成

$$\sigma_{nx} = \sigma_{ny} = \sigma_{nz} = 0 \tag{21b}$$

第 41 节中受弯梁和第 42 节中受扭杆的侧面就是这种情况. 将在式 (21a,b) 中的应力 σ 的分量用位移 ξ、η、ζ 表示, 则三个边界条件可以表示成 ξ、η、ζ 的一阶导数的形式. 因此这个积分问题与势论的第二类边值问题 (见问题 I .5) 是相似的, 但同样是要困难得多.

上面我们提及的解的唯一性, 尤其是对于单连通物体来说, 正如势论中介绍的, 本质上可以应用 Green 定理 (见 p.21) 来证明. 证明中, 我们使用了材料均匀性假设, 故也包括温度均匀性假设, 以及严格弹性行为假设. 但是在实际工程中, 即使在没有外部载荷的情况下, 内部应力也是存在的: 它们可能源于铸造缺陷、冷却不均匀等, 是工程师们一个主要的问题根源; 在应用弹性力学中, 它们成了一种未知的因素, 使数学理论上严格的唯一性证明在一定程度上讲是不现实的.

现在, 我们转向应力–应变关系的能量理论, 并首先来确定应变能函数. 计算仍然在笛卡儿坐标系 x、y、z 中采用位移分量 ξ、η、ζ 进行.

考虑体积单元 $\Delta\tau = \Delta x \cdot \Delta y \cdot \Delta z$ 的两个 x 表面和施加于应变场上的无限小位移增量

$$\xi, \eta, \zeta \to \xi + \mathrm{d}\xi, \eta + \mathrm{d}\eta, \zeta + \mathrm{d}\zeta$$

应力在负 x 表面和正 x 表面上所做的功, 按顺序为

$$\mathrm{d}W_x = -(\sigma_{xx}\mathrm{d}\xi + \sigma_{xy}\mathrm{d}\eta + \sigma_{xz}\mathrm{d}\zeta)\Delta y \Delta z$$

和

$$\mathrm{d}W_{x+\Delta x} = +(\sigma_{xx}\mathrm{d}\xi + \sigma_{xy}\mathrm{d}\eta + \sigma_{xz}\mathrm{d}\zeta)\Delta y \Delta z$$

$$+\frac{\partial}{\partial x}(\sigma_{xx}\mathrm{d}\xi+\sigma_{xy}\mathrm{d}\eta+\sigma_{xz}\mathrm{d}\zeta)\Delta x\Delta y\Delta z$$

显然, 这两个表达式的代数和就是第二个方程的第二行. 加上外力 $\boldsymbol{F}$ 在 x 方向上所做的功, 我们得到

$$\left\{\frac{\partial}{\partial x}(\sigma_{xx}\mathrm{d}\xi+\sigma_{xy}\mathrm{d}\eta+\sigma_{xz}\mathrm{d}\zeta)+F_x\mathrm{d}\xi\right\}\Delta x\Delta y\Delta z \tag{22}$$

计算对 y 和 z 表面位移所做的功可以得到两个类似的表达式. 将这三项贡献相加, 并完成相应的导数运算, 如果利用第 8 节平衡条件 (12), 则包括系数 $\mathrm{d}\xi$、$\mathrm{d}\eta$、$\mathrm{d}\zeta$ 的项 (非求导项) 消除了 $\boldsymbol{F}$ 项. 因此每单位体积的功 $\mathrm{d}W$ 为

$$\begin{aligned}\mathrm{d}W =&\sigma_{xx}\mathrm{d}\frac{\partial\xi}{\partial x}+\sigma_{yy}\mathrm{d}\frac{\partial\eta}{\partial y}+\sigma_{zz}\mathrm{d}\frac{\partial\zeta}{\partial z}+\sigma_{xy}\mathrm{d}\left(\frac{\partial\xi}{\partial y}+\frac{\partial\eta}{\partial x}\right)\\&+\sigma_{yz}\mathrm{d}\left(\frac{\partial\eta}{\partial z}+\frac{\partial\zeta}{\partial y}\right)+\sigma_{zx}\mathrm{d}\left(\frac{\partial\zeta}{\partial x}+\frac{\partial\xi}{\partial z}\right)\end{aligned} \tag{23}$$

在上述计算中, 我们已经利用了应力张量的对称性以及 $\partial\mathrm{d}\xi$(增量位移的梯度) 与 $\mathrm{d}\partial\xi$(位移梯度的增量) 的可交换性 (参见第 4 节图 5, 这里的 d 对应于彼处的 δ). 引入应变张量, 方程 (23) 可以写为

$$\begin{aligned}\mathrm{d}W =&\sigma_{xx}\mathrm{d}\varepsilon_{xx}+\sigma_{yy}\mathrm{d}\varepsilon_{yy}+\sigma_{zz}\mathrm{d}\varepsilon_{zz}+2\sigma_{xy}\mathrm{d}\varepsilon_{xy}\\&+2\sigma_{yz}\mathrm{d}\varepsilon_{yz}+2\sigma_{zx}\mathrm{d}\varepsilon_{zx}=\sum_i\sum_k\sigma_{ik}\mathrm{d}\varepsilon_{ik}\end{aligned} \tag{24}$$

借助应力–应变的关系, 可以将表达式 (24) 完全表示成应变张量的形式. 根据式 (7), 代入后可以得到

$$\mathrm{d}W=2\mu\sum_i\sum_k\varepsilon_{ik}\mathrm{d}\varepsilon_{ik}+\lambda\theta\mathrm{d}\theta \tag{25}$$

只要是加载过程 "常数" $\boldsymbol{\lambda}$ 和 $\boldsymbol{\mu}$ 真是常数 (即保持不变), 则**上式就是一个全微分**. 那么, 我们在说应变能函数时, 就可以不用从初始状态 (无应力) 到最终状态 (有应力) 的具体加载方式. 换句话说, 应变能是一个**状态函数**. 用应变分量表示为

$$W=\mu\sum\sum\varepsilon_{ik}^2+\frac{\lambda}{2}\theta^2 \tag{26}$$

作为一个状态函数, W 必须与坐标系 x、y、z 的选择无关. 这一点从我们完成下面的整理中就很容易看出来:

$$\begin{aligned}\sum\sum\varepsilon_{ik}^2&=(\varepsilon_{11}+\varepsilon_{22}+\varepsilon_{33})^2+2(\varepsilon_{12}^2+\varepsilon_{23}^2+\varepsilon_{31}^2-\varepsilon_{11}\varepsilon_{22}-\varepsilon_{22}\varepsilon_{33}-\varepsilon_{33}\varepsilon_{11})\\&=\theta^2-2\varDelta\end{aligned}$$

其中 Δ 是应变张量的第二不变量, 其含义可见第 4 节方程 (9). 因此, 采用不变量, 式 (26) 可表示为

$$W=\frac{2\mu+\lambda}{2}\theta^2-2\mu\Delta \tag{26a}$$

下面是一个在形式上显得更加对称, 可以更加凸显不变性的 W 的表达式:

$$W=\frac{1}{2}\sum\sum\sigma_{ik}\varepsilon_{ik} \tag{26b}$$

方程的右端是**两个张量 $\boldsymbol{\sigma}$ 和 $\boldsymbol{\varepsilon}$ 的最简单联立不变量**. 用 $\boldsymbol{\varepsilon}$ 表达 $\boldsymbol{\sigma}$ 或者用 $\boldsymbol{\sigma}$ 表达 $\boldsymbol{\varepsilon}$[方程 (7) 或 (7a)], 我们可以获得二次型

$$W(\boldsymbol{\varepsilon}) \quad \text{或} \quad W(\boldsymbol{\sigma}) \tag{27}$$

当然, 第一个就是式 (26), 而第二个可以在式 (26) 中分别通过用 $\boldsymbol{\sigma}$、Σ 代替 $\boldsymbol{\varepsilon}$、$\boldsymbol{\theta}$, 用 μ'、λ' 代替 μ、λ 来得到.

显然, 出现的系数 1/2, 如式 (26b) 中, 与胡克定律有关, 也就是说, 与我们假设应力和应变关系是线性的有关.

根据二次型 (27) 可以再次获得应力和应变分量: 它们分别是能量 W 对相应的应变和应力分量的偏导数:

$$\sigma_{ik}=\frac{\partial W(\varepsilon)}{\partial\varepsilon_{ik}},\quad \varepsilon_{ik}=\frac{\partial W(\sigma)}{\partial\sigma_{ik}}$$

正因如此, 负应变能 W 也被称为单位体积的弹性势能.

我们已经观察到 μ 和 λ 是依赖于温度的参数. 如果在加载过程中温度保持恒定 (等温变化), 那么 μ 和 λ 是真常数, 之前 W 的确定是正确的. 另外, 如果在变化过程中物体的单个体积单元并没有热量传入或传出 (绝热变化), 那么也可以证明应变能是一种状态函数, 但 "绝热" 过程的 μ 和 λ 值与 "等温" 过程的 μ 和 λ 值并不相同. 正如所预料的, 这种差异在气态下尤其明显, 我们将在第 13 节中进行讨论, 并计算出声速的大小. 在更一般的情况下, 物体内的温度分布不均匀, 应变能**不是一个状态函数**, 而是取决于变化的路径; 弹性势能并不存在.

10. 黏性压力和耗散, 尤其在不可压缩流体中

下面的分析将在一种特殊形式的黏性力性质假设的基础上开展, 这一假设是由牛顿首先提出的. 令流体的速度 $u(y)$ 处处与 x 轴平行, 并以某种方式随 y 的增加而增大. 根据牛顿的假设, 在与 y 轴垂直的表面内, 黏性摩擦力与速度梯度成正比, 比例性系数 μ 取决于流体的性质. 我们考虑单位面积上的反作用力, 并且将它们命

名为摩擦压力或黏性压力. 那么牛顿的假设可以表示为

$$p_{yx} = -\mu\frac{\partial u}{\partial y} \tag{1}$$

其中负号和符号 p_{yx} 需要一些解释. 如图 13 所示, 对应于流体的下半部分, 截面 SS 的外向法线指向 y 轴正方向, 因此是一个正 y 表面. 在 SS 以上的流体流动更快, 倾向于带动 SS 之下的流体; 在图 13 中的 SS 上面的小箭头表示了下半部分流体作用于上半部分流体的阻力. 如果我们在分析中沿用应力的概念, 那么可以用 σ_{yx} 来命名图中的两个箭头, 上面的箭头代表了在 $+y$ 表面上的 $+x$ 牵引力, 而下面的箭头代表了 $-y$ 表面上的 $-x$ 牵引力. 但是, 由于采用的是压力, 这就解释了方程 (1) 为什么会有负号; 对 $+y$ 表面 p_{yx} 为负 (因为 $\partial u/\partial y$ 为正), 而对 $-y$ 表面 p_{yx} 为正①.

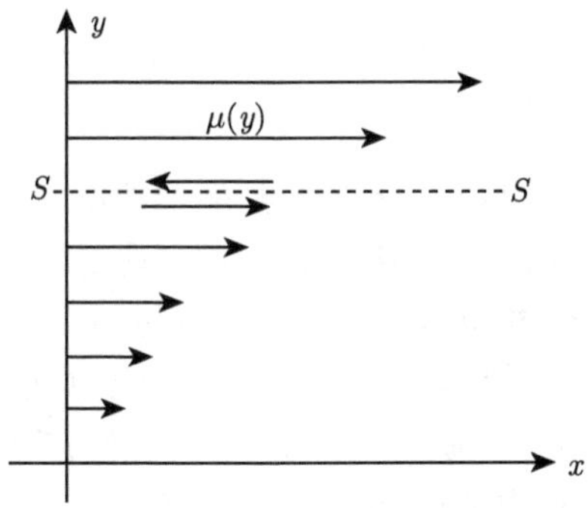

图 13　层流中摩擦压力的传递, 牛顿假设

我们的目的是要将牛顿公式推广到任意流体流动的情况. 为了实现这一目的, 我们必须回顾一下第 1 节中的运动学基本定理, 在那里我们将无穷小位移分解成了平移、转动和变形. 我们知道, 前两部分对应于刚体运动, 不涉及内摩擦. 摩擦完全归因于第三部分, 而这一部分又完全可以用应变张量 ε 来描述. 不过如今在流体问题中, 位移随时间的变化率是比位移本身更重要的量 (见第 5 节, p.33), 相应地, 我们应该将 $\dot{\varepsilon}$ 而不是 ε 看作摩擦力产生的原因. 出于对后续讨论结果的预期, 我们现在假设

$$p_{ik} = -2\mu\dot{\varepsilon}_{ik}, \qquad \left.\begin{matrix} i \\ k \end{matrix}\right\} = x, y, z \tag{2}$$

其中比例系数 μ 已在式 (1) 中出现过, 它表征了流体的内摩擦特性, 称为**黏度系数**. μ 的值取决于流体的性质并且会随温度急剧变化 (在流体中, μ 随温度升高而降低).

① 参见第 32 页的脚注.

现在, 我们证明, 对于图 13 中的特殊流动情况

$$u = u(y), \quad v = 0, \quad w = 0$$

黏性假设 (2) 与 (1) 是等价的. 将第 1 节式 (11) 和矩阵 (12) 应用于变形速度 u、v、w 而不是变形 ξ、η、ζ, 我们得到

$$\begin{bmatrix} 0 & \frac{1}{2}\frac{\partial u}{\partial y} & 0 \\ \frac{1}{2}\frac{\partial u}{\partial y} & 0 & 0 \\ 0 & 0 & 0 \end{bmatrix}$$

同时假设 (2) 可以退化为与 (1) 完全相同的下列方程:

$$p_{xy} = p_{yx} = -\mu\frac{\partial u}{\partial y}$$

其他 p_{ik} 均为零.

假设 (2) 与前文中考虑的张量分析原理是一致的. 这一点至少对**不可压缩流体**来说是成立的, 我希望假设 (2) 仅用于该情况. 只要用压力 (改变符号) 来代替应力, 用应变率代替应变, 那么根据第 5 节式 (1) 就可得到 $\theta = 0$, 而且第 9 节应力–应变关系 (7) 也就与本节式 (2) 完全相同. 因此根据应力–应变关系的唯一性, 我们可以得出结论, p 和 $\dot{\varepsilon}$ 之间不存在除式 (2) 之外的其他形式的张量不变关系. (当然, 黏度系数 μ 与前文中的拉梅模量 μ 在物理上没有任何关系.)

但是, 首先必须要澄清下面这一点: 在弹性固体理论中我们可以根据力矩平衡证明 $\boldsymbol{\sigma}$ 是一个**对称**张量. 而对于黏性张量 $\boldsymbol{p}$, 这一结论是值得怀疑的, 因为在当前情况下, 正如在下面将要看到的, 趋向于充分小的体积单元这一过程不再是合理的. 那么, 假设我们承认存在以下可能:

$$p_{ik} \neq p_{ki}$$

现在, 一个非对称的压力张量总可以被分解为一个对称部分 $\bar{p}$ 和一个反对称部分 π, 即

$$\bar{p}_{ik} = \bar{p}_{ki} \quad 和 \quad \pi_{ik} = -\pi_{ki}$$

后者可以表示成一个 (轴) 矢量 [参见第 1 节方程 (12a)] 并且可以恒定地与同一符号的量相关联. 涡旋速度 ω 就是这样的一个量, 而且也是唯一可以采用的量. 那么可以假定与该形态相关的静态的运动学关系

$$\pi_{ik} = -k\omega_{ik} \tag{3}$$

因此, 承认黏性张量 $\boldsymbol{p}$ 的不对称性就相当于要承认式 (3) 中所示的 "涡旋摩擦", 但是这一概念是令人不能接受的, 因为即使在最简单的情况下也会导致荒谬的结论.

假设一个装有一定黏性流体的圆桶绕其中心轴旋转. 流体在圆桶周边处开始旋转, 然后该运动逐渐蔓延至大部分流体. 在这个过程的开始阶段需要一个力矩来克服流体的内摩擦, 另外该力矩也用于加速移动质量. 但在最终达到的**稳定状态**下, 角速度 ω 处处相同, 至少我们有把握认为这是最终状态, 因为没有经验表明存在相反的情况. 在不考虑支承摩擦等因素的情况下, 流体的旋转就如刚体运动一样, 肯定**不需要力矩**来维持. 而与此相反, 方程 (3) 认为在稳态下也存在着摩擦力. 从流体中产生的这个摩擦力会传递到桶身并且需要外部力矩来进行平衡.

上述整个讨论是属于**唯象性质**的, 这与本卷的整体观点是一致的, 而从先前张量几何学的角度来看它也是正确的. 变形介质在这里被视为一种**连续统**, 我们并未考虑应力或压力的**分子**机制. **可压缩流体**的分子理论将用气体动力学论来处理. 它从由热运动传输动量或者动量扩散角度提供了**一个摩擦压力的直接解释**. 这类理论在物理学上要更为深刻, 由它可得出可压缩流体压力和变形率之间关系式 (21) 的**必要性**, 这将在本节的最后进行说明. 如果流体是不可压缩的 ($\theta = \dot{\theta} = 0$), 则式 (2) 是更一般关系的一个特例. 另一方面, 气体动力学概念并不直接适用于**不可压缩**流体, 即除非给定任意的附加假设. 但是, 同样毫无疑问的是, 在不可压缩情况下, 单个体积单元会与更远的体积单元交换动量, 这也构成了流体摩擦的物理机制. 可正是这种通过交换分子而产生相互作用的思想, 与第 8 节中向**孤立**小流体单元传递的思想是矛盾的.

当存在外力 $\boldsymbol{F}$ 时, 流体内除了摩擦压力外, 还在其基础上叠加有与流体静压性质相同的均匀法向压力. 尽管它与静水压力 p(见下文) 并不完全相同, 但如上文一样我们还是将其用 p 表示 (没有下标, 因为它是一个标量). 这样, 总压力张量记为

$$\boldsymbol{P} = \begin{bmatrix} p + p_{xx}, & p_{xy}, & p_{xz} \\ p_{yx}, & p + p_{yy}, & p_{yz} \\ p_{zx}, & p_{zy}, & p + p_{zz} \end{bmatrix} \tag{4}$$

现在, 我们可以介绍与第 8 节式 (12) 类似的压力平衡条件了. 尽管我们关注的不是**静止状态**下的弹性体, 而是流体颗粒的**流动**, 但我们首先可以假设 (在所考虑的参考系中) 在运动过程中速度的大小和方向都不变. 因此每个颗粒都处于受力平衡状态, 这样在当前情况下我们也能列出一个 "平衡条件". 仿照第 8 节式 (12) 可以得出 (通过适当改变符号)

$$\mathrm{Div}\boldsymbol{P} = \boldsymbol{F} \tag{5}$$

这里 Div 表示 "散度矢量", 第 8 节式 (13) 给出了其适用于任意正交坐标系的统一

定义. 在笛卡儿坐标系中, 式 (5) 可以展开为

$$\begin{cases} \dfrac{\partial p}{\partial x}+\dfrac{\partial p_{xx}}{\partial x}+\dfrac{\partial p_{yx}}{\partial y}+\dfrac{\partial p_{zx}}{\partial z}=F_x \\ \dfrac{\partial p}{\partial y}+\dfrac{\partial p_{xy}}{\partial x}+\dfrac{\partial p_{yy}}{\partial y}+\dfrac{\partial p_{zy}}{\partial z}=F_y \\ \dfrac{\partial p}{\partial z}+\dfrac{\partial p_{xz}}{\partial x}+\dfrac{\partial p_{yz}}{\partial y}+\dfrac{\partial p_{zz}}{\partial z}=F_z \end{cases} \tag{6}$$

只要我们根据式 (2), 用 3 个速度分量 u, v, w 表示出 6 个未知量 p_{ik}, 则由这些方程就可以确定出一个稳态流体运动问题. 首先, 我们可以得到

$$\frac{\partial p}{\partial x}-2\mu\frac{\partial^2 u}{\partial x^2}-\mu\left(\frac{\partial^2 v}{\partial x\partial y}+\frac{\partial^2 u}{\partial y^2}\right)-\mu\left(\frac{\partial^2 w}{\partial x\partial z}+\frac{\partial^2 u}{\partial z^2}\right)=F_x \tag{7}$$

考虑不可压缩条件

$$\frac{\partial u}{\partial x}+\frac{\partial v}{\partial y}+\frac{\partial w}{\partial z}=0 \tag{8}$$

上式可以简化为

$$\frac{\partial p}{\partial x}-\mu\nabla^2 u=F_x \tag{8a}$$

相应地, y 方向和 z 方向的方程为

$$\begin{cases} \dfrac{\partial p}{\partial y}-\mu\nabla^2 v=F_y \\ \dfrac{\partial p}{\partial z}-\mu\nabla^2 w=F_z \end{cases} \tag{8b}$$

方程 (8)~(8b) 构成了一个包含 4 个未知数 (u, v, w, p)、4 个方程的方程组. 当然压力 p 并不等于静水压力值, 但可以通过联立 4 个方程和 u, v, w 一起求解出来.

同样地, 等式 (8)~(8b) 也可以被看作流体颗粒的加速度并不完全为零但是小到可以忽略的流动状态的近似方程. 这类可以被称为 “蠕动” 的流体运动将在第 35、36 节中学习.

这两种情况下 (无论加速度精确为零还是近似为零), 都必须为微分方程组增加边界条件以使问题具体明确, 但施加于理想流体和黏性流体上的边界条件存在着根本的不同. 在第一种情况下, 只要满足边界条件 $v_n=0$, 则沿刚性壁切向速度 v_t 可以取任意值, 而在第二种情况下, 我们必须指定流体黏附于刚性边界的表面. 当然, 这就表明在边界附近 v_t 要**连续地**趋向于零, 因为 v_t 的阶跃意味着无穷大的 v_t 的梯度, 相应地, 也就意味着会产生**无穷大的黏性压力**p_{nt}. 细管 (见后文) 流动实验已经验证了这种形式的边界条件, 我们在此再次给出

$$v_n=0, \quad v_t=0 \tag{9}$$

理想流体和黏性流体之间的这种根本区别对我们理解从小摩擦到摩擦为零的极限状态的过渡, 并不是没有理论困难的. 我们会在第 33 节 (普朗特边界层理论) 再回来讨论这个问题.

现在, 我们来讨论平衡条件 (8) 以及边界条件 (9) 的最简单应用, 即经典的毛细管 Hagen-Poiseuille 流①. 设有一个水平圆截面管, 其半径 a 很小, 以致流动只沿直线进行且流线与圆管轴线平行 (更多关于层流及稳定条件的细节参见第 16 节). 取圆管轴线为 x 轴, 令与 x 轴的距离 $r=\sqrt{y^2+z^2}$, 则流体速度分布为

$$v = w = 0, \quad u = u(r) \tag{10}$$

方程 (8) 表明 u 与 x 无关; 因为圆柱的对称性, u 仅是 r 的函数. 在这里重力可以忽略, 所以力 $\boldsymbol{F}$ 为零. 方程 (8b) 现在可以写成

$$\frac{\partial p}{\partial y} = \frac{\partial p}{\partial z} = 0, \quad \text{因此} \quad p = p(x) \tag{11}$$

由于式 (8a) 的第一项只取决于 x, 第二项只取决于 r, 并且它们的差为零, 因此这两项必定为常数, 令其为 $-A$. 因此我们有

$$\frac{\mathrm{d}p}{\mathrm{d}x} = -A, \quad \nabla^2 u = -\frac{A}{\mu} \tag{11a}$$

由上式可知, 常数 A 即沿圆管的压力梯度, 或者, 如果将其与管道的长度 l 相乘, 即得到管道起点和终点的压力差 Π. 将柱坐标代入 ∇^2(习题 I .3), 同时注意到与 φ 和轴向坐标 x 无关:

$$\nabla^2 u = \frac{1}{r}\frac{\mathrm{d}}{\mathrm{d}r} r \frac{\mathrm{d}u}{\mathrm{d}r}$$

根据式 (11a) 可以得到

$$\frac{\mathrm{d}}{\mathrm{d}r} r \frac{\mathrm{d}u}{\mathrm{d}r} = -\frac{A}{\mu} r, \quad r\frac{\mathrm{d}u}{\mathrm{d}r} = -\frac{A}{\mu}\frac{r^2}{2} + C_1$$

这里的 C_1 必须为零, 否则在 r=0 处 $\mathrm{d}u/\mathrm{d}r$ 将变成无穷大. 再次积分得到

$$u = -\frac{A}{4\mu} r^2 + C_2 \tag{12}$$

常数 C_2 可以由边界条件 (9) 确定, 在本问题中边界条件 (9) 可以记为

$$u = 0, \quad \text{当 } r = a \text{ 时} \tag{13}$$

① G. Hagen, Poggendorffs Ann. 46 (1839). J. Poiseuille, Comptes Rendus 11 (1840), 12 (1841). Hagen 为柏林的建筑工程师, Poiseuille 为巴黎的医生, 他们独立地发现了定律 (15), 基于实验研究.

流体粘附在管道壁上. 无疑式 (13) 是正确的: 它与观察结果保持了一致, 并且适用于水以及诸如玻璃上的汞这种非湿性液体. 根据式 (12) 有

$$C_2 = \frac{A}{4\mu}a^2$$

因此式 (12) 变为

$$u = \frac{A}{4\mu}(a^2 - r^2) \tag{14}$$

速度剖面是抛物线形的 (如图 14 所示). 在时间 $t=0$ 时处于一个平截面上的颗粒, 当 $t>0$ 时将位于一个旋转抛物面上, 抛物面顶点沿流动方向移动而与管壁接触的点则保持固定.

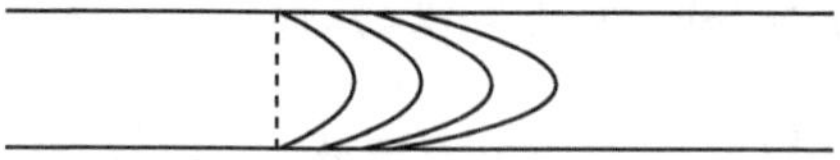

图 14 毛细管中的层流, 液体粘附于管壁, 速度剖面呈抛物线形

每单位时间的体积流量 Q 为

$$Q = 2\pi\int_0^a ur\mathrm{d}r = \frac{\pi}{8}\frac{A}{\mu}a^4 \tag{15}$$

在过去的一百年里, 本公式是用于确定大多数黏性常数的理论基础. 横截面上的平均流动速度为

$$u_m = \frac{Q}{\pi a^2} = \frac{A}{8\mu}a^2 \tag{16}$$

是最大流速 $u_{\max}$[方程 (14) 中令 $r=0$] 的一半. 根据式 (15) 和 (16) 可以得到沿管的压力损失为

$$\Pi = 8\mu l\frac{u_m}{a^2} \tag{17}$$

由摩擦而导致的压力损失与平均流速成正比, 与半径的平方成反比. 这一规律的修正形式也可以适用于其他层流 (参见习题Ⅱ. 3 和Ⅱ. 4, 以及图 19 和图 19a), 它与**湍流**的规律 (见第 16 节) 形成了鲜明的对比, 后者的**压力损失近似地正比于平均速度的平方, 而与管道半径成反比**.

现在我们转从**能量**角度来讨论黏性流. 为了计算**摩擦力**做的**功**, 可以从第 9 节式 (22) 出发. 用压力 p(改变符号) 代替应力 σ, 用 $u\mathrm{d}t$, $v\mathrm{d}t$, $w\mathrm{d}t$ 三个量来代替虚位移 $\mathrm{d}\xi$, $\mathrm{d}\eta$, $\mathrm{d}\zeta$, 这里 $u\mathrm{d}t$, $v\mathrm{d}t$, $w\mathrm{d}t$ 是**时间段 dt中的实际位移**, 我们得到变形后的第 9 节式 (22) 为

$$\left\{-\frac{\partial}{\partial x}[(p+p_{xx})u + p_{xy}v + p_{xz}w] + F_x u\right\}\mathrm{d}t\Delta x\Delta y\Delta z$$

这是均匀压力 p 和作用于 x 表面的摩擦压力 p_{ik} 所做的功加上外力 x 分量所做的功. 加上相应的 y 和 z 方向的功, 完成有关导数运算后, 运用平衡条件和不可压缩条件 (6) 和 (8), 除以 $\mathrm{d}t\Delta x\Delta y\Delta z$ 后, 最终结果化简为

$$-p_{xx}\frac{\partial u}{\partial x}-p_{yy}\frac{\partial v}{\partial y}-p_{zz}\frac{\partial w}{\partial z}-p_{xy}\left(\frac{\partial u}{\partial y}+\frac{\partial v}{\partial x}\right)-p_{yz}\left(\frac{\partial v}{\partial z}+\frac{\partial w}{\partial y}\right)-p_{zx}\left(\frac{\partial w}{\partial x}+\frac{\partial u}{\partial z}\right) \tag{18}$$

这种能量可以说是多余的, 它并不存在机械当量, 因为稳定的流体运动并不需要能量来维持. 因此它必然以热的形式出现. **式 (18) 表示了单位时间和单位体积内摩擦产生的热量 (耗散)**.

我们引入一个与热力学应用中类似的符号, 用 $\mathrm{d}q$ 表示在时间 $\mathrm{d}t$ 内传递到单位体积上的热量. 采用第 1 节式 (11) 给出的应变分量定义, 我们可以将式 (18) 转变为

$$\frac{\mathrm{d}q}{\mathrm{d}t}=-\sum_i\sum_k p_{ik}\dot{\varepsilon}_{ik} \tag{19}$$

应用 p_{ik} 和 $\dot{\varepsilon}_{ik}$ 之间的关系式 (2), 我们得到耗散为

$$\frac{\mathrm{d}q}{\mathrm{d}t}=2\mu\sum_i\sum_k \dot{\varepsilon}_{ik}^2 \tag{20}$$

式 (20) 所定义的量 $\mathrm{d}q$ 当然不像第 9 节式 (25) 中定义的弹性能 $\mathrm{d}W$ 一样是一个全微分, 在那里不存在状态的热变化, 因此 $\int \mathrm{d}q$ 对应于系统的弹性应变能第 9 节式 (26).

最后, 我们希望能够非常简略地指出, 对于**可压缩**流体上述分析所需的变化. 首先, 与形如第 9 节式 (7) 的应力–应变关系相比较可以看出, 由于 $\dot{\theta}=0$ 而作的假设 (2) 应该替换为

$$p_{ik}=-2\mu\dot{\varepsilon}_{ik}-\lambda\delta_{ik}\dot{\theta} \tag{21}$$

因此, 就有了第二黏性系数①λ, 它与膨胀率有关.

平衡条件 (5) 和 (6) 仍然有效, 只要像第 7 节式 (3) 一样用 $\rho\boldsymbol{P}$ 代替 $\boldsymbol{F}$ 即可, 但是由这些条件导出的式 (8a) 必须改为

$$\frac{\partial p}{\partial x}-\mu\nabla^2 u-(\mu+\lambda)\frac{\partial}{\partial x}\dot{\theta}=\rho P_x \tag{22}$$

① 在这里并不需要进一步确定这个量. 从文献中我们可以看出 (Enskog, Uppsala thesis, 1917), 基于气体动力学的观点, 对单原子气体通常 $\lambda=-2\mu/3$ 是成立的. 根据式 (21) 我们不难得出一般性的结论, 均匀压力会产生大小为 $(2\mu/3+\lambda)\cdot\dot{\theta}$ 的等向摩擦压力. 因此数值 $2\mu/3+\lambda$ 可以被称为体积黏度, 为区别起见, μ 可以称为层流黏度. 根据 Enskog 的研究, 单原子气体的体积黏度为零, 但是这一结果是否适用于多原子气体分子尚未得到验证.

这个方程, 以及通过字母轮换就可以获得的另外两个方程, 还有第 5 节连续性方程 (4), 在给定 p 和 ρ 关系的条件下, 共同确定了 4 个未知量 u, v, w 和 p. 可以看出, 即使在气体的 Hagen-Poiseuille 问题, 这组方程也比不可压缩情况下的要更加复杂难懂. 我们不能像上面那样获得单个关于 u 的方程, 但是能获得关于 u 和 ρ 的两个联立方程. 至于耗散式 (20), 正如所预料的, 它转化成了

$$\frac{\mathrm{d}q}{\mathrm{d}t} = 2\mu \sum_i \sum_k \dot{\varepsilon}_{ik}^2 + \lambda \dot{\theta}^2 \tag{23}$$

第三章　变形介质动力学

11. 理想不可压缩流体的 Euler 方程

根据 d'Alembert 原理，将惯性阻力项加入外力即可完成从静力学到动力学的过渡. 一个质量为 Δm 的微粒的惯性阻力为

$$-\Delta m\frac{\mathrm{d}\boldsymbol{v}}{\mathrm{d}t}=-\rho\Delta\tau\frac{\mathrm{d}\boldsymbol{v}}{\mathrm{d}t}$$

因此单位体积的惯性阻力为

$$-\rho\frac{\mathrm{d}\boldsymbol{v}}{\mathrm{d}t} \tag{1}$$

如果我们想要获得运动方程，就必须将该量加入到第 6 节平衡条件 (4) 中单位体积的外力 $\boldsymbol{F}$ 中去. 在将惯性项 (1) 移到方程的另一边后，我们有

$$\rho\frac{\mathrm{d}\boldsymbol{v}}{\mathrm{d}t}+\mathrm{grad}p=\boldsymbol{F} \tag{2}$$

在这里，我们必须仔细分清**总**加速度或**物质**加速度 $\mathrm{d}\boldsymbol{v}/\mathrm{d}t$ 与**局部**加速度 $\partial\boldsymbol{v}/\partial t$ 之间的区别. 以速度的 x 分量 $u(x,y,z,t)$ 为例. 当微粒在时间段 $\mathrm{d}t$ 内移动 $\mathrm{d}\boldsymbol{s}=\boldsymbol{i}\mathrm{d}x+\boldsymbol{j}\mathrm{d}y+\boldsymbol{k}\mathrm{d}z$ 时，u 的变化为

$$\mathrm{d}u=\frac{\partial u}{\partial t}\mathrm{d}t+\frac{\partial u}{\partial x}\mathrm{d}x+\frac{\partial u}{\partial y}\mathrm{d}y+\frac{\partial u}{\partial z}\mathrm{d}z$$

其中微粒坐标 x, y, z 应被视为 t 的函数. 相应的，沿路径 $\mathrm{d}x=u\mathrm{d}t$, $\mathrm{d}y=v\mathrm{d}t$, $\mathrm{d}z=w\mathrm{d}t$ 的 x 方向上的物质加速度为

$$\frac{\mathrm{d}u}{\mathrm{d}t}=\frac{\partial u}{\partial t}+u\frac{\partial u}{\partial x}\mathrm{d}x+v\frac{\partial u}{\partial y}+w\frac{\partial u}{\partial z} \tag{3}$$

因此在 x 方向上物质加速度与局部加速度之差为

$$\frac{\mathrm{d}u}{\mathrm{d}t}-\frac{\partial u}{\partial t}=u\frac{\partial u}{\partial x}\mathrm{d}x+v\frac{\partial u}{\partial y}+w\frac{\partial u}{\partial z} \tag{3a}$$

局部加速度的含义是流动中**给定点**的速度的变化率. 为了说明这一差别，我们以变截面管内的稳态流动为例. 令管道的轴线与 x 轴重合，我们主要关注速度分量 u. 假设流动是稳定的，因此处处有 $\partial u/\partial t=0$，但并不意味着 $\mathrm{d}u/\mathrm{d}t=0$. 相反，流速会

在管道变窄的地方提高, 而在变宽的地方降低. 式 (3a) 的右端给出了这两个加速度之间的差, 特别地, 我们假设三个速度分量中 u 在数值上占优, 因此这个差也就主要是右端的第一项. 式 (3a) 右端各项通常被称为**加速度对流项**.

借助式 (3), 将式 (2) 写成笛卡儿分量的形式, 同时通过字母轮换得到相应的表达式, 最后我们有

$$\begin{cases} \rho\left(\dfrac{\partial u}{\partial t}+u\dfrac{\partial u}{\partial x}+v\dfrac{\partial u}{\partial y}+w\dfrac{\partial u}{\partial z}\right)+\dfrac{\partial p}{\partial x}=F_x \\ \rho\left(\dfrac{\partial v}{\partial t}+u\dfrac{\partial v}{\partial x}+v\dfrac{\partial v}{\partial y}+w\dfrac{\partial v}{\partial z}\right)+\dfrac{\partial p}{\partial y}=F_y \\ \rho\left(\dfrac{\partial w}{\partial t}+u\dfrac{\partial w}{\partial x}+v\dfrac{\partial w}{\partial y}+w\dfrac{\partial w}{\partial z}\right)+\dfrac{\partial p}{\partial z}=F_z \end{cases} \tag{4}$$

第四个微分方程是不可压缩条件

$$\frac{\partial u}{\partial x}+\frac{\partial v}{\partial y}+\frac{\partial w}{\partial z}=0 \tag{4a}$$

式 (4)、(4a) 的四个方程构成了**Euler**①**理想流体运动方程**. 不要将压力 p 与静水压力相混淆, 它是除了 u、v、w 之外的第 4 个未知量.

Euler 方程自身的特点表明其可以简记为如下的符号形式:

$$\rho\left(\frac{\partial}{\partial t}+(\boldsymbol{v}\mathrm{grad})\right)\boldsymbol{v}+\mathrm{grad}p=\boldsymbol{F} \tag{5}$$

其中符号 $(\boldsymbol{v}\mathrm{grad})$ 也可像第 19 页一样用 $(\boldsymbol{v}\nabla)$ 代替. 但就目前来看, 一旦要应用于非笛卡儿坐标系时, 这一形式容易令人误解 (见习题III. 1). 算子 grad 仅适用于标量, 而不能用于对向量的运算. 但是, 通过**合规的向量公式**来解释, 我们可以定义**伪向量符号**$(\boldsymbol{v}\mathrm{grad})\boldsymbol{v}$. 我们设想的定义是

$$(\boldsymbol{v}\mathrm{grad})\boldsymbol{v}=\mathrm{grad}\frac{\boldsymbol{v}^2}{2}-\boldsymbol{v}\times\mathrm{curl}\boldsymbol{v} \tag{6}$$

事实上, 式 (6) 左端项的 x 分量可以重新整理成以下形式:

$$u\frac{\partial u}{\partial x}+v\frac{\partial u}{\partial y}+w\frac{\partial u}{\partial z}=\frac{1}{2}\frac{\partial}{\partial x}(u^2+v^2+w^2)+v\left(\frac{\partial u}{\partial y}-\frac{\partial v}{\partial x}\right)+w\left(\frac{\partial u}{\partial z}-\frac{\partial w}{\partial x}\right)$$

它与式 (6) 右端的 x 分量形成了一个恒等式. y 和 z 分量的相应关系可以通过字母轮换得到.

① Leonhard Euler (1707—1783). 他头两篇关于流体平衡与运动的论文发表于 1755 年柏林科学院院刊第 11 卷, 再后来一篇论文发表于 1770 年彼得格勒科学院院刊第 14 卷.

现在, 我们可以将方程 (5) 写为

$$\rho\left(\frac{\partial \boldsymbol{v}}{\partial t}-\boldsymbol{v}\times\mathrm{curl}\boldsymbol{v}\right)+\mathrm{grad}\left(\rho\frac{\boldsymbol{v}^2}{2}+p\right)=\boldsymbol{F} \tag{7}$$

加上不可压缩条件

$$\mathrm{div}\ \boldsymbol{v}=0 \tag{7a}$$

我们就得到以不变式形式表示的 Euler 方程, 利用第 2 节式 (24)~(26) 中的 grad、div 和 curl 表达式或者习题 I . 3 答案表中的现成公式, 可以将其写成任何类型曲线坐标系 (如极坐标) 中的具体形式.

分析 Euler 方程组的数学特性我们容易注意到它们是**非线性的**, 这使它们与势论、热传导、电动力学等很多线性的数理方程不同. 这种由对流项

$$u\frac{\partial u}{\partial x}+v\frac{\partial u}{\partial y}+w\frac{\partial u}{\partial z}\quad 等,\quad 或者\quad -\boldsymbol{v}\times\mathrm{curl}\boldsymbol{v}+\mathrm{grad}\frac{\boldsymbol{v}^2}{2}$$

的存在而导致的非线性使积分变得困难许多, 因为这时我们已不能采用解的**叠加原理**, 通过特定积分的组合获得更一般的积分. 因此, Euler 流体动力学方程的积分要远比那些看似更加复杂的线性方程, 如电磁理论中的 Maxwell 方程组, 困难得多.

只有在**无旋**流动的情况下, 才有可能直接得到 Euler 方程的第一积分. 这个条件为

$$\omega=\frac{1}{2}\mathrm{curl}\ \boldsymbol{v}=0 \tag{8}$$

方程 (8) 只要在某个时刻点满足就足够了, 因为正如在第四章将会证明的, 对非黏流体, 在该时刻点之后它就一直能够满足.

下面, 我们首先还是来考虑一个条件更严格的情况, 即稳态流动, 这时有

$$\frac{\partial v}{\partial t}=0 \tag{8a}$$

进一步地, 假设像第 6 节式 (5) 中一样, 外力 $\boldsymbol{F}$ 有势

$$\boldsymbol{F}=-\mathrm{grad}\ U \tag{8b}$$

这样式 (7) 就变成了

$$\mathrm{grad}\left(\rho\frac{v^2}{2}+p+U\right)=0$$

通过积分得到

$$\rho\frac{v^2}{2}+p+U=\mathrm{const} \tag{9}$$

这就是著名的 Bernoulli 方程①. 该方程提出于 Euler 方程发现**之前**, 用于提出该方程的论点可以被认为是能量原理的前身. 在 Bernoulli 看来, 除重力势能外, 其他势能都不计; 采用 $U=\rho g z$(z 的正向垂直向上) 后, 方程 (9) 变成了

$$\frac{v^2}{2}+\frac{p}{\rho}+gz=\text{const} \tag{9a}$$

Bernoulli 方程是初等流体力学中最重要的定理, 在涡轮设计、空气动力学等众多技术问题中有着广泛的应用. 方程 (9) 的第一项为单位体积的动能, 第三项则是外力势能, 也是单位体积上的. 在某种程度上, 方程 (9) 中的压力 p 是在单位体积元上所激起内力的势能, 表明相邻不可压缩流体单元之间的动态作用. 对压力 p 更深入的数学解释是第 12 节的主题.

现在我们用几个简单的例子来阐释式 (9a) 中的物理内涵. 设想一个装满液体的箱子, 其底部有一出口. 令自由面 z=0, 底部 $z=-h$. 只要出口是关闭的, 箱子内处处都有 v=0, 且在表面上有 p=0(这里 p 表示的是相对大气压的压差). 那么式 (9a) 中的常数等于零, 底部的压力为 $p=\rho g h=\gamma h$, 这与第 6 节中的静水压力是完全相同的. 当出口开启后, 我们可以假设, 在表面上, v 仍然近似为零, 因此和之前一样还有 const=0. 但是由于现在出口处 p 也等于零, 因此在 $z=-h$ 处由方程 (9a) 得到

$$v=\sqrt{2gh} \tag{10}$$

这与自由落体情况相同. 这就是著名的 Torricelli 定理②的内容.

另一个例子是水平变截面管中的稳态流动. 由于不可压缩流体通过每个横截面的体积流量都是相等的, 因此速度 v 随着横截面的缩小而增大, 反之亦然, 这一点已经在第 70 页指出了 (这里的 v 与那里的轴向速度分量 u 本质上是相同的). 根据式 (9a), 压力一定会呈现相反的变化规律; 如果为管道配上一系列竖直的开放式压力计, 允许流体在压力计中上升, 我们就能很容易演示这一点. 压力计中液体的高度就体现了沿管路的压力变化, 表面横截面越小流体的压力也越小. 相比于一群人试图冲进一个狭窄通道时的混乱场面, 流体的行事显然更加理性.

下面这个可以随时即兴演示的小实验也可以作为 Bernoulli 方程的例证. 将一张纸 (2in×2in, 1in=2.54cm) 放在你的左手上, 将右手的食指和中指并拢置于纸的上方. 现在通过两个手指形成的夹缝向纸张中心用力吹气. 与预想的不同的是, 纸张并没有压向左手, 而是向右手手指方向升起, 并且持续飘起一定时间. 解释: 吹入两

① Daniel Bernoulli, Hydrodynamica, Strasbourg 1738. 本书还涉及气体分子理论的第一次尝试和梁弯曲问题的首次求解 (参见第 41 节).

② Torricelli 是 Galilei 的学生, 生活于 Bernoulli 时代之前, 不可能运用 Bernoulli 方程来获得这一结果.

个手指和纸张之间的空气在一个横截面渐增的通道中流动 (参见图 15). 由于速度下降了, 因此压力提高了. 在通道末端是大气压力 p_0, 因此在通道中的压力 $p < p_0$. 由于纸的下方存在大气压 p_0, 那么在下方会产生一个 $p_0 - p$ 的压差, 或者也可以说纸张放在那里, 而上方有一个吸力. 如果在更大尺度上来开展这一实验, 用压缩空气喷嘴对准一块只能向其垂直移动的平板吹气, 那么该平板就可以被负以重载, 比如, 我们自己的重量.

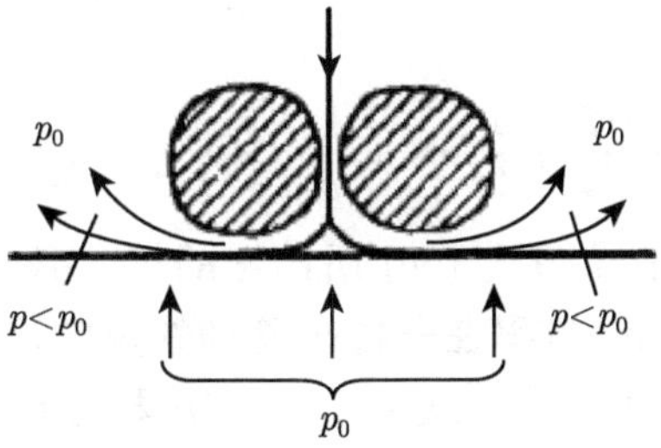

图 15　通过两个手指形成的缝隙向一张纸吹气所产生的吸力. 纸并没有被吹走, 而是抬向了手指

在这个以及上一个实验中, 我们都将 Bernoulli 方程应用到空气的流动分析, 尽管式 (9) 仅对不可压缩流体是正确的. 但是, 只要流体的速度不是太高, 由此导致的误差也就不是太大. 一般地, 在流体速度与声速相比较小的情况下, 因可压缩性产生的修正就不大 (参见第 13 节和附录).

我们还得建立非稳态流动情况下广义形式的 Bernoulli 方程. 为此, 我们去掉了假设 (8a), 但保留了式 (8)(流场无旋) 和 (8b)($\boldsymbol{F}$有势). 这时, 式 (8) 是表达式 $u\mathrm{d}x + v\mathrm{d}y + w\mathrm{d}z$ 作为全微分的充分必要条件, 因此我们可以令

$$u\mathrm{d}x + v\mathrm{d}y + w\mathrm{d}z = -\mathrm{d}\varPhi \tag{11}$$

并且将 $\varPhi$ 称为**速度势**. 那么

$$u = -\frac{\partial \varPhi}{\partial x}, \quad v = -\frac{\partial \varPhi}{\partial y}, \quad w = -\frac{\partial \varPhi}{\partial z}$$

或者, 更简洁地有

$$\boldsymbol{v} = -\mathrm{grad}\ \varPhi, \quad \text{由此即得} \quad \frac{\partial \boldsymbol{v}}{\partial t} = -\mathrm{grad}\ \frac{\partial \varPhi}{\partial t} \tag{12}$$

需要注意的是, 在式 (11) 和 (12) 中的负号是不必要的①, 引入它仅是让力势在形式上与式 (8b) 的保持一致.

① 事实上, 许多作者已经不用这种记法.

由于 $\mathrm{div}\boldsymbol{v}=0$, $\varPhi$ 满足第 3 节位势方程 (17)

$$\nabla^2\varPhi=0 \tag{13}$$

考虑到式 (8)、(8b) 和 (12), Euler 方程 (7) 的形式现在变为

$$\mathrm{grad}\left(-\rho\frac{\partial\varPhi}{\partial t}+\rho\frac{v^2}{2}+p+U\right)=0 \tag{14}$$

对其积分得到

$$-\frac{\partial\varPhi}{\partial t}+\frac{1}{2}D\varPhi+\frac{1}{\rho}(p+U)=\mathrm{const} \tag{15}$$

在这里, 我们已经采用了第 3 节式 (9c) 所给出的第一微分参数的记法.

方程 (15) 是 **Bernoulli 方程在非稳态流动的推广**. 与式 (9) 一样, 它是 Euler 方程的第一积分. 由于式 (15) 是由式 (14) 的空间积分产生的, 式 (15) 中的常数当然与 x、y、z 无关, 但一般来讲它仍然与时间有关. 换句话说, **const** 是一个在流体中任一点取值均相等的 t 的函数. 它必须根据随时间变化的边界条件来确定. 后面我们将会注意到, 这种对时间依赖性可以包含于速度势 $\varPhi$ 的定义中, 因为位势方程 (13) 只决定了 $\varPhi$ 的空间行为, 而没有决定其时间行为.

到现在为止, 我们只考虑了**无旋流动**的情况, 对于更一般的 curl $\boldsymbol{v}$**不为零**的情况如何求解依然是个问题.

再看一看方程 (7) 可以知道, 即使在这种情况下, 如果我们沿**流线方向**上进行积分, 积分仍然是可能的, 或者说, 在非稳态流动情况下沿向量场 $\boldsymbol{v}$ 的场线进行积分仍然是可能的. 这样做时, 式 (7) 左侧第二项的积分等于零, 因为 $\boldsymbol{v}\times\mathrm{curl}\,\boldsymbol{v}$ 与 $\boldsymbol{v}$ 垂直, 所以对积分没有贡献. 此外, 如果我们保留式 (8a) 和 (8b) 的条件 (在有势力场中的稳态流动), 方程 (9) 仍然成立, 但是在不同意义上了: 右侧的常数不再对整个充满流体的空间有一个统一的值, 而是**依流线的不同**而变化. 从这一意义来理解, 方程 (9) 就应该被称为修正的 Bernoulli 方程. 在此就不讨论它在非稳态流动中的推广了.

12. 根据 Hamilton 原理推导 Euler 方程　压力 Lagrange 乘子

毫无疑问, **不可压缩**流体中压力的概念从物理上理解起来存在一定困难. 压力被认为是状态变量, 但却对流体占据空间的方式没有任何影响, 这一困难在压力决定密度的可压缩流体中是不存在的. 因此我们来尝试运用 Hamilton 力学的观点, 用另一种方式来理解不可压缩流体中压力的概念.

我们对运动中流体的质量微粒施加一个虚位移

$$\delta \boldsymbol{s} = \delta\xi, \delta\eta, \delta\zeta$$

当然它不能违反不可压缩的条件, $\theta = 0$, 第 1 节式 (24). 因此式

$$\delta\theta = \frac{\partial \delta\xi}{\partial x} + \frac{\partial \delta\eta}{\partial y} + \frac{\partial \delta\zeta}{\partial z} = \mathrm{div}\delta \boldsymbol{s} \tag{1}$$

必定等于零. 这一点可以通过对式 (1) 乘以一个 Lagrange 乘子 λ, 然后将其与 Hamilton 原理的被积函数相加来达到. 按第一卷式 (33.10) 的形式①, 我们可以得到

$$\oint_{t_0}^{t_1} \mathrm{d}t \oint \mathrm{d}\tau(\delta T + \delta W + \lambda\delta\theta) = 0 \tag{2}$$

关于 $\mathrm{d}\tau$ 的积分是在流体的整个体积上进行的. 动能的变分 δT 以及外力虚功 δW 与式 (1) 中的 $\delta\theta$ 一样, 都是针对单位体积的. 因此, 我们有

$$T = \frac{\rho}{2}\boldsymbol{v}^2, \quad \delta T = \rho\boldsymbol{v} \cdot \delta\boldsymbol{v} \tag{3}$$

同时得到虚功

$$\delta W = \boldsymbol{F} \cdot \delta\boldsymbol{s} \tag{4}$$

在式 (3) 中, 我们代入实际速度

$$\boldsymbol{v} = \frac{\mathrm{d}\boldsymbol{s}}{\mathrm{d}t} \tag{4a}$$

相应地, 有虚速度为

$$\delta\boldsymbol{v} = \delta\frac{\mathrm{d}\boldsymbol{s}}{\mathrm{d}t} = \frac{\mathrm{d}}{\mathrm{d}t}\delta\boldsymbol{s} \tag{4b}$$

注意到, 根据 Hamilton 原理的运算法则, $\delta\boldsymbol{s}$ 在积分限 t_0 和 t_1 时刻均为零, 我们现在可以对 δT 项关于 t 进行分部积分. 因此我们得到

$$\int_{t_0}^{t_1} \rho\boldsymbol{v} \cdot \delta\boldsymbol{v}\mathrm{d}t = \int_{t_0}^{t_1} \rho\boldsymbol{v} \cdot \frac{\mathrm{d}}{\mathrm{d}t}\delta\boldsymbol{s}\mathrm{d}t = -\int_{t_0}^{t_1} \rho\frac{\mathrm{d}\boldsymbol{v}}{\mathrm{d}t} \cdot \delta\boldsymbol{s}\mathrm{d}t \tag{5}$$

式 (2) 被积函数的最后一项可以根据下列关系进行变换:

$$v\mathrm{div}(\delta\boldsymbol{s}) = \mathrm{div}(\lambda\delta\boldsymbol{s}) - \mathrm{grad}\lambda \cdot \delta\boldsymbol{s}$$

积分并利用 Gauss 定理, 我们得到

$$\int \lambda\mathrm{div}(\delta\boldsymbol{s})\mathrm{d}\tau = \int \lambda\delta s_n \mathrm{d}\sigma - \int \mathrm{grad}\lambda \cdot \delta\boldsymbol{s}\mathrm{d}\tau \tag{6}$$

① 参见 Jeffreys and Jeffreys, *op. cit.*, 10.06.

右端的面积分我们最后再讨论; 现在我们只需要关心

$$\int \lambda \mathrm{div}(\delta \boldsymbol{s}) \mathrm{d}\tau = \cdots - \int \mathrm{grad}\lambda \cdot \delta \boldsymbol{s} \mathrm{d}\tau \tag{7}$$

将式 (1)、(4)、(5) 和 (7) 引入 Hamilton 积分式 (2) 中, 我们有

$$\int_{t_0}^{t_1} \mathrm{d}t \int \mathrm{d}\tau \left[\left(-\rho \frac{\mathrm{d}\boldsymbol{v}}{\mathrm{d}t} + \boldsymbol{F} - \mathrm{grad}\lambda \right) \cdot \delta \boldsymbol{s} \right] + \cdots = 0 \tag{8}$$

正是由于乘子 λ 的引入, 变分 $\delta \boldsymbol{s}$ 可以在体积单元 τ 与时间区间 t_0 和 t_1 之间任意选取; 但是, 对于任意位移, 只有当体积分和面积分分别为零时, 方程 (8) 才能成立. 为此, 点积运算中 $\delta \boldsymbol{s}$ 的因子必须在积分域内处处为零:

$$\rho \frac{\mathrm{d}\boldsymbol{v}}{\mathrm{d}t} + \mathrm{grad}\lambda = \boldsymbol{F} \tag{9}$$

假设λ表示的是压力p, 上式就是记成第 11 节式 (2) 的 Euler 方程. 因此从一般力学的角度来看, 流体力学中的压力表示的是**对不可压缩条件的反应**, 因为 λ 的引入正是为了消除这一条件. 这相当于第一卷方程 (18.7) 中引入 λ 来理解球摆的方式, 那里的约束是质点必须保持在一个刚性球面上. 乘子 λ 被用作质点所需约束力大小的一个度量①. 在当前的问题中, 不可压缩条件也具有无能量影响的刚性约束的特性; 这可能有助于我们消除在理解不可压缩流体压力概念方面的困难.

但是, 我们应该能够将上述讨论建立在常见的不可压缩条件及其变分上

$$\mathrm{div}\boldsymbol{v} = 0. \quad \delta \mathrm{div}\boldsymbol{v} = \mathrm{div}\delta \boldsymbol{v} = 0 \tag{10}$$

而不是条件 (1). 仍然采用 δT 和 δW 的表达式 (3) 和 (4), 我们重新将 Hamilton 原理 (2) 写成如下形式:

$$\int_{t_0}^{t_1} \mathrm{d}t \int \mathrm{d}\tau \left\{ \rho \boldsymbol{v} \cdot \mathrm{d}\boldsymbol{v} + \boldsymbol{F} \cdot \delta \boldsymbol{s} + \lambda' \mathrm{div}\delta \boldsymbol{v} \right\} = 0 \tag{11}$$

为表示与之前的 λ 并不完全相同, 我们将乘子记为 λ'(即使没有别的原因, 量纲也是不同的). 现在我们必须将式 (11) 的中间项进行变换以获得统一的独立变分 $\delta \boldsymbol{v}$. 我们记

$$\bar{\boldsymbol{F}} = \int \boldsymbol{F} \mathrm{d}t \tag{12}$$

则有

$$\int_{t_0}^{t_1} \mathrm{d}t \boldsymbol{F} \cdot \delta \boldsymbol{s} = - \int_{t_0}^{t_1} \mathrm{d}t \bar{\boldsymbol{F}} \cdot \delta \boldsymbol{v}$$

① 如可参见 Joos, G., Theoretical Physics, Hafner, New York, 1934, p.110.

在上述变换中我们使用了方程 (4b), 以及和式 (5) 中一样, 分部积分中在积分限 t_0 和 t_1 上有几项为零的结论. 如果我们也像式 (7) 一样, 将含因子 λ' 的项进行变换后, 式 (11) 中的体积分变成

$$\int_{t_0}^{t_1} \mathrm{d}t \int \mathrm{d}\tau(\rho \boldsymbol{v} - \bar{\boldsymbol{F}} - \operatorname{grad} \lambda') \cdot \delta \boldsymbol{v}$$

与从式 (8) 导出式 (9) 一样, 现在我们可以得到

$$\rho \boldsymbol{v} - \bar{\boldsymbol{F}} - \operatorname{grad} \lambda' = 0 \tag{13}$$

只要将上述方程对 t 进行求导, 并注意到式 (12) 中 $\bar{\boldsymbol{F}}$ 的含义, 我们就重新获得 Euler 方程 (当然, 因为流体不可压缩, ρ 与 t 无关). 其结果为

$$\rho \frac{\mathrm{d}\boldsymbol{v}}{\mathrm{d}t} + \operatorname{grad} p = \boldsymbol{F} \quad \text{和} \quad p = -\frac{\mathrm{d}\lambda'}{\mathrm{d}t} \tag{14}$$

在这一推导过程中, 压力同样是由 **Lagrange 乘子**λ' 给定的, 尽管在形式上与之前的有所不同. 看一看式 (11) 后的注解, 对这一点就不应该感到惊讶了.

现在, 我们还必须考虑在式 (6) 中出现的面积分, 据此应该能够得出完全确定压力所需的**表面条件**. 用 p 代替 λ、δv 代替 δs_n, 积分变为

$$\int p \delta v \mathrm{d}\sigma \tag{15}$$

在继续推导之前, 我们希望扩大我们推导的物理基础, 考虑与式 (15) 结构相同但计及流体内聚力的另一个表达式. 为了实现这一目的, 我们必须再一次采用分子物理学中的概念. 流体粒子间的相互作用不仅包括压力 p(正如我们现在认为的, 是它们体积不变的结果), 而且还包括相邻微粒间源于它们分子电结构的短程吸引力. 对于一个内部体积单元, 这些力会相互抵消, 因为它们是平均各向均匀的. 而对于邻近表面的单元来讲, 情况就不同了, 这些力会合成为内表面法向方向的合力 $\boldsymbol{N}$. 如果 $\boldsymbol{N}$ 指的是单位表层的力, 那么在位移 δv 上 $\boldsymbol{N}$ 所做的虚功等于

$$\delta W = -N\delta v^*$$

因此在 Hamilton 原理中, 在对 δW 的**体**积分中, 内聚力抵消了, 而**面**积分为

$$\int \delta W \mathrm{d}\sigma = -\int N \delta v \mathrm{d}\sigma \tag{16}$$

该式和面积分 (15)(从不可压缩条件导出的) 可以写成一个积分式, 即

$$\int (p - N)\delta v \, \mathrm{d}\sigma \tag{17}$$

* 此处原文为 $\delta W = -N\mathrm{d}\sigma\delta v$, 有误.—— 译者注

根据 Hamilton 原理, 式 (17) 对时间的积分必须与式 (8) 中第一项一样, 都等于零, 因此得出

$$\int_{t_0}^{t_1} \mathrm{d}t \int (p-N)\delta v \ \mathrm{d}\sigma = 0 \tag{18}$$

从式 (18) 中得出的结论可以归结为以下三种可能的边界条件:

a) 流体被刚性壁包围.

b) 流体有一个自由表面, 该面被真空或空气包围.

c) 流体被其他流体包围, 例如, 水面上覆盖有油, 但是边界面可以是任意形状.

a) 刚性壁阻止流体向其垂直流动; 既然在真实运动中如此, 则对虚位移来说也同样成立. 因此有 δv=0, 此时条件 (18) 自动满足. **刚性壁并未提供压力表面条件**.

b) 对于自由表面来说, δv 是任意的, 因此方程 (18) 要求在任意时间 t 自由表面上的每个单元 dσ 均有

$$p = N \tag{19}$$

c) 在压力分别为 p_1、p_2 以及内聚力分别为 N_1、N_2 的流体 1 和流体 2 的分离面上, 根据式 (18) 我们首先需要在任意时刻 t 对任意 dσ 有

$$(p_1 - N_1)\delta v_1 + (p_2 - N_2)\delta v_2 = 0 \tag{20}$$

但是, 流体的接触不能受到虚位移的干扰. 换句话说, 必须有

$$\delta v_1 = -\delta v_2$$

负号源自我们对方向 n 规定的惯例. 因此式 (20) 给定

$$p_1 - p_2 = N_{12}, \quad N_{12} = N_1 - N_2 \tag{21}$$

沿两种流体分离面的压力差是由内聚力产生的. 它取决于**流体的性质**以及**分离面的形状**, 但与流体的运动无关.

因此, 不仅是该问题遵循 Hamilton 原理的微分方程 (在本例中的 Euler 方程), 还有应该满足的压力表面条件, 都可以通过相同的方式得出; 这一点我们在第 17 节 (表面张力) 中将会再次提及.

13. 理想可压缩流体的 Euler 方程及其在声学中的应用

正如前面第 11 节中我们看到的, 通过在外力中增加惯性阻力项即可实现从静力学到动力学的过渡. 鉴于我们已经发现, 在可压缩情况下采用单位质量的外力比

采用单位体积的外力要更为方便, 因此我们也将照此处理惯性阻力问题, 并简记为 $-\mathrm{d}\boldsymbol{v}/\mathrm{d}t$. 将第 7 节平衡条件 (5) 中的 $\boldsymbol{P}$ 替换为 $\boldsymbol{P}-\mathrm{d}\boldsymbol{v}/\mathrm{d}t$, 可以得到

$$\frac{\mathrm{d}\boldsymbol{v}}{\mathrm{d}t}+\frac{1}{\rho}\mathrm{grad}\, p=\boldsymbol{P} \tag{1}$$

结合第 5 节连续性方程 (4)

$$\frac{\partial\rho}{\partial t}+\mathrm{div}(\rho\boldsymbol{v})=0 \tag{2}$$

它们共同组成了**可压缩流体的 Euler 方程**. p, ρ 关系可用足够一般的多变曲线第 7 节式 (1) 来表示. 只是压力 p 和密度 ρ 现在要依赖于 x、y、z 和 t.

在声学中, 我们通常仅关注空气的**微小振荡**. 这样, Euler 方程中由非线性项 (11.3a) 所导致的困难即可避免: 我可以

$$用\ \frac{\partial\boldsymbol{v}}{\partial t}\ 代替\ \frac{\mathrm{d}\boldsymbol{v}}{\mathrm{d}t}$$

但是当我们研究诸如第 37 节中枪械射击时产生冲击类现象时, 则还必须保留二次项. 在当前的例子中, 将标准大气压 p_0 作为 p 的参考压力值是很有用的; 这样 p_0 将不会出现在式 (1) 中, 因为它在空间中是常量, 其梯度值为零, 因此 p 具有 p_0 小扰动的性质. 当我们忽略二阶项时, 可以将式 (1) 以及式 (2) 的第二项中的 ρ 用 ρ_0 代替, ρ_0 为标准大气密度. 换句话说, 我们认为 p、ρ 的导数以及 $\boldsymbol{v}$ 的分量是小量. 最后, 在声学中可以忽略各体力分量的影响, 即假设 $\boldsymbol{P}=0$.

这样我们获得了简化的方程组

$$\rho_0\frac{\partial\boldsymbol{v}}{\partial t}+\mathrm{grad}\, p=0 \tag{3}$$

$$\frac{\partial\rho}{\partial t}+\rho_0\mathrm{div}\,\boldsymbol{v}=0 \tag{4}$$

对于 grad p, 我们可以写成另外的形式

$$\mathrm{grad}\, p=\left(\frac{\mathrm{d}p}{\mathrm{d}\rho}\right)_0\mathrm{grad}\,\rho=c^2\mathrm{grad}\,\rho,\quad c^2=\left(\frac{\mathrm{d}p}{\mathrm{d}\rho}\right)_0 \tag{5}$$

其中常量 c 与大气的标准状态有关. 代入式 (3) 后得到

$$\rho_0\frac{\partial\boldsymbol{v}}{\partial t}+c^2\mathrm{grad}\,\rho=0 \tag{6}$$

现在我们准备从式 (4) 和 (6) 中消去 $\boldsymbol{v}$. 将式 (4) 对 t 求偏导, 然后根据式 (6) 代换 $\rho_0\partial\boldsymbol{v}/\partial t$ 可以得到

$$\frac{\partial^2\rho}{\partial t^2}=c^2\mathrm{div}\ \mathrm{grad}\,\rho=c^2\ \nabla^2\rho \tag{7}$$

该方程也适用于 p, 这是因为 $\operatorname{grad} p$, 也因为 $\nabla^2 p$ 和 $\dfrac{\partial^2 p}{\partial t^2}$, 与 ρ 相应的表达式乘以 c^2[参见式 (5)] 是相等的, 因此有

$$\frac{\partial^2 p}{\partial t^2} = c^2 \nabla^2 p \tag{8}$$

相同的微分方程也控制着速度场. 当然, 满足方程 (8) 的并不是速度 $\boldsymbol{v}$, 而是速度势 Φ. 因为, 根据第 11 节式 (12), 令 $\boldsymbol{v} = -\operatorname{grad} \Phi$, 则式 (4) 和 (6) 变为①

$$\frac{\partial \rho}{\partial t} = \rho_0 \nabla^2 \Phi \quad 和 \quad \rho_0 \frac{\partial \Phi}{\partial t} = c^2 \rho$$

这里的 ρ 与前面一样可以通过求导来消去, 结果是

$$\frac{\partial^2 \Phi}{\partial t^2} = c^2 \nabla^2 \Phi \tag{9}$$

形如式 (7)~(9) 这类的方程被称为**波动方程**. 它们是数学物理基础中的重要组成部分, 在那里主要介绍**弦振动方程**(一维波动方程, $\nabla^2 = \partial^2/\partial x^2$) 或**膜振动方程**(二维波动方程, $\nabla^2 = \partial^2/\partial x^2 + \partial^2/\partial y^2$).

如果考虑一个只依赖单个坐标的过程, 那么我们当前的问题就退化为弦振动方程. 例如, 方程 (8) 就变为

$$\frac{\partial^2 p}{\partial t^2} = c^2 \frac{\partial^2 p}{\partial x^2} \tag{10}$$

这个方程的积分可以由 **d'Alembert 解**给出

$$p = F_1(x + ct) + F_2(x - ct) \tag{11}$$

其中 F_1 和 F_2 是实函数, 除一定的连续性要求 (存在一阶导数和二阶导数) 外, 它们完全是任意的. 事实上, $x \pm ct$ 的任意函数都满足微分方程 (10); 又因为我们忽略了 Euler 方程中的二次项, 因此这类函数的线性组合也同样满足该方程.

表达式 (11) 是一维波动方程的**通解**, 因为它可以被应用于任意给定的初始状态. 假设 $t=0$ 时, 要求满足

$$p = f_1(x), \quad \frac{\partial p}{\partial t} = f_2(x)$$

则我们只需要令

$$F_1(x) + F_2(x) = f_1(x), \quad F_1'(x) - F_2'(x) = \frac{1}{c} f_2(x)$$

① 在下面两个方程的第二方程中应该增加一个与 x, y, z 无关, 但依赖于 t 的 “常量”; 不过, 该量可以吸收进 Φ 的定义中 (参见 p.74).

由此直接可以得到

$$F_{1,2}(x)=\frac{1}{2}\left(f_1(x)\pm\frac{1}{c}\int_{x_0}^{x}f_2(\xi)\mathrm{d}\xi\right) \tag{12}$$

假设 $f_2=0$, 该结果可用图 16 表示. 初始压力扰动 $f_1(x)$ 一半向右移动, 另一半则向左移动, 二者都保持形状不变地 (正如有人说的 “不失真”) 以速度 c 移动. 常量 c 的物理意义现在显现出来了, 它就是**声速**. 在图 16 中, 正中间的 “山峰” 表示的是初始扰动. 左、右为一半大小的压力山峰表示的是之后的状态. 用声学术语来说, 该图描绘了一个**声音**的传播; 初始扰动可能是 x 的任意形状的函数, 但在垂直于 x 的平面上所有点的压力值都相同. 或者, 按弦振动的术语来讲, 弦在时间 $t=0$ 时刻被弹拨 (或者说, 变形成一个随机的平面曲线) 之后被放开. 在后一种情况下, 要得到完整的波动图像, 我们还得增加由 (有限长) 弦端点扰动而引起的反射作用.

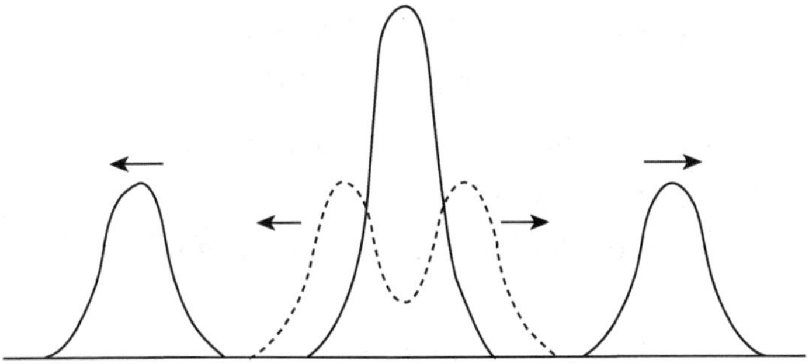

图 16 描绘了 d' Alembert 的方程. 初始压力扰动 (正中的实曲线) 以恒定的速度向两侧移动, 所产生的两个压力山丘是初始高度的一半, 宽度相等. 首先, 两个山丘在分离时是重叠的 (虚曲线), 之后在它们之间留下一片无扰动的空间 (左右的实曲线)

在有关语音和音乐的声学问题中, 人们关注的并不是空气受到的某个单一的激励, 而是周期性的持续激励. 记音高 (= 频率) 为 $\nu=1/\tau$, 引入 $\omega=2\pi\nu$, 我们假设 F_1 和 F_2 为三角函数的形式

$$\begin{cases} F_2(x-ct)=a\cos(kx-\omega t+\alpha)\\ F_1(x+ct)=b\cos(kx+\omega t+\beta)\end{cases} \tag{13}$$

(a 和 b 是幅值, α 和 β 是相位常数, $k=\omega/c=2\pi/\lambda$ 是**波数**, 即在长为 2π 的区间上波的数量). 平面波 F_2 向 x 正方向传播, F_1 向 x 负方向传播. 如果幅值 a、b 相等, 这两个波叠加合成为一个驻波. 注意公式

$$c=\frac{\omega}{k}=\frac{\lambda}{\tau}=\lambda\nu \tag{14}$$

首先, 我们希望了解形成声波的空气粒子的实际运动形态. 根据式 (5), ρ 的梯度与 p 的梯度具有相同的方向, 即 $\pm x$ 方向; 又根据式 (6), 粒子加速度 $\mathrm{d}\boldsymbol{v}/\mathrm{d}t$ 在任

意时刻都指向该方向, 因此向量 $\boldsymbol{v}$ 的方向也是 $\pm x$ 方向. 因此粒子振荡的方向与声波传播的方向相同 (或者相反, 取决于相位): **这里的波是纵波, 在理想流体中不存在横波**. 当然, 图 16 所示的过程也是一个纵波.

周期性现象的复数记法是最方便的符号系统, 这在今天已被广泛应用. 当使用复指数函数代替三角函数时, 解 (13) 可取为

$$\begin{aligned} &A\mathrm{e}^{\mathrm{i}(kx-\omega t)}, \quad A = a\mathrm{e}^{\mathrm{i}\alpha} \\ &B\mathrm{e}^{-\mathrm{i}(kx+\omega t)}, \quad B = b\mathrm{e}^{-\mathrm{i}\beta} \end{aligned} \tag{15}$$

当然, 从物理上看这两个表达式只有各自的实部有意义. 它们分别与式 (13) 的右端项相等. 但 i 的符号仍然是不确定的, 在式 (15) 中的选择是使两式中的时间相关项均为 $\mathrm{e}^{-\mathrm{i}\omega t}$. 我们甚至可以将所有的时间因子一起消去, 从而得到以下记法:

$$\begin{cases} A\mathrm{e}^{\mathrm{i}kx}, & \text{传播在 } x \text{ 正方向的平面波} \\ B\mathrm{e}^{-\mathrm{i}kx}, & \text{传播在 } x \text{ 负方向的平面波} \end{cases} \tag{15a}$$

这种表达式也适用于压力、密度和速度势, 只要相应改变 A 和 B 的含义即可. 在第五章, 这种记法将大大缩短我们的公式表达.

我们还得说说**声速的值**. 在等温变化的假设下, 多变指数 n 等于 1. 那么由第 7 节式 (1) 得

$$\frac{\mathrm{d}p}{\mathrm{d}\rho} = \frac{p_0}{\rho_0}$$

又由式 (5) 得到

$$c = \sqrt{\frac{p_0}{\rho_0}} \tag{16}$$

基于标准压力和温度, 我们有 (第 36 页)

$$p_0 = 1033 \times 981 \frac{\text{gr - wt}}{\text{cm sec}^2}, \quad \rho_0 = 1.293 \times 10^{-3} \frac{\text{gr}}{\text{cm}^3}$$

因此可得

$$c = \sqrt{\frac{1012}{1.293}} \times 10^3 \text{cm/s} = 280 \text{m/s}$$

牛顿已经得到这个偏小了太多的结果. 他的计算所依据的理论公式是

$$c = \sqrt{\frac{\text{弹性}}{\text{密度}}} \tag{16a}$$

这个公式在这里需要作一些说明. 实际上, 这里的弹性项与压缩模量的含义是一样的. 对一个弹性固体来说, 该值可由第 9 节式 (13) 给定; 而对气体, 相应的定义为

$$K = \frac{\mathrm{d}p}{|\mathrm{d}\theta|}, \quad \mathrm{d}\theta = -\frac{\mathrm{d}\rho}{\rho}$$

或者

$$K=\rho\frac{\mathrm{d}p}{\mathrm{d}\rho} \tag{16b}$$

因此式 (16a) 变为

$$c=\sqrt{\frac{\mathrm{d}p}{\mathrm{d}\rho}}=\sqrt{\left(\frac{\mathrm{d}p}{\mathrm{d}\rho}\right)_0}$$

这与定义 (5) 是一致的.

但是, 问题在于**等温**状态变化这一假设是否能够得到验证. 是 Laplace 第一个注意到, 由于振动速度过快, 流体粒子之间的热交换实际上应该是不可能的; 因此, 状态的变化应该被看作是**绝热的**. 那么, 多变指数就不再是 1 而是 1.4(见第 41 页). 然后我们根据第 7 节式 (1) 可以得出

$$\left(\frac{\mathrm{d}p}{\mathrm{d}\rho}\right)_0=n\frac{p_0}{\rho_0}\text{①} \tag{17}$$

采用因子 $\sqrt{1.4}$ 计算声速值, 得到

$$c=\sqrt{1.4}\times 280=332\mathrm{m/s} \tag{17a}$$

这与实验达到了满意的一致②.

最后, 我们希望将 d'Alembert 积分法推广到**球面波**. 假设波源与极坐标系 r、θ、φ 的原点 O 重合, 并且假设压力分布是球对称的 (不依赖 θ 和 φ). 那么 $\nabla^2 p$ (习题 Ⅰ. 3) 的表达式为

$$\nabla^2 p=\frac{1}{r}\frac{\partial^2(rp)}{\partial r^2}$$

且方程 (8) 变为

$$\frac{\partial^2(rp)}{\partial t^2}=c^2\frac{\partial^2(rp)}{\partial r^2}$$

与式 (11) 完全相同, 其积分为

$$rp=F_1(r+ct)+F_2(r-ct)$$

对任意给定的 t=0 且 $r>0$ 的 p 和 $\partial p/\partial t$ 分布, 可以采用该式表示出来, 并且在 $t>0$ 还是连续的; 对负幅角的 F_2 值必须要修正, 以保证在 r=0 时 p 的值是有限的.

① 原文为 $\frac{\mathrm{d}p}{\mathrm{d}\rho}=n\frac{p_0}{\rho_0}$, 有误. —— 译者注

② 由于 K 的不同所导致的这两个 c 值的差异, 很好地说明了一个事实, 即弹性参数的取值依赖于状态变化的特性 (见第 9 节末尾).

同样, 在这里我们主要关注周期性问题. 根据式 (15), 但不含时间项 $\mathrm{e}^{-\mathrm{i}\omega t}$, 我们分别记

$$p=\frac{A}{r}\mathrm{e}^{\mathrm{i}kr} \tag{18}$$

和

$$p=\frac{B}{r}\mathrm{e}^{-\mathrm{i}kr} \tag{18a}$$

相同的表示法也适用于 ρ 和 $\varPhi$. 因为 $\varPhi$ 的梯度与 r 方向一致, 因此振动在本例中同样也是**纵向**的.

方程 (18) 表示了一个向外传播的球面波: 等相位球面 $kr-\omega t=\text{const}$ 以如下相速度朝远离 O 点方向移动:

$$\frac{\mathrm{d}r}{\mathrm{d}t}=\frac{\omega}{k}=c$$

这种辐射过程可以看作 O 处一个脉动球体所产生的.

另外, 式 (18a) 意味着一个往回传播的球面波. 等相位球面 $-kr-\omega t=\text{const}$ 朝原点传播的速度为

$$\frac{\mathrm{d}r}{\mathrm{d}t}=-\frac{\omega}{k}=-c$$

但是这种辐射模式在物理上几乎不可能实现.

附录 可压缩流和不可压缩流之比较①

由于密度可变, 可压缩流体的分析比不可压缩流体的分析要困难得多, 由此也就产生了一个问题: **在给定的精度范围内, 什么时候可以将可压缩介质看成不可压缩的**? 这意味着在该情况下我们对所感兴趣的量 (可能是 ρ, p 或 v) 允许存在给定的误差.

我们将下面的讨论限定在稳定流范畴, 并从连续性方程开始. 在可压缩条件下, 流线的横截面变化方式与不可压缩条件下是不同的, 这是连续性方程形式 (也即, 根据第 5 节式 (4) 有 $\operatorname{div}(\rho\boldsymbol{v})=0$) 不同的结果. 在两个小横截面 F 和 F_0 之间的流管上对质量流的散度进行积分, 假设横截面与流线垂直, 根据 Gauss 定理得到

$$\rho Fv=\rho_0F_0v_0=\text{const}=M \tag{19}$$

其中 v、v_0 和 ρ、ρ_0 是在截面 F 和 F_0 处的绝对速度和密度值.

在不可压缩情况下, 式 (19) 可以简化为

$$Fv=F_0v_0=\text{const}=V \tag{19a}$$

① 也可参见 Prandtl-Tietjens, Fundamentals of Hydro- and Aeromechanics, McGraw-Hill, New York, p, 224.

式 (19) 和 (19a) 中的 M 和 V 分别为通过流管的质量流量和体积流量.

现在我们来计算可压缩流体的稳定流压力并将其与不可压缩流体的压力进行比较. 根据第 11 节式 (9a) 和第 7 节式 (6b) 得出 Bernoulli 方程 (除重力外不存在其他体力情况) 为

$$\frac{1}{2}(v^2-v_0^2)+g(h-h_0)+\int_{p_0}^{p}\frac{\mathrm{d}p}{\rho}=0 \tag{20}$$

但是在不可压缩介质中, 我们本该得到的不是式 (20) 而是下式:

$$\frac{1}{2}(v^2-v_0^2)+g(h-h_0)+\frac{p-p_0}{\rho}=0 \tag{20a}$$

不带下标的量表示流管任意截面处的值, 而下标 0 则代表同一流管参考截面上的值. 根据多变假设 $p=C\rho^n$, 式 (20) 中的积分为

$$\begin{aligned}\int_{p_0}^{p}\frac{\mathrm{d}p}{\rho}&=\frac{n}{n-1}\left(\frac{p}{\rho}-\frac{p_0}{\rho_0}\right)=\frac{n}{n-1}\frac{p_0}{\rho_0}\left[\left(\frac{\rho}{\rho_0}\right)^{n-1}-1\right]\\&=\frac{n}{n-1}\frac{p_0}{\rho_0}\left[\left(\frac{p}{p_0}\right)^{(n-1)/n}-1\right]\end{aligned} \tag{21}$$

将其代入式 (20) 并求出 p, 我们首先得到

$$p=p_0\left\{1-\frac{n-1}{n}\frac{\rho_0}{p_0}\left[\frac{1}{2}(v^2-v_0^2)+g(h-h_0)\right]\right\}^{n/(n-1)} \tag{21a}$$

如果我们假设

$$\frac{1}{2}(v^2-v_0^2)+g(h-h_0)<\frac{n}{n-1}\frac{p_0}{\rho_0} \tag{21b}$$

那么根据二项式定理我们可以展开式 (21a) 的右端项得到

$$p=p_0\left\{1-\frac{\rho_0}{p_0}\left[\frac{1}{2}(v^2-v_0^2)+g(h-h_0)\right]+\frac{1}{2n}\frac{\rho_0^2}{p_0^2}[\quad]^2\pm\cdots\right\} \tag{21c}$$

如果忽略除线性项之外的其他项, 则我们可以再次得到与预期相同的结果 (20a).

现在, 我们来估计一种重要情形, 即通过刚体流动的误差. 假设参考点 p_0、v_0 与刚体的距离很远, 并忽略高度的差异, 即 $h=h_0$. 看看后面的图 46 和图 48, 我们计算驻点上的压力 p 或简单说为 “驻点压力”$p-p_0$. 由于 v=0[参见第 29 节式 (7) 中驻点的定义], 我们由式 (21c) 可得

$$p-p_0=\frac{1}{2}\rho_0v_0^2+\frac{1}{2n}\frac{\rho_0}{p_0}\frac{\rho_0v_0^4}{4}\mp\cdots$$

在此我们引入**与所考虑的多变性相关的声速**. 在参考点, 即我们确定第 13 节式 (17) 中何为标准状态的点, 其声速为

$$c_0 = \sqrt{\left(\frac{\mathrm{d}p}{\mathrm{d}\rho}\right)_0} = \sqrt{n\frac{p_0}{\rho_0}} \tag{21d}$$

因此, 上面的方程可写为

$$p - p_0 = \frac{1}{2}\rho_0 v_0^2 \left(1 + \frac{v_0^2}{4c_0^2} \mp \cdots\right) \tag{22}$$

并与式 (20a) 对比, 该式现在可写为

$$p - p_0 = \frac{1}{2}\rho v_0^2 \tag{22a}$$

如果 $v_0 \leqslant 0.2c_0$, 那么由式 (22a) 计算出的驻点压力与式 (22) 的计算值相比, 所产生的误差最大不会超过 1%. 在标准大气状态下 (n=1.4, c=332m/s), 这意味着 $v \leqslant$66.4m/s. 另一方面, 如果允许出现的误差是 10%, 那么 v_0 应该小于 $0.63c_0$= 209m/s. 这些估计是基于式 (22) 中的二次项进行的.

与压力变化相关的密度变化可以从式 (21a) 中的多方关系获得. 通过类似的展开可得到

$$\rho = \rho_0 \left(1 - \frac{v^2 - v_0^2}{2c_0^2} + \cdots\right) \tag{23}$$

现在, 我们来确定 v 沿流管的变化. 在不可压缩流体条件下, 假设 $h = h_0$, 则式 (20a) 给出

$$v = \sqrt{v_0^2 + \frac{2\Delta p}{\rho_0}} \tag{24}$$

这里有 $\Delta p = p_0 - p$ 和 $\rho = \rho_0$.

另一方面, 在可压缩条件下, 利用最后一项的积分值 (21), 式 (20) 给出

$$v = \sqrt{v_0^2 + \frac{2n}{n-1}\frac{p_0}{\rho_0}\left[1 - \left(\frac{p}{p_0}\right)^{(n-1)/n}\right]} \tag{24a}$$

再令 $p = p_0 - \Delta p$, 并像先前一样展开后, 我们有

$$v = \sqrt{v_0^2 + \frac{2\Delta p_0}{\rho_0}\left(1 + \frac{1}{2n}\frac{\Delta p}{p_0} + \cdots\right)} \tag{24b}$$

除了关于 Δp 的高次项以外, 该式与式 (24) 是一致的.

再回到方程 (19) 和 (19a) 中的流管横截面, 我们通过连续性方程的对数微分得到

$$\frac{\mathrm{d}\rho}{\rho}+\frac{\mathrm{d}F}{F}+\frac{\mathrm{d}v}{v}=0 \tag{25}$$

在 $h=h_0$ 时, Bernoulli 方程 (20) 也可以写成微分形式, 即

$$v\mathrm{d}v+\frac{\mathrm{d}p}{\rho}=0 \tag{26}$$

同样地, 多变方程可以写成

$$\frac{\mathrm{d}p}{p}=n\frac{\mathrm{d}\rho}{\rho} \tag{27}$$

利用式 (27) 和 (26), 将微分 $\mathrm{d}\rho$ 和 $\mathrm{d}v$ (原文误写 $\mathrm{d}p$ 和 $\mathrm{d}\rho$) 代入式 (25) 后, 我们可以得到

$$\frac{\mathrm{d}F}{F}=\frac{\mathrm{d}p}{\rho v^2}\left(1-\frac{\rho v^2}{np}\right)=\frac{\mathrm{d}p}{\rho v^2}\left(1-\frac{v^2}{c^2}\right) \tag{28}$$

但需要注意的是, 这里的 c 是感兴趣截面 F 上的声速. 不可压缩条件下的相应关系可以通过令式 (27) 中 $\mathrm{d}\rho=0$ 或在式 (28) 中令 $c\to\infty$ 得到

$$\frac{\mathrm{d}F}{F}=\frac{\mathrm{d}p}{\rho v^2} \tag{28a}$$

两个结果的对比首先表明, 只要 $v\ll c$, 横截面变化的控制定律实际上是相同的, 与式 (22) 和 (22a) 中给出的压力变化定律相类似. 但是, 从方程 (28) 和 (28a) 中还可以得出另一个重要的结论. 对**不可压缩流体**, $\mathrm{d}F$ 和 $\mathrm{d}p$ 始终具有**相同的**符号, 换言之, **压力提高时横截面增大, 压力降低时横截面减小**. 对于**可压缩流体**, 这一点仅在 $v<c$, 即**亚音速流**中才成立. **在超音速流**($v>c$)**中, 横截面会随着压力的降低而增大, 随着压力的提高而减小**. 正是这一事实从根本上区别了可压缩流体的超音速流与亚音速流, 这种差别在不可压缩流体中是不存在的, 因为根据定义 $c=\sqrt{\mathrm{d}p/\mathrm{d}\rho}$, 声速为无穷大. 根据式 (28) 我们还可以推断, 当速度达到声速 ($v=c$) 时, 流管的横截面取极值, 并且我们很容易看出它一定是**最小值**.

式 (19) 和 (19a) 在水力学中扮演重要角色. 它们可以用来确定诸如管道系统、阀门、涡轮叶系等的流体截面. 式 (24) 和 (24a) 可以用来计算内部压力为 p_0 (常量)、外部压力为 p (常量) 的压力容器喷管排放的速度; 假设 $v_0\sim 0$ 即可得到很好的近似. 式 (24a) 现已以 de Saint-Venant 和 Wantzel(1839) 命名.

在这方面, Laval① 喷管尤为有趣. 它与其他任何喷管一样, 可以将低速高压的能量转化为高速低压的能量, 但是 Laval 喷管的特殊功能在于喷射的速度可以超过音速. 根据我们的结果, 它的横截面设计必须在达到音速之前持续缩小, 之后再重新增大.

① 由瑞典工程师 de Laval 设计, 他还发明了一种很好的分离器以及第一个可用的蒸汽轮机.

14. 弹性体动力学

弹性体动力学方程同样可以通过在静平衡条件的外力 $\boldsymbol{F}$ 中加入惯性力来建立. 固体的位移始终可以被认为是很小的 (仅仅是在屈服点以内, 也就是说, 超过完全弹性极限后将会出现较大的位移, 参见第 39 节). 因此, 物质导数可以被视为局部导数, 单位体积的惯性力变成了 $-\rho\partial^2\boldsymbol{s}/\partial t^2$, 其中 $\boldsymbol{s}=\boldsymbol{i}\xi+\boldsymbol{j}\eta+\boldsymbol{k}\zeta$.

将静平衡条件写成第 8 节式 (12), 我们可以得到弹性动力学微分方程

$$\rho\frac{\partial^2\boldsymbol{s}}{\partial t^2}=\mathrm{Div}\ \boldsymbol{\sigma}+\boldsymbol{F} \tag{1}$$

或者像第 8 节式 (11) 一样, 写出其在笛卡儿坐标系中分量的形式

$$\left\{\begin{aligned}\rho\frac{\partial^2\xi}{\partial t^2}&=\frac{\partial\sigma_{xx}}{\partial x}+\frac{\partial\sigma_{yx}}{\partial y}+\frac{\partial\sigma_{zx}}{\partial z}+F_x\\ \rho\frac{\partial^2\eta}{\partial t^2}&=\frac{\partial\sigma_{xy}}{\partial x}+\frac{\partial\sigma_{yy}}{\partial y}+\frac{\partial\sigma_{zy}}{\partial z}+F_y\\ \rho\frac{\partial^2\zeta}{\partial t^2}&=\frac{\partial\sigma_{xz}}{\partial x}+\frac{\partial\sigma_{yz}}{\partial y}+\frac{\partial\sigma_{zz}}{\partial z}+F_z\end{aligned}\right. \tag{1a}$$

但是, 为了对后面的推导要更合适些, 我们可以采用第 9 节基本方程 (18), 得到以下形式的弹性微分方程:

$$\rho\frac{\partial^2\boldsymbol{s}}{\partial t^2}=(\mu+\lambda)\mathrm{grad}\theta+\mu\nabla^2\boldsymbol{s}+\boldsymbol{F},\quad \theta=\mathrm{div}\boldsymbol{s} \tag{1b}$$

该方程参照的是笛卡儿坐标系, 如果我们基于的是第 9 节式 (19) 而不是第 9 节式 (18) 时, 可以得到一个更加通用的方程.

在这里, 我们主要关心的是自由振动, 所以令 $\boldsymbol{F}=0$. 从式 (1b) 可以直接推出膨胀波和畸变波的存在, 其中膨胀波具有**纵波性质**, 而变形波则具有**横波性质**.

膨胀波. 对式 (1b) 中的每一项求散度, 我们得到

$$\rho\frac{\partial^2\theta}{\partial t^2}=(\mu+\lambda)\nabla^2\theta+\mu\mathrm{div}\nabla^2\boldsymbol{s}$$

然后将

$$\mathrm{div}\nabla^2\boldsymbol{s}\quad 代之以\quad \nabla^2\mathrm{div}\ \boldsymbol{s}=\nabla^2\theta$$

这样我们得到一个简单的标量方程

$$\rho\frac{\partial^2\theta}{\partial t^2}=(2\mu+\lambda)\nabla^2\theta \tag{2}$$

通过对比, 例如与第 13 节式 (8), 可以看出**膨胀波的传播速度**(我们用 a 来表示)满足

$$a^2 = \frac{2\mu + \lambda}{\rho} \tag{3}$$

对于一维或球对称情况下, 使用 d'Alembert 方法第 13 节式 (11) 获得的无限大弹性体的周期解为

$$\mathrm{e}^{\mathrm{i}kx} \text{ 或 } \frac{1}{r}\mathrm{e}^{\mathrm{i}kx}, \quad k = \frac{\omega}{a} \tag{4}$$

它们是圆频率为 ω, 传播速度为常数 a 的平面波或球形波.

畸变波. 对方程 (1b) 中的各项取旋度并像第 2 节式 (19) 一样, 令

$$\mathrm{curl}\ \boldsymbol{s} = 2\boldsymbol{\varphi}$$

由于 curl grad$\theta = 0$(即梯度的旋度等于零), 方程 (1b) 变为

$$\rho\frac{\partial^2 \varphi}{\partial t^2} = \mu\nabla^2\varphi \tag{5}$$

其中 φ 表示所考虑的体积单元绕轴线的扭转角. 与第 13 节式 (8) 进行对比可以看出, 畸变波的传播速度 (我们在这里用 b 表示) 满足

$$b^2 = \frac{\mu}{\rho} \tag{6}$$

这也是为什么 Lame 模量 μ 有时被称为扭转模量, 这在第 68 页已经提及. 同样的, 采用 d'Alembert 方法可以得到与压缩波的解 (4) 一样的平面波和球形波, 只是当前的波数 k 为 ω/b. 对比式 (3) 和 (6), 我们即可得到

$$a > b, \text{ 因为 } \frac{a^2}{b^2} = 2 + \frac{\lambda}{\mu} = \frac{2-2v}{1-2v}$$

关于上式最后一项, 可以参见第 9 节式 (11). 对铁而言, v 值约为 0.3(见第 65 页), 我们可以得到 $a/b = \sqrt{7/2} = 1.87$.

这一结论的意义是非常明显的: 固体对体积变化产生的弹性阻抗比对角度变化产生的阻抗要大得多. 当然, 在固体中 b 的绝对值也比空气中的声速 c 要大得多. 根据第 53 页、56 页的数据以及已知铁的密度 ρ=7.8g/cm^3, b 的值应为 3100m/s. 只要赋予相应的弹性项, 关于 a 和 b 的公式 (3) 和 (6) 都可以归结为牛顿的相关定律第 13 节式 (16a).

这里考虑的膨胀波和畸变波都是在没有边界的弹性体中传播的**三维波**. 此外, 还存在传播于物体自由表面的**表面波**, 它对于地震现象有着特殊的重要性, 我们将在第 45 节对其进行研究. 表面波要比三维波传播得慢, 也就是说, 地球对后者的弹性阻力要比对前者更大. 它们构成了所观测到地震的主要部分, 但首先观测到的是更早到达的作为地震序幕的三维波.

15. 作为以太模型的准弹性介质

在 19 世纪物理学中, 人们假设光学现象中存在一种物质载体, 并尽可能赋予其普通的弹性体特性. 但是, 这种构造在反射与折射这类最基本的问题中也导致了困难, 这些我们将在第 45 节中作更详细的讨论. 早在 1839 年, MacCullagh 就曾试图将普通弹性理论与光学分开而论, 以发展一种光学理论避免上述提到的困难. 后来证明他的理论在形式上与 Maxwell 的电磁光学 (1864) 是一致的, 尤其是所考虑的只是透明体光学问题时. 下面的评述应该视作对 MacCullagh 方程的一个解释.

让我们回到第 1 节的开头. 连续介质的一般运动通常被分解为平移、旋转和变形三部分. 弹性体在变形时会产生取决于变形张量的应力张量; 它对旋转并不敏感 (当然, 也对平移不敏感). 现在, 我们试着假想一个 "准弹性" 体, 它对弹性不敏感, **但能响应相对于绝对空间的旋转!** 由于旋转具有反对称张量的特点第 1 节式 (12a), 我们暂且假定由旋转产生的作用于体积单元上的应力也是一个反对称张量, 如下列矩阵所示:

$$\begin{bmatrix} 0 & \sigma_{xy} & \sigma_{xz} \\ \sigma_{yx} & 0 & \sigma_{yz} \\ \sigma_{zx} & \sigma_{zy} & 0 \end{bmatrix}, \quad \sigma_{ik} = -\sigma_{ki} \tag{1}$$

在此, 假设应力–旋转关系如图 17 所示. 假设体积单元 $\Delta\tau$ 扭曲了 φ_z 角 (由沿正 z 轴的右手螺旋箭头表示). 为了产生或维持这种旋转, 我们需要 —— 这是我们的假设 —— 一个绕 z 轴的力矩

$$M_z = k\varphi_z\Delta\tau \tag{2}$$

数值 k 可以称为准弹性体的 "扭曲模量". 这个力矩与正 x 和 y 表面上的两个剪切应力 σ_{xy} 和 $-\sigma_{yx}$ 以及负 x 和 y 表面上对应的反向平行的剪应力相关联, 正如图中所标出的. 为了与式 (2) 和 (1) 一致, 我们得令

$$\sigma_{xy} = -\sigma_{yx} = \frac{k}{2}\varphi_z \tag{3}$$

这一点表明, 源于两个 x 表面的力矩 (参见图 10 所得的类似结论) 为

$$2\sigma_{xy}\Delta y\Delta z \cdot \frac{\Delta x}{2} = \frac{k}{2}\varphi_z\Delta\tau$$

同时源于两个 y 表面的力矩为

$$-2\sigma_{yx}\Delta x\Delta z \cdot \frac{\Delta y}{2} = \frac{k}{2}\varphi_z\Delta\tau$$

因此总力矩实际上就是方程 (2) 给出的. 通过对式 (3) 进行字母轮换我们可以得到

$$\sigma_{yz} = -\sigma_{zy} = \frac{k}{2}\varphi_x, \quad \sigma_{zx} = -\sigma_{xz} = \frac{k}{2}\varphi_y \tag{3a}$$

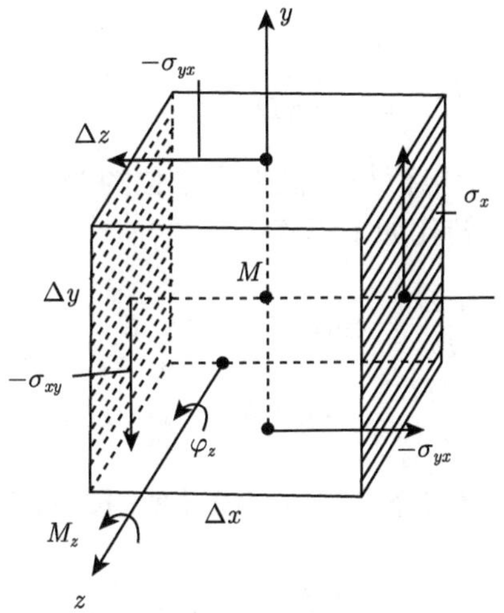

图 17 “准弹性” 体的应变和转动

准弹性体的运动现在服从第 14 节方程 (1a). 运用该方程时, 我们必须赋予以太体积单元以惯性力, 并且还必须认为其位移为小位移, 因为我们在之前令 $du/dt = \partial u/\partial t$ 时已经忽略了二次对流项. 我们还略去了所有外力 ($\boldsymbol{F} = 0$). 由此, 我们根据第 14 节式 (1a) 并利用式 (3) 和 (3a) 可以得到

$$\rho\frac{\partial u}{\partial t} = \frac{\partial \sigma_{yx}}{\partial y} + \frac{\partial \sigma_{zx}}{\partial z} = -\frac{k}{2}\left(\frac{\partial \varphi_z}{\partial y} - \frac{\partial \varphi_y}{\partial z}\right)$$

或者, 写为向量形式

$$\rho\frac{\partial \boldsymbol{v}}{\partial t} = -\frac{k}{2}\mathrm{curl}\,\boldsymbol{\varphi} \tag{4}$$

这就是以太运动方程; 它还必须补充 $\boldsymbol{v}$ 和角速度 $\boldsymbol{\omega}$ 之间的关系, 写为

$$\frac{\partial \boldsymbol{\varphi}}{\partial t} = \frac{1}{2}\mathrm{curl}\,\boldsymbol{v} \tag{5}$$

在这里 $\omega = \mathrm{d}\boldsymbol{\varphi}/\mathrm{d}t$ 代之为 $\partial\boldsymbol{\varphi}/\partial t$. 进一步, 我们假设以太不可压缩; 同时, 我们注意到作为位移向量的旋度, $\boldsymbol{\varphi}$ 没有散度. 因此 $\boldsymbol{v}$ 和 $\boldsymbol{\varphi}$ 满足以下条件:

$$\mathrm{div}\,\boldsymbol{v} = 0, \quad \mathrm{div}\boldsymbol{\varphi} = 0. \tag{6}$$

方程组 (4)~(6) 出奇地简洁、对称. 它与**真空中的 Maxwell 方程**在形式上完全一致.

在详细阐明上述结论之前, 让我们引入以下记法: $\boldsymbol{E}$= 电场强度, $\boldsymbol{H}$= 磁场强度, α, β= 取决于 $\boldsymbol{E}$ 和 $\boldsymbol{H}$ 单位选择的比例系数. 现在, 我们令

$$\text{a)} \quad \boldsymbol{v} = \pm\alpha\boldsymbol{E}, \quad \boldsymbol{\varphi} = \mp\beta\boldsymbol{H}$$

或者

$$\text{b)} \quad \boldsymbol{v} = \pm\alpha\boldsymbol{H}, \quad \boldsymbol{\varphi} = \pm\beta\boldsymbol{E}$$

这些方程中的正负号取决于电荷与磁极强度单位的符号选择. 那么, 根据 a) 和 b) 的变换, 方程 (4)~(6) 可以转化如下形式:

$$\begin{aligned} \varepsilon_0\frac{\partial \boldsymbol{E}}{\partial t} &= \text{curl}\ \boldsymbol{H}, \quad \text{div}\ \boldsymbol{E} = 0 \\ \mu_0\frac{\partial \boldsymbol{H}}{\partial t} &= -\text{curl}\ \boldsymbol{E}, \quad \text{div}\ \boldsymbol{H} = 0 \end{aligned} \tag{7}$$

其中简记 ε_0, μ_0 被称为真空的介电常数和磁导率; 按我们的记法, 它们分别由下式给定:

$$\varepsilon_0 = \frac{\rho}{k}\frac{2\alpha}{\beta}, \quad \mu_0 = \frac{2\beta}{\alpha} \tag{7a}$$

$$\mu_0 = \frac{\rho}{k}\frac{2\alpha}{\beta}, \quad \varepsilon_0 = \frac{2\beta}{\alpha} \tag{7b}$$

它们的乘积并不依赖于 α, β 单位的选择, 因为无论哪种选择我们都有

$$\varepsilon_0\mu_0 = \frac{4\rho}{k} = \frac{1}{c^2} \tag{8}$$

式中定义的量 c 在物理上具有**真空中光速**的意义. 类比于第 13 节和第 14 节中的声速, 它也可以被纳入第 13 节牛顿定律 (16a), 只要是当弹性这一词被理解为 "扭转模量" 的四分之一即可.

我们绝不是要为这个 "以太" 模型赋予任何的物理现实意义. 物理学家们在世纪之交已经确信, 任何试图从力学角度解释 Maxwell 方程的做法注定都会失败. 我们在这里给出的不是一种力学**解释**, 充其量, 只是一种力学**比拟**. Maxwell 方程是物质的电学理论基础之一, 人们不应该期待它们能够从有质量的物质的宏观属性中推演得到. 相反, 根据 Schrodinger①近期的一篇论文, 它们似乎与广义引力同根同源, 也就是, 它们来自于空–时的度量. 但是, 我们的论述可能也有一定的正确性, 因为正如上面所表明的: 如果想要构建 "以太" 作为 Maxwell 方程成立的基础, 那么我们必须为其设定一种与常规物质截然相反的特性, 即弹性体**相对于空间的绝对转动**, 而不是弹性体**体积单元之间相对的转动**.

① E. Schroedinger, Proc. R. Irish Academy 49, 43 (1943).

下面的历史评论可能是有趣的. 在对 MacCullagh 思想的扩展中, Kelvin 爵士①80 多岁时提出了准弹性以太, 或者, 如他有时也说的 "准刚性" 以太的概念. 他并不满足于仅仅提出一个具有被动反应 (2) 的以太假设, 而是试图构建一个陀螺模型, 可以真正以所需的方式响应. 众所周知, 快速旋转的陀螺通过适当的处理可以获得定向的稳定性, 进而只需很小的角度变化即可响应很强的力矩. 但基于陀螺效应的以太模型变得极其复杂. 每个体积单元必须配以多个陀螺, 且它们相互之间要准确定位, 以获得不仅是一个而是全部三个轴向上合适的旋转刚度. 一个如此复杂的构造可能是实现 "陀螺" 以太的唯一途径.

Kelvin 爵士采用了第 92 页 a) 中的观点, 他将他的陀螺以太的 "扭转" 与磁场向量 $\boldsymbol{H}$ 相关联. 但他没致力于给出电场向量的明确解释, 因此也就放弃了对 Maxwell 方程完整的力学表述. 毫无疑问, 观点 a) 在物理上是更明显的, 因为 $\boldsymbol{H}$ 与 φ 一样, 具有轴向量的特点, 同时 $\boldsymbol{E}$ 和 $\boldsymbol{v}$ 一样具有极向量的特点. 另一方面, 观点 b) 的优点在于既顾及了纯以太和绝缘子, 但也为准弹性构想②中的导体留下了空间. Boltzmann③曾指出, 观点 b) 所涉及的困难是由**真电荷**的存在引起的. 不考虑导体的电动力学, 下面我们稍进一步展开讨论假设 a). 在第 20 节中将返回来介绍 b) 与 Helmholtz 涡流理论的关系.

对于有质量的绝缘体, 两个主要的方程 (7) 像在真空中一样依然是成立的, 只是现在值 ε_0 和 μ_0 必须代以 ε 和 μ. 但是, 散度条件有着本质的变化. 现在, 我们有的不是 $\mathrm{div}\boldsymbol{H}=0$, 而是

$$\mathrm{div}\boldsymbol{B}=0,\quad \boldsymbol{B}=\mu\boldsymbol{H}=\text{磁感应}\tag{9}$$

同时我们需要将 $\boldsymbol{B}$ 与转动 φ 相关联, 而不是 $\boldsymbol{H}$, 这不会引入任何困难. 另一方面, 条件 $\mathrm{div}\boldsymbol{E}=0$ 必须改为

$$\mathrm{div}\boldsymbol{D}=\rho_e,\quad \boldsymbol{D}=\varepsilon\boldsymbol{E}=\text{介电位移}\tag{10}$$

其中 ρ_e 是真电荷的空间密度. 现在, 只要我们将 $\boldsymbol{D}$ 取代 $\boldsymbol{E}$ 来与流速 $\boldsymbol{v}$ 相关联, 并在常量 ε, μ 和 k, ρ, α, β 之间建立适当的关系, 我们仍然能够得到用于有质量绝缘体的 Maxwell 方程的完整形式比拟. 但是很明显, 如果想要维持以太的不可压缩性, 真电荷的存在导致了观点 a) 的困难. 当然, 存在一种数学上可行但在物理上相当棘手的补救办法. 我们可以简单地规定, 准弹性流体会根据所带真电荷的正

① Sir William Thomson (Lord Kelvin), Mathematical and Physical Papers, Vol. 3, Art. 49, 50, 52.

② A. Sommerfeld, Ann. d. Phys. 46, 139 (1892).

③ L. Boltzmann, Ann. d. Phys. 47, 743 (1892), 以及 Vorlesungen üer Maxwells Theorie, Leipzig 1893, Vol. II, 1, p. 6.

负号判定它是离开还是进入场中的某一点. 而流体从何处来又到何处去我们却无从知晓. 作为对这一假设的辩护, 人们可以引用伟大的 Bernhard Riemann①作为例子, 他曾在其论文《新自然哲学的数学原理》(*Neue mathematische prinzipien der naturphilosophie*) 中试图为引力理论和静电理论做出同样的假设, 但似乎承认没有力学或准力学模型能够适于描述电荷的基本事实还是要更正确些.

第三卷中, 我们就没有理由再返回到这里所讨论的以太模型了. 电荷和电磁场的结构必须作为超越力学的实体被我们所接受.

16. 黏性流体动力学　流体力学和水力学　湍流的 Reynolds 准则

为了建立黏性流体运动的通用方程, 我们必须在第 10 节均匀运动方程 (8a, b) 中引入惯性力. $\boldsymbol{F}$ 必须被替换为

$$\boldsymbol{F}-\rho\frac{\mathrm{d}\boldsymbol{v}}{\mathrm{d}t}=\boldsymbol{F}-\rho\left[\frac{\partial\boldsymbol{v}}{\partial t}+(\boldsymbol{v}\ \mathrm{grad})\boldsymbol{v}\right]$$

这样, 我们得到了伪向量形式的 Navier-Stokes 方程②.

$$\rho\frac{\partial\boldsymbol{v}}{\partial t}+\rho(\boldsymbol{v}\ \mathrm{grad})\boldsymbol{v}-\mu\Delta\boldsymbol{v}+\mathrm{grad}\ p=\boldsymbol{F}\tag{1}$$

为了将它们写成不变式, 我们必须利用第 11 节方程 (6) 和第 3 节方程 (10a), 即

$$(\boldsymbol{v}\ \mathrm{grad})\boldsymbol{v}=\mathrm{grad}\frac{v^2}{2}-\boldsymbol{v}\ \times\mathrm{curl}\ \boldsymbol{v}$$

和

$$\nabla^2\boldsymbol{v}=\mathrm{grad\ div}\ \boldsymbol{v}-\mathrm{curl\ curl}\ \boldsymbol{v}$$

在不可压缩情形, 方程 (1) 还得补充条件

$$\mathrm{div}\ \boldsymbol{v}=0\tag{1a}$$

在可压缩流体情形下, 式 (1a) 必须替换为第 5 节式 (4), 同时根据第 10 节式 (22), 还要在式 (1) 的左端项中增加 $-(\mu+\lambda)\mathrm{grad}\dot{\theta}$, 即 $-(\mu+\lambda)\mathrm{grad\ div}\boldsymbol{v}$.

今天, 我们将 Navier-Stokes 方程视为整个流体流动理论的基础. 相比之下, 整个 19 世纪的工程师都认为, 在理论流体学和水力学之间存在着巨大的鸿沟. 正是

① Ges. Werke, 2nd ed., Teubner, Leipzig, 1892, p. 528. 该文是 Riemann 在获得博士学位后不久撰写的, 但在其去世后才发表.

② Navier, 1822, Stokes, 1845.

英国工程师和物理学家 Osborne Reynolds 通过他深刻的实验①及理论②研究在两者之间搭起了桥梁.

他在不同的压力梯度下 (这相当于改变了平均流速), 利用不同直径的玻璃管进行实验. (这里的平均速度是指相对于横截面的速度平均值.) 他在入口截面处引入染色的液丝, 然后观察这些液丝在管道中的行为. 在小直径、平均速度不太大的玻璃管中彩色液丝保持着直线运动并与管轴平行. 而在较大直径或者大流速条件下液丝出现了不规则的偏差, 有填满整个管道的倾向. 初始的直线液丝变得模糊并最终无法辨认. 前一种情形中的运动被称为**层流**(如 Hagen-Poiseuille 流呈规则的层状结构), 而后一种情形则如 Reynolds 所建议的被称为**湍流**.

如果 Reynolds 没有从 "相似定律" 的角度来考虑问题, 他或许不会从他的试验结果中得到什么规律. 这种特点的考虑在西方物理学刚刚起步的时期就已经出现过, 例如, Galilei③的著作中就有. 一般来说, 它们用于两个仅在尺度上不同的实验对比分析之中.

在我们的实例中, 考虑半径分别为 a_1 和 a_2 的两个管子. 假设

$$a_2 = \alpha a_1 \tag{2a}$$

系数 α 表示的是实验 1 转变到实验 2 时长度尺度的变化. 它不仅仅适用于半径, 而是所有的长度量纲, 例如, 在两个管子上两个 "对应点" 的坐标. 因此任意两个这样点之间的联系

$$x_2 = \alpha x_1, y_2 = \alpha y_1, z_2 = \alpha z_1$$

对应横截面的平均速度为 v_1 和 v_2, 我们令

$$v_2 = \beta v_1 \tag{2b}$$

速度的量纲为长度/时间, 系数 β 也决定了在这一转变中时间尺度的变化, 根据式 (2a) 和 (2b), 这一变化显然是 α/β. 此外, 我们允许两个管道传输两种不同密度和黏度的流体, 并且令

$$\rho_2 = \gamma \rho_1 \tag{2c}$$

因子 γ 定义了质量尺度的变化, 根据式 (2a) 和 (2c) 可知质量尺度的变化为 $\gamma\alpha^3$.

① An Experimental Investigation of the Circumstances which determine whether the Motion of Water shall be direct or sinuous, and the Law of Resistance in Parallel Channels, Phil. Trans. R. Soc. 174 (1883).

② On the Dynamical Theory of Incompressible Viscous Fluids and the Determination of the Criterion, Phil. Trans. R. Soc. 186 (1895). 与此相关见 H. A. Lorentz, Ges. Werke, Vol. I, Leipzig, p. 43.

③ 在其最后的著作*Discorsi e Dimostrazioni Matematiche*, 1638.

有时采用运动黏度 ν 比采用黏度系数 μ 要更为方便, 我们定义

$$\nu = \frac{\mu}{\rho}$$

我们再令

$$\nu_2 = \delta\nu_1 \tag{2d}$$

最后, 为比较对应横截面上的压力, 我们设

$$p_2 = \varepsilon p_1 \tag{2e}$$

显然, 根据 p 的量纲, ε 可以用 α、β 和 γ 表示出来.

现在, 我们将方程 (1) 两端除以 ρ, 并忽略在这里并不太重要的外力, 将其写成一种示意的形式:

$$\text{加速度} - \nu\nabla^2\boldsymbol{v} + \frac{1}{\rho}\operatorname{grad} p = 0 \tag{3}$$

加速度项的量纲既可以写为速度/时间也可以写成速度 ^{2}/长度. 在从式 (1) 到式 (2) 的转变中, 根据式 (2a) 和 (2b), 这一项的转变系数为

$$\frac{\beta^2}{\alpha} \tag{4a}$$

由于 $\nabla^2\boldsymbol{v}$ 中对坐标的双重导数显然意味的是对长度的两次除法运算, 因此根据式 (2b) 和 (2d), 式 (3) 中的第二项的转变系数为

$$\delta\frac{\beta}{\alpha^2} \tag{4b}$$

最后, 式 (3) 中最后一项的尺度变化 [根据式 (3), (2a), (2c), (2e)] 为

$$\frac{1}{\gamma}\frac{\varepsilon}{\alpha} \tag{4c}$$

现在, 假设实验 1 中的流动遵循方程 (3). 如果流动 2 也服从方程 (3), 那么 3 个系数 [式 (4a)、(b)、(c)] 之比必定等于 1:

$$\frac{\beta^2}{\alpha} : \delta\frac{\beta}{\alpha^2} : \frac{1}{\gamma}\frac{\varepsilon}{\alpha} = 1{:}1{:}1 \tag{5}$$

这相当于以下两个关系成立:

$$\frac{\beta\alpha}{\delta} = 1 \tag{5a}$$

$$\frac{\varepsilon}{\gamma\beta^2} = 1 \tag{5b}$$

就实验参数而言, 由式 (2a), (2b), (2d) 可知式 (5a) 意味着

$$\frac{v_1 a_1}{\nu_1} = \frac{v_2 a_2}{\nu_2} \tag{6}$$

类似地, 由式 (2b), (2c), (2e) 可知式 (5b) 意为

$$\frac{p_1}{\rho_1 v_1^2} = \frac{p_2}{\rho_2 v_2^2} \tag{7}$$

方程 (6) 和 (7) 构成了 Reynolds 相似理论的结果. 在文献中, **Reynolds 准则**这一术语通常只用于方程 (6), 尽管如我们所见式 (7) 也是其中一部分. 正是这两个关系式一起为水动力相似提供了充分必要条件. 在下文中我们也将广泛使用方程 (7).

如果要满足这两个准则, 那么流动 1 和 2 要么都是层流要么都是湍流, 因为实验装置 2 仅仅是装置 1 在尺度上不同的 "机械图像".

式 (6) 所定义的无量纲表达式就是著名的 Reynolds 数, 用 R 来表示①:

$$R = \frac{va}{\nu} \tag{8}$$

其中长度 a 可以指定为实验的任意线性尺寸特征 (例如, 两个平板之间的距离、管道的深度、落球的半径等). 式 (7) 定义的数用 S 来表示, 故有

$$S = \frac{p}{\rho v^2} \tag{9}$$

对于管 1 和管 2 来说, 从层流到紊流的过渡是一个特殊的力学**相似**事件, 可以用相同的 R 值来刻画. 这就是**临界 Reynolds 数**:

$$R_{\text{crit}} = \left(\frac{va}{\nu}\right)_{\text{crit}} \tag{10}$$

它的值对管子入口截面形状相当敏感. 如果一个喇叭形钟采用正圆形入口, 则一开始建立的层流可以保持到 R 取相当大值的时候. 如果流体从容器通过一个带尖角的直边横截面连接段进入管道, 则初始流动受横向分量的扰动, 该扰动不会立即被摩擦衰减掉, 那么该流动在相对较低的 R 值时即会转变为完全的湍流流动. 临界 Reynolds 数介于 1200(非常不规则的入口) 和 20000(正圆形整流入口) 之间. 因此, 我们关于临界 Reynolds 数稳定的观点的确应该局限于具有同样初始条件的流动.

问题来了: 从层流到湍流转变以及从湍流向层流转变的诱因是什么? **在第 65 页的脚注中**, 我们对毛细管中层流的分析没有看出任何诸如对小直径或小速度流动模式的限制, 相反, 看起来 Hagen-Poiseuille 流是所有情形下的可能运动形态, 只是如果 $R > R_{\text{crit}}$ 则不再**稳定**. 因此 Reynolds 准则看起来是一个取决于经验的**稳定性**准则, 下面的评述将有助于我们进一步从物理学上理解它:

① 有时也记为 Re.

黏度倾向于消减流动的横向分量, 无论它是初始呈现的还是由管道粗糙度所产生, 因此黏度的存在有利于层流模式. 流体的惯性则要求这类侧向分量一旦形成即保持不变, 因此惯性有利于湍动. 在第 10 节对毛细管流的静力学分析中, 不存在惯性, 并且完全不考虑侧向流动分量; 因此看上去所获得的结果可以拓展至任意大的管道和任意快的流速条件. 同时注意到, 根据式 (8) 分母表达式 $\nu = \mu/\rho$ 的结构, 黏度和惯性之间的竞争机制是显而易见的: 通过提高 μ 值, 可以让我们采用更大的 va 值也仍能保持流动的稳定性; 但提高 ρ 值, 则要保持流动稳定只能降低 va 值, 因此有利于导致湍流.

这一观点也与转变点的定义明显缺乏相一致, 可以与过冷水这种著名的热动力学现象相比较. 如果完全不受扰动, 水可以被冷却至 0°C以下而不冻结. 同样地, 通过谨慎避免入口处产生或因管壁粗糙产生的横向流动分量, 层流模式可以延伸到 R 取更大值的情形.

为了确定临界 Reynolds 数究竟是否存在明确而理想的数值, 我们可能需要开展如下工作: 研究一个足够长、足够光滑的管道在距入口足够远的流动状态. 没有管壁新产生的侧向分量的干扰, 在入口区域初始流动状态的不规律性, 具有足够长的时间减弱为稳定状态. 如果现在我们于某些 R 值上观察到了层流而在其他 R 值上观察到的是湍流, 并且**发生层流**的 R 值的上限与**发生湍流**的 R 值的下限相同, 那么这个公共的极限就是 R_{crit}①的理想数值. 这个实验实际上无法开展, 因此文献②中给出的 R_{crit} 值存在很大偏差.

流体转变为湍流时不仅在流动模式上的变化是明显的, 而且其**压力定律**也变化明显, 这是我们接下来要讨论的. 在这里, 第二相似法则 (9) 变得特别重要. 我们使用管道首尾的压力差 Π 来取代 (9) 中的 p, 当然可以看出 Π 和 p 的量纲是相同的. 这样做以后, 就必须也考虑管道的长度 l [方程 (9) 中的管道可以具有任意长度]. 现在 l 无法关联到式 (9) 中的无量纲数, 但是我们可以用比值 l/a 来重写 S 的定义

$$\Pi = \rho v^2 \frac{l}{a} S \tag{11}$$

它适用于具有相同 S 值, 但 Π、ρ、v、l、a 可能不同的流体运动 1 和 2.

现在我们来对比式 (11) 和水力学中的公式, 计算管子或管道系统中压头的损失.

$$h = \lambda \frac{v^2}{2g} l \frac{U}{F} \tag{11a}$$

① 通过改进实验条件 (更好的入口控制和更光滑的壁面), R_{crit} 提高到任意高的值似乎不是不可能的. 如果这一点成立, 那么就不存在这个理想数值, 同时 Reynolds 稳定性极限也就只具有依赖于实验条件的实用价值. 另一方面, 似乎又存在一个确定的 Reynolds 数, 当小于它时湍流则不能维持.

② L. Schiller 根据入口条件进行了系统的研究.

其中 λ 是一个纯数字, 即 "水力摩擦系数", F 则是流体截面面积, U 是管道的湿周长. 对于充满流体的圆截面来说, U/F 变成了 $2/a$, 所以

$$h=\lambda\frac{v^2}{g}\frac{l}{a} \tag{11b}$$

用 λ 代表 S, 再用静水高度差 $h(\Pi=\gamma h=\rho gh)$ 来表示 Π, 则式 (11b) 就变得与式 (11) 完全一样了.

另一方面, 如果令 S 等于纯数字 $8/R$, 则有

$$S=\frac{8\nu}{va}=\frac{8\mu}{\rho va}$$

由此得到的 Hagen-Poiseuille 公式

$$\Pi=8\mu l\frac{v}{a^2} \tag{12}$$

与之前公式的唯一差别在于, 先前采用的是更精确定义的平均速度 u_{m}, 而这里我们用的是 v.

在第 66 页曾经提到的层流和紊流压力的不同依赖形式, 从式 (11b) 和 (12) 看又变得很明显了: 在式 (11b) 中对 v 和 a 的依赖以 v^2/a 的形式体现, 而在式 (12) 中则是 v/a^2. 通过以两种不同的方式选择数 S, 我们已经能够克服这种截然不同的依赖模式 [注意, 在式 (9) 中 S 的定义本身并没有给出任何关于流动参数间的相互依赖, 只有通过另一个无量纲流动参数的组合来实现 S 的辨识, 才使其具有物理定律的特性].

后面将会注意到, 水力学公式 (11a) 与牛顿曾经应用过的空气阻力定律有着相同的结构. 根据该定律, 一个与空气相对速度为 v 的物体会受到与 v^2 成正比的阻力 (这一定律也适用于静止表面受到的风压). 在亚声速条件下, 弹道阻力定律也接近是一个 v^2-定律.

如果假定 S 对 R 的弱相关性, 光滑管道中湍流的更精确的压力损失表达式是可以在方程 (11) 的框架内来建立的 [也就是说, 假设 S 既不像式 (11b) 中依赖于 R 也不像式 (12) 中依赖于 R^{-1}]. 对更大的 R 值, 以下假设经实验是合理的:

$$S=\lambda R^{-\kappa} \quad 和 \quad S=\lambda_0+\lambda_1 R^{-\kappa} \tag{13}$$

其中第一个公式中 $\kappa=1/4\sim 1/5$, 而在第二个公式中 κ 则取更大的值.

利用式 (13) 的第一个公式可以将水力学 v^2-定律 (11a) 修改为 $v^{2-\kappa}$ 定律 ($\kappa=1/4$ 时称为 Blasius 公式), 它与早期 Hagen 和 Reynolds 的观测几乎完全一致 (也可参见习题III. 2). 想要获得过渡区压力的更多细节及粗糙度的影响, 可参

看 L. Prandtl 的*Stromungslehre*, Braunschweig 1949, 该书可以看作该领域的原始资料集①.

图 18 示意了临界点上压力定律的变化: 在低速 $v < v_{\mathrm{crit}}$ 时服从 Hagen-Poiseuille 线性定律, 在 $v > v_{\mathrm{crit}}$ 时按 $v^{2-\kappa}$ 规律增长. 在 A 之后的虚直线表示了稳定性极限 A 的可能增长.

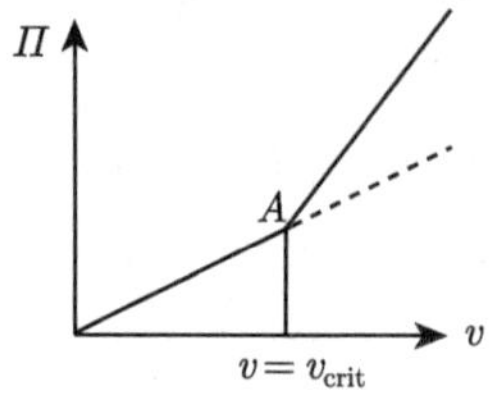

图 18 作为平均速度 v 的函数的压力梯度. 在临界点 A, 层流转变为湍流

A 点上压力定律的变化伴随着 (说 "源自于" 或许要更好些) 横截面上速度分布的显著变化. 与层流情况下的抛物面分布不同, 湍流情况下在管道内部各点速度的时间平均值实际上是恒定的, 仅在管壁附近才迅速降低至零, 满足边界条件 v=0.

层流–湍流的差异不仅发生在圆管或具有其他形式截面的管道中, 而且也可以在两个静止平板之间的流动中观察到. 这种流动模式, 对 Hagen-Poiseuille 流的二维比拟, 已留作习题Ⅱ.3a). 抛物型速度分布也是这种情况的特点, 如图 19 所示.

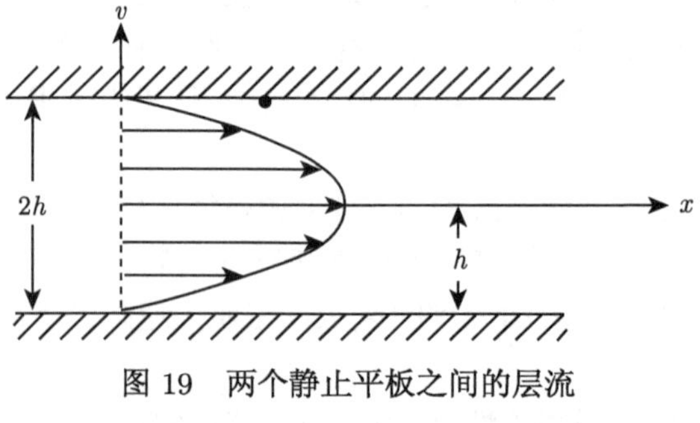

图 19 两个静止平板之间的层流

如果将图 19 中的抛物柱面沿对称平面 $y = h$ 切开, 也就是说, 只考虑流动图案的下半部分, 那么我们就可以获得在层流运动中流线的速度分布 (严格来说, 流线是无限宽的). 让流线的底部与水平面成 α 角 (图 19a), 以使得重力分量 $P g \sin\alpha$ 等于之前图中的压力梯度. L. Hopf②(慕尼黑大学学位论文, 1909) 做了细致的试验研究, 利用黏性力来实现此类层流的稳定, 并达到其稳定极限. 该研究发现的临界 Reynolds 数为 $R_{\mathrm{crit}} = vh/\nu \cong 330$.

① 对管流, 可对比 J. C. Hunsaker and B. G. Rightmire, Engineering Application of Fluid Dynamics, McGraw-Hill, New York, 1947, Chap. Ⅷ.

② 部分发表于 Ann. d. Phys. 32, 777 (1910).

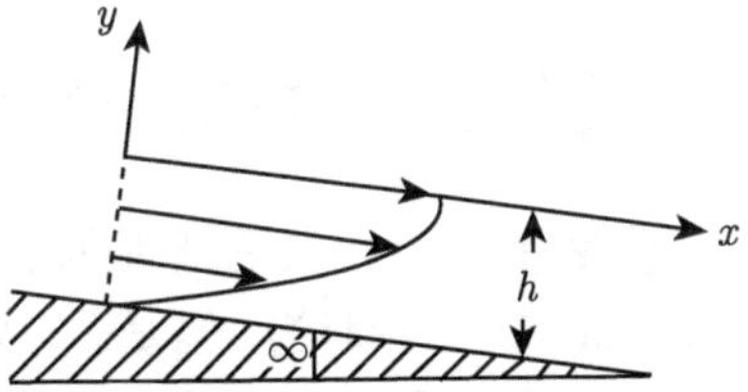

图 19a　引力作用下的 “层流之河”; 自由面 $y=0$

根据图 19, 可以提出一个更简单的层流运动实例, 只要一个平板静止而另一个平板以常速 U 做相对运动. 在这里, 层流的速度分布是线性的 (参见图 19b). 记流体的速度为 u, 我们有

$$u=\frac{y}{h}U \quad \text{当然, 还有} \quad v=w=0 \tag{14}$$

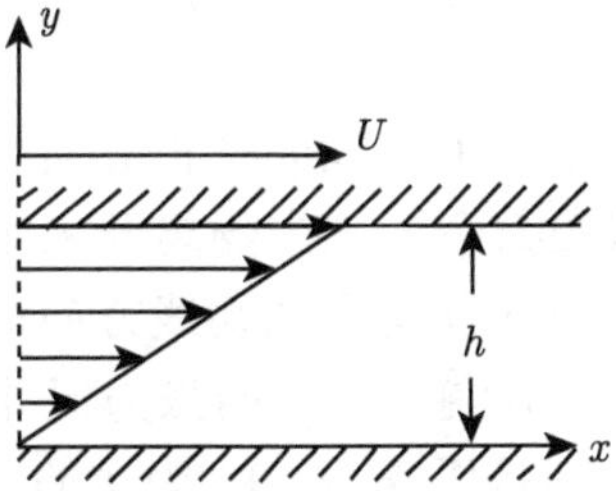

图 19b　静止和运动平板之间的直线型层流可以看作两个同轴圆筒间 Couette 流的极限情况

流动平行于 x 方向, 但是需要注意的是该流动是无旋的, 尽管看起来其中并不涉及旋转:

$$2\omega_z=\frac{\partial v}{\partial x}-\frac{\partial u}{\partial y}=-\frac{U}{h}$$

由于在解析上特别简单, 式 (14) 是稳定性理论研究的首选流动状态 (参见第 38 节).

在 Couette①之后, 这种流动可以通过两个同轴的圆筒来优雅地实现. 当内筒静止而外圆筒以圆周速度 U 运动时, 根据 Couette 的研究, 向湍流转变会发生在 Reynolds 数为 $R_{\text{crit}}=Uh/\nu=1900$, 其中 h 是流体层的厚度. Taylor②则深入研究了相反的情况, 即内筒运动的情况.

在本讨论中, 我们仅仅触及了湍流问题的皮毛. 而诸如 “失稳的原因是什么?” “有可能给出速度湍动的数学描述吗?” “湍流状态包含在 Navier-Stokes 方程的解之中吗?” 等核心问题并没有涉及. 这些我们将在第 38 节中返回讨论, 这里似乎还不可能有完整的解答.

① M. Couette, Ann. Chim. Phys. 21 (1890).
② Sir G. I. Taylor, Phil. Trans. 223, 289 (1923).

17. 关于毛细管现象的几个要点[1]

在第 12 节的末尾, 我们已经介绍了产生毛细现象的分子内聚力, 即形式为作用于流体表面的法向压力 N(Laplace 的理论). 但是, 如果出于只是简单回顾的目的, 则更方便的方法不是从 Laplace[2]理论出发, 而是追随 Gauss[3], 采用表面能最小原理; 第 12 节方程 (16) 中的法向压力 N 可以根据这一原理推导出来.

我们假定, 在流体表面 F 内处处作用着相等的切向**表面张力**T: 在一定程度上, F 可以说是被一层本身并不具有弹性的薄膜所覆盖. 它对变形的阻力 (与薄橡胶皮相比) 仅仅由沿薄膜边界作用切向张力 T 提供, 其方向垂直于边界并且位于切平面内.

我们从一个简化的情形出发, 局限于**圆柱形**流体表面, 这相当于仅分析圆柱形的液膜. 该薄膜上的张力平衡与瞬间形状为圆柱轮廓的**振动弦**的张力平衡是一样的.

令 u 为距离为 Δs 的两个相邻点 P 和 P' 的相对位移. 我们将弦在 P 和 P' 点处切开, 将二者间的弦段从弦的其余的弦中隔离开来 (参见图 20a). 为了考虑其余两部分对该弦段的作用, 我们引入作用于弦切线方向的张力 $\boldsymbol{T}$ 和 $\boldsymbol{T}'$[4]. 它们的大小等于弦上所承受 (即由固定端所施加的) 的张力但并不互相平行. 假设 $\Delta\varepsilon$ 是对应于 Δs 的斜率变化, 而 $\Delta\boldsymbol{T}$ 则是以 $\boldsymbol{T}$ 和 $\boldsymbol{T}'$ 为边的力三角形的闭合边 (见图 20a 中的小插图). 向量 $\Delta\boldsymbol{T}$ 的幅值为

$$\Delta T = T\,|\Delta\varepsilon|$$

而它的方向垂直于弧元 Δs. 作用于 Δs 上的合力等于 $-\Delta\boldsymbol{T}$. 取而代之的是, 我们引入每单位长度上的合力 $\boldsymbol{N}$, 因此 $\boldsymbol{N}\Delta s = -\Delta\boldsymbol{T}$, 所以

$$N\Delta s = T\,|\Delta\varepsilon| \tag{1}$$

另外, 曲率 $1/R$ 则由以下公式给定:

$$\pm\frac{1}{R} = \lim_{A_z\to 0}\frac{\Delta\varepsilon}{\Delta s} = \frac{\dfrac{\partial^2 u}{\partial x^2}}{\left(1+\left(\dfrac{\partial u}{\partial x}\right)^2\right)^{3/2}} \tag{2}$$

① 我们在此仅限于将毛细管现象作为一般流体力学教材中不可或缺的一部分进行介绍, 对更完整的陈述我们建议参考 H. Minkowski 精心撰写的文章 Enzykl. d. Math. Wiss.Vol. V, 1 p. 558: 在那里读者可以看到毛细现象的分子理论解释, 它比我们这里纯粹现象学的评论要更完整和更深刻.

② Mécanique céleste, Supplément de l'action capillaire, 1806.

③ Principia generalia theoriae fluidorum in statu aequilibrii, 1830.

④ 注意, 在这里 $\boldsymbol{T}$ 的量纲是力, 但在后面二维情况下 $\boldsymbol{T}$ 的量纲为力/长度.

其中 u 是弦挠度, x 是沿未变形弦所取的横坐标; 我们假定, 如果 s 随 x 增加而增加, 那么在最后一项的分母中我们必须取平方根的正值.

方程 (1) 和 (2) 确定了 $\boldsymbol{N}$ 的幅值:

$$N = \frac{1}{|R|}T$$

$\boldsymbol{N}$ 的方向始终指向弦的凹侧.

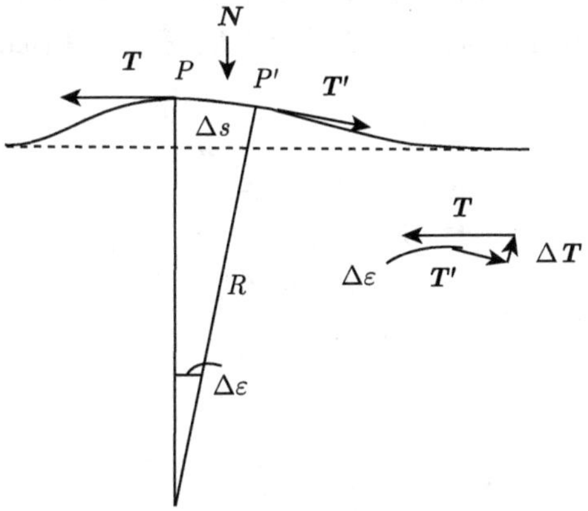

图 20a　振动弦的张力 $\boldsymbol{T}$ 以及对应的恢复力 $\boldsymbol{N}$, 同时这也是圆柱流体表面的横截面图解

让我们稍微将 $\boldsymbol{N}$ 的意义进行扩展, 根据 $\Delta\varepsilon$ 是正或是负为它赋予 + 或 − 号 (在图 20a 中, $\boldsymbol{N}$ 是正的). 此外, 如果我们采用式 (2) 中下面的符号即如果 $\Delta\varepsilon \lesseqgtr 0$ 则 $R \gtrless 0$, 则我们可以重写上一个方程, 得到修正的 N:

$$N = \frac{1}{R}T \tag{3}$$

或者, 对于充分小的挠度则有

$$N = -\frac{\partial^2 u}{\partial x^2}T \tag{4}$$

根据式 (4), 我们直接可以推导出第 13 节方程 (9) 上下文中提及的弦振动微分方程. 我们只需要建立 $+u$ 方向上的外力 (也就是 $-N$) 以及弦单位长度上的惯性力 $-\rho\partial^2 u/\partial t^2$ 之间的平衡, 就得到

$$\rho\frac{\partial^2 u}{\partial t^2} = T\frac{\partial^2 u}{\partial x^2} \tag{5}$$

其中 ρ 为弦的线密度.

现在, 如果我们从圆柱体过渡到双曲率表面, 则式 (4) 需要代之为

$$N = \left(\frac{1}{R_1} + \frac{1}{R_2}\right)T \tag{6}$$

其中 R_1 和 R_2 分别是所考虑曲面点上的两个主曲率半径. 尽管一般来说曲面上无限靠近的两点上的法线并不相交, 但是它们是相互倾斜的, 而沿两个主方向的曲面法线却是相交的, 也正是在这种情况下才定义了主方向. 半径 R_1、R_2 被解释为两个主 (法向) 截面曲率的倒数. 分别记 C_1 和 C_2 为它们的曲率中心 (见图 20b), 我们现在来研究图 20b 中方向与主方向 1 和 2 平行的无穷小矩形 $\Delta s_1 \Delta s_2$ 上所作用的表面张力 $\boldsymbol{T}$ 的平衡. 如图 20a 所示, 如果对每个主截面建立力三角形, 那么我们可以得到两个侧边 $\Delta \boldsymbol{T}_1$ 和 $\Delta \boldsymbol{T}_2$, 并由它们获得两个如方程 (4) 中的法向压力 N_1 和 N_2. 显然, 方程 (6) 中的法向压力 N 通过 N_1 和 N_2 相加即可获得.

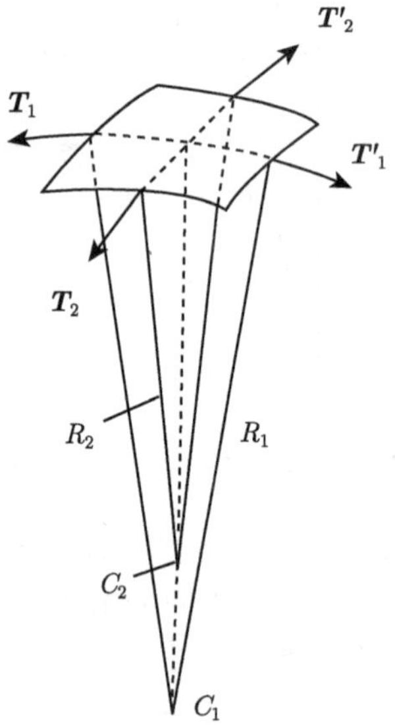

图 20b　双曲率的振荡膜, R_1 和 R_2 是两个主截面的曲率半径, 同时它代表了相同形状的流体表面

根据式 (6), **膜振动微分方程**可以直接按第 13 节方程 (9) 的上下文的方式建立, 如果我们根据式 (3) 和 (4), 令

$$\frac{1}{R_1} \sim -\frac{\partial^2 u}{\partial x^2}, \quad \frac{1}{R_2} \sim -\frac{\partial^2 u}{\partial y^2} \tag{7}$$

然后用惯性力代替 N

$$N = -\rho \frac{\partial^2 u}{\partial t^2}, \quad \rho = \text{表面密度}$$

因此根据式 (6) 得到方程

$$\rho \frac{\partial^2 u}{\partial t^2} = c^2 \left(\frac{\partial^2 u}{\partial x^2} + \frac{\partial^2 u}{\partial y^2} \right), \quad c^2 = \frac{T}{\rho} \tag{8}$$

不仅适用于根据主方向建立的坐标系, 同时由于 ∇^2 算子的不变性, 因此对任意的笛卡儿坐标 x, y 均适用.

在式 (6) 中出现的量

$$M=\frac{1}{R_1}+\frac{1}{R_2} \tag{9}$$

是曲面的平均曲率, 而由 Gauss 引入的曲率度量①为

$$K=\frac{1}{R_1R_2} \tag{9a}$$

被称为 **Gauss 曲率或总曲率**.

看起来, 我们关于弦振动和膜振动的评注与毛细管现象没有什么关系, 但实际上方程 (4) 或 (6) 是适用于圆柱形或更一般形态的毛细管表皮的. 它们可以被引入由 Hamilton 原理推出的第 12 节方程 (19) 或 (21), 因此可以为流体动压力 p 确定表面条件.

首先, 让我们取一个**自由表面**, 如被空气约束的水面; 那么根据第 12 节式 (19) 有 $p=N$. 对一个圆柱形表面 (例如, 由在 x 方向上传播的毛细管波形成的), N 由式 (3) 或 (4) 给定, 同时我们有

$$p=\frac{T}{R} \quad \text{或} \quad p=-T\frac{\partial^2 u}{\partial x^2} \tag{10}$$

这里假设第二个方程中相对于静止位置的位移 u 为充分小. 在第 25 节我们将返回到该方程. 类似地, 根据式 (6), 对一般形态的曲面我们有

$$p=T\left(\frac{1}{R_1}+\frac{1}{R_2}\right) \tag{11}$$

在这里和式 (10) 中, p 是毛细管层散布流体②中的 (流体动力学) 压力.

由刚性边界曲线 (如以某种方式弯成的钢丝圈) 所包围的肥皂膜, 可以看作脱离了原本支撑它的流体的一个孤立的毛细管层. 由于两侧的空气压力为零, $p=0$, 同时根据式 (11) 平均曲率 M 也是零. 当然, 如果作用相同的边界条件, 它也适用于处于平衡状态下的真实薄膜. 根据式 (8) 得出的平衡条件 $\nabla^2 u=0$, 与假定薄膜近似为平面, $p=0$ 时的式 (11) 式结果是吻合的.

M 值为零意味着两个主曲率半径在数值上相等, 但是符号正好相反. 具有这一特性的曲面称为**极小曲面**, 它的面积 F 小于任意具有相同边界曲线的相邻曲面. 从

① Minkowski 在前述引文中定义平均曲率 $M=1/2(1/R_1+1/R_2)$ 更符合 "平均" 曲率的思想. 当然, 我们保留了通常的与下列结果无关的定义 (9).

② 作为对方程 (10) 和 (11) 的补充, 我们应该强调的是, 平面 (未被扰动的表面) 上也存在压力载荷, 范德瓦耳斯称其为内压. 正如第 93 页所指明的, 它是分子间吸引力的结果. 表面张力 T 也存在于平面上, 但是它仅在逐点方向改变的波浪形表面上才变得有效.

毛细现象的角度很容易理解这一现象: 储存于毛细管膜中的张紧能 U 是

$$U = T \cdot F \tag{12}$$

在边界固定的条件下, 虚位移在常量 T 上所产生的能量变化为

$$\delta U = T\delta F \tag{13}$$

另外, 这就是在平衡时要假定为零的虚功. 因此, $\delta F=0$ 是平衡条件, 这表明**在能量表达式 (12) 中出现的曲面F必须是具有最小面积的曲面**.

下面这个著名的实验①证明了这一点: 在一个具有任意边界的水平肥皂膜上放置一个线圈. 破坏圈内的肥皂膜, 例如刺破它. 之后, 这个线圈将会立刻被牵拉成了圆形. 由于圆是在给定周长下包围面积最大的曲线, 因此对于给定的 (刚性) 边界和线圈的长度来说, 膜的其余部分具有最小的面积.

在**一个封闭肥皂泡**的内部, 存在着相对于外部压力的过压. 如果忽略重力, 则泡的形状是球形的; 由于对称性 $R_1 = R_2$ 的存在, 根据式 (11) 可知球的半径为

$$R = \frac{2T}{p}$$

在一个包含很多相邻气泡 (泡沫) 的结构中, 单个气泡或单元中的压力都存在着轻微的差异. 因此对于任何范围不超过两个单元的区域, 沿结构壁面的压力差是常量. 根据式 (11) 可知, 整个结构是由很多**常平均曲率**的分片曲面构成的.

条件 (13) 也适用于涉及接触角的现象. 例如, 考虑图 21 所示的实验, 假设在 P 点毗邻的三种介质中 1 是液体, 2 是空气, 3 是固体. P 是我们想象的垂直于绘图平面的接触线上的点; 如果点 P 存在一个向上的虚位移 δw, 则分离面 F_{12} 沿接触线每单位长度升高的量为

$$\delta F_{12} = \cos\vartheta \cdot \delta w \cdot 1$$

其中 ϑ 是接触角度, 而接触面 F_{13} 的升高量为

$$\delta F_{13} = \delta w \cdot 1$$

和在式 (13) 中一样, 我们规定

$$T_{12}\delta F_{12} + T_{13}\delta F_{13} = (T_{12}\cos\vartheta + T_{13})\delta w = 0$$

或者, 由于 δw 是一个任意的变分, 因此有

$$\cos\vartheta = -\frac{T_{13}}{T_{12}} \tag{14}$$

① 其他大量采用准确描述肥皂泡技术的实验可参见 C. V. Boys, 肥皂泡, London (1931).

为了获得锐角的 ϑ(水和玻璃), T_{13} 必须是负的, 且 $|T_{13}| < T_{12}$. 对于非湿性流体 (水银和玻璃), ϑ 是钝角的.

毛细管升高和下陷是由重力和表面张力共同作用的结果, 参见习题III. 5. 但是, 作为一种常见的现象, 在重力作用下的液滴就引出一个复杂的微分方程, 对其我们只能近似求解. 一个不太复杂的问题是关于被称为 "水钟" ①的美妙现象的理论.

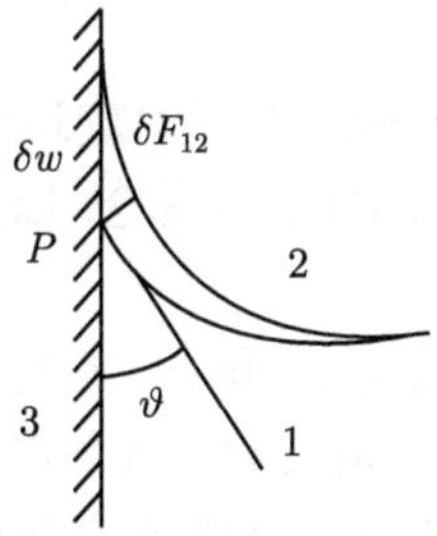

图 21 流体 (1)、空气 (2) 以及刚性壁 (3) 之间的平衡, ϑ 是接触角

在不考虑运用热力学的前提下, 不可能获得完整的毛细现象理论 (Gibbs).

我们需要补充的是, 在原来 Laplace 的理论中, 除了表面对毛细管能量的贡献 [我们的方程 (12)] 之外, 还有一个与流体**体积**成正比的第二项. 这一项在 van der Waals 的流体状态理论中是必不可少的; 它对应于 van der Waals 真实气体状态方程中的常量 a.

① 一个正对圆形平板中央的垂直射流. 液体形成薄膜并以回转曲面的形式飞溅离开平板表面, 有时形成钟形, 参见 E. Buchwald, H. Hoenig, Ann. d. Phys. 23, 557 (1935) 和 26, 659 (1936).

第四章　涡旋理论

18. Helmholtz 涡旋理论

Helmholtz 在 1858 年的论文中给出了涡旋运动的运动学分析 (参考本卷第 1 页的脚注), 本质上也完成了涡旋的动力学理论. 以后的几十年, 有一些方法上的简化, 但是并没有发现新的结果.

Helmholtz 理论的主要内容是守恒律①: *涡旋既不可能产生也不可能消失*, 或者按照一般的术语就是*强度不随时间变化*. 这个定理在下面条件下是正确的: 流体是无黏性的和不可压缩的; 外力在流体充满的空间内有一个单值势. 除了涡旋强度在时间上守恒性以外, 我们将看到还有一个空间守恒性: 涡旋强度*沿着每一条涡旋线或涡管*是不变的, 这条涡线或涡管必须要么是封闭的要么是终止于流体的边界.

1) 守恒定理的微分形式

像 Helmholtz 一样, 我们从第 11 节 Euler 方程 (2) 开始. 基于假设, 由于外力 $\boldsymbol{F}$ 有势 U, Euler 方程能够写成

$$\frac{\mathrm{d}\boldsymbol{v}}{\mathrm{d}t}=-\mathrm{grad}\left(\frac{p+U}{\rho}\right) \tag{1}$$

左边的导数是物质加速度, 即所考虑物质微团速度的变化率. 这得到第 11 节 Euler 方程 (7), 其形式现在写成

$$\frac{\partial \boldsymbol{v}}{\partial t}-\boldsymbol{v}\times\mathrm{curl}\boldsymbol{v}=-\mathrm{grad}\left(\frac{\boldsymbol{v}^2}{2}+\frac{p+U}{\rho}\right) \tag{2}$$

我们取这个方程的旋度: 由于 $\mathrm{curl\,grad}=0$, 右边部分将为零. 令 $\omega=\dfrac{1}{2}\mathrm{curl}\boldsymbol{v}$, 我们获得

$$\frac{\partial \omega}{\partial t}-\ \mathrm{curl}\,(\boldsymbol{v}\times\boldsymbol{\omega})=0 \tag{3}$$

我们利用下面已知的公式转换任意两个矢量 $\boldsymbol{\omega}$ 和 $\boldsymbol{v}$ 的矢量积:

$$\mathrm{curl}\,(\boldsymbol{v}\times\boldsymbol{\omega})=(\boldsymbol{v}\mathrm{grad})\,\boldsymbol{\omega}-(\boldsymbol{\omega}\mathrm{grad})\,\boldsymbol{v}+\boldsymbol{\omega}\mathrm{div}\boldsymbol{v}-\boldsymbol{v}\mathrm{div}\boldsymbol{\omega} \tag{4}$$

① 对应的定理在 Lejeune Dirichlet 去世后的论文中可被找到, 它被收集在 Dedekind 编辑出版的 Dirichlet 论文集中.

[像相关的第 11 节式 (6) 一样, 可在直角坐标系中证明这个公式.]

在我们的情况中, 由于

$$\mathrm{div}\boldsymbol{v} = 0, \quad \mathrm{div}\boldsymbol{\omega} = \mathrm{div\ curl}\boldsymbol{v} = 0$$

式 (4) 能够简化, 将上面结果代入式 (3) 得到

$$\frac{\partial \boldsymbol{\omega}}{\partial t} + (\boldsymbol{v}\mathrm{grad})\,\boldsymbol{\omega} = (\boldsymbol{\omega}\mathrm{grad})\,\boldsymbol{v} \tag{5}$$

左边部分是 $\boldsymbol{\omega}$ 的物质变化率部分, 这样式 (5) 可改写为

$$\frac{\mathrm{d}\boldsymbol{\omega}}{\mathrm{d}t} = (\boldsymbol{\omega}\mathrm{grad})\,\boldsymbol{v} \tag{6}$$

当 $\boldsymbol{\omega}$ 为零时, *$\boldsymbol{\omega}$的物质变化率部分也是零*. 从这一点, Helmholtz 迅速得到结论, *在某些时候无涡旋的流动状态一直保持下去*. 他的这个想法的理由是: 假设对于 $t = t_0$ 时, $\omega = 0$, 那么由式 (6) 得到 $\mathrm{d}\boldsymbol{\omega}/\mathrm{d}t = 0$. 这两个说法似乎表明对于所考虑的流体微团, $\boldsymbol{\omega}$ 在 $t = t_0 + \Delta t$ 时间仍然为零. 然后, 式 (6) 表明 $\mathrm{d}\omega/\mathrm{d}t = 0$ 对于 $t_0 + \Delta t$ 也成立, 这等效于在 $t_0 + 2\Delta t$ 及之后的时间也有 $\boldsymbol{\omega} = 0$.

为了给出一个严格的数学证明, 我们需要更多的准备: 假设 $\boldsymbol{A}$ 是与运动流体相关的一个矢量 (不是一个 "点函数", 而是一个 "粒子函数"), $\mathrm{d}\sigma$ 同样为随着流体运动的面积微元, 它们在时间变化的过程中改变其形状和位置. 让我们记 A_n 为 $\boldsymbol{A}$ 垂直于 $\mathrm{d}\sigma$ 的分量, 在连续的瞬间 t_1 和 t_2 考虑 $\boldsymbol{A}$ 通过 $\mathrm{d}\sigma$ 的通量. 面积微元 $\mathrm{d}\sigma_1$ 和 $\mathrm{d}\sigma_2$ 的边界 $\mathrm{d}s_1$ 和 $\mathrm{d}s_2$ 为线微元, 分别与位移 $w = v\mathrm{d}t$ 相关, 其为图 22 中无穷小区域的长度. 它的顶部和底部表面为 $\mathrm{d}\sigma_1$ 和 $\mathrm{d}\sigma_2$, 体积为 $\mathrm{d}\tau = w_n\mathrm{d}\sigma$. (考虑到接下来的极限过程, 不管我们令 $\mathrm{d}\sigma = \mathrm{d}\sigma_1$ 和 $w_n \perp \mathrm{d}\sigma_1$ 还是 $\mathrm{d}\sigma = \mathrm{d}\sigma_2$ 和 $w_n \perp \mathrm{d}\sigma_2$, 并不会有任何不同.)

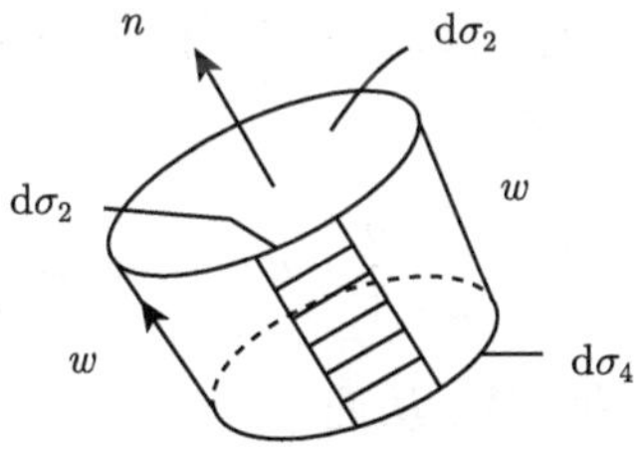

图 22 穿过随流体运动的表面微元 σ 的矢量的通量

应用 Gauss 定理或者散度的定义得到两者相等

$$\int A_n\mathrm{d}\sigma = \mathrm{div}\boldsymbol{A}\mathrm{d}\tau = (\mathrm{div}\boldsymbol{A})\,w_n\mathrm{d}\sigma \tag{7}$$

左边的积分对应于由 $\mathrm{d}\sigma$ 在时间 $\mathrm{d}t$ 内扫过的体积边界. 然而, 注意矢量 $\boldsymbol{A}$ 目前保持为不随时间变化的常量 (想象其在时刻 t_1 被冻结了).

在图 22 中, $\mathrm{d}\tau$ 的侧表面的一个微元已经标记. 它对积分的贡献是

$$\boldsymbol{A}\cdot(\mathrm{d}\boldsymbol{s}\times\boldsymbol{w})=\mathrm{d}\boldsymbol{s}\cdot(\boldsymbol{w}\times\boldsymbol{A})=\mathrm{d}s\,(\boldsymbol{w}\times\boldsymbol{A})_s$$

式中最后一项的下标 s 表示 $\mathrm{d}\boldsymbol{s}$ 的方向分量, 其与顶表面的外法线方向构成一个右手螺旋系. 这样, 在侧表面的积分等于在表面边界的线积分

$$\int \mathrm{d}s\,(\boldsymbol{w}\times\boldsymbol{A})_s=\mathrm{d}\sigma\,\mathrm{curl}_n\,(\boldsymbol{w}\times\boldsymbol{A}) \tag{7a}$$

这个变换即为 Stokes 定理.

在式 (7) 中, 顶表面和底表面对积分的贡献可简写为

$$(A_n\mathrm{d}\sigma)_2-(A_n\mathrm{d}\sigma)_1=\delta\,(A_n\mathrm{d}\sigma)$$

(注意法线方向相反). 右边 $\delta\,(A_n\mathrm{d}\sigma)$ 表示由 $\mathrm{d}\sigma$ 的运动和变形引起的 $\boldsymbol{A}$-通量的变化. 从式 (7) 和 (8), 这个变化现为

$$\delta\,(A_n\mathrm{d}\sigma)=(\boldsymbol{w}\mathrm{div}\boldsymbol{A}-\mathrm{curl}\,(\boldsymbol{w}\times\boldsymbol{A}))_n\,\mathrm{d}\sigma \tag{7b}$$

我们还必须考虑场 $\boldsymbol{A}$ 本身的变化. 于是, 在时间 $\mathrm{d}t$ 内, 通量的变化是 $\dfrac{\partial A_n}{\partial t}\mathrm{d}t\mathrm{d}\sigma$, 用 $\dfrac{\mathrm{d}}{\mathrm{d}t}(A_n\mathrm{d}\sigma)\,\mathrm{d}t$ 表示通量的整个变化, 以及用 $\boldsymbol{v}\mathrm{d}t$ 代替位移 $\boldsymbol{w}$ 的值, 最后获得

$$\frac{\mathrm{d}}{\mathrm{d}t}(A_n\mathrm{d}\sigma)=\left(\frac{\partial\boldsymbol{A}}{\partial t}+\boldsymbol{v}\mathrm{div}\boldsymbol{A}-\mathrm{curl}\,(\boldsymbol{v}\times\boldsymbol{A})\right)_n\mathrm{d}\sigma \tag{7c}$$

这个公式也是 Helmholtz 发现的①, 但是考虑的是其他问题. 该公式似乎出现在他去世后出版的关于电动力学的最小作用原理的论文中.

一旦用涡量 $\boldsymbol{\omega}$ 表示矢量 $\boldsymbol{A}$, 方程 (7c) 对于 $\mathrm{d}\sigma$ 法线的任意方向都是对的, 这样, 由于 $\mathrm{div}\boldsymbol{\omega}=0$, 方程 (7c) 变为

$$\frac{\mathrm{d}}{\mathrm{d}t}(\omega_n\mathrm{d}\sigma)=\left(\frac{\partial\boldsymbol{\omega}}{\partial t}-\mathrm{curl}\,(\boldsymbol{v}\times\boldsymbol{\omega})\right)_n\mathrm{d}\sigma \tag{8}$$

由式 (3) 可知, 积分 (8) 的右边为零, 从而

$$\frac{\mathrm{d}}{\mathrm{d}t}(\omega_n\mathrm{d}\sigma)=0 \tag{9}$$

---

① Ges. Werke, Vol. Ⅲ, p.476, 特别比较指虚位移 $\boldsymbol{A}=\{\delta\xi,\delta\eta,\delta\zeta\}$ 的矢量方程 (8a),(8b). Helmholtz 都是用分量写任意矢量, 这并不增加清晰度; 我们的记号和推导对应于 H.A. Lorentz 的论文, Enxykl.d. Math. Wiss. Vol. 2, p.75 中方程 (5); 在那里, 这个方程在运动体的电动力学中是极其重要的.

这个方程表明了涡旋守恒定理. 对每一个运动流体的表面微元, 涡通量有一个确定的值. 涡旋不可能产生, 也不可能消失. 或者说涡旋是一个流动的传递量, 它连接每个流体微团并且随着一起运动.

2) 守恒定理的积分形式

为了简化 Helmholtz 涡旋理论, 从 Lord Kelvin① 建立的通量概念开始, 用矢量 $\boldsymbol{v}$ 表示第 2 节式 (21) 的一般矢量 $\boldsymbol{A}$, 考虑沿着一回路 (即在流体内部的封闭有向曲线) 的环量

$$\Gamma = \oint v_s \mathrm{d}s = \oint \boldsymbol{v} \cdot \mathrm{d}\boldsymbol{s} = \oint (u\mathrm{d}x + v\mathrm{d}y + w\mathrm{d}z) \tag{10}$$

我们称之为 "物质曲线", 它像一串珠子一样是由物质流体微团组成并与它们 "冻结" 在一起. 设 C 是时刻 t 时的回路, 而 C' 为 $t + \Delta t$ 时刻的变形后的回路 (见图 23). 记 $\mathrm{d}\boldsymbol{s}$ 为 C 的微元, 而 $\mathrm{d}\boldsymbol{s}'$ 为 C' 的对应微元. 图中的直线箭头表示在时间 Δt 之内流体粒子在两个邻近粒子 i 和 $i+1$ 的路径, 其长度为

$$\boldsymbol{v}_i \Delta t \boldsymbol{v}_{i+1} \Delta t$$

箭头当然对应于图 22 中的矢量 $\boldsymbol{w}$. 图 23 与图 22 的不同之处仅仅是微元 $\mathrm{d}\sigma$ 的无穷小边界曲线现在被拉成了一个有限回路 C 和 C'. 下面的计算完全类似于前面的计算.

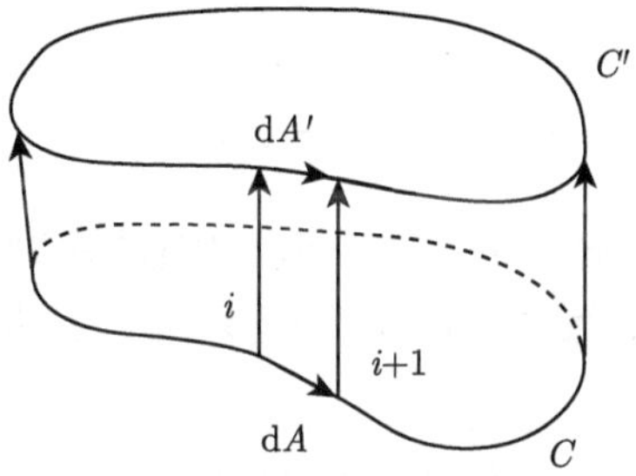

图 23 环量概念的例证

首先, 我们从图 23 中箭头组成的四边形看到

$$\boldsymbol{v}_i \Delta t + \mathrm{d}\boldsymbol{s}' = \mathrm{d}\boldsymbol{s} + \boldsymbol{v}_{i+1} \Delta t$$

或

$$\frac{\mathrm{d}\boldsymbol{s}' - \mathrm{d}\boldsymbol{s}}{\Delta t} = \boldsymbol{v}_{i+1} - \boldsymbol{v}_i \tag{11}$$

① W.Thomson (Lord Kelvin), On Wortex Motion, Trans. R.Soc. Edingburgh, Vol. 25 (1869). Mathem.Phys.Papers 重印, Vol. 4, p.13. 在同一卷的第一页, 也有关于涡旋原子的论文, 在流行文献中涡旋原子在原子物理的发展中没有留下什么印象.

现在计算

$$\frac{\mathrm{d}\Gamma}{\mathrm{d}t}=\lim_{\Delta t\to 0}\frac{\Gamma'-\Gamma}{\Delta t}=\frac{\mathrm{d}}{\mathrm{d}t}\oint \boldsymbol{v}\cdot\mathrm{d}\boldsymbol{s}=\oint\frac{\mathrm{d}\boldsymbol{v}}{\mathrm{d}t}\cdot\mathrm{d}\boldsymbol{s}+\oint\boldsymbol{v}\cdot\frac{\mathrm{d}}{\mathrm{d}t}\mathrm{d}\boldsymbol{s} \tag{12}$$

式中 Γ' 表示关于 C' 的环量. 出现在上面最后被积函数的表达式 $\frac{\mathrm{d}}{\mathrm{d}t}\mathrm{d}\boldsymbol{s}$, 仅表示式 (11) 的第一项当 $\Delta t\to 0$ 时的极限. 这个积分本身的近似值可用下面的和表示:

$$\sum_i \boldsymbol{v}_i\cdot(\boldsymbol{v}_{i+1}-\boldsymbol{v}_i)$$

如果我们现在取极限 $i\to\infty$, 多边形 $\cdots,i,i+1,\cdots$ 趋近于回路 C, 上面的和变成下面的沿 C 的线积分:

$$\oint\boldsymbol{v}\cdot\mathrm{d}\boldsymbol{v}=\left.\frac{1}{2}\boldsymbol{v}^2\right|_A^B$$

式中 A 是任一 (对应于 $i=0$ 的) 始点, B 是与 A 重合的积分终点. 这样, *式(12)的最后部分的第二个积分为零.*

但是, 其第一个积分同理也为零. 按照 Euler 方程 (1), 它等于 $-\mathrm{grad}\left[(p+U)/\rho\right]$ 的线积分, 即

$$\left.\frac{p+U}{\rho}\right|_A^B=0$$

这样, 按照式 (12) 有

$$\frac{\mathrm{d}\Gamma}{\mathrm{d}t}=0,\quad \Gamma=\mathrm{const} \tag{13}$$

环量沿着由物质微团组成的任意回路并在流动中保持初始值.

通量与我们将要表明的流体中的涡量直接相关. 按照第 3 节 Stokes 定理 (2), 我们有

$$\Gamma=\oint\boldsymbol{v}\cdot\mathrm{d}\boldsymbol{s}=\oint v_s\mathrm{d}s=\int\mathrm{curl}_n\,\boldsymbol{v}\mathrm{d}\sigma=2\int\omega_n\mathrm{d}\sigma \tag{14}$$

如果我们现在考虑由回路 C 所包围的任意表面, 并在每一个微元 $\mathrm{d}\sigma$ 上取涡量 $\boldsymbol{\omega}$ 的法线分量, Γ 等于通过表面 σ 涡度的两倍. 这样, 通过表面 σ 的涡量的通量在流动中保持为常数. Helmholtz 的涡旋理论在这里表现为 Kelvin 的环量理论, 它们的内容是一致的①.

因此, Helmholtz(Kelvin) 定理成立条件是单值 "加速度势" $\int_{P_1}^{P}\frac{1}{\rho}(\mathrm{grad}p+\boldsymbol{F})\cdot\mathrm{d}\boldsymbol{s}$

① 容易看到假设 $\rho=$ 常数对于守恒定理的正确性而言是不必要的. 在前面的证明中只有一点没有纯运动的特征, 这就是式 (12) 中等于零的积分 $\oint\mathrm{d}v/\mathrm{d}t$; 这里压缩性也有影响. 但是, 在可压缩的情况, 当使用第 7 节方程 (6b) 和 (7) 记号时, 被积函数可以表示成形式 $-\mathrm{grad}(\wp+V)$, 如果 p,ρ 的关系是给定的.

存在, 以及当① 流体是无黏性的; ② 单位质量的外力,$\boldsymbol{F}/\rho\boldsymbol{F}/*$, 有势 V; ③ p,ρ 关系存在.

当然, 没有必要跟着分析一个由式 (14) 选取的在流动过程中的特殊表面, 这是因为过 C 的任何表面给出相同的涡旋通量 $\omega_n\mathrm{d}\sigma$. 这又是 Stokes 定理的一个推论, 它允许我们使用任意表面 σ. 但是, 要求回路 C 永远是由相同的物质微团组成的回路.

当 σ 变成无限小时, 方程 (13) 和 (14) 显然与前面的式 (9) 一致. 反之, 我们从式 (9) 通过在 $\mathrm{d}\sigma$ 上积分导出目前的结果, 但是, 这里的推理过程相比前面更加简单而且不过于抽象, 也可认为是前面的一个补充而不完全是多余的.

虽然方程 (1) 和 (2) 表示 Euler 方程的*微分形式*, 环量定理 (13) 能够称为它们的*积分形式*, 这两种形式术语上的区分来自于电动力学. 同理, 在第 15 节中的方程 (7)*表示 Maxwell 方程的微分形式*. 另外, 通过积分形式当中的线积分与面积分的联系来表达物理意义, 这对于许多现象的解释就更加合理.

3) 涡旋的空间分布

紧跟 Helmhotz 的思想, 我们现在考虑矢量场 $\boldsymbol{\omega}$ 的场线: 在一个给定的时间场内每一个点处矢量 $\boldsymbol{\omega}$ 决定了涡旋的每一个正方向. 正如在力场当中我们沿着力的方向逐点描绘出力场线一样, 我们沿着矢量 $\boldsymbol{\omega}$ 的方向同样可以逐点描绘出涡线. 现在我们取表面微元 Δq 垂直于经过 Δq 的一个边界点的涡线, 并构造通过 Δq 的其他边界点的涡线. 这样, 获得了涡管. 按照式 (14), 关于 Δq 的边界的通量是

$$\Gamma = 2\mu, \quad \mu = \omega\Delta q \tag{15}$$

*通过管的涡量流量或称之为涡量强度*① 被记为 μ. 按照式 (13), 不管边界是涡管还是涡线所经历的变化, μ 总是一个与时间无关的常数.

然而, 只要沿着相同的涡管, 涡旋强度在空间上也是一个常数 (参照图 24). 由于 $\mathrm{div}\boldsymbol{\omega} = 0$, 在一段处于垂直横截面 Δq 和 $\Delta q'$ 之间的涡管上应用 Gauss 定理, 我们获得

$$0 = \int \mathrm{div}\boldsymbol{\omega}\mathrm{d}\tau = \int \omega_n \mathrm{d}\sigma \tag{16}$$

式中右边的积分包括 Δq, $\Delta q'$ 和该段的侧表面. 按照涡管的定义, 由于在侧表面上, ω_n 为零. 进一步, 分量 ω_n 在 Δq 上取值 $-\omega$, 在 $\Delta q'$ 上取值 $+\omega'$, 这里 ω 和 ω' 表

---

① 微元 Δq 上的涡旋能够由 $2\omega\Delta q$ 及 $\omega\Delta q$ 来表征. 当选择第一个可能性时, 涡旋度这个术语频繁地使用作为 $2\omega\Delta q$ 的一个名词, 以致循环差 $\Delta\Gamma$ 直接等于涡旋度. 在这本书中, $\omega\Delta q$ 已经选择为特征量, 涡旋强度来表示它, 虽然涡旋度也被认为是涡量 $\boldsymbol{\omega} = \dfrac{1}{2}\mathrm{curl}\boldsymbol{v}$ 的同义词.

μ 的这个定义也假定 Δq 的边界与 $\boldsymbol{\omega}$ 形成一个右手螺旋系; 然后, μ 本质上是正的. 在二维情况, 给出 μ 的符号是更方便的 [比较第 19 节式 (8) 和第 21 节].

示 ω 在各自位置的量. 这样, 方程 (16)

$$0 = \omega' \Delta q' - \omega \Delta q, \quad \mu' = \mu \tag{17}$$

证毕. 注意, 当管沿着倾斜的方向切开时, 可得相同的 μ 值. 用 $\Delta q''$ 表示这样一个切口面积, ω_n'' 表示在 $\Delta q''$ 上 ω 的法线分量, 与前面一样, 由 Gauss 定理给出

$$\omega_n'' \Delta q'' = \omega \Delta q = \mu$$

这样, 对于任一涡管切口, 涡量的法线分量与切口面积的乘积相同. 这表明了涡管和电流之间的相似性, 关于这一点将在第 20 节中讨论.

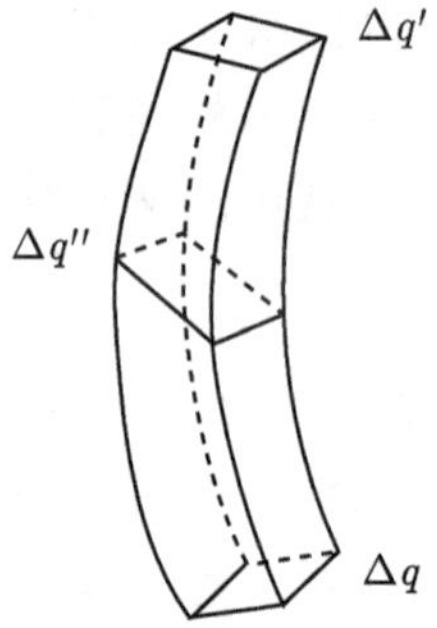

图 24　穿过涡管的垂直和倾斜的截面的涡量的通量

涡旋强度不变性这一结论也可以迅速得到, 表明涡管在流体内部不会中断. 它要么终止于边界要么封闭.

到现在为止, 我们已经默认 $\boldsymbol{\omega}$ 在空间内是连续分布的; 涡旋强度 μ 与管的截面 Δq 具有相同大小的量阶. 但是, 我们能考虑一个极限情况, $\boldsymbol{\omega}$ 是集中在单一的无限窄线状区域, 与静电学中所谓的线状导体类似. 涡量 $\boldsymbol{\omega}$ 在该区域内为无穷大, 而在该区域外为有限值, 尤其可为零. 对于后一种情况, 我们称之为涡丝. 它的强度为有限值但并不随 Δq 趋近于零, 其可表示为

$$\mu = \lim_{\Delta q \to 0} \omega \Delta q \tag{18}$$

19. 二维和三维势流

一般情况下, 无旋的流动称为势流. 这里, 一般情况是指 "除去有可能的奇异点或线等例外情况". 正如第 11 节中讨论的那样, 无旋条件, $2\boldsymbol{\omega} = \mathrm{curl}\boldsymbol{v} = 0$, 表明了速度势 Φ 的存在; 在前面那一节中, 我们发现如果流动开始为无旋, 那么它将保持无旋. 然而, 在本节, 我们仅仅考虑定常流问题, 因而 Φ 与时间并无相关性. 由于

我们进一步假设在整个本章中流体是不可压缩的, 流体充满的空间内在一般情况下满足第 11 节势方程 (13)(这里 "一般情况" 的意义见上面的解释)

$$\nabla^2\Phi = 0 \tag{1}$$

我们希望研究满足式 (1) 的流体的性质. 在二维流的特殊情况下,

$$\frac{\partial^2\Phi}{\partial x^2} + \frac{\partial^2\Phi}{\partial y^2} = 0 \tag{2}$$

这是十分简单的. 让我们首先将式 (2) 与第 13 节波动方程 (9)

$$\frac{\partial^2\Phi}{\partial x^2} - \frac{1}{c^2}\frac{\partial^2\Phi}{\partial y^2} = 0 \tag{2a}$$

进行比较. 取 $t = y$ 和 $c^2 = -1$, 式 (2a) 变成式 (2). 由于式 (2a) 的一般积分解是已知的, 即第 13 节 d'Alembert 解 (11)

$$\Phi = F_1(x + ct) + F_2(x - ct) \tag{2b}$$

我们也能够给出式 (2) 的一般解, 即

$$\Phi = \frac{1}{2}\left[f(x + \mathrm{i}y) + f^*(x - \mathrm{i}y)\right]. \tag{3}$$

为了使函数 Φ 是实的, 式 (2b) 中的两个任意函数必须假设作为式 (3) 中的共轭函数 (用 * 表示). 此外, 我们也增加了一个因子 1/2, 以致 Φ 直接等于函数 $f(x + \mathrm{i}y)$ 的实部.

方程 (2) 的一般解由任意一个复变量$z = x + \mathrm{i}y$的解析函数f 的实部给出. 从而, 容易写出下面形式:

$$f(z) = \Phi(x, y) + \mathrm{i}\Psi(x, y) \tag{4}$$

虚部 Ψ 与函数 Φ 共轭, 有时也称为共轭势. 在流体动力学中, Ψ 也称为流函数.

为了找 Φ 与 Ψ 之间的关系, 我们对式 (4) 关于 x 和关于 y 各作一次微分, 表明关于复变量 z 进行微分, 仍然像通常一样记为 $f'(z)$. 这样, 得到

$$\begin{aligned}\frac{\partial}{\partial x}f(z) &= f'(z)\frac{\partial z}{\partial x} = f'(z) = \frac{\partial\Phi}{\partial x} + \mathrm{i}\frac{\partial\Psi}{\partial x}\\ \frac{\partial}{\partial y}f(z) &= f'(z)\frac{\partial z}{\partial y} = \mathrm{i}f'(z) = \frac{\partial\Phi}{\partial y} + \mathrm{i}\frac{\partial\Psi}{\partial y}\end{aligned} \tag{4a}$$

消去 $f'(z)$ 得到

$$\frac{\partial\Phi}{\partial x} - \frac{\partial\Psi}{\partial y} + \mathrm{i}\left(\frac{\partial\Psi}{\partial x} + \frac{\partial\Phi}{\partial y}\right) = 0$$

由于 Φ 与 Ψ 是实的, 这个关系等价于下面两个关系, 即**复变函数理论中的** *Cauchy-Riemann* **方程**:

$$\frac{\partial \Phi}{\partial x}=\frac{\partial \Psi}{\partial y}, \quad \frac{\partial \Phi}{\partial y}=-\frac{\partial \Psi}{\partial x} \tag{5}$$

它们能够表示为一个符号方程的统一形式

$$\frac{\partial \Phi}{\partial s}=\frac{\partial \Psi}{\partial n} \tag{5a}$$

该关系对任一 (s,n) 曲线坐标系成立, 其中 (s,n) 表示 xy 平面内任一对相互正交曲线坐标系, 且从 s 正向逆时针旋转 90° 到达 n 正向 (类似于从正实轴可逆时针旋转 90° 到正虚轴). 当 $\mathrm{d}s$ 与 x 方向一致 ($\mathrm{d}n$ 与 y 方向一致) 时, 方程 (5a) 就与方程 (5) 的第一个方程一致, 当 $\mathrm{d}s$ 与 y 方向一致以及 $\mathrm{d}n$ 与负 x 方向一致时, 方程 (5a) 退化成方程 (5) 的第二个方程. 方向导数 (5a) 对任意其他的 $\mathrm{d}s, \mathrm{d}n$ 对也成立, 这由式 (5) 易导出. 这样, 式 (5a) 是 Cauchy-Riemann 方程矢量形式的不变式. 当方向 $\mathrm{d}s$ 与图 25 中表明的速度势曲线一致时, 导数 $\partial\Phi/\partial s=0$; 于是, 由式 (5a), 流函数曲线与 n 方向一致, 因为在这种情况

$$\frac{\partial \Psi}{\partial n}=0 \tag{6}$$

这样, 易见*两族曲线Φ为常数和Ψ为常数互相正交*. 这常可由方程 (5) 的对应乘积获得

$$\operatorname{grad}\Phi \cdot \operatorname{grad}\Psi=0 \tag{6a}$$

但式 (5a) 是上面刚刚看到事实的一个直接结果.

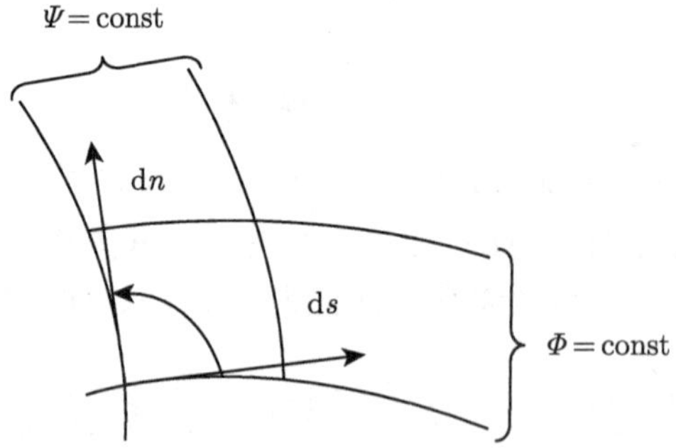

图 25　二维无旋流中的等势线 Φ =const 和流线 Ψ =const

为了表明流函数的合理性, 我们再回到图 25. 如果 $\mathrm{d}s$ 与速度势的等高线重合, 矢量 $\boldsymbol{v}=-\operatorname{grad}\Phi$ 指向 $\mathrm{d}n$ 的方向, 但这是由式 (6) 给出的曲线 Ψ 为常数的方向; 所以, Ψ 为常数的曲线即是流线.

Φ 和 Ψ 为常数的两族曲线不仅是正交的, 而且是等距的, 也就是说, 函数 Φ 和 Ψ 沿着 $\mathrm{d}s$ 和 $\mathrm{d}n$ 方向的速率是相等的; 换句话说, 如果两个函数的增量相等, 如 $\delta = \mathrm{d}\Phi = \mathrm{d}\Psi$, 那么, 按照式 (5a) 有 $\mathrm{d}s = \mathrm{d}n$. 几何上, 这意味着四条曲线 $\Phi = c_1, \Psi = c_2, \Phi = c_1 + \delta, \Psi = c_2 + \delta$ 形成一个无限小的正方形. 所以, 在 $x + \mathrm{i}y$ 平面画出的无限小图形看起来几何上与 $\Phi + \mathrm{i}\Psi$ 平面相似, 即 $x + \mathrm{i}y$ 平面到 $\Phi + \mathrm{i}\Psi$ 平面的映射是共形的或者几何上很小时是相似的. 映射的放大因子由 $|f'(x + \mathrm{i}y)|$ 给出; 它将点变换到点, 但对于给定的点, 它与方向无关①.

我们应用函数论的方法分析流体动力学的最简单例子是前面讨论的涡线. 取

$$f(z) = \mathrm{i}A \log z \; (A \text{ real}) \tag{7}$$

令 $z = r\mathrm{e}^{\mathrm{i}\phi}$, 则有

$$f(z) = \Phi + \mathrm{i}\Psi = -A\phi + \mathrm{i}A \log r$$

所以

$$\Phi = -A\phi, \quad \Psi = A \log r \tag{7a}$$

流线由 Ψ 等于常数或者 r 等于常数给出. 流体速度可由 $\boldsymbol{v} = -\mathrm{grad}\Phi$ 得到. 由于 Φ 仅依赖于 ϕ, 速度

$$\pm v = v_\phi = -\,\mathrm{grad}_\phi\, \Phi = -\frac{1}{r}\frac{\partial \Phi}{\partial \phi} = \frac{A}{r}, \quad v_r = 0 \tag{7b}$$

与第 4 节式 (29) 一致.

由于 v 在原点为无穷大, 所以原点是流动的奇异点. 奇异性由式 (7) 可见, 因为当 z 靠近于原点时 $f(z)$ 以对数方式趋于无穷大.

除了 $r = 0$ 外, 流动处处都是无旋的. 这从复函数的导数可知, 也可计算涡量 $\boldsymbol{\omega}$ 证实. 这里, $\boldsymbol{\omega}$ 垂直于 xy 平面, 在问题 I .3 的应用中:

$$2\omega = \frac{1}{r}\frac{\partial (r v_\phi)}{\partial r} - \frac{1}{r}\frac{\partial v_r}{\partial \phi} = 0$$

不需要用直角坐标计算, 只需执行下面计算:

$$v_x = \mp v \sin\phi = \mp v \frac{y}{r} = -A\frac{y}{r^2}$$
$$v_y = \pm v \cos\phi = \pm v \frac{x}{r} = +A\frac{x}{r^2}$$

① 可以毫不夸张地说, 复变量解析函数理论与二维势理论一致, 或者按流体动力学术语与二维势流理论一致. 特别是, 1851 年 Riemann 在他的学位论文中介绍的方法激发了数学物理中的极大兴趣. 在这个方法中, 解析函数通过它们的内在性质 (如奇异性、分支点的连通性等) 来刻画, 而并不是其解析表达式. 针对 Riemann 的发现, 下面的故事表明了两个伟大科学家的态度. 大概在 19 世纪 70 年代左右, Helmholtz 在瑞士假期旅行时遇见了伟大的数学家 Weierstrass. 后者一直从事于 Riemann 论文的研究, 并抱怨 Riemann 的方法如此困难以致难以理解. Helmholtz 借读了那篇论文之后, 下一次再遇见 Weierstrass, 他声言 Riemann 的思想对他而言完全是十分自然和不言而喻的.

这样, 除原点外, 对于每个点都有

$$2\omega = \frac{\partial v_y}{\partial x} - \frac{\partial v_x}{\partial y} = \frac{A}{r^2} - \frac{2Ax^2}{r^4} + \frac{A}{r^2} - \frac{2Ay^2}{r^4} = 0$$

按照第 2 节式 (21) 不变量的定义, $\boldsymbol{\omega}$ 总是可以从所考虑的某点的无穷小圆周的通量来计算. 这暗示了除 $r = 0$ 外, 如果回路充分接近于某一点, 则该点的环量为零. 另一方面, 如果绕任何包围原点的有限 (任意小) 圆计算通量, 从第 18 节式 (10) 可知

$$\Gamma = \oint \boldsymbol{v} \cdot \mathrm{d}\boldsymbol{s} = \int_0^{2\pi} vr\mathrm{d}\phi = 2\pi A \tag{8}$$

Γ 与 r 无关, 从而对任意两个圆 r_1 和 r_2, 它们取值相同; 这必定成立, 因为在两个圆之间的环形区域内是无涡旋的. 整个涡旋就集中在奇异点. 按照第 18 节式 (15) 中给出 μ 的定义, 在这点的涡旋强度①是

$$\mu = \pi A \tag{8a}$$

在三维空间中观察一下, 奇异点对应于垂直于 xy 平面的涡丝, 第二个有相反强度 $\mu = -\pi A$ 的涡丝位于无穷远, 在复平面内它相当于通常函数理论中的一个点. 注意到由式 (7b) 和 (8a) 可得下面公式:

$$v_\phi = \frac{\mu}{\pi r} \tag{9}$$

如果作一个双线性变换, 我们有位于有限域内的两个涡丝, 如在点 $z = \pm c$. 代替式 (7), 考虑下面函数:

$$f(z) = \mathrm{i}A \log \frac{z-c}{z+c} \tag{10}$$

记

$$z - c = r_1 \mathrm{e}^{\mathrm{i}\phi_1}, \quad z + c = r_2 \mathrm{e}^{\mathrm{i}\phi_2} \tag{10a}$$

定义双极坐标如下:

$$\rho = \log \frac{r_1}{r_2}, \quad \phi = \phi_1 - \phi_2 \tag{10b}$$

由式 (4) 可得

$$\Phi = -A\phi, \quad \Psi = A\rho = A \log \frac{r_1}{r_2} \tag{11}$$

由于区间 $(-c, c)$ 所对的角 ϕ 在圆弧上都有相同的顶点, 所以等势线 $\Phi =$ 常数是经过奇异点 $z = \pm c$ 的圆周, 但流线 $\Psi =$ 常数也是圆周, 因为到两个给定点的距离比为常数的轨迹是一个圆. 注意, 任何 $\Psi =$ 常数的圆与实轴相交于点 $-c, +c$.

① 二维情况, 我们取相同意义下的所有通量积分 (左手边的 "封闭" 面积); 涡旋强度 μ 可以为正或负.

图 26 表明了两族圆周的正交性, 它也给出了一无穷小二次网格的思想, 只要让其中一族圆周的参数以相同增量 δ 变化即可.

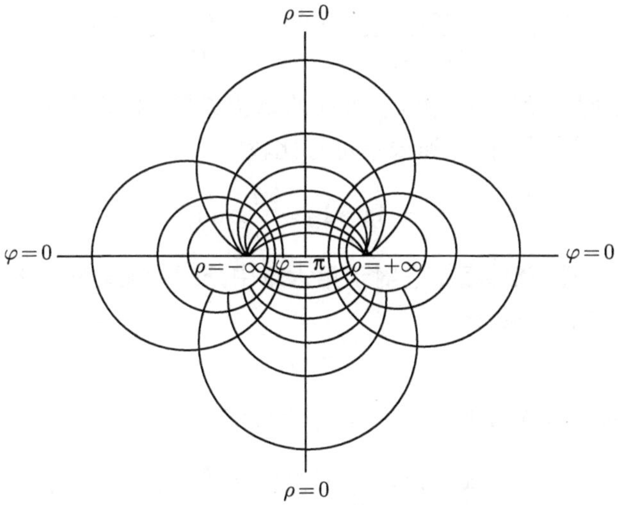

图 26 强度相等、方向相反的两个涡旋的叠加, 示意图也表明了双极坐标线

问题Ⅳ. 1 表明了如何处理双极坐标. 它们在数学物理中很少使用, 一个理由是二维波动方程在这种坐标系下不是 "可分离的" 变量的方程, 这将在下面予以讨论.

目前的函数 $f(z)$ 能够通过式 (7) 型两个简单的涡旋叠加而得到, 一个中心在 $z=+c$ 有常数 $+A$, 另一个中心在 $z=-c$ 有常数 $-A$:

$$f(z)=\mathrm{i}A\log(z-c)-\mathrm{i}A\log(z+c) \tag{12}$$

使用式 (8), 一个包围 $+c$ 但不包围 $-c$ 的任意形状的回路给出

$$\Gamma_1=2\pi A \tag{12a}$$

使用式 (8), 一个包围 $-c$ 但不包围 $+c$ 的任意形状的回路给出

$$\Gamma_2=-2\pi A \tag{12b}$$

同时, 包括或者两个都不包括两个奇异性回路给出 $\Gamma=0$. 如在式 (8a) 中一样, 在 $+c$ 或 $-c$, 涡丝的强度是

$$\mu_1=\pi A \quad 或 \quad \mu_2=-\pi A \tag{13}$$

如果 r 分别替换为 $|z-c|$ 和 $|z+c|$, 对应于函数 $f(z)$ 的场能够通过式 (9) 的两个场叠加而得到. 通过叠加, 可得

$$\boldsymbol{v}=\frac{\mu\boldsymbol{\delta}_1}{\pi|z-c|}-\frac{\mu\boldsymbol{\delta}_2}{\pi|z+c|}=\frac{\mu\boldsymbol{\delta}_1}{\pi r_1}-\frac{\mu\boldsymbol{\delta}_2}{\pi r_2} \tag{14}$$

这里 $\boldsymbol{\delta}_1$ 和 $\boldsymbol{\delta}_2$ 是增加角度 ϕ_1 和 ϕ_2 方向的单位矢量. 按照式 (11), 将这个结果与问题Ⅳ.2 中双极坐标下相同流速表示进行比较

$$\boldsymbol{v}=A\mathrm{grad}\phi=\frac{\mu}{\pi}\mathrm{grad}\phi \tag{14a}$$

现在又回到了共焦椭圆坐标系, 它对于第六章中处理的流动状态图十分重要. 这种正交坐标通过下面的关系:

$$\zeta=c\cosh\zeta \tag{15}$$

将平面 $z=x+\mathrm{i}y$ 映射到平面 $\zeta=\xi+\mathrm{i}\eta$, 也可改写为

$$x+\mathrm{i}y=\frac{c}{2}\left(\mathrm{e}^{\xi+\mathrm{i}\eta}+\mathrm{e}^{-\xi-\mathrm{i}\eta}\right) \tag{15a}$$

代换

$$\mathrm{e}^{\pm\mathrm{i}\eta}=\cos\eta\pm\mathrm{i}\sin\eta$$

直接给出

$$x+\mathrm{i}y=c(\cosh\xi\cos\eta+\mathrm{i}\sinh\xi\sin\eta)$$

分离实部和虚部由此给出

$$x=c\cosh\xi\cos\eta,\quad y=c\sinh\xi\sin\eta \tag{16}$$

从式 (16), 使用 $\cos^2\eta+\sin^2\eta=1$, η 可被消去, 得到

$$\frac{x^2}{c^2\cosh^2\xi}+\frac{y^2}{c^2\sinh^2\xi}=1 \tag{17a}$$

从式 (16), 使用 $\cosh^2\xi-\sinh^2\xi=1$, ξ 可被消去, 得到

$$\frac{x^2}{c^2\cos^2\eta}-\frac{y^2}{c^2\sin^2\eta}=1 \tag{17b}$$

对于常数 ξ, 式 (17a) 表示一个半轴为

$$a=c\cosh\xi,\quad b=c\sinh\xi$$

的椭圆, 它的偏心率由

$$c=\sqrt{a^2-b^2} \tag{18a}$$

给出, 且与 ξ 无关. 这样, 如果 ξ 变化, 我们得到焦点在 $x=\pm c, y=0$ 的一组共焦椭圆. 另一方面, 对于常数 η, 式 (17b) 表示半轴为

$$a=c\cos\eta,\quad b=c\sin\eta$$

的双曲线, 它的偏心率由

$$c=\sqrt{a^2+b^2} \tag{18b}$$

给出, 它与 η 无关且等于 (18a) 给出的椭圆偏心率. 当 η 变化时, 式 (17b) 表示一组双曲线, 这组双曲线与椭圆有公共的焦点, 见图 27.

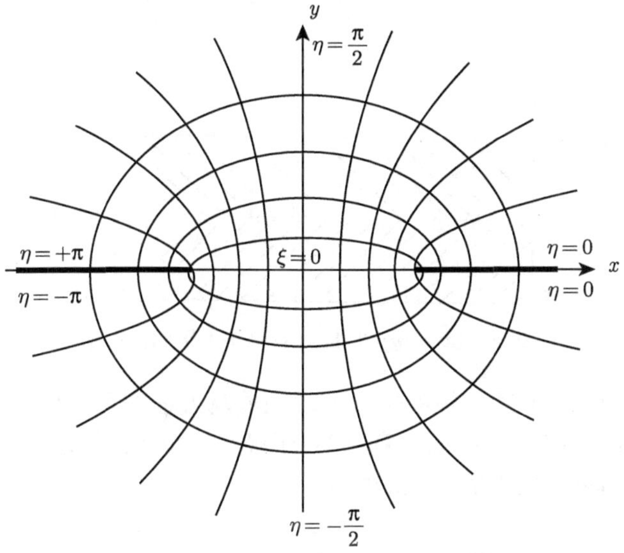

图 27　共焦椭圆和双曲线系 $(\xi=\text{const}, \eta=\text{const})$

考虑椭圆族中的极限情况 $\xi=0$ 和 $\xi=\infty$ 也是有趣的. 由式 (17a), $\xi=0$ 给出焦点线

$$y=0,\quad -c<x<+c$$

以及 $\xi=\infty$ 给出一个无限大的椭圆.

至于参数 η, 注意到特殊情况

$$\eta=0,\quad \eta=\pm\frac{\pi}{2},\quad \eta=\pm\pi$$

由式 (17b), 参数 $\eta=0$ 表明了实轴上 c 的右边部分: $y=0, x>c$.$\eta=\pm\pi/2$ 对应于 $x=0$, 双曲线与 y 轴重合. $\eta=\pm\pi$ 给出 x 轴 $-c$ 的左边部分: $y=0, x<-c$.

为了获得一个在坐标 ξ,η 与 xy 平面上的点之间的唯一关系, ξ 和 η 必须被限制在某些范围内. 一种方式就是指定 $0<\eta<\pi$ 对应于双曲线的上半部分, 而

$-\pi < \eta < 0$ 对应于下半部分. 使用这个规则, 如图 27a 所示, 整个 xy 平面被映射到 $\xi\eta$ 平面上的带形区域

$$0 < \xi < +\infty, \quad -\pi < \eta < +\pi \tag{19}$$

注意, xy 平面和 $\xi\eta$ 平面上的带形区域一一对应关系并不包括其边界; 边界线的上半部分或下半部分必须被省略. 或者, 可以认为被映射在 xy 平面内的同一点的边界点是等同的 (即 $0, \pm\eta; \xi \neq 0, \pm\pi$).

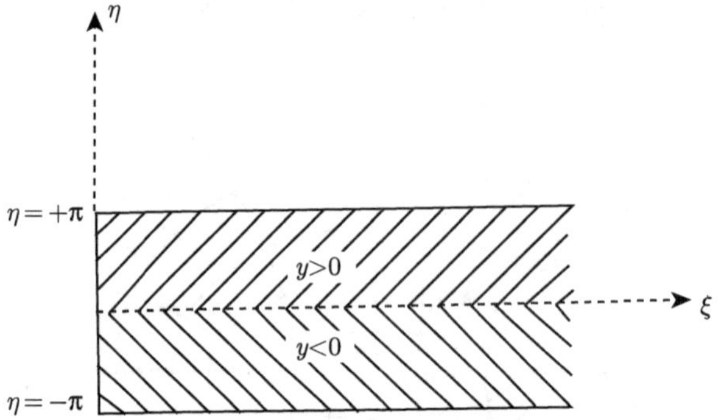

图 27a　$(x+\mathrm{i}y)$-平面到 $(\xi+\mathrm{i}\eta)$-平面的映射

与双极坐标相比, 椭圆坐标的优势表现在波动方程的可分离变量求解, 这个问题将与问题 IV.3 一起讨论. 在第六章, 源自于经过一个板的流动问题将采用椭圆坐标进行处理. 我们将使用下面形式的复势:

$$\varPhi + \mathrm{i}\varPsi = f(\zeta), \quad f(\zeta) = \mathrm{const} \cdot \sinh\zeta \tag{20}$$

按照式 (15)ζ 与 z 相关, 从而 $f(\zeta)$ 是一个 z 的复函数.

让我们再次回到简单势 (7), 但右边没有因子 i:

$$f(z) = A\log z, \quad \varPhi = A\log r, \quad \varPsi = A\phi \tag{21}$$

从原点开始的射线 $\phi = \mathrm{const}$ 现在是流线. 势的等高线是绕 O 的圆周. 取决于 A 的符号, O 要么是源, 要么是汇. 注意, 在这个关系中, 除乘积因子和常数差外, 势方程的一般中心对称解是对数势 $\varPhi = \log r$.

作为补充, 这里给出关于空间势流的一些讨论.

空间势方程的中心对称解是所谓的牛顿势

$$\varPhi = \frac{A}{r} \tag{22}$$

这个名称并无历史意义, 牛顿从没有提到过这个势; 这个术语仅表明式 (22) 与牛顿引力场

$$\boldsymbol{F}=-\mathrm{grad}\Phi=-A\mathrm{grad}\frac{1}{r} \tag{22a}$$

有关. Φ 的流体动力学意义再次表明它位于原点的源或汇的速度势.

在三维流动的一般情况下, 没有流函数 Ψ 与速度势相关. 只有在轴对称的情况下, 才有可能构造流函数①. 为此, 引进柱坐标 ρ,ϕ,z, z 为对称轴. 如果问题是对称的, Φ 与 ϕ 无关, 但与 ρ 和 z 有关. 势方程变为不可压缩流数学问题 (见问题Ⅰ.3)

$$\frac{\partial^2\Phi}{\partial\rho^2}+\frac{1}{\rho}\frac{\partial\Phi}{\partial\rho}+\frac{\partial^2\Phi}{\partial z^2}=0 \tag{23}$$

它也可改写为

$$\frac{\partial}{\partial\rho}\rho\frac{\partial\Phi}{\partial\rho}+\frac{\partial}{\partial z}\rho\frac{\partial\Phi}{\partial z}=0 \tag{23a}$$

根据这个形式, 我们推断存在一个函数 $\Psi=\Psi(\rho,z)$, 使得

$$\frac{\partial^2\Psi}{\partial\rho\partial z}=\frac{\partial}{\partial\rho}\rho\frac{\partial\Phi}{\partial\rho}=-\frac{\partial}{\partial z}\rho\frac{\partial\Phi}{\partial z}$$

如果现在我们特别选取

$$\frac{\partial\Psi}{\partial z}=\rho\frac{\partial\Phi}{\partial\rho},\quad \frac{\partial\Psi}{\partial\rho}=-\rho\frac{\partial\Phi}{\partial z} \tag{24}$$

通过对应项相乘, 我们得到

$$\rho\left(\frac{\partial\Phi}{\partial\rho}\frac{\partial\Psi}{\partial\rho}+\frac{\partial\Phi}{\partial z}\frac{\partial\Psi}{\partial z}\right)=0$$

这暗示在任何子午线平面 $\phi=\mathrm{const}$ 上, 曲线 $\Phi=\mathrm{const}$ 和 $\Psi=\mathrm{const}$ 是互相正交的. 换句话说, 在这样的平面上, Ψ 为常数的曲线与$\mathrm{grad}\Phi$ 的方向重合, 并且是流线. 因此, 函数 Ψ 也是流函数. 从式 (24) 和 $\boldsymbol{v}=-\mathrm{grad}\Phi$, 可得速度分量有如下形式:

$$v_\rho=-\frac{1}{\rho}\frac{\partial\Psi}{\partial z},\quad v_z=\frac{1}{\rho}\frac{\partial\Psi}{\partial\rho} \tag{25}$$

然而, 不可能将 Φ 和 Ψ 像二维情况一样合并成以变量 $\rho+\mathrm{i}z$ 的复函数 $\Phi+\mathrm{i}\Psi$. 如果能够这样做, 那么关系式 (24) 将与 Cauchy-Riemann 方程 (5) 一致, 而这是不可能的, 因为在式 (24) 中存在因子 ρ. 并且, Φ 和 Ψ 必须满足方程 $\partial^2u/\partial\rho^2+\partial^2u/\partial z^2=0$, 但是, 实际上, Φ 满足方程 (23), 而 Ψ 满足由式 (25) 中 $\mathrm{curl}\boldsymbol{v}=0$ 对应的方程

$$\frac{\partial^2\Psi}{\partial\rho^2}-\frac{1}{\rho}\frac{\partial\Psi}{\partial\rho}+\frac{\partial^2\Psi}{\partial z^2}=0 \tag{26}$$

复变函数的强大工具不能被应用于三维势理论②.

① Stokes, Trans. Cambridge Phil. Soc. Vol. 7, 1842, p. 439.

② 伟大的数学家 David Hilbert(1862—1943) 尖锐地指出, 时间是一维的, 空间是三维的, 然而, 数, 即指完好的复数, 是二维的. 因此, 用复变函数论解决三维势理论的尝试必然失败.

20. 矢量分析的基本定理

现在, 我们希望证明一个定理: 在空间处处有定义并且其本身和一阶导数在无穷远处为零的连续矢量场能够表示为一个无旋场和一个无散场的和:

$$\boldsymbol{V}=\boldsymbol{V}_1+\boldsymbol{V}_2 \tag{1}$$

式中

$$\mathrm{curl}\boldsymbol{V}_1=0,\quad \mathrm{div}\boldsymbol{V}_2=0 \tag{1a}$$

我们的分解将所有的源和汇都归入到了分向量场 $\boldsymbol{V}_1$, 而把所有的涡量都归入了分向量场 $\boldsymbol{V}_2$, 以致有

$$\mathrm{div}\boldsymbol{V}_1=\mathrm{div}\boldsymbol{V},\quad \mathrm{curl}\boldsymbol{V}_2=\mathrm{curl}\boldsymbol{V} \tag{1b}$$

表达式 (1) 在相差常数矢量时是唯一的.

这个基本定理本质上是由 Stokes① 在 1849 年证明的. 更完整的证明形式也可见 Helmholtz 在 1858 年关于涡旋运动的论文 (然而, 当然没有使用矢量记号). 这个定理相比我们之前所做的任何工作更加深入地整合了数学物理的各种方法, 它在流体动力学中固然十分重要, 在电磁理论中则更加重要. 我们将用三步证明它.

(1) $\boldsymbol{V}_1$ 的计算. 可以用一个标量势给出无旋矢量 $\boldsymbol{V}_1$

$$\boldsymbol{V}_1=-\mathrm{grad}\varPhi+\mathrm{const} \tag{2}$$

势 $\varPhi$ 满足微分方程

$$\mathrm{div\ grad}\varPhi=\nabla^2\varPhi=-\mathrm{div}\boldsymbol{V}_1$$

由条件 (1b), 上式可以写成

$$\nabla^2\varPhi=-\mathrm{div}\boldsymbol{V} \tag{3}$$

---

① 在他的巨作中: 关于衍射的动态理论, Trans. Cambridge Phil. Soc. Vol. 9, p.1, 重印 Math. Phys. Papers, Vol. Ⅱ, Cambridge, 1883, p. 243 及特别 p.243. Stokes 没有给出一个明显的矢量势 $\boldsymbol{A}$ 的定义. 相反, $\boldsymbol{V}_2$ 通过方程 (5) 和 (9) 的复合而由下面公式来计算:

$$4\pi\boldsymbol{V}_2=\int\frac{\mathrm{curlcurl}\boldsymbol{V}}{r}\mathrm{d}\tau$$

严格的证明见 O.Blumenthal, Ueber die Zerlegung unendlicher Vektorfelder (Mathem. Annalen 61, 235, 1905). 其唯一限制是 $\boldsymbol{V}$ 和它的一阶导数在无穷远处为零, 尽管没有给出另外的假设来限定它趋于零的快慢. 这表明分量场 $\boldsymbol{V}_1$ 和 $\boldsymbol{V}_2$ 不必为零, 它们甚至可以为无穷大. 下面, 我们将做一些模糊的假设: $\boldsymbol{V}$ 在无穷远处 “充分强” 等于零.

为了一般性考虑, 在式 (2) 中增加一常数并不改变 Φ. 对于右边带有已知函数的非齐次势方程 (3), 可以通过下面的 Green 函数定理表示 Φ:

$$4\pi\Phi = \int \frac{\text{div}\boldsymbol{V}}{r}\text{d}\tau \tag{4}$$

(见 1a). 这里 $r = r_{PQ}$ 代表点 P 到 "源" 点 Q 的距离, 而点 Q 则标明了体微元 $\text{d}\tau$ 的位置. 这也就是说, Q 的坐标是积分变量. 如果 Φ 是已知的, 从式 (2) 也可得到 $\boldsymbol{V}_1$, 但可以相差一个常数.

(2) $\boldsymbol{V}_2$ 的计算. 现取

$$\boldsymbol{V}_2 = \text{curl}\boldsymbol{A} + \text{const} \tag{5}$$

引入一个矢量势 $\boldsymbol{A}$, 并增加一个另外的条件

$$\text{div}\boldsymbol{A} = 0 \tag{6}$$

注意: 如果 $\boldsymbol{A}$ 满足式 (5), 则 $\boldsymbol{A} + \text{grad}\lambda$ 也满足, 这里 λ 是任意的函数; 所以, 可以假设像式 (6) 这样的条件.

由式 (5),

$$\text{curl curl}\boldsymbol{A} = \text{curl}\boldsymbol{V}_2$$

按式 (1b), 上式可改写为

$$\text{curl curl}\boldsymbol{A} = \text{curl}\boldsymbol{V} \tag{7}$$

这样, 在式 (5) 中增加的常数并不重要. 现将针对直角坐标分量仍然正确的矢量法则第 3 节式 (10a) 应用到式 (7)

$$\nabla^2\boldsymbol{A} = \text{grad div}\boldsymbol{A} - \text{curl curl}\boldsymbol{A}$$

由于式 (6), 上式化为 $\nabla^2\boldsymbol{A} = -\text{curl curl}\boldsymbol{A}$, 这样, 式 (7) 等价于

$$\nabla^2\boldsymbol{A} = -\text{curl}\boldsymbol{V} \tag{8}$$

$\boldsymbol{A}$ 的分量像 Φ 一样满足非齐次势方程, 类似于式 (4), 它由下面的积分得到:

$$4\pi\boldsymbol{A} = \int \frac{\text{div}\boldsymbol{V}}{r}\text{d}\tau \tag{9}$$

在 2a 中, 我们将证明 $\boldsymbol{A}$ 的这个表达式本身也满足条件 (6). 当 $\boldsymbol{A}$ 给定时, $\boldsymbol{V}_2$ 可由式 (5) 获得, 但可相差一个常数.

(3) 分解 $\boldsymbol{V} = \boldsymbol{V}_1 + \boldsymbol{V}_2$ 的唯一性. 除 $\boldsymbol{V}_1, \boldsymbol{V}_2$ 外, 假设还有另外一种分解 $\boldsymbol{V}_1', \boldsymbol{V}_2'$. 无旋矢量 $\boldsymbol{V}_1' - \boldsymbol{V}_1$ 同时是无散的, 因按式 (1b), 有

$$\text{div}\left(\boldsymbol{V}_1' - \boldsymbol{V}_1\right) = 0$$

以相同的方式, 得到矢量 $\boldsymbol{V}_2' - \boldsymbol{V}_2$ 同时也是无散的. 再利用式 (1b), 有

$$\operatorname{div}\left(\boldsymbol{V}_2' - \boldsymbol{V}_2\right) = 0$$

像在式 (4) 和 (9) 中计算的矢量 $\boldsymbol{V}_1' - \boldsymbol{V}_1$ 和 $\boldsymbol{V}_2' - \boldsymbol{V}_2$, 对势 $\varPhi$ 和 $\boldsymbol{A}$ 的计算给出 $\varPhi = 0, \boldsymbol{A} = 0$. 所以, 由式 (2) 和式 (5), 则有

$$\boldsymbol{V}_1' - \boldsymbol{V}_1 = \text{const}, \quad \boldsymbol{V}_2' - \boldsymbol{V}_2 = \text{const}$$

这样, 除了可以相差一个常矢量外, 这个分解的确是唯一的. 更多的细节可以见 Blumenthal 及其引文.

1a. 采用 Green 定理计算 $\varPhi$ 和 $\boldsymbol{A}$. 让我们在第 3 节 Green 定理 (15) 中取

$$U = \varPhi, \quad V = \frac{1}{r}$$

并应用于中心位于 O、半径为 R 的球. 从第 19 节式 (22) 我们知道, 除了奇异点 $r = 0$ 外, $\nabla^2(1/r) = 0$, 并且可利用一个半径为 ρ 的小球积分排除奇异点. 首先, 我们计算在第 3 节式 (15) 中出现的以 ρ 为半径的球面上的表面积分. 记 $\varOmega$ 为立体角, 即 $\mathrm{d}\varOmega$ 是单位球的面积微元, 半径为 ρ 的球的面积微元是 $\mathrm{d}\sigma = \rho^2\mathrm{d}\varOmega$. 由于 $\mathrm{d}n$ 是积分域的外法线, 我们有

$$\mathrm{d}n = -\mathrm{d}\rho, \quad \frac{\partial U}{\partial n} = -\frac{\partial \varPhi}{\partial \rho}, \quad \frac{\partial V}{\partial n} = -\frac{\mathrm{d}}{\mathrm{d}\rho}\frac{1}{\rho} = +\frac{1}{\rho^2}$$

于是, 对应于半径为 ρ 的球, 第 3 节式 (15) 的右边变成

$$\varPhi\int \mathrm{d}\varOmega + \int \frac{\partial \varPhi}{\partial \rho}\mathrm{d}\varOmega \tag{10}$$

式 (10) 中的第二个积分当 $\rho \to 0$ 时等于零, 而第一个积分等于 4π(注意因子 $\varPhi$ 在 $\rho = 0$ 时趋于 $\varPhi$ 的值).

我们现在考虑半径为 R 的大球上的表面积分. 像以前一样, 相同的考虑得到下面的积分表达式:

$$-\int \varPhi \mathrm{d}\varOmega - \int \frac{\partial \varPhi}{\partial R} R\mathrm{d}\varOmega \tag{10a}$$

但是, 当 $R \to \infty$ 时, $\varPhi$ 趋于零且 $\partial\varPhi/\partial R$ 比 $1/R$ 更快地趋于零, 我们必须要求在无穷远处 $\boldsymbol{V}$“充分强” 地接近于零. 在两个球面上的表面积分之和才为 $4\pi\varPhi$.

另一方面, 由于式 (3) 和 $\nabla^2(1/r) = 0$, 第 3 节式 (15) 的第一项变为

$$\int \frac{\operatorname{div}\boldsymbol{V}}{r}\mathrm{d}\tau$$

这样就完成了方程 (4) 的证明; 式 (9) 的证明完全与上面的推导一致.

2a. $\mathrm{div}\boldsymbol{A}=0$ 的证明. 对方程 (8) 每边取散度, 得到

$$\mathrm{div}\nabla^2\boldsymbol{A}=-\mathrm{div\ curl}\ \boldsymbol{V}=0 \tag{11}$$

由于散度算子和 ∇^2 是可交换的, 于是 $u=\mathrm{div}\boldsymbol{A}$ 满足齐次方程 $\nabla^2 u=0$. 像 1a, 我们进行积分运算并注意到在半径为 R 的球面上的积分的极限为零, 而用 u 的 Green 函数表示的体积积分现在也恒为零. 这表明, 对 $\mathrm{div}\boldsymbol{A}$ 来讲, 另外的条件 (6) 实际上也是满足的.

3a. 关于唯一性及其他. 当矢量场 $\boldsymbol{V}$ 不是在空间中处处有定义, 而是仅在表面 Σ 的内部有定义时, 额外的 Σ 上的表面积分将取代在无限大 R-球面上等于零的表面积分. 例如, 在 Φ 的计算中, 代替式 (10a) 的是

$$\int_\Sigma \Phi\frac{\partial}{\partial n}\frac{1}{r}\mathrm{d}\Sigma-\int_\Sigma\frac{1}{r}\frac{\partial\Phi}{\partial n}\mathrm{d}\Sigma \tag{12}$$

这导致表达式 (4) 以及唯一性证明失效, 而且表达式 (9) 和变换 (11) 也如此. 在有限域的情况, 为了给出有确定意义的 "无旋和无散" 的解, 的确有必要在表面 Σ 上给定合适的边界条件.

注意在无限延拓的处处有定义的矢量场中, 式 (2) 和 (5) 中的常数必须互相抵消, 因为按照本节开始的假设和 $\boldsymbol{V}=\boldsymbol{V}_1+\boldsymbol{V}_2$ 在无穷远处为零.

我们的唯一性定理在二维情况下对应一个熟知的结果: **一个包括无穷远点的复平面上处处正则的函数 $f(x+\mathrm{i}y)$ 一定是一个常数**(Liouville 定理). 这样的函数实部和虚部表示二维势, 同时是无旋的和无散的; 两部分因此必须是常数, 所以整个 f 也是常数.

(4) 给定涡旋的速度场的表示. 为了简单起见, 我们首先假设整个空间充满了运动流体, 并用流体速度 $\boldsymbol{v}$ 表示矢量 $\boldsymbol{V}$. 按照不可压缩条件, $\mathrm{div}\boldsymbol{v}=0$; 所以, 由式 (4) 知 $\boldsymbol{V}_1=0$ 和 $\boldsymbol{V}=\boldsymbol{v}=\boldsymbol{V}_2$(另外的常数已经省略). 我们暂时假设涡量 $\boldsymbol{\omega}$ 在空间内连续分布. 由式 (9) 和 (5) 有

$$2\pi\boldsymbol{A}=\int\frac{\boldsymbol{\omega}}{r}\mathrm{d}\tau,\quad \boldsymbol{v}=\mathrm{curl}\boldsymbol{A} \tag{13}$$

速度 $\boldsymbol{v}$ 能表示为每个微元上的涡旋 $\boldsymbol{\omega}\mathrm{d}\tau$ 的贡献的叠加. 现考虑与某个微元涡旋 $\boldsymbol{\omega}\mathrm{d}\tau$ 相关的涡管, 它有长度 $|\Delta s|$ 和横截面 Δq, 如图 28 所示. 如果引入涡旋强度 $\mu=\omega\Delta q$[见第 18 节式 (15)], 涡旋微元对矢量势 $\boldsymbol{A}$ 的贡献 $\boldsymbol{A}'$ 由下面给出:

$$2\pi\boldsymbol{A}'=\frac{\mu}{r}\Delta\boldsymbol{s} \tag{14}$$

流动速度的对应贡献 $\boldsymbol{v}'$ 就是

$$\boldsymbol{v}' = \mathrm{curl}\boldsymbol{A}' = \frac{1}{2\pi}\mathrm{curl}\left(\frac{\mu}{r}\Delta\boldsymbol{s}\right) \tag{15}$$

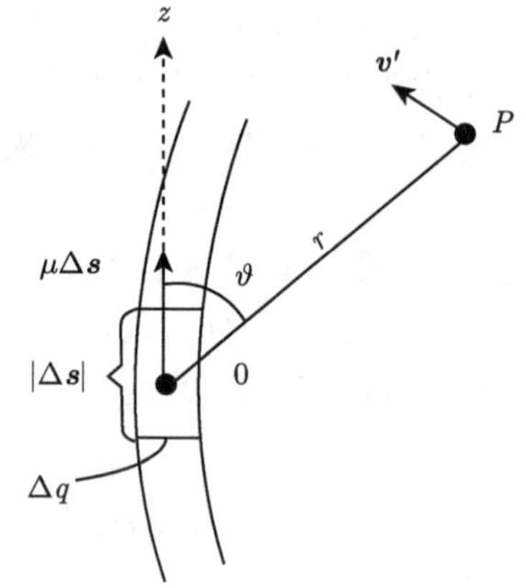

图 28 涡管的微元 $\Delta\boldsymbol{s}$ 对矢量势 $\boldsymbol{A}$ 和速度矢量 $\boldsymbol{v}$ 的贡献

这里, 按照涡管的定义, 矢量 $\mu\Delta\boldsymbol{s}/r$ 与 $\Delta\boldsymbol{s}$ 方向相同, 而后者与 $\boldsymbol{\omega}$ 的方向一致. 对这个矢量操作旋度算子给出需计算 $\boldsymbol{v}'$ 的场点 P 坐标. 现在, 可以方便地引入一个辅助坐标系, 取 $\Delta\boldsymbol{s}$ 作为原点位于所考虑涡管的体积微元的直角坐标系的 z 轴①. 由于 $A' = A'_z, A'_x = A'_y = 0$, 从式 (15) 我们得到

$$\begin{cases} 2\pi v'_x = 2\pi\dfrac{\partial A'_z}{\partial y} = -\dfrac{\mu}{r^2}\Delta s\dfrac{y}{r} \\ 2\pi v'_y = -2\pi\dfrac{\partial A'_z}{\partial x} = +\dfrac{\mu}{r^2}\Delta s\dfrac{x}{r} \\ v'_z = 0 \end{cases} \tag{16}$$

这三个方程能写成紧凑形式

$$2\pi\boldsymbol{v}' = \frac{\mu}{r^3}\Delta\boldsymbol{s}\times\boldsymbol{r} \tag{17}$$

$\boldsymbol{v}'$ 垂直于 $\Delta\boldsymbol{s}$, 也垂直于矢量 $\boldsymbol{r} = OP$, 其大小由下式给出:

$$2\pi\,|\boldsymbol{v}'| = \frac{\mu}{r^2}\,|\Delta\boldsymbol{s}|\sin\theta \tag{18}$$

其中 θ 是 $\Delta\boldsymbol{s}$ 与 $\boldsymbol{r}$ 的夹角. $\boldsymbol{v}'$ 的方向可通过矢量的右手法则决定.

① 我们也使用一般公式 $\mathrm{curl}f\boldsymbol{a} = f\mathrm{curl}\boldsymbol{a} + \mathrm{grad}f\times\boldsymbol{a}$ 代替上面的公式, 再让 $\boldsymbol{a} = \Delta\boldsymbol{s} =$ 常数及 $f = \mu/\tau$, 便得到式 (17).

由于涡旋微元 $\mu\Delta \boldsymbol{s}$, 场点 P 的运动由式 (17) 决定. P 的整个速度是微元速度 $\boldsymbol{v}'$ 的矢量和

$$\boldsymbol{v} = \sum \boldsymbol{v}' \tag{19}$$

(5) 无散场的电磁解释. 我们现将式 (18) 与著名的 Biot-Savart 经典定律进行比较

$$|\mathrm{d}\boldsymbol{F}| = \frac{i\mathrm{d}s}{r^2}\sin\theta \tag{20}$$

式中 i 是导体的微元 $\mathrm{d}s$ 中的电流强度, $\mathrm{d}\boldsymbol{F}$ 是在场点 P 处作用在磁单极处的力, θ 和 r 与图 28 中的意义相同, 且 $\mathrm{d}\boldsymbol{F}$ 的方向与 $\boldsymbol{v}'$ 的方向一致, 由矢量法则给出.

按照 Helmholtz 的评述, 流体动力学与电动力学之间的完全相似性能够极大地促进两学科的发展.

电流强度 i 对应于涡旋强度 μ, 电流密度 $\boldsymbol{J}$ 对应于涡量$\boldsymbol{\omega}$. 作用在每个电流微元和磁单极之间的 Biot-Savart 力 $\mathrm{d}\boldsymbol{F}$ 对应于我们的微元速度 $2\pi\boldsymbol{v}'$, 磁场强度 (它是整个电流系统作用在磁单极上的力) 对应于整个速度矢量 $\boldsymbol{v} = \sum \boldsymbol{v}'$(相差因子 2π). 正如一个电流系统被磁场线包围一样, 涡管系统也被流线包围. 在电动力学中, 我们称场 $\boldsymbol{F}$ 为电流密度 $\boldsymbol{J}$ 所诱导, 在流体动力学中, 也可以方便地使用相同的表达式, 可以称速度 $\boldsymbol{v}$ 为涡旋 $\boldsymbol{\omega}$ 所诱导的.

这个类比对应于本书第 92 页的 b 式, 在该关联式中, 速度 $\boldsymbol{v}$ 对应磁场强度, 而涡旋 (以前是 δ, 现在是 $\boldsymbol{\omega}$) 则对应电场强度.

在电磁学中, 如果考虑线性导体, 即充分小横截面的电线, 所有这些都变得尤其简单. 它们这些在流体动力学中对应于引入的涡丝, 这将在下一论题中讨论.

(6) 有限空间中的边界值问题. 在无限域不可压缩流体连续流动的情况下, 速度分布已经在 (4) 中作为一个求和问题被重新提出. 如果速度矢量在无穷远处等于零, 矢量势 $\boldsymbol{A}$ 可由已知的分布涡旋的积分得到. 这里的标量势是不重要的, 因为有可能假设速度矢量在整个空间是无源和无汇的. 当流动被限制在有限域时, 情况有所不同, 我们必须考虑压力边界条件 (如在自由表面上 $p=0$) 和速度边界条件 (如刚性壁上 $v_n=0$). 如果源存在于流动中, 它们必须从 Euler 方程成立的区域中排除, 排除后的表面必须作为流体的边界面. $\boldsymbol{A}$ 的简单积分表示不再是充分的, 出现另外一个标量势, 如前面 3a 中那样. 由于边界条件, 我们现在面对一个不再能通过简单的源和涡旋的叠加来求解的边值问题, 但是需要适合于给定条件的特殊数学方法 (如二维情况下的保形变换).

21. 直的与平行的涡丝

在本节论题中, 考虑下面的二维问题: 如果给定大量垂直于 xy 平面的直涡丝,

怎么描述它们在一段时间内相互之间的作用? 虽然已经处理了涡旋理论运动学的方方面面 (如关于诱导速度场的分析), 但是需要进入涡旋动力学的领域才能解决这个问题. 涡丝动力学的基础可在第 18 节 Helmholtz 守恒定理中找到, 在那里, 我们学习了涡旋的传递性特征. 如果知道由其他涡丝给予每条涡丝微元上的速度, 我们也能知道那条涡丝运动的速度和形状的可能变化. 这样, 涡丝的动力学和运动学是直接相关的. 这里仅讨论二维情况, 它可理解为涡丝保持为直的.

1) 单个涡丝

如第 19 节式 (7) 所见, 单个涡旋速度场由下式决定:

$$\varPhi + \mathrm{i}\varPsi = \mathrm{i}A\log(x + \mathrm{i}y) \tag{1}$$

$$\pm v = v_\phi = -\mathrm{grad}_\phi \varPhi = \frac{A}{r} = \frac{\mu}{\pi r} \tag{1a}$$

流线是关于原点的环, 涡旋环绕中心即点 O 不会参与运动.

简单涡旋场与第 20 节论题的 Biot-Savart 定律存在直接关联. 为此, 我们必须离开复平面, 引入沿着涡丝的 z 坐标, 它从 $-\infty$ 到 ∞. 设 $x, y, 0$ 和 $0, 0, z$ 是场点和 "源" 点的坐标, 像以前一样这些坐标可作为积分变量. 以前记 $|\Delta \boldsymbol{s}|$ 的线微元现记为 $\mathrm{d}z$, 它到场点的距离, 以前记为 r, 现在是 $R = \sqrt{x^2 + y^2 + z^2} = \sqrt{r^2 + z^2}$, 如式 (1a) 中一样, 这里新的 r 表示 $\sqrt{x^2 + y^2}$. 从第 20 节式 (17) 和 (19), 进行矢量积运算后可得

$$v_x + \mathrm{i}v_y = \sum (v_x' + \mathrm{i}v_y') = \frac{\mu}{2\pi}(-y + \mathrm{i}x)\int_{-\infty}^{+\infty} \frac{\mathrm{d}z}{(r^2 + z^2)^{3/2}} \tag{2}$$

这里 v_z 显然为零. 为了计算式 (2) 中的广义积分, 从下面熟知公式开始:

$$\int_0^a \frac{\mathrm{d}z}{\sqrt{r^2 + z^2}} = \log\left(a + \sqrt{r^2 + a^2}\right) - \log r$$

并在积分号内对 r 进行求导, 得到

$$-r\int_0^a \frac{\mathrm{d}z}{(r^2 + z^2)^{3/2}} = \frac{r}{\sqrt{r^2 + a^2}}\frac{1}{a + \sqrt{r^2 + a^2}} - \frac{1}{r}$$

如果让 $a \to \infty$, 右边的第一项为零. 于是, 我们有

$$\int_{-\infty}^{+\infty} \frac{\mathrm{d}z}{(r^2 + z^2)^{3/2}} = 2\int_0^{+\infty} \frac{\mathrm{d}z}{(r^2 + z^2)^{3/2}} = \frac{2}{r^2}$$

这样, 方程 (2) 化为

$$v_x + \mathrm{i}v_y = \frac{\mu}{\pi}\frac{-y + \mathrm{i}x}{r^2}, \quad \pm|\boldsymbol{v}| = v_\phi = \frac{\mu}{\pi r} \tag{2a}$$

其大小和方向与式 (1a) 一致.

用 $\boldsymbol{u}$ 表示沿 $\pm z$ 方向①长度为 $|\mu|$ 的一个矢量, $\boldsymbol{r}$ 表示 xy 平面的位置矢量, 方程 (2a) 可写成

$$\boldsymbol{v}=\frac{1}{\pi r^2}\boldsymbol{u}\times\boldsymbol{r} \tag{2b}$$

式 (2b) 的分量 v_x 和 v_y 事实上恒等于式 (2a) 计算的值. 方程 (2b) 不同于三维情况的公式, 是因为第 20 节式 (17) 中 $\boldsymbol{v}'$ 缺少了因子 2, 且右边分母现在是 r^2, 而不是前面的 r^3. 其主要原因是关于 z 的积分.

2) 等强度同向或反向的两个涡丝

两个相反的涡丝的情况在式第 19 节式 (12) 及后面论述. 从第 19 节式 (14) 或者直接从图 29a 可得下面的结果: 涡丝 F_2 对涡丝 F_1 的诱导速度 v_1 等于且平行于 F_1 对 F_2 的诱导速度 v_2:

$$v_1=v_2=\frac{\mu}{2\pi c}=v\quad(2c=F_1F_2\text{的距离}) \tag{3}$$

另一方面, 区间段 F_1F_2 的中心 M 的速度 v_0 受到 F_1 和 F_2 的共同作用, 等于

$$v_0=\frac{\mu}{\pi c}+\frac{\mu}{\pi c}=4v \tag{3a}$$

这样, 我们看到: *两个涡丝以相同的速度v行进; 它们之间的流体的运动方向与F_1和 F_2运动方向相同, 但前者速度较大*. 与 F_1 和 F_2 平行但不是在它们之间的流体微团向相反的方向运动, 它们的速度在 F_1 和 F_2 非常近的邻域内变得非常大.

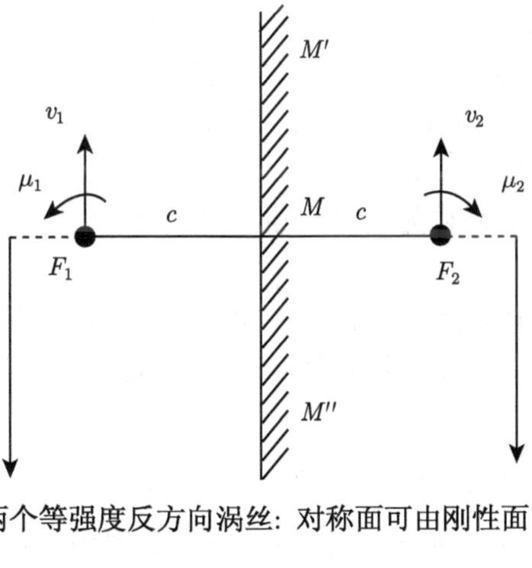

图 29a　两个等强度反方向涡丝: 对称面可由刚性面 (壁) 取代

① 依赖于 μ 的符号.

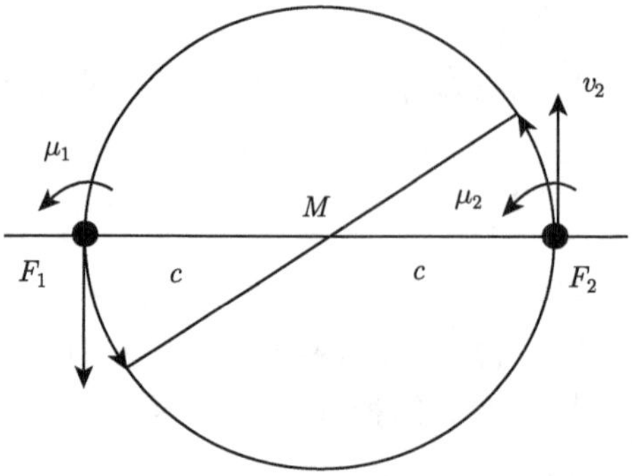

图 29b　两个等强度同方向涡丝在一个圆的直径位置上运动

不仅在 M, 而且在 F_1 和 F_2 的等分线上的所有点, 由于两个涡丝的缘故, 合成速度平行于等分线. 于是, 对称面可用一个刚性壁取代, 因为沿等分线的流动和刚性壁对应的边界条件一样. 所以, 一个初始时静止的孤立涡丝开始运动, 好像壁被附着一样; 它与壁平行运动, 速度越快, 与壁相隔越近. 涡丝好像由壁的反射虚像推着它前进一样. 更多的内容可从图 31 中更复杂的情况获知.

两个同方向涡丝的情况也可由第 19 节式 (12) 来表示, 但右边的第二项符号需要变号. 按照式 (3), F_2 在 F_1 诱导一个速度 v, 它与 F_1 在 F_2 诱导的那个速度相反. 当 F_1 在半径为 c 的圆周上向下运动时, F_2 以相同的速度向上运动. 直径 F_1F_2 绕着空间中的一个固定中心 M 旋转. 两个涡丝在同一个圆周上运动, 并且两者位于圆的直径两端.

3) 关于两个或多个涡旋的 “质量中心” 的定理

当两个涡丝强度 μ_1 和 μ_2 不同时, 点 F_1 和 F_2 仍然在不同半径的共心圆上运动. 当把 μ_1 和 μ_2 理解为由 F_1 和 F_2 点所携带的质量时, 公共中心即为 μ_1 和 μ_2 的质心. 当然, 质心位于经过 F_1 和 F_2 的直线上, 如果 μ_1 和 μ_2 方向相同, 那么它位于线段 F_1F_2 之间 (图 30a), 如果 μ_1 和 μ_2 方向相反, 那么它位于线段 F_1F_2 之外 (图 30b). 后一种情况, 必须认为一个质量为负. 图 30a,b 分别画出了假设 $\mu_2 > \mu_1$ 和 $|\mu_2| > \mu_1$ 的情况.

由 F_1 和 F_2 描述的圆的路径的公共中心 S 可以通过连接速度 v_1 的终点和 v_2 的终点而成 (见图 30a). 这条直线与直线 F_1F_2 相交于 S. 因为 v_1 是由 F_2 产生, 而 v_2 是由 F_1 产生, 于是有

$$v_1 = \frac{\mu_2}{2\pi c}, \quad v_2 = \frac{\mu_1}{2\pi c} \tag{4}$$

对于交点 S 的位置, 有 $\overline{SF_1}/v_1 = \overline{SF_2}/v_2$, 由式 (4) 给出

$$\mu_1\overline{SF_1} = \mu_2\overline{SF_2} \tag{5}$$

所以 S 的确是质量 μ_1 和 μ_2 的质量中心.

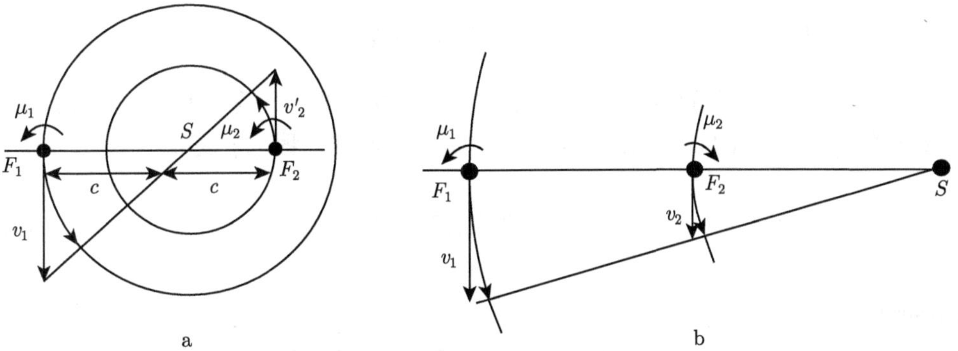

图 30　圆中两个涡丝关于 "中心" 的运动. 中心分离 (a) 或不分离 (b) 涡旋, 依赖于涡丝方向相同或相反

对于方向相反的涡丝, 也可以采用相同的构造方法, 如图 30b 所示. 这里, 如果 $|\mu_2| = \mu_1$, 那么点 S 移动到无穷远处: 两个圆周退化为平行的两直线, 从而重新得到 2) 中讨论的第一种情况. 2) 中讨论的第二种情况显然对应于 $\mu_1 = \mu_2$, 以致图 30a 中的两个圆周重合.

应该看到, 如果是流体中的一点, 这样构造得到的点 S 绝不是静止的. 实际上, 在图 30a 的情况中, S 处的速度由下式给出:

$$v_s = \frac{\mu_1}{\pi SF_1} - \frac{\mu_2}{\pi SF_2} = \frac{\mu_1}{\pi SF_1}\left(1 - \frac{\mu_2}{\mu_1}\frac{SF_1}{SF_2}\right)$$

由于式 (5) 的缘故, 圆括号中的表达式是

$$1 - \frac{\mu_2^2}{\mu_1^2} \neq 0$$

S 不运动仅仅是指涡丝 F_1 和 F_2 的圆形路径的几何中心是静止的, 而并不是说相当于 S 的流体微元的运动. 本节剩下部分, 静止质量中心这个术语将用来表示这个意义.

我们现在考虑一组有限个涡丝 $F_1, F_2, \cdots, F_i, \cdots, F_k$. 在任意点 P, 由 F_i 诱导的速度能够由式 (2b) 给出

$$\boldsymbol{v} = \frac{1}{\pi}\frac{\boldsymbol{u}_i \times (\boldsymbol{r} - \boldsymbol{r}_i)}{|\boldsymbol{r} - \boldsymbol{r}_i|^2} \tag{6}$$

式中 $\boldsymbol{r} - \boldsymbol{r}_i$ 是 P 相当于参考点 F_i 而言的相对位置矢量. 让 P 现在与 F_k 重合, 并对除 $i = k$ 以外的所有 i 求和. 因为 F_k 并不被它自身所影响, 于是得到

$$\boldsymbol{v}_k = \frac{1}{\pi}\sum_i{}' \frac{\boldsymbol{u}_i \times (\boldsymbol{r} - \boldsymbol{r}_i)}{|\boldsymbol{r} - \boldsymbol{r}_i|^2} \tag{7}$$

式中求和符号上的一撇是指对排除 k 值以外所有可能的 i 值求和. 现在引入

$$\boldsymbol{r}_{ik}=\boldsymbol{r}_k-\boldsymbol{r}_i,\quad r_{ik}=|\boldsymbol{r}_k-\boldsymbol{r}_i|,\quad \boldsymbol{e}_{ik}=\frac{\boldsymbol{r}_k-\boldsymbol{r}_i}{r_{ik}}=-\boldsymbol{e}_{ki} \tag{7a}$$

式中 $\boldsymbol{e}_{ik}$ 是 xy 平面上的单位矢量. 我们进一步还需要一个垂直于 xy 平面的单位矢量 $\boldsymbol{e}$ 表示矢量 $\boldsymbol{u}$ 的方向: $\boldsymbol{u}_i=\mu_i\boldsymbol{e}$. 采用这些记号, 方程 (7) 变成

$$\boldsymbol{v}_k=\frac{1}{\pi}\sum_i{}'\mu_i\frac{\boldsymbol{e}\times\boldsymbol{e}_{ik}}{r_{ik}} \tag{7b}$$

现在我们有

$$\sum\mu_k\boldsymbol{v}_k=\frac{1}{\pi}\sum_k\sum_i{}'\mu_i\mu_k\frac{\boldsymbol{e}\times\boldsymbol{e}_{ik}}{r_{ik}} \tag{8}$$

在右边的双重求和中, 关于 i 和 k, $\boldsymbol{e}_{ik}$ 和 $\boldsymbol{e}\times\boldsymbol{e}_{ik}$ 是反对称的, 而乘积 $\mu_i\mu_k$ 和距离 r_{ik} 当然是对称的. 这样, 这些项成对抵消, 所以有以下结果:

$$\sum\mu_k\boldsymbol{v}_k=0 \tag{9}$$

这暗示了涡丝系统的中心速度 $\boldsymbol{v}_s$(但仅是在上面所指的意义下) 等于零.

$$\boldsymbol{v}_k=\frac{\sum\mu_k\boldsymbol{v}_k}{\sum\mu_k}=0 \tag{10}$$

4) 涡丝系的面积律

某些情况下, 也存在一个与一般力学中相应的面积律. 在没有外力情况下, **涡丝系的整个角动量为常数.**

我们用 $\mu_k v_k$ 定义单个涡丝的动量矩, 涡丝系统对任意点 O 的动量矩或角动量矩由下式给出:

$$\boldsymbol{M}=\sum_k\mu_k\boldsymbol{r}_k\times\boldsymbol{v}_k$$

将式 (7b) 代入, 得到

$$\boldsymbol{M}=\frac{1}{\pi}\sum_k\sum_i{}'\frac{\mu_i\mu_k}{r_{ik}}\boldsymbol{r}_k\times(\boldsymbol{e}\times\boldsymbol{e}_{ik}) \tag{11}$$

交换 i 和 k, 并考虑到 $\boldsymbol{e}_{ik}$ 的反对称性, 可知

$$\boldsymbol{M}=-\frac{1}{\pi}\sum_k\sum_i{}'\frac{\mu_i\mu_k}{r_{ik}}\boldsymbol{r}_i\times(\boldsymbol{e}\times\boldsymbol{e}_{ik}) \tag{11a}$$

现把式 (11) 和 (11a) 相加, 并应用式 (7a) 中 $\boldsymbol{e}_{ik}$ 的定义, 得到下面形式的 $\boldsymbol{M}$:

$$\boldsymbol{M}=\frac{1}{2\pi}\sum_{k}{\sum_{i}}'\mu_i\mu_k\boldsymbol{e}_{ik}\times(\boldsymbol{e}\times\boldsymbol{e}_{ik}) \tag{11b}$$

基于熟知的矢量恒等式

$$\boldsymbol{e}_{ik}\times(\boldsymbol{e}\times\boldsymbol{e}_{ik})=\boldsymbol{e}\,(\boldsymbol{e}_{ik}\cdot\boldsymbol{e}_{ik})-\boldsymbol{e}_{ik}\,(\boldsymbol{e}\cdot\boldsymbol{e}_{ik}) \tag{12}$$

但右边的第一项等于 $\boldsymbol{e}$, 第二项为零 ($\boldsymbol{e}_{ik}$ 是单位矢量, 所以 $\boldsymbol{e}$ 也是单位矢量, 从而它们互相垂直). 可见, 式 (11b) 的右边仅依赖于涡丝强度 μ_i 且有恒定方向 $\boldsymbol{e}$; 因此它是一个常矢量

$$\boldsymbol{M}=\frac{\boldsymbol{e}}{2\pi}\sum_{k}{\sum_{i}}'\mu_i\mu_k=\text{const} \tag{13}$$

5) 涡丝动力学的一般说明

我们研究的涡丝动力学的确是非常独特的, 与质点动力学绝然不同.

首先, 牛顿第一定律需要改动. 孤立的涡丝 (它因此不会受 "力" 的作用) 保持静止状态. 匀速直线运动仅能由强度相等但旋转方向相反的第二涡旋决定, 否则, 其处于静止壁的情况. 按照经典力学的相对性原理, 静止状态等效于匀速运动状态的结论就不再成立. 理由是涡丝位于流体中, 而流体起着所需参考坐标系的作用.

牛顿第二定律的修改甚至更加明显. 在第二涡丝中产生的外部作用不会产生加速度, 但只能产生速度. 质量中心的运动律内容也需要相应调整: 不是加速度, 而是质量中心的速度为零. 至于所关注的面积定律, 涡丝系统的角动量矩是不变的, 就如没有外力的机械系统一样, 而且常数完全由方程 (13) 的涡丝强度来决定, 这与关于质量的力学有所不同, 对于后者, 这个常数是依赖于可以自由选择的初始条件的积分常数.

6) 大气涡旋

乍一想, 实现无穷长的涡丝实验似乎是不可能的. 但是, 正如 Helmholtz 注意到的, 在垂直于涡丝介于两个平行平面的一个流体层, 能够产生相同的涡旋运动, 好像在一个无限 "厚度" 的流体中一样.

如果忽略地球的曲率, 我们的大气层在某种程度上可以实现如此流体层. 事实上, 水柱和龙卷风能够考虑作为一个巨大尺度的涡丝 (丝的直径 5~500m), 而大气旋风和逆旋风复合了涡旋和波的性质, 它们的水平尺寸可以超过 1000km, 比它们的垂直尺度 (10~15km) 要大许多倍.

为了适应气象学上的应用, 涡旋的经典理论在以下两个方面进行了修正. 大气的定常状态不再是静止的, 而是匀速旋转; 对于一个地球表面的观察者而言, 其中

有涡旋运动发生的流体就像我们至今假设的那样并不是无外力作用, 而是处于科里奥利力作用下. 除了这个动力学修正外, 还有一个热力学修正, 主要由于气体的压缩性: 空气的密度与空气压力通过状态方程 $\rho = F(p, T, \cdots)$ 相联系, 这个方程不仅包含压力, 而且包括温度, 和可能的诸如湿度等其他变量, 表达式 $\mathrm{curl}\,(1/\rho \mathrm{grad} p)$ 通常不为零. 这意味着涡旋会生成或消失.

这些是气象文献中所考虑的经典涡旋理论的两个延拓, 更一般的涡旋理论可参考 V. Bjerknes①, H. Ertel②.

22. 圆形涡环

封闭的尤其是圆形的涡旋与第 21 节的直涡旋不同, 它们在小尺度下容易发生. 如对吸烟者来说非常熟悉的烟圈, 也可在烟囱顶端看到它们. 为了示范, 下面的装置能较好说明问题: 在一个厚纸板箱的前壁做一个圆形孔洞, 移走后壁并将一片有些弹性的布拉张在那个后壁. 把一碟盐酸和另一种氢氧化氨注入箱内; 这样, 浓密的氯化铵烟雾产生了. 烟雾通过一个很尖向着后壁的龙头从孔洞喷出并以圆形涡旋的形式卷曲, 好像它经过缝隙的边界一样. 图 31a 例证了这个过程. 这样产生的涡环以相当速度向前直线运动几码的距离.

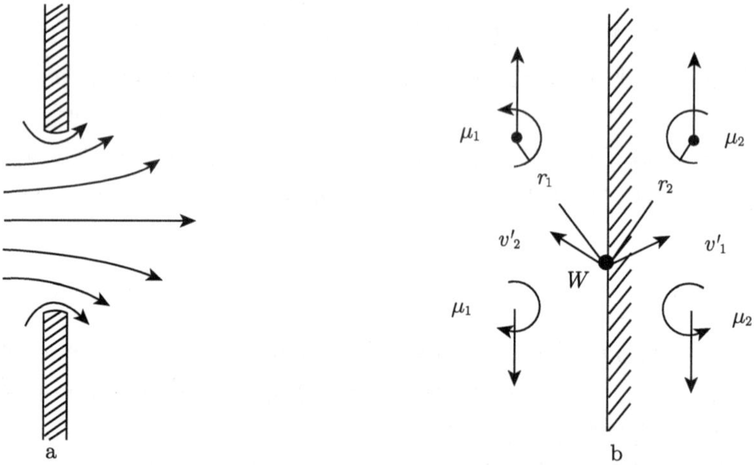

图 31　a. 空气流从一个孔洞喷射时的涡环形成; b. 涡环趋近于平面壁

按照涡旋理论的基本定理, 依附于流体的涡旋, 即空气微粒跟着涡旋运动. 当一个蜡烛置于涡旋之中时, 火焰能够被很柔和的口哨 "旋风" 吹灭, 这变得显而易

① V. Bjerknes, Meteorolog. Z., 1900, pp. 97 和 145, 以及 1902,p.96.

② H. Ertel, Physikal. Z., 1942,p.526, 以及 Meteorolog. Z., 1942, pp.277 和 385.

见. ——在箱壁上缩小孔洞会导致更小半径及更大速度的涡环. 若圆形孔洞替换为一个矩形孔洞, 刚开始时矩形涡旋出现, 后发展为规则的振动, 表明了向着圆形涡旋变化的一个趋势; 后者是稳定的, 而矩形涡旋是不稳定的. ——当圆形涡旋靠近平行于环所在平面壁时, 它的半径会增大 (图 32).

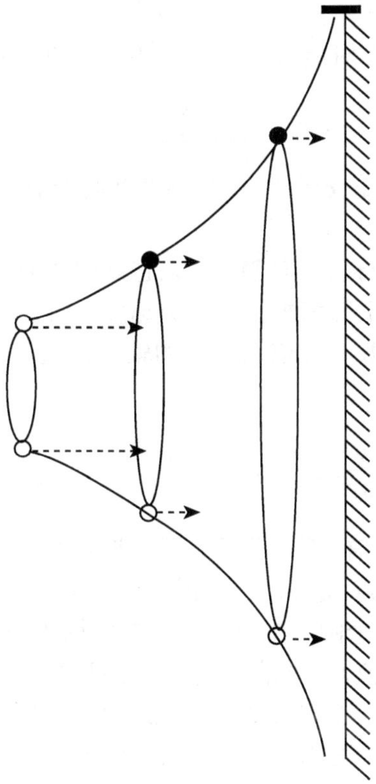

图 32　涡环趋近于平行于它的平面时涡环变宽, 而平移速度下降

下面的实验用我们的设备装置不容易操作, 对于有着吐烟圈艺术的吸烟者来说它几乎没有任何困难: 让一个小环跟随一个较大环. 小环以更大的速度运动, 赶上大环并从中滑过. 随即, 小环变大而大环变小. 至此, 它又变成了两者之中的较快者并穿过另一个, 理论上, 这种竞赛重复多次. 对于这个实验, 流体中的涡旋比烟圈更合适. 人们使用彩色涡旋, 它可从一个滴液管内滴在蓄水池的表面. 当一滴彩色液体滴在水表面时, 它以一个环形散开并穿入水中同时展开. 下一滴刚开始较小, 并赶上较大的环, 等等, 确切地说是它变成涡环. 这种实验允许人们连续观察经过–穿过好几次.

现在回到这些实验的解释, 我们用基本方法开始讨论这个问题的某些方面. 这就是那种不考虑涡环与其本身相互作用的情况. 因此, 目前涡旋被认为无限薄的丝.

与 Biot-Savart 定律等效, 第 20 节方程 (17) 作为切入点并给出了在给定点由单个涡旋微元 $\mu\Delta s$ 诱导的速度贡献 $\boldsymbol{v}'$. 特别地, 对于涡环中点 M, 所有贡献数量相等, 方向相同, 因为在这种情况第 20 节式 (17) 变为

$$v' = \frac{\mu\Delta s}{2\pi a^2}$$

式中 a 表示环的半径. 通过对所有 Δs 求和, 中点速度 v_M 为

$$v_M = \frac{\mu}{2\pi a^2}\sum \Delta s = \frac{\mu}{a} \tag{1}$$

这样, M 处速度随着 a 的减小而增大. 就如前面和将要看到的那样, 涡环的平移速度随着 a 的减小而增大.

现在考虑点为环的对称轴上任意点, 记它到中心的距离为 z(环上任意点的距离为 $r=\sqrt{a^2+z^2}$), 考虑平行和垂直于轴的速度 $\boldsymbol{v}'$ 的分量. 由于任意两个径向反向的涡旋微元的法线分量互相抵消. 而 $\boldsymbol{v}'$ 的轴向分量是 $v'a/r$. 所有 Δs 上点求和, 第 20 节方程 (17) 给出

$$v_A = \frac{\mu}{2\pi r^3}\frac{a}{r}\sum r\Delta s = \frac{\mu a^2}{r^3} = \mu\frac{a^2}{(a^2+z^2)^{3/2}} \tag{2}$$

于是, 速度沿着 M 一侧的轴下降, 而当 z 无限增加时其向着零靠近.

对于一个一般位置的点, 求和从 $\boldsymbol{v}'$ 到 $\boldsymbol{v}$ 将不再如此容易, 而需要采用椭圆积分. 如所熟知, 它类似于一个圆形电流环诱导的磁场的计算.

另一方面, 现在有可能以定性的方式解释上面描述的现象.

图 31a 形象地表明了一个涡旋的形成, 就像空气流穿过孔洞一样, 图 31b 例证了当涡环遇到平行于自身平面壁的主要条件. 在壁上, 边界条件是 $v_n=0$. 它能用镜像法检验, 这是这种特征问题的一种通用方法. 为了在壁的左侧展示物理上的真实涡旋, 人们可以在右边增加一个虚拟涡旋, 以这种方式延拓到无穷远, 物理上讲, 流体动力学场是由壁所限制的有界场. 临近壁的空气微粒 W 从真实涡旋 μ_1 获得一个速度贡献 $\boldsymbol{v}_1'$, 从虚拟涡旋 μ_2 获得 $\boldsymbol{v}_2'$; 按照第 20 节方程 (17), $\boldsymbol{v}_i'$ 垂直于由矢量 $\boldsymbol{r}_i$ 和涡旋微元 μ_i 的轴所组成的平面. 显然, $\boldsymbol{v}_1'$ 和 $\boldsymbol{v}_2'$ 相加得到平行于壁的运动, 这就满足条件 $v_n=0$. 这个结论显然正确, 不仅对两对在图解平面的涡旋微元, 而且对任意对虚像位置的涡旋微元.

我们现在希望找出涉及虚像涡旋对于真实涡旋的影响①, 如图 31b 中关于上半涡旋微元 μ_1 的影响. 最大的影响应该是最近的邻域, 即上半微元 μ_2. 再次, 由于第 20 节式 (17), 这个受一个垂直向上指向的诱导速度的影响, 在图中由一个在上面左

① 从物理上讲, 影响当然是由于壁的缘故, 但是让我们确信的是这个影响能通过虚像涡旋的假设来正确地描述.

侧部分垂直向上的箭头表示. 所有其他微元 μ_2 将部分增强这个影响或者以更小的程度反作用于它 (如下面的微元 μ_2). 相同理由可应用于下面微元 μ_1, 它会导致那个微元位置的垂直箭头向下. 这幅图也表明了真实涡旋对虚像的影响.

由于流体动力学虚像涡旋的作用, 我们看到当真实涡旋靠近壁时将增大. 对于虚像涡旋也如此. 当环的半径增加时, 向着壁的向前运动变弱, 由于涡环的平移运动本质上与半径成反比 (这在前面已经提及, 但没有证明). 所以, 在涡旋到达壁之前, 涡旋增长变得更大和更弱, 逐渐消散到无穷大.

采用相同的定性方式, 我们也能够理解一对涡旋的相互穿越 (图 33a~d). 图 33a 中, 两个涡旋的半径和速度相等. 同一个装置生成一个又一个后, 它们的旋转也相同, 与图 31a 中所示的旋转是相反的. 这一次, 两个涡旋的相互影响由处于前面的涡旋的增大组成, 同时由如图 33a 中垂直箭头所指的处于后面涡旋的减少而组成. 图 33b 和 c 中表明了在经过之前和之后的涡旋, 这种情况是可能的, 由于后面涡旋的更大速度的缘故 (比较图 33b 中的水平箭头). 图 33c, 在此期间, 涡旋对的干涉再次由垂直箭头表明: 前面的涡旋增大, 后面的涡旋变小, 于是, 第一个减速, 第二个加速. 结果为图 33d、图 33a 的重复: 这种竞赛又重新开始.

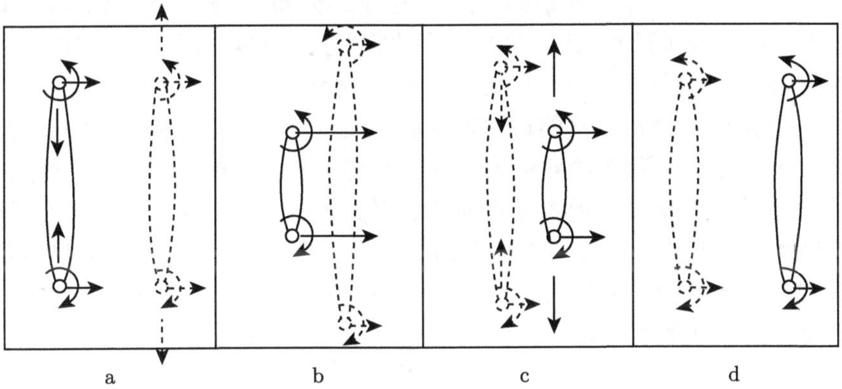

图 33　两个涡环互相穿越

但是, 对于涉及涡旋与自身干涉效应的问题, 这些定性分析方法不再是充分的. 圆形涡旋的平移运动是其一种. 现在, 涡环的横截面必须假设是有限的, 如半径为 c 的圆, 与环的半径 a 相比非常小. 在圆形横截面之内, 我们也许尝试一个有限 (如常数) 旋转 ω; 涡旋强度 μ 至今仅被用于丝状的涡旋, 它与 ω 由下式关联:

$$\mu = \pi c^2 \omega$$

最方便的途径是采用流函数 $\varPsi$ 第 19 节式 (24); 在涡旋横截面内, 关于 $\varPsi$ 的微分方程并不是第 19 节方程 (26), 而是非齐次方程

$$\frac{\partial^2\Psi}{\partial\rho^2}-\frac{1}{\rho}\frac{\partial\Psi}{\partial\rho}+\frac{\partial^2\Psi}{\partial z^2}=2\omega$$

Ψ 的表达式 (在横截面之外是对的) 已经由 Helmholtz 通过第一类和第二类完全椭圆积分给出. 作为平移速度 v_T 的计算仅涉及数学, 但物理上解释不太满意, 在此省略. 结果是①

$$v_T=\frac{\mu}{2\pi a}\left(\log\frac{8a}{c}-\frac{1}{4}\right) \tag{3}$$

这里的 1/4 这个项是不肯定的; 它依赖于所假设的在横截面上的 ω-分布. 我们重复前面实验讨论中使用的阐述, v_T随着a的变小而增大, 随着a的变大而减小, 这个通过方程 (3) 说明, 但物理上并不能决定 a/c, 这导致结果似乎相当不现实. 式 (3) 和式 (1) 之间的比较表明速度 v_T 可以比 v_M 大也可以比它小, 这依赖于 a/c 的选取.

形式上与式 (3) 十分类似的困难和结果也出现在导线的感应系数的计算中 (参考第三卷), 但在静电问题中, 导线的半径 c 理所当然地在物理上是可决定的.

如何才能移除圆形涡旋这种情况下的不确定性? 除了更加完全地研究涡旋在圆形孔洞边界的形成过程外几乎别无他法. 如果不是在一个确定的半径 c 之内, 这个结果应该至少导致一个在横截面上的确定的 ω-分布 (当然, ω 应该随半径减小). 然而, 这样的研究很难赋予实际, 将肯定不值得劳力; 所以, 在这个成功而且引人入胜的理论里面我们不得不在一个关键点上留有缺憾.

涡旋平移运动的更加直接的理解也许可以通过与 21 节中图 29a 的直涡旋对的运动进行比较来达到. 涡旋对可从涡环通过限制两个径向相反的环微元得到. 这两个微元的延长在某种方式上弥补了其他微元的忽略, 最后导致一对平行的直丝. 可以肯定, 这两个涡旋排列的相似性仅仅是表面上的, 但它们的平移运动显然是类似的. 如果我们用环半径 a 取代第 21 节方程 (3) 中的字母 c, 它表示涡旋对的距离的一半, 涡旋对的平移速度变为

$$v=\frac{\mu}{2\pi a}$$

这的确是方程 (3) 的右边 v_T 的第一个因子. v 的方向垂直于涡旋对的平面; 正如此, 我们的 v_T 垂直于环的平面.

一个更为独特的涡旋运动可以在划船中观察. 在桨刚刚被抬高之前打开水表面的地方, 表面的较小凹陷出现——我们可以称之为 “酒窝”——它在表面上运动. 它们是当桨从水中拉出时就一直伴随桨在水中的曲线这个涡旋弧的末端点. 像酒窝的形状有离心力和重力的共同作用的原因. 旋转的水表面必须垂直于合力, 就如没有旋转存在时它与重力垂直一样. 现在, 虽然水的质量以速度 ω 旋转的表面形状是熟知的抛物面, 在我们的情况中 ω 在径向方向很快地减小, 并且在离开涡旋中心

① 文献的关键评论可见 A.E.H.Love, Encykl. d Mathem. Wiss. Ⅳ.3.p.118.

有限的距离处为零; 这样, 凹陷被限制在涡丝末端的非常小的邻域之内. 一对酒窝的运动例证了涡旋的平移运动 v_T 与水表面之下的两个酒窝是相关的.

严谨的涡旋运动可以应用于在太阳黑子中的太阳能物质, 通过光学研究 (Zeerman 效应) 这已经是十分肯定的. 因此, 人们可以做出如下结论, 也有来源于太阳内部的涡丝出现在表面; 可以假设对于每个太阳黑子, 有一个伴随黑子以相反的旋转方向, 这两个通过经过太阳内部的大致形状为半圆形的涡丝连接. 另一方面, 人们意识到这个事实, 太阳能物质不是完全的无黏性流体. 因此, 我们想分毫不差地利用涡旋运动理论来解释太阳能现象, 是过于大胆了.

第五章　波动理论

从波动研究至今, 水波通常已经被自然科学家作为波动理论研究的一个模型, 虽然与声波和光波相比, 它复杂得多. 表面波限制在两种介质之间的公共表面上传播, 而通常的声波和光波则是三维波.

涡旋和波之间有一个基本差异: 涡旋使物质本身运动, 而在波中, 各个流体微团的平均移动为零; 它不是物质在运动, 而是能量和相位在运动.

在本章中, 我们将讨论几种不同对称特性的波, 如平面波、圆形波、船舶波和 Mach 波. 我们从最简单的平面行进波开始. 按照恢复力的本质特性, 分为重力波和毛细波. 重力波较大, 显而易见, 人们通常谈论水波时会想到它.

23. 深水中的平面重力波

假设波作为一个完全周期性现象, 并以 $\mathrm{e}^{-\mathrm{i}\omega t}$ 形式表示时间相关性; 更一般的时间相关性波能够通过不同圆频率的子波叠加而得到 (参考第 26 节).

进一步, 假设波是从静止状态, 如通过一阵风, 而形成的机械扰动或类似的现象 (在第六章 3 节的问题, 我们将研究在什么条件下, 空气流沿着水平的水面轻轻刮过能产生波动). 由于流体被认为无黏性, 且在这里及第六章, 仅考虑重力势, 从第 18 节中的守恒律可知运动有速度势. 平面波仅依赖两个空间坐标 x 和 y, 其中 x 表示波行进方向, y 表示深度坐标. 问题与水平和行进方向垂直的第三个空间坐标 z 无关. 这样, Φ 是所关注的空间坐标的二维势, 基于第 19 节, 对不可压缩流体, 其有形式 $f(x \pm \mathrm{i}y)$.

记 y 的正向朝下; 因为我们希望获得一列沿 x 方向行进的波, f 关于 x 的依赖关系一定是三角函数形式, 或者写成更方便的虚指数形式. 这就有

$$\Phi = f(x + \mathrm{i}y)\,\mathrm{e}^{-\mathrm{i}\omega t} = A\mathrm{e}^{\mathrm{i}(kx-\omega t)}\mathrm{e}^{-ky} \tag{1}$$

或者

$$\Phi = f(x - \mathrm{i}y)\,\mathrm{e}^{-\mathrm{i}\omega t} = B\mathrm{e}^{\mathrm{i}(kx-\omega t)}\mathrm{e}^{ky} \tag{1a}$$

这里, k 是波数,

$$k = \frac{2\pi}{\lambda}, \quad \omega = \frac{2\pi}{\tau} \tag{2}$$

式中 λ 为波长, τ 为周期.

首先, 假设水无限深, 即地面 $y=h$ 相比于 λ 应该非常大.

在地面,

$$ky=2\pi\frac{h}{\lambda}\to\infty \tag{2a}$$

因为它在地面产生无限速度幅值, 这表明势 (1a) 毫无用处. 但是, 势 (1) 满足至今为止所有约束条件.

表达式 (1) 包括三个参数, A,ω 和 k. A 决定 $y=0$ 处波幅; 参数 A 和圆频率 ω 依赖于激励的特定形式. 当这两个参数任意选取时, 波数 k 必须从与对 ω 的比率决定, 按照式 (2), 这个比率为

$$\frac{\omega}{k}=\frac{\lambda}{\tau}=V \tag{3}$$

是波的传播速度.

为了决定 k, 我们必须利用自由表面条件:

$$p=0 \tag{4}$$

(大气压力取为零). 如果忽略毛细现象, 方程 (4) 可从第 12 节式 (19) 导出; 这里引入了一个动态元素到我们的模型中, 尽管讨论的问题至今完全具备动态特征.

压力 p 和势 Φ 通过 Euler 方程连接, 我们将使用 Bernoulli 方程的积分形式. 由于问题涉及时间变量的速度势, 我们不得不采用第 11 节式 (15) 形式的 Bernoulli 方程. 然而, 忽略二次项 $(\nabla\Phi)^2$, 因为考虑波幅因子 A 作为一个小量 (力学中通常的小振动过程). 因而, Bernoulli 方程的简约形式为

$$-\frac{\partial\Phi}{\partial t}+\frac{1}{\rho}(p+U)=\text{const} \tag{5}$$

像前文中所解释的那样, 式 (5) 中常数与空间坐标无关, 但通常依赖于时间. 在所有与时间有关的函数中, 唯一不影响周期性以及波均匀传播的函数为

$$\text{const}=F(t)=0$$

在该条件下式 (5) 有简单形式

$$\frac{\partial\Phi}{\partial t}=\frac{U}{\rho} \tag{5a}$$

这里, U 为表面上每单位体积上的重力势. 由于 y 的正向朝下, 一般有

$$U=-\rho g y \tag{5b}$$

设表面形貌轮廓方程为 $y=\eta$, 这里 η 是 x 和 t 的函数. 正的 η 表示表面向下的凹陷, 而负的 η 表示表面的高度. 从式 (5a), 有

$$\frac{\partial\Phi}{\partial t}=-g\eta \tag{6}$$

函数 η 一定有行进波的形式, 就像我们已经假设的速度势 $\varPhi$ 一样. 这样

$$\eta = a\mathrm{e}^{\mathrm{i}(kx-\omega t)} \tag{7}$$

这里引进的常数 a 一般是复数, 因为它既包括了表面函数的波幅也包括了表面函数的相位; 而且, 类似于 A, a 也有小量特征. 如果将式 (7) 和 (1) 代入式 (6), 消去指数因子后可得

$$\mathrm{i}\omega A\mathrm{e}^{-k\eta} = ga \tag{8}$$

现展开 $\mathrm{e}^{-k\eta}$ 成 $k\eta$ 的幂级数, 并忽略乘积 $A\eta, A\eta^2$ 等这些高阶小量; 方程 (12) 简化为

$$\mathrm{i}\omega A = ga \tag{9}$$

这给出了 A 和 a 之间的一个关系, 但它并不是我们需要的 k 和 ω 之间的关系. 后者可进一步通过引进运动条件获得: **在任何时候, 假设表面运动都与该时刻位于表面的流体微团运动恰好一致**. 显然, 这种条件必须满足, 然而需指出两个运动在表面的法向分量应该相等, 因为流体微团的切平面运动不改变表面形状, 从而对问题分析无关紧要. 像通常一样, 用 $\boldsymbol{V}$ 记表面速度, $\boldsymbol{v}$ 记微团速度, 于是

$$V_n = v_n \tag{10}$$

由速度势 $\varPhi$ 表示的分量 v_n 是

$$v_n = -\frac{\partial \varPhi}{\partial n}$$

然而, 如果 A 充分小 (波充分平), 我们用一个 "余弦误差" 来替代, 即忽略二阶项

$$\frac{\partial \varPhi}{\partial n}\text{替代为}\frac{\partial \varPhi}{\partial y} \tag{10a}$$

类似地,

$$V_n\text{代替为}\frac{\partial \eta}{\partial t} \tag{10b}$$

即用表面的 "汇入速度" 来替代 $\boldsymbol{V}$. 在这些简化下, 条件 (10) 变为

$$\frac{\partial \eta}{\partial t} = -\frac{\partial \varPhi}{\partial y} \tag{11}$$

从式 (7) 和 (1) 中的 η 和 $\varPhi$, 消去两边指数项可得

$$-\mathrm{i}\omega a = kA \tag{12}$$

现比较式 (9) 和 (12) 即得

$$\frac{A}{a} = \frac{g}{i\omega} = -\frac{\mathrm{i}\omega}{k}. \tag{13}$$

从式 (13) 可得结论:

(1) 在 a 波和 A 波之间, 有一个 $\pi/2$ 的相位差. 如果选 A 为实数, 这是允许的, a 变成了一个纯虚数; 否则, 采用实表示, 与式 (1) 相应, 我们能将 $\varPhi$ 写为

$$\varPhi = A\cos(kx - \omega t)\,\mathrm{e}^{-ky} \tag{14}$$

及方程 (7) 现在变成 [比较式 (13)]

$$\eta = -\frac{\omega}{g}A\sin(kx - \omega t) \tag{14a}$$

或

$$\eta = -\frac{k}{\omega}A\sin(kx - \omega t) \tag{14b}$$

(2) 方程 (13) 给出了 k 和 ω 之间的关系:

$$\omega^2 = gk \tag{15}$$

这里, 引入传播速度, 得到 [比较式 (3)]

$$V^2 = \frac{\omega^2}{k^2} = \frac{g}{k} = \frac{g\lambda}{2\pi}, \quad V = \sqrt{\frac{g\lambda}{2\pi}} \tag{16}$$

传播速度依赖于波长; 长波比短波传播更快.

如方程 (16) 中所见, 当波的传播速度依赖于波长时, 称为色散, 借用光学中的表达方式. 当较长的 (红) 波比较短的 (紫) 波有较大的速度 (较小的折射) 时, 介质中的色散是正常的. *这样, 深水中的重力波的行为对应于光学中正常色散的情况*①.

图 34 更清楚地说明该点. V 表示通常抛物线的上半部分, 它在 $\lambda = 0$ 时与 V

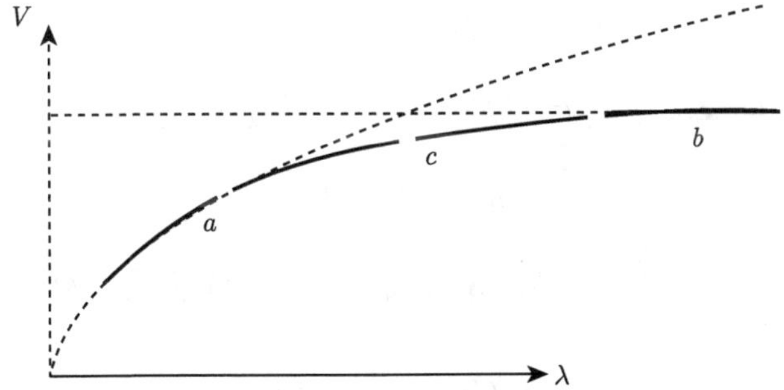

图 34 波长 λ 的相速度 V, 示意图给出了当 $\lambda \ll h$(a 段), $\lambda \gg h$(b 段), $\lambda \approx h$(c 段) 时的重力波, h = 水深

① 对于那些对周期现象用复表示方法不悦的读者, 我们愿意推荐他们用实变量再进行前面的计算并能再次获得式 (16), 尽管过程有些繁杂. 人们必须通过 $\eta = |a|\cos(kx - \omega t + \alpha)$ 用式 (14) 和 (7) 来代替式 (1), 其中 α 是将被决定的 φ 和 η 之间的相位差.

轴相切. 这个抛物线中间部分 a 仅被画成了实线, 这就是我们的假设实际上成立的那个区域. 因为, 如果波长 λ 继续增加, 它最后变成与水的深度 h 有相同大小的数量级, 这样, 假设 (2a) 不再成立. 这种情况是第 24 节讨论的主题. 另一方面, 如果让 λ 非常小, 重力不再是决定性的动力学参数, 但是表面拉伸起主要作用; 这会引起色散定律的根本变化 (见第 25 节).

24. 浅水与中度深水中的平面重力波

如果现在假设深度 h 有限, 第 23 节势 (1a) 的第二形式不再被排除, 而是与第 23 节式 (1) 一样有效; 于是, 它们两个的线性叠加可取为速度势 Φ:

$$\Phi = \mathrm{e}^{\mathrm{i}(kx-\omega t)}\left\{A\mathrm{e}^{-ky}+B\mathrm{e}^{ky}\right\} \tag{1}$$

底部新边界条件是：当 $y=0$ 时, $v_y=0$ 或者 $\partial\Phi/\partial y=0$. 由式 (1), 这等价于

$$-A\mathrm{e}^{-kh}+B\mathrm{e}^{kh}=0$$

如果引入常数 C, 使得

$$\frac{1}{2}C=A\mathrm{e}^{-kh}=B\mathrm{e}^{kh}$$

从而

$$A=\frac{1}{2}C\mathrm{e}^{kh},\quad B=\frac{1}{2}C\mathrm{e}^{-kh} \tag{1a}$$

那么, 势 Φ 可取以下形式:

$$\begin{aligned}\Phi =&\mathrm{e}^{\mathrm{i}(kx-\omega t)}\frac{C}{2}\left\{\mathrm{e}^{k(h-y)}+\mathrm{e}^{-k(h-y)}\right\}\\ =&\mathrm{e}^{\mathrm{i}(kx-\omega t)}C\cosh k\left(h-y\right)\end{aligned} \tag{2}$$

对于第 23 节表面凹陷表达式 (7) 保持不变; 这里改写其为

$$\eta=c\mathrm{e}^{\mathrm{i}(kx-\omega t)} \tag{3}$$

同理, 动力学和运动学表面条件第 23 节式 (6) 和 (11) 仍然正确. 对于 $y=0$, 由于式 (2) 和 (3), 它们给出

$$\mathrm{i}\omega C\cosh kh=gc \tag{4}$$

$$-\mathrm{i}\omega c=Ck\sinh kh \tag{5}$$

首先讨论浅水的情况, 即

$$kh\ll 1,\ \cosh kh=1,\ \sinh kh=kh$$

在此情况下, 方程 (4) 和 (5) 变为

$$\mathrm{i}\omega C = gc,\ -\mathrm{i}\omega c = Ck^2h$$

或

$$\frac{C}{c} = \frac{g}{\mathrm{i}\omega} = -\frac{\mathrm{i}\omega}{k^2h} \tag{6}$$

传播速度现为

$$V^2 = \frac{\omega^2}{k^2} = gh,\ V = \sqrt{gh} \tag{7}$$

(提醒一下在前面关于速位差 $h = v^2/2g$ 的定义, 但这仅是形式上的对应, 由于量纲的理由).

在浅水中, 传播速度与波长无关; 没有色散.

基于式 (7), 对于较大的 λ 值, 我们现在完成图 34. 对于 $\lambda > h$ 的曲线应趋近于离开 λ 轴的距离为 $\sqrt{gh}$ 的水平渐近线, 就如图中标明的这条线的分支 b 一样.

当 λ 和 h 是相同量级时 (中度深水), 方程 (4) 和 (5) 仍然控制波的行为. 这种情况下, 它们直接给出

$$\frac{C}{c} = \frac{g}{\mathrm{i}\omega\cosh kh} = -\frac{\mathrm{i}\omega}{k\sinh kh} \tag{8}$$

由此我们推知

$$\tanh kh = \frac{\omega^2}{gk} \tag{9}$$

引入 $x = kh$ 和 $d = \omega^2 h/g$, 得到

$$\tanh x = \frac{d}{x} \tag{9a}$$

这个超越方程的解能通过画图获得: 以 x 作为横轴, 在 x 轴上方作等轴双曲线 d/x 和曲线 $\tanh x$(后面的函数是单调递增函数, 且在离 x 轴距离为 1 处有水平渐近线). 两条曲线仅有一个交点, 且横坐标 $x = x_0$ 是方程 (9a) 的根, 见图 35*; 要求解的 k 值就是 x_0/h. 因此, 中度深水中传播速度为

$$V = \frac{\omega}{k} = \frac{\omega h}{x_0} \tag{10}$$

我们已获得了色散关系的隐式表达, 它可通过方程 (9a) 的解作为参数 d 的函数画图或列表来补充说明. 我们也看到以什么方式画图 34: 在区间段 $a\,(h \gg \lambda)$ 和区间段 $b\,(h \ll \lambda)$ 之间的空隙可通过方程 (10) 的区间段 $c\,(h \cong \lambda)$ 来连接. 由于曲线在这段递增, 可见自始至终为正常色散.

* 原文正文中未提及图 35, 现在译者补充.——译者注

从 a 到 c 的过渡能从下面公式来看, 它是式 (9) 的一个直接结果

$$V^2 = \frac{\omega^2}{k^2} = \frac{g\lambda}{2\pi}\tanh\frac{2\pi h}{\lambda} \tag{10a}$$

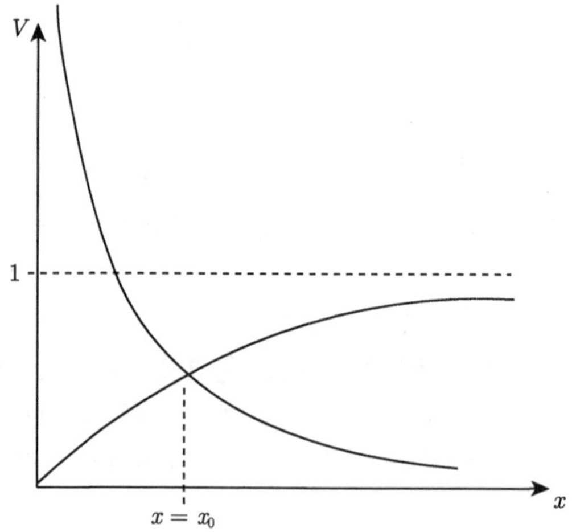

图 35 超越方程 (9a) 的图解

从式 (10a) 可知:

$$\text{对}\quad h \gg \lambda : V^2 \to \frac{g\lambda}{2\pi}, \text{第 23 节方程 (16)}$$
$$\text{对}\quad h \ll \lambda : V^2 \to gh, \text{第 24 节方程 (7)}$$

这里插入一个关于海浪成因的定性评论, 或许包括对所得方程的过度解释. 海浪在一个非常小的 h, 所以小的 $kh = x$ 会有 $\tanh x \cong x$. 超越方程 (9a) 变为一个代数方程: $x = d/x$. 它的根是

$$x_0 = \sqrt{d} = \omega\sqrt{\frac{h}{g}}$$

按照式 (10), 传播速度为

$$V = \sqrt{gh} \tag{11}$$

这退化为浅水的速度公式 (7). 现在的分析仅对于同一深度的水有效, 但是我们也可尝试将它应用于海岸附近水深度减少的情况 (比较图 36). 此外, 结果仅用于小振幅情况因为振幅平方已被省略, 然而, 我们现将它们应用于有限振幅的情况, 假设对于 h 的两个值, 即 h_C 和 h_T 分别表征波峰和波谷 (参考图 36), 并从式 (11) 可得

$$\frac{V_C}{V_T} = \sqrt{\frac{h_C}{h_T}} > 1 \tag{11a}$$

所以波峰传播速度比波谷传播速度大, 像图 36 中靠右的波峰所示那样, 它能够改变波形把波峰推向右边. 这个方程提供了海浪现象的一个解释, 虽然这个结论的合理性有些令人怀疑.

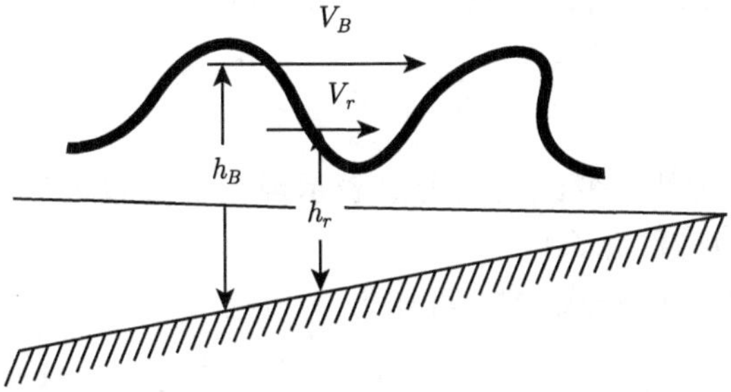

图 36　海浪形成

我们转入非常吸引人的波动中各个微团的路径问题, 这将在中度水深的假设下进行讨论. 让 x, y 表示静止状态下水中微团坐标, x', y' 是由波动引起的水中微团坐标. 从静止位置开始, 位移是

$$\xi = x' - x, \quad \eta = y' - y \tag{12}$$

这里, η 不再表示前面所述的表面扰动, 而是任一特定深度 y 处的扰动 (对于 ξ 也类似). 由式 (2), 微团速度是

$$\begin{cases} v_x = \dot{\xi} = -\dfrac{\partial \varPhi}{\partial x} = -\mathrm{i}k\mathrm{e}^{\mathrm{i}(kx-\omega t)} C \cosh k(h-y) \\ v_y = \dot{\eta} = -\dfrac{\partial \varPhi}{\partial y} = k\mathrm{e}^{\mathrm{i}(kx-\omega t)} C \sinh k(h-y) \end{cases} \tag{13}$$

应注意这里的 $\varPhi$ 关于 x, y 可导, 同时它关于变量坐标 x', y' 也应可导. 并且, 在式 (13) 中 x', y' 或者 $x+\xi, y+\eta$ 代替 x, y. 这样处理的相差关于量 C, ξ 和 η 的二阶量, 它们可忽略.

对变量 t 积分式 (13), 然后除以 $-\mathrm{i}\omega$ 得到

$$\begin{cases} \xi = \dfrac{k}{\omega} \mathrm{e}^{\mathrm{i}(kx-\omega t)} C \cosh k(h-y) \\ \eta = -\dfrac{k}{\omega} \mathrm{e}^{\mathrm{i}(kx-\omega t)} C \sinh k(h-y) \end{cases} \tag{14}$$

式中, 因为位移周期性的缘故, 积分常数必须取零. 引入记号 (这些引入目前表明了它们的合理性)

$$a = \frac{kC}{\omega} \cosh k(h-y), \quad b = \frac{kC}{\omega} \sinh k(h-y) \tag{15}$$

并使用下面简写:

$$\xi = a\cos(kx-\omega t), \quad \eta = -a\sin(kx-\omega t) \tag{16}$$

写出式 (14) 的实部. 为了找微团路径方程, 必须从式 (16) 中消去 t. 将 ξ 和 η 进行平方得到

$$\frac{\xi^2}{a^2}+\frac{\eta^2}{b^2}=1 \tag{17}$$

它是一个椭圆方程. 为什么变回到实变量表示现在变得如此明显: 复表示写法仅在线性运算中保持它的物理意义!

短半轴对长半轴的比由式 (15) 可知为

$$\frac{b}{a}=\tanh k(h-y)=\begin{cases}0, & 对 y=h, 底部\\ \tanh kh, & 对 y=0, 表面\end{cases} \tag{17a}$$

椭圆的偏心率对任意深度都相同:

$$e=\sqrt{a^2-b^2}=\frac{kC}{\omega} \tag{17b}$$

图 37a 表示一般情况下椭圆的位置和形状, 图 37b 表示在深水中的情况, 图 37c 表示在浅水中的情况. 如果将图 37a 中互相共轴的椭圆叠加, 那么这些椭圆共焦. 对极限情况 $kh\to\infty$, 由式 (17a) 有

$$\frac{b}{a}=\tanh(\infty)=1$$

这样, 椭圆变成了图 37b 中的圆. 半径由式 (15) 和第一个方程 (1a) 中计算 a 或 b 来决定:

$$\begin{aligned}a&=\frac{kC}{\omega}\cosh k(h-y)=\frac{k}{\omega}A\mathrm{e}^{-kh}\left(\mathrm{e}^{k(h-y)}+\mathrm{e}^{-k(h-y)}\right)\\&=\frac{k}{\omega}A\left(\mathrm{e}^{-ky}+\mathrm{e}^{-k(2h-y)}\right)\to\frac{k}{\omega}A\mathrm{e}^{-ky}\end{aligned}$$

$$\begin{aligned}b&=\frac{kC}{\omega}\sinh k(h-y)=\frac{k}{\omega}A\mathrm{e}^{-kh}\left(\mathrm{e}^{k(h-y)}-\mathrm{e}^{-k(h-y)}\right)\\&=\frac{k}{\omega}A\left(\mathrm{e}^{-ky}-\mathrm{e}^{-k(2h-y)}\right)\to\frac{k}{\omega}A\mathrm{e}^{-ky}\end{aligned}$$

可见, 圆的半径随深度增加而迅速减小. 对其他极限情况, 如 kh 趋于零的情况, 更不用说 $k(h-y)$ 趋近零, 从式 (17a) 得到

$$\frac{b}{a}=\tanh 0=0$$

椭圆退化为水平直线段 (比较图 37c); 在浅水中, 可以这么说, 没有什么空间留给垂向位移. 水平振动波幅 e 与深度 y 无关 [比较式 (17b)].

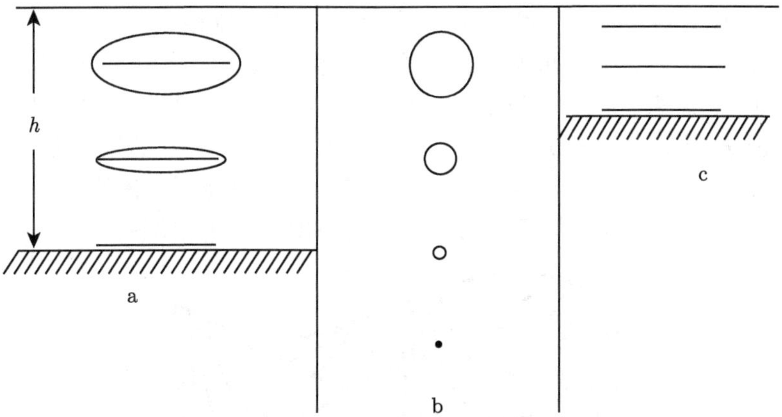

图 37　水中微团的路径曲线

a. 中度深水; b. 深水; c. 浅水

速度场的流线方程不像微团的路径曲线那么有趣. 因为现在的平面波有二维速度场, 基于下面的方程:

$$\frac{\partial\Psi}{\partial x} = -\frac{\partial\Phi}{\partial y}, \quad \frac{\partial\Psi}{\partial y} = \frac{\partial\Phi}{\partial x}$$

流函数 Ψ 由第 19 节式 (5) 可得.

当 Φ 的一般表达式 (2)① 代入时, 我们得到

$$\frac{\partial\Psi}{\partial x} = k\mathrm{e}^{\mathrm{i}(kx-\omega t)}C\sinh k(h-y)$$

$$\frac{\partial\Psi}{\partial y} = ik\mathrm{e}^{\mathrm{i}(kx-\omega t)}C\cosh k(h-y)$$

这些表达式的第一或第二现在分别关于 x 或 y 积分, 积分常数与前一样取为零; 给出

$$\Psi = -\mathrm{i}\mathrm{e}^{\mathrm{i}(kx-\omega t)}C\sinh k(h-y)$$

为确定流线, 我们必须考虑在指定时刻的这个方程. 取 $t=0$ 时刻的实部

$$\Psi = C\sin kx\sinh k(h-y) \tag{18}$$

为了对比, 按照式 (3) 我们写下表面凹陷 η, 由式 (6) 用 C 表示 c, 再次取 $t=0$ 时刻的实部:

$$\eta = -\frac{\omega}{g}C\sin kx \tag{19}$$

① 浅水情况, 流线显然是水平的.

由式 (18) 知道: 流线 $\Psi = 0$ 给出 $y = h$, 因此底部是流线的一部分, 这显而易见; 但是对于 $kx = 0, \pm\pi, \pm 2\pi$, 再次获得无论 y 取何值 $\Psi = 0$. 在相同的横坐标处, 如式 (19), η 也等于零. 于是流型图被分成包含流线的矩形域. 进一步, 从式 (18) 我们可得结论: 如果 $\cos kx = 0$, 无论 y 取何值, 有 $\partial\Psi/\partial x = 0$. 这发生在横坐标取值 $kx = \pi/2, 3\pi/2, \cdots$ 时, 此时 η 有最大或最小值; 在这些点所有流线水平. ——总而言之, 这些信息足够让我们想象出流线图的总体图案模式 (比较图 38).

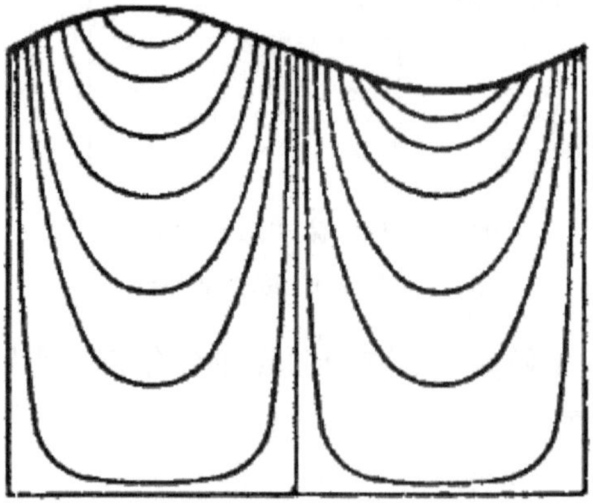

图 38　有限深水中的重力波流线

图 38 和图 37a 中的图案可通过路径曲线和流线的实际照片来证实其有效性. 为了拍照, 把流体放置在一个有平行壁的窄玻璃容器中. 同时混合放入一些像金属屑子这类小而轻的可吸光微团; 人们可拍照来获得短时间曝光的流线. 看照片时, 眼睛不由自主地连接黑色微团的轨迹线微元, 识别出流线的连续弧, 并且判断出它们与图中显得很清晰的流体表面相距位置. 若长时间曝光, 如与半周期一样长, 如金属微团分布得不那么稠密的时候, 能较好地识别路径曲线为一个椭圆弧, 但表面显露得并不清晰. 如果人们比较左、右图中弧的起点 (或终点), 第二幅图也给出了相位传播的证据.

本质上微团保持在它们的位置; 就像在计算中假设的那样, 如果振幅充分小, 这至少是对的, 但是对于有限振幅, 却不再十分正确. 因此, 只有相位以我们计算的速度 V 行进, 这样相速度是一个对 V 而言更为精确的名称.

25. 平面毛细波和毛细–重力组合波

在下面的讨论中, 我们首先完全忽略重力, 仅考虑表面张力 T. 表面不再受力作用, 而是有由 T 引起的法向压力 N 的作用. 于是, 在表面, 流体动力学条件不是

像第 23 节式 (4) 中的 $p=0$, 而是, 按照第 17 节式 (10), 平面波情况

$$p = T\frac{\partial^2\eta}{\partial x^2} \tag{1}$$

[注意第 17 节式 (10) 中的 u 必须用表面高度 $-\eta$ 取代]. 式 (1) 给出的 p 值与 $U=0$ 一起代入第 23 节 Bernoulli 方程 (5)(重力暂时不考虑), 我们获得

$$\frac{\partial\Phi}{\partial t} = \frac{T}{\rho}\frac{\partial^2\eta}{\partial x^2} \tag{2}$$

第 23 节开头的运动学考虑已经处理了平面波的一般特征, 因此仍然成立. 为此, 使用 Φ 的表达式第 23 节式 (1) 和 η 的表达式第 23 节式 (7). 在消去指数和省略二阶项后, 方程 (2) 化为

$$\mathrm{i}\omega A = \frac{T}{\rho}k^2 a \tag{3}$$

并且运动学条件第 23 节式 (11) 仍然成立; 如第 23 节式 (12) 一样, 它给出第二个方程

$$-\mathrm{i}\omega a = kA \tag{4}$$

从式 (3) 和 (4) 有

$$\frac{A}{a} = \frac{T}{\rho}\frac{k^2}{\mathrm{i}\omega} = -\frac{\mathrm{i}\omega}{k} \tag{5}$$

因此, ω 和 k 有下面的关系:

$$\omega^2 = \frac{T}{\rho}k^3 \tag{6}$$

毛细波速度为

$$V^2 = \frac{\omega^2}{k^2} = \frac{T}{\rho}k, \quad V = \sqrt{\frac{T}{\rho}\frac{2\pi}{\lambda}} \tag{7}$$

由于 V 随着 λ 减小而增大, 这是一种与重力波相反的反常色散情况, 重力波对所有有限波长都是正常色散. 图 40 已画出了 V 作为 λ 的函数, 获得了下降区间 1(虚线). 为了比较, 我们加入了图 34 中重力波的特征作为分支 2(虚线). 在所有条件下, 相交点存在并有横坐标 $\lambda=\lambda_0$. 对于 $\lambda<\lambda_0$, 曲线 1 在曲线 2 的上方, 因为毛细波的推力依赖于表面形状的曲率, 对于一个给定的振幅, 波长越小, 曲率越大 (这也是图 34 中区间 a 不是连续到下限以外的理由). 对于 $\lambda>\lambda_0$, 曲线 2 在曲线 1 的上方, 长波长的毛细现象有小 V 值, 长波长微不足道的毛细现象证明了在本节中深水速度势的适用性. 即使在中等深度 h, 商 h/λ 的值对毛细波来说是大的, 所以更不用说, hk 也是如此.

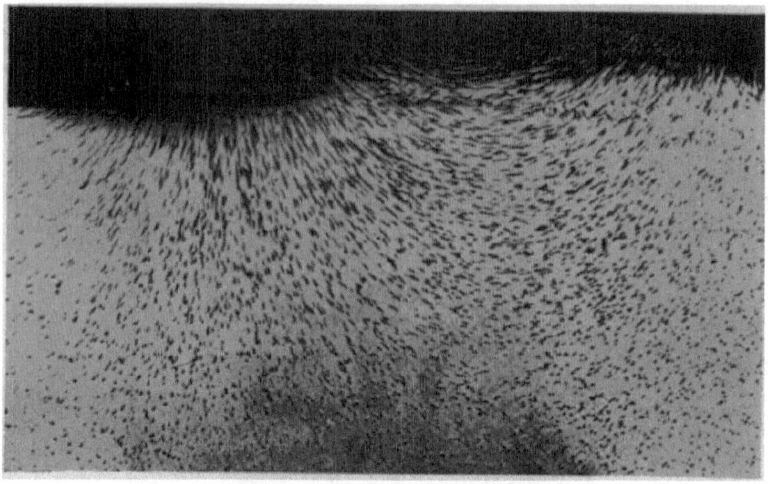

图 39a　流线的图片 (短时曝光)

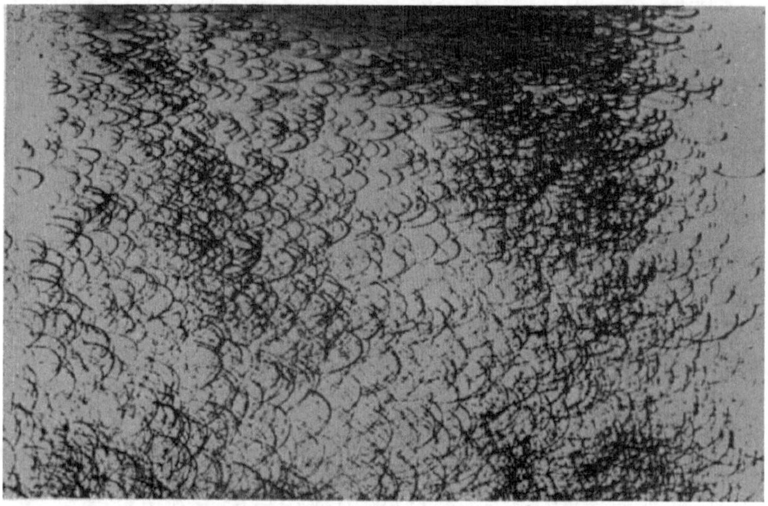

图 39b　路径曲线的图片 (较长时间曝光)

现在容易处理毛细–重力组合的一般情况. 我们必须在第 23 节 Bernoulli 方程 (5) 中引入式 (1) 中的 p 值和第 23 节式 (5b) 中重力势的值 $U = -\rho g \eta$. 取代式 (3) 我们得到

$$\mathrm{i}\omega A = \left(\frac{T}{\rho}k^2 + g\right)a \tag{8}$$

代替式 (5), 从式 (4) 和 (8) 得到

$$\frac{A}{a} = \frac{1}{\mathrm{i}\omega}\left(\frac{T}{\rho}k^2 + g\right) = -\frac{\mathrm{i}\omega}{k} \tag{9}$$

以及代替式 (6) 和 (7) 有

$$\omega^2 = \frac{T}{\rho}k^3 + gk \tag{10}$$

$$V^2 = \frac{\omega^2}{k^2} = \frac{T}{\rho}k + \frac{g}{k} = V_1^2 + V_2^2 \tag{11}$$

这里由式 (7)V_1 是毛细波速度, 由第 23 节式 (16)V_2 是重力波速度; 发现组合波的速度是一个二次式叠加公式.

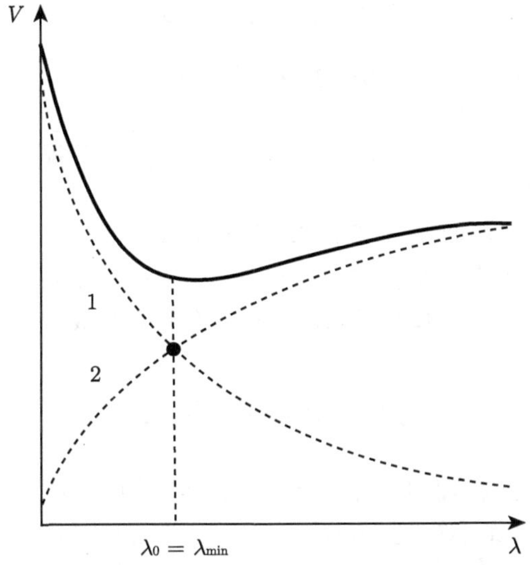

图 40 毛细波和重力波作为 λ 的函数的相速度叠加

我们首先从式 (11) 计算作为 λ 的函数的 V 的最小值. 我们得到

$$2V\frac{\mathrm{d}V}{\mathrm{d}\lambda} = \frac{\mathrm{d}}{\mathrm{d}k}\left(\frac{T}{\rho}k + \frac{g}{k}\right)\frac{\mathrm{d}k}{\mathrm{d}\lambda} = 0$$

以及

$$\frac{T}{\rho} = \frac{g}{k^2}, \quad \lambda_{\min} = \frac{2\pi}{k} = 2\pi\sqrt{\frac{T}{\rho g}} \tag{12}$$

但是 $\lambda_{\min}$ 同时也是分支线 1 和 2 的交点的横坐标, 在图 40 中记为 λ_0. 事实上, 从式 (7) 和第 23 节式 (16), 可知 λ_0 满足方程

$$\sqrt{\frac{T}{\rho}\frac{2\pi}{\lambda_0}} = \sqrt{\frac{g\lambda_0}{2\pi}}$$

所以 $\lambda_0 = \lambda_{\min}$. $V_{\min}$ 的对应值则是

$$V_{\min}^2 = 2V_1^2 = 2V_2^2 = 2\sqrt{\frac{Tg}{\rho}} \tag{13}$$

V^2 的一般值能体现下面简洁的形式:

$$\frac{V^2}{V_{\min}^2} = \frac{1}{2}\left(\frac{\lambda_{\min}}{\lambda} + \frac{\lambda}{\lambda_{\min}}\right) \tag{14}$$

这个公式易被证明.

最后我们转到目前问题中并非没有趣味的数值问题. 在水和空气①之间的表面张力常数是

$$T = 72\text{dyn/cm} = 72\text{g/s}^2$$

从式 (12) 和 (13), 当 $\rho = 1, g = 981$ 时, 我们得到

$$\lambda_{\min} = 2\pi\sqrt{\frac{72}{981}} = 1.73\text{cm}, \quad V_{\min} = \sqrt{2\sqrt{72 \times 981}} = 23.2\text{cm/s}$$

以低于23cm/s的速度运动的水波不存在; 波长比$\lambda_{\min} = 1.73$cm大和小的波旅行速度均大于23cm/s. 对于 $\lambda < \lambda_{\min}$ 的波, Lord Kelvin 提出使用"涟漪"一词; 有时, 人们观察到大的重力波, 它的表面覆盖着细小的毛细波纹.

26. 群速度概念

在第 24 节的最后, 相速度术语被提出来取代传播速度 V, 并指出波的相位以速度 V 前进. 在表达式 [第 23 节式 (1)、(7), 第 24 节式 (1) 等] 中相位是由指数 $\mathrm{i}(kx - \omega t)$ 给出; 如果让它为常数, 即当时间行进时, 如果寻找等相位位置, 可得条件

$$kdx - \omega\mathrm{d}t = 0, \quad 因此\frac{\mathrm{d}x}{\mathrm{d}t} = \frac{\omega}{k} = V \tag{1}$$

对给定不变频率的波 (或借用光学中单色波来表达), 这是能够考虑的唯一速度.

不同频率的波互相叠加, 速度不再唯一. 我们说波的群速度, 尤其在频率接近在一起时 (现今, 尤其在波动力学中, 人们宁愿使用术语"波包", 这个表达也许只是恰当并不是讲究), 以群速度 U 的波群行进, 这个群速度 U 不同于相速度 V. 以下面方式可容易写出 U 的表达式, 这将在后面说明其合理性:

$$U = \frac{\mathrm{d}\omega}{\mathrm{d}k} \tag{2}$$

如果波行进中没有色散, 即如果速度 V 与波长 λ 无关 (或与波数 k 无关), 从式 (1) 可知 $\mathrm{d}\omega = V\mathrm{d}k$, 由此有

$$U = V \tag{2a}$$

① 注意决定 T 的最精确方法由音叉激发的毛细驻波的 λ 的测量组成. 由于沿管壁杂质, 毛细管中高度测量有些不精确.

只有无色散波在行进过程中群速度与相速度一致.

然而, 一般地, 我们有

$$\mathrm{d}\omega = V\mathrm{d}k + k\frac{\mathrm{d}V}{\mathrm{d}k}\mathrm{d}k$$

或由式 (2)

$$U = V + k\frac{\mathrm{d}V}{\mathrm{d}k} = V - \lambda\frac{\mathrm{d}V}{\mathrm{d}\lambda} \tag{2b}$$

对于正常色散 ($\mathrm{d}V/\mathrm{d}\lambda > 0$), 群速度比相速度小, 对于反常色散 ($\mathrm{d}V/\mathrm{d}\lambda < 0$), 相反的说法成立.

对于深水中的重力波, 由第 23 节式 (17) 有

$$V = \sqrt{\frac{g\lambda}{2\pi}}, \quad \frac{\mathrm{d}V}{\mathrm{d}\lambda} = \frac{1}{2\lambda}V$$

及由式 (2b) 有

$$U = V - \frac{1}{2}V < V \tag{2c}$$

另一方面, 对于纯毛细波第 25 节式 (7) 给出

$$V = \sqrt{\frac{T}{\rho}\frac{2\pi}{\lambda}}, \quad \frac{\mathrm{d}V}{\mathrm{d}\lambda} = -\frac{1}{2\lambda}V$$

所以

$$U = V + \frac{1}{2}V > V \tag{2d}$$

对于毛细–重力组合波, 按图 40 我们有 $\lambda < \lambda_{\min}$ 时反常色散, 因此, $U > V$; $\lambda > \lambda_{\min}$ 时正常色散 $U < V$; 对于 $\lambda = \lambda_{\min}$ 时 $U = V$, 其对应于图 40 中的水平切线及式 (26) 中为零的因子 $\mathrm{d}V/\mathrm{d}\lambda$.

有相反符号的 U 和 V 可能性情况也有讨论①.

群速度概念最初是流体动力学概念 (Stokes, 1876), 但在光学中相当重要 (Lord Rayleigh). 在波动力学中, 相速度有形式重要性, 而群速度是重要的物理量, 即微团运动的速度用波包表示 (L. de Broglie, 1924).

这里, 我们重新给出式 (2) 的基本推导. 假设有相同波幅的两个沿着 x 正方向行进的波, 它们有轻微差别的频率, 从而有轻微差别的波数:

$$\eta = a\left\{\sin\left(k_1x - \omega_1t\right) + \sin\left(k_2x - \omega_2t\right)\right\} \tag{3}$$

这样产生的波群有一个敲击的特征: 在两个相位差等于 $2n\pi$ 的那些点, 有一个强化作用; 当相位差是 $(2n+1)\pi$ 时, 有一个平衡作用. 如果将式 (3) 写成下面形式,

① 参考 Sir Authur Schuster, Theory of Optics, London, 1924, p. 330.

可见

$$\eta = 2a\cos\left(\frac{k_1-k_2}{2}x-\frac{\omega_1-\omega_2}{2}t\right)\sin\left(\frac{k_1+k_2}{2}x-\frac{\omega_1+\omega_2}{2}t\right) \tag{3a}$$

余弦项等于零或 ±1, 其依赖于两个子波的相位差是否为 π 的非偶数或偶数倍. 引入

$$\frac{k_1+k_2}{2}=k_0,\quad \frac{\omega_1+\omega_2}{2}=\omega_0,\quad k_1-k_2=\Delta k,\quad \omega_1-\omega_2=\Delta\omega$$

我们将式 (3a) 写为

$$\eta = C\sin(k_0x-\omega_0t),\quad C=2a\cos\frac{1}{2}(\Delta kx-\Delta\omega t) \tag{3b}$$

对于余弦因子的 "振幅因子"C 的引入表明它是一个缓慢变量, 称之为群振幅, 就如从式 (3b) 中正弦因子可知, 混合波的相速度是

$$V=\frac{\omega_0}{k_0}$$

它与分量波的相速度

$$V_1=\frac{\omega_1}{k_1},\quad V_2=\frac{\omega_2}{k_2}$$

几乎没有区别. 另一方面, "振幅"C 的传播速度通过令

$$\Delta kx-\Delta\omega t=\text{const}$$

而确定, 微分后得到

$$\Delta k\mathrm{d}x=\Delta\omega\mathrm{d}t, \frac{\mathrm{d}x}{\mathrm{d}t}=\frac{\Delta\omega}{\Delta k} \tag{3c}$$

当取 $\Delta k\to 0$ 时, 我们由此得到式 (2).

当考虑频率分布在小频率段的任意波群时, 不再需要非常特殊的假设 (3). 因为用复表示是方便的, 取 η 为下面的形式:

$$\eta=\int_{k_0-\varepsilon}^{k_0+\varepsilon}a(k)\,\mathrm{e}^{\mathrm{i}(kx-\omega t)}\mathrm{d}k \tag{4}$$

部分波的振幅是 $a(k)\,\mathrm{d}k$, 整个波群的小带宽为 2ε, 如果以波数单位测量, 以致它们集中在中间波数 k_0. 我们按照

$$kx-\omega t=k_0x-\omega_0t+(k-k_0)x-(\omega-\omega_0)t$$

改写式 (4) 中指数. 假设式 (4) 有下面形式:

$$\eta=C\mathrm{e}^{\mathrm{i}(k_0x-\omega_0t)},\quad C=\int_{k_0-\varepsilon}^{k_0-\varepsilon}a(k)\,\mathrm{e}^{\mathrm{i}[(k-k_0)x-(\omega-\omega_0)t]}\mathrm{d}k \tag{4a}$$

为了求更一般情况振幅 C 的传播速度, 我们必须令 C 中指数为常数, 即仅包含 x 和 t. 对于整个波群, 这产生可感知的常数

$$\frac{\mathrm{d}x}{\mathrm{d}t}=\frac{\omega-\omega_0}{k-k_0}=\frac{\Delta\omega}{\Delta k}$$

如果 Δk 是充分小, 它与方程 (2) 一致.

应该注意到更广义的公式 (4) 及表达式 (3) 构成了无限长波列的叠加, 但并不表示一个孤立的波峰或者几个波峰和波谷. 要想通过解析方法表示一个孤立的波群 (波包), 需要用 Fourier 积分; 式 (4) 的积分必须在整个波数从 $-\infty$ 到 ∞ 积分来代替在较窄范围 2ε 上的积分.

只要没有色散, 波包不改变形状而行进. 一般情况下, 由于色散的缘故, 部分波不会总保持在一起, 波群能够分解; 这个趋势对于波动力学的微团概念尤其重要. 在色散不存在时, 波包的守恒直接从第 13 节 d'Alembert 解 (11) 得到, 至少在充分小振幅情况下, 这个解可应用于无色散的流体动力学以及声学. 如果合适选取初始速度 $\partial\eta/\partial t$, 任意时刻初始扰动 $\eta=F(x)$ 可由 $\eta=F(x-Vt)$ 给出. 这表明波在行进中形状没有变化.

群速度的简单构造如图 41a 和 b 所示, 即用方程 (2b) 和关系式 $\tan\alpha=\pm\mathrm{d}V/\mathrm{d}\lambda$.

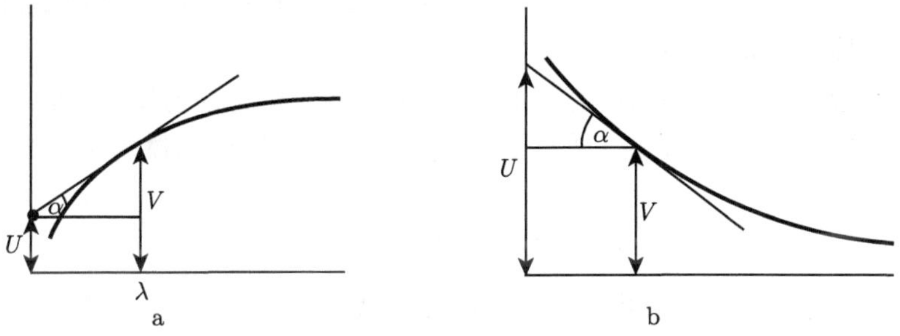

图 41　色散曲线给定时, 给定相速度的群速度构造

a. 正常色散; b. 反常色散

Reynolds[①] 和 Lord Rayleigh[②] 同时指出群速度和能量输运之间的关系, 增强了群速度概念的物理理解. 在他们的理论中, 群速度 U 对相速度 V 的比率表现为时间 τ 之内波通过指定截面的能量流 S 对横截面 $V\tau$ 前面每单位长度的流体区域所包含的能量 E 的比率:

$$\frac{U}{V}=\frac{S}{E} \tag{5}$$

① Reynolds, O., Papers on math. and phys. Subj., Cambridge 1901, Vol. Ⅰ, p.198, 来自于 Nature 46 (1877) 343.

② Lord Rayleigh, Scientific papers, Cambridge 1901, Vol. I, p.322 和 Theory of Sound, Vol. Ⅰ, appendix from Proc. London Math. Soc. 9, 21.

下面, 可方便地把时间 τ 与振动周期视为一致, 这样 $V\tau$ 就等于波长 λ. 能量 E 更精确的定义为运动流体与静止流体相比的能量余量.

我们对充分小振幅的深水波检查这些关系. 因为我们关注能量, 它是一个位移率的二次函数, 我们不采用复表示. 取第 23 节式 (14) 和 (14b) 的实方程

$$\begin{aligned}\Phi &= A\cos(kx-\omega t)\,\mathrm{e}^{-ky}\\ \eta &= -\frac{k}{\omega}A\sin(kx-\omega t)\end{aligned}\tag{6}$$

可得给定时间 t 无扰动表面 $y=0$ 和波表面 $y=\eta$ 在 x 方向长度 λ 和在 z 方向单位宽度 1 的重力势:

$$\begin{aligned}E_{\text{pot}} &= g\rho\int_0^\lambda \mathrm{d}x\int_0^\eta y\mathrm{d}y\\ &= g\rho\frac{k^2}{\omega^2}\frac{A^2}{2}\int_0^\lambda \sin^2(kx-\omega t)\,\mathrm{d}x = g\rho\frac{k^2}{\omega^2}\frac{A^2}{4}\lambda\end{aligned}\tag{7}$$

用第 23 节色散公式 (15) 改写这个结果

$$E_{\text{pot}} = \frac{\rho}{4}kA^2\lambda = \frac{\rho}{2}\pi A^2\tag{7a}$$

同时, 这对应于从 $y=\eta$ 到 $y=\infty$ 的整个深度运动着的波动流体和从 $y=0$ 到 $y=\infty$ 的静止流体的势差.

在这个区域包含的动能有相同的量级, 就如对于小波幅的情况一样; 这将在问题Ⅴ.1 中详细讨论. 整个能量, 或者更为精确的, 超过静止流体的那部分能量余量于是变为

$$E = E_{\text{kin}} + E_{\text{pot}} = \rho\pi A^2\tag{8}$$

为了决定穿过 $x=\lambda$ 处横截面 (它可被取代为 $x=0$ 处截面) 的能流 S, 我们必须知道在这个横截面上的压力 p. 从第 23 节 Bernoulli 方程 (5) 和 (5b) 可发现为

$$p = \rho\frac{\partial\Phi}{\partial t} + \rho g y + \text{const}\tag{9}$$

由于 p 垂直作用于平面 $x=0$, 它与速度的 x 分量的积, 乘以 $\mathrm{d}y\mathrm{d}t$ 以后表示在时间 $\mathrm{d}t$ 之内表面元 $\mathrm{d}y\cdot 1$ 所做的功 $\mathrm{d}W$:

$$\mathrm{d}W = pv_x\mathrm{d}y\mathrm{d}t = -p\frac{\partial\Phi}{\partial x}\mathrm{d}y\mathrm{d}t\tag{9a}$$

在时间 τ 之内横截面 $x=0$ 处做功表示在这个时间内穿过横截面的能流. 由式 (9a) 和 (9), 它变为

$$S = -\int_0^\tau \mathrm{d}t\int_\eta^\infty \mathrm{d}yp\frac{\partial\Phi}{\partial x} = -\int_0^\tau \mathrm{d}t\int_\eta^\infty \mathrm{d}y\left(\rho\frac{\partial\Phi}{\partial t}+\cdots\right)\frac{\partial\Phi}{\partial x}\tag{10}$$

在式 (10) 中没有写出的项 $\rho gy + \text{const}$ 有周期因子 $\partial\Phi/\partial x$. 由于它们与 t 无关, 当它们在周期 τ 之内积分时, 其贡献抵消. 代入式 (6) 给出

$$S = \rho\omega k A^2 \int_0^\tau \mathrm{d}t \sin^2 \omega t \int_\eta^\infty \mathrm{e}^{-2ky}\mathrm{d}y$$

或积分后得到

$$S = \frac{\rho}{2}\pi A^2 \mathrm{e}^{-2k\eta} = \frac{\rho}{2}\pi A^2 \tag{11}$$

这里, $\mathrm{e}^{-2k\eta}$ 已经取代为 1, 这意味着省略了比 A^2 更高阶的项.

比较式 (11) 和 (8) 可得

$$\frac{S}{E} = \frac{1}{2} \tag{12}$$

这的确是在式 (2c) 中获得的深水波比率 U/V 的值. 在这个最简单的情况中, 我们已经证实了群速度的一般能量定义 (5). 对于更为复杂的中度深水情况, 它也成立, 其中方程 (2b) 和第 24 节式 (10a) 给出

$$\frac{U}{V} = \frac{1}{2}\left(1 + \frac{2kh}{\sinh 2kh}\right) \tag{13}$$

现在, 我们从更为定性的观点观察一下这个结果; 再次考虑终止于 $x = 0$ 的长度为 λ 的波列. 如果色散不存在, 波的整个能量在周期 τ 之内将流过横截面; 换句话说, 我们有 $S = E$ 和 $U = V$. 实际上, 只有一部分能量在正常色散情况下被输运(深水波的一半), 而其余部分保持在横截面前面的振荡流体中. 这使得反常色散出现十分独特, 因为与目前在 λ 波列前面的能量相比有更多的能量穿过横截面; 在波列中的能量将是负的. 在这种情况下维持波动需要比输运波消耗更多的能量; 在第一种情况下, 对于相同的能量输运需要较少的激发能. 这样, *能量输运在一个正常色散的介质中更容易, 而在反常色散的介质中更困难*.

27. 圆 形 波

一个石头被扔进水中产生的波形成一系列有公共中心的圆形波峰和波谷; 它们的波幅不是常数, 波峰之间的距离也不是常数. 观察到的就是波幅的剧烈下降以及两个波峰之间距离的增加, 这似乎服从一个独特的规律. 看起来简单的问题要求解则需要相当的数学工具: 如果需要高精度分析, 我们不仅需要 Bessel 函数和 Fourier 积分, 而且还需要最速降线法. 较为系统的处理在第六卷给出. 目前, 我们仅局限于给出一些简单解释.

在我们的分析中, 用水表面一个 "标准扰动" 来代替石头冲击: 在 $r = 0$ 处, 半径为 r_0 的圆柱形活塞浸入水中到离表面距离为 a 的地方并在时刻 $t = 0$ 时突然拉

出. 如果记表面塌陷为 η, 初始状态为

$$\begin{cases} \eta = a, & r < r_0 \\ \eta = 0, & r > r_0 \end{cases} \tag{1}$$

在准备该单一扰动问题时, 我们需要考虑更为简单的周期激发问题.

1) 周期情况, Bessel 函数的介绍

我们知道激发以下面这种相似方式工作. 就像游泳池能产生波一样: 受到周期运动的平直池边能激发垂直于池边方向行进的平面行进重力波. 在第 23 节我们已经对深水研究了这类波, 现在希望把前面的结果转到目前圆形对称问题上来.

引入圆柱坐标系 r, ϕ, y(y 的正向朝下), 速度势 Φ 不可压缩条件 (参考问题 Ⅰ.3) 变为

$$\frac{\partial^2 \Phi}{\partial r^2} + \frac{1}{r}\frac{\partial \Phi}{\partial r} + \frac{1}{r^2}\frac{\partial^2 \Phi}{\partial \phi^2} + \frac{\partial^2 \Phi}{\partial y^2} = 0 \tag{2}$$

如果一开始就假设 Φ 的轴对称性, Φ 不会依赖于 ϕ 并能写成

$$\Phi = Af(r)\,\mathrm{e}^{-ky}\mathrm{e}^{-\mathrm{i}\omega t}. \tag{3}$$

现在, 可得关于 $f(r)$ 的下列微分方程:

$$\frac{\mathrm{d}^2 f}{\mathrm{d}r^2} + \frac{1}{r}\frac{\mathrm{d}f}{\mathrm{d}r} + k^2 f = 0 \tag{4}$$

代入 $kr = \rho$ 并获得

$$\frac{\mathrm{d}^2 f}{\mathrm{d}\rho^2} + \frac{1}{\rho}\frac{\mathrm{d}f}{\mathrm{d}\rho} + f = 0 \tag{4a}$$

让 $\mathrm{J}_0(\rho)$ 是这个方程的解, 在 $\rho = 0$ 处正则并取值为 1. 这个函数的幂级数展开容易从式 (4a) 通过待定系数法获得:

$$\mathrm{J}_0(\rho) = 1 - \left(\frac{\rho}{2}\right)^2 + \frac{1}{2!^2}\left(\frac{\rho}{2}\right)^4 - \frac{1}{3!^2}\left(\frac{\rho}{2}\right)^6 + \cdots \tag{5}$$

另一方面, 如果 Φ 并非与 ϕ 无关, 那么用 $f_n(r)\,\mathrm{e}^{in\phi}$ 代替 $f(r)$, 对式 (4) 和 (4a) 取而代之的就是

$$\frac{\mathrm{d}^2 f_n}{\mathrm{d}r^2} + \frac{1}{r}\frac{\mathrm{d}f_n}{\mathrm{d}r} + \left(k^2 - \frac{n^2}{r^2}\right) f_n = 0 \tag{6}$$

和

$$\frac{\mathrm{d}^2 f_n}{\mathrm{d}\rho^2} + \frac{1}{\rho}\frac{\mathrm{d}f_n}{\mathrm{d}\rho} + \left(1 - \frac{n^2}{\rho^2}\right) f_n = 0 \tag{6a}$$

记 $\mathrm{J}_n(\rho)$ 为方程 (6a) 在 $\rho = 0$ 处正则的解, 则有下面的表达式:

$$\mathrm{J}_n(\rho) = \frac{1}{n!}\left(\frac{\rho}{2}\right)^n - \frac{1}{1!\,(n+1)!}\left(\frac{\rho}{2}\right)^{n+2} + \frac{1}{2!\,(n+2)!}\left(\frac{\rho}{2}\right)^{n+4} - \cdots \tag{7}$$

它可被认为是式 (5) 的一个推广. 函数 J_n 被称为 n 阶 Bessel 函数, 它们都是超越函数. J_1和J_0之间的关系为

$$J_1(\rho) = -\frac{d}{d\rho}J_0(\rho) \tag{8}$$

能迅速从式 (5) 和 (7) 证明.

一旦写方程 (4a) 成以下形式:

$$\frac{d}{d\rho}\left(\rho\frac{dJ_0}{d\rho}\right) + \rho J_0(\rho) = 0$$

式中 $J_0(\rho)$ 已取代 f, 由式 (8), 有以下结果:

$$\rho J_0(\rho) = \frac{d}{d\rho}(\rho J_1(\rho))$$

对上面的关系从 0 到任意上限进行积分产生下面公式:

$$\int_0^{\rho_0} \rho J_0(\rho)\,d\rho = \rho_0 J_1(\rho_0) \tag{8a}$$

使用积分表达式

$$J_0(\rho) = \frac{1}{2\pi}\int_{-\pi}^{\pi} e^{i\rho\cos\alpha}d\alpha \tag{9}$$

不难证明这个表达式满足方程 (4a) 且在 $\rho = 0$ 处取值 1, 由此, 它必须与方程 (5) 恒等. 虽然式 (9) 中指数函数的级数展开式不太直接, 但是相同的结果也能够由之获得. 显然, 式 (9) 也可写成形式

$$J_0(\rho) = \frac{1}{\pi}\int_0^{\pi} e^{i\rho\cos\alpha}d\alpha \tag{9a}$$

现在将 $f = J_0(kr)$ 代入势 (3) 获得

$$\varPhi = AJ_0(kr)\,e^{-ky}e^{-i\omega t} \tag{10}$$

这个公式满足深水条件: 当 $y \to \infty$ 时, $\varPhi \to 0$, 但它也应该满足表面 $y = 0$ 的条件第 23 节式 (6) 和 (11). 表面塌陷的解析形式假设与方程 (10) 的形式对应

$$\eta = aJ_0(kr)\,e^{-i\omega t} \tag{10a}$$

就如第 23 节方程 (9)、(12) 和 (13) 一样, 关于 $\varPhi$ 和 η 的表达式在消去 $J_0(kr)\,e^{-i\omega t}$ 之后给出

$$\frac{A}{a} = \frac{g}{i\omega} = -\frac{i\omega}{k} \tag{11}$$

这样, 再次获得色散定律第 23 节式 (15)

$$\omega = \sqrt{gk} \tag{11a}$$

及最后的势表达式变成

$$\varPhi = \frac{ag}{\mathrm{i}\omega}\mathrm{J}_0(kr)\,\mathrm{e}^{-ky}\mathrm{e}^{-\mathrm{i}\omega t} \tag{12}$$

2) 单一扰动, Fourier-Bessel 积分

Fourier 积分定理的内容是: 任意函数 $F(x)$(如果不是 "太不正常") 能够表示成三角函数 $\sin kx$, $\cos kx$ 的叠加或者通过等价的指数函数 $\mathrm{e}^{\mathrm{i}kx}$ 成以下形式:

$$F(x) = \frac{1}{2\pi}\int_{-\infty}^{\infty}\mathrm{d}k\mathrm{e}^{\mathrm{i}kx}\int_{-\infty}^{\infty}\mathrm{d}\xi F(\xi)\,\mathrm{e}^{-\mathrm{i}k\xi}, \quad -\infty < x < \infty \tag{13}$$

这个定理通过 Bessel 函数来表示 F 时有一个对应的形式

$$F(r) = \frac{1}{2\pi}\int_0^{\infty}k\mathrm{d}k\mathrm{J}_0(kr)\int_0^{\infty}\xi\mathrm{d}\xi F(\xi)\,\mathrm{J}_0(k\xi), \quad 0 < r < \infty \tag{13a}$$

两个定理将在第六卷证明, 其中式 (13a) 将作为式 (13) 的结论而获得.

现在用式 (13a) 于初始状态 (1). 我们的函数 $F(r)$ 给出如下:

$$F(r) = \eta = \begin{cases} a, & 0 < r < r_0 \\ 0, & r_0 < r < \infty \end{cases}$$

基于式 (13a), 其表达式为

$$\eta_{t=0} = a\int_0^{\infty}k\mathrm{d}k\mathrm{J}_0(kr)\int_0^{\infty}\xi\mathrm{d}\xi\mathrm{J}_0(k\xi) \tag{14}$$

为了计算积分符号里面的积分, 需使用方程 (8a), 在 $k\xi = \rho$ 和 $kr_0 = \rho_0$ 的条件下, 它有

$$\int_0^{r_0}\xi\mathrm{d}\xi\mathrm{J}_0(k\xi) = \frac{1}{k^2}\int_0^{\rho_0}\rho\mathrm{d}\rho\mathrm{J}_0(\rho) = \frac{r_0}{k}\mathrm{J}_1(kr_0)$$

代替上面的重积分 (14) 我们得到

$$\eta_{t=0} = ar_0\int_0^{\infty}\mathrm{J}_0(kr)\,\mathrm{J}_1(kr_0)\,\mathrm{d}k \tag{14a}$$

现在我们能证明在之后的任意时刻 $t > 0$, η 和 $\varPhi$ 有下面的形式:

$$\eta = ar_0\int_0^{\infty}\mathrm{J}_0(kr)\,\mathrm{J}_1(kr_0)\exp\left(-\mathrm{i}\sqrt{gk}t\right)\mathrm{d}k \tag{15}$$

$$\Phi = -\mathrm{i}agr_0\int_0^{\infty}\mathrm{J}_0(kr)\,\mathrm{J}_1(kr_0)\exp\left(-ky-\mathrm{i}\sqrt{gk}t\right)\mathrm{d}k/\sqrt{gk} \tag{16}$$

为了证明上面的结果, 我们首先观察式 (15) 为式 (14a) 在 $t=0$ 时的取值. 将相同的 "算子"

$$r_0\int_0^\infty \mathrm{J}_1(kr_0)\,\mathrm{d}k\cdots$$

应用于周期解 (10a) 和 (12), 并适当考虑色散定律 (11a), 获得表达式 (15) 和 (16). 由于方程 (10a) 和 (12) 满足微分方程和 $y=0$, $y=\infty$ 的边界条件, 表达式 (15) 和 (16) 也如此. 进一步, 式 (15) 和 (16) 满足 $t=0$ 时的初始条件, 所以它们即是要求的解答.

3) 关于 k 的积分, 驻相法

圆形波中有物理意义的量都与表面函数 η 相关, 因此在下面的讨论中局限于此进行讨论. 为计算 η, 我们首先用积分表达式 (9a) 取代式 (15) 中的 J_0, 并交换积分次序得双重积分

$$\eta=\frac{ar_0}{\pi}\int_0^\pi \mathrm{d}\alpha\int_0^\infty \mathrm{d}k\mathrm{J}_1(kr_0)\exp\left(\mathrm{i}kr\cos\alpha-\mathrm{i}\sqrt{gk}t\right) \tag{17}$$

记积分符号里面的积分为 K, 令 $2\tau=t\sqrt{gr_0}/r$, 并引入一个新积分变量 $p=\sqrt{kr_0}$; 采用这些记号, 我们有

$$K=\frac{2}{r_0}\int_0^\infty p\mathrm{d}p\mathrm{J}_1\left(p^2\right)\exp\left[\mathrm{i}\left(p^2\cos\alpha-2p\tau\right)r/r_0\right] \tag{18}$$

这里, r/r_0 是非常大的数, 因此, 它是随指数 p 迅速变化的函数. 一般情况下, 在 $\mathrm{i}r/r_0$ 变化较慢时, 被积函数正负振荡特性抵消. 如果简记这个因子为

$$f(p)=p^2\cos\alpha-2p\tau \tag{19}$$

当

$$f'(p)=0,\quad p=p_0=\frac{\tau}{\cos\alpha} \tag{19a}$$

时会出现这种情况. 这个观察导致了估计积分值的方法, 它被称为驻相法. 由于快速振荡的指数函数 "相位" 在 p_0 处是固定的, 人们限制积分的范围在这个值的邻域, 从而可以用基本方法计算得到积分值. 特别, Lord Kelvin 应用该方法熟练地分析了许多流体动力学和光学问题. 这种方法① 在数学上的精确形式就是前面提及的最速降线法.

方程 (19) 能被写成如下形式:

$$f(p)=\cos\alpha\left\{(p-p_0)^2-p_0^2\right\}$$

① 采用这个方法已分析圆形波问题, 见 H. Widenbauer 的 Munich 论文, Z. angew. Matherm. u. Mech. 14, 321 (1939). 我们的图取自于这篇论文.

积分 (18) 现在变成

$$K=\frac{2}{r_0}\exp\left(-\mathrm{i}p_0^2\cos\alpha\cdot r/r_0\right)\int_{p_0-\varepsilon}^{p_0+\varepsilon}\mathrm{J}_1\left(p^2\right)p\exp\left[\mathrm{i}\cos\alpha\left(p-p_0\right)^2r/r_0\right]\mathrm{d}p \tag{20}$$

式中积分范围现在是 p_0 的 ε 邻域. 在被积函数中的因子 $\mathrm{J}_1\left(p^2\right)$ 和 p 相比于指数函数而言是缓变量, 从而可被 $\mathrm{J}_1\left(p_0^2\right)$ 和 p_0 取代. 最后, 在式 (20) 中代换

$$s=q\left(p-p_0\right),\quad q^2=\frac{r}{r_0}\cos\alpha \tag{20a}$$

获得

$$K=\frac{2}{r_0}\exp\left(-\mathrm{i}p_0^2\cos\alpha\cdot r/r_0\right)\mathrm{J}_1\left(p_0^2\right)\frac{p_0}{q}\int_{-q\varepsilon}^{q\varepsilon}\mathrm{e}^{\mathrm{i}s^2}\mathrm{d}s \tag{21}$$

至于临界值 $p=p_0$ 的位置, 由于 τ 是正的, 式 (19a) 给出

$$p_0>0,\quad 对 0<\alpha<\frac{\pi}{2}$$
$$p_0<0,\quad 对 \frac{\pi}{2}<\alpha<\pi$$

在第一种情况, p_0 及值 $s=0$ 位于积分范围 $0<k<\infty$; 而第二种情况并不如此. 表达式 (21) 仅对 $\alpha<\pi/2$ 成立, 否则, 有

$$K=0,\quad \frac{\pi}{2}<\alpha<\pi \tag{21a}$$

这意味着 “干扰” 完全消失.

式 (21) 的最后计算通过熟知的公式

$$\int_{-\infty}^{\infty}\mathrm{e}^{-t^2}\mathrm{d}t=\sqrt{\pi} \tag{22}$$

获得. 一旦用下面代换:

$$t=\mathrm{e}^{-\mathrm{i}(\pi/4)}s,\quad t^2=-\mathrm{i}s^2,\quad \mathrm{d}t=\mathrm{e}^{-\mathrm{i}(\pi/4)}\mathrm{d}s,$$

我们可得①

$$\int_{-\infty}^{\infty}\mathrm{e}^{\mathrm{i}s^2}\mathrm{d}s=\mathrm{e}^{\mathrm{i}(\pi/4)}\sqrt{\pi} \tag{22a}$$

左边是在式 (21) 中的积分, 在常数 ε 及 $\cos\alpha\neq 0$ 条件下, 如果让 r/r_0 趋于 ∞, 其极限变为 $\pm\infty$. 如果在式 (21) 引入结果 (22a) 得到

① 应该注意到式 (22a) 积分的原始路径是复 s 平面内第一和第三象限的角平分线, 这也给出了积分收敛的极限; 这个路径也可取代为实轴和两个圆弧; 后者当 $R\to\infty$ 靠近于无穷大时的贡献为零.

$$K=\frac{2\sqrt{\pi}}{r_0}\exp\left(-\mathrm{i}p_0^2\cos\alpha\cdot\frac{r}{r_0}+\mathrm{i}\frac{\pi}{4}\right)\mathrm{J}_1\left(p_0^2\right)\frac{p_0}{q} \tag{23}$$

现在, 如果

$$\frac{gr_0t^2}{4r^2}\ll 1 \tag{24}$$

可知, 由式 (17) 和 (19a) 得到的 p_0 值

$$p_0=\sqrt{\frac{gr_0t^2}{4r^2}}\frac{1}{\cos\alpha}$$

是非常小的 (但我们必须排除 $\alpha=\pi/2$ 的一个小的有限域). 对于小的 p_0, Bessel 函数 J_1 充分接近于式 (7) 的第一项:

$$\mathrm{J}_1\left(p_0^2\right)=\frac{p_0^2}{2},\quad p_0\mathrm{J}_1\left(p_0^2\right)=\frac{p_0^3}{2}=\frac{1}{2}\left(\frac{gr_0t^2}{4r^2}\right)^{3/2}\frac{1}{\cos^3\alpha}$$

从式 (20a) 取 q 的值, 最后获得 K

$$K=\sqrt{\frac{\pi}{\cos^7\alpha}}\frac{r_0}{r^2}\left(\frac{gt^2}{4r}\right)^{3/2}\exp\left(-\frac{\mathrm{i}gt^2}{4r}\cos\alpha+\mathrm{i}\frac{\pi}{4}\right) \tag{25}$$

4) 关于 α 的积分, 极限情况的讨论

现在回到式 (17), 由于式 (21a) 我们可以限制积分区间为 $0<\alpha<\pi/2$. 通过引入初始脉冲对应的体积, $V_0=\pi r_0^2a$, 式 (17) 变为

$$\eta=\frac{V_0}{r^2}\left(\frac{gt^2}{4\pi r}\right)^{3/2}\int_0^{\pi/2}\frac{\mathrm{d}\alpha}{\cos^{7/2}\alpha}\exp\left(-\frac{\mathrm{i}gt^2}{4r}\cos\alpha+\mathrm{i}\frac{\pi}{4}\right) \tag{26}$$

最后让 $r_0\to 0$. 为了获得极限下的有限影响, V_0 必须保持为常数, 这就是说, 浸入深度 a 必须以确定的方式趋近于 ∞. 我们最后将回到这一点.

式 (26) 给出的 η 的表达式本质上依赖于变量

$$u=\frac{gt^2}{4r} \tag{27}$$

我们的目的是决定当 $u\to\infty$ 时 η 的渐近行为. 对于大的 u, 式 (26) 中的指数是随 α 变化更快的函数, 所以可以采用驻相法. 与前面类似, 记式 (26) 的指数中 α 的因子为 $f(\alpha)$,

$$f(\alpha)=\frac{1}{\cos\alpha},\quad f'(\alpha)=\frac{\sin\alpha}{\cos^2\alpha}$$

临界的 α 值为

$$\alpha=\alpha_0=0,\quad f(\alpha_0)=1,\quad f(\alpha)=1+\frac{\alpha^2}{2},\quad \frac{1}{\cos^{7/2}\alpha}=1$$

于是

$$\eta=\frac{V_0}{r^2}\left(\frac{u}{\pi}\right)^{3/2}\exp\left(-\mathrm{i}u+\mathrm{i}\frac{\pi}{4}\right)\int_0^{\varepsilon}\exp\left(-\mathrm{i}u\alpha^2/2\right)\mathrm{d}\alpha \tag{28}$$

我们需要计算对较大的 u 时式 (28) 中的积分值. 保持 ε 为常数, 采用从式 (21) 得到式 (23) 的同样论证方法. 这里, 式 (28) 中积分变换如下:

$$\int_0^{\varepsilon}\exp\left(-\mathrm{i}u\alpha^2/2\right)\mathrm{d}\alpha=\sqrt{\frac{2}{u}}\int_0^{\infty}\exp\left(-\mathrm{i}s^2\right)\mathrm{d}s=\sqrt{\frac{\pi}{2u}}\exp\left(-\mathrm{i}\pi/4\right)$$

将上面结果代入式 (28), 得到

$$\eta=\frac{V_0}{\sqrt{2}\pi r^2}u\mathrm{e}^{-\mathrm{i}u} \tag{29}$$

容易检验这个结果的量纲: 按照式 (27), u 是一个数, V_0/r^2 是长度, 所以 η 也是长度量纲.

这里的方法似乎突破了式 (26) 中的积分上限, 由于其分母为 $\cos\alpha$, 但是, 按照式 (21a), 这同时也是下限, 在该点 K 值为零. 这样, 可以很有把握地假定式 (26) 在上限处性态的特殊研究变得不必要.

式 (29) 的实部是感兴趣的表面方程, 即

$$\eta=\frac{V_0}{\sqrt{2}\pi r^2}u\cos u$$

易知 η 在 $r=0$ 处为无限大, 因为浸入深度 a 对于固定的 V_0 在极限过程 $r_0\to 0$ 时变为无限. 波峰的幅值按照 u/r^2 或 r^{-3} 减少, 两个相邻波峰之间的距离为

$$\Delta r=\frac{8\pi}{g}\frac{r^2}{t^2}$$

易见, 这就好像对于常数 t, 相邻波峰的相位 $u=2\pi n, u=2\pi(n+1)$ 相比较一样. 所以, 波长不再是一个常数, 就如前面关于波运动的例子一样, 但它在常数 t 处随 r^2 而增加, 在常数 r 处随 t^2 而减少. 图 42 是表面形貌 η 的示意图. 它的形状与像石头或雨滴等小物体掉入水中所扰动的水表面后的形状吻合.

我们的问题在 1816 年被巴黎科学院作为一个奖励问题来设置, 并由 Cauchy 解决. 关于这一点以及 Poisson 后面的论文可参考 H. Burkhardt 的报告①.

① Jahresbericht der deutschen Math. Ver. Vol. X, p. 429 (1908).

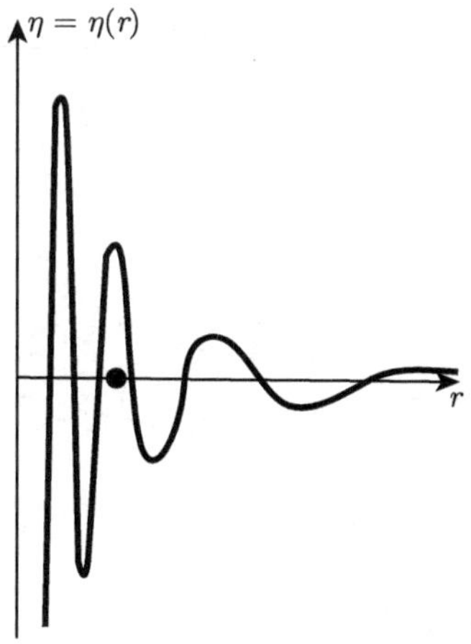

图 42　环形波激发 t 秒后的水波形状, t 必须满足条件 $u \gg 1$

28. 船行波 (Kelvin 极限角和 Mach 角)

在海上, 船舶后面留下的波纹图案由一系列波组成, 它们包络船体长度, 并与一组交叉波互相交织. 两组波随船体前进, 以致它们与船体相对静止. 当从飞机上或者从高悬崖的顶端看的时候, 波纹的优美是最深刻的, 但适当尺度的相同现象在池塘中游泳的鸭子身后也能形成.

在我们的分析中, 产生波的物体将被认为是一个点. 问题能如下阐述: 船舶的瞬时位置作为一组圆形波的原点; 这个原点是处在均匀直线运动中, 速度是船舶速度 v. 我们的任务是寻找连续圆形波的叠加结果. 很明显, 相对于船舶而言它是静止的, 但波纹细节结构是足够令人惊讶的, 只有通过仔细的分析才能揭示.

参考图 43, 让 O 表示时刻 $t=0$ 时的船舶位置, 经过 t 秒之前其位置为 Q, 于是 $QO=vt$. 我们希望寻求点 P 处水表面 η 的坐标. 它将是由较早期时刻 t 所产生的波的所有坐标 η_t 通过下面公式组成:

$$\eta=\beta\int_{-\infty}^{0}\eta_t \mathrm{d}t \tag{1}$$

式 (1) 中因子 β 必须有时间倒数量纲; 我们让它等于 v/l. 对于长度 l, 除了第 27 节方程 (29) 中初始位移 V_0 的立方根, 很难有其他任何选择. 这样, 从式 (1) 和第 27 节式 (29) 我们获得

$$\eta=C\int_{-\infty}^{0}\frac{1}{r_t^2}u_t\exp\left(-\mathrm{i}u_t\right)\mathrm{d}t,\quad C=\frac{V_0^{2/3}v}{\sqrt{2\pi}} \tag{2}$$

式中 r_t 是图 43 中 QP 的距离, 即点 P 和扰动源位置之间 t 秒以前的距离.

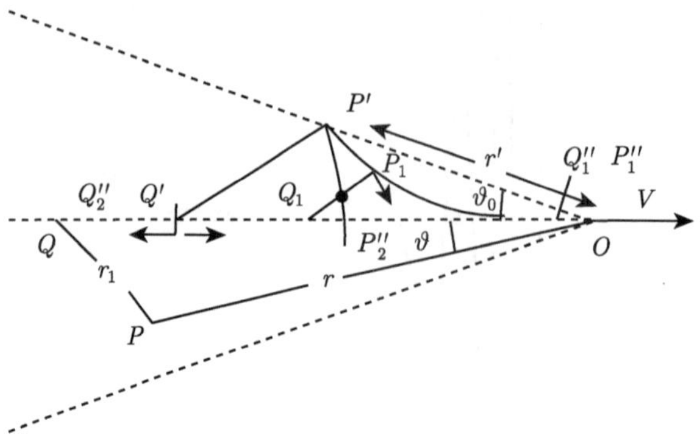

图 43　船舶波产生的例证. O 是船舶的目前位置, $Q, Q', \cdots$ 是船舶以前的位置, $P, P', \cdots$ 是点的位置

现在, 相对于极点 O, 记 P 有极坐标 r, θ, 且与 t 无关. 按图 43, 得到

$$r_t^2 = r^2 + v^2t^2 + 2rvt\cos\theta \tag{3}$$

其中 t 是负的. 如在第 27 节式 (27) 一样, 取

$$u_t = \frac{g}{4}\frac{t^2}{r_t} = f(t) \tag{4}$$

在式 (2) 中我们已经应用了第 27 节表达式 (29), 并在 $u \gg 1$ 假设下计算了结果. 在这个条件下, $f(t)$ 又变成了快速变化的函数, 以致能应用驻相法. 这样, 我们必须找方程 $f'(t) = 0$ 的根. 从式 (4) 和 (3) 得到

$$\frac{4}{g}f'(t) = \frac{2t}{r_t} - \frac{t^2}{r_t^3}\left(v^2t + rv\cos\theta\right) = \frac{t}{r_t^3}\left(v^2t^2 + 3rvt\cos\theta + 2r^2\right) \tag{5}$$

所以方程 $f'(t) = 0$ 的根是

$$t = -\frac{3}{2}\frac{r}{v}\cos\theta \pm \sqrt{\frac{9}{4}\frac{r^2}{v^2}\cos^2\theta - 2\frac{r^2}{v^2}}$$

如果 θ 是一个锐角, 那么两个根 t_1 和 t_2 都是负的

$$\begin{aligned} t_1 &= -\frac{3}{2}\frac{r}{v}\left(\cos\theta - \sqrt{\cos^2\theta - \frac{8}{9}}\right) \\ t_2 &= -\frac{3}{2}\frac{r}{v}\left(\cos\theta + \sqrt{\cos^2\theta - \frac{8}{9}}\right) \end{aligned} \tag{6}$$

现在, 为了让根落在积分区间 $-\infty < t < 0$ 之内, 根不仅必须是负的, 而且还必须是实的. 这表明

$$\cos^2\theta > \frac{8}{9}, \quad |\theta| < \theta_0$$

式中 θ_0 表示极限角

$$\cos^2\theta_0 = \frac{8}{9} \quad 或 \quad \tan\theta_0 = \frac{1}{\sqrt{8}}, \quad \theta_0 = 19°28' \tag{7}$$

这个角首先由 Lord Kelvin 给出. 对于 $|\theta| > \theta_0$, 没有这样的 t 值使得相位固定, 这就是说, **整个波纹在每一边都是由与船舶运动方向形成θ_0角度的直线所界定**. 取自于 Lamb 流体动力学①的图 44 表明了这一点.

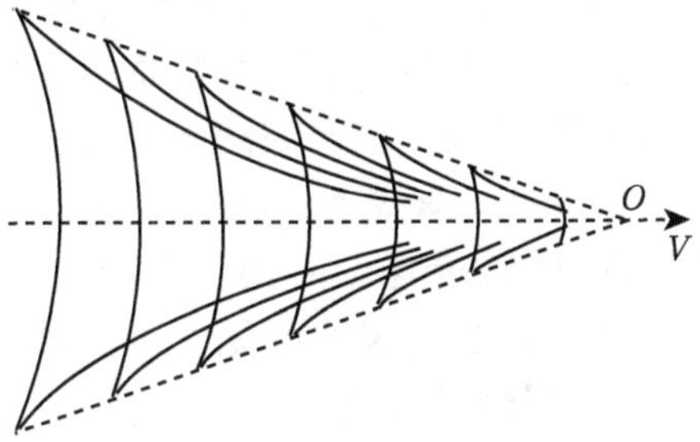

图 44 纵向和横向船舶波

基于积分 (2), 干涉花纹本身能被理解, 而该积分则可归结为来自 t_1 和 t_2 两个邻域的贡献. 这些贡献包括相位 $\exp[-\mathrm{i}f(t_1)]$ 和 $\exp[-\mathrm{i}f(t_2)]$. 让 $f(t_1)$ 和 $f(t_2)$ 为常数, 可得两组曲线, 前面提到的纵向波和横向波. 图 44 画出两组连续的波峰. 通过给定一点 P, 讨论许多位置的这些曲线, 牢记在时刻 $t=0$, P 处的扰动本质上是由两个源位置在 Q' 和 Q'' 的在时间 t_1 和 t_2 发出的环形波引起.

我们从极限线 $\theta=\theta_0$ 上点位置 $P=P'$ 开始. 式 (6) 中两个值 t_1 和 t_2 重合: 与这种情况相关的公共源位置是点图 43 中的 Q'. 其与点 O 的距离由式 (6) 给出:

$$OQ' = -vt_1' = -vt_2' = \frac{3}{2}r'\cos\theta_0$$

式中 r' 是 P' 到 O 之间的距离. 在 P' 处常数相位 $f(t_1)=f(t_2)=\mathrm{const}$ 的曲线方向由一个以 Q' 为中心, $Q'P'$ 为半径的圆弧微元给出. 常数相位的两条曲线以相同的前进方向经过点 P'. 它们被作为在点 P' 处形成有尖角的一条曲线.

现在, 如果 θ 减小, r 如此选取使得 $f(t_2)$ 保持常数, 与 t_2 相关的源位置从 Q' 运动到其左边 (见图 43), 因为按照式 (6)$-vt_2$ 是增加的. 当 θ 到达零值时, Q' 到达位置 Q_2'', 这样

$$OQ_2'' = -vt_2 = \frac{3}{2}r\left(1+\frac{1}{3}\right) = 2r$$

① H. Lamb, Hydrodynamics, Cambridge, 第五版, p.409.

这里 r 是点 O 和横向波和船舶的路径交叉的点 P_2'' 之间的距离. 相位曲线方向显然垂直于路径; 它与中心位于 Q_2'', 半径为 $Q_2''P_2''=r$ 的圆弧微元一致. 这便给出了相位曲线 $f(t_2)=\text{const}$ 的形状的一般思想.

另一方面, 如果我们选择使 θ 减小的 r 值, 以致 $f(t_1)$ 保持为常数, $-vt_1$ 减少 [见式 (6)] 以及图 43 中的点 Q' 向右边运动到一个新位置 Q_1. 过 P' 的纵向波的斜率变得更平, 如图中半径为 Q_1P_1 的关于 Q_1 的圆弧. 对于非常小的 θ, 距离 OQ_1'' 变成

$$-vt_1=\frac{3}{2}r\left(1-\frac{\theta^2}{2}-\sqrt{\frac{1}{9}-\frac{\theta^2}{2}}\right)=r\left(1+\frac{3}{8}\theta^2\right)$$

从而当两个都接近于 O, Q_1'' 几乎与点 P_1'' 重合. 如果方法在 O 的邻域内仍然成立, 纵向波应该变成在 O 点与运行方向相切的方向. 然而, 真实情况并非如此: 对于较短的运动时间, 固定相位法失效. 但是, 纵向波的一般形状能如此阐明.

相位曲线 $f(t_1)=$ 常数 , $f(t_2)=$ 常数本质上与实际观察到的波纹是一致的. 沿任一条曲线, 相位不是常数的积分贡献显示出一个次要的波纹, 至少在离开 O 一定距离的地方. 两曲线族的全方位解析表达可见 Lamb 及 L. Hopf 引用的 Munich 论文; 在那里, 计算是通过复杂积分进行的.

往回看一下结果, 存在一个*不依赖于运行速度v的极限角θ_0* 似乎有些奇怪. 这似乎与著名的超音速运动轨迹图片不一致, 它首先是由澳大利亚哲学家和物理学家 Ernst Mach(1938—1916) 用所谓的纹影法获得的. Mach 的优美理论中, 轨迹收缩到一个运动点, 就如前面由蒸汽船连续生成的压缩波一样. 在观察时刻 t 秒以前生成的波现在已经展开成一个半径为 $r=ct$ 的球形表面, 这里 c 是声速. 同时, 这样产生的球形形状有一个包络圆锥, Mach 锥. 顶角的一半称为 Mach 角, 其由

$$\sin\theta_0=\frac{r}{x}=\frac{c}{v}$$

给出. 随着 v 增加, Mach 角趋近于零, 这与船舶波情况的极限角 $\theta_0=19°18'$ 形成对比.

这种不同行为可由色散来解释. 声波以固定速度 c 旅行, 没有色散. 较深的水波服从色散律 $V=\sqrt{g/k}$. 由于速度依赖于波长, 存在以给定船速与船同时运动的波, 而在 Mach 现象中, 所有波都被轨迹超过. 这样, 能理解 θ_0 与速度 v 无关这一事实.

如果在浅水中分析船舶波, 按照第 24 节的内容, 我们能够证实这个解释. 由于第 24 节式 (7), 这种情况没有色散, Mach 纯几何解释可以应用. 如果 $v>V$, 随着 v 增加, 极限角应该向零靠近. 然而, 必须假设一个平扰动 (平底船), 这个假设似乎是相当不自然的. 但是, 圆环波的经典研究 (Euler, 1759; Laplace, 1776; Lagrange, 1787) 是以浅水为假设前提的, 而船舶波以此为基础.

我们用不太熟知的 Mach 现象的图来结束本章, 该图取自于 Cranz 的弹道实验室. 图 45 表明了飞行于两壁之间的子弹: Mach 锥在壁上遭受规则反射, 而且在这个及另一个图上, 涡流尾部在轨迹后端出现. 图 45a 表明了一个通过图像左边界薄木壁的发射: 在刺穿壁后, 子弹本身有些偏离它的路径, 无数飞行木屑显示了它们的 Mach 锥. 注意, 碎片的 Mach 锥与子弹的相比有着更大的顶角, 这也说明碎片的速度小于子弹, 尽管其速度仍然大于声速. 图 45b 是非常有指导意义的; 子弹通过有圆形槽口的圆柱发射, 并正好在另一端出现. 从槽口处激发的球形波包络线轮廓与 Mach 锥完全吻合. 这里, 我们脑海中的一个图像直接从实验实现, 各个球面波的包络形成 Mach 锥. 同时, 图片是惠更斯原理的优美可视化, 该原理可以类似地处理球面波的包络.

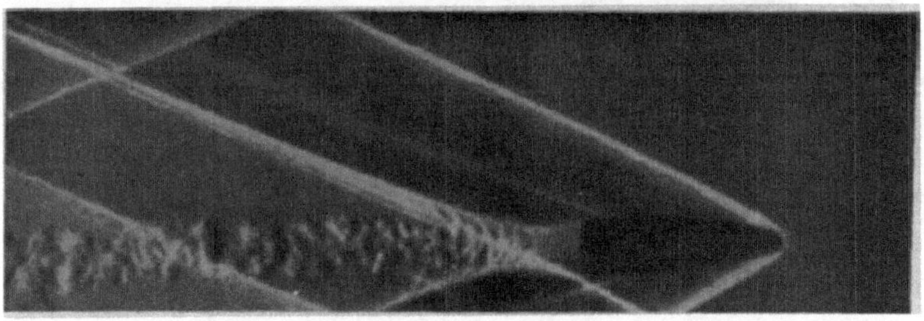

图 45　位于平行壁之间的弹射以超音速运动, Mach 锥在壁上被反射

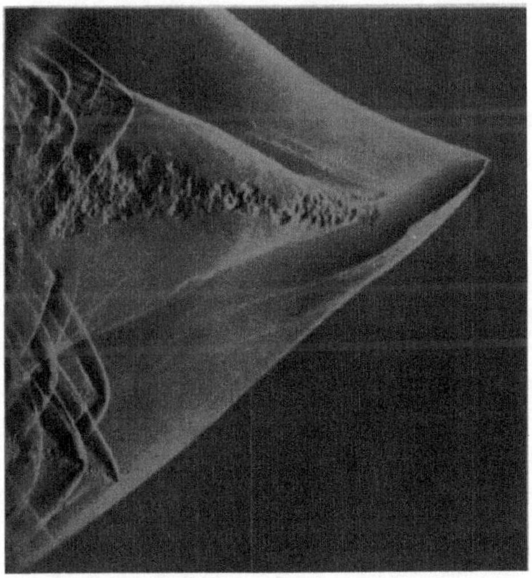

图 45a　子弹已经刺穿薄木壁. 由于不同的速度, 木屑也产生变化顶角的 Mach 锥

图 45b　子弹经过圆形槽口的圆柱, 开始处生成的球面波与子弹的 Mach 锥相切

第六章　给定边界的流动

29. 平板绕流

在本节和以下各节, 我们限定讨论二维流动, 可以使用强有力的工具——复变函数理论 (现在称为复分析——译者).

我们再次讨论第 19 节中的椭圆坐标. 其与笛卡儿坐标的联系由第 19 节式 (15) 给出

$$x + \mathrm{i}y = c\cosh(\xi + \mathrm{i}\eta) \tag{1}$$

这里 c 是焦距的半长 (参看图 27), 同时是板在 x, y 平面上投影的半长; 这里假定板在 $\pm z$ 方向为无限长.

在椭圆坐标中, 板的前表面和背面同时由下式给出:

$$\xi = 0, \quad -\pi < \eta < +\pi$$

它对应于图 27 中一个无限窄的椭圆. 对于这些数值, 方程 (1) 中右边为实数, 这样 $y = 0$, 并且 $-c < x < c$.

另一方面, 对于

$$\eta = \pm\frac{\pi}{2}, \quad 0 < \xi < \infty$$

方程 (1) 的右边变成正的或负的纯虚数, 这样 $x = 0$, 且 $y > 0$ 和 $y < 0$, 由图 27 可看出这一点.

现考虑一个解析函数

$$\Phi + \mathrm{i}\Psi = \mathrm{const}\cdot\sinh(\xi + \mathrm{i}\eta) \tag{2}$$

其在第 19 节式 (20) 已经引进. 我们考虑式 (2) 中的常数等于 $\mathrm{i}qc$, 即

$$\mathrm{const} = \mathrm{i}qc, \quad q, c > 0 \tag{2a}$$

其中 q 是一个具有速度量纲的实数. 现在, $\Phi + \mathrm{i}\Psi$ 不仅是 $\xi + \mathrm{i}\eta$ 的解析函数, 通过式 (1) 它还是 $x + \mathrm{i}y$ 的解析函数. 因此, 如果它们满足在所研究问题要求的 x, y 平面上的边界条件, Φ 和 Ψ 可表示速度势和流函数. Φ 和 Ψ 沿 x, y 平面上的某些线的取值在下表中列出, 辅助变量 ξ, η 扮演了参数的角色。

ξ,η 平面	x,y 平面	$\varPhi,\varPsi$ 的值
$\xi=0$	$x=c\cos\eta, y=0$	$\varPsi=0, \varPhi=-qc\sin\eta$
$\eta=-\dfrac{\pi}{2}$	$x=0, y=-c\sinh\xi>0$	$\varPsi=0, \varPhi=qc\cosh\xi>0$
$\eta=+\dfrac{\pi}{2}$	$x=0, y=+c\sinh\xi>0$	$\varPsi=0, \varPhi=-qc\cosh\xi<0$
$\xi\to\infty$	$x^2+y^2=\dfrac{c^2}{4}e^{2\xi}\to\infty$	$\varPsi=+qx, \varPhi=-qy$

由于方程 (2a), 如果让方程 (2) 的右端当 $\xi=0$ 及 $\eta=\pm\pi/2$ 时为实数, 表中前三行是前面记号的解释. 而最后一行, 若分离方程 (1) 和 (2) 中实部与虚部, 容易看出 $\xi\to\infty$ 对 x,y 等的影响. 对较大的 ξ 得到

$$x=\frac{c}{2}e^{\xi}\cos\eta, y=\frac{c}{2}e^{\xi}\sin\eta \tag{3}$$

$$\varPhi=-\frac{qc}{2}e^{\xi}\sin\eta, \varPsi=\frac{qc}{2}e^{\xi}\cos\eta$$

与表中的最后一行一致.

按最后一行 $\varPhi$ 和 $\varPsi$ 的值, 在 x,y 平面上无限远点邻域这个流场是均匀的, 即

$$v_y=-\frac{\partial\varPhi}{\partial y}=q, \quad v_x=-\frac{\partial\varPhi}{\partial x}=0 \tag{3a}$$

表中前三行提供这个流动如下的另外的信息: 流线 $\varPsi$=0 与负 y 轴重合 (上表中的第二行) 和与正 y 轴重合 (上表中的第三行). 按照该表中的第一行, 奇异性发生在 $y=0$.

进一步推广, $\varPsi$=0 可以描述如下: 分支 $\eta=-\pi/2$ 对应的负 y 轴在 $y=0$(板的前表面的中心) 分裂成两支. 它们沿板的表面, 按上表的第一行得到, 其中 η 从 $-\pi/2$ 变化到 $\pi/2$, 或者加, 或者减 π($-3\pi/2$ 等价于 $\pi/2$). 这两支在板背面中心汇合, 汇合后, 流线 $\varPsi$=0 与正 y 轴重合①. 这流线与已知流动模式在无限远处形成 $\varPsi=\text{const}$ 的流线族, 如图 46 所示.

在板前表面和背面的 O 点特别有趣. 它们被称为分叉点, 考虑到流线 $\varPsi$=0 分开; 或者称为支点, 考虑到保角映射函数的单值解析性分支.

从物理上讲, 它们是驻点, 因为在那里, 流速等于零 ($v_x=v_y=0$). 按照 Bernoulli 定理, 它们是压力最大的点. 按照第 11 节式 (9) 对于稳定流和没有外力 ($U=\text{const}$) 的情形, 我们有

$$p=\text{const}-\frac{\rho}{2}v^2 \tag{4}$$

① 如果图 27a(它与 x,y 平面一一对应) 中的 ξ,η-狭长体向下移动 $\pi/2$, 流线 $\varPsi$=0 代表 E-标记图, 其上、下水平线与射线 $y>0, x=0$ 相同.

如果假设在无限远处压力为零, 那么因为板引起流体加速的 "流体动力学" 压力 p 中的常数 const $= \frac{\rho}{2}q^2$[按式 (3a)q 是无穷远处的压力], 并且

$$p = \frac{\rho}{2}(q^2 - v^2) \tag{4a}$$

这立即表明 p_{stag} 大于任何其他可能的 p 值.

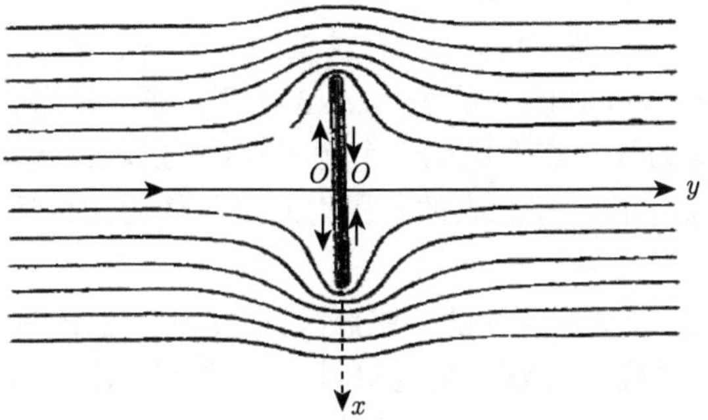

图 46 板的正入射流 (来流与板成直角), 上洗与下洗为镜面对称的理想模式

压力沿板的分布由下面公式得到: 从

$$\varPhi = -qc\sin\eta, \quad x = c\cos\eta$$

我们得到

$$v = -\frac{\partial\varPhi}{\partial\eta}\frac{\mathrm{d}\eta}{\mathrm{d}x} = q\frac{\cos\eta}{\sin\eta}$$

由式 (4a) 得到

$$p = \frac{\rho}{2}q^2\left(1 - \frac{\cos^2\eta}{\sin^2\eta}\right)$$

这里板前表面由 $-\pi < \eta < 0$ 给出, 其背面由 $0 < \eta < \pi/2$ 和 $-3\pi/2 < \eta < -\pi$ 给出, 或简单地由 $0 < \eta < \pi$ 给出. 那么压力变成

$$p = -\infty, 对\eta = \left\{\begin{array}{ll} 0, & x = +c \\ \pm\pi, & x = -c \end{array}\right\}在板的边缘$$

$$p = 0, 对\eta = \left\{\begin{array}{ll} \pm\dfrac{\pi}{4}, & x = +\dfrac{c}{\sqrt{2}} \\ \pm\dfrac{3\pi}{4}, & x = -\dfrac{c}{\sqrt{2}} \end{array}\right\}在从板的边缘到中心 0.29\,c 的距离$$

并且, 在板的中心对 $\eta = \pm\pi/2, x = 0$ 处, 如我们前面已经发现的 $p = p_{\max} = \rho q^2/2$.

由于负压力的产生 (在板的边缘甚至变成无穷大), 在完全流体中这种压力分布是不可能的; 在负压力作用下, 流体将分离①.

第二个不无佯谬的结果是: 流动导致作用在板上压力的合力为零 (压力的合力矩也等于零), 因为在前表面上任意面元上的压力被对应的背面上的面元上的压力所抵消. 换句话说, 如果流体在无限远处转变为静止 (被叠加一个常速度 $\Phi = qy$), 这样, 板通过以常速度 q 运动, 在整个过程中没有做功. 一旦板与包围它的流体在运动中建立这种联系, 它将保持常速运动.

这个佯谬的广义形式是 d'Alembert 或 Euler 提出的②, 可用于任意形状的刚体. Kirchhoff, Lord Kelvin 和晚一些 Minkovski③研究了一般条件下的稳态运动, 如同我们从抽象流体动力学观点考虑的一个例子那样. 发现该运动可能的话, 动量的轴与动量矩的轴一致. 然而, 任意大的负压力的发生使得这种运动在物理上是不可能的.

让我们比较图 46 和平板绕流的一张照片图 47a④. 图 46 和图 47a 在板的上流方面很一致, 但是在下流方面却无丝毫相同. 在实际流动图像中, 涡旋在板的后方产生, 它们是绕板的边缘流动过程而产生的, 与流体一起向下游流动. 我们将在第 30 节和第 32 节研究这个现象.

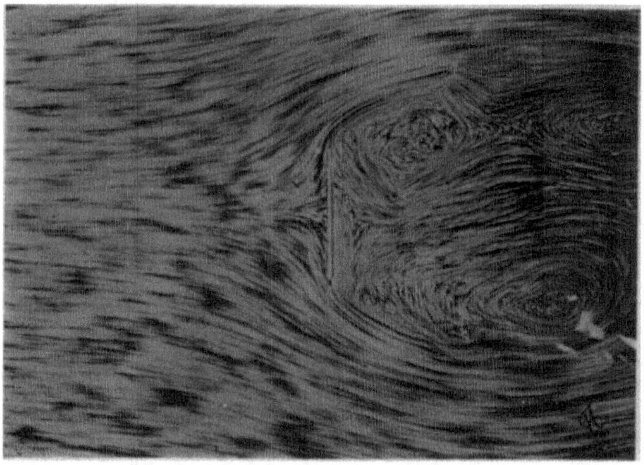

图 47a　实际流动中的法向板, 在板的上流中心的驻点

① 这里要强调的是, 在事实上压力变成任意强的负值; 如果它仅为负值, 但保持有界, 我们可以做到较好的选择, 使得压力在无穷远充分地取正值.

② 在他的 Hydrodybamik,Leipzig, Akademische Verlagsgesellschaft,1927 的一书中, C.W.Oseen 引用 Spinoza 更早的权威观点. 在一定的意义上, Oseen 的书对这个佯谬的分析是有意义的. 在二维问题的详细分析, 可以参考 G.Hamel, Z. angew. Math.u. Mech., 15(1935),52.

③ Preuss. Akad.Ber., 1888,1905.

④ 图 39a,b 和图 47a,b 是 Ahlborn 以 Hamburg 的图复制的.

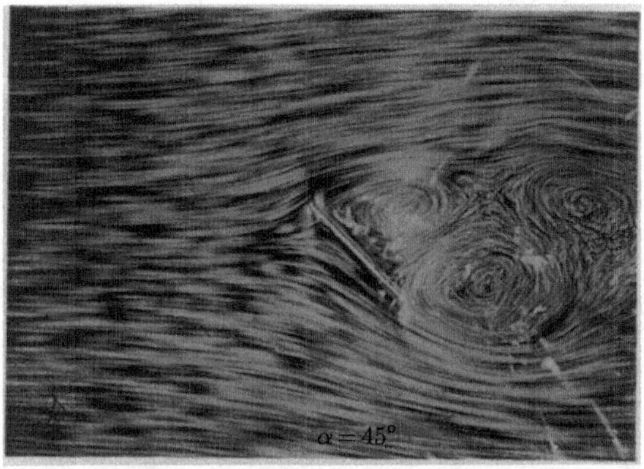

图 47b 实际流动中的斜板, 驻点向板的上流边缘的飘移

然而, 我们现在希望保持虽然是不完全的一个理论观点, 研究一个斜板的绕流. 我们将 x, y 体系关于 ξ, η 体系旋转一个角 $\gamma < \pi/2$, 把方程 (1) 和 (2) 改写成

$$x + \mathrm{i}y = c\mathrm{e}^{\mathrm{i}\gamma}\cosh(\xi + \mathrm{i}\eta) \tag{5}$$

$$\Phi + \mathrm{i}\Psi = \mathrm{i}qc\sinh(\xi + \mathrm{i}\eta + \mathrm{i}\gamma) \tag{6}$$

前面那个表改成

ξ, η 平面	x, y 平面	Φ, Ψ 的值
$\xi = 0$	$x = c\cos\eta\cos\gamma$ $y = c\cos\eta\sin\gamma$	$\Psi = 0, \Phi = -qc\sin(\eta + \gamma)$
$\eta = \mp\dfrac{\pi}{2}$	$x = \pm c\sin\xi\sin\gamma$ $y = \mp c\sinh\xi\cos\gamma$	$\Psi = \pm qc\sin\xi\sin\gamma$ $\Phi = \pm qc\sin\xi\cos\gamma$
$\xi \to \infty$	$x^2 + y^2 = \dfrac{c^2}{4}\mathrm{e}^{2\xi} \to \infty$	$\Psi = qx, \Phi = -qy$

按照这个表, 板的前表面和背面由 $\xi = 0, -\pi < \eta < 0$ 和 $0 < \eta < \pi$ 代表, 仍然是流线 $\Psi = 0$. 在 x, y 平面的无限远点的邻域, 亦即对 $\xi \to \infty$, 如前所述, 有一个常速度 q 的均匀流场; 在这个区域中流线为 $x = \text{const}$, 但是线 $\eta = \mp\pi/2$ 不再是流线. 几何上, 它们代表射线对, 与板的平分的两个一半曲线相重合; 上表的中间纵列给出这些曲线的方程 $y = -x\cot\gamma$. 而且在有限域中不存在直的流线.

为了分析流动的式样, 我们首先确定驻点. 它们是把 $(\Phi + \mathrm{i}\Psi)$-平面变换到 $(x + \mathrm{i}y)$-平面的映射函数的支点. 现在支点的一般条件是

$$\frac{\mathrm{d}(\Phi + \mathrm{i}\Psi)}{\mathrm{d}(x + \mathrm{i}y)} = 0 \tag{7}$$

由式 (5) 和 (6) 得到上式的微分

$$\frac{\mathrm{d}(\varPhi+\mathrm{i}\varPsi)}{\mathrm{d}(\xi+\mathrm{i}\eta)}\bigg/\frac{\mathrm{d}(x+\mathrm{i}y)}{\mathrm{d}(\xi+\mathrm{i}\eta)}=\frac{\mathrm{i}q\cosh(\xi+\mathrm{i}\eta+\mathrm{i}\gamma)}{\mathrm{e}^{\mathrm{i}\gamma}\sinh(\xi+\mathrm{i}\eta)} \tag{7a}$$

因此条件 (7) 导致

$$s\cosh(\xi+\mathrm{i}\eta+\mathrm{i}\gamma)=0 \tag{7b}$$

或者分离实部与虚部得到

$$\cosh\xi\cos(\eta+\gamma)=0,\quad \sinh\xi\cos(\eta+\gamma)=0 \tag{7c}$$

因为 $\cosh\xi$ 不等于零, $\sinh\xi$ 只在 $\xi=0$ 时等于零, 方程组 (7c) 的解是

$$\eta=\pm\frac{\pi}{2}-\gamma,\quad \xi=0 \tag{8}$$

这样, 再次得到两个驻点, 即在板的前表面和背面上:

$$\xi=0,\quad \eta=-\frac{\pi}{2}-\gamma \text{ 和 } \xi=0,\quad \eta=+\frac{\pi}{2}-\gamma \tag{8a}$$

从式 (5) 得出, 它们不在板的中心, 而是向上和向下移动了相同的距离 $|x+\mathrm{i}y|=c\sin\gamma$. 在图 48 中它们记为 O_1 与 O_2. 在这些点我们有 $v_x=v_y=0$, 按照 Bernoulli 方程 (4a), 压力为极大值 $p_{\text{stag}}=p_{\max}=\rho q^2/2$. 根据我们的推导, 如前所述, 驻点是分叉点. 流线遇到点 O_1 就分成垂直于板的两支, 同样在点 O_2 也如此.

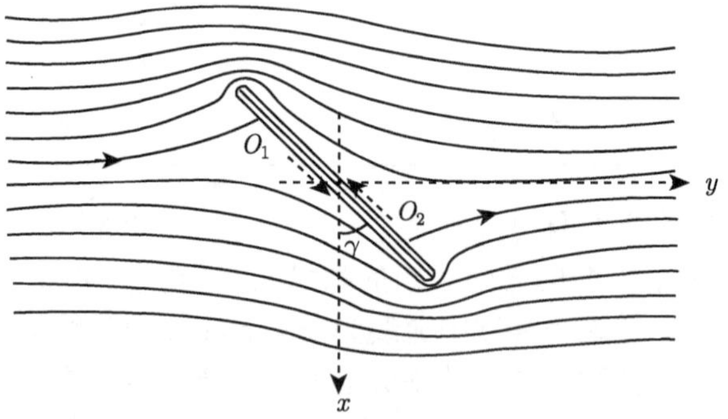

图 48 斜板的绕流. 理论流动式样, 下流由上流对板的中心旋转 180° 得到

对式 (7a) 求导得到非常普遍的复数形式的流速

$$\frac{\mathrm{d}(\varPhi+\mathrm{i}\varPsi)}{\mathrm{d}(x+\mathrm{i}y)}=-v_x+\mathrm{i}v_y \tag{9}$$

这是第 19 节式 (4a) 中的极大值 $f'(z)$ 与 Cauchy-Riemann 关系第 19 节式 (5) 的直接结果. 如果对式 (9) 取绝对值并且把式 (7a) 代入, 有

$$|\boldsymbol{v}| = q\left|\frac{\cosh(\xi+\mathrm{i}\eta+\mathrm{i}\gamma)}{\sinh(\xi+\mathrm{i}\eta)}\right| \tag{10}$$

特别地, 当 $\xi=0$ 时, 也就是在板的表面上

$$|\boldsymbol{v}| = q\left|\frac{\cos(\eta+\gamma)}{\sin\eta}\right| \tag{10a}$$

把 Bernoulli 方程 (4a) 代入, 由式 (10a) 得到压力

$$p = \frac{\rho}{2}q^2\left(1-\frac{\cos^2(\eta+\gamma)}{\sin^2\eta}\right) \tag{11}$$

这是在板的两个顶端, 同时也存在压力 p 为零的点, 如果

$$\cos^2(\eta+\gamma) = \sin^2\eta \tag{12}$$

这个式子能够写成 $\cos(\eta+\gamma)=\pm\sin(\pi/2-\eta)$, 因此

$$\eta+\gamma=\frac{\pi}{2}-\eta, \quad \eta=\eta_1=\frac{\pi}{4}-\frac{\gamma}{2}$$

或者

$$\eta+\gamma=-\frac{\pi}{2}-\eta, \quad \eta=\eta_2=-\frac{\pi}{4}-\frac{\gamma}{2}$$

值 η_1 是正的, 与其对应的点在板的背面; 反之, 对 η_2 成立. 负压力作用区在板的背面的 $\eta=0$ 与 $\eta=\eta_1$ 之间, 以及板的前表面的 $\eta=-\pi$ 与 $\eta=\eta_2$ 之间. 因为任意大的负压力是不允许的, 我们得到的斜板解答的物理真实性与正常板的特殊解答相比差不了多少.

图 48 与实际流动的照片图 47b 的比较, 正是我们要说明的. 在板的前头, 这两个流动式样是相似的, 特别地, 在前面有一个驻点正是位于所预期的位置. 然而, 下流则完全不同, 我们没有看到下流图案呈现出与上流图案中心对称的样式, 而是又看到了交替排列的特征涡旋.

本节仅仅处理了板的稳态绕流. 在声学中也有板的问题, 当一个轻的圆盘放在一个声束的非稳态场中时, 这个所谓的 Rayleigh 圆盘在声的强度测量中发挥重要的作用; 迄今讨论的解析方法和在下面要发展的这个方法, 对仪器的理论很重要, 如 Lord Rayleigh① 所表明; 由于这个原因, 我们所得到的解关于不真实特征的说明仅限于稳态流.

① Lamb, Hydrodynamics, Cambridge,5th ed., Chap. Ⅳ,Art.77.

30. 尾区的问题, 间断面

"在阻止两个以有限相对速度滑移的相交的流层方面, 除非这个液体是完全液体, 即没有内摩擦的液体, 那么我们不可能得到它的任何性质. 上述论点对于液体来说是真实的, 它们的每一个单元遵从流体动力学方程包括质量守恒方程, 压力的量在所有方向都相等; 这两个因素不排除在流体内表面上一边切向速度可能存在有限的差别. 表面上法向速度的分量和压力在这个表面的两边必须相等."①

Helmholtz 进一步指出带尖点的障碍物总是在流场中产生间断面, 从而避免了其他情形中出现的负压力. 他也观测到间断面是在摩擦影响下几何表面变弯曲所引起, 作为涡旋的结果 (Helmholtz 称它为涡丝). 所有这些将在第 32 节中讨论, 迄今我们将假定流体是无黏性的, 即完全流体.

我们再次考虑板的二维问题, 入射流与板成直角, 为简单起见, 如第 29 节开始讨论的那样. 两条间断线——如果我们用二维术语——从板的端点出发, 它们对 y 轴不对称, 但是形状未知 (参看图 49, 板的端点用 A 和 B 代表). 尾区由两条间断线和板所包围, 我们想象, 在精确的意义上: 尾区是死水, 它的速度为零, 压力在每一点为常数, 如等于 p_0. 按照 Helmholtz 的观点, 在间断线上压力和法向速度分量满足如下边界条件:

$$p = p_0, \quad v_n = 0 \tag{1}$$

切向速度分量 v_s 可由第 29 节 Bernoulli 方程 (4a) 得到, 由式 (1) 给出

$$|\boldsymbol{v}|^2 = v_s^2 = q^2 - \frac{2}{\rho}p_0. \tag{2}$$

切向速度分量 v_s 将沿间断线保持常数. 无限大的速度和负压力将不会出现.

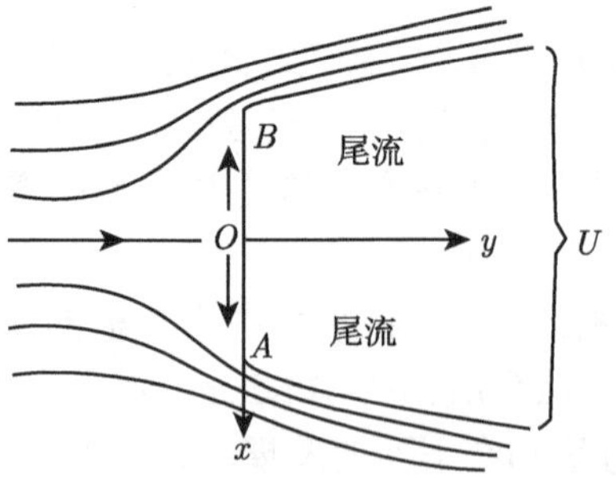

图 49　Helmholtz 流绕过一垂直板 AB, 尾区用 AU 和 BU 所表示, 它由板的端点所引起

① Helmholtz, Preuss. Akad. Ber., 1868.

Kirchhoff[①] 详细发挥 Helmholtz 的观点并且用于板的其他问题中. 此外, 他考虑两个复变量

$$z = x + \mathrm{i}y \text{和} f = \Phi + \mathrm{i}\Psi$$

以及第三个复变量

$$\zeta = \frac{1}{-v_x + \mathrm{i}v_y} \tag{3}$$

第一个复变量 $z = x + \mathrm{i}y$ 与第二个复变量 $f = \Phi + \mathrm{i}\Psi$ 的联系

$$\zeta = \frac{\mathrm{d}z}{\mathrm{d}f} \tag{4}$$

如第 29 节式 (9) 所示, 并且假定尾区延伸到无穷远 (图 49 就试图这么指明). 那么压力 p_0 将等于无穷远处的压力, 按照第 29 节式 (4a) 它等于零, 这样方程 (2) 中的 p_0 等于零. 从式 (2), 我们得到

$$|-v_x + \mathrm{i}v_y| = v_s = q \tag{5}$$

在沿间断线的所有点均如此. 因而有 ζ 的边界条件

$$|\zeta| = \frac{1}{q} \tag{5a}$$

然而我们希望强调, 间断线达到无穷远点的假定是过分的制约. 关于这一点将在本节的最后予以说明.

让我们来看间断线的图像, 它从复平面 ζ 的尾区分开运动的流体 (见图 50).

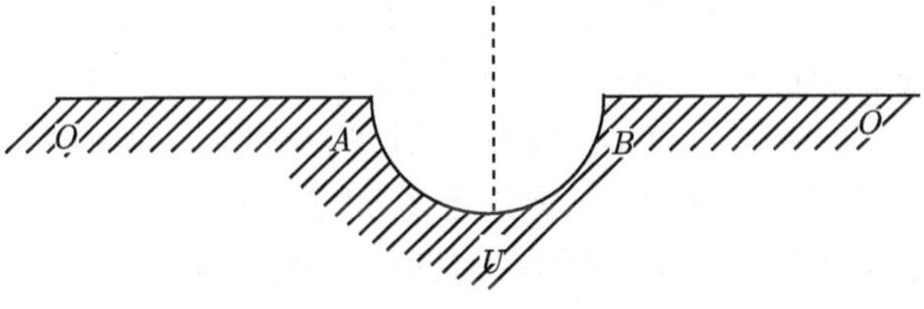

图 50 z 平面到 ζ 平面点映射

从 z 平面的无穷远点出发, 在那里我们有

$$v_y = q, \quad v_x = 0, \text{又由式 (3) 得到} \zeta = -\frac{i}{q}$$

ζ 平面点 U 的像因而在负虚轴上. 两个间断线的像必须经过点 U, 与式 (5a) 一致. 我们画一个半径为 $1/q$ 而圆心为原点的半圆, 它通过 U, 并且终止在 $\zeta = \pm 1/q$

① G.Kirchhoff, Crelles Journ.,70(1869) 和 Vorlesungen ueber Mechanik,Chap. XXII.

的在图 49 中的点 A 和 B(为板的两个端点). 所有沿板的点 $v_y=0$, 因此 ζ 是实的, 这对端点也成立.

最后我们考虑图 49 中的驻点 O. 在那里

$$v_x=v_y=0, \text{又由式 (3) 得到} \zeta=\infty$$

点 O 的像是 ζ 平面的无穷远点. 这完全确定了板的两半的像: 因为如我们所指出的, 沿板,ζ 是实的, 板的一半映射到图 50 的实轴的线段 OA, 另外一半映射到实轴的线段 OB.

为了描写图 49 的回路 $UAOBU$, "活" 流的区域①在左, 而死水点区域在右. 因此, 在图 50 中带剖面线的区域, 为左边像回路, 对应于流动的区域, 未带剖面线的区域对应于尾区. 这还没有确定我们映射的分析解, 因为间断线的形式尚未给出.

问题的这一部分称为 z 平面到 f 平面的映射的讨论, 其特征点将在下表中列出. 如前面所指定的, 对 "对称" 流线 $\Psi=0$, 它在驻点上分开, 在其上死水区的全边界变成了 f 平面中的实部. 现在速度势 Φ 的零水平作为驻点 O, 这使得沿 OA 与 OB 为负值. 我们记 Φ 在点 A 与点 B 的未知值为 f_0(注意 f_0 是在相同的时间在点 A 与点 B 的值, 因为 $\Phi=0$),f_0 为负的, 由

$$f_0=-\int_0^{+c} v_x \mathrm{d}x=-\int_0^{-c} v_x \mathrm{d}x \tag{6}$$

给定. 我们已经发现尾区的全部边界与 f 平面负实轴的对应, 不过不是一一对应, 因为板的前表面 AOB 映射成二重线段 f_0-O-f_0, 如图 51 所示. 这可以用一条沿负实轴的割线来实现. 割线的两个边缘形成尾区的边界, 而正实轴与流线 $\Psi=0$ 一一对应. 图 51 的带剖面线的区域说明带割线的 f 平面是图 49 的流场的像. 尾区映射到 f 平面的第二个分支, 与图 51 的分支相联系, 它跨过支割 (两个分支形成 Riemann 曲面). 我们现在试图得到 ζ 平面到 f 平面映射的解析形式, 忽略 z 平面, 并且比较图 50 和图 51. (注意, 没有间断线也可以实现, 因为物理流平面不再重要.) 如果映射处处是保角的, 我们将给出 ζ 和 f 间的双线性关系. 然而存在若干点, 在那里映射的保角性被破坏, 虽然在这两个图的带剖面线的区域的内部仍然是保角的, 保角性被破坏的点出现在边界上, 已经在上面列出的表的最右边的一列中作了说明. 表中对应 A 和 B 行出现的 1/2 表示, 在 f 平面的边界点 A 和 B 角度为 π, 在 ζ 平面为 π/2; 对应 O 行和出现的 1/2 表示, 在 f 平面边界点 O 角度为 2π, 在 ζ 平面为 π. 根据这一点, f 平面和 ζ 平面的关系必须包含 f 有形式 $\sqrt{f}$, ζ 有形式 $\left(\zeta \pm \dfrac{1}{q}\right)^2$.

① 如果我们用反变量 $\zeta'=1/\zeta$ 代替 ζ, 流动区域变成半圆形区域的内部, 回路 $UAOBU$ 在半圆的封闭边界上. 我们保持 Kirchhoff 原来关于在式 (3) 中对 ζ 的定义, 与较早的一篇论文进行比较, 虽然在 ζ' 平面上流的映射是一个简单的速度端图, 但具有较强的物理意义.

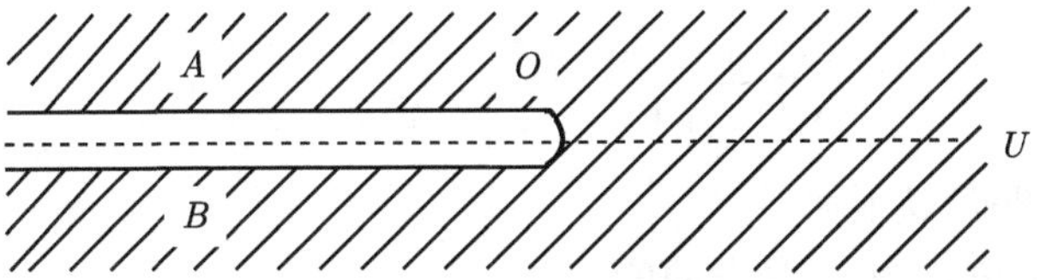

图 51　z 平面到 f 平面点映射

	z	ζ	f	角度变化
A	$+c$	$-\frac{1}{q}$	$f_0 < 0$	$\frac{1}{2}$
B	$-c$	$+\frac{1}{q}$	$f_0 < 0$	$\frac{1}{2}$
O	0	$\pm\infty$	0	$\frac{1}{2}$
U	∞	$-\frac{1}{q}$	∞	

因此我们考虑这些量的如下双线性关系:

$$\frac{\left(\zeta+\frac{1}{q}\right)^2}{\left(\zeta-\frac{1}{q}\right)^2}=\frac{\sqrt{f_0}-\sqrt{f}}{\sqrt{f_0}+\sqrt{f}}$$

进而化成更方便的形式

$$\frac{(q\zeta+1)^2}{(q\zeta-1)^2}=\frac{1-\sqrt{\frac{f}{f_0}}}{1+\sqrt{\frac{f}{f_0}}} \tag{7}$$

这个函数满足本节表中的要求, 可以在点 A, B, O 把式 (7) 展开成幂级数去证明这一点. 我们将在第 31 节以系统的方式再讨论这一点.

让我们现在显式地计算 ζ. 方程 (7) 可改写成

$$(q\zeta)^2+2\sqrt{\frac{f}{f_0}}q\zeta+1=0 \tag{7a}$$

这个方程的根为

$$\zeta=-\frac{1}{q}\left(\sqrt{\frac{f_0}{f}}\pm\sqrt{\frac{f_0}{f}-1}\right) \tag{8}$$

这个分析的一个亮点是可以由式 (4) 消除辅助变量 ζ, 得到原始变量 z 和 f 之间的微分方程如下:

$$\frac{\mathrm{d}z}{\mathrm{d}f} = -\frac{1}{q}\left(\sqrt{\frac{f_0}{f}} \pm \sqrt{\frac{f_0}{f} - 1}\right) \tag{9}$$

它的积分确定了保角映射函数.

为此目的, 引进参数 α 是方便的

$$\begin{cases} \sqrt{\dfrac{f}{f_0}} = \sin\alpha, \quad \mathrm{d}f = 2f_0 \sin\alpha\cos\alpha\mathrm{d}\alpha \\ \sqrt{\dfrac{f_0}{f}} = \dfrac{1}{\sin\alpha}, \quad \sqrt{\dfrac{f_0}{f} - 1} = \dfrac{\cos\alpha}{\sin\alpha} \end{cases} \tag{10}$$

把这些符号代入式 (9), 得到

$$\mathrm{d}z = -\frac{2f_0}{q}(\cos\alpha + \cos^2\alpha)\mathrm{d}\alpha$$

得到它的积分

$$z = -\frac{2f_0}{q}\left\{\sin\alpha + \frac{1}{2}(\sin\alpha\cos\alpha + \alpha)\right\} \tag{11}$$

在这个积分中常数必须等于零, 因为按照式 (10) 当 $\alpha = 0$ 时, $f = 0$, 那么按照表的要求, 假设 z 为零.

按照式 (10), 对 $\alpha = \pi/2, f = f_0$; 按照我们的表, 这表征了板 A 的端点, 或 $z = c$. 这样我们有

$$c = -\frac{2f_0}{q}\left(1 + \frac{\pi}{4}\right), \quad \frac{f_0}{q} = \frac{-2c}{\pi + 4} \tag{12}$$

这确定了未知常数 f_0. 把这个结果代入式 (11), 然后分离实部与虚部得到板的如下参数表示:

$$\begin{cases} x = \dfrac{4c}{\pi + 4}\left\{\sin\alpha + \dfrac{1}{2}(\sin\alpha\cos\alpha + \alpha)\right\} \\ y = 0 \end{cases} \tag{13}$$

板由点 x, y 的变化刻画, 其中 α 的变化范围为

$$-\frac{\pi}{2} < \alpha < \frac{\pi}{2} \tag{13a}$$

现在我们允许 α 为复变量, 从 $\pi/2$ 开始:

$$\alpha = \frac{\pi}{2} - i\beta, \quad 0 < \beta < \infty \tag{13b}$$

那么可以得到

$$\sin\alpha = \cosh\beta, \quad \cos\alpha = +\mathrm{i}\sinh\beta \tag{13c}$$

如果 α 按照式 (13b) 变化, 由式 (10) 和 (12), f 保持实的, 式 (13b) 代表流线 $\Psi=0$ 超过 A 点时为连续, 这就是说, 为图 49 间断线的下分支. 其参数表示, 在分离实部与虚部之后有如下形式:

$$\left\{\begin{aligned} x &= \frac{4c}{\pi+4}\left(\cosh\beta+\frac{\pi}{4}\right) \\ y &= \frac{4c}{\pi+4}\left(\cosh\beta\sinh\beta-\beta\right) \end{aligned}\right. \tag{14}$$

这是一个超越曲线, 用数值确定无困难. 当 β 值大时, 它近似为一抛物线.

方程 (10)~(12) 包含流动问题的普遍解. 当 α 为任意复变数时, 我们得到

$$f=\Phi+\mathrm{i}\Psi=-\frac{2qc}{\pi+4}\sin^2\alpha \tag{15}$$

$$z=x+\mathrm{i}y=\frac{4c}{\pi+4}\left\{\sin\alpha+\frac{1}{2}(\sin\alpha\cos\alpha+\alpha)\right\} \tag{16}$$

用 x 与 y 显式地表达 Φ 与 Ψ, 消去参量 α 则既不可行也不必要.

为了检测我们的结果, 我们可以比较式 (12) 中的 f_0 值与式 (6) 的原始定义. 按照式 (6) 我们应该有

$$f_0=-\int_0^c v_x\mathrm{d}x=\int_0^c\frac{\partial\Phi}{\partial x}\mathrm{d}x=\Phi_c-\Phi_0 \tag{17}$$

利用式 (15) 我们有 Φ 的值

$$\begin{aligned} &\Phi_c=-\frac{2cq}{\pi+4}, \quad && \alpha=\frac{\pi}{2} \\ &\Phi_0=0, && \alpha=0 \end{aligned}$$

这样, 式 (17) 与式 (12) 一致.

与第 29 节相反, 那里的结果导致 d'Alembert-Euler 佯谬, 我们现在的理论给出合理的结果, 即在流动流体影响下作用在单位长度板上的总压力的计算是正确的.

从 Bernoulli 定理第 29 节式 (4a) 我们有

$$P=\int_{-c}^{+c}p\mathrm{d}x=\frac{\rho}{2}q^2\int_{-c}^{+c}\left(1-\frac{v^2}{q^2}\right)\mathrm{d}x \tag{18}$$

沿着板的前表面, v 等于 v_x, 因而 $v^2=1/\zeta^2$, 由式 (3) 和 (18) 得到

$$P=\frac{\rho}{2}q^2\int_{-c}^{+c}\left(1-\frac{v^2}{q^2\zeta^2}\right)\mathrm{d}x \tag{19}$$

这个积分由下面优美的形式得到: 沿板, $\mathrm{d}x=\mathrm{d}z$, 由式 (4) 我们得到

$$\mathrm{d}x=\mathrm{d}z=\zeta\mathrm{d}f, \quad P=\frac{\rho}{2}q\int\left(q\zeta-\frac{1}{q\zeta}\right)\mathrm{d}f \tag{19a}$$

由式 (8), 我们有

$$-q\zeta=\sqrt{\frac{f_0}{f}}+\sqrt{\frac{f_0}{f}-1}$$

这个表达式的倒数值为

$$-\frac{1}{q\zeta}=\sqrt{\frac{f_0}{f}}-\sqrt{\frac{f_0}{f}-1}$$

于是

$$q\zeta-\frac{1}{q\zeta}=-2\sqrt{\frac{f_0}{f}-1}$$

这是二次方程 (7a) 的一个结果. 一旦引入式 (19a) 中最后一个表达式, 我们得到

$$P=-2\rho q\int_{-c}^{+c}\sqrt{\frac{f_0}{f}-1}\mathrm{d}f \tag{20}$$

作为积分的极限和因子 2 的考虑, 注意压力的分布关于中心是对称的, 因此上面和下面的贡献相等.

从式 (10) 引进参数 α, 我们有

$$P=-4\rho f_0 q\int_0^{\pi/2}\cos^2\alpha\mathrm{d}\alpha=-\rho f_0 q\pi \tag{21}$$

从式 (12) 把 f_0 代入上式, 得到

$$\frac{P}{2c}=\frac{\pi}{\pi+4}\rho q=0.88\frac{\rho}{2}q^2 \tag{22}$$

单位面积的压力正比于无穷远处速度的平方, 与流体动力学的经验相符 (见第 10 节); 我们可以用下面的方式解释我们的结果: 压力正比于未扰动的流体的单位体积的动能, 或者, 换句话说, 正比于驻点 O 的压力. 然而式 (22) 中的数值因子与精细测量值并不吻合. 在无限长板的情形, 按照 Prandt (Strömungslehre, 流体力学,p.165)①, 取代我们的结果 0.88, 该数值因子为 2.0. 导致这种差别的还是 Prandtl②, 他指出尾区不会一直延伸到无穷远, 两个分开的区域会在板后某有限距离处相会合. 此外, 板下游压力比未扰动流的压力小, 因为尾区发生了涡旋. 这导致板背面的 "吸力", 从而加大了板的前表面的压力.

最后一个注意点为 Kirchhoff 尾区理论的假设, 它已为文献广泛接受. 这个理论的本质特征是假定方程 (2) 引进的 $p_0=0$. 这与本节方程 (3)~(5) 的解释是一致

① 也可以参考 Hunsaker and Rightmire, *op.oit.*,p.198.

② 见 C.Schmieden, Z. fuer Luftahrtforschung 17,(1940) 37 和 M. Kolscher,*ibid.*p.154.

的. 这个问题普遍处理的试图——它掉进了这个假设——对本书的陈述而言就太复杂了.

我们最后回顾一下稳定性的有趣问题; 假设板不保持刚性固定, 但是可以绕一个轴通过它的中心旋转, 相对于这个流动, 它的位置是什么? 如果优先的取向平行于这个流动, 那么总压力 $P=0$. 然而实验表明, 板自身的取向与流动垂直.

这个问题的完全研究需要当板为一斜板时流动模式和间断面的知识. 我们能够做到的是, 没有确定的图 48 流动模式, 只有如实验得到的图 47b 的板的前表面驻点的定性位置.

31. 用保角映射求解自由射流问题

第 30 节映射函数 (7) 也许是一个运气性的猜想而不是严格的推导. 这种怀疑将被我们接下来对该式 (7) 的系统推导所消除.

让要求 t 平面上的四方形① 映射到 s 平面的上半平面, 最简单的方式是关系式

$$t=s^{\frac{1}{2}} \tag{1}$$

这个映射在有限区域内处处保角, 除去两个平面的原点之外, 在那里, 由实轴在 $s=0$ 直形成的直角 π 被映射成在 $t=0$ 的正实轴和正虚轴之间的角 $\pi/2$. 现在考虑由双线性变换

$$t=\frac{\zeta+a}{\zeta-a},\quad \zeta=a\frac{t+1}{t-1} \tag{2}$$

表示的与 t 平面相联系的 ζ 平面, 其中 a 是正实数. 由式 (2), 正的虚 t 轴映射为半圆弧 $|\zeta|=a$, 它从 $\zeta=-a$ 通过 $\zeta=-\mathrm{i}a$ 到 $\zeta=+a$(双线性变换把直线映射成圆或直线), 而 t 平面的正实轴变成实 ζ 轴的两部分: $a<\zeta<\infty$ 和 $-\infty<\zeta<-a$.

我们现在把式 (2) 代入式 (1), 得到映射函数

$$\frac{(\zeta+a)^2}{(\zeta-a)^2}=s \tag{3}$$

它把 s 平面的上半平面映射到 ζ 平面的带剖面线的区域, 见图 50.

让我们转到复变量 s 与 f 之间的关系: 我们希望映射 s 平面的上半平面到图 51 所示的沿负实轴割开的 f 平面. 在角 $s=0$ 处的角 π 必须在映射下放大一倍,

① 我们的四方形能够被认为是一个闭的多角形, 被两条平行的直线所界, 在 $t=0$ 与 $t=\infty$ 具有直角, 人们看到它是由空间的投影所得到. 更一般地, 具有任意角的一个多角形可以映射到半平面. 存在积分形式的此种映射, 即 H.A.Schwarz 与 E.R.Christoffel 的保角映射公式, 不过我们这里不用这个公式.

于是 $f=0$ 变成 2π. 方程 (2)$s=\sqrt{f}$ 可以实现这个简单的关系. 然而, 我们希望 f 值和 ζ 值的坐标由第 30 节的表描写, 因此关于 $\sqrt{f}$ 的双线性变换为

$$s=\frac{\alpha}{\gamma}\frac{\sqrt{f}+\beta}{\sqrt{f}+\delta} \tag{3a}$$

与式 (3) 联立, 并且 α 由 $1/q$ 代替, 给出

$$\frac{(q\zeta+1)^2}{(q\zeta-1)^2}=\frac{\alpha}{\gamma}\frac{\sqrt{f}+\beta}{\sqrt{f}+\delta} \tag{4}$$

系数 $\alpha,\beta,\gamma,\delta$ 按下式确定①:

$$\begin{array}{lll} q\zeta=-1, & f=f_0 & \mid \quad \alpha\sqrt{f_0}+\beta=0 \\ q\zeta=+1, & f=f_0 & \mid \quad -\gamma\sqrt{f_0}+\delta=0 \\ q\zeta=\infty, & f=0 & \mid \quad \beta=\delta \\ q\zeta=-i, & f=\infty & \mid \quad \alpha=-\gamma \end{array}$$

令 $\alpha=1$ 就得到

$$\gamma=-1, \quad \beta=\delta=-\sqrt{f_0}$$

而方程 (4) 有形式

$$\frac{(q\zeta+1)^2}{(q\zeta-1)^2}=\frac{\sqrt{f}-\sqrt{f_0}}{-\sqrt{f}-\sqrt{f_0}}=\frac{1-\sqrt{\dfrac{f}{f_0}}}{1+\sqrt{\dfrac{f}{f_0}}} \tag{4a}$$

这样我们基于双线性函数和平方根式的已知映射性质完成了对第 30 节方程 (7) 的更具说服力的推导.

我们现在将同样的方法应用于第 11 节处理过的与 Torricelli 名字相联系的那个经典问题, 即从一个大水库的流出问题. 当时, 我们采取的是允许流体离开管口形成一个射流. 现在我们希望遵循 Helmuholtz, 他是把射流的形成归结为流体动力学研究的第一位科学家. 在第 30 节的脚注 6 中引用的他的论文中, 他实际地给出了此问题作为说明间断面思想的唯一的一个例子.

我们这里把射流的形成问题处理成一个等价的二维问题. 这意味着水槽壁的口用一个无限长具有宽度 $2c$ 的垂直于图 52 的平面壁所代替. 重力的作用将忽略不计. 射流的中心线取为 y 轴, 壁为 x 轴. 表示窄条的两个尖锐端点的两个间断线将互相接近, 因为水也从两边进入管口; 射流的截面因此在射流从管口出去后将发生

① 在第二行中 γ 前的负号是从图 51 通过下列方式得到的: $\sqrt{f}$ 在从割缝的上表面到下表面的移动时改变了符号, 如果这个移动没有离开图 51 中带阴影的条形区, 表示没有穿过割缝. 第一行的值 $\sqrt{f_0}$ 对应于点 A, 那么第二行的值取代为 $-\sqrt{f_0}$, 其对应于点 B.

射流紧缩. 我们研究的主要目的是确定收缩度, 或者说, 在距管口大距离处和在管口附近的射流截面的比值. 计算细节这里不介绍, 因为其数学运算与第 30 节一致.

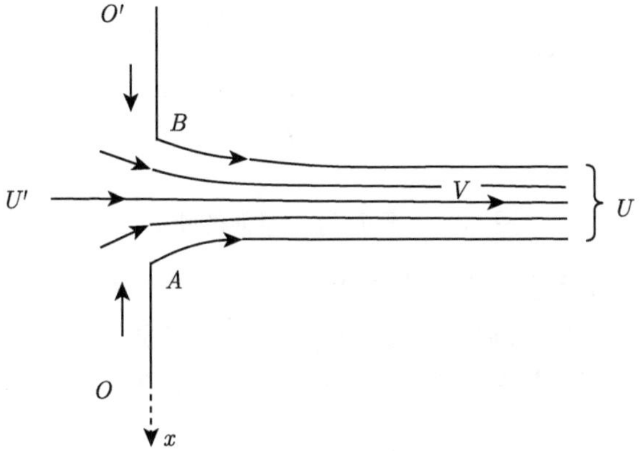

图 52 射流束的二维示意图

图 52 已在平面 $z = x + \mathrm{i}y$ 上绘出. 从第 30 节式 (3)~(6), 有平面

$$\zeta = \frac{1}{-v_x + \mathrm{i}v_y}, \quad f = \Phi + \mathrm{i}\Psi \tag{5}$$

沿两个间断线压力是常数, 等于大气压, 我们取它为 p 的零点. 由第 29 节 Bernoulli 方程 (4), 我们得到沿两个间断线 $v^2 = \mathrm{const}$, 因此 $|\boldsymbol{v}| = \mathrm{const} = q$, 并且由第 30 节式 (3)

$$|\zeta| = \frac{1}{q}$$

这里 q 代表 $|\boldsymbol{v}|$ 在点 A 与 B 的大小, 或者, 我们可以说它是在离开管口充分远处速度的大小, 如同由第 11 节 Torrichelli 方程 (10) 所得到的.

在离开射流的无穷远点 U, 那里的侧边速度分量 v_x 等于零, 由式 (5) 我们得到

$$\zeta = -\frac{\mathrm{i}}{q} \tag{5a}$$

沿壁的内边 v_y 等于零,ζ 变成实的, 我们从图 52 和方程 (5) 有

$$\begin{aligned} &+\infty > \zeta > \frac{1}{q}, \quad (x, y) \in OA \\ &-\infty < \zeta < -\frac{1}{q}, \quad (x, y) \in O'B \end{aligned} \tag{5b}$$

因此图 53 的 ζ 平面中的流动区域与图 50 中的相同. 另外, 图 53 描写了射流中心线上逆向延伸的遥远点 U' 的像 (由管口趋向点 U' 必须假定 $v_x = 0, v_y \to 0$, 因此 $Im\zeta \to -\infty$).

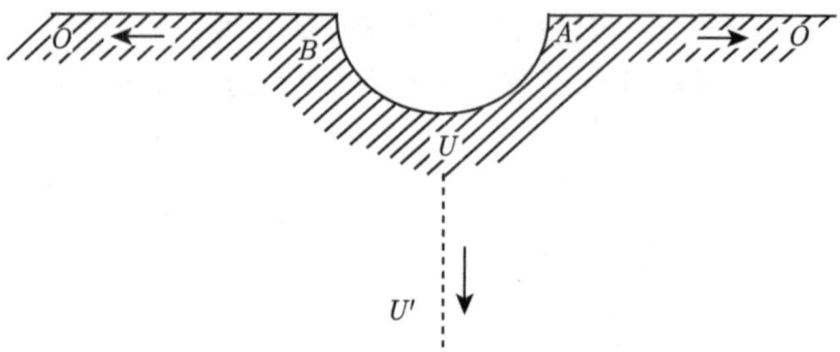

图 53　z 平面到 ζ 平面的映射

图 54 显示了 f 平面的区域. 让流线 $\Psi=0$ 与流 UU' 的对称轴 (f 平面的实轴) 重合. 沿着从 U 到 U' 方向的线 Φ 是增加的, 因为这里 $v=v_y$ 具有从 U' 到 U 的方向. 我们分派流线使其沿水库的壁流动, 以及分派间断线使流函数的值①为

$$\Psi=\pm\frac{\pi}{2}\Psi_0$$

全部流动区域映射到由这两条 Ψ 线所界的 f 平面上的狭长条形区域. 如果我们现在分派速度势 Φ 的零水平到等势线上, 使其通过狭长条形的两端 A 与 B, 那么在图 54 中 A 与 B 的像位于 f 平面的虚轴上, 储水槽的 "上" 与 "下" 的槽壁由狭长条边界上的线段 AO 与 BO' 代表, 而 UA 与 UB 是射流边界的像.

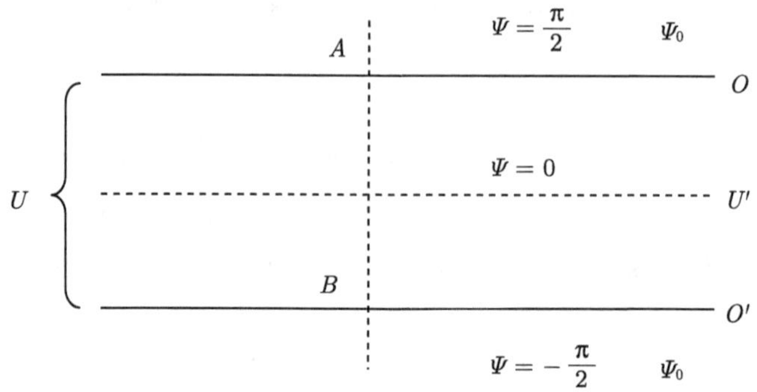

图 54　z 平面到 f 平面的映射

同以前一样, 我们现在已经找到了在 ζ 和 f 之间的解析关系, 再次用表阐明图 52~图 54 中所表明的相关关联.

在前面的问题中, 我们已经映射带割缝的 f 平面已充分延拓到 ζ 平面的一个特殊部分, 其中平方根可以作为一个映射函数. 现在我们要把 f 平面上的一个狭长条形区域映射到和前面相同的 ζ 平面的一个特殊部分. 这可以用指数函数来实现.

① Ψ_0 前因子取为 $\pi/2$ 为了使下面的公式简单.

	z	ζ	f
A	$+c$	$\frac{1}{q}$	$\mathrm{i}\frac{\pi}{2}\Psi_0$
B	$-c$	$-\frac{1}{q}$	$-\mathrm{i}\frac{\pi}{2}\Psi_0$
O	$+\infty$	$+\infty$	$-\infty+\mathrm{i}\frac{\pi}{2}\Psi_0$
O'	$-\infty$	$-\infty$	$-\infty-\mathrm{i}\frac{\pi}{2}\Psi_0$
U	$+\mathrm{i}\infty$	$-\frac{i}{q}$	$-\infty$
U'	$-\mathrm{i}\infty$	$-\mathrm{i}\infty$	$+\infty$

我们用 Kirchhoff 记号 e^w, 其中变量 w 正比于 f, 具有一个标量因子①, 取为 $1/\Psi_0$:

$$w=\frac{f}{\Psi_0} \tag{6}$$

映射函数 (4) 现在取下面的形式:

$$\frac{(q\zeta+1)^2}{(q\zeta-1)^2}=\frac{\mathrm{i}\mathrm{e}^w-1}{\mathrm{i}\mathrm{e}^w+1}$$

其中 $\alpha,\beta,\gamma,\delta$ 已经按上表确定, 也就是满足在点 A,B 和 U 所要求满足的条件, 其余的条件会自动满足. 类同于第 30 节式 (7a), 我们得到 q 满足的二次方程

$$(q\zeta)^2+2\mathrm{i}\mathrm{e}^w q\zeta+1=0$$

得到解

$$q\zeta=-\mathrm{i}(\mathrm{e}^w+\sqrt{\mathrm{e}^{2w}+1})$$

因为第 30 节式 (4), 那里的 $\mathrm{d}f$ 为 $\Psi_0\mathrm{d}w$ 所代替, 这导致了微分方程

$$\mathrm{d}z=-\frac{\mathrm{i}\Psi_0}{q}\left((\mathrm{e}^w+\sqrt{\mathrm{e}^{2w}+1})\right)\mathrm{d}w \tag{7}$$

现在让我们图 54 的三条直线

$$\Psi=0,\quad \Psi=\pm\frac{\pi}{2}\Psi_0$$

量 f 和 w 在 $\Psi=0$ 时是实的; 在式 (7) 左边的数为纯虚数. 点 z 沿 y 轴从 $-\infty$ 穿过 ∞, 正是所期望的 (图 52). 沿着另外两条线, e^w 变成纯虚数. 令

$$\mathrm{e}^w=\pm\mathrm{i}s,\quad \mathrm{d}w=\frac{\mathrm{d}s}{s}$$

① 注意 Kirchhoff 在他的著作 *Vorlesungen ueber Mechanik* 第XXII章第 3 节中以相反的符号定义了速度势, 选择的坐标轴与射流不对称, 没有明显地建立像 q 这样问题的参数. 这个过程相当于令 $q=1$, 已被文献广泛接受. 然而我们的观点是从一开始就通过引入确定的单位使得掌握 Kirchhoff 的灵巧方法变为可能.

方程 (7) 表现为下列形式:

$$\mathrm{d}z = \frac{\Psi_0}{q}\left(\pm s + \sqrt{s^2+1}\right)\frac{\mathrm{d}s}{s} \tag{8}$$

平方根对 $\infty > s > 1$ 是实的; 对这些 s 值, z 是实的, 并且沿储水槽的 "上壁"$y = 0, x > c$ 和 "下壁"$y = 0, x < -c$ 穿行.

因为我们主要兴趣是射流的自由边界, 也就是, 为了描写这个条带, 我们必须考虑 $s < 1$. 这使得式 (8) 中的 $\mathrm{d}z$ 变得复杂, 它必须是射流边界弯曲的情形. 我们选择式 (8) 中上部分的符号, 即对应于图 52 的射流下边界, 并且取

$$s = \sin\alpha, \quad \frac{\pi}{2} > \alpha > 0$$

现在取方程 (8) 的形式

$$\mathrm{d}z = \frac{\Psi_0}{q}(\sin\alpha + \mathrm{i}\cos\alpha)\frac{\cos\alpha}{\sin\alpha}\mathrm{d}\alpha = \frac{\mathrm{i}\Psi_0}{q}\mathrm{e}^{-\mathrm{i}\alpha}\frac{\cos\alpha}{\sin\alpha}\mathrm{d}\alpha$$

积分后得到

$$z = \mathrm{i}\frac{\Psi_0}{q}\left(\mathrm{e}^{-\mathrm{i}\alpha} - \frac{1}{2}\log\frac{1+\cos\alpha}{1-\cos\alpha}\right) + \mathrm{const} \tag{9}$$

可用微分去检验. 常数由要求 $\alpha = \pi/2$ 时, $z = c$ 确定, 也就是在点 A 处. 那么我们得到

$$\mathrm{const} = c - \frac{\Psi_0}{q}$$

以及

$$z = c - \mathrm{i}\frac{\Psi_0}{q}\left(1 - \mathrm{e}^{-\mathrm{i}\alpha} - \frac{1}{2}\log\frac{1+\cos\alpha}{1-\cos\alpha}\right) \tag{9a}$$

分离实部与虚部, 得到

$$\begin{aligned} x &= c - \frac{\Psi_0}{q}(1-\sin\alpha) \\ y &= \frac{\Psi_0}{q}\left(\cos\alpha - \frac{1}{2}\log\frac{1+\cos\alpha}{1-\cos\alpha}\right) \end{aligned} \tag{10}$$

这些方程是射流边界之一的参数化表示, 另外一个可以由式 (10) 中改变 x 的符号而得到.

令式 (10) 中的 $\alpha = 0$ 得到

$$x = c - \frac{\Psi_0}{q}, \quad y = \infty$$

这是图 52 中无限远点 U 的性态. 因此得到在点 U 射流半宽为

$$b = c - \frac{\Psi_0}{q} \tag{11}$$

最后我们发现常数 Ψ_0 的物理意义, 它自然同速度 q 有关. 写出第 19 节方程 (5) 的 Cauchy-Riemann 第二方程

$$\frac{\partial \Psi}{\partial x} = -\frac{\partial \Phi}{\partial y} \tag{12}$$

在截面 U, 也就是离管口较远的地方, 速度一致地等于 q, 并平行于 y 轴, 方程 (12) 右边为常数. 在 $x=0$ 与 $x=b$, 也就是对应于 $\Psi=0$ 与 $\Psi=(\pi/2)\Psi_0$, 积分式 (12) 得到

$$\frac{\pi}{2}\Psi_0 = qb \tag{12a}$$

联立方程 (11), 得到

$$b = c - \frac{2}{\pi}b, \quad \frac{2+\pi}{\pi}b = c$$

于是得到射流的相对收缩系数

$$\frac{b}{c} = \frac{\pi}{2+\pi} = 0.611$$

在水力工程中使用的实际射流的相对收缩系数非常接近这个理论值, 它们用于预测通过给定几何管口的流出量.

32. Karman 涡街

一个给定物理状态的分析通常要求某些理想化的成分, 以致数学工具才能成功地应用; 得到可实现的理想化是数学物理学家的一个课题. 从这个思想出发, 我们研究 Helmholtz 已经叙述过的问题 (见第 30 节开头): 什么是导致间断面卷曲变成随后涡丝的机理? 在第 30 节考虑过的情形, 涡旋源自板的端点; 一般, 涡旋可通过在流动经过的任何障碍生成. 图 47a,b 给出了它们的写照. 粗略地讲, 涡旋的行为像是在间断面处分布的滚珠轴承或者滚柱轴承里面的钢珠那样, 把流动区域和静止区域分离开来. 这个可视化至少给出在尾区一边的涡旋转动的正确意义. 然而存在的不同之处是: 涡旋不像轴承里面的钢珠那样运动. 它们与流体一起运动, 它们之间互相有影响; 事实上, 这种相互影响又产生了一个附加速度, 它与流体运动的主速度相叠加, 如我们下面将看到的, 其方向与后者相反.

Karman[①]理想化一个障碍处产生的涡旋序列, 假定无限长直涡街, 不考虑传递到无穷远的涡旋原点. 在街的一侧, 涡旋是等距离分布的: 这表征稳态. 经生成之后, 它在 (无限) 长时间发展. 在街的另一侧, 转旋的意义是不同的; “上” 涡旋, 顺时针旋转, “下” 涡旋, 逆时针旋转. 主速度点在右方, 对应的是自由流, 沿一个静止的

① Th.v.Karman, Ueber den Mechanismus des Fluessiqkeits und Lufderstandes, Guettinger Nachr.1911 und 1912. 也可以参考 Karman and H.Rubach, Physikal Z. 13 (1912), 49.

尾区搅拌携带者. Karman 规定附加速度与涡街平行; 下面我们将按同一假定, 进行自己的分析.

第一个结果是, 如我们将表明的, 两行涡旋必须在互为相反的位置, 如图 55 所示, 或以另外一种形式, 如图 56 所示 (注意 “涡旋” 是集中的涡丝, 如图所示, 由一个带半圆箭头的点所代表.)

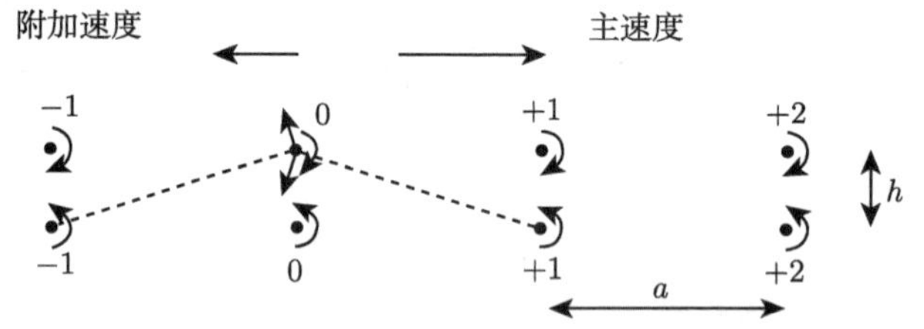

图 55　Karman 涡街, 由两列涡旋组成, 取向相反, 涡旋处在相反的位置

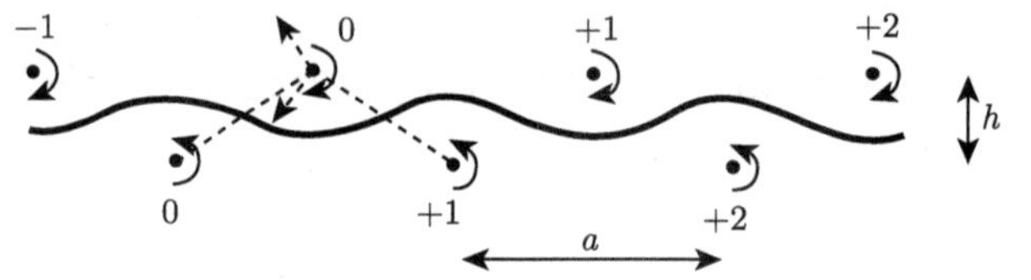

图 56　Karman 涡街, 涡旋处于交替位置

考虑图 55, 涡旋的数目从 $-\infty$ 到 $+\infty$, 选择上涡街的涡旋 0 代表 “场” 涡旋, 考虑这个涡旋的作用引起如第 21 节中的其他涡旋. 涡旋 0 的速度对街的同侧相邻涡旋 ± 1 无贡献, 因为诱发速度的方向与这些涡旋连线相垂直. 同样的原因, 涡旋对 $\pm k$ 的贡献将抵消. 相反, 涡旋 0 的贡献指向涡街的负方向. 另外一侧涡旋 ± 1 的贡献是个别的, 倾斜于涡街, 给出涡街负方向的一个合力, 并且对于 $\pm k$ 也成立.

对涡旋不是互相完全相反的情形, 则同样的结构将给出一个在我们的场涡旋的全诱导, 它倾斜于涡街, 由图 56 给出人们指望的另一种情形. 这里我们合成相反位置的涡旋 0 与 1 的诱导 (图 56 的虚线) 及更一般的对 $(-k, k+1)$ 的诱导, 并在场涡旋处得到附加速度, 指向街的反方向. 另外, 图 56 给出一种可能存在的流体质点路径的想法, 在涡旋间盘旋进去或出来, 与图 47a 与 b 合理地一致.

照片认为图 56 比图 55 的图像更真实. 为了解释这一点, 可以参考 Karman 对这两种排列方式的稳定性研究工作.

对于稳定性问题, 我们需要作一些评论. 如图 55 与图 56, 涡旋的位置

$$z_k = x_k + \mathrm{i}y_k$$

精确地由正和负的整数 k 给出, 按照复分析方法, 附加速度能够计算出来. 为了研

究稳定性, 我们必须引进一个扰动

$$\bar{z}_k = \bar{x}_k = \mathrm{i}\bar{y}_k$$

去描写涡旋①. 这种扰动的引进, 也改变了附加速度. 例如, 说明在同一侧所有涡旋的全诱导作为场涡旋的消失不再成立. 在扰动态, 场涡旋的速度取决于所有 $\bar{z}_k$. 不考虑它们在涡街的哪一边. 我们假定这种关系为一线性函数,$\bar{z}_k$ 的高阶幂忽略不计. 由 $\bar{z}_k$ 的变化产生的诱导的变化确定了场涡旋作为所有其他 $\bar{z}_k$ 的线性函数的时间变化率 $\bar{z}_0$. 这样, 我们得到关于 $\bar{z}_k$ 的一阶无穷微分方程组, 然而, 它可以化成仅仅两个具有同样特征的微分方程式 (见后面讨论). 按照一般小振动的理论②, 人们首先确定系统的主模态, 也就是人们首先求得具有与时间关系的解 $\mathrm{e}^{\lambda t}$. 这个过程对一个非常简单的情形在第一卷 3.24 节和问题Ⅳ.2 介绍过. 如果 λ 是纯虚数, 涡街是稳定的, 因为常振幅的振荡将持续下去, 而摩擦至今均被忽略了. 如果 λ 为具有正实部的复数, 涡街是不稳定的, 因为系统要稳定, 只有所有主模态稳定. Karman③ 已经表明对图 55 所示涡旋排列对 h 取任何非零值都是不稳定的; 而图 56 的交替排列当且仅当

$$\sinh\frac{h}{a}\pi = 1, \text{也就是}\frac{h}{a} = 0.281 \tag{1}$$

时才是稳定的. 我们的图 55 和图 56 就是按照这个 h/a 的数值绘制的.

这个稳定性研究的完全表述, 包含许多数学问题, 要占许多篇幅, 我们只介绍其要点. 这么做时我们同时拓广 Maue 论文给出的研究基础④. 我们假定, 涡街的一行相对于其他行漂移一个量 $d < a$(在图 55, $d = 0$; 在图 56, $d = a/2$). 这样做并无明显困难, 如果对 0,0 的中心位于 z 平面的原点, 而且点以这种方式计数, 街一侧的点 $\pm k$ 沿直径方向与街的另外一侧点 $\mp k$ 相反, 也就是

$$z_k^2 = -z_k^1, \quad z_k^1 = z_0 + ka, \quad z_0 = \frac{1}{2}(d + \mathrm{i}h) \tag{2}$$

(上标 1 和 2 分别记街的上、下行, z_0 表示街的上侧 0 涡旋的位置.)

① 这个变化实际上过于受到限制, 因为它仅仅发生在 x, y 平面, 而在 z 方向移动的涡丝仍然被设想为直的, 如原来那样. 一个更普遍的稳定性研究由 K. Schlayer 在其 Muechen 大学的学位论文给出 (Z. angew. Mathem. und Mech.,8,(1928)352). 人们可以捍卫由 Karman 允许的这个特殊的变化, 观测到能具有任意速率的无限长直涡丝, 只有在小距离平行板中的流动发生 (见第 21 节的 4.5 小节). 这样的稳定性, 从实验证明来考虑, 除非板之间的距离充分小. 然而按照 Schlayer, 在板之间的距离增加时, 总是存在向一般变化的不稳定性.

② 关于小振动的讨论, 见 Karman, Th.v. 和 Biot, M. A., Mathematical Methods In Engineering, New York, 1940, Chapters V and VI.

③ Karman 的研究为 Bl.Dolaptaschiew 所补充, 他考虑了二阶项 (Z.angew.Mathem.und Mech.17 (1937)313,18(1938)263).

④ A. W. Maue, Z. angew. Mathem. und Mech.20(1940)130, 方程 (6)~(8) 已经超出了 Karman 的原始研究, 由 Maue 先生给出, 他还诚挚地给出了他的论文的附录.

首先, 我们给出关于复势 $f=\varPhi+\mathrm{i}\varPsi$ 的一个很简单的表达式, 它对任意的 d 都成立, 它与 d 仅在 z_0 附近有关. 我们的起点是第 19 节方程 (10), 它描写一个正的与一个负的涡的联合作用. 在正的与负的涡的中心, 方程的分子与分母分别等于零. 这个方程对于我们的涡街的广义化是简单的

$$f=-\frac{\mathrm{i}\mu}{\pi}\log\frac{\sin\dfrac{(z-z_0)\pi}{a}}{\sin\dfrac{(z+z_0)\pi}{a}} \tag{3}$$

事实上, 分子对下面所有的点

$$z=z_k^1=z_0+ka$$

都等于零, 而分母对下面所有的点

$$z=z_k^2=-(z_0+ka)$$

都等于零, 如方程 (2) 所要求. sin 函数的周期性使得每一个涡作用相同的强度. 第 19 节式 (10) 中的因子 A 表征涡的强度, 按第 19 节式 (8a) 已经发生了变化, 并且符号需要按图 56 涡的方向去调整.

对 f 求 z 的导数, 可以得到类似于第 30 节式 (3) 和 (3) 关系

$$\frac{\mathrm{d}f}{\mathrm{d}z}=-\boldsymbol{v}^*\begin{cases}\boldsymbol{v}=v_x+\mathrm{i}v_y\\ \boldsymbol{v}^*=v_x-\mathrm{i}v_y\end{cases} \tag{4}$$

这里 $\boldsymbol{v}$ 是流体质点的速度, 由其复坐标 z 表征. 如果我们希望把这个公式用到一个涡点, 例如 $z=z_0$, 那么我们必须记住它对自己的诱导是零, 从而必须从 f 的表达式中消去. 这点可以通过在式 (3) 中加一个正数而实现

$$+\frac{\mathrm{i}\mu}{\pi}\log(z-z_0)$$

按照这一点, 当我们引进 $\boldsymbol{u}=u_x+\mathrm{i}u_y$ 作为涡 z_0 的速度场时, 式 (4) 导致

$$u^*=\frac{\mathrm{i}\mu}{\pi}\frac{\mathrm{d}}{\mathrm{d}z}\left(\log\frac{\sin\dfrac{(z-z_0)\pi}{a}}{\sin\dfrac{(z+z_0)\pi}{a}}-\log(z-z_0)\right)$$

微分方程 (4) 在 $z=z_0$ 求解. 我们因此引进

$$(z-z_0)\frac{\pi}{a}=\varepsilon,\quad (z+z_0)\frac{\pi}{a}=2z_0\frac{\pi}{a}+\varepsilon$$

那么在极限 $\varepsilon\to 0$ 时

$$u^*=\frac{\mathrm{i}\mu}{\pi}\cot\frac{2\pi z_0}{a} \tag{5}$$

这个公式不仅对涡 $z=z_0$ 成立, 由于涡街的对称性, 对其他任意涡也成立. 对于"附加速度" $\boldsymbol{u}=u_x+\mathrm{i}u_y$ 在街的方向上的简单性, 式 (5) 是实的, 因而表达式

$$\cot\frac{2\pi z_0}{a},\text{或者因为式(2)}\cot\frac{\pi}{a}(d+\mathrm{i}h)$$

必须为纯虚的. 这只有在 $d=0$ 或者 $d=a/2$ 才发生. 在这两种情形下, 由于式 (5), 我们有

$$\begin{cases} d=0, & u^*=u_x=-\dfrac{\mu}{a}\coth\dfrac{h}{a}\pi \\ d=\dfrac{a}{2}, & u^*=u_x=-\dfrac{\mu}{a}\tanh\dfrac{h}{a}\pi \end{cases} \tag{5a}$$

考虑式 (1) 陈述的稳定性判据, 式 (5a) 的第二个方程能够重新写成

$$d=\frac{a}{2},\quad u^*=u_x=-\frac{1}{\sqrt{2}}\frac{\mu}{a} \tag{5b}$$

这样为图 55 与图 56 所构造的附加速度场已经得到. 由同图中的主速度——它可以被记为平板问题中的 q——对于我们已经选择的特殊参考系 (中心为点 0,0) 取零值. 这能够从方程 (3) 看出: 如果 z 被允许在涡街外的某些特定方向趋于无穷远, 那么 sin 的商趋近于常数极限; 这样 f 是常数, 而 $q=0$.

在所有其他情形, $\boldsymbol{u}=u_x+\mathrm{i}u_y$ 偏离涡街. 倾斜角度 γ 由式 (5) 从下式

$$\tan\gamma=\frac{u_y}{u_x}\frac{\sin 2\pi\dfrac{d}{a}}{\sinh 2\pi\dfrac{d}{a}} \tag{6}$$

计算得到. $\boldsymbol{u}=u_x+\mathrm{i}u_y$ 的绝对值 u 由式 (5) 得到

$$u=\frac{u_y}{u_x}\sqrt{\frac{\cosh^2\pi\dfrac{d}{a}-\sin^2\pi\dfrac{d}{a}}{\cosh^2\pi\dfrac{d}{a}-\cos^2\pi\dfrac{d}{a}}} \tag{6a}$$

这个公式是 Karman 的结果 u_x 的推广, 是我们的方程 (5a) 中的 u_x.

如果我们让涡街由平板绕流产生, 如同在本节开头所分析的那样, 方程 (6) 必须与斜板的情形相联系. 然而, 这并不简单地意味着方程 (6) 中的角度 γ 与图 48 中的角度 γ 相等 (实际是前者比后者小). 很不幸, 图 47b 未能显示涡街产生的倾斜性.

我们仍将讨论我们问题的核心部分, 也就是研究稳定性. 跟从 Maue, 我们选一个稍微不同的方法: 代替涡点的位移 $\bar{z}_k$ 描述, 我们修改复势 (3) 的 sin 函数为下列形式:

$$\sin(z-z_0)\frac{\pi}{a}-\zeta_1(z)\text{和}\sin(z+z_0)\frac{\pi}{a}-\zeta_2(z) \tag{7}$$

摄动 $\zeta_1(z),\zeta_2(z)$ 假设是小量. 它们与 $\bar{z}_k$ 的任意变化相联系, 这是函数 (7) 的零点被要求分别发生在 $z_k^1+\bar{z}_k^1$ 和 $z_k^2+\bar{z}_k^2$ 所关联的. 如果置

$$\zeta_1(z_0+ka)=(-1)^k\frac{\pi}{a}\bar{z}_k^1,\quad \zeta_2(-z_0+ka)=(-1)^k\frac{\pi}{a}\bar{z}_k^2$$

这一点可以满足. 用这种方式, 函数 $\zeta_1(z),\zeta_2(z)$ 除去周期 a 的一个函数外已经固定. 涡点速度在摄动之后已经如方程 (4) 那样通过修正函数的微分得到. 对摄动函数求时间导数可得到相同的速度, 人们可以得到 $\zeta_1(z),\zeta_2(z)$ 之间的联立微分方程, 含有对 z 的第一和第二次导数及 ζ_1,ζ_2. 我们省略了对这些方程的详细讨论, 得到稳定性判据为

$$\sinh\frac{d}{a}\pi=\sin\frac{d}{a}\pi \tag{8}$$

这是 Karman 判据 (1) 的直接推广.

图 57 实证了上述结果以及卡门涡街的特殊情况. 这是一个所有可能稳定涡街的宽度与位置图. 如果式 (8) 中 sinh 函数通过在原点的切线来近似, 该曲线将成为一个普通的正弦曲线. 因为双曲正弦随它的自变量单调增加, 实际的 h 与 d 之间的关联关系与式 (8) 的右边出现的 sin 曲线有一点轻微的失真. 最大纵坐标对应于卡门的位置是 $d=a/2$. 对于 $d=0$ 有 $h=0$, 正如在几何相同的情况下, $d=a$ 这两种情况下涡旋点重合, 所以会相互抵消, 稳定曲线的终点没有物理意义.

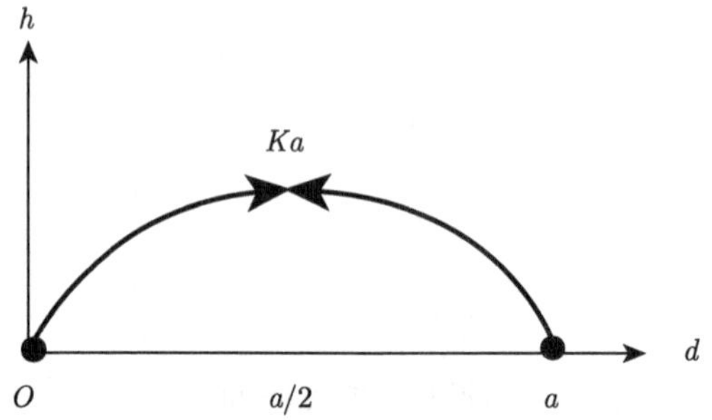

图 57　广义稳定性判据的描写, 涡街宽度 h 是两行涡的相互位移的函数

我们可以预期, 如进行与 Karman 和 Rubach 类似的对直涡街的实验研究, 一样会得出式 (8) 是一个斜涡街的结论.

附录　牵引问题

Karman 研究涡街的实际目的是建立牵引的解析公式. 为此, 他考虑一物体, 在远离涡街的地方经过流体, 该涡街已经发展, 并且一直延伸到无穷远处. 计算在涡街的 z 平面上进行, x 为物体运动的方向. 物体在 z 平面的法线方向为无穷长. 我

们在一个控制表面内划定一个足够大的正方形区域, 它包含物体和涡街延伸的足够长的方向, 我们研究控制表面内的动量平衡. 考虑的项有: 流体与物体之间的压力相互作用, 由于新涡旋的形成在控制表面内动量的增加和穿过表面的动量流. 这三项中的第一项为负, 它的实部代表牵引, 它的虚部代表边界力, 与运动方向垂直.

即使物体运动方向与涡街方向重合, 计算也是困难的. Maue 研究的更一般情形是, 物体运动方向与涡街方向之间存在一定的角度, 这总是经常发生, 除非物体和运动方向之间有一个特殊的对称性关系. 牵引公式不是 Maue 在本章脚注 18 论文中得到的, 而是本书著者在下面讨论中作出, 它把 Karman 公式作为一个特例包含进去.

记号如第 30 节在平板绕流问题所用的那样. 牵引力 P 对应于压力对板的宽度积分, 见第 30 节式 (22). 物体垂直于运动方向在 $(x+\mathrm{i}y)$-平面内的有效宽度为 $2c$, 而先前的 $2c$ 为板的宽度. 在现在的记号中, q 是物体相对于流体的速度, 该流体在无穷远静止. 原来的 q 是流体的速度, 而板在无穷远静止. 无量纲牵引系数用 λ 表示 (原来为 0.88). 两个相邻涡旋的距离为 a, 而 h 是涡街的宽度, u 是在方程 (5) 计算中用的进展速度.

按照 Maue, 替代第 30 节式 (22) 的牵引力公式是

$$\frac{P}{2c}=\lambda\frac{\rho}{2}q^2 \tag{9}$$

这里

$$\lambda=\frac{a}{c}\left\{A\eta-B\eta^2\sqrt{1-C\eta^2}-2C\eta^2\right\} \tag{10}$$

其中 A,B,C 为

$$A=\frac{2\sqrt{2}}{\pi}\beta\sinh\beta,\quad B=\frac{4}{\pi}\sinh\beta(\beta\cosh\beta-\sinh\beta),\quad C=\frac{1}{2}(1-\sinh^2\beta) \tag{11}$$

并且

$$\beta=\pi\frac{h}{a},\quad \eta=\frac{u}{q} \tag{12}$$

这样牵引系数包含三个比值, 由式 (12) 和 (10) 给出.

在 von Karman 情形 $d=a/2$, 由式 (8) 和 (11)$\beta=1$, 因而

$$A=0.794,\quad B=0.31,\quad C=0 \tag{13}$$

从方程 (10), Karman 牵引系数现在得到其形式为

$$\lambda=\frac{a}{c}\left\{0.794\frac{u}{q}-0.314\left(\frac{u}{q}\right)^2\right\} \tag{14}$$

因而它只与两个比 a/c 和 u/q 有关. 在第 32 节引用的脚注 15 的文献中, 已经由实验得到平板的情形

$$a/2c = 5.5, \quad u/q = 0.20 \tag{15}$$

由这些数据, 式 (14) 给出

$$\lambda = 1.6 \tag{16}$$

比第 30 节式 (22) 的 Kirchhoff 系数大很多. 后者的值太小, Prandtl 和合作者已经指出.

W. Heisenburg① 已经注意到从理论上通过守恒定理确定式 (15) 中的量, 该理论适合涡旋的生成. 他发现, 与 Karman 极好地吻合: $a/2c = 5.5, u/q = 0.23$, 由式 (14), 得到 $\lambda = 1.8$.

33. Prandtl 边界层

在本章的讨论中假定流体无黏性, 在所有的有势流动②的例子, 这种假定均不让人满意. 然而, 在不可压缩流体的二维或三维有势流动, 不考虑黏性时, 不影响微分方程, 虽然对边界条件具有决定性的重要性.

这可以由第 16 节 Navier-Stokes 方程 (1) 去考量一下. 如果旋度 $\nabla \times \boldsymbol{v} = 0$ 和散度 $\nabla \cdot \boldsymbol{v} = 0$(不可压缩流体), 那么摩擦项 $\mu \nabla^2 \boldsymbol{v}$ 可以由第 16 节方程 (1) 中忽略, 因为

$$\nabla^2 \boldsymbol{v} = \nabla\nabla \cdot \boldsymbol{v} - \nabla \times \nabla \times \boldsymbol{v}$$

因此 Euler 方程的无旋解总是 Navier-Stokes 方程的解: 黏性力在流体做无旋运动时没有动力学效应.

这一点在流体与固体墙的边界并不成立. 对一完全流体, 在这种情形下, 有边界条件

$$v_n = 0, \quad v_s \text{为任意} \tag{1a}$$

而对黏性流体, 按第 10 节式 (9)(黏附条件) 为

$$v_n = 0, \quad v_s = 0 \tag{1b}$$

这仅仅是墙的最接近性的表达, 黏性力变成动力学上的重要的, 作为修正边界条件 (1b) 的一个结果. 对应于具有大 Reynolds 数的流体, 然而我们可以假定, 由于黏性, 完全流体流动模式的修正不能延伸到流体内部太远的地方.

---

① Physk.Z.23(1922),363 mit einer zusaetzlichen Bemerkung von Prandte.

② Karman 的涡街也是一个势流; 其涡度收缩为涡丝, 即势的奇异性. 还有第五章的波动也按势流处理 (见第五章有关节).

两个不同类型的边界条件 (1a) 与 (1b) 的存在是普遍 Navier-Stokes 方程的二阶偏导数出现的数学基础, 相反 Euler 方程只含一阶偏导数. 为了得到解, 对 Navier-Stokes 方程, 必须用两个速度边界条件, 而对 Euler 方程只需一个. 另一方面, 为了从物理上调和矛盾的条件 (1a) 和 (1b), 在势流区和墙中间加一个流体层. 当黏性 μ 减小时, 穿过这个层——其厚度变得任意小, 切向速度迅速地降为零. 对于小而有限的 μ(空气、水), 层仍然会相当薄, 假如浸湿的墙和淹没在流体中的物体很大, 且流体流动非常快. 流体的主要部分在层外, 并且呈现完全流体势流的特性. 这个边界层思想的基础是 Prandtl1904 年首次提出来的.

Prandtl① 和他的合作者的实际计算具有近似理论的特征②. 在计算中, 大多为二维, 在边界层内, 不同平行于边界层的小速度对摩擦项的影响可以忽略. 对小 μ 的情形, 边界层的厚度与 μ 的平方根 $\sqrt{\mu}$ 成正比. 用流体的 Reynolds 数 R 表示, 那么与 $1/\sqrt{R}$ 成正比. 在小宽度的情形, 垂直于边界层的压力梯度将被忽略, 边界层内的压力将与相连的势流压力相一致, 这意味, 它是边界层范围内的自身压力. 对直接与边界层相连的流动, Bernoulli 方程是适用的, 那么我们有一个线元 $\mathrm{d}s$ 在该区域中, 边界层流动转变成自由流

$$\frac{\mathrm{d}p}{\mathrm{d}s} = \rho v_s \frac{\mathrm{d}v_s}{\mathrm{d}s}$$

如果 $\mathrm{d}v_s/\mathrm{d}s$ 从正变为负, 流体开始反压力梯度流动.

进一步的计算表明, $\partial^2 v_s/\partial n^2$ 在 $n = 0$ 是负的, 在下流域中这样的点. 如果压力梯度足够大, $(\partial v_s/\partial n)_{n=0}$ 也会变成负的, 这意味着在墙的直接邻域, 流动是反向的. 这导致涡旋的发生, 从这一点开始下流, 层流就被具有不同结构的流动过程取代.

尽管是近似的, 这个理论的精度很高, 因为 Reynolds 数在实际情形下很大. 对一个给定的情形, 该理论会决定流动是否会附着在刚性边界上, 因此除了很薄的边界层之外, 其余区域仍然保持为势流; 或者该理论会预测流体的分离是否会出现, 并伴随着涡旋的产生.

对每一个大的 v_s(对应于很大的 Reynolds 数), 在边界层内的层流的假定不再正确, 流动变成了湍流, 即使在狭窄的边界层内. 这对整个流动模式具有重要意义, 因为如果边界层变成湍流, 分离点会显著地向下游方向移动. 基于半经验理论, 可以作出湍流边界层行为的近似预言.

在这种意义下, 机翼绕流问题已经解析地解决, 用到势流的理论. 二维机翼理

① Verhandlungen des Internationalen Mathematiker-Kongresses in Heidelberg. Ausfuerlichers in dem Lehrbuch von Prandtl und Tietjens, Hydro-und Aerodynamik, Verlag-Springer, 1931.

② 我们最后的讨论用到了 Th von Karman 的工作, 见 Vortraege aus dem Gebiet der Hydro-und Aerodynamik, Verlag-Springer, 1922.

论开始于 Kutta① 和 Joukowski②. 代表流是作为一个平面势呈非零循环的保角映射方法. 三维机翼理论是普朗特提出的数学形式. 这里的流量转化为一个带不连续面三维势流, 可以想象为一个二维涡丝系统. 该理论不仅提供升力分布在跨度, 也提供在机翼的流场动能的动态等值.

A. Betz 和他的同事开发的三维有限元机翼理论已变成航空工程师的工具, 以致现在可以完成任何受压的机翼 (也有偏转副翼等) 压力分布计算.

① Sitzungsber. Bayer. Akad.1910 and 1911.

② Z. f. Flugtechnik u. Motorluftschriffart, 1 (1910).

第七章　所选择流体动力学问题的补充注释

34. Lagrange 方程

由于在提出流体动力学问题时, Lagrange 方程①的重要性不能与 Euler 方程相比, 因此把它们放到附录里. 在开始讨论之前, 我们希望强调 Euler 方程 (而不是 Lagrange 方程) 的 "与众不同". 在普通力学里, 我们考虑一个质点 m, 它在力学系统中有着良好定义, 给它一个特定的标记 q(坐标), 依照所给的力和约束测定与之相应的动量 p 的时间变化率. 现在, 在 Euler 方程情形, 我们考虑一个体积单元 $\mathrm{d}\tau$(而不是质量单元 $\rho\mathrm{d}\tau$), 并且通过坐标来确定它; 再一次依照所给的力和约束来测定动量的变化, 但我们是在固定空间单元 $\mathrm{d}\tau$ 中来实现的 (注意压力起到约束的作用, 参考第 12 节), 随后在给定瞬间占据 $\mathrm{d}\tau$ 的质量单元就从视野中消失了.

另一方面, 当建立 Lagrange 方程时, 我们遵循通常的程序, 给质量单元 $\mathrm{d}m$ 一定的标记 a, b, c, 以及在 $t=0$ 时的坐标 x_0, y_0, z_0, 我们寻求单元 $\mathrm{d}m$ 在时刻 t 的位置 x, y, z, 这样 x, y, z 和压力 p 都是非独立变量, 而 a, b, c 和时间 t 都是 Lagrange 方程中的独立变量.

目前在局部加速度 $\partial \boldsymbol{v}/\partial t$ 和物质加速度 $\mathrm{d}\boldsymbol{v}/\mathrm{d}t$ 之间没做什么区别, 在动量平衡中起决定作用的参数物质加速度可以直接由下式给出:②

$$\frac{\partial^2 x}{\partial t^2}, \quad \frac{\partial^2 y}{\partial t^2}, \quad \frac{\partial^2 z}{\partial t^2}$$

决定加速度向量的方程是

$$\frac{\partial^2 x}{\partial t^2}\frac{\partial x}{\partial a}+\frac{\partial^2 y}{\partial t^2}\frac{\partial y}{\partial a}+\frac{\partial^2 z}{\partial t^2}\frac{\partial z}{\partial a}=-\frac{\partial}{\partial a}\frac{U+p}{\rho} \tag{1}$$

分别用 b 和 c 代替 a, 可得到两个相应的方程. 如果第 11 节式 (2) 的分量方程分别乘以 $\partial x/\partial a, \partial y/\partial a, \partial z/\partial a$ 再相加, 则可得到方程 (1), 此时假设流体是不可压缩的 ($\rho=\text{const}$), 并且外力有一个位势 $U(\boldsymbol{F}=-\operatorname{grad} U)$. 方程 (1) 是非线性的, 但是欧拉方程也是非线性的; 如果 Lagrange 方程是线性的, 那么它们确实将呈现极大的优势.

---

① 正如经常发生的那样, 此处惯用的术语在历史渊源上并不正确, "Lagrange 方程" 事实上最早出现在本书所引用的 Euler 的论文里面.

② 这种记号比 Kirchhoff 使用的 $\mathrm{d}^2x/\mathrm{d}t^2$ 更加与现行的用法一致, 有时候可以在教科书当中看到.

当然, 导数 $\partial/\partial a$ 意味着 b, c 以及第四个变量 t 保持常数, 例如, 我们有

$$\frac{\partial U}{\partial a}=\frac{\partial U}{\partial x}\frac{\partial x}{\partial a}+\frac{\partial U}{\partial y}\frac{\partial y}{\partial a}+\frac{\partial U}{\partial z}\frac{\partial z}{\partial a}$$

注意, 式 (1) 除了关于四个独立变量外不包含其他微分, 它们仅应用于四个相关变量 x, y, z, p(和所给的函数 U).

三个方程 (1) 必须补充不可压缩性条件, 现在瞬时体积 $\mathrm{d}\tau$ 与初始体积 $\mathrm{d}\tau_0$ 之比 (正如在任意一点的变换) 由雅可比行列式给出

$$\frac{\mathrm{d}\tau}{\mathrm{d}\tau_0}=\begin{vmatrix}\dfrac{\partial x}{\partial x_0} & \dfrac{\partial x}{\partial y_0} & \dfrac{\partial x}{\partial z_0}\\ \dfrac{\partial y}{\partial x_0} & \dfrac{\partial y}{\partial y_0} & \dfrac{\partial y}{\partial z_0}\\ \dfrac{\partial z}{\partial x_0} & \dfrac{\partial z}{\partial y_0} & \dfrac{\partial z}{\partial z_0}\end{vmatrix} \tag{2}$$

或者, 用缩写形式给出

$$\frac{\mathrm{d}\tau}{\mathrm{d}\tau_0}=\frac{\partial(x, y, z)}{\partial(x_0, y_0, z_0)} \tag{2a}$$

x_0, y_0, z_0 可以用符号 a, b, c 表示；根据行列式乘积定理, 式 (2) 右端可以写成两个函数多项式

$$\frac{\partial(x, y, z)}{\partial(a, b, c)}\text{与}\frac{\partial(a, b, c)}{\partial(x_0, y_0, z_0)}$$

乘积的形式, 后一个多项式显然与 t 无关. 在时间变化过程中式 (2) 的不变性, 也就是不可压缩性条件, 能写成如下形式:

$$\frac{\partial D}{\partial t}=0, \quad D=\frac{\partial(x, y, z)}{\partial(a, b, c)} \tag{3}$$

它只包含三个相关变量 x, y, z 对四个独立变量 a, b, c, t 的微商.

方程组 (1) 和方程 (3) 是不可压缩流体的 Lagrange 方程.

如果做如下替换:

$$\wp=\int\frac{\mathrm{d}p}{\rho}\text{替换}\frac{p}{\rho}, \quad V\text{替换}\frac{U}{\rho} \tag{3a}$$

则可从式 (1) 中得到不可压缩流体的相应关系, 其中 V 是每单位质量对应外力的势. 另外, 式 (3) 要用下式来替换

$$\frac{\partial}{\partial t}(\rho D)=0 \tag{3b}$$

Kirchhoff①在关于涡流守恒的 Helmholtz 定理的一个严格证明中利用了 Lagrange 方程, 从而能避免使用第 18 节式 (8), 因为我们的证明是从 Euler 方程开始的, 因而我们不得不使用该公式.

35. Stokes 阻力定律*

在第 10 节中, 作为流动的一个例子, 讨论不可压缩黏性流体很缓慢的运动 (蠕动), 其动力学几乎可以不用黏性力去确定, 接下来, 把惯性力也忽略. 按照第 16 节式 (8), Reynolds 数为

$$R = \frac{va}{\nu}, \quad \nu = \frac{\mu}{\rho}$$

我们决定在

$$R \text{ 远小于 } 1 \tag{1}$$

时, 忽略惯性力是合理的.

我们这里感兴趣的问题 —— 它通常与 Stokes 的名字联系在一起 —— 是一个液体绕球体的稳态流动问题. 让这个球的半径为 a, 速度为 v, 在经过一个很短的初始时间后, 流动为均匀的. 运动进行时, 受到外力的影响, 不过这些外力不是重力, 也不是浮力, 而可能是电场或其他场的力. 条件 (1) 不仅在很大的运动黏性系数 ν 值下成立, 而且在很小的 a 或 v 值下成立. 替代球体的运动, 假设球体静止而流体相对球体运动 (反向流), 作用在球面上的压力的合力有关等于流体阻止球体运动的反向阻力.

Stokes 阻力定律在物理学某些基本实验方面扮演了重要作用. Einstein 将这个定律应用到 Brown 运动, 导致 Loschmidt 数的发现 (见第 7 节). 稍后 Millikan 用它确定电子的电荷, 使其重要性再次显现出来.

我们研究稳态运动. 球的重量为摩擦力的合力所平衡, 它不出现在方程中或边界条件中. 现在采用反向流的观点, 我们采取第 10 节黏性流体平衡条件 (8a,b) 作为出发点, 也就是, 忽略惯性项的 Navier-Stokes 方程. 作用在流体上引力体积力忽略掉. 换句话说, 在笛卡儿坐标系中, 我们有如下运动方程组:

$$\frac{\partial p}{\partial x} = \mu\nabla^2 u, \quad \frac{\partial p}{\partial y} = \mu\nabla^2 v, \quad \frac{\partial p}{\partial z} = \mu\nabla^2 w \tag{2}$$

同时补充不可压缩条件

$$\frac{\partial u}{\partial x} + \frac{\partial v}{\partial y} + \frac{\partial w}{\partial z} = 0 \tag{2a}$$

① Vorlesungen ueber Mechanik, Chap. XIV, 1.

* 这一问题, 有更直接因而更初等的方法求解：见吴望一, 流体力学, 下册, p.255-262, 北京大学出版社, 2008. —— 译者注

还需要补充边界条件. 让坐标原点与球心重合, z 指向球体运动的反方向 (流体沿 z 的正方向运动). 由式 (2) 和 (2a), 我们直接得到

$$\nabla^2 p = 0 \tag{3}$$

我们现在引进球坐标 r, ϑ, φ, 坐标原点在球体中心, 所以

$$\cos\vartheta = \frac{z}{r} \tag{4}$$

按照第 19 节式 (22), 方程 (3) 的球对称解为

$$p = \frac{A_0}{r} \tag{5}$$

不过我们现在的问题并不是球对称的, z 轴是流体朝球体运动的方向, 因此我们采用解的如下表达式:

$$p = A_1 \frac{\partial}{\partial z}\frac{1}{r} \tag{5a}$$

它显然是方程 (3) 的解. 对式 (5a) 求微分, 把 A_1 用 A 取代, 根据式 (4), 有

$$p = -\frac{A}{r^3}\cos\vartheta \tag{5b}$$

方程 (3) 更一般的解可以用级数表示如下:

$$p = \sum_{n-0}^{\infty} A_n \frac{\partial^n}{\partial z^n}\frac{1}{r} \tag{5c}$$

此级数的前两项分别与式 (5) 和 (5a) 重合. 方程 (5c) 是 r 负幂次的展开式, 系数为球调和函数 $\mathrm{P}_n(\cos\vartheta)$. 这里不给出球调和函数的普遍定义, 我们注意到式 (5) 和 (5a) 中的 1 和 $\cos\vartheta$ 是前两个球调和函数: $\mathrm{P}_0(\cos\vartheta) = 1, \mathrm{P}_1(\cos\vartheta) = \cos\vartheta$, 高阶下标的球调和函数是 $\cos\vartheta$ 的多项式, 即 Legendre 多项式. 因为在我们问题的边界条件中, 即后面的公式 (12a, b), 只有一阶项 $\cos\vartheta$ 出现, 这样在所要得到的解中只有一阶项, 因而 $A_0 = A_2 = A_3 = \cdots = 0$, 这样级数 (5c) 退化成试探解 (5b).

我们首先把方程 (2) 写成矢量形式. 由第 3 节方程 (10a) 和补充 div$\boldsymbol{v}$=0 有

$$\mu \mathrm{curl}\,\mathrm{curl}\,\boldsymbol{v} = -\mathrm{grad}\,p \tag{6}$$

用以代替式 (2). 现在很容易转化成球坐标的形式. 我们记速度矢量 $\boldsymbol{v}$ 在球坐标 r, ϑ, φ 方向的分量为 $v_r, v_\vartheta, v_\varphi$, 并且在 φ 方向的分量必须为零, 考虑到问题的轴对称; 再则, 所有关于 φ 的偏导数必须为零, 即

$$v_\varphi = 0, \quad \frac{\partial}{\partial\varphi} = 0 \tag{7}$$

方程 (6) 的 r 分量, 按照习题 I.3, 或者按照附录III和IV, 有

$$\frac{\mu}{r^2}\left[\frac{\partial^2\left(r^3 v_r\right)}{\partial r^2}+\frac{1}{\sin\vartheta}\frac{\partial}{\partial\vartheta}\left(\sin\vartheta\frac{\partial v_r}{\partial\vartheta}\right)\right]=\frac{\partial p}{\partial r} \tag{8}$$

这里我们假设 v_r 具有形式

$$v_r = R\cos\vartheta \tag{8a}$$

其中 R 仅仅是一个与 r 有关的函数. 代入方程 (8), 同时 p 由式 (5a) 表达, 在忽略 $\cos\vartheta$ 前的因子之后, 我们有关于 R 的常微分方程

$$\frac{\mu}{r^2}\left(\frac{\mathrm{d}^2}{\mathrm{d}r^2}(rR)-\frac{2}{r}R\right)=\frac{2A}{r^2}$$

它可以写成

$$R''+2rR'-2R=\frac{2A}{\mu} \tag{9}$$

此方程有一个特解 $R=-A/\mu$, 加上相应齐次方程的通解

$$R = Br+\frac{C}{r^2}$$

因而得到方程的一般解

$$R=\frac{-A}{\mu}+Br+\frac{C}{r^2}$$

这样速度分量 v_r 的解为

$$v_r=\left(\frac{-A}{\mu r}+B+\frac{C}{r^3}\right)\cos\vartheta \tag{10}$$

分量 v_ϑ 可以由不可压缩条件得到 (见习题 I.3 的解答), 其形式建议为 $v_\vartheta = R_1\sin\vartheta$, 这是具有变量分离的形式的试探解, 这里 R_1 也仅与 r 有关, 并且容易得到

$$R_1=\frac{A}{\mu r}-B+\frac{C}{r^3}$$

于是有

$$v_\vartheta=\left(\frac{A}{\mu r}-B+\frac{C}{r^3}\right)\sin\vartheta \tag{11}$$

其中积分常数 A, B, C 由问题的边界条件确定. 如果 q 代表未被扰动的无穷远来流的速度值, 那么边界条件为

$$r=a: \quad v_r=v_\vartheta=0 \tag{12a}$$

$$r=\infty:\quad v_r=q\cos\vartheta,\ v_\vartheta=-q\sin\vartheta \tag{12b}$$

如果 $B=q$, 方程 (12b) 将被满足; 那么由方程 (12a) 可以确定

$$\frac{A}{\mu}=\frac{3q}{2},\quad C=\frac{q}{2}a^3$$

最后得到

$$v_r=q\left(1-\frac{3}{2}\frac{a}{r}+\frac{1}{2}\frac{a^3}{r^3}\right)\cos\vartheta,\quad v_\vartheta=q\left(-1+\frac{3}{4}\frac{a}{r}+\frac{1}{4}\frac{a^3}{r^3}\right)\sin\vartheta \tag{13}$$

由式 (5b) 得到

$$p\cos\vartheta=-\frac{3}{2}\mu\frac{q}{a}\cos^2\vartheta \tag{13a}$$

这个结果显示式 (5b) 作为通解 (5c) 的特解是合适的. 的确, 方程 (13) 与 (13a) 是问题唯一可能的解. 另一方面, 我们认识到数学物理问题正确的求解, 只能有唯一的解.

我们将进而讨论运动球体的阻力公式问题, 或者相同地说静止球体受到的压力公式问题; 它包含如下两个部分: 流体动力学压力在正 z 轴方向和在同一方向的黏性压力的贡献.

流体动力学压力作用是径向的. 按照式 (13a), 在球的表面正 z 轴方向, 即 $r=a$ 处

$$-p\cos\vartheta=\frac{3}{2}\mu\frac{q}{a}\cos^2\vartheta$$

对球面积分, 球的面元为 $2\pi a^2\sin\vartheta\mathrm{d}\vartheta$, 得到

$$3\pi\mu aq\int_0^\pi\cos^2\vartheta\sin\vartheta\mathrm{d}\vartheta=3\pi\mu aq\int_{-1}^{+1}x^2\mathrm{d}x=2\pi\mu aq \tag{14}$$

为了计算黏性压力, 我们从第 10 节方程 (2) 开始, 该式与张量 p_{ik} 和 $\dot{\varepsilon}_{ik}$ 有关, 它们在任一正交坐标系都成立, 自然在极坐标系也成立, 在我们的情形有

$$p_{rr}=-2\mu\dot{\varepsilon}_{rr},\quad p_{r\vartheta}=-2\mu\dot{\varepsilon}_{r\vartheta} \tag{15}$$

应变分量 ε_{ik} 由第 4 节式 (26) 与 (28) 在曲线坐标系中给出, 应变速度分量 $\dot{\varepsilon}_{ik}$ 由所说的方程将 $\delta q_1,\delta q_2,\delta q_3$ 由速度 $v_r,,v_\vartheta,v_\varphi(v_\varphi=0)$ 取代而得到, 并且 p_1,p_2,p_3 由 r,ϑ,φ 取代而得到. 因为 $\mathrm{d}s^2=\mathrm{d}r^2+r^2\mathrm{d}\vartheta^2+r^2\sin^2\vartheta\mathrm{d}\varphi^2$, 所以 $g_1=1,g_2=r,g_3=r\sin\vartheta$, 这样

$$\dot{\varepsilon}_{rr}=\frac{\partial v_r}{\partial r} \tag{16}$$

由第 4 节式 (28) 有

$$2\dot{\varepsilon}_{r\vartheta}=\frac{1}{r}\frac{\partial v_r}{\partial\vartheta}+\frac{\partial v_\vartheta}{\partial r}-\frac{1}{r}v_\vartheta \tag{17}$$

把方程 (13) 的速度分量代入式 (16) 和 (17), 只有式 (17) 的中间项产生对 $r=a$ 的非零贡献, 所以得到

$$\dot{\varepsilon}_{rr}=0, \quad \dot{\varepsilon}_{r\vartheta}=-\frac{3}{4}\frac{q}{a}\sin\vartheta$$

按照式 (15), 摩擦压力分量为

$$p_{rr}=0, \quad p_{r\vartheta}=\frac{3}{2}\frac{\mu q}{a}\sin\vartheta \tag{18}$$

$p_{r\vartheta}$ 在正 z 轴方向的分量为

$$p_{r\vartheta}\sin\vartheta=\frac{3}{2}\frac{\mu q}{a}\sin^2\vartheta$$

它对球面的积分为

$$3\pi\mu aq\int_0^{\pi}\sin^2\vartheta\mathrm{d}\vartheta=3\pi\mu aq\int_{-1}^{+1}(1-x^2)\mathrm{d}x=4\pi\mu aq \tag{19}$$

由这一结果和式 (14), 进而得到著名的 Stokes 阻力公式

$$D=6\pi\mu aq \tag{20}$$

类似球体以匀速 q 平移, 可以求解球体以匀角速度 ω 旋转. 在这种情形下, 反力矩为①

$$M=8\omega\pi\mu a^2\omega \tag{21}$$

这些结果在寻常的压力下对液体和气体都成立. 在低压力下, 对气体, 按照 Cunningham 公式 (20) 要做一点修正. 该修正为加一个分母

$$1+\alpha\frac{l}{a} \tag{22}$$

其中 l 代表气体分子的平均自由程, 它随压力减小而增大; 系数 α 的物理解释似乎存在一些问题②. Cunningham 修正对 Millikan 确定电子电荷的工作非常重要.

为了引进平均自由程的概念, 要离开连续理论框架, 并且进入统计力学领域. 连续理论使我们为了引导出 Stokes 公式, 只在尺度比 l 大得多的情形下成立. 在我们的情形, 尺度只有半径 a 可以和 l 比较. Cunningham 的矫正项在相同的条件下操作, 如果考虑矫正为 $l\sim a$ 不再成立, 但人们直接从式 (22) 看到, 并且问题的详细处置不再可行.

① Cf. Kirchhoff, Vorlesungen ueber Mechanik, Chap. XXVI, 3.

② Th. Sexl, Zur gaskinetischen Begruendung der Stokes-Cunninghamschen Formel, Ann. d. Phys., 81(1926), 855.

上述考虑的另外一个局限性是, 它们只在小 Reynolds 数 (见不等式 (1)) 下比较好. 在 R 增加时, 已经忽略的惯性项将起重要作用; 然而流动的层流特征仍然保持, 不考虑尾流的涡旋. 和 q 呈线性关系的 Stokes 阻力定律, 将被假定为具有二次关系特征. 发展的湍流只有在某个值 $R = R_{\text{critic}}$ 才达到, 在这种情形, 在球体附近的流场, 尾流将完全变成湍流. 此时, 阻力定律将突然改变其特征.

现在让我们考虑忽略惯性项的临界情形. 按照式 (5b), 我们有在 $r \to \infty$ 时的如下渐进展开:

$$p \sim \frac{1}{r^2}, \quad \text{所以}p\text{的梯度}p \sim \frac{1}{r^3}$$

项 $\nabla^2 u, \nabla^2 v, \nabla^2 w$ 保留在方程 (2) 中的形式, 与 p 的梯度同一个数量级. 我们忽略的惯性项, 在 $r \to \infty$ 时等于零, 它们部分具有高阶, 但是部分小于阶 $1/r$. 后者发生在惯性项

$$\rho w \frac{\partial u}{\partial z}, \ \rho w \frac{\partial v}{\partial z}, \ \rho w \frac{\partial w}{\partial z} \tag{23}$$

的情形, 这里 u, v, w 为直角坐标系中的分量. 当这些量由式 (13) 计算出来时, 它们以形式 $1/r^2$ 趋近零. 这样, Navier-Stokes 方程将被改写, 其中 Reynolds 数 $R = qa/\nu$ 将包含在这些项中 (引进无量纲坐标 x/a 等, 适当地重新表达因子 ρ, μ 等, 参考第 16 节), 虽然 R 被假设为很小, 这不能改变如下的事实, 即在 $r \to \infty$ 时, 被忽略的式 (23) 中的那些项会变得任意大.

鉴于此, Oseen 发明了对保留式 (23) 中这些项的一个原则处理, 即用下式取代它们:

$$\rho q \frac{\partial u}{\partial z}, \ \rho q \frac{\partial v}{\partial z}, \ \rho q \frac{\partial w}{\partial z} \tag{23a}$$

因而 Navier-Stokes 方程的积分将比较容易, 这成了 Oseen① 书* 的主要部分. 从我们前面所得到的结果的观点考虑, 可以认为那属于以 Reynolds 数展开级数的一阶项. 特别地式 (20) 可以改写成

$$D = 6\pi\mu a q\left(1 + \frac{3}{8}R\right) \tag{24}$$

其中第一项即经典 Stokes 解.

非常幸运, Stokes 的结果与实验和理论物理的广泛的结果相一致, 并不受这个修正的影响; 这主要因为在层流状态下, 我们始终采取了假定 (1). 关于方程 (24), 从线性阻力公式到二次阻力公式, 是逐渐过渡, 而不是突然发生的. 然而用这种方式, 无法理解在 $R = R_{\text{critic}}$ 发展湍流的起始.

① Oseen 的处理也存在缺陷, 例如, $r = a$ 处就有问题, 因为这里 $w = 0$, 而不等于 q, 虽然这对 $r \to \infty$ 时并无影响, 这暗示 Oseen 近似与数学的严格性尚有距离.

* 原著没有指出 Oseen 的书名, 根据译者所了解, 应该为 Oseen C W, Neuere Methoden und Ergibnisse in der Hydrodynamik, Akademische Verlagsgesellschaft , Leipzig ,1927. —— 译者注

36. 润滑的流体动力学理论

润滑今天成了一个蠕动问题. 在旧的应用力学教科书中, 轴颈和轴套的相互摩擦作为干摩擦的一个问题处理. 那些问题和流体动力学没有直接关联, 现在讨论一些后来的发展.

为了应用第一卷第 14 节中摩擦理论的普通概念①, 人们必须假设轴颈和轴套直接接触. 图 58 中轴颈的压力为 P, 它作用在轴套的单位长度上, 垂直向下. 这不意味着它的作用为垂直的. 一般地, 它包含引力、驱动力的可能的分量和惯性力, 它将偏离垂直方向. 在力的接触点 B, 具有摩擦 R, 它与旋转方向相反, 在接触点还有正压力 N. 这两个力的合力为 Q, 形成对法向力 N 的摩擦角 α (α 这里代表摩擦的运动角, 由运动摩擦系数定义 $f=\tan\alpha$). 平衡条件要求 Q 和 P 平行但是方向相反, 大小相等. Q 与 P 的力偶代表摩擦力对轴颈的中心的力矩, 它与反驱动力矩平衡. 如果 r 代表轴颈的半径, $r\sin\alpha$ 代表力偶臂, 那么我们有

$$M = Pr\sin\alpha \tag{1}$$

据此, 摩擦力的力矩和周向速度 U 无关, 并且正比于轴的压力 P; 从旋转的角度考虑, 接触点 B 应该位于轴压力矢量的后方.

俄罗斯的工程师和官员 N. Petroff 首次从润滑剂的黏性的角度考虑这一问题②. 他的概念是轴颈精确位于轴颈–轴套系统的中心, 周围的润滑剂形成具有均匀厚度 d 的一层结构 (参看图 59). 穿过这一层, 润滑剂的流速从轴颈处的 U 近似线形地减小到在轴套处的零值. 单位长度切向摩擦压力为 $\mu U/d$. 沿周向求和, 达到单位长度的摩擦力矩为

$$M = 2\pi\mu\frac{U}{d}r^2 \tag{2}$$

这个结果与式 (1) 不同, 因为现在的结果正比于 U 而和 P 无关; 而且因子 μ 表针润滑剂, 而不是轴颈和轴套的材料性能, 像式 (1) 那样.

---

① 参考 Synge 与 Griffith, *op. cit.*, Sec. 3.2.

② 参考 Petroff N., Friction in Machines and the effect of the lubricant(In Russian), Eng. Jour., St.Petersb. 1883; 德文翻译见 Ostwalds Klassiker, No.218 (Leipzig). 在同一卷, 有文章: Reynolds, On the theory of lubrication etc, Phil. Trans. Roy. Soc., Vol.177 pt Ⅰ, 1880, or Papers, Cambridge 1901, Vol Ⅱ; Sommerfeld, Zur hydrodyn. Theorie der Schmiermitelreibung, Z. Math. Phys, 50,1904; Sommerfeld, Zur hydrodyn. Theorie der Schmiermitelreibung,Z, techn. Phys., 2, 1921.—More recent literature e.eg. in Hersey, M.D., Theory of Lubrication, New York 1938, Wiley.

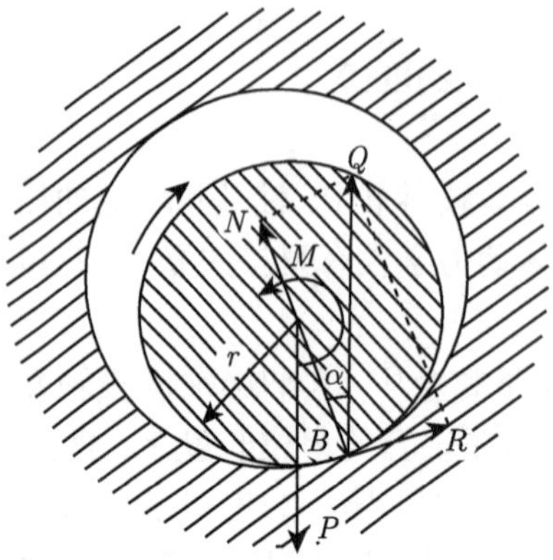

图 58 按照干摩擦的假设轴颈和轴套的相对位置

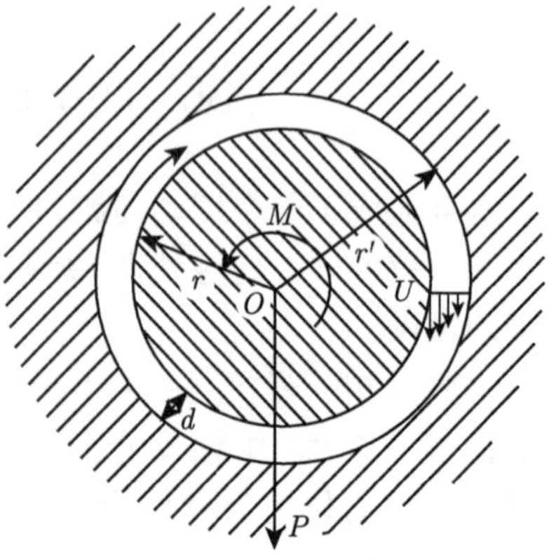

图 59 中心轴颈情况下的流动摩擦

然而, 平衡条件并没有被式 (2) 所满足, 因为轴的压力 P 从未被摩擦力平衡过. 因此 Reynolds 得出结论, 轴颈的实际位置并不是在轴晶 - 轴套系统的中心, 它可能在无穷大的周向速度 U 的中心. Reynolds 还指出, 最小厚度层 h 的点并不在 P 的后面, 而是在前面. 很不幸, Reynolds 的公式推导很难理解, 因为他考虑的仅仅是铁路-公路两用车的轴颈被轴套部分包着的一种特殊情形.

具有本质意义的一点是轴置于垂直于轴颈的压力的方向, 在它运作时 (见图 60). 轴承理论的基础可以近似得到, 也就是用一个流体锲形去近似, 见图 61, 其中 y 方向的速度分量 v 与 x 方向的速度分量 u 相比较忽略了, 而 w 精确地等于零, 因此问题成了二维问题. 按照第 35 节蠕动流的基本方程 (2) 和 (2a)

$$p = p(r), \quad u = u(y), \quad \frac{\mathrm{d}p}{\mathrm{d}x} = \mu\frac{\mathrm{d}^2u}{\mathrm{d}y^2}$$

或者

$$u = \frac{1}{2\mu}\frac{\mathrm{d}p}{\mathrm{d}x}y^2 + \alpha y + b$$

根据边界条件, 在 $y = 0, u = U$(轴颈的部位) 和 $y = h, u = 0$(轴套的部位), 因而

$$u = U\left(1 - \frac{y}{h}\right) - \frac{1}{2\mu}\frac{\mathrm{d}p}{\mathrm{d}x}yh\left(1 - \frac{y}{h}\right) \tag{3}$$

横截面的流量为

$$\int_0^h u\mathrm{d}y = \frac{1}{2}hU - \frac{1}{12\mu}h^2\frac{\mathrm{d}p}{\mathrm{d}x}$$

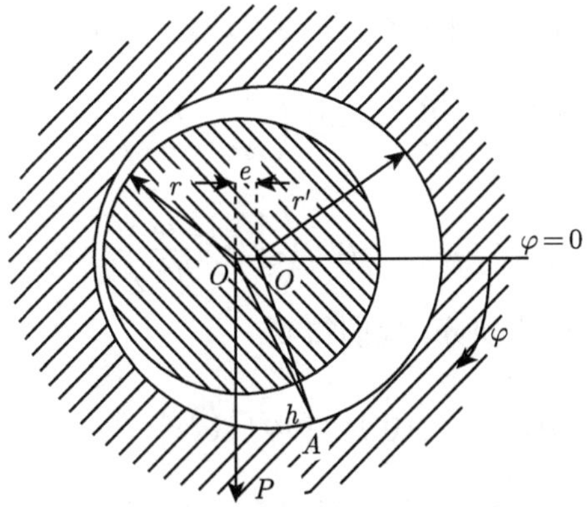

图 60　轴颈被移动到垂直于轴颈压力的方向

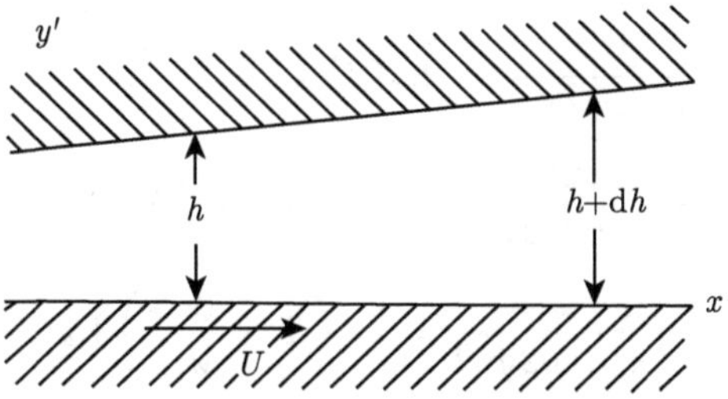

图 61　变化厚度的润滑薄膜的简化示意图

虽然 h 是变数, 如图 61 所示, 流量对所有的横截面都应该相同 (根据不可压缩条件). 这样, 令 h_0 代表 h 在 $\mathrm{d}p/\mathrm{d}x=0$ 的值, 我们有

$$\frac{h^2}{6\mu}\frac{\mathrm{d}p}{\mathrm{d}x}=(h-h_0)\,U \tag{4}$$

从式 (3) 和 (4), 在边界 $y=0$ 处单位面积的摩擦压力为

$$p_{yx}=\mu\frac{\mathrm{d}u}{\mathrm{d}y}=-\mu\frac{4h-3h_0}{h^2}U \tag{4a}$$

现在把这些结果从图 61 转换到图 60, 引进记号 O,r 和 O',r' 是轴颈的中心和半径, 以及轴套的中心和半径,

$$OA=r+h,\quad O'A=r',\quad r+h=e\cos\varphi+r'$$

由线段 OO' 和 $O'A$ 到线 OA 的投影得到的最后的近似方程可以写成

$$h=d+e\cos\varphi \tag{5}$$

在方程 (4) 和 (4a) 中引进的 h 的意义是为了通过它们得到图 60 的条件①

$$\frac{1}{r}\frac{\mathrm{d}p}{\mathrm{d}\varphi}=6\mu U\left(\frac{1}{h^2}-\frac{h_0}{h^2}\right) \tag{6}$$

$$p_{r\varphi}=-\mu U\left(\frac{4}{h}-\frac{3h_0}{h^2}\right) \tag{6a}$$

通过对 φ 由 0 到 2π 的积分, 我们得到

$$p(2\pi)-p(0)=6\mu rU\left(J_2-h_0J_3\right) \tag{7}$$

$$M=-\mu r^2U\left(4J_1-3h_0J_2\right) \tag{7a}$$

如以前那样, M 是转递到轴颈单位长度的力矩, J_n 为缩写记号

$$\left\{\begin{aligned}J_1&=\int_0^{2\pi}\frac{\mathrm{d}\varphi}{d+e\cos\varphi}=2\pi\left(d^2-e^2\right)^{-1/2}\\J_2&=\int_0^{2\pi}\frac{\mathrm{d}\varphi}{(d+e\cos\varphi)^2}=2\pi d\left(d^2-e^2\right)^{-3/2}\\J_3&=\int_0^{2\pi}\frac{\mathrm{d}\varphi}{(d+e\cos\varphi)^3}=2\pi\left(d^2+\frac{1}{2}e^2\right)\left(d^2-e^2\right)^{-5/2}\end{aligned}\right. \tag{8}$$

如果积分 J_1 的值已知, 那么 J_2 和 J_3 的值可以由下式得到:

$$J_2=-\frac{\partial J_1}{\partial d},\quad J_3=-\frac{1}{2}\frac{\partial J_2}{\partial d}.$$

因为 p 有周期 2π, 从式 (7) 和 (8) 可得

$$h_0=\frac{J_2}{J_3}=d\frac{d^2-e^2}{d^2+e^2/2} \tag{9}$$

由于这个 h_0 的取值, 力矩为

$$M=-\frac{2\pi\mu r^2U}{\sqrt{d^2-c^2}}\frac{d^2+2e^2}{d^2+e^2/2} \tag{10}$$

类似于式 (5), 令

$$h_0=d+e\cos\varphi_0 \tag{11}$$

从式 (9) 得到

$$\cos\varphi_0=-\frac{3}{2}\frac{de}{d^2+e^2/2} \tag{11a}$$

① 这些计算可以用极坐标直接得到, 以替代我们此前用直角坐标的计算.

如果 $e=0$(轴套的中心位置), 我们有

$$\cos\varphi_0 = 0, \quad \varphi_0 = \frac{\pi}{2} \text{ 或 } \frac{3\pi}{2}$$

另一方面, 对于最大可能偏移量 $e=d$ 的情况下, 我们得到

$$\cos\varphi_0 = -1, \quad \varphi_0 = \pi$$

现在, 按照式 (6) 中 h_0 的定义

$$\frac{\mathrm{d}p}{\mathrm{d}\varphi} = 0, \text{ 当 } h = h_0 \text{时}$$

因此, 两个 φ_0 的值决定了最小和最大压力. 在中心位置, 这些点沿径向互相相反. 那就是说, 在最大偏移量处, 如果轴颈和轴套接触, 它们在接触点重合.

下一个任务就是将轴颈压力矢量方向与压力分布关联.

注意到压力梯度 $\mathrm{d}p/\mathrm{d}\varphi$ 仅仅依赖于 h[见式 (6)], 因此, 它和 h 本身也是 φ 的偶函数, 这里角度 φ 从 OO' 轴线开始. 而压力本身, 记 p_1, 便是 φ 的奇函数, 外加一个积分常数, 记 p_0. 在得到整个压力时, 常数压力 p_0 的贡献显然为零. 用 p_A 和 $p_{\bar{A}}$ 表示相当于 $\varphi=0$ 的两个对称位置的点压力 p_1, 我们发现作用在轴颈上的合力, 即为图 62 中两个力平行四边形的最大值, 垂直于 OO'.

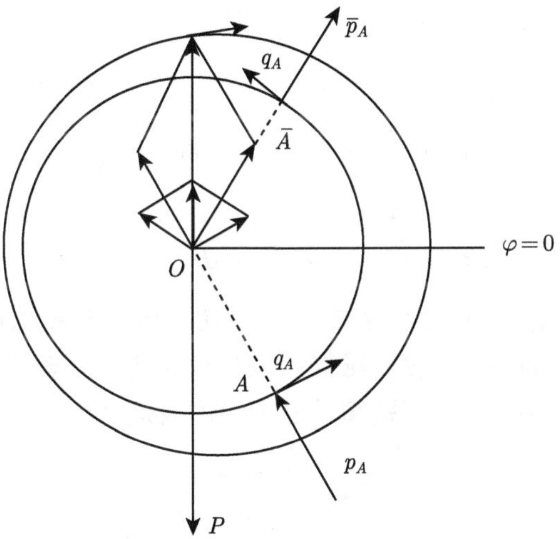

图 62 流体动力学压力 p, q 和轴套压力 P 之间的平衡

采用与式 (6a) 相同的理由, 我们看到在轴颈表面的摩擦压力 (剪切应力) 是角度 φ 的偶函数; 在图中它们用 q_A 和 $q_{\bar{A}}$ 表示 (然而, 注意它们的切线方向与角度 φ

增加的方向相反). 在 O 处, 通过构造对应的力平行四边形, 在 A 和 A' 处的摩擦压力给出合力, 并垂直于 OO'. 这样, 作用在轴颈上的流体动力学总合力垂直于 OO'. 由于该合力与轴颈压力 P 平衡, 从而与 P 的方向相反, 换句话说, 轴颈的位移垂直于轴颈压力 P, 与图 60 预期的结果一致.

现在, 能够决定位移的值 e. 仅求和合力 p 和 q, 并与已知的 P 平衡:

$$\frac{P}{r}=\int p\sin\varphi\mathrm{d}\varphi-\int q\cos\varphi\mathrm{d}\varphi \tag{12}$$

第一项通过分部积分计算, 由于周期性, 其中的一项, 即 $[-p\cos\varphi]_0^{2\pi}$ 等于零. 与式 (12) 联合得到

$$\frac{P}{r}=\int\left(\frac{\mathrm{d}p}{\mathrm{d}\varphi}-q\right)\cos\varphi\mathrm{d}\varphi \tag{12a}$$

这里, 与 q 相关的项可以省略, 因为通过 r/h 的量级比较发现 $\mathrm{d}p/\mathrm{d}\varphi$ 比 $q=p_{r\varphi}$ 的影响更大 [参考方程 (6) 和 (6a)]. 于是, 我们获得更为简单的关系式

$$\frac{P}{r}=6\mu rU\left(J_4-h_0J_5\right) \tag{12b}$$

式中

$$J_4=\int_0^{2\pi}\frac{\cos\varphi\mathrm{d}\varphi}{(d+e\cos\varphi)^2},\quad J_5=\int_0^{2\pi}\frac{\cos\varphi\mathrm{d}\varphi}{(d+e\cos\varphi)^3}$$

从式 (8) 我们容易得到

$$J_4=\frac{1}{e}\left(J_1-d\cdot J_2\right),\quad J_5=\frac{1}{e}\left(J_2-d\cdot J_3\right)$$

把形式 (9) 的 h_0 代入式 (12b), 经过初等计算, 得到

$$\frac{P}{2\pi\mu U}\frac{d^2}{r^2}=\frac{3e}{\sqrt{d^2-c^2}}\frac{d^2}{d^2+c^2/2} \tag{13}$$

这里偏移量 e 或者 e/d 作为方程 (13) 左边量的函数得以确定. 把 e 值代入式 (10), 导致力矩 M 的确定. 我们感兴趣的仅仅是力矩的绝对值, 而不管其符号. 如果式 (10) 被式 (13) 除, 得到特别简单的力矩的表达式

$$\frac{M}{P}=\frac{d^2+2e^2}{3e} \tag{13a}$$

讨论这个结果时, 我们首先考虑下面两个极限情形:

a) $U\to\infty$. 从式 (13) 我们有 $e=0$, 也就是轴颈位于中心; 方程 (13) 给出

$$M=2\pi\rho r^2\frac{U}{d} \tag{14}$$

这就是 Petroff 方程.

b) $U\to 0$. 在这种情形, 方程 (13) 要求 $e=d$, 也就是轴径与轴套接触, 方程 (13a) 给出

$$M=rP\cdot\frac{d}{r} \tag{15}$$

这和我们在干摩擦情形得到的方程 (1) 一致, 如果我们定义现在的情形, 摩擦角 $\alpha=d/r$.

c) 我们也对在给定轴颈压力 P 和偏心距 d 之下力矩 M 的极小情形感兴趣, 这时由方程 (13a) 导出

$$e=\frac{d}{\sqrt{2}}$$

由这个值和方程 (13a) 得到摩擦力矩

$$M=\frac{2\sqrt{2}}{3}Pd=0.94Pd \tag{16}$$

与情形 b) 相比, 只减小 6%.

将这些结果整理到图 63 中. 如果引进无量纲量 $y=M/Pd$, 画出其关于作为横坐标 z, 式 (13) 左边相关的无量纲量, 即

$$z=\frac{2\pi\mu U}{P}\frac{r^2}{d^2}\text{①} \tag{17}$$

图 63 中实线表示方程 (10) 和 (13), 这表明了位移 e 消去以后的结果. 从下面的参

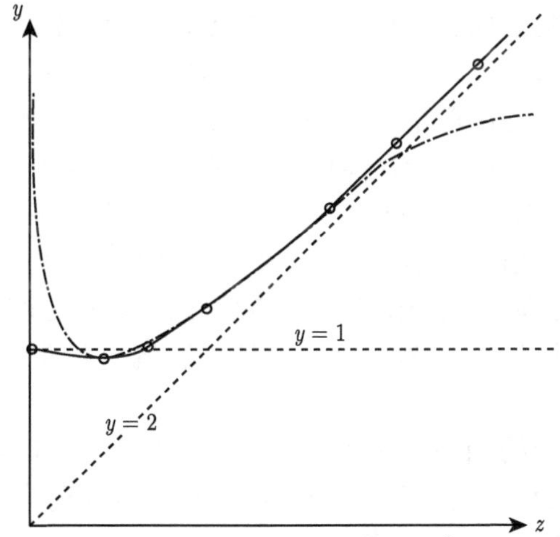

图 63 按照无量纲变量 $y=M/Pd$ 和 $z=\dfrac{2\pi\mu U}{P}\dfrac{r^2}{d^2}$ 的理论与实验值的比较

① 这个表达式有时称为 Sommerfeld 润滑变量.

数计算给出的结果是恒等的:

$$y=\frac{1+2\beta^2}{3\beta},\quad z=\sqrt{1-\beta^2}\frac{1+\beta^2/2}{3\beta},\quad \beta=\frac{e}{d} \tag{18}$$

在相同的图中, 式 (1) 和 (2) 被画成虚线; 按照目前的变量, 它们简单地记为 $y=1$ 和 $y=z$, 实线在 $z=0$ 和 $z=\infty$ 处的切线. 曲线仅依赖于无量纲变量 z 的事实表明了润滑流体动力学理论中仍然成立的一个相似率: 不管什么 r, d, μ, 速度 U 和荷载 P 复合给出一个 z, 它总是得到一个相同的 $\beta=e/d$, 这样由式 (18) 给出相同的 $y=M/Pd$.

我们现在问这个理论结果如何通过实际的轴套测试来证实, 答案如下: 在最小值的领域内及它的右边, 对于不太大的 z 值, 不仅在定性上而且在定量上其理论与实验结果保持一致. 由此得到, 在这个范围的润滑现象可以完全由黏性系数 μ 来决定, 在这个分析中假设的运动的层流特点实际上会发生. 但是, 对于更大的或者非常小的 z 值, 结果偏离理论曲线, 正如图中点线分支表明的那样. 由于在这些区域, 相似率不再成立, 通常的表示应该由一族依赖于 P, U 等参数的 y 对 z 的曲线组成.

经验曲线对于较大的 z 值并不如理论曲线那样急剧上升, 这表明润滑的运动不再是层流的, 而是湍流的.

对于非常小的 z 值, 实际的上升比理论给出的要急剧得多. 这时, 润滑比黏性更为占优, 从而给出油性名词, 指相当于轴套的金属边界的润滑黏性. 黏性强度与 Langmuir 研究的单分子层形成相关, 源自于沿着油的表面的分子链的平行方向. 然而, 对 "边界润滑" 的物理问题的讨论在经典流体动力学的限制之外.

迄今为止, 我们处理了二维问题, 假设轴套是无限长的. 引入一有限长意味着对压力和速度施加新的边界条件. 对于设计师而言, 实际问题需要调节润滑剂的流入和在轴套尾部的流出, 而轴套的自由空间充满了润滑剂. 还有一个负压力的困难. p 的变化部分, 记为 p_1, 如上述所见, 它是角度 φ 的奇函数. p_1 在轴套和轴颈之间的狭窄扇形域内上升, 当经过近似点时它一定再一次下降到复数. 这样, 最小值区域层间断, 有更大的危险, 除非整个压力 p 的常数部分 p_0 是足够大以使得 $p=p_0+p_1$ 处处为正. 在我们的理论中, 取决于润滑剂流入和流出条件的量 p_0 是一个任意参数, 它的适当选取留给设计师.

在一个如我们讨论的相当实际的问题中, 与建立一般的规则相比, 人们不能期望一个理想化的理论做得更好. 而这些规则对于设计而言是十分重要的, 就如 Mitchell 分段轴套所带来的成功一样.

37. Riemann 激波, 描述可压缩一维流动 Euler 方程的一般积分

到目前为止, 我们成功地避免了处理流体动力学方程中的二次项, 因为假设无限小的振幅 (波动) 或者 "蠕变" 流动之后这些二次项就可以作为惯性作用而被忽略掉. 在本章, 我们将直接处理二次项. Riemann 是第一个勇于挑战这个问题的人①. Hugoniot, Hadamard 和其他一些人跟随了 Riemann 的脚步.

Riemann 的方法是利用非独立变量与独立变量的转换, 将原非线性流体动力学方程变为一维状态的线性方程. 之后, Riemann 说明了如何对得到的线性微分方程进行积分, 他的这个方程成为双曲型线性二阶偏微分方程的一般性解法. 这一点将在第六卷中继续介绍.

我们首先来初步概括 Riemann 的研究结果. 两个波从不同的位置相向运动, 这两个波都是由满足无限小幅值的 d′Alembert 问题解的初始扰动引起的 (见图 16 13). 假设压力为密度的函数 $p=\varphi(\rho)$, 正如第 7 节式 (1) 中的多方曲线形式; 然后根据 Riemann②: "两个波相对于气体的传播速度是 $\sqrt{\varphi'(\rho)}$, 但在空间中该速度随着沿波传播方向的气体流速增大而增大. 如果假设 $\varphi'(\rho)$ 不会随着 ρ 的提高而降低, 这个假设在事实上也成立, 那么更大的速度必然引起更强的压缩, 这样压缩波终会在宽度上消失, 最终形成压缩激波."

简介先到此为止. 我们现在开始将非线性方程转换为线性方程. 不考虑重力以及其他外力, 我们选择 x 轴平行于运动方向. 用下标方法来表示求导数, 一维气体空气动力学方程为

$$\rho_t+u\rho_x+\rho u_x=0 \tag{1}$$

$$u_t+uu_x+\frac{1}{\rho}p_x=0 \tag{2}$$

在式 (2) 中, 根据假设 $p=\varphi(\rho)$, p_x 可以被 ρ_x 来表示,

$$p_x=c^2\rho_x,\ c^2=\frac{\mathrm{d}p}{\mathrm{d}\rho}=\varphi'(\rho) \tag{3}$$

正如在第 13 节式 (5) 中一样, c 在这里依然是声速; 在那个例子中无限小幅值的声速被认为是常量, 而在这里 c 是 ρ 的函数.

---

① Ueber die FortpflanzungebenerLuftwellen von endlicherSchwingungsweite. Abh. d. Gott. Ges. d. Wiss. 1860. Also Ges. Werke, p.156.

② 摘自 Riemann, Göettingen Nachr. 1859, No. 19 的文章的摘要.

结合式 (3), 可以改写式 (2) 为

$$u_t + uu_x + \frac{c^2}{\rho}\rho_x = 0 \tag{4}$$

方程 (1) 和 (4) 是线性、齐次化的针对独立变量 x 和 t 的微分方程, 但是这些变量本身没有出现在方程里. 另一方面, ρ 和 u 以及它们的导数以非线性的形式出现在方程里.

因此, 像 Riemann 一样, 我们引入变量对 x, t 为非独立变量和变量对 ρ, u 为独立变量, 通过

$$\begin{aligned} &x = x(\rho, u),\ t = t(\rho, u) \\ &\mathrm{d}x = x_\rho \mathrm{d}\rho + x_u \mathrm{d}u,\ \mathrm{d}t = t_\rho \mathrm{d}\rho + t_u \mathrm{d}u \end{aligned}$$

如果 $\mathrm{d}x$ 和 $\mathrm{d}t$ 的表达式以微分的形式给出,

$$\mathrm{d}u = u_x \mathrm{d}x + u_t \mathrm{d}t, \quad \mathrm{d}\rho = \rho_x \mathrm{d}x + \rho_t \mathrm{d}t$$

那么将会有如下关系:

$$\mathrm{d}u = (u_x x_\rho + u_t t_\rho)\,\mathrm{d}\rho + (u_x x_u + u_t t_u)\,\mathrm{d}u \tag{5}$$

$$\mathrm{d}\rho = (\rho_x x_\rho + \rho_t t_\rho)\,\mathrm{d}\rho + (\rho_x x_u + \rho_t t_u)\,\mathrm{d}u \tag{6}$$

因为 $\mathrm{d}\rho$ 和 $\mathrm{d}u$ 是独立的, 所以从式 (5) 可得

$$u_x x_\rho + u_t t_\rho = 0,\ u_x x_u + u_t t_u = 1 \text{或} u_x = \frac{t_\rho}{\varDelta},\ u_t = -\frac{x_\rho}{\varDelta} \tag{7}$$

在这里, 我们假设行列式

$$\varDelta = \begin{vmatrix} x_u & t_u \\ x_\rho & t_\rho \end{vmatrix} \tag{7a}$$

不会为零. 同理, 可以从式 (6) 中得到

$$\rho_x x_\rho + \rho_t t_\rho = 1,\ \rho_x x_u + \rho_t t_u = 0 \text{ 或 } \rho_x = -\frac{t_u}{\varDelta},\ \rho_t = \frac{x_u}{\varDelta} \tag{8}$$

方程 (7) 和 (8) 代表了 u_x, u_t, ρ_x, ρ_t 的方程, 用来转换式 (1) 和 (4). 代入式 (1) 和 (4) 我们得到

$$x_u - ut_u + \rho t_\rho = 0, \quad x_\rho - ut_\rho + \frac{c^2}{\rho}t_u = 0 \tag{9}$$

上面第二个方程变为

$$\frac{\partial}{\partial\rho}(x - ut) = \frac{-c^2}{\rho}\frac{\partial}{\partial u}t = \frac{\partial^2 V}{\partial\rho\partial u}$$

这里我们引入了新的非独立变量 $V=V(\rho,u)$. 变量 x,t 通过下式与 V 相联系 (c 仅取决于 ρ):

$$x-ut=V_u,\ t=-\frac{\rho}{c^2}V_\rho \tag{10}$$

这样式 (9) 的第二个方程恒成立. 新的变量 V 现在引入到式 (9) 的第一个方程①, 有

$$V_{uu}-\frac{\partial}{\partial\rho}\left(\frac{\rho^2}{c^2}V_\rho\right)=0 \tag{11}$$

该方程是单一未知量 V 的二阶线性偏微分方程.

如果我们引入取代 ρ 的新变量, 该方程会被简化. 考虑引入

$$\xi=\int_0^\rho\frac{c}{\rho}\mathrm{d}\rho,\quad \frac{\mathrm{d}\xi}{d\rho}=\frac{c}{\rho} \tag{12}$$

同时引入取代 u 的新变量 η, 我们有如下关系式:

$$\begin{aligned}&\frac{\rho^2}{c^2}V_\rho=\frac{\rho^2}{c^2}V_\xi,\quad \frac{\mathrm{d}\xi}{\mathrm{d}\rho}=\frac{\rho}{c}V_\xi\\&\frac{\partial}{\partial\rho}\left(\frac{\rho^2}{c^2}V_\rho\right)=\frac{c}{\rho}\frac{\partial}{\partial\xi}\left(\frac{\rho}{c}V_\xi\right)=V_{\xi\xi}+\frac{c}{\rho}V_\xi,\quad \frac{\mathrm{d}}{\mathrm{d}\xi}\frac{\rho}{c}=V_{\xi\xi}+V_\xi\frac{\mathrm{d}}{\mathrm{d}\rho}\frac{\rho}{c}\end{aligned}$$

现在我们假设中 p,ρ 关系式如同第 7 节式 (1) 一样

$$p=a\rho^n\frac{\mathrm{d}p}{\mathrm{d}\rho}=c^2=na\rho^{n-1}\frac{c}{\rho}=\sqrt{na}\rho^{(n-3)/2}$$

ξ 和 ρ 的关系以及表达式 $\mathrm{d}(\rho/c)/\mathrm{d}\rho$ 为

$$\xi=\frac{2\sqrt{na}}{n-1}\rho^{(n-1)/2},\quad \frac{\mathrm{d}(\rho/c)}{\mathrm{d}\rho}=\frac{3-n}{n-1}\frac{1}{\xi} \tag{12a}$$

利用这些新变量, 式 (11) 可以写为

$$V_{\xi\xi}-V_{\eta\eta}+\frac{k}{\xi}V_\xi=0 \tag{13}$$

在这里为了简化我们取了

$$k=\frac{3-n}{n-1} \tag{14}$$

当 $k=0$ 时, 方程 (13) 退化为弦振动方程, 并且我们有第 13 节 d'Alembert 解 (11)

$$V=V_0=F(\xi+\eta)+G(\xi-\eta) \tag{15}$$

① 从式 (10) 的第一个和第二个方程可以分别得到 $x_u-ut_u-t=V_{uu}$ 和 $\rho t_\rho+t=-\partial/\partial\rho\left(\rho^2V_\rho/c^2\right)$.

这里 F 和 G 为满足特定连续性条件的任意函数. 更一般的, 我们有如下的引理 (Bechert)①, 如果 W 是下面方程的解:

$$W_{\xi\xi} - W_{\eta\eta} + \frac{l}{\xi} W_{\xi} = 0 \tag{16}$$

那么

$$V = \frac{1}{\xi} \frac{\partial W}{\partial \xi} \tag{16a}$$

为下面方程的解:

$$V_{\xi\xi} - V_{\eta\eta} + \frac{l+2}{\xi} V_{\xi} = 0 \tag{16b}$$

这一点可以这样证明, 对式 (16) 针对 ξ 求偏导, 并根据式 (16a) 取 $W_{\xi} = \xi V$, 可以得到

$$\frac{\partial^2}{\partial \xi^2} (\xi V) - \frac{\partial^2}{\partial \eta^2} (\xi V) + l V_{\xi} = 0$$

该方程求导数后消去系数 ξ, 与式 (16b) 相同.

因为在 $k = 0$ 时已知式 (13) 的通解为式 (15), 我们可以得到当 $k = 2, 4, 6, \cdots$ 时的通解为

$$V_2 = \frac{1}{\xi} \frac{\partial V_0}{\partial \xi},\ V_4 = \frac{1}{\xi} \frac{\partial}{\partial \xi} \frac{1}{\xi} \frac{\partial V_0}{\partial \xi},\ V_6 = \frac{1}{\xi} \frac{\partial}{\partial \xi} \frac{1}{\xi} \frac{\partial}{\partial \xi} \frac{1}{\xi} \frac{\partial V_0}{\partial \xi},\ \cdots \tag{17}$$

让式 (14) 中的 k 为任意偶数 $2h$, 这些基本的、可积的情况完全可以获得. 关于 h 的多方指数可从式 (14) 中得到:

$$n = 1 + \frac{2}{2h+1} \tag{18}$$

正是这种实数形式的 n, 使得 Bechert 的解特别有趣, 因为它解释了一个惊奇的热动力学角度的观点.

根据前面结论, 对于气体状态的绝热变化, 我们有

$$n = 1 + \frac{2}{f} \tag{18a}$$

这里 f 是分子的自由度的个数. 对于双原子气体 (如空气)f 等于 5, 这些已经在前面论述. 对于单原子气体 f 等于 3, 这时仅有三个自由度的平动, 因为转动自由度不能被激发. 在现代物理学中这一点可以直接被量子理论所证实, 然而 Boltzmann

① K. Bechert, Zur Theorieebener Storungen in Reibungsfreien Gasen. Ann. d. Phys. 37 (1940)89; 38(1940)1, 228.

为了理解 $f=3$ 和 $f=5$ 的情况, 仍做了相当人为的假设: 单原子分子是球形的, 双原子分子是旋转的椭圆体. 在这两种情况下,

$$f=2h+1\begin{cases}\text{对单原子气体}, & h=1\\ \text{对双原子气体}, & h=2\end{cases}$$

结果发现物理上最感兴趣的例子不同于方程 (17) 中的基本表达式所积分的那样①. 数学和物理之间的那种 "预定的和谐" 让人印象很深刻. 这种看法暗示数学的演绎规律奇妙地契合着物理世界对规律的追切需要. 然而, 这里奇迹的范围仅局限于一个: 那些包含三个或更多原子的分子, 如 H_2O, NH_4, 自由度 $f=6$, 即三个平移自由度加上三个转动自由度. 从这个意义上讲, 这些分子不属于可积分的情形. 另一方面, 这样的情形 $f=1$, $k=0$ 乃是最简单的可积分情形, 但是在自然界中是不存在的 —— 那种情形下必须假想出一种严格的一维气体, 其原子只能在一个方向上平动而不能转动.

这样想是错误的: 积分不可能实现, 除非 n 是式 (18) 定义的一个有理数. 为了说明这一点②我们写出式 (17) 中系列方程的一般形式:

$$V_{2h}=\left(\frac{\partial}{\partial\zeta}\right)^{h}V_0 \tag{19}$$

其中 $\zeta=\dfrac{\xi^2}{2}$, $\xi=\sqrt{2\zeta}$.

根据复分析中著名的 Cauchy 积分公式, 可以将式 (19) 中的 h 重导数表示为一个复积分形式:

$$V_{2h}=\frac{1}{2\pi\mathrm{i}}\frac{(-1)^h}{h!}\oint\frac{V_0\left(\sqrt{2w},\eta\right)}{(w-\zeta)^{h+1}}\mathrm{d}w \tag{20}$$

这里假定 h 为一个整数, 而积分是指在 w 平面上围绕着点 $w=\zeta$ 的封闭路径. 在式 (20) 中出现的 V_0 的参数表明对 ξ 的原来依赖关系应该被对 $\sqrt{2w}$ 的依赖关系所代替, 同时对 η 的依赖保持不变. 然而, 在式 (20) 中 h 不需要假设为整数. 可以将 $2h$ 替换为任意量 k, 如果同时再做如下替换:

$$h+1\text{替换为}\frac{k}{2}+1,\quad \frac{(-1)^h}{h!}\text{替换为}\frac{\exp\left(\dfrac{\mathrm{i}\pi}{2}k\right)}{\Gamma\left(\dfrac{k}{2}+1\right)}$$

① Bechert 先生很和蔼地通知我说式 (18) 情形中的这个奇怪的行为之前已经被 A. E. H. Love 和 F. B. Pidduck 发现过. 参考 Trans. R. Soc. London 222, 167(1922).

② 如 Bechert 的第二篇论文相似, 引自第 224 页.

这样, 式 (20) 将变为①

$$V_k = \frac{1}{2\pi \mathrm{i}} \frac{\exp\left(\dfrac{\mathrm{i}\pi}{2}k\right)}{\Gamma\left(\dfrac{k}{2}+1\right)} \oint \frac{V_0\left(\sqrt{2w}, \eta\right)}{(w-\zeta)^{(k/2)+1}} \mathrm{d}w \tag{21}$$

显然式 (21) 如同式 (20) 一样满足微分方程. 它代表了一般解, 因为在积分号下 V_0 的表达式中包含了两个任意函数 F 和 G. 我们之前宣称, 仅有单原子与双原子分子气体这两种物理上感兴趣的情况是可积的, 现在这一点应该变得更加精确一些: 它们有别于其他的情形是因为它们一般积分的基本形式.

我们目前局限于讨论 Riemann 的一个空间坐标情形. 推广到双变量、三变量的情形②将遇到巨大的困难. 类似于式 (13) 的微分方程在更一般的情形下很难得到一般解.

在前面的讨论中我们只是从数学形式的角度处理了问题, 尽管这很有意思, 但是现在应该转向物理学的角度来谈论运动了, 正如在 Riemann 总结中描述的那样. 为了这个目的我们不需要完全进行 V 的积分, 但是回到变量 ξ和η 的定义上来 [看方程 (12) 及后续], 我们令

$$\begin{cases} r = \dfrac{1}{2}(\xi+\eta) = \dfrac{1}{2}\left(\displaystyle\int_0^\rho \frac{c}{\rho}\mathrm{d}\rho + u\right) \\ s = \dfrac{1}{2}(\xi-\eta) = \dfrac{1}{2}\left(\displaystyle\int_0^\rho \frac{c}{\rho}\mathrm{d}\rho - u\right) \end{cases} \tag{22}$$

并注意随后采用的假设一个多方 $p-\rho$ 关系是不重要的. 在特殊情形下, r 和 s 代表我们微分方程 (13) 的特征线, 它们在这一类微分方程一般理论中起决定性作用. (更多的细节可以参看理论物理学第六卷 —— 物理学中的偏微分方程, Sommerfeld 著, 中文译本即将出版.)

从式 (22) 我们计算导数得到

$$r_t = \frac{1}{2}\left(\frac{c}{\rho}\rho_t + u_t\right), \quad r_x = \frac{1}{2}\left(\frac{c}{\rho}\rho_x + u_x\right) \tag{23}$$

(对原始变量 x 和 t 的导数这里同样采用下标来表示). 看一看表达式:

$$r_t + (u+c)\, r_x = \frac{c}{2\rho}\left(\rho_t + (u+c)\,\rho_x + \frac{\rho}{c}u_t + \frac{\rho}{c}(u+c)\, u_x\right) \tag{24}$$

---

① 符号 $\oint$ 并不意味着在 $w=\zeta$ 处积分有单重回路, 由于 $(w-\zeta)^{(k/2)+1}$ 在 ζ 和无穷远处的支点的存在, 环路不会是闭合曲线; 因此积分路径必须是关于 $w=\zeta$ 和 $w=\infty$ 的双重闭合回路. 这样的积分路径会在函数论的不同情形之中出现.

② K. Bechert, Ann. Phys. 39 (1941) 169, 357, 40(1941)207. 第一篇论文处理了一族圆柱和球波, 第二篇论文考虑了摩擦和传热.

说明右边的项为零, 因为运动方程 (1) 和 (4). 如果利用式 (22) 和表达式 $s_t + (u-c)\,s_x$ 同样计算得到 s_t 和 s_x, 我们也能发现右边的和为零. 这些结果可以写为下面的形式:

$$\frac{\partial}{\partial t}\begin{Bmatrix} r \\ s \end{Bmatrix} + (u \pm c)\,\frac{\partial}{\partial x}\begin{Bmatrix} r \\ s \end{Bmatrix} = 0 \tag{25}$$

如果我们要得到相对于 x 和 t 的全微分 $\mathrm{d}r$ 和 $\mathrm{d}s$, 并根据式 (25) 用 r_x 和 s_x 来表示偏导数 r_t 和 s_t, 可以得到

$$\mathrm{d}r = r_x\mathrm{d}x - (u+c)\,r_x\mathrm{d}t\text{和}\mathrm{d}s = s_x\mathrm{d}x - (u-c)\,s_x\mathrm{d}t$$

这些是原来独立变量 x 和 t 与后来的变量 r 和 s 之间的微分恒等式. 如果 u 和 ρ(其中 c 为已知函数) 满足微分方程 (1) 和 (4), 这些方程成立. 现考虑点 x 随时间变化. 记 $x = x\,(t)$, 相对于时间 t 的 r 和 s 的全导数为

$$\frac{\mathrm{d}r}{\mathrm{d}t} = \left(\frac{\mathrm{d}x}{\mathrm{d}t} - u - c\right) r_x \frac{\mathrm{d}s}{\mathrm{d}t} = \left(\frac{\mathrm{d}x}{\mathrm{d}t} - u + c\right) s_x \tag{26}$$

这些关系式可以作如下解读: 在一点 (不是一个粒子), 以这样方式运动

$$\text{要么}\frac{\mathrm{d}x}{\mathrm{d}t} = u + c\text{或者}\frac{\mathrm{d}x}{\mathrm{d}t} = u - c \tag{27}$$

量 r 和 s 保持它们的值. 换句话说, r 及 s 的特定值分别以可变的速度 $u+c$ 及 $u-c$ 运动. 只要 $|u| < c$, 第一个正向移动, 第二个负 x 方向移动.

举个例子, 考虑限制在 x 小区间内的初始压力扰动. 压缩波从小区间内向两个方向传播, 我们假设初始的扰动以压力增长的形式存在. 然而，正如图 16 中所示, 两个波并不能保持其形状；波前变得越来越陡, 因为根据式 (27) 大密度移动更快. 因此可以理解, 压缩波最终变成压缩激波. 在这里, 我们的计算没有考虑摩擦与热传导, 因此计算不是实际有效. 这个理论在激波方面的推广是有必要的, 且已被 Hugoniot 和 Hadamard 研究①.

38. 湍　流

本章我们讨论流体动力学最困难的问题 —— 湍流. 分为几个不同的小节. 小节 1) 中我们对湍流的性质给出了一系列的半经验、半解析的解释. 这些解释是有理论根据的, 它们基于 Navier-Stokes 方程以及可以用该方程来表达的动量扩散定律.

① 参考 G. Zemplen in Enc. d. Math. Wiss. Vol. Ⅳ.3, Art. 19, 还有近期的文章作补充: R. Becker, Z. Phys. 8 (1922) 321.

小节 2) 中我们讨论一个基本问题：Navier-Stokes 方程可不可以用来描述所有观察到的湍流现象？尤其是，当被问及 Navier-Stokes 方程是否能够考虑特定 Reynolds 数下层流运动中的不稳定性时. 早期都是用摄动法来解决该问题，但是都失败了；不可能找到一个近似值，或者找到在任意 Reynolds 数下都保持稳定的层流运动. 摄动法曾被应用在充分发展的层流 (也就是 Hagen-Poiseuille 流动) 以及 Couette 流动中来分别研究管流以及平板流的稳定性问题.

考虑到这些不尽如人意的结果，湍流领域的专家们，如 Th. v. Karman, Sir Geoffrey Taylor 等，都曾在文章中偶然地表露出这种观点：湍流只能够利用统计理论来理解，就像气体理论一样. 潜在的物理事实是流体是一个具有很多 (原则上无限多) 自由度的系统，在大 Reynolds 数下所有这些自由度都将发挥作用. 流体的运动太复杂了，人们只简单地希望那些描述流体的方程在运动粒子平均的意义下得到求解. 这种平均假设在极端的情形中 —— 各向同性湍流 —— 的确是正确的. 根据目前 C.F.v.Weizsacker 和 W.Heisenberg 尚未发表的一些工作，一些初步的结论将在小节 3) 中被讨论，在那里我们将讨论什么是充分发展的湍流平衡.

在那之前我们将在 3) 中简短地讨论对层流转变为湍流的过程的研究包括：管流实验进口段的湍流形成过程，以及平板运动时带来的 Prandtl 边界层的形成. 这原来是 Prandtl 自己对该问题的观点，然后又成功地被 Tollmien, Tietjens, Götler 和 Schlichting 等 Prandtl 学派的人接手. 在这些研究中，摄动法没有用在充分发展层流的速度剖面上，而是用在了层流会出现的过渡段 (intermediate profiles) 的速度剖面图上. 速度剖面对于流动稳定性的意义早在 Rayleigh 勋爵的工作中就被提及了，然而他只考虑了无黏性流动. 最近 Prandtl 团队的研究从完整的 Navier-Stokes 方程 (在小振动情形的简化下) 入手，并真正得到了稳定性极限. 更确切地说，他们的稳定性极限指的不是层流运动与湍流运动的极限，而是指湍流生成的方式.

在小节 5) 中我们将讨论一个能够产生类似于流体湍流现象的微分方程组的数学例子. 它是一个结构上很像 Navier-Stokes 方程组的非线性方程组，但是要比 Navier-Stokes 方程组简单一些. 这个例子是由 I. M. Burgers 提出的，它使我们坚信湍流现象仍然属于古典流体力学的范畴，尽管在数学上解决这个现象会面临巨大的困难.

1) 湍流的一些性质

管流与无限大平板流的湍流的经验数据有很多，流体动力学工程师们已经整理了很长时间. 整理这些材料有两个原则：第一是不同的流动应依照相同的 Reynolds 数来分类以及必须考虑壁面粗糙的事实，第二个要求是必须限制为光滑壁面从而不需要在这些技术细节上离题太远. “光滑” 是指极限的意义：壁面粗糙度趋近于 0. 在这些情况下能够得到一般性的结果：在充分发展的湍流中，具有相似几何截面的管流的速度分布是相同的, 或者说, 任意点的速度与整个截面的平均速度之比与 Reynolds 数无关.

图 64 展示了圆形截面的湍流速度分布, 并对比了 Hagen-Poiseuille 流动. 在 Hagen-Poiseuille 流动中我们有一个抛物线的速度分布型线, 在中心位置的速度值等于平均速度的两倍. 而在湍流情况下, 管轴心位置的速度仅比平均速度略高一些 (图 64 中两种流动的平均速度假设相等). 速度仅在近壁区域才快速地降至 0, 在这个区域发展着一个壁面区域 (wall zone), 在这里流动几乎是层流而且黏度会是十分重要的量值.

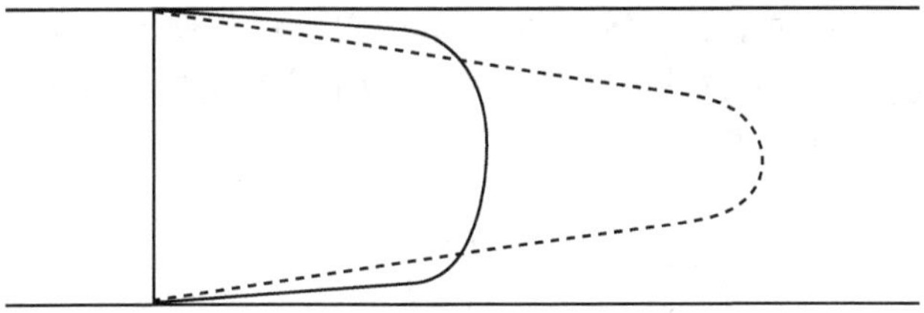

图 64　湍流与层流状态下的圆管速度剖面图 (分别为实线、虚线)

这里使用术语 "速度" 作为湍流状态的参考, 这个速度应该被理解为 "速度的时间上的平均". 一段时间内任意位置的单个粒子的速度值都不可能是常数. 这些速度值在时间和空间上的变化谱涵盖了一个很宽的范围, 但是在极限情况下得到更多的关于速度谱的详细信息并非不可能 [参见小节 (D)]. 我们将速度的时间平均值记为 U, 它是管流的轴向速度分量; 瞬时速度减去平均值的剩余分量被分别记为 u, v, w. 正如 P 表示压力的时间平均, 而 p 则表示瞬时压力值减去 P 的差值.

除了湍流速度分布定律之外, 我们还有湍流压降定律. 在层流情形下压降与速度成比例, 在湍流算例中, 压降与速度的平方成比例, 或者更准确地说是与速度的 7/4 次方成比例 (Blasius, 见 120 页). 当这个定律根据第 16 节式 (11) 和 (13) 的相似变量 R 和 S 表达时, 有

$$\frac{\Pi}{l} = \frac{\rho v^2}{a} S, \ S = \lambda R^{-1/4}$$

其中 a 是圆管半径, λ 是一个数值系数. 用我们刚才规定的记法, 有

$$-\frac{\mathrm{d}P}{\mathrm{d}x} = \frac{\lambda \rho U^2}{a} R^{-1/4} = \frac{\lambda \rho}{a} \left(\frac{\nu}{a}\right)^{1/4} U^{7/4} \tag{1}$$

这个方程表明黏性系数在这个阶段已经不再是决定性的重要因素了, 它的影响 $\nu^{1/4}$ 是很弱的. 另一种能量损失作用很大, 它与惯性效应有关, 以系数 ρ 起作用, 或者系数 $\rho^{3/4}$, 如果考虑运动黏性系数 ν 对密度 ρ 的依赖性.

采用特定的额外假设, Prandtl 和 Kraman 根据式 (1) 推理得到了壁面区域 (wall zone) 的速度分布. 考虑一个在圆管轴向上厚度为 $\mathrm{d}x$ 的流体单元, 作用在单元前后两个面的平均压差 P 一定和流体与管壁的剪应力相平衡. 因此我们有

$$-\frac{\mathrm{d}P}{\mathrm{d}x}\mathrm{d}x\pi a^2 = \tau_0 \mathrm{d}x 2\pi a$$

或者, 考虑到式 (1), 有

$$\tau_0 = -\frac{\mathrm{d}P}{\mathrm{d}x}\frac{a}{2} = \frac{\lambda\rho}{2}\left(\frac{\nu}{a}\right)^{1/4} U^{7/4} \tag{2}$$

现在取 $y = a - r$ 为壁面区域 (wall zone) 内一点与壁面的距离. 根据 Prandtl 和 Karman, 有且仅有一种方法来构造一个量纲正确而且物理上有意义的表达式来近似估计①在点 y 处的剪应力 τ, 即

$$\tau = \mathrm{const}\rho\left(\frac{\nu}{y}\right)^{1/4} U^{7/4} \tag{2a}$$

由式 (2a) 可以直接得到

$$U = \mathrm{const}\left(\frac{y}{\nu}\right)^{1/7}\left(\frac{\tau}{\rho}\right)^{4/7} \tag{3}$$

因此壁面区域内的速度值从壁面处的零值, 以点到壁面距离的 1/7 次方的速度增大. 这与实验的结果吻合. Karman 同时利用相同的假设发展了一个壁面区域的热传导方程, 与实验观察吻合很好.

我们现在将要讨论原始湍流问题的处理方法, 这其中有些由 Reynolds②提出, 有些与 Reynolds 的工作有联系但是由 H. A. Lorentz③提出. 我们限制讨论一个稳态的沿 x 方向的、压力梯度为 $-\mathrm{d}P/\mathrm{d}x$ 的主流动, 该主流动叠加了一个非稳态的准周期的额外运动. 我们用二维的角度来描述这个问题, 也就是流动仅与 x, y 方向有关. 主流动仅依赖于 y 方向, 湍流叠加流动有 u、v 两个分量, 这两个分量依赖于时间 t 以及 x 和 y. 我们将考虑总速度 $\boldsymbol{v}$ 和总压力 Q 的时间平均, 于是有

$$v_x = U + u,\ v_y = v,\ Q = P + p \tag{4}$$

其中我们规定

$$\overline{v_x} = U,\ \overline{v_y} = 0,\ \overline{Q} = P,\ \overline{u} = 0,\ \overline{v} = 0,\ \overline{p} = 0 \tag{5}$$

① 注意, (za) 在 y=0 不会得出 (2), 那时它变成无穷大. 按照 Karman(Z. angew. Math. Mech., 1, 1921, p.233)(2a) 仅仅渐近地成立 (例如, 对 Reynolds 数为无限大的情形成立).

② 见第三章第 16 节的脚注 3.

③ Akad. Amsterdam, Zittings verlag, 6, p.28, 1897 和 Ges. Abhandlungen, Teubner 1907, p. 43.

这意味着

$$\begin{cases}\overline{v_x v_x} = U^2 + 2U\overline{u} + \overline{uu} = U^2 + \overline{uu} \\ \overline{v_x v_y} = U\overline{v} + \overline{uv} = \overline{uv}\end{cases} \tag{5a}$$

和

$$\frac{\partial}{\partial x}\overline{v_x v_x} = \frac{\partial}{\partial x}\overline{uu}\frac{\partial}{\partial y}\overline{v_x v_y} = \frac{\partial}{\partial y}\overline{uv} \tag{5b}$$

此外, 在准周期运动中时间导数的平均如 $\partial u/\partial t$ 将消失:

$$\overline{\frac{\partial u}{\partial t}} = 0 \tag{5c}$$

并且因为式 (4) 和 (5), 有

$$\frac{\partial U}{\partial t} = \frac{\partial U}{\partial x} = 0,\ \overline{\nabla^2 u} = 0,\ \overline{\nabla^2 v} = 0,\ \overline{\frac{\partial p}{\partial x}} = 0$$

我们现在写出向量形式的运动方程, 并且令外力 $\boldsymbol{F} = 0$:

$$\rho\frac{\partial \boldsymbol{v}}{\partial t} + \rho\left(\boldsymbol{v}\nabla\right)\boldsymbol{v} = -\nabla Q + \mu\nabla^2 v \tag{6}$$

由于条件 $\nabla \cdot v = 0$ 我们有

$$v_x\frac{\partial v_x}{\partial x} + v_y\frac{\partial v_x}{\partial y} = \frac{\partial}{\partial x}v_x v_x + \frac{\partial}{\partial y}v_x v_y$$

这将允许我们写出式 (6) 的 x 分量形式:

$$\rho\frac{\partial v_x}{\partial t} + \rho\frac{\partial}{\partial x}v_x v_x + \rho\frac{\partial}{\partial y}v_x v_y = -\frac{\partial Q}{\partial x} + \mu\nabla^2 v_x \tag{6a}$$

利用式 (4), (5) 和 (5a,b,c,d) 我们可以得到该方程的时间平均:

$$\frac{\partial}{\partial x}\rho\overline{uu} + \frac{\partial}{\partial y}\rho\overline{uv} = -\frac{\partial P}{\partial x} + \mu\nabla^2 U \tag{7}$$

方程左边的量是摩擦压力的梯度项, 它们的方向与压力 P 的梯度相同. 为了与我们在第 10 节式 (4) 中的符号系统保持一致, 这些量被记为

$$\frac{\partial}{\partial x}p_{xx} + \frac{\partial}{\partial y}p_{xy} \tag{7a}$$

其中 $p_{xx} = \rho\overline{uu}$, $p_{xy} = \rho\overline{uv}$.

现在应该记住方程 (7) 右边的 $\mu\nabla^2 U$ 项也是由于摩擦压力产生的, 这已经在第 10 节方程 (6)~(8b) 中指出. 但是之前的 p_{ik} 源自于微观层面流体粒子的分子无序状态, 而这里式 (7a) 中的 p_{xx}, p_{xy} 源自于湍流运动中流场内宏观尺寸的质量微

团的无序状态. 其实在上面两种情况下, 摩擦压力的来源都是动量的运输. 举例 p_{xy} 为质量微团的摩擦压力, 动量从 x 方向的运动被传递到 v 的运动中去, 这个过程需要平均主流动 U 中动量平衡的影响. 这样我们能够解释为什么式 (7a) 中各项出现在方程 (7) 的左端. 但是平均压力 (7a) 不能与微分分析的一般方法联系起来, 所以研究湍流的这种方法逐渐被统计方法所取代了.

两个摩擦压力 p_{xy} 和 p_{xx} 中, 第一个更重要一些, 因此我们将第二个摩擦压力的贡献表示为 "$\cdots$". 下面我们将采用流体动力学的通用术语, 将摩擦压力称为摩擦剪应力. 由此可以写出

$$\tau = \sigma_{xy} = -p_{xy} = -\rho\overline{uv} \tag{8}$$

取代式 (7) 我们有

$$\frac{\partial P}{\partial x} = \mu\nabla^2 U + \frac{\partial \tau}{\partial y} + \cdots \tag{9}$$

$\nabla^2 U$ 可以写为 $\mathrm{d}^2U/\mathrm{d}y^2$, 因为 U 仅是 y 的函数. 方程 (9) 是主流的确定性方程.

将式 (4) 代入式 (6) 我们可以得到 x 方向的叠加的湍流运动方程, 然后利用式 (9) 和 (5a) 化简得

$$\frac{\partial u}{\partial t} + U\frac{\partial u}{\partial x} + v\frac{\partial U}{\partial y} = -\frac{1}{\rho}\left(\frac{\partial p}{\partial x} + \frac{\partial \tau}{\partial y}\right) + \frac{\mu}{\rho}\nabla^2 u + \cdots \tag{10}$$

这里符号 "$\cdots$" 同时也包含了 u、v 的二阶项. 同样有对应的 y 方向速度分量 v 的湍流运动方程和类似方程 (9) 的 $\partial P/\partial y$.

关于湍流特性的定量信息几乎不能从上述复杂的方程中得到. 我们这里介绍这些方程是为了在小节 5) 中的引用, 同时为了指出质量微团的摩擦应力 τ 的重要性. 后面这个概念引出了湍流特征长度 l 的概念, 也就是 Prandtl 在 1926 年提出的混合长度. 混合长度与气体平均自由程有关:

Prandtl 的推理①如下：假设一个具有平均速度 $U(y)$ 的流体微团, 从 y 处移动到 $y+l$ 处, 就这种叠加的湍流运动而言, 这意味着湍流脉动量可以估计为

$$u = l\frac{\partial U}{\partial y}$$

将混合过程中 y 方向运动的脉动量估计为同一个量级是合理的. 这意味着, 结合式 (8) 可以得到 τ,

$$\tau = \rho l^2 \left|\frac{\partial U}{\partial y}\right| \frac{\partial U}{\partial y} \tag{11}$$

如果式 (11) 被引入式 (9) 中, 结果将会得到一个仅与主流平均量相关的微分方程, 该方程可以用来分析主流流动. 然而, 这种方法计算得到的结果仍然需要实验的检验, 因为式 (11) 是被假设出来的.

① Stroemungslehre, Vieweg, 1942, p.105.

2) 关于 Reynolds 湍流判据数学理论的过去的尝试

在 Reynolds 开始他的理论研究之前, Lord Kelvin①就已经用摄动法研究流动稳定性问题了, 但是没有得到确切的结果. 二十年后这个问题被重新探讨, 这次的目标是研究 Couette 流动②的稳定性问题, 这种流动数学上非常简洁, 见第 16 节方程 (14). 如果一个小的扰动 (u,v) 叠加到主流动 U 上来, 小扰动有形函数 ψ, 主流动 U 有直线的速度剖面, 就能得到四阶的微分方程:

$$\frac{\partial\nabla^2\psi}{\partial t}+U\frac{\partial\nabla^2\psi}{\partial x}-\frac{\mathrm{d}^2U}{\mathrm{d}y^2}\frac{\partial\psi}{\partial x}=\nu\nabla^2\nabla^2\psi \tag{12}$$

此方程在描述了一般情形下的问题, 分解之, 考虑 $\mathrm{d}^2U/\mathrm{d}y^2=0$, 得到

$$\left(\frac{\partial}{\partial t}+U\frac{\partial}{\partial x}-\nu\nabla^2\right)\chi=0,\ \nabla^2\psi=\chi \tag{12a}$$

利用 Fourier 分解 ψ 和 χ, 通过使

$$\psi=f(y)\,\mathrm{e}^{\mathrm{i}(\alpha x-\beta t)},\quad \chi=F(y)\,\mathrm{e}^{\mathrm{i}(\alpha x-\beta t)} \tag{12b}$$

得到的关于 f 和 F 的微分方程是二阶的, 可以被全域上 $0<y<h$ 已知的函数 (1/3 以及 2/3 阶的 Bessel 函数) 求解. 在 $y=0$ 和 $y=h$ 处的边界条件构成的方程组的系数行列式确定了关于 β 的超越方程, 若要得到积分常数的非平庸解答, 这个行列式确定的超越表达式必须为零. 如果对于给定的 α 值, 这个方程有具有正虚部的复数解, 考虑到扰动的波数 α 随着时间增大, 那么不稳定性将会占主导地位. 这时, 通过这个可以让 β 的虚部消失的 α 值来确定临界的 Reynolds 数.

然而, Mises③从超越方程的本质上推断得到这样的 β 不存在, 或者说 Couette 流动对于任意 α 的扰动都是稳定的. 这个结论被 Hopf 证实④, Hopf 用的是更为直接的办法, 他直接讨论了对应的振荡形式. 此外, 根据 Noether⑤稳定性的证明可以扩展到所有的平行平板间的流动, 除非在初始速度剖面中有特殊的间断.

Sexl⑥详细计算了方程 (12) 和 (12b), 不仅在平面平板流动情形, 还有同轴圆柱间的 Couette 流动⑦, 以及 Hagen-Poiseuille 流动. 在每种情形中, 与问题相关的超越方程都导致同样的结论: 流动是稳定的.

① Phil. Mag., 24, 188 and 272(1887).

② W. M. F. Orr, Proc. lrich Acad. 27(1907), A. Sommerfeld, lnternat. Math. Congress, Rome, 1908, Vol. III, p.116.

③ R. v. Mises, Heinrich Weber-Festschrift, 1912, p.112 (Teubner), Jahresbericht d. D. Math. Vereinigun, 21(1916), 241.

④ L. Hopf, Ann. d. Phys., 43(1904), 1.

⑤ F. Noether, Z. angew. Math., Mech., 6(1920), 232.

⑥ Th. Sol, Ann. d. Phys., 83(1927), 835, 84(1927), 807, 87(1928), 570. G.

⑦ G. I. Taylor, Phil. Trans. 223, 289(1923).

因此, 我们面临着理论与实验的巨大矛盾, 到底应该得到什么样的结论? 我们应不应该怀疑摄动法呢? 该方法已经在其他力学领域如天文学中得到了可靠的证实! 还是我们应该这样假设: 为证明不稳定性, 应该凭借有限的而不是无限小的扰动, 因为所研究的对象是层流.

或者是, 我们应不应该责备 Navier-Stokes 方程根本不能描述我们的问题? 这看起来也不正确, 尤其是在最后的分析中 Navier-Stokes 方程形成了所有之前理论分析 (包括 Reynolds 的相似定律) 的基础.

3) 重新定义湍流问题, 湍流的起源

当研究者们都在关注给定流动形式下 "湍流是如何出现"(如我们在 118 页对管流实验的讨论) 时, 正如 Prandtl 所做的 —— 转身去在这些困难中找到新的角度并非不可能. Couette 流动中 —— 流场被一个沿 x 方向运动的平板约束着 —— 证实比管流要简单一些. 在运动的开始, 边界层沿着该平板形成, 流场其他方向的约束之间可以暂且假设为无限远. 在边界层与壁面之间的流体被认为是静止的或者层流的, 取决于初始预设的 $U(y)$. 事关稳定性的决定性因素是边界层的速度剖面, 这一点最早被 Tollmien①提出. Tollmien 的稳定性准则 (Gott. Nachr., 1935) 指出含有 "汇入点"(inflexion point) 的速度分布型线, 正如发生在正压力梯度的边界层中的那种, 最容易发生不稳定现象. 为了描述这个方向的研究 (确定特征值以及估算特征函数) 我们引用 Schlichting 的文章②: "主流动不被假设为充分发展的线性速度分布, 而是这样: 两个平行平面壁面之间的不同速度型线被逐一研究了, 当其中一侧壁面突然运动时 —— 运动壁面的速度从静止到一个固定速度值. 边界层随即沿着移动的壁面发展了, 它的厚度随着时间逐渐增加, 并且如果主流保持层流, 它的速度剖面图渐进于一条直线. 与此不同的是, 最早的这些瞬态的剖面具有有限的临界 Reynolds 数值, 其数值取决于型线的形状. 就这样 Couette 流动的实际 Reynolds 数可以取为在初始阶段的最低稳定极限值."

如果问题被这样定义, 它的求解过程一定比方程 (12) 中定义的问题要困难得多. 它只能利用数值或者图表方法, 通过一步一步的估计来求解, 关于这些我们只讨论到这儿了. 它们可以产生确定的、实际上有意义的稳定性极限解, 然而这些解取决于湍流状态是如何被创造的.

要再一次展示已经改变的观点, 我们可能这样说: 层流的不稳定性在小节 2) 中的尝试下被证明了, 但是这条道路被不稳定状态的困难阻挡了. 因此不稳定性不是一种最终状态下的本质属性, 而是与历史和演化过程休戚相关的.

① W. Tollmien, Ueber die Entstehung der Turbulenz, Goettingen Nachr., 1927.

② H. Schlichting, Ann. d. Phys., 14(1932), 905. 他参考了 Prandtl 组其他工作者的工作, 见 O. Tietiens, Z. angew. Math. Mech., 5(1925). 200., W. Tollmien, 也可以参考 Schichting 在 Goettingen Nachr,. 1932, 1933, 1935 的工作.

4) 各向同性湍流的极限情形

考虑到湍流问题的复杂状态, 人们不禁要问: 能不能找到一个湍流流体在无限增大 Reynolds 数后所呈现的理想的流动状态? 这个理想状态被称为 "湍流平衡". 我们假设不考虑各向异性, 这时有各向同性湍流. 在各向同性湍流中, 流动空间被分为不同的湍流元素, 或者说湍流胞腔, 它们的尺寸随着统计方式不断改变. 胞腔中的涡遵循 Navier-Stokes 方程, 但由于太复杂了而不能完全用数学去描述. 因此, 不同湍流元素之间的平衡只能通过统计方法来描述. 我们要问的是特定尺寸的湍流元素发生的概率. 这将让我们回到对湍流谱的寻找中来, 正如我们曾经在前文提到过的.

空气动力学理论可以作为这项理论的模型. 尽管在数学上气体状态 (气体分子的位置与速度) 完全取决于气体的历史 (之前的状态), 我们仅仅关心统计上最可能的分布 (有时也关心出现与该分布的特定偏离的概率), 这最可能的分布由 Maxwell-Boltzmann 定律给出. 相类似的, 湍流问题中, 人们关心统计上最可能的涡的分布, 该分布可以被描述为与特定涡尺寸和特定涡转速相关的频率的状态.

Weizsacker 利用相似性考虑得到了各向同性湍流的速度谱, 其中在准稳态假设下 (运动变化的时间相比于状态达到统计平衡的时间很小) 对比不同尺寸的湍流胞腔. 进一步他假设该状态下本质是随机的. 结果得到了下面的谱定律: 一个粒子的平均速度相对于它周围的粒子以直径的立方根而变化. 因此, 波数方程中的能量密度与波数的 $-5/3$ 次方成比例. 然而, 这些定律仅在整个谱的中间段有效, 这一段对应着大 Reynolds 数. 对于小波数情形 (大尺寸湍流元素在数量级上与流体容器相当), 统计处理应该被单个流体动力学边界问题所替代. 对于波数很大的情形 (湍流 cells 很小), Navier-Stokes 摩擦力将使谱强度快速降低到 0.

Heisenberg 用 Fourier 分析证实了同样的结果, 并且用比例因子对结果进行了补充, 在大、小波数的极端情形下通过细致的研究和压力脉动的确定, 补充了比例系数的计算.

所有的细节, 以及与实验的对照, 可以参考两位作者的文章 *.

5) 表明湍流问题的一个数学模型

J.M.Burgers 一直尝试从统计基础上解释湍流现象, 我们要把可以用数学严格推导出来并且与实际观察到的形式相符的湍流理论模型归功于他①. Burgers 试探性地在方程 (9) 与 (10) 之前加入了如下的简化方程:

$$\begin{cases} \dfrac{\mathrm{d}U}{\mathrm{d}t} = P - u^2 - \nu U \\ \dfrac{\mathrm{d}u}{\mathrm{d}t} = Uu - \nu u \end{cases} \tag{13}$$

① Akad. Amsterdam, 17(1939), 1.

正如实际的湍流方程, 这些方程也是非线性的 (第一个方程有 u^2, 第二个方程有 Uu), 每个方程中包含了扩散摩擦项 (第一个方程 νU, 第二个方程 νu, 对应方程 (9) 的 $\mu\nabla^2 U$ 和方程 (10) 的 $(\mu/\rho)\nabla^2 u$). 方程 (13) 中的常数 P 代替了方程 (9) 中的压力梯度 $\mathrm{d}P/\mathrm{d}x$, 但发挥着同样的作用：作为推动力. 独立的变量像以前一样还是 U 和 u, U 是主流运动, u 是湍流附加脉动运动. 不同的是, 方程 (9) 和 (10) 具有三个独立变量 x, y, t, 而此处方程 (13) 中只有一个独立变量 t.

方程 (13) 中的非线性项是这样选择的：当推导出能量的表达式时, 这些非线性项会被消掉. 根据一般性的原则, 将方程 (13) 的两个方程分别乘以 U 和 u, 然后相加, 这样得到含有能量表达式的方程. 在这里, 我们得到

$$\frac{1}{2}\frac{\mathrm{d}}{\mathrm{d}t}\left(U^2+u^2\right)=PU-\nu\left(U^2+u^2\right) \tag{13a}$$

等号右边, 第一项是单位时间驱动压力 P 做的功, 假设其仅作用于主流动；第二项是摩擦引起的能量耗散.

方程 (13) 存在层流解, 即

$$U=U_0=\frac{P}{\nu}u=0 \tag{14}$$

这个解是稳定的, 只要满足

$$P<\nu^2 \tag{14a}$$

如果使用小幅振荡方法, 这个条件很容易满足. 我们取

$$U=U_0+\xi,\quad u=\eta$$

忽略 ξ 和 η 的高阶项. 结合方程 (13), 可以得到

$$\begin{cases}\dfrac{\mathrm{d}\xi}{\mathrm{d}t}=-\nu\xi\\[2ex]\dfrac{\mathrm{d}\eta}{\mathrm{d}t}=\left(U_0-\nu\right)\eta\end{cases} \tag{14b}$$

上面第一个方程代表湍流的指数下降, 满足 $U_0<\nu$ 时第二个方程也是如此. 因此, 通过方程 (14) 我们得到方程 (14a). 当 $U_0>\nu$ 时, 有 $P>\nu^2$, 这时方程 (14) 仍然是方程 (13) 的解, 但是由于方程 (14b) 它是不稳定的.

湍流情形下 $P>\nu^2$, 这时有两组解存在, 因为它们包括了湍流叠加运动的贡献. 它们是

$$\begin{cases}U=\nu\\u=u_0=\pm\sqrt{P-v^2}\end{cases} \tag{15}$$

式 (15) 在 $P > \nu^2$ 时是稳定的, 因此, 如果取

$$U = v + \xi, \quad u = u_0 + \eta$$

并且根据小幅振荡方法忽略 ξ 和 η 的高阶项, 式 (13) 变为

$$\begin{cases} \dfrac{\mathrm{d}\xi}{\mathrm{d}t} = -\nu\xi - 2u_0\eta \\ \dfrac{\mathrm{d}\eta}{\mathrm{d}t} = u_0\xi \end{cases} \tag{15a}$$

这时如果取一个如下形式的试探解:

$$\xi = A\mathrm{e}^{\lambda t}\eta = B\mathrm{e}^{\lambda t} \tag{15b}$$

就可以得到下面的条件, 它们可以确定 λ 和 B/A.

$$\begin{cases} \lambda A = -\nu A - 2u_0 B \\ \lambda B = u_0 A \end{cases}$$

消去 B/A 有

$$\begin{cases} \lambda^2 + \nu\lambda = -2u_0^2 \\ \lambda = -\dfrac{\nu}{2} \pm \sqrt{\dfrac{\nu^2}{4} - 2u_0^2} = -\dfrac{\nu}{2} \pm \sqrt{\dfrac{9}{4}\nu^2 - 2P} \end{cases} \tag{15c}$$

存在负的实根, 需要满足

$$\nu^2 < P < \frac{9}{8}\nu^2$$

存在包含负实部的复数根, 需要满足

$$P > \frac{9}{8}\nu^2$$

对于任意 $P > \nu^2$ 扰动式 (15b) 都会指数衰减, 这意味着式 (15) 在这种情况下是稳定的. 稳定性极限为 $P = \nu^2$, 此时式 (15c) 的一个根为零. 同样的 P 值也是层流解的稳定极限, 因此反映了稳定性 Reynolds 准则. 不同于流体动力学实际情形, 我们分析表明无论是层流还是湍流都是稳定的, 也就是独立于 t, 但是这个例子仅限于作为模型, 不能用来解释实际湍流. [还有一点注意, 从式 (15) 中看应该有两种同样大小可能性的湍流流动, 而实际上湍流运动定律仅被 Reynolds 数单独确定了.]

根据 Burgers, 我们在图 66 和图 67 中给出了上述解的图像表示, 两组曲线的 $u-U$ 图像:

$$\frac{\mathrm{d}U}{\mathrm{d}t} = 0 \text{和} \frac{\mathrm{d}u}{\mathrm{d}t} = 0$$

方程由式 (13) 给出, 即

$$u^2 + \nu U = P \tag{16a}$$

$$u = 0, \quad U = \nu \tag{16b}$$

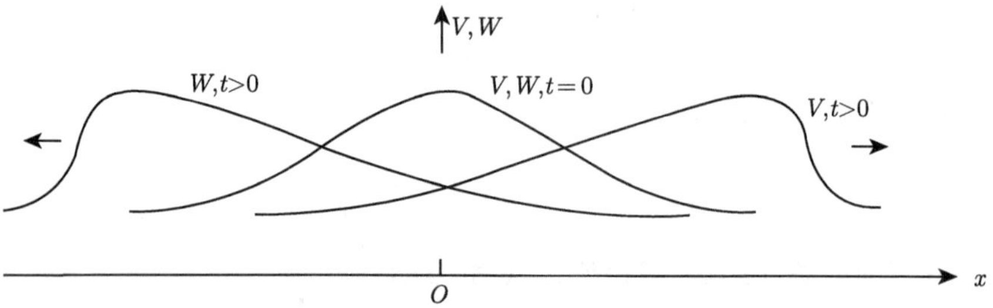

图 65　图 64 初始扰动过程引起的波在两个方向传播及在传播过程中的变形. 图中的符号 V 和 W, 作为 x 和 t 的函数, 与特征参数 r 和 s 有同样的意义. 对比图 64 与图 16, 注意图中间的曲线代表独立的扰动 V 和 W, 而其对应的叠加和被表示在图 16 中

式 (16a) 是抛物线, 式 (16b) 是一对直线, 包括 U 轴和一条平行于 u 轴的直线. 由于我们在式 (14) 和 (15) 中得到了两组稳定解, 在图像上它们表示为式 (16a) 和 (16b) 的交点. 在图 66 中, 抛物线全部位于线 $U = \nu$ 的左端, 因此只有一个交点, 它属于式 (14), 而且是不稳定的. 在图 67 中有三个交点, 其中一个位于 U 轴上, 它属于式 (14) 并且不稳定, 其他的两个为稳定解 (15).

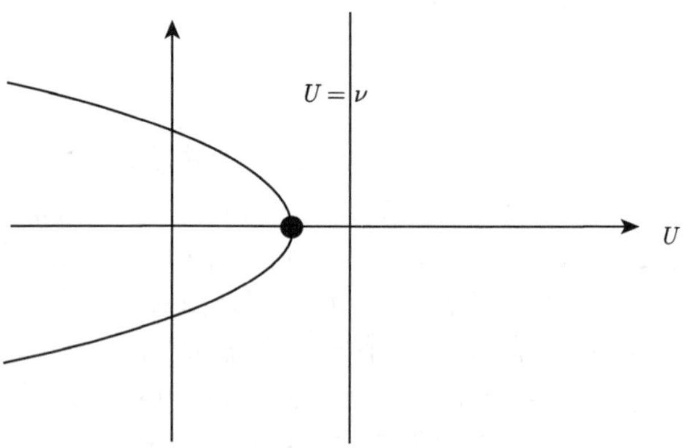

图 66　层流下的 Burgers 湍流模型图 ($P < \nu^2$)

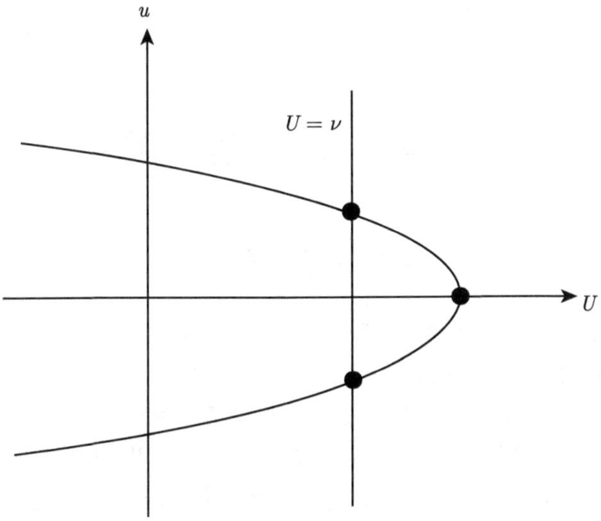

图 67　湍流下的 Burgers 湍流模型图 $(P > \nu^2)$

为了更接近真实湍流流动, Burgers 尝试扩展了他的数学模型. 他考虑了由三个微分方程描述的流体运动, 包括主流运动 U 以及两个与之耦合的叠加湍流运动 u, v, 并且允许这些运动不仅依赖于时间 t 还依赖于空间坐标. 我们这里不再更多地讨论了, 考虑到我们认为式 (13) 构成的简单模型已经足够描述这种情形: 通过方程中非线性项的特性, 用同样的方程来描述两种不同类型的运动并非不可能. 这两种不同类型, 我们在本例中暂且称之为 "层流" 和 "湍流", 类比于真实湍流问题中的 "层流" 和 "湍流". 它们由一个确定的稳定极限值区分开来, 这个界限我们可以类比于真实湍流问题中的 Reynolds 稳定性判据.

这已经足够成为 Riemann 结果的展示了, 关于此我们在前文中已作了说明. 图 64 取自于 Bechert 的第一篇论文, 本书前面引用了该论文. 它指的是最简单的、严格意义上的 "一维" 气体, 正如 Bechert 指出的那样, 这个例子尽管过于理想化, 但是仍然展示出了波传播的典型特征.

第八章　弹性理论增补

39. 晶体弹性

Waldemar Voigt①在他所著的 *Lehrbuch der Kristallphysik* 中已经对各向异性体物理现象的全貌进行了专业的综述. 在该书中, 提出了对应于晶体的对称特性和在标量场、矢量场、二阶或更高阶张量场中所考虑物理现象的几何特征等一些最基本的关系 (参考原著第 60 页). 在晶体弹性力学中, 我们关注的是应力张量和应变张量的关系. 由于应力和应变都是二阶对称张量, 各有 6 个分量, 因此最一般的应力–应变线性关系将依赖于 $6 \times 6 = 36$ 个系数. 正如 Green 首次假定的, 如果应变能 W 为状态函数, 则系数的个数将会减小到

$$6 + \frac{6 \times 5}{1 \times 2} = 21 \tag{1}$$

我们已经指出过 (第 60 页), 对等温过程 (平衡问题) 和绝热过程 (快速振荡), 这一假设都是合理的. 在这些情况下, 唯独让我们接下来感兴趣的是 $\mathrm{d}W$ 是全微分. 将我们通用的 σ_{ik} 和 ε_{ik} 记法改用一个下标表示, 令②

$$\begin{cases} \sigma_{11} = \sigma_1, \sigma_{22} = \sigma_2, \sigma_{33} = \sigma_3, \sigma_{23} = \sigma_4, \sigma_{31} = \sigma_5, \sigma_{12} = \sigma_6 \\ \varepsilon_{11} = \varepsilon_1, \varepsilon_{22} = \varepsilon_2, \varepsilon_{33} = \varepsilon_3, 2\varepsilon_{23} = \varepsilon_4, 2\varepsilon_{31} = \varepsilon_5, 2\varepsilon_{12} = \varepsilon_6 \end{cases} \tag{2}$$

则第 9 节二重求和式 (24) 变为

$$\mathrm{d}W = \sum_{k=1}^{6} \sigma_k \mathrm{d}\varepsilon_k \tag{3}$$

一般的应力–应变关系形式为

$$\sigma_k = \sum_{i=1}^{6} s_{ki} \varepsilon_i \tag{4}$$

---

① Teubner 1910, 第 2 次印刷, 1928. 除了介电特性和传导特性外, 还探讨了热电和压电现象; 与此同时, 后者引发了特别的兴趣. 但是, 晶体光学则被认为超出了该书的范围.

② 在式 (2) 中引入的应变 ε_4, ε_5, ε_6 的定义与 Kirchhoff 的 y_z, z_x, x_y 定义相同. 我们在定义 ε_{ik} 时, 为了形成张量代数的一般结构保留了系数 1/2, 但在这里省略该系数是有利的.

其中 s_{ik} 现为弹性系数①. 如果式 (3) 为全微分, 我们有

$$\frac{\partial\sigma_k}{\partial\varepsilon_i}=\frac{\partial\sigma_i}{\partial\varepsilon_k}$$

根据式 (4), 这意味着

$$s_{ki}=s_{ik} \tag{5}$$

如果我们将系数 s 写成一个 6 行的方阵, 则该矩阵将关于其对角线 $s_{11},\cdots,s_{66}$ 对称. 由此我们马上就能得到式 (1) 中的计算. 当然, 这同样也适用于弹性常数 c.

这里, 让我们提一下早期 Navier, Cauchy 和 Poisson 的分子理论. 基于分子间中心力的思想, 他们将一般的弹性系数进一步减少到了 15. 然而, 我们知道这一理论对各向同性体来说太牵强了. 它将导致第 9 节式 (9) 中的泊松比 v 为统一的值 1/4, 这样各向同性材料所需的 2 个弹性常数就将减少成 1 个. 但是, 在第 38 节末尾提到的现代晶格理论已经表明, 上述困难的原因与其说是分子理论不如说是其牵强的推导: 因为一般来讲, 晶体包含了多层在弹性变形中可以相对移动的重叠晶格, 单纯的中心力概念不足以对其进行描述.

前面提到的弹性常数个数 21 针对的是没有对称性的晶体, 也就是三斜晶体. 作用于晶体上的物理过程的对称状态是根据下列原则 (Voigt, L.d.K, 53) 来确定的: **物理过程的对称性是基于晶体对称性之上的**. 现在, 弹性变形存在一个对称中心, 因为任意一个方向上的应变和与其相反方向的应变是相同的. 而另一方面, 三斜晶体有两种可能的对称关系: 有对称中心, 或没有对称中心. 在后一种情况下, 正如人们所说的, 缺失的对称中心可以由应变的对称中心提供. 因此, 只要关心的是弹性变形, 这两个三斜晶体系的子群表现是一样的.

总共存在 32 个不同的对称群②, 它们构成了 **7 个晶系, 即三斜、单斜、正交、四方、三角、六角和立方晶系**. 根据之前引述的原则, 这 7 个系统中, 前三个和最后两个就弹性常数而言是一样的, 而四方和三角晶系必须分别归入两个不同的亚类, 它们具有不同的弹性常数体系. 下文将给出在 $5+2\times2=9$ 种体系下的几个实例.

晶轴通常用 a,b,c 表示. 在三斜晶系中, 晶轴的长度不同、方向不定. 在单斜晶系中, 有一个轴垂直于其他两个轴, 是 180° 旋转对称轴. 如果我们将该轴选定为 x, y, z 直角坐标系的 z 轴, 令弹性位移为 ξ,η,ς, 当绕 z 轴旋转 180° 时, 坐标和位移变为

$$x,y,z\rightarrow-x,-y,z\quad \xi,\eta,\varsigma\rightarrow-\xi,-\eta,\varsigma \tag{a}$$

---

① 这一记法要归功于 Voigt, 他自始至终都使用它 (参见第 53 页的脚注). Voigt 还通过方程组 (4) 求解出应变 ε 得到应变–应力关系系数并记为 Ci_k(弹性常数).

② 众所周知, 它们彼此的区别在于**相对一点**的对称性. 而根据**空间**对称特性, 会得到 230 个更基本的空间群, 我们在这里不作讨论.

相应地, 根据式 (2), 部分应变分量不变

$$\varepsilon_1,\varepsilon_2,\varepsilon_3,\varepsilon_6 \to \varepsilon_1,\varepsilon_2,\varepsilon_3,\varepsilon_6 \tag{b}$$

另一部分应变分量变号

$$\varepsilon_4,\varepsilon_5 \to -\varepsilon_4,-\varepsilon_5 \tag{c}$$

我们容易验证表达式

$$\varepsilon_4=\frac{\partial\eta}{\partial z}+\frac{\partial\varsigma}{\partial y} \text{ 和 } \varepsilon_5=\frac{\partial\varsigma}{\partial x}+\frac{\partial\xi}{\partial z}$$

在操作 (a) 下要变号, 而诸如

$$\varepsilon_6=\frac{\partial\xi}{\partial x}+\frac{\partial\eta}{\partial x}$$

等则符号不变. 由于坐标变化下应力 σ 和应变 ε 的变化规律相同, 因此也必定遵守相同的换号规则 (b) 和 (c). 重写应力 - 应变关系式 (4), 将在操作 (a) 下符号发生变化的项标以 $\pm$ 号, 右端的其他项则用省略号 $(\cdots)$ 表示. 这样, 当 $k=1,2,3,6$ 时我们得到

$$\sigma_k=\cdots\pm s_{k4}\varepsilon_4\pm s_{k5}\varepsilon_5+\cdots \tag{d}$$

当 k=4,5 时

$$\pm\sigma_k=\cdots\pm s_{k4}\varepsilon_4\pm s_{k5}\varepsilon_5+\cdots \tag{e}$$

对固定的 k, 式 (d) 表达的两个方程相减, 得到以下关系:

$$s_{k4}\varepsilon_4+s_{k5}\varepsilon_5=0,\quad k=1,2,3,6 \tag{f}$$

同样, 式 (e) 表示的两个方程相加得到

$$s_{k1}\varepsilon_1+s_{k2}\varepsilon_2+s_{k3}\varepsilon_3+s_{k6}\varepsilon_6=0,\quad k=4,5 \tag{g}$$

由式 (f) 我们得到

$$0=s_{14}=s_{24}=s_{34}=s_{64}=s_{15}=s_{25}=s_{35}=s_{65} \tag{6}$$

由于 $s_{ki}=s_{ik}$, 因此由式 (g) 中可以得到同样的结果.

基于式 (6), 即可完成从三斜晶体弹性常数向单斜晶体弹性常数的转变

三斜晶系		单斜晶系	
无对称轴	$s_{11}\ s_{12}\ s_{13}\ s_{14}\ s_{15}\ s_{16}$	一个对角对称轴 A_z^2	$s_{11}\ s_{12}\ s_{13}\ 0\ \ 0\ \ s_{16}$
21 个常数	$s_{22}\ s_{23}\ s_{24}\ s_{25}\ s_{26}$	13 个常数	$s_{22}\ s_{23}\ 0\ \ 0\ \ s_{26}$
	$s_{33}\ s_{34}\ s_{35}\ s_{36}$		$s_{33}\ 0\ \ 0\ \ s_{36}$
	$s_{44}\ s_{45}\ s_{46}$		$s_{44}\ s_{45}\ 0$
	$s_{55}\ s_{56}$		$s_{55}\ 0$
	s_{66}		s_{66}

在正交晶系中, 晶轴 a, b, c 相互正交, 除 A_z^2 之外还有另一个对角对称轴 A_x^2; 轴 A_x^2 可以视为那两个轴确定后的自然结果, 不必单独考虑.

重复式 (6) 的推导过程, 可以得到当前情况的结果如下.

正交晶系						
两个对角对称轴 A_z^2 和 A_x^2	s_{11}	s_{12}	s_{13}	0	0	0
9 个常数		s_{22}	s_{23}	0	0	0
			s_{33}	0	0	0
				s_{44}	0	0
					s_{55}	0
						s_{66}

类似地, 我们可以得到下表.

立方晶系						
三个可互换对称轴	s_{11}	s_{12}	s_{13}	0	0	0
3 个常数		s_{11}	s_{12}	0	0	0
			s_{11}	0	0	0
				s_{44}	0	0
					s_{44}	0
						s_{44}

从最后一个模型中, 我们可以得出这样的结论: 立方单晶体具有**不同于各向同性体**的弹性行为. 前者只有两个独立的弹性模量, 例如, 我们前文提到的 μ 和 λ. 为了让上述模型能够适用于第 9 节式 (6), 我们将不得不将 3 个常数设为如下特殊的形式:

$$s_{11} = 2\mu + \lambda,\ s_{12} = \lambda,\ s_{44} = \mu$$

也就是说, 我们必须增加如下立方晶体不满足的条件:

$$s_{11} = s_{12} + 2s_{44}$$

从物理学观点来看, 它是和这样一个事实相联系的, 即所谓的各向同性体并没有均匀的结构, 而只是多晶体而已. 我们实际观察到的弹性特性相较于单晶体更简单, 但它是数量非常庞大、相对位置随机的单晶体弹性响应的平均值结果. 例如, 我们在第 38 节讨论的金属就是这样.

在光学领域, 相应问题的答案就大不相同. 立方单晶萤石或岩盐经常作为光学仪器镜片的首选材料, 因为在一定的频谱范围内, 它们的透射性优于普通各向同性 (非晶) 的玻璃镜片. 这可能是由于立方单晶体是光学各向同性的. 在 Voigt 一般系统的框架内, 从以下的差别一定可以看出产生这种不同行为的原因: 弹性力学中的基本关系是个张量–张量关系 (应力–应变), 而光学的基本关系是个向量–向量关系 (电场–介电位移).

进一步探究有趣的晶体弹性细节已经超出了本书的范围. 我们的主要目的是描述各向同性材料的弹性行为与均匀各向异性材料的弹性行为的异同.

40. 梁的弯曲

承载受弯梁是建筑结构中的主要构件. 设计一个新结构需要计算弯曲载荷, 而且必须按照规范通过校核. 用于此任务的理论很简单并且从 200 年前就开始使用; 它的起源可以追溯到 Daniel Bernoulli. 下面我们将要讨论的是如何通过更严格的方法 (St. Venant) 从本质上证明该理论是合理的, 不过我们将优先按照历史发展的顺序来展开.

我们的讨论限定在最简单的情况: 承受微小弯曲的直梁. 梁的横截面是任意的 (我们可以想象为 T 形或 I 形截面), 但沿长度方向截面是不变的.

首先, 让我们忽略梁的重量. 梁一端承受垂直载荷, 而另一端刚性固定; 从而梁的上部纤维被拉伸而下部纤维被压缩.

Bernoulli 假定, 梁在弯曲后每个平截面依然保持平面. 基于这一假设, Navier 断定截面上传递的法向应力分布符合**线性定律**. 我们考虑两个初始间距为 $\mathrm{d}x$ 的两个截面 (x 为如图 68a 所示从右到左的距离). 弯曲后两截面间的纤维长度变为 $\mathrm{d}x+\delta\mathrm{d}x$. 鉴于两个截面服从平面假设, 纤维伸长量从顶面向下线性减小, 在某特定层 NN 变形量减少为 0, 然后由此位置到梁的下表面, $\delta\mathrm{d}x$ 保持为负值, 表示纤维缩短. 应变分布同样遵循线性定律.

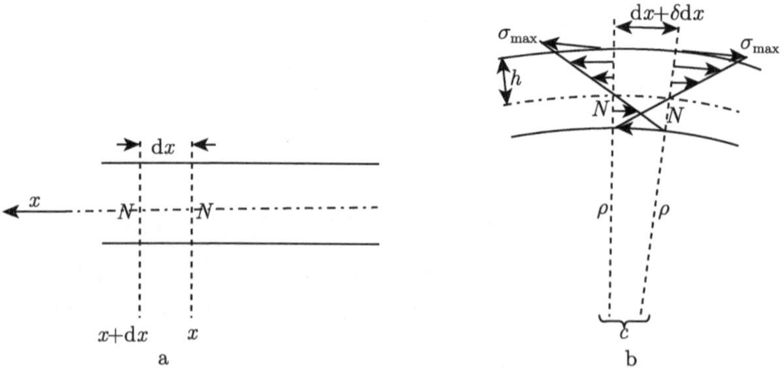

图 68　初等弯曲理论示意

a. 初始状态下的梁单元; b. 弯曲状态下的梁单元

$$\varepsilon=\frac{\delta\mathrm{d}x}{\mathrm{d}x}$$

应力也是如此 (参见第 9 节式 (8)):

$$\sigma = E\varepsilon \tag{1}$$

当在 (上或下) 边界处应力为 $\sigma_{\max}$ 时, 该处距 NN 面的距离为 h, 如图 68b 所示, 则线性定律可表述为

$$\sigma = \frac{\sigma_{\max}}{h} y, \tag{2}$$

y 为应力为 σ 的纤维距 NN 面的距离

为了确定最大应力 $\sigma_{\max}$, 我们来分析在距离 x 处隔离截面上的受力平衡 (如图 69 所示); 为此我们可以忽略梁的偏转. 我们主要关心绕垂直于图 69 所在平面且过截面 x 上 N 点的轴的**力矩的平衡**, 但我们也考虑**在水平的x方向上力的平衡**. 垂直的 y 方向的力平衡将在后面再考虑.

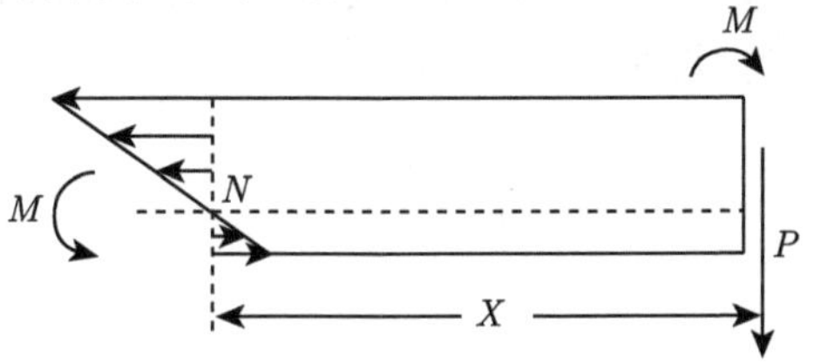

图 69 弯矩 M 和法向应力 σ 的力矩之间的平衡

对于特定的载荷情况, 我们假定外力的力矩, 通常记为**弯矩M**, 为

$$M = Px \tag{3}$$

根据方程 (2), 力 $\sigma \mathrm{d}f$ 的力矩为

$$\int y\sigma \mathrm{d}f = \frac{\sigma_{\max}}{h} I, \quad I = \int y^2 \mathrm{d}f \tag{4}$$

这里的 I 称为**截面惯性矩**. 在第一卷中, 我们介绍了平面质量分布的惯性矩, 以及**极惯性矩**和**轴惯性矩**的区别. 然而, 我们现在讨论的是平面面积而不是平面质量分布, 因此 I 的单位不再是 $\mathrm{g\cdot cm^2}$ 而是 $\mathrm{cm^4}$. 由于通过 N 用于计算 I 的轴处于横截面内, 因此 I 是轴惯性矩. 考虑图 69 所示的力矩箭头的相反方向, 根据式 (3) 和 (4) 得到力矩平衡要求

$$\sigma_{\max} = \frac{hM}{I} \tag{5}$$

联合该关系和式 (2) 可以确定横截面任意其他点上的应力.

工程师特别关注 $\sigma_{\max}$, 因为他的任务就是保证最大发生应力在**许用极限应力**σ_{adm} 之下. 他必须设计出具有最大承载能力 (也就是最大弯矩) 的横截面形式及

其比例, 使得梁在边界面上的应力 $\sigma_{\max} < \sigma_{\mathrm{adm}}$. 对于工程上的常用梁截面, 其 I 和 I/h 值已经制成了惯性矩和截面模量表. 对于半径为 a 的圆形横截面①我们有 (参见第一卷习题Ⅳ.1)

$$I = \frac{1}{4}Fa^2 = \frac{\pi}{4}a^4 \tag{6}$$

对于宽 b、深 $2h$ 的矩形横截面

$$I = \frac{2}{3}bh^3 \tag{6a}$$

在这两种情况下, 我们均假定惯性轴 $y = 0$ 通过圆面积或矩形面积的**中心**, 且在第二种情况下平行于宽度 b 的方向.

为了从一般情形下证明这一点, 我们必须运用在 **x方向上的力平衡条件**. 无论在我们这个外力 P 是垂直力的特殊情况, 还是其他的一般情形, 外力对平衡方程都没有任何贡献, 因为若不是这样, 问题将不会是一个纯弯曲问题而是一个包含弯曲和拉伸或压缩的混合问题. 这个条件很简单,

$$\int \sigma \mathrm{d}f = 0$$

或者, 根据式 (2) 有

$$\int y \mathrm{d}f = 0$$

另一方面, 横截面的质心定义所基于的事实是, 对于它的一阶矩②为 0, 即为 $\int y\mathrm{d}f = 0$. 通过梁所有横截面的连续质心的纤维我们称其为**中性纤维**或**中性线**. 通过所有 $y = 0$ 的点的水平面被称为**中性面**. 前面已经用 NN 来表示.

现在我们来确定变形后中性线的形状. 为此, 我们必须建立相应的**弹性线微分方程**, 该方程可以基于图 68b 推导得到: 图中弹性线 NN 的曲率中心 C 为变形后 x 处和 $x + \mathrm{d}x$ 处截面延长线的交点. 三角形 CNN 的边长为 ρ, ρ 和 $\mathrm{d}x$, 其中 ρ 为曲率半径. 如果我们过 N 点画另一个横截面轨迹的平行线, 会得到一个相似于 CNN 的三角形, 其第三条边为梁的边界. 这个三角形的三条边分别为 h, h, $\delta \mathrm{d}x_{\max} = \varepsilon_{\max}\mathrm{d}x$. 所以有以下比例关系:

$$\frac{\mathrm{d}x}{\rho} = \frac{\varepsilon_{\max}\mathrm{d}x}{h}$$

采用式 (1) 和 (5), 上式也可以写成

$$\frac{1}{\rho} = \frac{M}{EI} \tag{7}$$

① 参见 Synge and Griffith, *op. cit.*, p.220.

② 有时使用静矩这一术语, 这是一个不很恰当的表述. 类似地, 应该首选二阶矩而不是惯性矩.

至于这个公式的符号选择, 我们参考图 68b, 为简洁起见我们不再介绍 ρ 的符号法则. 公式右边是一个关于 x 的已知函数, 或者更一般地说是, **一个沿线NN的已知点函数**(有限挠度情况下第二个方程的横坐标必须代之为弹性线弧长 s). 式 (7) 的左边是曲率, 是曲线的微分不变量, 因此式 (7) 就是我们所需的微分方程.

在挠度足够小时, 我们知道曲率可以近似为

$$\frac{1}{\rho}=\frac{\mathrm{d}^2y}{\mathrm{d}x^2}$$

因此得到

$$\frac{\mathrm{d}^2y}{\mathrm{d}x^2}=\frac{M}{EI} \tag{8}$$

在特定的载荷 (3) 情况下, 我们得到

$$\frac{\mathrm{d}^2y}{\mathrm{d}x^2}=\frac{P}{EI}x \tag{9}$$

积分后得到

$$y=\frac{P}{EI}\left\{\frac{x^3}{6}+Ax+B\right\} \tag{9a}$$

这是一个三次抛物线. 根据支撑点处的条件可以求出积分常数 A 和 B 的值:

$$\text{当}x=l\left\{\begin{aligned}y&=0\\ \frac{\mathrm{d}y}{\mathrm{d}x}&=0\end{aligned}\right\}\cdots A=-\frac{l^2}{2},\ B=\frac{l^3}{3} \tag{9b}$$

最大挠度发生在 x=0 处, 其值为

$$y_0=\frac{1}{3}\frac{P}{EI}l^3 \tag{9c}$$

现在, 我们考虑一个由相互距离为 l 的两个力柱简支的梁, 载荷仅为其自身重量. 单位长度的 (常数) 重量为 p, 每个支点的反力为 $-pl/2$, 其中负号表示力的方向竖直向上. 任意点上的弯矩为由重力产生的弯矩与一端支撑力产生的弯矩之和:

$$M\left(x\right)=\frac{p}{2}x\left(x-l\right) \tag{10}$$

对式 (8) 求积分得到

$$y=\frac{p}{2EI}\left\{\frac{x^4}{12}-\frac{x^3l}{6}+Ax+B\right\} \tag{10a}$$

这是一个四次抛物线.

与式 (9b) 不同, 我们现在有

$$\left.\begin{aligned}x&=0\\ x&=l\end{aligned}\right\}y=0,\quad B=0,\ A=\frac{l^3}{12}$$

显然, 最大挠度发生在中间截面上, 其值为

$$y_{\max} = \frac{5}{16\times 24}\frac{p}{EI}l^4 \tag{10b}$$

接下来, 一个更有趣的情况是, 图 69 梁的一端作用的是一个力偶而不是一个单纯的力. 物理上, 这可以通过大小相等、方向相反的两个力来实现, 它们的幅值很大但距离很小, 故有一个有限的力矩. 这样 M 可以视为常数, 根据式 (8) 有

$$y = \frac{M}{EI}\left\{\frac{x^2}{2} + Ax + B\right\} \tag{11}$$

如果梁的另一端 (x=l) 固支, 则我们有和式 (9b) 一样的条件, 由此得到 $A = -l$, $B = \frac{1}{2}l^2$. 则在 x=0 处的挠度为

$$y = \frac{1}{2}\frac{M}{EI}l^2 \tag{11a}$$

在这种情况下, 用式 (11) 的抛物线描述弹性轴的形状要更加精确: 根据式 (7), 变形后的形状为一个圆弧, 因为其曲率为常数.

最后这种情况, 是唯一一个我们根据平衡条件就可以得到明确解答的问题. 我们必须在此约定满足**第三平衡条件**, 也就是

$$\text{垂直力分量总和} = 0 \tag{12}$$

这一条件意味着一般情况下, 每个截面 x 处需要有一个垂直的剪切力来抵抗外载荷. 这个剪切力是所考虑截面上所有切应力的合力. 如果我们以图 69 所示的梁为例, 除正应力 σ_{xx} 之外必定还存在切应力 σ_{xy}, 因此对每个横截面有

$$\int \sigma_{xy}\mathrm{d}f = P \tag{13}$$

但是, 这也将意味着角度变化 γ_{xy} 的发生, 从而导致原本为平面的截面产生翘曲. 换句话说, Bernoulli 所主张的横截面保持为平面的假设与静力学一般原理是矛盾的. **因此基于 Bernoulli 假设的 Navier 定律 —— 正应力线性变化, 看来也是不成立的**.

在给出克服这一困难的方法之前, 我们希望确定出所需剪应力的大小. 积分式 (13) 不适于解决这一问题, 但我们可以利用第 8 节微分关系式 (11). 如果没有体力且剪应力 σ_{xz} 也显然为 0, 例如, 横截面为矩形的情况, 这个关系式可以写为

$$\frac{\partial\sigma_{xx}}{\partial x} + \frac{\partial\sigma_{xy}}{\partial y} = 0$$

尽管前面指出了存在的问题, 但方程 (2)、(5) 和 (3) 仍可以看成一个近似解. 这样, 我们有

$$\frac{\partial \sigma_{xy}}{\partial y}=\frac{-Py}{I},\quad \sigma_{xy}=\frac{P}{2I}\left(A-y^2\right)=\frac{P}{2I}\left(h^2-y^2\right) \tag{14}$$

为满足 $y=\pm h$ 时 $\sigma_{xy}=0$, 最后一个方程中的积分常数 A 必须等于 h^2. 这一点是必要的, 因为梁截面的上下边界上的剪应力 σ_{xy} 决定了梁表面上的应力 σ_{yx}; 但是, 梁的表面必须是完全自由的. 根据剪应力 σ_{xy} 和相应的剪应变 γ_{xy}, 我们不难确定出矩形截面的翘曲.

现在, 我们希望能简洁地指出弯曲理论怎样才能摆脱之前所提到的矛盾. St. Venant①在 1855 年回答了这一问题. 首先, 必须强调的是迄今使用的应力和外力的关系尚不足以完整描述弹性状态. 我们必须借助弹性位移 ξ, η, ζ, 正如第 9 节弹性力学基本方程 (18) 所给出的. 然后, 我们注意到, 在先前的讨论中没有提到应力 $\sigma_{yy}, \sigma_{zz}, \sigma_{yz}$. 事实上, 在弯曲梁的平衡问题中我们无须考虑这些应力, 因此可以将其设为零. 如果我们将它们表示为 ξ, η, ζ 的形式, 可以得到这些量的简单微分关系, 利用这些关系第 9 节方程 (18) 可以大大简化, 最后可以得到②

$$\left\{\frac{\partial^2}{\partial x^2}=\frac{\partial^2}{\partial y^2}=\frac{\partial^2}{\partial z^2}=\frac{\partial^2}{\partial y \partial z}\right\}\frac{\partial \xi}{\partial x}=0 \tag{15}$$

由此我们首先可以得出: 在 x 方向纤维的应变 $\partial\xi/\partial x$ 和与之相应的应力 $\sigma=\sigma_{xx}$ 是截面内坐标 y 和 z 的线性函数. 因此 σ_{xx} 的**线性分布定律是弹性力学基本定律的一个必然结果**, 对它的推导无需采用 Bernoulli 假设.

方程 (15) 还表明, x 方向纤维的拉伸也是 x 的线性函数; 联立式 (5) 还可以知道弯矩 M 应该是 x 的线性函数, 实际上这就是一个或多个的集中力或集中力矩作用的情形 (但不适用于梁自身重力的连续分布载荷). 但是, 应该注意以下限制: 集中载荷应该能够与作用位置处横截面上的剪应力 σ_{xy} 相平衡; 换句话说, 载荷在横截面上的分布应该与计算出的剪应力 σ_{xy} 相同. 当然, 这在现实情况中是不能满足的. 但是, 我们可以这样认为: 无论是集中载荷还是分布载荷, 其差别仅发生在所考虑截面的邻近区域, 当然我们要假设这两种载荷是静力等效的. 这一点可以通过适当选取的试验或者理论上的例子来证明, 通常被表述为一个冠以 **St. Venant 原理**的一般性定理.

因此, 本节开头所阐述的, 在无数情况下都给出满意结果的梁的简单计算方法, 已经从更严格的意义上得到了证明.

① 对该问题的完整表述可见于 St.Venant 翻译的 Clebsch 讲义: Théorie de l'elasticit des corps solides, trad, par Saint-Venant and Flamant, Paris, 1883.

② 有关计算参见 A. Foepl, Vorl. üb. techn. Mechanik, 4th ed. Leipzig, 1909, Vol. III, 73.

41. 扭　　转

首先, 我们讨论扭转中最简单也是最重要的例子 —— 圆截面杆的扭转. 我们来考虑这样一个事实, 每一个发动机的轴都承受扭转载荷: 一端由驱动装置产生对轴的中心线的扭矩, 另一端由接收动力的装置产生一个反扭矩; 稳定工况下, 两个扭矩大小相等. 这个例子展现了扭转载荷的一般特性. 对于一个任意截面的直杆, 它一端受对杆轴线的扭转载荷; 另一端是固定或受反方向的扭矩是一样的; 附加的拉伸载荷, 如在杆的轴向方向上, 将意味着我们处理的将不再是一个纯扭转问题.

对于一端固定的圆截面杆, 我们很容易想象其由于扭曲而产生的变形类型, 但我们还得证明, 我们所想象的变形在理论上是容许的. 我们假设 (参见图 70) 每个截面的转动角度 φ 正比于 x 坐标. 这样意味着

$$\varphi=\alpha x,\ \alpha\text{为常数} \tag{1}$$

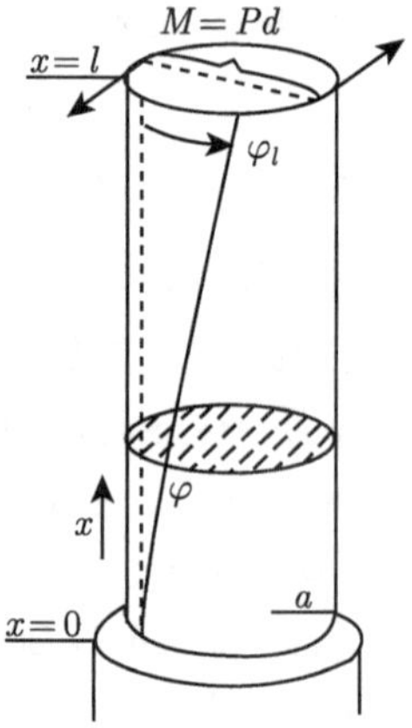

图 70　圆截面杆的扭矩. 底部刚性固定, 自由端作用有扭矩 M

杆的初始直母线变为了螺旋线; 在极坐标 r, φ, x 中, 位移矢量 $\boldsymbol{s}$ 的分量为

$$s_r=0,\ s_\varphi=\alpha r x,\ s_x=0 \tag{2}$$

为了得到应变, 我们只需简单地将式 (2) 中各量作为 $\delta q_1, \delta q_2, \delta q_3$ 代入第 4 节式 (26) 和 (28), 并令

$$g_1=1,\ g_2=r,\ g_3=1$$

因为 $\mathrm{d}s^2=\mathrm{d}r^2+r^2\mathrm{d}\varphi^2+\mathrm{d}x^2$. 由此得到

$$\begin{cases}\varepsilon_{rr}=\varepsilon_{\varphi\varphi}=\varepsilon_{xx}=0\\ \varepsilon_{r\varphi}=0,\ 2\varepsilon_{\varphi x}=\alpha r,\ \varepsilon_{xr}=0\end{cases} \tag{3}$$

根据第 9 节方程 (7)(因为它是一个张量关系式, 因此在任意正交坐标系中都成立) 我们即可得到对应的应力 σ:

$$\begin{cases}\sigma_{rr}=\sigma_{\varphi\varphi}=\sigma_{xx}=\sigma_{xr}=\sigma_{r\varphi}=0\\ \sigma_{x\varphi}=\tau=\mu\alpha r\end{cases} \tag{4}$$

和通常工程应用中的记法一致, 这里采用 τ 表示作用在横截面 x =const 处仅有的剪应力. 在式 (4) 所描述的应力状态中, 我们再次得到与弯曲问题中一样的**线性**应力分布定律. 事实上, 式 (4) 也可以写成以下形式:

$$\tau=\frac{r}{a}\tau_{\max},\quad 其中\tau_{\max}=\mu\alpha a \tag{4a}$$

在这个最简单的扭转问题中, 横截面严格地保持为平面, 正如式 (2) 中假设 $s_x=0$ 时所预期的一样. 前面我们已经看到, 在弯曲中这一点是不成立的; 后面我们也将会看到, 扭转时也只有在圆截面的情况下才是这样的.

下面我们证明, 我们的应力结果和边界条件是一致的. 显然在杆的曲面上, $r=a$, 应力必须为零. 在那应该有

$$\sigma_{rr}=\sigma_{r\varphi}=\sigma_{rx}=0$$

根据式 (4), 这一点事实上是满足的. 在杆的底截面上, 应力为零的条件必须代之为位移为零的条件. 令 x=0, 根据式 (2) 这也是满足的. 在自由端截面上, 我们应该至少约定一个**必要**条件

$$M=\int r\tau \mathrm{d}f \tag{5}$$

其中 M 为力 P 产生的扭矩 (如图 71). 根据式 (4a), 这个式子可以重新写成下面的形式:

$$M=\frac{\tau_{\max}}{\alpha}\int r^2\mathrm{d}f=\frac{\tau_{\max}}{\alpha}J_p=\mu\alpha J_p,\quad J_p=\frac{\pi}{2}a^4 \tag{5a}$$

其中 J_p 表示横截面的极惯性矩, 对圆截面其大小为本节式 (6) 中轴惯性矩的二倍.

严格来讲, 这并不是一个充分条件. 外力矩 M 不仅应该与剪切力对杆的轴线产生的总力矩相等, 而且 M 在截面上的分布也要与 $\tau\mathrm{d}f$ 的分布逐点相等. 如图中所给出的力矩 $M=Pd$ 显然并不满足这个条件. 这个困难还需要用 St. Venant 原理 (参见第 249 页) 来分析解决, 根据 St. Venant 原理, 由实际载荷与理论载荷的差异而对平衡产生的局部扰动仅限于端面附近, 对杆的其他地方的弹性平衡没有影响.

为保险起见, 按说我们必须证明特解 (2) 满足位移应该遵从的弹性力学微分方程. 第 9 节式 (18) 给出了笛卡儿位移分量下的这些关系式; 在这里我们应该用一

般正交坐标系下的第 9 节式 (20). 一看就知道, 在我们当前的情况下, 这些方程中的 Θ 和 P_i 的值为

$$\Theta = 0, P_1 = -\alpha\tau, \quad P_2 = 0, \quad P_3 = 2\alpha x$$

这一点很容易通过第 9 节式 (20a) 来检验, 随即我们也可以看出第 9 节式 (20) 是满足的 ($\boldsymbol{F}$ 当然是等于零的).

现在, 我们来仔细地研究一下方程 (5a), 它确定了我们剩下的唯一未知量, 也就是单位长度上杆的扭转角. 我们也可以根据式 (1) 确定出总的**扭转角**为

$$\varphi_l = \alpha l, \quad l = \text{杆长}$$

根据式 (5a) 我们由

$$\varphi_l = \frac{Ml}{\mu J_p} \tag{6}$$

这个方程清晰地表示出扭转角与扭矩 M 及长度 l 成正比关系, 与扭转模量 μ 成反比关系. 更重要的是, 式 (6) 表明了扭转角和截面**尺寸**的关系. 这个关系表现在分母中的因子 J_p. 然而, 值得注意的是, 像弯曲问题中的惯性矩 I 一样, 这里所呈现的与极惯性矩 J_p 的关系并不适用于任意截面. 如果截面不是圆形, 这种关系无法通过极惯性矩 J_p 来表达. 例如, 我们下面将看到的椭圆形截面就是这样.

对于**没有指定形状**的截面, 我们没有像前面的例子中的圆柱极坐标那样的优选坐标系, 我们还得借助笛卡尔坐标和位移 x, y, z, ξ, η, ζ; 平衡方程为第 9 节式 (18)($\boldsymbol{F}$=0).

一般来说, 我们必须承认横截面发生翘曲的可能性. 取杆轴线为 x 坐标轴, 则 $\xi = 0$ 不再成立 [对应于前面式 (2) 中的 $s_x = 0$]. 但是, 作为棱柱形杆的结果, 我们可以假设翘曲与截面的位置无关, 即翘曲函数 ξ 与 x 坐标无关:

$$\xi = \Phi(y, z), \quad \frac{\partial \xi}{\partial x} = 0 \tag{7}$$

进一步地, 像圆截面情形一样, 我们假设变形时体积没有变化. 这意味着 $\theta = 0$; 但是, 我们再引入更严格的条件

$$\frac{\partial \eta}{\partial y} = \frac{\partial \zeta}{\partial z} = 0 \tag{8}$$

并且类似于式 (3) 中 $\varepsilon_{r\varphi} = 0$, 最后再假设

$$2\varepsilon_{yz} = \frac{\partial \eta}{\partial z} + \frac{\partial \zeta}{\partial y} = 0 \tag{9}$$

在我们的研究过程中, 这些不同的假设都将会得到验证.

根据式 (7) 和 (8), 第 9 节微分方程 (18) 具有以下列简单的形式:

$$\begin{cases}\dfrac{\partial^2\xi}{\partial y^2}+\dfrac{\partial^2\xi}{\partial z^2}=0\\ \dfrac{\partial^2\eta}{\partial x^2}+\dfrac{\partial^2\eta}{\partial z^2}=0\\ \dfrac{\partial^2\zeta}{\partial x^2}+\dfrac{\partial^2\zeta}{\partial y^2}=0\end{cases}\tag{10}$$

其中第一个方程表明, 式 (7) 中引入的翘曲函数 ξ 满足**二维的位势方程**.

$$\nabla^2\varPhi=0\tag{11}$$

联立式 (8), 如果 η 和 ζ 取成下列双线性函数, 则式 (10) 中的另外两个方程可以满足

$$\begin{cases}\eta=b_0+b_1x+b_2z+b_3xz\\ \zeta=c_0+c_1x+c_2y+c_3xy\end{cases}\tag{12}$$

根据式 (9), 对任意的 x, 常数 b 和 c 必须满足下列关系:

$$b_2+b_3x+c_2+c_3x=0$$

或者

$$b_2=-c_2,\quad b_3=-c_3\tag{13}$$

如图 70 所示, 杆的下端被固定, 在这个意义上讲该处的横向位移为零. 因此, 在 $x=0$ 处对任意的 y 和 z 我们均有

$$b_0+b_2z=0,\quad c_0+c_2y=0$$

或者

$$b_0=c_0=b_2=c_2=0\tag{13a}$$

最后, 如果我们还希望 x 轴和端面保持直角, 则对于 $x=0$ 我们有

$$\frac{\partial\eta}{\partial x}=b_1=0,\quad \frac{\partial\zeta}{\partial x}=c_1=0\tag{13b}$$

由于式 (13) 和式 (13a, b), 方程 (12) 的形式变为

$$\eta=-\alpha xz,\quad \zeta=+\alpha xy\tag{14}$$

其中 c_3 被写成了 α.

由于式 (7), (11) 和 (14) 所表示的关于 ξ, η, ζ 的假设, 弹性力学微分方程和边界条件在端面上肯定是满足的. 剩下的问题是, 杆身所在的曲面上的边界条件是否能满足. 若用 n 表示曲面上 P 点处的法线方向, s 表示 P 点处截面轮廓线的切线方向, 则曲面上的边界条件是

$$\sigma_{ns} = 0 \text{ 和 } \sigma_{nx} = 0 \tag{15}$$

其中第一个方程肯定是满足的：我们可以将到目前还未固定的 y 轴选定为平行于 n 方向, 因此 z 轴必平行于 s 方向, 则 P 点处的 σ_{ns} 就是 σ_{yz}. 但是由于式 (9) 可以得到 $\varepsilon_{yz} = 0$, 因此 P 点的 σ_{yz} 也等于零. 显然, 这一结论对于曲面上的每个 P 点都成立. 至于式 (15) 中的第二个条件, 我们应用第 8 节一般的张量关系式 (5) 可以得到

$$\begin{aligned}\sigma_{nx} &= \beta_1\sigma_{yx} + \gamma_1\sigma_{zx} = 2\mu\left(\beta_1\varepsilon_{yx} + \gamma_1\varepsilon_{zx}\right)\\ &= \mu\left(\beta_1\left\{\frac{\partial\xi}{\partial y} + \frac{\partial\eta}{\partial x}\right\} + \gamma_1\left\{\frac{\partial\xi}{\partial z} + \frac{\partial\zeta}{\partial x}\right\}\right)\end{aligned} \tag{16}$$

其中 β_1 和 γ_1 分别为 n 方向与 y 方向和 z 方向夹角的余弦. 如果按照 $s \to n$ 转动和 $y \to z$ 转动一致的方式对 s 进行取向, 我们得到

$$\begin{cases}\beta_1 = \cos(n, y) = -\cos(s, z) = -\dfrac{\mathrm{d}z}{\mathrm{d}s}\\[2mm] \gamma_1 = \cos(n, z) = +\cos(s, y) = +\dfrac{\mathrm{d}y}{\mathrm{d}s}\end{cases} \tag{17}$$

采用式 (16), (17), (7) 和 (14), 则式 (15) 第二个条件可以写为

$$0 = -\left(\frac{\partial\Phi}{\partial y} - \alpha z\right)\mathrm{d}z + \left(\frac{\partial\Phi}{\partial z} + \alpha y\right)\mathrm{d}y \tag{18}$$

这个方程在轮廓上的每一个点都必须满足. 通过引入势函数 Φ 的**共轭函数**(对应于流体力学中的**流函数**), 该方程可以得到简化. 共轭函数与势函数 ϕ 由第 19 节 Cauchy-Riemann 方程 (5) 相联系. 在我们当前的坐标下 (是 y, z 而不是 x, y) 有

$$\frac{\partial\Phi}{\partial y} = \frac{\partial\Psi}{\partial z},\quad \frac{\partial\Phi}{\partial z} = -\frac{\partial\Psi}{\partial y} \tag{18a}$$

所以, 式 (18) 可以转变为

$$\left(\frac{\partial\Psi}{\partial z} - \alpha z\right)\mathrm{d}z + \left(\frac{\partial\Psi}{\partial y} - \alpha y\right)\mathrm{d}y = 0$$

或者

$$\mathrm{d}\Psi = \alpha\left(y\mathrm{d}y + z\mathrm{d}z\right) = \frac{\alpha}{2}d\left(y^2 + z^2\right)$$

或者, 积分得到

$$\Psi=\frac{\alpha}{2}\left(y^2+z^2\right)+C\cdots(\text{边界条件}) \tag{19}$$

共轭势函数 Ψ 也满足微分方程 (11):

$$\nabla^2\Psi=0 \tag{19a}$$

根据式 (19) 和 (19a), 势函数 Ψ 可以作为一个简单势函数问题的解 (总是存在的) 被唯一确定. 因此我们证明了我们的边界条件 (18) 能够满足. 与此同时, 之前在式 (8), (9) 和 (12) 中的假设也得到了验证.

现在, 我们再来考虑一下圆截面的问题. 轮廓线由 $y^2+z^2=a^2$ 给定, 圆心与原点重合. 因此在轮廓边界以及内部, 根据式 (19a), 方程 (19) 变为

$$\Psi=\text{const}$$

由式 (18a) 我们有

$$\Phi=\text{const}$$

并根据式 (7) $\xi=$ const 这意味着: 横截面仍然保持平面. 反过来, 如果对某种形状的横截面, 杆上的位移 ξ 为零, 则根据式 (7) 我们有 $\Phi=0$, 因此根据式 (18a)$\Psi=\text{const}$. 由式 (19) 得到轮廓线方程为 $y^2+z^2=\text{const}$: **横截面是圆形的**.

现在, 我们来讨论一下椭圆形截面这个不平凡的例子, 其轮廓线的方程为

$$\frac{y^2}{a^2}+\frac{z^2}{b^2}=1 \tag{20}$$

因为式 (19a) 的通解为

$$\Psi=\mathrm{Re}f(y+\mathrm{i}z)\,(\mathrm{Re}\ \text{表示}f\text{的}\textbf{实部})$$

我们假设 f 为幅角 $y+\mathrm{i}z$ 的二次幂, 因此

$$\Psi=A\left(y^2-z^2\right) \tag{21}$$

根据式 (19), 沿轮廓线我们有

$$A\left(y^2-z^2\right)=\frac{\alpha}{2}\left(y^2+z^2\right)+C$$

从方程 (20) 解出 z^2 代入上式, 若要上式对任意的 y 都成立, 可以解出 A 为

$$A=\frac{\alpha}{2}\frac{a^2-b^2}{a^2+b^2} \tag{21a}$$

根据式 (18a) 和 (21) 我们可以计算出

$$\frac{\partial \Phi}{\partial y}=-\alpha\frac{a^2-b^2}{a^2+b^2}z,\quad \frac{\partial \Phi}{\partial z}=-\alpha\frac{a^2-b^2}{a^2+b^2}y$$

根据式 (7) 和 (14) 可以得到剪应力:

$$\begin{cases}\sigma_{xy}=2\mu\varepsilon_{xy}=\mu\left(\dfrac{\partial \Phi}{\partial y}+\dfrac{\partial \eta}{\partial x}\right)=-\mu\alpha\left(\dfrac{a^2-b^2}{a^2+b^2}+1\right)z=-2\mu\dfrac{\alpha a^2}{a^2+b^2}z\\ \sigma_{xz}=2\mu\varepsilon_{xz}=\mu\left(\dfrac{\partial \Phi}{\partial z}+\dfrac{\partial \zeta}{\partial x}\right)=-\mu\alpha\left(\dfrac{a^2-b^2}{a^2+b^2}-1\right)y=-2\mu\dfrac{\alpha b^2}{a^2+b^2}y\end{cases} \tag{22}$$

由 σ_{xy} 和 σ_{xz} 得到截面上任一点的剪应力 τ 与过该点的径向矢量延长线和轮廓交点处轮廓线的切线相平行. 沿径向方向, τ 符合线性定律. 由式 (22) 得到切应力产生的对 x 轴的力矩具有以下形式, 即之前方程 (5) 的一般形式:

$$M=\iint\left(y\sigma_{xz}-z\sigma_{xy}\right)\mathrm{d}y\mathrm{d}z=\frac{2\mu\alpha}{a^2+b^2}\iint\left(b^2y^2+a^2z^2\right)\mathrm{d}y\mathrm{d}z \tag{23}$$

求出积分结果, 我们得到的不是在式 (5a) 中作为 μa 系数的因子 J_p, 其表达式为

$$\pi\frac{a^3b^3}{a^2+b^2} \tag{24}$$

它并不等于椭圆面积的极惯性矩 (参见习题Ⅷ.4).

上面同时考虑势函数 Φ 和流函数 Ψ 的思路启发我们可以采用流体力学比拟的方法来研究固体力学问题. 事实上, 在求更复杂问题 (如 I 型梁的扭转) 的近似解中, 已经证明这种方法是很有用的.

42. 螺旋弹簧的弯曲扭转

想象一个由单层细金属丝缠绕在圆柱上形成的线圈. 拿掉中间的圆柱, 我们得到一个一端以某种方式固定, 另一端用圆盘加载的螺旋弹簧. 假设圆盘的重量足够小, 因此弹簧的节距相对于内径很小. 现在, 如果我们在圆盘上放置一个附加重量, 这样在弹簧的轴上就作用了一个小载荷, 这个载荷将导致弹簧的节距略微增加, 弹簧也相应地伸长了. **这种载荷导致了金属丝的扭转**. 另一方面, 如果在圆盘上作用一个力偶 (例如, 将圆盘在其所在平面内转动), 则弹簧的节距几乎保持不变, 弹簧通过略微减小内径而产生扭矩. **在这种情况下, 金属丝受弯**.

这两个事实一开始似乎是矛盾的, 但可以很容易阐明: 在**扭转**中钢丝的每个截面承受对**极轴**的扭矩和而在**弯曲**时承受的是对**赤道轴**的弯矩. 记住这一点, 让我们来看图 71a 和图 71b 所示的过圆柱轴线的平面以及图中标记的截面内的受力情况.

在图 71a 中载荷 P 作用在圆柱轴线上, 对截面中心的力矩为 PR; 由于其轴矢量方向垂直于截面, 我们称其为**扭矩**M_T. 在图 71b 中力偶 QR 作用在圆盘上, 由于我们设圆盘直径为 $2R$, 则作用在圆盘上的两个力可以记为 $Q/2$. 因为力矩的轴矢量与圆柱轴重合, 因此该力矩具有**弯矩**的特点, 我们记为 M_B, 它可以被平移到所标记截面的中心. 我们用 NN 表示它的位置, 以表示其与受弯截面的中性层的迹线重合; 根据图 71a 的加载, 在截面上会产生**剪应力**; 和第 41 节一样我们将其记为 τ, 其大小与到钢丝轴线的距离成正比. 因此我们有

$$\int r\tau \mathrm{d}f = M_T \tag{1}$$

根据图 71b 的加载, 截面上将作用有**正应力**; 其大小与到赤道轴线 NN 的距离成正比. 我们又有

$$\int y\sigma \mathrm{d}f = M_B \tag{2}$$

方程 (1) 和 (2) 可以按照本节式 (4a) 和 (5a), 或者第 41 节式 (5) 来估算:

$$\frac{\tau_{\max}}{a}J_p = M_T, \quad \frac{\sigma_{\max}}{a}I = M_B \tag{3}$$

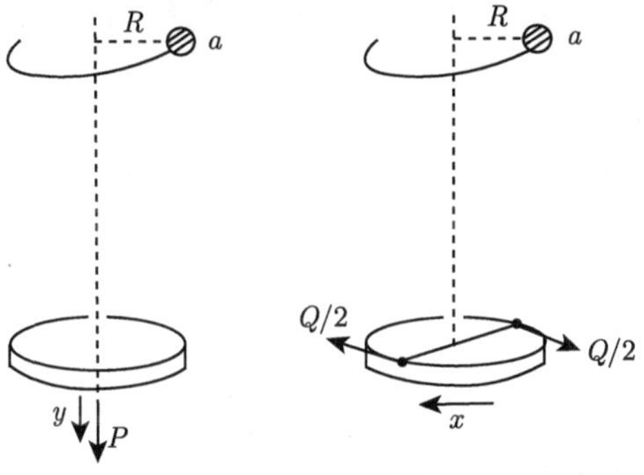

图 71 a. 受扭矩的螺旋弹簧 (力 P, 垂直位移 y); b. 受弯矩载荷的螺旋弹簧 (力矩 QR, 转动位移 x)

除了最大应力 $\tau_{\max}$ 和 $\sigma_{\max}$ 之外, 在这两种不同加载情况下, 我们应该还相应地想知道竖直 y 方向的位移和水平 x 方向的位移. 为此, 我们按说就得知道**初始曲杆**在扭转和弯曲时弹性变形线的形状. 但是, 利用能量原理我们可以找到一个解决本问题的更简单的方法: 计算弹簧在扭转或弯曲时消耗的变形功, 将其与外力 P 或 Q 所做功进行比较. 顺便说一句, 这是一个很好的机会, 让我们再次复习一下工

程中非常重要的主题 —— 变形能[①].

到目前为止, 我们只推导了变形能的一般表达式第 9 节式 (26a). 在纯剪切情形, 其中

$$\sigma_{12}=\sigma_{21}=\tau, \quad \varepsilon_{12}=\varepsilon_{21}=\frac{\tau}{2\mu}$$

或者, 在纯拉伸和压缩 (弯曲) 中

$$\sigma_{11}=\sigma, \quad \varepsilon_{11}=\frac{\sigma}{E}$$

第 9 节式 (26b) 相应地退化为

$$W=\frac{1}{2}\left(\sigma_{12}\varepsilon_{12}+\sigma_{21}\varepsilon_{21}\right)=\frac{1}{2}\frac{\tau^2}{\mu} \tag{4}$$

或者是

$$W=\frac{1}{2}\sigma_{11}\varepsilon_{11}=\frac{1}{2}\frac{\sigma^2}{E} \tag{5}$$

这些表达式针对的是单位体积, 必定适用于应力局部变化的每一个体积单元 $\mathrm{d}f\mathrm{d}s$, 其中 $\mathrm{d}f$ 为截面的面积微元, $\mathrm{d}s$ 为杆轴线的长度微元. 因此, 根据扭转情况下的式 (4) 我们得到

$$\mathrm{d}W=\frac{1}{2}\frac{\tau^2}{\mu}\mathrm{d}f\mathrm{d}s, \quad \tau=\frac{r}{a}\tau_{\max}\text{根据式 (4a)} \tag{6}$$

在整个截面上进行积分得到

$$\int \mathrm{d}W=\frac{1}{2\mu}\frac{\tau_{\max}^2}{a^2}\int r^2\mathrm{d}f\ \mathrm{d}s=\frac{\tau_{\max}^2}{2\mu a^2}J_p\mathrm{d}s \tag{6a}$$

同时, 根据式 (3) 可得

$$\int \mathrm{d}W=\frac{M_T^2}{2\mu J_p}\mathrm{d}s \tag{6b}$$

沿杆的长度 (在我们的问题中为弹簧的长度) 进行积分, 得到整个扭转变形能 W_T:

$$W_T=\frac{M_T^2 l}{2\mu J_p}=\frac{P^2R^2l}{2\mu J_p} \tag{7}$$

类似地, 根据式 (5) 得到弯曲变形能

$$\mathrm{d}W=\frac{1}{2}\frac{\sigma^2}{E}\mathrm{d}f\ \mathrm{d}s, \quad \sigma=\frac{y}{a}\sigma_{\max}\text{根据第 41 节式 (2)} \tag{8}$$

---

① 在所有静不定系统, 尤其是桁架的理论中, 关于**变形能取最小值**的 Castigliano 定理扮演着重要角色, 与此相同的还有 **Maxwell 位移互易定理**.

同时, 沿整个截面进行积分

$$\int \mathrm{d}W = \frac{1}{2E}\frac{\sigma_{\max}^2}{a^2}\int y^2 \mathrm{d}f\ \mathrm{d}s = \frac{\sigma_{\max}^2}{2Ea^2} I\ \mathrm{d}s \tag{8a}$$

根据式 (8a) 和 (3) 得到在弹簧的全部弯曲变形能

$$W_B = \frac{M_B^2 l}{2EI} = \frac{Q^2 R^2 l}{2EI} \tag{9}$$

式 (7) 和 (9) 表示弹簧在**弹性**变形时经历一系列平衡态后存储的能量. 它必定等于力 P(或者力偶 QR) 从零到**逐渐**增加到其最终值时沿路经 y(或者 x) 所做的**机械**功. 这两个功分别为

$$W_T = \frac{Py}{2}, \quad W_B = 2\frac{(Q/2)\,x}{2} = \frac{Qx}{2} \tag{10}$$

对比式 (7) 和 (9) 即可得到

$$y = \frac{R^2 l}{\mu J_p}P, \quad x = \frac{R^2 l}{EI}Q \tag{11}$$

因此可以看到, 能量原理的运用的确是一种确定位移 x 和 y 的简单方法. 注意到方程 (11) 也可以根据 Castigliano 第一定律按以下方法①得到:

$$W(P,Q) = W_T + W_B, \quad y = \frac{\partial W}{\partial P}, \quad x = \frac{\partial W}{\partial Q} \tag{11a}$$

根据这些方程, 我们很容易转到弹簧的自由振动, 只要将 P 和 Q 代之为惯性力,

$$P = -M\frac{\mathrm{d}^2 y}{\mathrm{d}t^2}, \quad Q = -M_{\mathrm{red}}\frac{\mathrm{d}^2 x}{\mathrm{d}t^2} \tag{12}$$

这里必须赋予质量 M 和 M_{red} 合适的物理意义. M 原本是上下振动的圆盘的质量 M_0, 但是由于弹簧的质量 m 也参与振动 (其下部比上部剧烈), 因此必须增加部分弹簧质量以修正振动的圆盘质量. 根据 Rayleigh 爵士的研究, 这个比例为 $\frac{1}{3}$, 所以 M 应该理解为 $M_0+m/3$. 另外, 控制相对于圆柱轴振动的惯性力为 $-\theta\mathrm{d}^2\varphi/\mathrm{d}t^2$, 根据在图 71b 中 x 的含义, 其中 $\varphi = x/R$ 是圆盘的角位移. 同样地, θ 在原本是圆盘的惯性矩 θ_0, 这里要附加 $\frac{1}{3}$ 的线圈惯性矩 mR^2. 最终 M_{red} 定义为

$$M_{\mathrm{red}}R^2 = \theta = \theta_0 + \frac{1}{3}mR^2$$

① 式 (11a) 预先假定 y, x 和 P, Q 是线性关联的, 因此 $W(P, Q)$ 是 P 和 Q 的二次式, 如式 (7) 和 (9). 在一般情况下, 我们可能不得不用 "修正" 的表达式来替换能量 $U(\mathrm{P}, Q)=yP+xQ-W(x, y)$ 中的 W. 关于这种变换可以参见本书第一卷 42.7 和 E 节. L. Ince, Ordinary Differential Equations, Dover Publ., New York, 1944, 第 2.5 章 (Legendre 变换).

根据式 (12) 和 (11), 弹簧的扭转自由振动和弯曲自由振动方程分别为

$$\frac{\mathrm{d}^2y}{\mathrm{d}t^2}+\frac{\mu J_p}{MR^2l}y=0,\quad \frac{\mathrm{d}^2x}{\mathrm{d}t^2}+\frac{EI}{M_{\mathrm{red}}R^2l}x=0 \tag{13}$$

相应的圆频率为

$$\omega_{\mathrm{T}}=\sqrt{\frac{\mu J_p}{MR^2l}},\quad \omega_{\mathrm{B}}=\sqrt{\frac{EI}{M_{\mathrm{red}}R^2l}} \tag{14}$$

一般情况下, 它们彼此是不相等的①. 若二者相等, 这两种振动将发生共振, 这时弹簧的力学行为将变得对相关参数的微小改变都很敏感. 那样, 目前的理论就不够了: 我们还必须考虑在有限螺距弹簧中这两种模式振动的耦合作用, 这一点在之前的分析中是被忽略了的.

对于有限螺距 h, 则螺旋斜率 α 为

$$\sin\alpha=\frac{h}{2\pi R}$$

这也是钢丝横截面与竖直方向的倾斜角. 两种加载力矩 PR 和 QR 可以被分解成以下形式.

	垂直于截面	平行于截面
PR	$\cos\alpha\cdot PR$	$-\sin\alpha\cdot PR$
QR	$\sin\alpha\cdot QR$	$\cos\alpha\cdot QR$

贡献成扭矩的在左侧, 贡献成弯矩的在右侧, 因此

$$M_{\mathrm{T}}=\cos\alpha PR+\sin\alpha QR,\quad M_{\mathrm{B}}=\cos\alpha QR-\sin\alpha PR \tag{15}$$

总的弯曲能变为

$$\begin{aligned}W=W_{\mathrm{T}}+W_{\mathrm{B}}&=\frac{M_{\mathrm{T}}^2l}{2\mu J_p}+\frac{M_{\mathrm{B}}^2l}{2EI}\\&=\frac{R^2l}{2}\left(\frac{(\cos\alpha P+\sin\alpha Q)^2}{\mu J_p}+\frac{(\cos\alpha Q-\sin\alpha P)^2}{EI}\right)\end{aligned} \tag{15a}$$

根据计算规则 (11a), 可以确定位移为

$$\begin{cases}y=\dfrac{\partial W}{\partial P}=\dfrac{R^2l}{\mu J_p}\left(\cos^2\alpha P+\sin\alpha\cos\alpha Q\right)+\dfrac{R^2l}{EI}\left(-\sin\alpha\cos\alpha Q+\sin^2\alpha P\right)\\ x=\dfrac{\partial W}{\partial Q}=\dfrac{R^2l}{\mu J_p}\left(\sin\alpha\cos\alpha P+\sin^2\alpha Q\right)+\dfrac{R^2l}{EI}\left(\cos^2\alpha Q-\sin\alpha\cos\alpha P\right)\end{cases} \tag{15b}$$

① 在具体实验中, 通过一个对弹簧有小惯性矩的附加质量沿弹簧轴线加载, 可以实施这类振动 (参见第一卷, 图 37). 附加质量使参与扭转振动的质量 M 增加了, 频率 ω_{T} 下降. 但是, M_{red} 和 ω_{B} 基本保持不变.

现在, 这些方程可以取代方程 (11). 再用 P 和 Q 取代惯性力 (12), 我们就得到如下描述**弹簧耦合振动**的方程组:

$$\frac{\mathrm{d}^2y}{\mathrm{d}t^2}+\omega_{\mathrm{T}}^2(y-kx)=0,\quad \frac{\mathrm{d}^2x}{\mathrm{d}t^2}+\omega_{\mathrm{B}}^2(x-hy)=0 \tag{16}$$

式中 ω_T, ω_B, k 和 h 是

$$\omega_{\mathrm{T}}^2=\frac{\mu J_p}{MR^2l}\left(1+\nu\sin^2\alpha\right),\quad \omega_{\mathrm{B}}^2=\frac{\mu J_p}{M_{red}R^2l}\left(1+\nu\cos^2\alpha\right) \tag{16a}$$

$$k=\frac{\nu\sin\alpha\cos\alpha}{1+\nu\sin^2\alpha},\quad h=\frac{\nu\sin\alpha\cos\alpha}{1+\nu\cos^2\alpha} \tag{16b}$$

其中 ν 是泊松比. 若 $\alpha=0$, 则耦合系数 k 和 h 为 0, 圆频率 ω_{T} 和 ω_{B} 的值将恢复为先前的值 (14), 同时方程 (16) 也变成和方程 (13)①一样了.

对方程 (16) 进一步的讨论就不再弹性理论的问题了. 对于共振情形, $\omega_{\mathrm{T}}=\omega_{\mathrm{B}}$, 弹簧的行为我们已经在第一卷第 20 节中描述过: 能量在初始被激起的振动模式和随后被激起的振动模式之间来回传递, 直到这两种模式的振动交替消失. 通过计一个节拍中振荡的次数, 可以精确地确定单个振动用时间单位表示的**节拍周期**N. 在共振时, 周期值达到最大. 正如有文献②作者给出的, 较大的 $N_{\max}$ 值和微小的角度 α 值提供了一种精确确定泊松比 ν 的方法.

这里讨论的共振现象是由 Wilberforce③首次描述并做出解释的, 但是他对泊松比的测定基于的是关系式 (14), 而不是更优雅的共振法.

43. Debye 比热的弹性理论基础*

在第 14 节中, 我们研究了**无限大**各向同性固体中的弹性波; 在随后两节中, 我们将研究**有限**体中的弹性振动, 首先考虑的是边长为 a, b, c 的长方体. 我们假设位于 x=0, a; y=0, b; z=0, c 的面是自由的, 在这种情形下我们必须约定这些面上的正应力和剪应力均为 0. 在这种条件下的振动我们称为**固有振动**(proper oscillations); 这种振动发生时与外界没有任何能量交换.

上面所提出的这个问题存在很大的数学困难④. 作为一般问题的特例, 矩形盘的振动就吸引人们为之费尽心机; 尽管 150 年来, Chladni 的美妙图形已为人熟知,

① 对比式 (16a) 和 (14) 中的 ω_{B} 可以看出, 从式 (15) 变换到式 (16) 时已经采用了圆截面具有的关系式 $J_P=2I$ 和第 9 节关系式 (11), $E=2\mu(1+v)$.

② Wülner - Festschrift, Teubner, Leipzig 1905, p. 162.

③ Phil. Mag. 38 (1894) 386.

* 标题是译者建议修改的, 以突出 Debye 这一贡献的巨大意义, 它是固体物理学晶格动力学的起源.

④ 通常在类似的电磁辐射问题中研究的立方体特殊情况本质上并不比在这里考虑的更一般的问题简单. 从方程 (23) 的最终结果我们可以看到这一点, 它仅取决于物体体积 V 的大小, 而与其形状无关.

但该问题严格的求解对于最优秀的数学家也依然是个挑战. 迄今最成功的一步是由 Ritz①迈出的, 但他不是直接给出微分方程及其边界条件的解, 而是建立一个最小值原理, 通过该原理使得逐步逼近问题的解成为了可能.

但是, 通过其他几组边界条件, 防止系统与外界进行能量交换却是可能的. 考虑在 x 表面上, 位移分量为 ξ, η, ζ 时单位面积上应力的功:

$$\delta A=\sigma_{xx}\xi+\sigma_{xy}\eta+\sigma_{xz}\zeta \tag{1}$$

这个功不仅在下面条件下为零, 如

$$\sigma_{xx}=\sigma_{xy}=\sigma_{xz}=0\ (\text{表面自由}) \tag{2}$$

或者

$$\xi=\eta=\zeta=0\ (\text{表面固定}) \tag{2a}$$

而且在下面这些条件下也为零, 如

$$\xi=0,\quad \sigma_{xy}=\sigma_{xz}=0 \tag{3}$$

或者

$$\sigma_{xx}=0,\quad \eta=\zeta=0 \tag{3a}$$

如 C.Somigliana②在 1903 年分析静态加载问题时所表明的, 式 (3) 或者式 (3a) 中的**混合**边界条件假设给出了一个求解问题的基本处理方法; 另外, 它们与我们头脑中的物理应用所对应的一致条件式 (2) 或 (2a) 是等价的.

因此, 我们将基于边界条件 (3) 开展计算; 通过字母轮换, 可以得到 y 和 z 平面的边界条件. 条件 (3) 的第一个方程意味着

$$\frac{\partial\xi}{\partial y}=\frac{\partial\xi}{\partial z}=0,\quad 2\varepsilon_{xy}=\frac{\partial\eta}{\partial x},\quad 2\varepsilon_{xz}=\frac{\partial\zeta}{\partial x}$$

边界条件可以写成

$$\begin{cases}\xi=0,\ \dfrac{\partial\eta}{\partial x}=\dfrac{\partial\zeta}{\partial x}=0,\ \text{对于}x=\begin{cases}0\\a\end{cases}\\ \eta=0,\ \dfrac{\partial\zeta}{\partial y}=\dfrac{\partial\xi}{\partial y}=0,\ \text{对于}y=\begin{cases}0\\b\end{cases}\\ \zeta=0,\ \dfrac{\partial\xi}{\partial z}=\dfrac{\partial\eta}{\partial z}=0,\ \text{对于}z=\begin{cases}0\\c\end{cases}\end{cases} \tag{4}$$

① W. Ritz, Theorie der Transversalschwingungen einer quadratischen Platte mit freien Raedern, Ann. Physik 28 (1909) 737. 正如 Kirchhoff 证明的, 圆盘可以进行直接积分.

② 参见 O. Tedone 的综述文章, 发表于 Encykl. d. Mathem. Wiss. Vol. Ⅳ,4, Art. 25, No. 2.

因为 $F=0$, 第 14 节微分方程 (1b) 现在的形式为

$$\begin{cases}\rho\dfrac{\partial^2\xi}{\partial t^2}=\mu\nabla^2\xi+(\lambda+\mu)\dfrac{\partial\theta}{\partial x}\\ \rho\dfrac{\partial^2\eta}{\partial t^2}=\mu\nabla^2\eta+(\lambda+\mu)\dfrac{\partial\theta}{\partial y}\\ \rho\dfrac{\partial^2\zeta}{\partial t^2}=\mu\nabla^2\zeta+(\lambda+\mu)\dfrac{\partial\theta}{\partial z}\end{cases}\tag{5}$$

通过假设 ξ,η,ζ 为下列形式时, 可以满足方程 (4)

$$\begin{cases}\xi=A\sin\dfrac{a\pi x}{a}\cos\dfrac{b\pi y}{b}\cos\dfrac{c\pi z}{c}\mathrm{e}^{-\mathrm{i}\omega t}\\ \eta=B\cos\dfrac{a\pi x}{a}\sin\dfrac{b\pi y}{b}\cos\dfrac{c\pi z}{c}\mathrm{e}^{-\mathrm{i}\omega t}\\ \zeta=C\cos\dfrac{a\pi x}{a}\cos\dfrac{b\pi y}{b}\sin\dfrac{c\pi z}{c}\mathrm{e}^{-\mathrm{i}\omega t}\end{cases}\tag{6}$$

其中 a,b,c 为任意整数; A, B, C 为常数, 其比例待定；同时圆频率 ω 也必须求出来.

将式 (6) 代入式 (5), 则在方程组 (5) 中每个方程各项的三角函数因子分别与式 (6)ξ,η,ζ 中三角函数因子是相同的. 例如, 我们有

$$\begin{cases}\rho\dfrac{\partial^2\xi}{\partial t^2}=-\rho\omega^2A\sin\cdots\cos\cdots\cos\cdots\mathrm{e}^{-\mathrm{i}\omega t}\\ \nabla^2\xi=-A\left(\dfrac{a^2}{a^2}+\dfrac{b^2}{b^2}+\dfrac{c^2}{c^2}\right)\pi^2\sin\cdots\cos\cdots\cos\cdots\mathrm{e}^{-\mathrm{i}\omega t}\\ \dfrac{\partial\theta}{\partial x}=-\left(A\dfrac{a^2}{a^2}+B\dfrac{ab}{ab}+C\dfrac{ac}{ac}\right)\pi^2\sin\cdots\cos\cdots\cos\cdots\mathrm{e}^{-\mathrm{i}\omega t}\end{cases}$$

约去这些公因子, 由微分方程 (5) 得到下列关于 A, B, C 的线性方程组:

$$\begin{cases}A\left(\Omega+\dfrac{aa}{a^2}\right)+B\dfrac{ab}{ab}+C\dfrac{ac}{ac}=0\\ A\dfrac{ba}{ba}+B\left(\Omega+\dfrac{bb}{b^2}\right)+C\dfrac{bc}{bc}=0\\ A\dfrac{ca}{ca}+B\dfrac{cb}{cb^2}+C\left(\Omega+\dfrac{cc}{c^2}\right)=0\end{cases}\tag{7}$$

这里的 Ω 由下式定义:

$$(\lambda+\mu)\Omega=\mu s-\frac{\rho\omega^2}{\pi^2},\quad s=\frac{a^2}{a^2}+\frac{b^2}{b^2}+\frac{c^2}{c^2}\tag{7a}$$

线性方程组 (7) 要有非零解, 当且仅当行列式

$$\Delta=\begin{vmatrix}\varOmega+\dfrac{aa}{a^2} & \dfrac{ab}{ab} & \dfrac{ac}{ac}\\ \dfrac{ba}{ba} & \varOmega+\dfrac{bb}{b^2} & \dfrac{bc}{bc}\\ \dfrac{ca}{ca} & \dfrac{cb}{cb^2} & \varOmega+\dfrac{cc}{c^2}\end{vmatrix}=0 \tag{8}$$

将式 (8) 展开成 $\varOmega$ 的幂形式, 我们很容易得到 $\varOmega^0$ 和 $\varOmega^1$ 的系数为 0, 而 $\varOmega^2$ 和 $\varOmega^3$ 系数分别为 s 和 1. 因此, 方程 (8) 可以整理成下面的形式:

$$\varOmega^3+s\varOmega^2=\varOmega^2\left(\varOmega+s\right)=0 \tag{9}$$

该方程有两个重根 $\varOmega_1=\varOmega_2=0$ 和一个单根 $\varOmega_3=-s$. 根据式 (7a), 我们得到对应的频率值

$$\omega_1^2=\omega_2^2=\pi^2\frac{\mu}{\rho}s,\quad \omega_3^2=\pi^2\frac{\lambda+2\mu}{\rho}s \tag{10}$$

根据式 (7), 可以求出关于这些 ω 值的比值 $A:B:C$. 因此除了一个公共的振幅系数, 现在式 (6) 就完全确定了. 更为任意的因素则是数 a, b, c.

这种任意性的物理意义是什么? 将边长 a, b, c 除以 a, b, c, 得到的线段可以理解为波长:

$$\lambda_a=\frac{\boldsymbol{a}}{a},\quad \lambda_b=\frac{\boldsymbol{b}}{b},\quad \lambda_c=\frac{\boldsymbol{c}}{c} \tag{11}$$

它们只适用于平行六面体边界. 相关的波数为

$$k_a=\frac{2\pi}{\lambda_a}=2\pi\frac{a}{a},\quad k_b=\frac{2\pi}{\lambda_b}=2\pi\frac{b}{b},\quad k_b=\frac{2\pi}{\lambda_c}=2\pi\frac{c}{c} \tag{11a}$$

如果我们考虑一个仅依赖于 x 的特解, 则根据方程 (6) 和 (11) 我们可以写成

$$\xi=A\sin\pi\frac{x}{\lambda_a}\mathrm{e}^{-\mathrm{i}\omega t},\quad \eta=\zeta=0 \tag{12}$$

方程 (12) 表示了一个具有 $x=0$ 和 $x=a=a\lambda_a$ 处两个节面 (nodal surface) 的驻波. 总而言之, 式 (6) 表示了可以存在于正方体中的所有驻波的整体. 但是, 与例 (12) 不同的是, 它们一般来说不是平面波, 而沿三边方向上符合式 (6) 给定的特殊规律的波的综合.

方程 (10) 的结构进一步告诉我们, 这些波部分具有**横波**性质, 部分具有**纵波**性质. 根据第 14 节式 (6) 和 (3) 我们有

$$c_{\text{trans}}=\sqrt{\frac{\mu}{\rho}},\quad c_{\text{long}}=\sqrt{\frac{\lambda+2\mu}{\rho}}$$

现在这里的 c_{trans} 和 c_{long} 分别代表对于前面的声速记号 b 和 a. 如果我们进一步引入波数 k_r, 表示波数 k_a, k_b, k_c 的合成, 即

$$k_r = \sqrt{k_a^2 + k_b^2 + k_c^2}$$

根据式 (11a) 和 (7a) 我们得到

$$k_r = 2\pi\sqrt{\frac{a^2}{a^2} + \frac{b^2}{b^2} + \frac{c^2}{c^2}} = 2\pi s \tag{13}$$

这样式 (10) 可以简记为

$$\omega_1 = \omega_2 = \frac{1}{2}c_{\text{trans}}k_r, \quad \omega_3 = \frac{1}{2}c_{\text{long}}k_r \tag{14}$$

横波被计两次这一事实表明, 在互相正交的两个方向上可能出现波的偏振.

因此, 我们找到了一个可以在绝热孤立立方体中激起的无限个弹性波系统. 这个系统是**完整**的, 也就是说, **唯一**满足我们边界条件的驻波就是式 (6) 所描述的波动. 要证明其完整性关键在于证明任意给定的初始状态都能被展开成式 (6) 在 t=0 时的形式①.

现在, 我们来根据几何推理确定所有频率小于 $\nu = \omega/2\pi$ 波的数量 z. 我们先看看纵波的数量.

在矩形系统 k_a, k_b, k_c 中, 通过标出对应于整数值 a, b, c 的所有点, 我们可以得到一个三维的正交栅格, 根据式 (11a) 其基本单元的边长为

$$\frac{2\pi}{a}, \quad \frac{2\pi}{b}, \quad \frac{2\pi}{c}$$

现在考虑对应于频率 ν, $k_r = \text{const}$ 的球面内的栅格点. 根据式 (14), 该球的半径 $k_r = 4\pi\nu/c_{\text{long}}$. 因为 a, b, $c \geqslant 0$, 我们只关心位于第一象限内的格点, 该部分的体积为

$$\frac{4\pi}{3}\frac{k_r^3}{8} = \frac{4\pi}{3}\left(\frac{2\pi\nu}{c_{\text{long}}}\right)^3$$

除以基本单元的体积

$$\frac{(2\pi)^3}{abc} \tag{15}$$

我们就得到在该象限中基本单元的数量或者格点的数量, 同时也是频率小于 ν 的纵波数量:

$$z_{\text{long}} = \frac{4\pi}{3}\frac{abc\nu^3}{c_{\text{long}}^3} \tag{16}$$

---

① 关于该证明和向各向异性体的推广可参见: R. Ortvay, Ann. Physik. 42 (1913), 745. 经 E.Fues 建议, H. Wierzejewski 在其 Breslau 大学学位论文中提出了从群论观点来处理该问题的方法: Elastische Eigenschwingungen von Kristallen bei gemischten Randbedingungen, Z. f. Kristallographie, Vol. 101, 1939.

按完全相同的方式, 可以得到任一横波偏振状态的数量

$$z_{\text{trans}} = \frac{4\pi}{3}\frac{abcv^3}{c_{\text{trans}}^3} \tag{16a}$$

因此频率小于 ν 的振动状态的总数为

$$z = z_{\text{long}} + z_{\text{trans}} = \frac{4\pi}{3}abcv^3\left(\frac{2}{c_{\text{trans}}^3} + \frac{1}{c_{\text{long}}^3}\right) \tag{16b}$$

如果不考虑封闭单元的边界与球表面不重合所导致的误差, 上面所得到的数 z 是精确的. 其误差与 $1/(abc)$ 是同阶的 [参见式 (15)], 因此对于一个大立方体而言是可以忽略的. 将式 (16b) 对 ν 求微分, 我们得到在 ν 和 $\nu+\mathrm{d}\nu$ 之间的振动状态的数量:

$$\mathrm{d}z = 4\pi V\left(\frac{2}{c_{\text{trans}}^3} + \frac{1}{c_{\text{long}}^3}\right)v^2\mathrm{d}v \tag{17}$$

其中 V 为立方体的体积 abc.

现在我们有条件来解决一开始我们提出的问题了. 我们要计算**绝热的孤立实体中能量的含量**, 根据早期文献中的定义, 它与**实体中分子振动的能量**是**相等**的. 但是, 最好是按照 Debye①的方法, 他将物体的能量含量定义为弹性振动的能量. 物体分子是强耦合的, 因此不可能激起单个分子的振动; 但是, 在式 (6) 中所考虑的振动是相互独立的, 并分别满足弹性体的微分方程.

因此, 每一个振动状态可以按照 Planck 在发现如下辐射定律时所首先建立的量子法则单独量子化:

$$\varepsilon_n = nhv\begin{cases} n = \text{整数} \\ h = \text{Planck常量}\end{cases} \tag{18}$$

对应用在这里的量子理论我们不做进一步解释, 将在第五卷中对其进行讨论. 还有, 根据现代量子力学, 式 (18) 中的整数 n 应该替换为 $n+\frac{1}{2}$, 因为与我们的研究目的无关, 这里也不做考虑.

---

① P. Debye, Ann. Physik., 39 (1912) 789. 在这篇奠基性论文中, Debye 计算了足够大**球体**的恰当振动. 球体的表面被视为**零应力**的, 也就是说, 他采用了对应于我们的方程 (2) 的边界条件. 因为圆板是唯一能够直接积分的平板问题 (参见 p.315 的脚注), 因此球体是在均匀边界条件下, 唯一通过积分得到已知函数 (Bessel 函数) 的三维弹性问题. 但是即便这样, 这个解也是非常复杂的, 对于 Debye 所提出的大幅角和指数问题, 只能采用 Bessel 函数的渐进近似表示. 可以采用 "混合边界条件" 求解的简化首先由作者在 1912 年量子理论的课程中提出, 随后由 Ortvay 先生进一步发展并发表 (参见先前的脚注). 应该注意的是, 为了使特征函数的分布与物体的形状无关, Debye 不得不将球的半径取成足够大. 出于同样的原因, 正如前文方程 (17) 所假设的, 本例中立方体的尺寸也必须足够大, 以使得 "表面误差" 小到可以忽略.

此外, 我们需要第 7 节式 (15c) 所引入的 Boltzmann 因子, 尽管没有证明. 对于我们所研究的问题 Boltzmann 因子有其物理意义: 给定温度 T 时 N 个热力平衡的振荡系统, 其中能量为 ε_n 的系统数量为 N_n, 则有

$$N_n = A\exp\left(-\frac{\varepsilon_n}{kT}\right) = A\alpha^n, \quad \alpha = \exp\left(-\frac{h\nu}{kT}\right) \tag{19}$$

振荡系统的总数 N 为 N_n 的总和, 由此可以确定常数 A:

$$N = \sum_{n=0}^{\infty} N_n = A\left(1+\alpha+\alpha^2+\cdots\right) = \frac{A}{1-\alpha} \tag{20}$$

在我们的情况中, N 就是式 (17) 中的 (大!) 数 $\mathrm{d}z$. 这样, 我们得到 A 为

$$A = (1-\alpha)\mathrm{d}z \tag{20a}$$

我们记总能量 U 中包含在这 $\mathrm{d}z$ 个振动里的部分能量为 $\mathrm{d}U$. 根据式 (19) 和 (20a) 有,

$$\mathrm{d}U = \sum_{n=0}^{\infty} N_n\varepsilon_n = Ahv\sum_{n=0}^{\infty} n\alpha^n = (1-\alpha)hv\mathrm{d}z\sum_{n=0}^{\infty} n\alpha^n \tag{21}$$

这里出现的级数很容易求和 [通过式 (20) 中的几何级数对 α 求导] 等于 $\alpha/(1-\alpha)^2$. 结合式 (19) 中 α 的定义, 方程 (21) 变为

$$\mathrm{d}U = hv\frac{\alpha}{(1-\alpha)}\mathrm{d}z = \frac{hv}{\exp\left(\dfrac{hv}{kT}\right)-1}\mathrm{d}z \tag{22}$$

这个公式中的分母将会在 Planck 辐射定律中再次出现, 更一般地, 会在第五章 Bose 统计的讨论中再次出现.

现在, 我们将式 (17) 表示的 $\mathrm{d}z$ 代入, 并对 v 从 $\nu=0$ 到上限 v_σ 进行积分:

$$U = 4\pi Vh\left(\frac{2}{c_{\mathrm{trans}}^3}+\frac{1}{c_{\mathrm{long}}^3}\right)\int_0^{v_\sigma}\frac{v^3\mathrm{d}v}{\exp\left(\dfrac{hv}{kT}\right)-1} \tag{23}$$

我们的第一个任务是要确定上限 v_σ, 根据 Debye 的方法, 我们可以由**物体的自由度数**确定出频率小于 v_σ 的总振荡数 z_σ. 由于一个质点具有三个自由度, 因此方程数是分子数的三倍. 如果在一个特殊的物体内有 1mol 的均匀物质, 则其分子数, 根据第 44 页的内容可知, 为 Loschmidt 数 L. 因此 z_σ 就等于 $3L$. 由式 (16b) 我们得到可以确定上限 v_σ 的关系式

$$3L = \frac{4\pi}{3}V_{\mathrm{mol}}v_\sigma^3\left(\frac{2}{c_{\mathrm{trans}}^3}+\frac{1}{c_{\mathrm{long}}^3}\right) \tag{24}$$

这里已经将 abc 记成了摩尔体积 V_{mol}. 这个定义 v_σ 的方程也可以用于简化式 (23), 得到

$$U_{\mathrm{mol}} = \frac{9Lh}{v_\sigma^3}\int_0^{v_\sigma}\frac{v^3\mathrm{d}v}{\exp\left(\dfrac{hv}{kT}\right)-1} \tag{25}$$

通过简记

$$y = \frac{hv}{kT},\quad x = \frac{hv_\sigma}{kT} = \frac{\Theta}{T},\quad \Theta = \frac{h}{k}v_\sigma \tag{26}$$

最后我们可以得到

$$U_{\mathrm{mol}} = 9Lk\frac{T^4}{\Theta^3}\int_0^{v_\sigma}\frac{y^3\mathrm{d}v}{\mathrm{e}^y-1} \tag{27}$$

这里引入的 Θ 即为 Debye**特征温度**; 对于如钻石和石英这样的坚硬的材料, 这一温度接近于 100K, 对于软金属则只有几度. 大体上说, 方程 (27) 很好地表示了 Nernst 及其合作者所搜集的大量数据. 当然, 人们不能期望那些依赖于特定晶体或分子结构的细节被涵盖于这里所提出的一般性理论之中.

现在我们来研究一下在 $T \gg \Theta$ 时的方程 (27). 这时上限 $x \ll 1$, 同样地积分变量 y 也 $\ll 1$. 展开分母

$$\mathrm{e}^y - 1 = y\left(1+\frac{y}{2}\cdots\right)$$

我们得到足够精确的式 (27) 中的积分结果

$$\int_0^x y^2\mathrm{d}y = \frac{x^3}{3} = \frac{1}{3}\frac{\Theta^3}{T^3}$$

由此我们推断

$$U_{\mathrm{mol}} = 3RT \tag{28}$$

其中 kL 已根据第 7 节式 (15b) 记成每摩尔气体常数 R.

关系式 (28) 中包含了 Dulong-Petit 定律, 因为

$$c_{\mathrm{mol}} = \frac{\mathrm{d}U_{\mathrm{mol}}}{\mathrm{d}T} = 3R \cong 6\mathrm{cal} \tag{29}$$

其中 c_{mol} 表示每摩尔物质的比热. 如果我们可以忽略单个分子的相对振动, 则方程 (29) 可以作为在高温时的渐进法则普遍适用于所有的固体结构. 这个限制条件是必需的, 因为在我们计算自由度时, 假设分子为刚性的并忽略了可能的内部自由度. 事实上, Dulong-Petit 原则对单原子金属材料满足得特别好, 因为这种材料与上述限制条件无关 (在这种情况, c_{mol} 为克原子热容).

相反的情况, $T \ll \Theta$, 更具物理研究意义. 现在方程 (27) 中的积分有一个很大的上限 ($x \gg 1$), 可以近似为

$$\int_0^\infty \frac{y^3\mathrm{e}^{-y}}{1-\mathrm{e}^{-y}}\mathrm{d}y = \int_0^\infty y^3\mathrm{e}^{-y}(1+\mathrm{e}^{-y}+\mathrm{e}^{-2y}+\cdots)\mathrm{d}y \tag{30}$$

通过交换求和与积分的顺序, 并在第 n 个积分中引入 $z=ny$, 我们得到

$$\sum_{n=1}^{\infty}\frac{1}{n^4}\int_0^{\infty}z^3\mathrm{e}^{-z}\mathrm{d}z=3!\sum_{n=1}^{\infty}\frac{1}{n^4}=3!\frac{\pi^4}{90} \tag{30a}$$

(求和公式 $\sum\limits_{n=1}^{\infty}n^{-4}=\pi^4/90$ 将在第六卷中关于 Fourier 级数的一章中推导.)

应用结果 (30) 和 (30a), 式 (27) 可以被重写为

$$U_{\mathrm{mol}}=\frac{3\pi^4}{5}\frac{RT^4}{\Theta^3} \tag{31}$$

对 T 求导得到

$$c_{\mathrm{mol}}=\frac{12\pi^4}{5}R\left(\frac{T}{\Theta}\right)^3 \tag{32}$$

这就是**低温下固体摩尔比热的 Debye 立方定律**.

图 72 给出了比热和温度一般关系, 由 Debye 方程 (27) 通过求导得到; 图中也给出了两个渐近定律, 也即大 T 值时 Dulong-Petit 定律的水平线, 以及小 T 值时的 Debye T^3 抛物线. 后者只有在温度非常小时才是一个有用的近似. 此外, 金属材料在接近绝对零度时, 这一定律存在普遍的误差, 这是由在这一温度区域内传导电子的自由度引起的.

在结束本主题之前, 我们还想提一提在有关电磁问题中得到的结果. 在这种情况下, 我们关心的是仅含有电磁辐射而完全没有物质的空腔中的能量. 这样一个空腔的自由振荡可以用弹性立方体类似的方式进行描述和计算. (事实上, 电磁问题要简单得多). 解决该问题的方法 (包括格点的计算程序) 已由 Rayleigh 爵士和 Jeans 提出. 这些研究已经作为本节中发展弹性理论的模板. 在电磁问题中, 通过以下简化, 其结果和式 (23) 是等价的:

(1) 电磁场中不存在纵波, 因此也就没有 $1/c_{\mathrm{long}}^3$ 项.

(2) 横波以光速传播, 因此 $2/c_{\mathrm{trans}}^3$ 项简单地变为 $2/c^3$.

(3) 据我们所知, 电磁场的自由度是无限的 (至少, 它不受分子结构限制); 因此 v_σ 变为无限大.

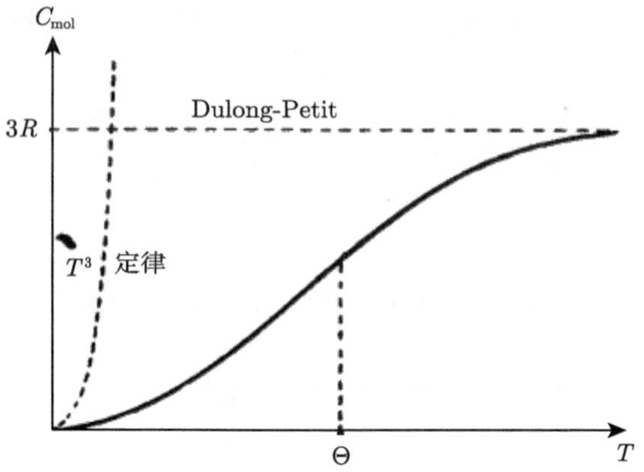

图 72　Debye 的固体摩尔比热曲线 [Θ 的含义参见式 (26)]

(4) 若式 (23) 中的 $V=1$, 则得到单位体积的能量 (能量密度). 这种情况下, 我们通常将 U 写成 u, 此时根据式 (23) 可得

$$u=\frac{8\pi h}{c^3}\int_0^\infty\frac{\nu^3\mathrm{d}\nu}{\exp\left(\dfrac{h\nu}{kT}\right)-1} \tag{33}$$

再次运用替换式 (26), 以及公式 (30) 和 (30a), 我们有

$$u=\frac{8\pi h}{c^3}\frac{\pi^4}{15}\left(\frac{kT}{h}\right)^4=\frac{8\pi^5}{15c^3}\frac{k^4}{h^3}T^4 \tag{34}$$

这就是 Planck 黑体辐射或空腔辐射的定义式. **Stefan和BoltzmannT^4辐射定律、Debye 固体能量含量T^4定律和接近绝对零度时的 Debye 固体比热T^3定律具有相同的物理起源**.

44. 弹性半空间的表面波

我们考虑一个均匀弹性体, 它有一个平面边界 y=0, 通过半空间 y >0 延伸至无穷远. 我们要研究能在半空间里传播的最简单类型的波问题. 假设沿边界平面

$$\sigma_{yy}=\sigma_{yx}=\sigma_{yz}=0 \tag{1}$$

这样, y=0 就是一个无应力的自由边界, 犹如它的另一侧为真空 (或空气) 时一样.

1) 平面横向空间波的反射

在第 14 节关于三维波的讨论中, 我们将波区分为横波和纵波；第一种情况下, 变形矢量是无散的 (无源或汇), 而在第二种情况下变形矢量是无旋的 (参见第 20

节). 有时也称其为扭转波和压缩波 (见第 14 节). 本讨论仅限于最简单的情形, 也就是任意一种**平面**波.

首先我们考虑一个平面横波, 它的传播方向与 y 轴正方向形成一个入射角 α, 在 x, y 面内产生 "偏振". 这意味着, 在 3 个位移量中只有 ξ 和 η 不为零. 采用复数记法, 该波可以表示如下:

$$\left.\begin{matrix}\xi_i\\ \eta_i\end{matrix}\right\} = \left.\begin{matrix}\cos\alpha\\ \sin\alpha\end{matrix}\right\} A\exp\left[\mathrm{i}k\left(x\sin\alpha - y\cos\alpha\right)\right] \tag{2}$$

为简洁起见, 这里省略了时间相关项 $\mathrm{e}^{-\mathrm{i}\omega t}$[参考第 13 节方程 (15) 和 (15a) 的评论]; k 为波数; 下标 i 表示为入射波. 根据方程 (2), 散度为零的条件得到自动满足:

$$\Theta = \frac{\partial\xi_i}{\partial x} + \frac{\partial\eta_i}{\partial y} = 0$$

还有, 正如理论上所必需的, 常相位平面

$$x\sin\alpha - y\cos\alpha = \text{const} \tag{3}$$

垂直于由角 α 定义的传播方向, 且位移矢量位于该平面内. 根据图 73, 式 (2) 中三角函数的符号如下表第一组所示, 表中给出了波传播方向和位移矢量与 x 轴和 y 轴的正向夹角的余弦.

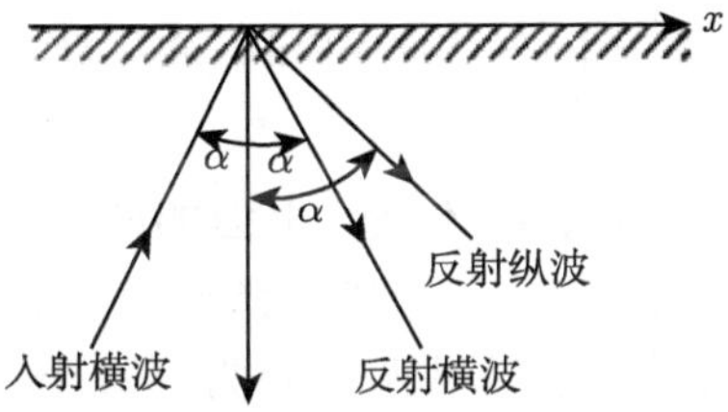

图 73　在横向波与入射面发生反射后, 产生纵向波

	x	y	x	y	x	y
传播方向	$\sin\alpha$	$-\cos\alpha$	$\sin\alpha$	$\cos\alpha$	$\sin\alpha_l$	$\cos\alpha_l$
位移方向	$\cos\alpha$	$\sin\alpha$	$\cos\alpha$	$-\sin\alpha$	$\sin\alpha_l$	$-\cos\alpha_l$
	入射横波		反射横波		反射纵波	

在横波 (由于 $\Theta = 0$) 情况下, 弹性力学微分方程具有简单的形式

$$\rho\frac{\partial^2\xi}{\partial t^2} = \mu\nabla^2\xi, \quad \rho\frac{\partial^2\eta}{\partial t^2} = \mu\nabla^2\eta \tag{4}$$

式 (2) 都是它们的解, 只需对给定的 ω, 通过如下我们熟知的方程确定出 k 即可. 同样的方程 (4) 也满足.

$$\frac{\omega^2}{k^2}=\frac{\mu}{\rho}=c_{\text{trans}}^2=b^2 \tag{5}$$

(在第 14 节中是用 b 来表示 c_{trans}).

当然, 就现在的情况看, 式 (2) 不满足边界条件 (1). 有人或许会认为, 这可以通过叠加一个**反射的横波**ξ_r, η_r 来达到

$$\left.\begin{matrix}\xi_r\\ \eta_r\end{matrix}\right\}=\left.\begin{matrix}\cos\alpha\\ -\sin\alpha\end{matrix}\right\}B\exp\left[\mathrm{i}k\left(x\sin\alpha+y\cos\alpha\right)\right] \tag{6}$$

(现在三角函数的符号选择如上表中的第二组. 但是, 正如我们将要看到的, 这样是不行的.)

式 (6) 中 k 和 α 的值必须和式 (2) 中的对应值完全相等. 其中 k 值相等可以由满足微分方程 (4) 推得, 而 α 值相等则可以根据边界条件仿照基础光学推得. 入射波和反射波合并后有

$$\xi=\xi_i+\xi_r,\quad \eta=\eta_i+\eta_r \tag{7}$$

要求满足边界条件

$$\left\{\begin{aligned}&0=\sigma_{yy}=2\mu\varepsilon_{yy}=2\mu\frac{\partial\eta}{\partial y}=-2\mu\mathrm{i}k\left(A+B\right)\sin\alpha\cos\alpha\mathrm{e}^{\mathrm{i}kx\sin\alpha}\\&0=\sigma_{xy}=2\mu\varepsilon_{yx}=2\mu\left(\frac{\partial\xi}{\partial y}+\frac{\partial\eta}{\partial x}\right)=-2\mu\mathrm{i}k\left(A-B\right)\left(\cos^2\alpha-\sin^2\alpha\right)\mathrm{e}^{\mathrm{i}kx\sin\alpha}\end{aligned}\right. \tag{8}$$

第三个条件 $\sigma_{yz}=0$ 自动满足. 但是, **上面的两个条件是相互矛盾的**, 因为一个要求 A=$-B$ 同时另一个要求 A=B. 若选择另一个反射角 ($\alpha_r\neq\alpha_i$), 则会使矛盾显得更严重, 因这将会导致矛盾数从两个变为无数个, 也就是, 对每个 x 值都会产生一对不同的矛盾条件.

只有一个方法可以避免上述窘境：假定在横波反射过程中, 有一个纵波与反射横波同时产生, 这样我们可以进一步引入一个幅值常数 C. 参照上表第三组, 我们设

$$\left.\begin{matrix}\xi_l\\ \eta_l\end{matrix}\right\}=\left.\begin{matrix}\sin\alpha_l\\ \cos\alpha_l\end{matrix}\right\}C\mathrm{e}^{\mathrm{i}k_l\left(x\sin\alpha_l+\nu\cos\alpha_l\right)} \tag{9}$$

这里的 k_l 不同于之前的 k. 这种情况下, 由于带有 gradθ 项, 需要第 14 节弹性微分方程 (1b), 其中

$$\frac{\omega^2}{k_l^2}=\frac{2\mu+\lambda}{\rho}=c_{\text{long}}^2=a^2 \tag{10}$$

这里 $a=c_{\text{long}}$ 为第 14 节已经采用的记法；当然, 给定的 ω 与式 (5) 中是相同的. 由式 (5) 和 (10) 我们得到

$$\frac{k_l}{k}=n \tag{11}$$

这里我们令

$$n=\frac{b}{a}=\left(2+\frac{\lambda}{\mu}\right)^{-1/2} \tag{11a}$$

但是现在反射角 α_l**不同**于入射角 α. 事实上, 反射纵波服从的定律在结构上与基础光学中折射横波遵循的定律是相同的, 即

$$\sin\alpha=n\sin\alpha_l \tag{12}$$

尽管在当前情况下, 我们指的是反射而不是折射, 但还是称这个公式为折射公式, 并在相同意义上将系数 n 命名为折射指数.

为了证明式 (12), 我们首先根据式 (9) 计算 y=0 时

$$\Theta=\frac{\partial\xi_l}{\partial x}+\frac{\partial\eta_l}{\partial y}=\mathrm{i}k_lC\mathrm{e}^{\mathrm{i}k_lx\sin\alpha_l}$$

为建立新的边界条件, 方程 (8) 的第一式的右端项需要增加

$$2\mu\frac{\partial\eta_l}{\partial y}+\lambda\Theta=\mathrm{i}k_l\left(2\mu\cos^2\alpha_l+\lambda\right)C\mathrm{e}^{\mathrm{i}k_lx\sin\alpha_l} \tag{12a}$$

同时方程 (8) 的第二式需要增加

$$\mu\left(\frac{\partial\xi_l}{\partial y}+\frac{\partial\eta_l}{\partial x}\right)=\mathrm{i}k_l2\mu\sin\alpha_l\cos\alpha_lC\mathrm{e}^{\mathrm{i}k_lx\sin\alpha_l} \tag{12b}$$

现在, 修正后的式 (8) 应该能够建立起不依赖 x 的 A, B, C 应该满足的条件. 而这只有当式 (8) 和 (12) 中关于 x 的指数函数项相同时才可能做到. **因此必定有折射定律 (12) 成立**.

这时, 根据式 (12) 修正后的式 (8) 给出了一个线性均匀系统

$$\begin{cases}-2\mu k\sin\alpha\cos\alpha\,(A+B)+k_l\left(2\mu\cos^2\alpha_l+\lambda\right)C=0\\-\mu k\left(\cos^2\alpha-\sin^2\alpha\right)(A-B)+k_l2\mu\sin\alpha_l\cos_l C=0\end{cases} \tag{13}$$

它唯一确定了比值 B/A 和 C/A, 也就是入射波幅值 A 的两个反射波分数；当然, 入射波幅值 A 可以任意给定. 求解式 (13) 我们得到

$$\begin{cases}\dfrac{C}{A}=\dfrac{n\sin4\alpha}{\cos^2 2\alpha+n^2 2\alpha\sin2\alpha_l}\\[2ex]\dfrac{B}{A}=\dfrac{\cos^2 2\alpha-n^2\sin2\alpha\sin2\alpha_l}{\cos^2 2\alpha+n^2\sin2\alpha\sin\alpha_l}\end{cases} \tag{14}$$

这个结果解决了在入射平面偏振的横波反射问题. 若入射横波的偏振方向垂直入射平面, 则均匀反射波上不会有纵波出现. 另一方面, 当一个入射纵波被反射时, 除了有一个被均匀反射的纵波还会出现一个偏振于入射平面的横波. 这个问题将留作习题Ⅷ.5.

在下面的讨论中, 我们并不太感兴趣从弹性力学角度进行, 而是从光学角度作数学形式上的理解. 众所周知, 19 世纪光学的中心内容是承载光学现象的弹性以太; 从 Fresnel 和 Fraunhofer 开始, 到 F. Neumann, 再到 H. Hertz 结束, 整个发展阶段都是这样. 现在, 我们要简要指出, 为什么这些人为建立光的弹性理论而做的努力导致了难以克服的矛盾.

一旦人们认识到光能产生偏振, 那么光学中能接受的就只能是横波了. 的确, 在 Helmholtz 最后几篇论文之一的影响下, Rontgen 考虑了他所新发现的 X 射线是纵波的可能性. 但是, 由 Barkla 首次开展的 X 射线的偏振实验排除了这种可能性.

现在, 我们已经知道, 即使是最简单的弹性波反射过程, 没有纵波出现是不可能的. 我们发现, 尽管起始于纯粹的**横波**, 但在反射过程中却产生了**纵波**—— 与光学有本质不同.

上述分析中困境的根源是属于算术性质的. 为说明这一点, 让我们考虑更一般的反射和折射情况, 波从介质 1 传播到介质 2. 这里, 我们一共有 **6** 个弹性边界条件: 3 个应力方程和 3 个表示位移 ξ, η, ζ 连续性的方程. 但是, 对于一个入射的横光波问题, 我们要处理的只有 4 个未知数, 即在反射和折射波中两种偏振模式的两对幅值比. 这是一个无法解决的矛盾.

现在如果我们用第 15 节中的准弹性以太来取代弹性以太, 情况就变得不一样了. 应力不再是对称张量而是一个可以用矢量表示的反对称张量. 其中 σ_{ii} 为零, 因此应力满足的条件数也从 3 减为 2; 对于位移条件也是如此. 这样, 我们就得到了与**光的电磁理论**相一致的边界条件, 光弹性理论的本质困难得到了最漂亮的解决.

2) 弹性表面波

对本问题的处理, 我们将严格采用类似于第五章流体动力学问题的求解方法. 我们考虑沿 x 正向传播周期为 ω 的平面波, 波数 k 待定. 既然是平面波, 就意味着激励是与 z 坐标无关的. 这种波包含纵向分量和横向分量.

纵向分量和流体力学中的一样也是**无旋**的, 可以由势函数 Φ 导出. 由此我们令

$$\xi_l = -\frac{\partial \Phi}{\partial x}, \quad \eta_l = -\frac{\partial \Phi}{\partial y}, \quad \zeta_l = 0 \tag{15}$$

只是在当前情况下, 与流体力学不同的是, Φ 不再满足不可压缩条件 $\nabla^2\Phi = 0$; 不

过, 根据关于 ξ 和 η 的弹性微分方程可以推出, $\varPhi$ 满足以下关系:

$$\rho\frac{\partial^2\varPhi}{\partial t^2}=(2\mu+\lambda)\nabla^2\varPhi \tag{16}$$

我们试着取

$$\varPhi=A\mathrm{e}^{\mathrm{i}(kx-\omega t)}u(y) \tag{17}$$

根据式 (16), 可以得到未知函数 u 应满足的方程

$$-\rho\omega^2u=(2\mu+\lambda)\left(-k^2u+\frac{\mathrm{d}^2u}{\mathrm{d}y^2}\right)$$

或者

$$\frac{\mathrm{d}^2u}{\mathrm{d}y^2}=p^2u,\quad \text{其中}\begin{cases}p^2=k^2-\dfrac{\omega^2}{a^2}\\ a^2=\dfrac{2\mu+\lambda}{\rho}\end{cases} \tag{18}$$

我们假设 p 为实数, 并在开方确定 p 时取正号. 方程 (18) 的两个特解为

$$u=\mathrm{e}^{-py}\text{和}u=\mathrm{e}^{py}$$

由于在 $y=\infty$ 处的取值, 第二个解应该被排除. 因此式 (17) 变为 (如果像通常一样省略时间相关项)

$$\varPhi=A\mathrm{e}^{\mathrm{i}kx-py}$$

由此根据式 (15) 得到

$$\begin{cases}\xi_l=-\mathrm{i}kA\mathrm{e}^{\mathrm{i}kx-py}\\ \eta_l=+pA\mathrm{e}^{\mathrm{i}kx-py}\end{cases} \tag{19}$$

下面我们要介绍的波的横向分量是**无散**的. 因此, 我们可以引入一个类似于流体力学中的流函数 $\varPsi$, 则有

$$\xi_t=-\frac{\partial\varPsi}{\partial y},\quad \eta_t=+\frac{\partial\varPsi}{\partial x} \tag{20}$$

函数 $\varPsi$ 与 ξ_l 和 η_l 一样满足相同的微分方程, 即

$$\rho\frac{\partial^2\varPsi}{\partial t^2}=\mu\nabla^2\varPsi \tag{21}$$

同样地, 我们试着取

$$\varPsi=B\mathrm{e}^{\mathrm{i}(kx-\omega t)}v\,(y) \tag{22}$$

代入式 (21) 后我们得到关于 v 的微分方程:

$$\frac{\mathrm{d}^2 v}{\mathrm{d}y^2}=q^2 v\begin{cases}q^2=k^2-\dfrac{\omega^2}{b^2}\\ b^2=\dfrac{\mu}{\rho}\end{cases}\tag{23}$$

和唯一的可能解

$$v=\mathrm{e}^{-qy}$$

(其中假设 q 为正实数) 根据式 (20) 和 (22) 我们有

$$\begin{cases}\xi_t=qB\mathrm{e}^{\mathrm{i}kx-qy}\\ \eta_t=\mathrm{i}kB\mathrm{e}^{\mathrm{i}kx-qy}\end{cases}\tag{24}$$

这里我们再次省略了时间相关项. 叠加式 (19) 和式 (24), 我们获得了总位移 ξ 和 η, 表达式中包含有 **2** 个待定常数: 波数 k 和振幅比 A/B. 它们将通过 **2** 个边界条件 [式 (1)]$\sigma_{yy}=\sigma_{yx}=0$ 来确定; 由于波的平面性, 式 (1) 中的第 3 个条件 ($\sigma_{yz}=0$) 自动满足. 如果我们根据位移 ξ 和 η 计算出应变 ε_{yy}, ε_{xy} 和 θ, 然后再由应变算出应力 σ_{yy}, σ_{yx}, 则式 (1) 中的前两个条件可以写成以下形式:

$$\begin{cases}-2\mu\left(p^2A+\mathrm{i}kqB\right)+\lambda\left(k^2-p^2\right)A=0\\ 2\mathrm{i}kpA-\left(q^2+k^2\right)B=0\end{cases}$$

若由式 (18) 和 (23) 解出 p 和 q, 并用波速 a 和 b 来表示弹性常量 λ 和 μ, 我们得到

$$\begin{cases}\left(2k^2-\dfrac{\omega^2}{b^2}\right)A+2\mathrm{i}k\sqrt{k^2-\dfrac{\omega^2}{b^2}}B=0\\ 2\mathrm{i}k\sqrt{k^2-\dfrac{\omega^2}{a^2}}A-\left(2k^2-\dfrac{\omega^2}{b^2}\right)B=0\end{cases}\tag{25}$$

均质系统行列式的值必等于零, 因此

$$\left(k^2-\frac{\omega^2}{2b^2}\right)=k^2\sqrt{k^2-\frac{\omega^2}{a^2}}\sqrt{k^2-\frac{\omega^2}{b^2}}\tag{26}$$

该式为关于 k^2 的三次方程 [若对式 (26) 平方, 式中的 k^8 项被约掉]. 求解方程 (26), 再根据式 (25) 即可得到比率 A/B.

下面我们想在 $a\to\infty$(也就是材料近乎不可压缩) 情况下对式 (26) 作一些细节的讨论. 这时方程 (26) 变为

$$(1-x)^2=\sqrt{1-2x},\quad x=\frac{\omega^2}{2b^2k^2}\tag{27}$$

这里, 我们关心在靠近 $x=\frac{1}{2}$ 处的根. 令 $x=\frac{1}{2}-\delta$, 代入方程 (27) 后展开得到

$$\left(\frac{1}{2}+\delta\right)^4=2\delta, \quad \frac{1}{16}+\frac{4}{8}\delta+\cdots=2\delta, \quad \delta\cong\frac{1}{24} \tag{28}$$

因此方程 (27) 的根近似为

$$x=\frac{\omega^2}{2b^2k^2}=\frac{1}{2}\left(1-\frac{1}{12}\right), \quad \frac{\omega}{k}=b\left(1-\frac{1}{24}\right) \tag{29}$$

其中 ω/k 为表面波的传播速度. 其速度略小于横向三维平面波的传播速度 b. 根据我们的假设, 纵向三维波的传播速度 a 则比这要大得多.

最后, 我们要探讨在多大的深度上平面波的扰动可以忽略. 这个问题的答案可以根据式 (24) 的指数因子 e^{-qy} 和式 (19) 中的指数因子 e^{-py} 得到. 为表征纵、横平面波在 y 方向的衰减特性, 我们可以求出振幅衰减到表面值的 $1/\mathrm{e}$ 的深度分别为 $y=1/q$ 和 $y=1/p$. 根据式 (23) 和 (29), 我们可以得到这两个值的第一个为

$$\frac{1}{q}=\frac{1}{k}\frac{1}{\sqrt{1-2x}}=\frac{\sqrt{12}}{k}=\frac{\sqrt{12}}{2\pi}l \tag{30}$$

其中 l 为波长; 从式 (18), 我们可以得到在 $a\to\infty$ 时第二个值为

$$\frac{1}{p}=\frac{1}{k}=\frac{l}{2\pi} \tag{30a}$$

无论哪一种情况, 表面波的穿透深度都只有 x 方向传播波长 l 的几分之一; 当然, 表面波两个分量的波长 l 是相同的, 因为边界条件要求这两个分量沿表面处处是同步的. 尽管如此, 两个分量的穿透深度是不同的.

结果 (30) 和 (30a) 表明, 我们在这里处理的是一个弹性过程, 它被约束在表面的邻近区域, 只有在表面弹性常数不连续的情况下才可能发生. 平面波的特殊波速值也应该在这样相同的意义上来理解. 表面上的弹性作用越温和, 由于比内部更容易发生屈服, 因此表面波与空间波相比波速就越小. [空间横波波速相比于纵波波速更小也可以按相似的思路来理解; 在第二种情况 (纵波) 下, 材料承受压缩载荷, 比允许在横向方向上屈服的剪切载荷产生了更强的反力.]

在 1886 年, 当人们首次探讨弹性表面波的时候, Rayleigh 爵士就指出它必将在地震分析中扮演重要角色. 在随后地震学的发展中, Rayleigh 爵士的推测得到了完全证实, 当然这很大程度上也是由于 E. Wiechert 在理论和实验方面所做出的努力. 随着距离震源越来越远, 沿地球表面传播的二维波相对于能量散布在地球内部三个维度的空间波来讲, 也显得越来越重要. 因此表面波构成了可观测地震效应的**主要部分**. 此外, 表面波和空间波在时间上也是分开的, 因为它们比横向空间波稍

晚一点到达观测点, 部分是由于其速度较小, 部分是由于其传播路径较长 (弧对弦). **纵向**空间波到达地震仪仍然比横向空间波早, 它们构成了**主波**的第一部分.

地震信号带给我们的不仅有地球内部的平均弹性行为信息, 还包括其可能的不连续性. 我们知道, 通过这些信号以及其他地球物理和天文数据的分析, Wiechert 认为地球实质上是由铁元素组成的 "**实心**" 地核, 加上外部包裹的一层较轻的硫化物和硅化物构成的. 这个理论基于的不仅是波在地球内部相邻不连续表面上的传播过程, 也包括其反射过程, 该理论最简单的形式我们已经在本小节的 1) 部分研究过了.

第九章　塑性与位错

45. 引　　论

我们已经讨论了材料的两种力学性能, 即弹性和黏性, 对于后者还讨论了理想的极端情形, 即无摩擦流体[①]. 此前我们已经提到过, 不仅固体具有弹性, 液体和气体也同样存在弹性, 波能够在其中传播就清晰地揭示了这一点. 类似地, 不仅液体和气体存在黏性, 固体也存在黏性. 准确地说, 每一种实际材料在每一种聚集状态下, 都既具有弹性又具有黏性, 而这些不同的性质在实际中能表现出多少, 由外界条件决定. 实际中并不存在纯弹性或纯黏性材料, 也不存在理想流体. 相关理论也只能近似地描述真实材料的行为, 但是如果应用得当, 也会是一种非常好的描述.

在状态相同的条件下, 随着摩擦阻力 p_{ik} 的增大, 黏性形变在总体形变中所占份额降低. 对这一很好地被实验所验证的发现的理论解释, 可以利用结论: 所有物理过程都是朝着阻力变小的方向进行. 对于剪切运动中的摩擦应力我们已经在第二章第 9 节引入了 Newton 定律 $p_{ik}=-2\mu\dot{\varepsilon}_{ik}$. 由此我们可以得出这样的结论: 较大的变形速度同时意味着较高的摩擦阻力, 此时弹性性状就凸显出来; 而当变形速度较小时, 黏性性状就更为明显. 在给定变形速度的情况下, 材料会更多地表现出弹性还是黏性, 这取决于黏性系数 μ 相对于剪切弹性模量的大小. 例如金属, 虽然其黏性系数 μ 很大, 但其会随着温度的升高而降低, 当温度足够高时, 金属将更多地表现出具有黏性, 事实上这一现象在很多金属上都被观察到. 其中最著名的例子就是金属铅, 它的黏性在室温下就可以被觉察到.

从技术角度出发, 人们一般不希望材料更多地表现出黏性, 这也是为什么熔点较低的金属用途较少. 一些合成材料在很窄的温度范围内就能发生由弹性完全变为黏性的过渡, 因此有的这类材料虽然在室温下能够很好地实现它们的功能, 但是只要温度稍一升高, 就会变软并失去相应功能. 此外, 一些较黏稠的液体也可应用于其弹性不可被忽视的情况.

由此看出, 在对材料的力学行为进行宏观描述时, 不仅应对材料只表现出弹性或只表现出黏性的情形进行研究, 也应对材料同时表现出弹性和黏性的情形进行研究. 另外, 黏性的连续性理论也必不可少, 显然, 它将把弹性理论和流体力学作为特例包含其中. 近年来, 在黏弹性领域已发表了大量的文章, 这也凸显了黏弹性研究的意义. 这个理论的一个核心内容在于, 人们将这两种物质定律, 在线性理论

① “无摩擦流体”是直译, 应该称为无黏性流体, 或理想流体, 或完全流体. —— 译者注

(Hooke 定律和 Newton 定律) 中, 统一成了相互关联的黏弹性定律. 例如, 对于一维情形, 黏弹性定律表示为如下关系式:

$$\sigma + a\dot{\sigma} = b\varepsilon + c\dot{\varepsilon} \tag{1}$$

其中 a, b, c 为材料常数, 根据 Zener, 凡是服从这一定律的物体都被称为是标准线性固体. 式 (1) 是一般张量黏弹性定律的一种特殊情形, 其中允许出现非线性以及应力、变形的高阶微分形式. 尽管它们有着如之前所提及的实用性意义, 我们将不继续对这一由 Boltzmann①首先提出的黏弹性理论做进一步探究②.

接下来我们将更多地探讨第三种基本力学特性: 塑性. 所有由晶体结构构成的固体都具有这种特性, 如所有金属、半导体以及离子、分子晶体. 一般来讲, 宏观的材料是由许多无序排列且相互扭曲在一起的晶粒组成的, 这些晶粒虽然很小, 但通常由超过 10^{15} 个原子组成. 每个晶粒都是由原子或分子组成的有序的空间点阵, 这些原子或分子在格点面或者其中的格点线上做有序排列. 这些格点面可按方向分成三种不同的平行面族, 不同的平行面族之间不一定必须彼此垂直.

一个由许多上述晶粒构成的颗粒被称为多晶, 相应地单个晶粒就被称为单晶或干脆就称为晶体. 宏观尺度的单晶体只是部分存在于自然界中 (多数以宝石的形式), 而目前, 更大范围的单晶体则是出于研究和技术目的, 通过人工的方式被合成出来. 一个毫无缺陷的晶体意味着完全有序的原子排列, 而至今人们还不能成功地合成这样的理想晶体. 固体的另外一种极端情形就是理想无定形体, 在其中原子的排列是完全无规律的. 在有序及无序这两种极端情形之间, 还存在着一系列按照有序程度不同而分出来的不同等级.

在固体物理学中有一个基本认识, 即物体的塑性来源于其晶体结构, 而物体的黏性则归结于物体的无定形结构. 所以, 实际中人们并没有在无缺陷的单晶体中观察到黏性, 而多晶体由于在其晶粒边界处存在或多或少的无定形性, 其在足够高的温度时就表现出黏性. 所以说金属铅及其他一些金属材料的黏性实际上都是由其晶粒间界引起的.

我们还将看到, 塑性是一种对于材料加工非常有用的特性, 与黏性相反, 塑性不会在加工好的工件的使用过程中引起故障. 因为材料是按照一定的规则挑选出来的, 即它们的黏性在能够预见到的工作条件下不会显现出来, 另一方面又因为材料的弹性效应一般不能忽略不计, 因此对于人们来说弹塑性的连续性理论就显得尤为重要. 大约一百年前, Tresca 和 St. Venant 就认识到如今被称为现象学的塑性理论的必要性. 该理论比起弹性理论来要复杂得多, 弹性理论可以被看作塑性理论在塑性消失时的一种极端情形. 塑性理论如此之复杂的原因在于塑性现象强烈的不

① L. Boltzmann, Sitzber. Akad. Wiss. Wien, Math. Nat. KI. 79(1874) 275; Pogg. Ann. Phys. 7(1876) 624.

② 例如参考 B. D. Colman und W. Noll, Rev. Mod. Phys. 33(1961), 239.

可逆性, 因此塑性理论至今仍不完善, 这就迫使人们不得不去研究材料发生形变过程中所经历的所有状态. 与此相反, 材料的弹性状态可通过其受力情况计算出来, 而不需要考虑其过程中任意的中间状态.

与塑性的宏观理论相比较, 在近三十年中, 塑性在微观或是原子层面上的理论更能够引起物理学家们的兴趣. 在这项理论中, 人们试图从材料的原子构成来解释材料的塑性. 由此, 人们就可以通过研究晶体结构中某些位错、也就是晶格缺陷的迁移运动, 来揭示塑性变形的规律, 其中, 对一个像线型的晶格缺陷这类位错的研究, 具有特别重要的意义. 如今可以确定的是, 如果没有这种位错就不会有塑性. 由于最重要的工序, 如拉钢丝和轧钢板, 都是以塑性为先决条件的, 因此位错存在产生的效应在物理之外的领域几乎没有被高估过. 另外, 这种位错以及其他晶格缺陷不只是在塑性形变中会出现, 而是会参与到固体几乎所有的过程中, 这些过程如沉淀析出过程、相变过程、内摩擦过程、低温时的导电和导热过程、某些磁学和光学过程等. 虽然所有这些效应在宏观上都能不同程度地被较好地观察到, 但是只有当人们学会如何从其所包含的元过程推导出这些效应时, 才是真正从物理上懂得了这些效应. 这也是为什么在近三十年中人们花费了大量精力, 把理论研究与通常最困难的实验结合起来, 就是为了更深入地探索晶格缺陷及其相应元过程的规律.

特别要提到, 这些研究的结果使得人们懂得了如何认识材料在塑性形变过程中发生的状态变化, 如晶格缺陷, 特别是位错在数量和排列上的变化. 如前所提到的, 由于只有知晓整个塑性过程中的系列状态的变化情况, 才能成功地建立塑性的连续统理论, 因此一些关于位错的基本特征的知识就不可或缺. 在本章第 46 节中将简短地列举有关塑性的重要实验事实以及与之相联系的现象, 然后将在第 47 节介绍关于位错的微观理论基础, 大体上这仍然属于力学研究范围内的问题. 在此基础上在第 49 节我们将更好地看到塑性连续统理论的物理意义.

在第 48 节中我们终于可以介绍通常被人们称作连续场论或是晶格缺陷动力学的理论. 这一近十年中一直在发展的理论的目标就是能形成对固体中力学行为的统一描述, 特别是那些由晶格缺陷间的相互作用和晶格缺陷的运动所决定的力学行为. 该理论存在的问题在于它与连续力学通常所讨论的对象有着很大的不同, 在这里人们主要是对晶格缺陷这一对象的行为感兴趣, 而这些晶格缺陷在至少一个方向上的伸展量要大到可与原子间距相比拟的程度. 尽管如此, 利用连续场论, 也就是处理连续变化的量值的理论, 来描述研究对象的特性及其行为还是非常有意义的, 这是由于晶格缺陷往往是被弹性场 (应力、应变) 所包围, 而所有的机械运动上力的相互作用都是通过这些弹性场来传递的. 从某种意义上说, 这些弹性场比起引起它们的源头, 即晶格缺陷, 起着更加重要的作用.

这种情况与电动力学很相似, 借助电动力学人们可以分析处理点电荷或是线性扩展的对象 (电流线) 的行为. 事实上, 晶格缺陷的连续场论对于固体行为来说, 就如同 Maxwell 理论对于一个或多或少地充满着点电荷和电流线的真空系统的电磁行为一样. 当人们利用 Maxwell 理论来讨论宏观的试验时, 自然也就放弃了去描述粒子间的相互作用以及单个粒子的运动轨迹, 而只是从平均大小上去进行讨论. 这样人们就实现了由场论到连续统理论的过渡. 相应地, 当人们将晶格缺陷的场论应用于塑性形变中时, 自然也就放弃了去描述晶格缺陷间的相互作用以及单个晶格缺陷的运动轨迹, 而只是去讨论其平均大小. 原则上, 完全可以从晶格缺陷的场论出发通过统计的方法得到塑性的连续统理论, 这就如同从 Maxwell 理论出发通过适当的统计处理就能得到材料的电动力学一样.

晶格缺陷的场论在形式上可看作通过引入新概念来实现的对弹性理论的拓展. 晶格缺陷的场论与电动力学之间存在着大量的相似之处, 尤其是在线性理论中表现得非常明显, 除此之外, 它还与广义和狭义相对论存在着有趣的相似之处. 由于过去在一定程度上忽视了从物理学的整个领域上来讨论问题, 这也使我们遇到了真正的困难, 因此这里诸多的相似性在一个时代开启了令人兴奋的教育前景: 实际上可以从对于广义相对论必要的数学工具获取很多, 用于从根本上探索更为简单的晶格缺陷的场论.

至此, 我们已经谈论过固体的三种基本特性, 即弹性、黏性以及塑性. 自然就存在这样的问题, 即这些理论是否能完全地描述固体的力学特性. 作为重要的附加特性, 通常也称之为黏弹性, 其中典型的情形是, 对应于某一给定的应力 (应变) 的应变 (应力) 要经过一定的时间延迟才会出现. 人们也称其为弹性的后效作用或应力松弛.

此外, 这里提到的延迟效应也是引起如下现象的原因之一, 这些现象有机械阻尼 (也就是弹性物体自由振动时振幅随时间减小), 或者恒定振幅的受迫振动中的能量消耗及与此相联系的弹性模量随频率发生变化等.

显然, 时间在判断一种介质是否具有对弹性的特征时起着关键的作用. 如同人们从 Newton 的黏性定律中看到的, 如果这也同时适合于黏性, 就会出现这样的问题, 即黏弹性是否真的是黏性及塑性之外一种新的材料特性. 事实上, 这里所说的延迟效应确实可以从黏弹性理论中推导出来. 例如, 通过材料变形定律 (1), 就可以得到在恒定的应力下应变会逐渐达到一恒定值的结论, 并且反之亦然. 黏弹性实际上是黏弹性的普遍现象中的一种特殊的现象形式. 这样就可以确定, 所有至今为止让人们感兴趣的固体的各种宏观机械特性都可以纳入弹性–黏性–塑性的框架下进行讨论.

46. 塑性的实验结果

首先来讨论一圆柱形钢棒, 将其一端固定, 另一端施加一拉力 P. 与技术领域中通常做的相似, 首先将在棒横截面中出现的应力 σ 与未受力时的横截面积 F_0 相关联, 这样就得到式 (1)

$$\sigma = P/F_0 \tag{1}$$

由式 (1) 定义的应力 σ 与拉力 P 成正比.

将已测量到的应变 ε 作为横坐标, 将根据式 (1) 计算出的应力 σ 作为纵坐标, 就可得到应力–应变的关系曲线 (实际得到的关系曲线如图 74 所示). 可以看出, 当应变 ε 很小时, 应力–应变曲线正好是一段直线, 这条直线一直延伸到 P 点处, 即正比边界.

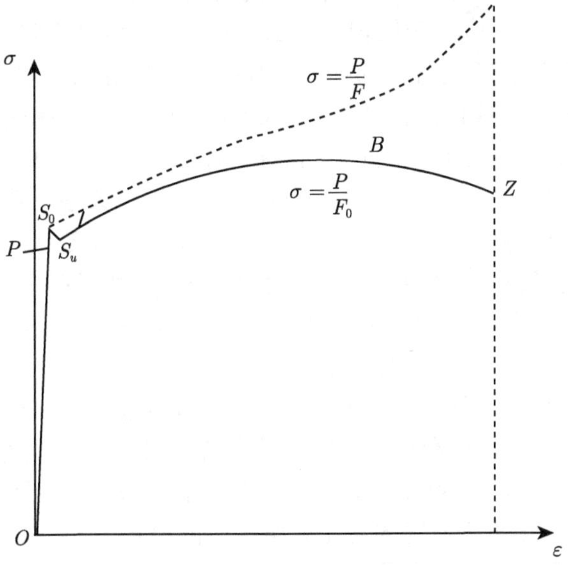

图 74　硬性材料 (钢) 在拉伸试验中的应力–应变关系曲线

所谓弹性极限, 就是指此关系曲线上的某点, 在该点之下的范围内, 当所加的负荷减小或者消失时, 应变也将随之减小或消失. 对于钢和大部分其他金属, 弹性极限与正比边界相互重合. 任何超过此极限的应变都会在材料上残留下形变.

如果将负荷增大到正比边界之上, 应力–应变关系曲线将发生弯曲 (如图 74 所示), 并向上达到一个最大值 (对于钢), 即上屈服极限 S_{o}, 这之后, 如果继续增大负荷, 曲线将向下至下屈服极限 S_{u} 处*, S_{u} 之后曲线多数为波浪状, 曲线中段会平行于 ε 轴. 对于大多数材料, 特别是纯的金属 (非合金), 并不存在屈服极限. 这些不同的表现性状是由材料的组成和预加工过程所决定的.

与真正的弹性或者塑变区相接的是过渡区, 在过渡区中沿着棒方向形变并不均匀. 在此区域应力的微小变化就能引起应变的迅速增加, 其中应力–应变曲线首先

* 这里的下标 "o" 与 "u" 源自德文 "上 (ober)" 与 "下 (unter)" 的字头. —— 译者注

缓慢上升，然后平缓地发生弯曲，并转向趋近于 ε 轴. 曲线的极大值位置 B 点处对应于极限荷载或者断裂应力; 而真正的断裂将发生在应力–应变曲线突然中止的 Z 点处. 这里还需要补充的是:

(1) 棒会遭受到横向收缩;

(2) 在 B 点之后, 棒在稍后发生断裂的位置附近出现了尤其剧烈的收缩. 将应力除以 (不断变化的) 最小的横截面积 F, 得

$$\sigma = P/F \tag{2}$$

考虑这样计算得到的应力随测量得到的 ε 变化关系, 在塑性范围内就得到了图 74 中虚线所示的曲线. 而在弹性范围内, 此曲线与实际已画出的曲线正好重合.

钢是一种最重要的硬性材料的代表, 而铸铁则是最重要的脆性材料之一. 对于铸铁由于缺少塑性区域自然也就不存在断面收缩, 其断裂差不多直接发生在边界清晰的弹性区域的边沿处. 根据早期的试验, 铸铁完全不遵循 Hooke 定律, 但 Grueleissen①曾指出, 在 ε 足够小时, σ 与 ε 之间的正比关系仍然是成立的.

另外, 通过压力试验、弯曲试验和扭转试验得到了与上述拉伸试验相似的结果, 这里值得注意的是, 纯压力只会导致脆性材料断裂, 硬性材料在纯压力下则不会断裂. 在所有的这些试验中, 所施加的力都是缓慢增加的, 这是因为形变除了与所受的外力有关外, 还与经历的时间有关 (弹性后效等).

至此我们只从单一方向讨论了塑性形变. 图 75 则显示了试样在加载后再卸载、然后再加载的应力应变的变化情况, 这里试样首先发生了一定的形变, 位于 B 点处, 此时先卸载, 试验从 B 点变化到 C 点, 然后再加载, 试验又从 C 点回到了 B 点. 根据 Prandtl②, 此图所描述的是无屈服极限的材料, 而多数情况下这只是理想化的: 因为首先要假设, 正比边界和弹性极限彼此重叠, 并且塑性形变并不会引起弹性模量的改变. 因此, 卸载直线 BC 就和晶体未形变时的弹性直线彼此平行. 其次还需要假设卸载时的塑性回弹可以忽略不计. 而通过实验人们发现实际中这种回弹约为 1% 的大小. 最后, 图中所示的从弹性区域过渡到塑性区域的尖锐折点也不能完全代表实际情况, 这是因为在形变试验中, 不管是第一次加载还是之后的每一次加载, 在折点处观察到的总是圆滑的过渡.

上面所述的理想化的加载和卸载行为是塑性理论现象学的基础之一. 这样人们就很清楚, 如果通过 “尖锐折点” 和 “不回弹” 这两个规定去定义一个理想物体, 该物体在受到特定大小的应力之前, 即在达到所谓的屈服极限前, 表现为纯弹性, 而在超过此临界应力后表现为塑性, 并且此后在每一次的卸载过程中又表现出纯弹性. 我们将在第 49 节将这些行为作为 “屈服极限的条件” 公理性地进行重点讨

① E. Grueleissen, Ber. d. Deutsch. Phys. Ges. 4(1906), 469.

② L. Prandtl, Z. angew. Math. Mech., 8(1928), 85.

论. 这之前的讨论表明, 实际物体虽然不能严格遵循这种条件, 但也能在较好近似下遵循.

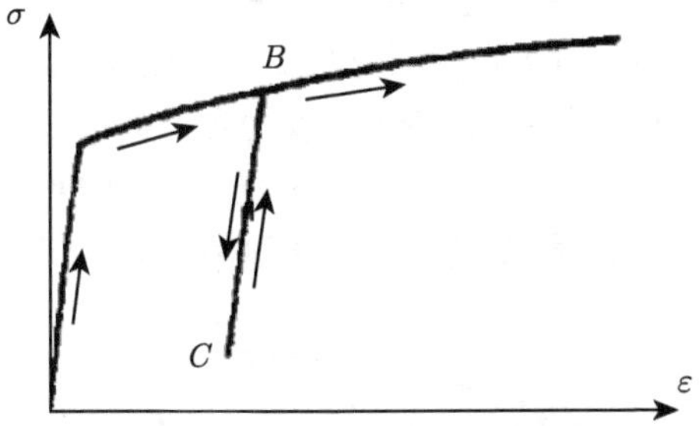

图 75 无屈服极限的塑性材料在拉伸试验中的加载和卸载曲线

除了屈服极限效应外, 塑性材料的应力–应变关系曲线总是单调上升的, 即塑性形变的阻力总是随着形变的增加而增大. 这也是强化过程的一种重要现象, 是在塑性形变过程中在材料内部发生状态变化时表现出来的, 而在黏性材料中并不存在这一现象. 我们将应力–应变关系曲线中单调上升的塑性区域称为稳定的, 而把其中下降的或水平变化的 (屈服极限) 区域称为不稳定的, 该区域有时与弹性区域相连接, 这是因为在该区域即使是负载不变, 物体形变也会继续增大. 利用第 49 节的理论可以得到物体的稳定性条件. 为了简化问题, 这里对屈服极限过渡区域就不做讨论.

同样令人感兴趣的还有在发生塑性形变的试样上改变加载方向并使之反向时所发现的结果. 人们发现, 如果在正向加载后紧接着使加载方向反向, 那么反向加载时的屈服极限比起正向加载的屈服极限更低. 这种所谓的 "包辛格 (Bauschinger) 效应" 存在于单晶体和多晶体中, 而多晶体中的包辛格效应是由晶粒之间的相互作用导致的. 若拉伸方向不是像上述情况那样偏转 180° 到反向, 而是改变比起 180° 稍小的角度, 人们同样会发现屈服应力要变小. 一般来说, 拉伸方向的每一次改变都会伴随着屈服应力的改变. 包辛格效应只是这一效应的极限情形, 它在所有塑性材料中都非常典型, 并且之后也会在适当的塑性连续性理论中出现. 但是这一效应在多晶体的形变超过 1% 时就不再出现, 此时屈服应力应与加载方向无关, 就成为一个不错的近似.

在对于完整的塑性应变循环 (应力–应变回线) 的观测中, 人们得出了强化走势的另一个重要结论. 在图 76 中, 我们忽略了曲线在转折点处的圆滑性, 并且用塑性应变 ε^p 代替弹性和塑性应变之和, 也就是说, 减去其中的弹性应变. 因此, 所有的弹性直线都是垂直的. 考虑到包辛格效应, 从此图可以看出, 在应变的完整循环 $BCDA'B'$ 中并没有回到 B 点对应的应力坐标处, 而是到了 B' 点处. 因此在应变循环 (应力–应变回线) 中, 对塑性形变的阻力及其循环过程中的材料状态都发生了变化. 这就是区别于铁磁材料的磁滞回线的一个重要的不同点, 磁滞回线中材料又回到了初始状态. 对于实际的弹塑性材料, 适用于以下描述: 只要材料通过塑性形变发生了状态改变, 则材料再也不能只通过机械途径回到形变前的状态. 只有通过热处理才能使材料重新回到初始状态. 另外, 这一通过实验证实了的发现不只是出现在强化曲线单调递增的情形, 因为完全可以想象, 例如, 当加载方向反向后, 如果形变从 C' 点开始, 那么应变回线从 B 点处开始, 经 $C'D'A$ 后又回到 B 点处. 这显然意味着存在一种超级包辛格效应, 使强化过程能够完全重复地反向进行.

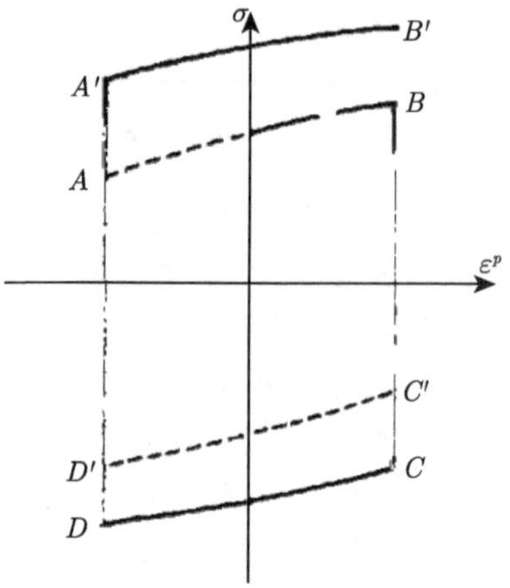

图 76　塑性形变的不可逆性

这里, 应力–应变曲线 $BCDA'B'B$ 所围成的面积自然就代表循环过程中以发热的形式消耗的功, 这样消耗的功在连续发生的一系列具有恒定应变幅度的循环过程中会不断增大.

在前述的实验中, 所加载的力都是持续不变的或是缓慢变化的. 但更具重要性的却是经常遇到的周期性加载的情形, 特别是在机器操作中, 即应力在某一平均值附近做上下等幅波动. 与定态加载相比较, 周期性加载时, 断裂在加载的力小得多的情况下就会发生, 人们称之为材料的老化. 如果以载荷变化次数 z, 即发生断裂前的应变周期的数目, 为横坐标, 以平均应力为纵坐标, 就能得到一个不断下降的特性曲线 (德国技术人员称为 Woehler 图), 该特性曲线随着 z 的增大逐渐向水平渐近线 σ_{as} 趋近. 这表明, 平均应力 σ_m 必须保持在 σ_{as} 之下, 这样才能确保疲劳断裂不会发生.

在由负荷缓慢增加而导致的强断裂中, 整个断裂面都是粗颗粒结构, 与之相反, 在疲劳断裂时, 一部分断裂面是细颗粒结构, 而另一部分断裂面有着与强断裂相同的结构. 从中也可以得出结论, 当材料横截面因为第一部分发生断裂而减小到一定程度后, 剩下的部分将以强断裂的方式发生断裂. 同时还应该指出, 载荷变化次数

z 与表面的性质密切相关. 小的、不为肉眼所见的裂纹也能大大降低 z 的数值. 这是裂纹处切口应力集中效应所导致的结果: 在裂纹切口附近, 应力的幅值是平均幅值的数倍, 因此即使是平均应力远低于材料的屈服极限, 在切口处引发塑性形变也是可能的.

对此还需要说明, Voigt 测得的盐岩晶体的抗拉强度只有 400, 仅为晶格理论计算所得值的一部分. 这里小的裂纹或者表面不平整度是造成测量值偏小的原因, 因为如果让试验在水下进行, 由于溶解作用盐岩晶体表面会变得平整, 此时测得的抗拉强度也至少是理论值的 3/4.

在本节中我们已经讨论了关于塑性的最重要的宏观观察结果以及一些关于断裂现象的观察结果. 只要所描述的效应不是小到可以忽略不计, 这些效应就应该包含在合理的塑性连续性理论中, 这自然不会包括断裂, 关于断裂现象需要专门的理论进行描述. 当然, 非常令人意外的还有, 尽管进行了大量的早期实验, 但是如何理解材料在塑性形变过程的强化阶段出现的显而易见的状态变化, 对此人们还一无所知. 对于这个问题我们将在第 47 节进行讨论.

最后, 在技术领域运用塑性理论还需要注意一点: 塑性使通过形变让金属材料变到所希望的形状成为可能, 这在很多情况下比起通过浇铸来造形拥有巨大的优越性. 当然, 黏性材料也可以很容易通过形变来变成需要的形状. 但是已经定形的黏性物体不能承受任何施负荷, 而塑性材料在屈服极限内却可承受持续的应力. 即使在实际使用中应力稍微超过屈服极限, 也并不意味着会产生断裂, 更确切地说物体会通过塑性形变和强化去适应新的条件. 这一值得注意的特性使得塑性具有极大的应用意义.

47. 位　错①

1) 历史概况

1912 年, vonLaues 通过 X 射线衍射实验最终证实, 许多固体材料, 其中包括所有的金属, 都具有晶体结构, 也就是具有原子规则排布; 并且在大自然中通常以多晶聚集体的形式存在. 在 vonLaues 的这一发现后不久, Bradgman、Czochralsky 和其他一些人发展出了一系列用于制造人工单晶体的有效方法. 由此便为现代固体物理学的基本概念提供了物质基础: 只有通过对单晶体的特性和行为进行实验和

① 可以参考有关文献, 例如, H. G. van Bueren, Imperfections of Crystals, North Holland Pub. Comp., Amsterdan, 1960; A. H. Cottrell, Dislocatiopns and Plastic Flow in Crystals, Clarendon Press, Oxford, 1953; J. Fridel, Les Dislocations, Gauthier-Villars, Paris, 1956; Read, Dislocations in Crystals, McGraw Hill, New York, 1953; A. Seeger, Handbuch der Physik, Ⅶ/1, 2, Springer-Verlag, Berlin-Goetingen-Heidelberg, 1955/58.

理论上的研究, 才有希望从这些研究结果出发, 并通过有针对性的考虑得出关于多晶体材料的结论.

由于对于晶体材料来说, 塑性是一个既非常重要又非常典型的现象, 因此对塑性的研究始终受到特别的重视. 这样, 苏联科学家 Frenkel 在 1926 年就对所谓的临界剪应力做出了相对可靠的估计, 这里临界剪应力就是指第 46 节中提到的弹性极限所对应的应力, 在临界剪应力之上一旦继续增加负荷, 就会导致塑性变形的产生. 通过塑性变形晶体表面的滑移线图不难想象, 塑性变形就意味着晶面彼此间的刚性滑移, 因此 Frenkel 就解释了为什么晶体的临界剪应力必须与晶体的剪切模量 μ 在数量级上相同. Polanyi 和 Schmid 在对塑性变形实验中的数据进行深入分析后发现, Frenkel 的理论值比起实验结果大了 2~4 个数量级. 由此可以断定, 理论所采用的模型, 即晶面彼此间的刚性滑移, 一定是错误的. 对此, Polanyi 和 Schmid 提出了关于塑性变形的问题: 是什么使晶体与所期待的不同, 在应力刚处于 $\mu/100 \sim \mu/10000$ 的范围内时, 就表现出了塑性?

在 Dehlinger, Prandtl 和 Smekel 的前期工作基础上, Orowan、Polanyi 和 Taylor 三位科学家终于在 1934 年各自独立地对这一问题作出了回答: 一个晶面不可能在另外一个晶面上做整体刚性滑移, 滑移更多的是借助于线性位错并沿着晶面或快或慢地扩展开的. 对此如何理解, 我们将借助几个图形来进行解释.

2) 位错和晶体塑性

图 77 显示的是一个理想的简单立方晶体, 其晶体结构非常容易画出. 这一结构可以非常好地直观描述位错的大多数重要的特性, 虽然真实材料由于稳定性原因不能按照这种结构进行结晶, 但并不影响我们利用这种结构来进行讨论. 事实上, 当原子从图 77 所示的位置转向一个空位时, 结晶过程中材料的内能会降低.

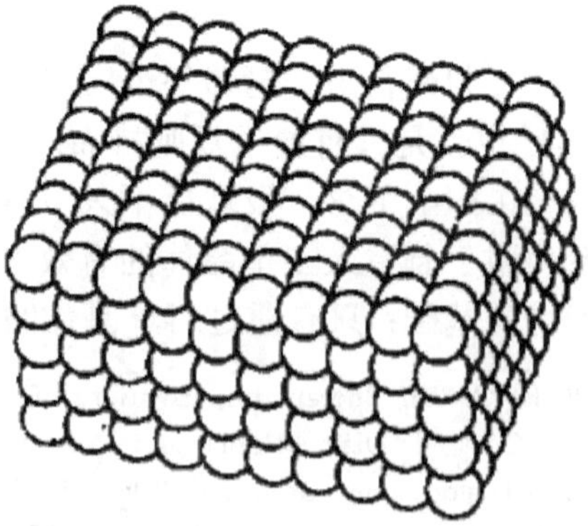

图 77　理想晶体, 简单立方结构

图 78 所示的是与图 77 相同的晶体, 只是这里晶体处于一个变化了的状态, 该状态下晶体内部的一个晶面停止了生长. 我们暂且将这种在晶体内部中断的晶面的边缘线定义为刃型位错线或者简称刃型位错. 我们可以想象位错从右侧开始向晶体内部迁移的情形. 图 79 就显示了当位错迁移到晶体的另外一侧并离开晶体时的情形. 一个刃型位错沿着所谓的滑移面迁移通过整个晶体, 这就意味着被滑移面分隔开的两部分晶体之间发生了一个原子间距的永久 (塑性) 相对位移. 这种滑移并不是通过晶体两部分之间的刚性移动发生的, 而是逐步发生的, 因此这之后材料就不会再被看做是晶体了.

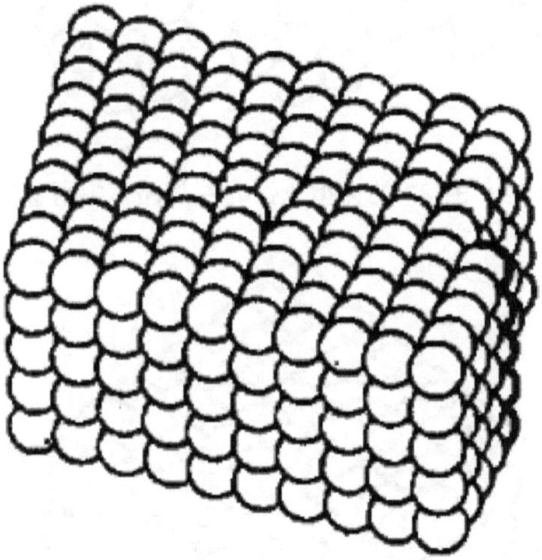

图 78　图 77 所示晶体从右边迁入了刃型位错后的情形

通过位错概念的引入, 就能解决在上一节中提出的实验测得的临界剪应力比起理论值低很多的问题. 图 78 就清楚地显示出晶格结构沿着位错线上出现了松动. 因此与位错线相邻近的原子就具有更高的活动性, 如果考虑需要的应力, 要使晶体中的原子产生永久的位移, 位错处的应力比起晶格其他地方的应力就小得多. 实际中每一次的观测结果都完全证实了这一估计, 即在观察到的应力下就会出现塑性变化. 这样至少就定性解决了前面提到的问题. 但定量的研究工作直到现在也没有结束.

除了刃型位错以外, Burgers 于 1939 年发现位错的第二种基本类型 —— 螺型位错, 我们暂时用图 80 所示的原子结构的螺旋排列去定义螺型位错. 同样, 与位错线相邻的原子极具活动性, 另外, 螺型位错也能在适当的应力下发生迁移. 螺型位错一次性的迁移穿过晶体的结果就是发生塑性的相对位移, 根据图 80, 位移的方向与位错线的方向平行, 而在刃型位错迁移时, 位移方向则与位错线方向相垂直.

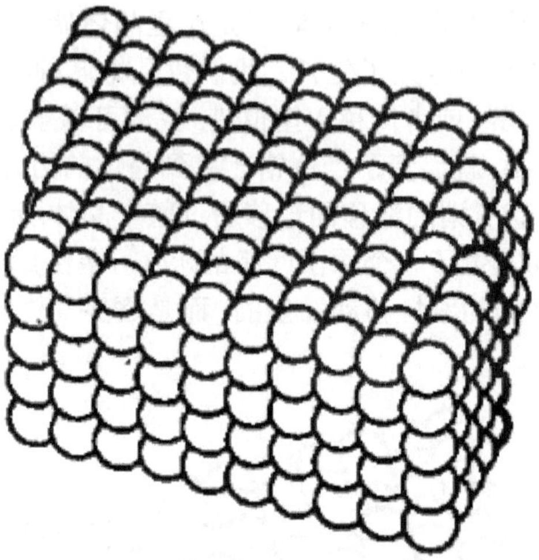

图 79　图 87 的刃型位错向左从晶体中滑移出

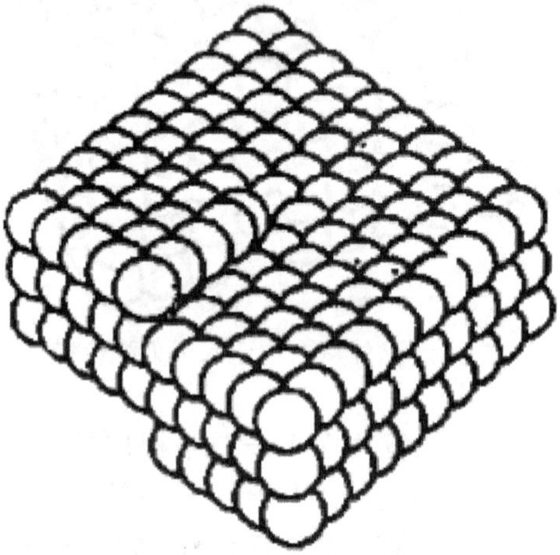

图 80　清晰可见的终止于晶体上表面的螺型位错

3) 位错与特征 (本征) 应力

到目前为止, 在讨论到位错在实际现象中的作用时, 我们把位错看作塑性的载体. 除此之外位错还具有一系列重要的特性, 其中有几个还必须加以讨论.

首先我们可以看到, 位错附近的原子不具有完整晶体中的原子那样的有规律排布, 完整晶体中的有规律排布对应于最小的势能. 我们可以将这一现象描述为晶格畸变, 而这种晶格畸变随着位错间距的增大而慢慢消失. 与这种晶格畸变相联系的就是应力, 由于这种应力不是由外力引起的, 因此也被称为内应力或者本征应力. 与之相反, 源于外力或者外界负荷而产生的应力, 通常被称为外应力或负载.

理想晶体网状结构中显然并不存在内应力. 内应力主要来源于位错, 除此之外还来源于所有其他的晶体缺陷. 这里的情形完全与电动力学相似, 在电动力学中磁场来源于电流线以及磁偶极子.

在工业中早就知道内应力的存在, 这些内应力是在塑形加工过程中或者在工件从高温的迅速不均匀冷却过程中产生的, 同时也非常害怕内应力的出现, 因为引起材料断裂的是等效 (有效) 应力, 即外应力与内应力之和. 虽然外应力自己远低于断裂应力, 但是和内应力一起就显然超过了断裂应力的值. 更为致命的是, 通常情况下是否存在内应力并不为人所知, 并且在工件投入使用前一般也不可能检查出是否存在内应力. 遗憾的是, 现在发展起来的用于测量内应力的方法还一直是临时性的.

测量内应力的最古老的方式就是把工件切割开, 并测量在紧接着的松弛过程中出现的变形, 通过测得的变形大小就能推算出之前存在的应力大小. 这个方法在模型试验中是可用的, 但却不能用于对工业生产出的工件进行研究, 工业生产中需要 "无损工件检测" 的方法. 对于技术上不那么重要的透明材料, 可以借助光测弹性学来对材料的内应力分布进行检测, 光测弹性学是利用线性偏振光线的相速度与在偏振面上存在的张力之间的关系来进行测量的. 然而对于不透明的材料, 利用可见光来进行透视就是不可能的. 如果只讨论外应力单独存在时的情形, 情况就不是太糟, 因为人们总可以通过给透明材料以相同加载来进行模拟. 但是对于存在内应力的情况, 这样的模拟就完全失效了, 因为人们不知道如何在这种模型物体中产生与被模拟物体中相同的内应力.

对于伦琴 (Roentgen) 射线来说就不存在只能用于透明材料的限制, 但由于其不利的波长使得分辨率太小, 以至于只能用于测量很薄的样品, 或者对于厚的样品, 也只能在表面进行测量. 利用声波来进行测量似乎是很自然的一种方法, 为了得到较好的分辨率, 声波应该具有与可见光相比拟的波长. 如今产生如此高频的声波仍不太可能, 但这肯定只是时间问题. 这种声波是否可以传播足够的距离, 也就是说它不会被太强烈地吸收掉, 答案仍需等待.

4) 位错和晶格曲率

在讨论了塑性和内应力之后, 我们在这里要讨论位错所固有的一个特征, 在某种意义上说它反映了位错的本质. 首先我们看到, 图 78 中位错右边的晶面和其左边的晶面不再彼此平行, 而是彼此间成一个小的夹角. 我们将一系列的刃型位错按图 81 中的方式排成一列, 这样位错墙左侧的晶体区域和其右侧的晶体区域就具有不同的晶格取向. 在同一晶体内具有不同取向的两部分之间的过渡区域就称为晶界. 根据 Burgers 和 Bragg 在 1939 年到 1940 年提出的理论, 只有当相关的晶体区域之间的相对扭曲较小时, 才能将晶界分解成单个的位错, 人们将这种情况称为小角度晶界, 用以与位错结构不可证实的大角度晶界区分开来.

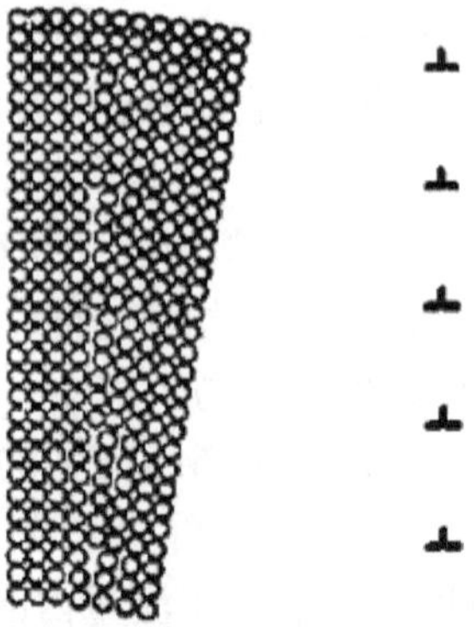

图 81　小角度晶界的一种形式

图 81 中的右边部分画出了位错排列方式的示意图, 这里我们使用了经常用于表示刃型位错的符号 ⊥, 符号中的水平线代表了滑移面, 竖直线则代表了中断的晶面. 而对螺型位错, 至今还没有引入相对应的表示符号.

如图 81 所示的位错排列方式的一个典型特征就是, 相应的应力场随着与滑移面之间距离的增大而非常迅速地减小, 与此相反, 单个位错的应力场随着与位错间距离的增大而非常缓慢地下降. 这里的第一个结论很容易定性地看出: 在图 78 或图 81 中紧靠位错的上方都是压缩的区域, 而紧靠位错的下方却都是膨胀的区域. 这样当沿着垂直方向通过一个位错的滑移面时, 相应的应力符号将从压应力变为拉应力. 在图 81 所示的位错排列中, 每个位错的压缩区域基本上和另外一个位错的膨胀区域重叠, 这样就发生了大范围的应力湮灭.

如图 82 所示, 当原子排列从二维变为三维时, 便存在很多小角度晶界以及相应的许多取向变化. 由于位错墙如此密集, 宏观上不再可能把它们彼此区分开, 这样人们看到的是连续变化的晶格取向, 也就是晶格的连续弯曲. 这可以通过偏振可见光的照射或者 Roentgen 射线的照射来观测到. 关于晶格弯曲值得注意的是, 晶格弯曲是宏观上无应力的情况下发生的. 位错的彼此重叠的应力场拥有同样多正的和负的组成部分, 总的应力场就以位错间距为波长进行振动. 这种位错间距与宏观切削面元的大小 ΔF_i 相比很小, 人们利用切削面元的大小 ΔF_i 来定义宏观应力 σ_{ij}. 在这样的切削面上产生的合力为零.

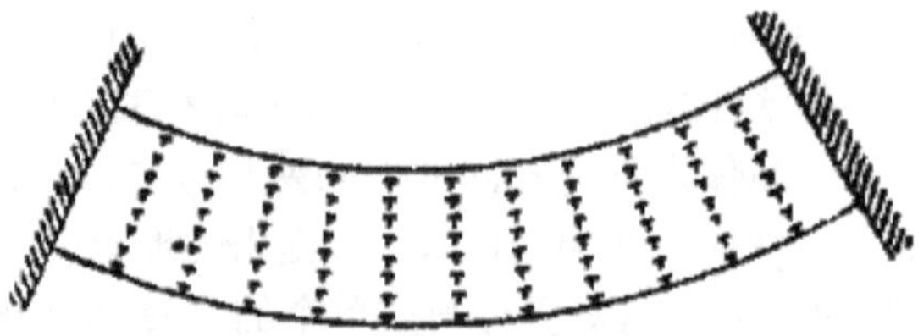

图 82　导致宏观无应力和固定的晶格弯曲的位错排列

位错理论中, 宏观应力和微观应力之间的区别是一个重要的特点, 对此人们必须足够清楚. 我们将在第 48 节中介绍宏观量的定义, 特别是宏观面元以及体积元的定义.

前面讨论的位错排列由于其有规律的排布方式自然是一种理想情形. 如果使晶体塑性变弯, 并紧接着将它置于合适的温度下进行足够长时间的加热, 就可以定性地观察到这些位错排列. 通过高温可以使在变形过程中产生的位错的活动性增大, 这些位错因此能很容易地重新排列, 这样它们之间相互作用的势能将变小, 这种能量就是相应的总应力场的能量. 这样就能得到与图 82 相似的位错排列: 图 83 给出了一个塑性弯曲并且加热了的晶体棒的两个相对的侵蚀表面的电子显微镜照片. 图中的每一个点对应于位错和晶体表面的交汇. 由于位错中心的变形尤其大, 因此其周围紧邻的原子就容易被侵蚀剂去除掉. 这样在晶体表面的位错处就变成了空心孔, 这完全与大家熟知的液体表面涡流线 (鱼缸中) 中央的空心孔相类似. 位错开孔的直径大到了足以通过电子显微镜观测到.

图 83 中两幅照片中的点时深时浅, 这与位错的符号有关, 同时也表明, 实际上所有的位错都有相同的符号, 也就是说所有中断的晶面都从同一侧出现在表面. 因此晶体在塑性弯曲中就出现的这种方式的位错排列, 晶体中延伸了的表面上的原子的数目 (图 82 下方) 就变多, 这是以晶体中缩小了的表面上的原子的数目 (图 82 上方) 减少为代价的. 塑性运动, 即位错产生和位错迁移, 就是以这种方式使得在棒的上、下两侧在弹性弯曲过程中出现的很强的压应力、拉应力 (参见第 40 节) 逐渐消失. 因此, 作为弹性弯曲过程中的宏观应力的效果出现的 “弹性的” 晶格弯曲将转变成已经讨论过的宏观无应力的晶格弯曲.

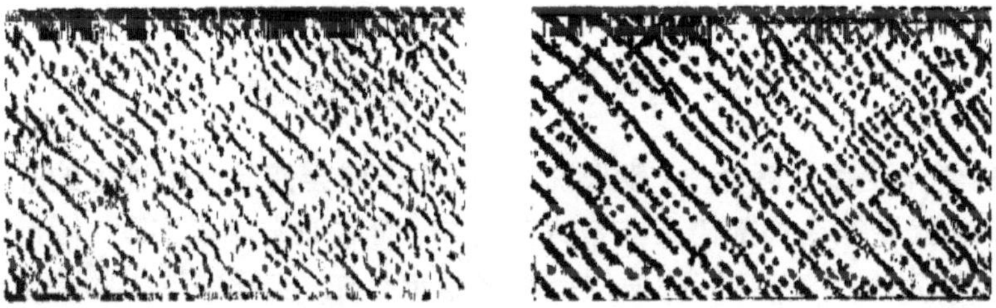

图 83　位错在塑性弯曲和加热的铜单晶表面的流出, 放大 500 倍, 根据 J. D. Livingston[①]

至此, 我们已讨论了晶体结构的扭曲, 而刃型位错就是引起这种扭曲的原因之一, 这样的扭曲属于弯曲型. 螺型位错同样存在于宏观无应力的晶格扭曲中, 只是此时称之为扭转型. 特别是可以通过交叉螺型位错的平面排列来构成小角度晶界,

① J. D. Livingston, Directobservations of imperfectionsincrystals, Interscience Publishers New York-London, 1962.

这样描述相邻晶体区域之间的相对扭转的扭转矢量就不再位于晶界上, 而是垂直于晶界. 由于对这种情况不方便画图表示, 因此在这里就不画示意图了.

5) 位错的起源、强化过程和塑性现象的不可逆性

位错的迁移意味着被滑移面分开的两个晶体区域之间的塑性相对移动. 人们很容易明白, 为了让宏观的工件发生几个百分点的变形, 需要百万甚至上亿的位错. 于是便有这样的疑问, 这些位错到底是从哪产生的. 对这个问题的回答主要由 F. C. Frank 给出: 位错的存在有利于晶体生长, 因为在正在生长的晶体的表面, 原子特别容易在位错出现的位置处聚集. 假设在一定条件下, 结晶只有借助于位错才可能发生, 地球在数十亿年前的冷凝过程也是在这一条件下进行的, 那么人们就应该在所有的天然形成的晶体中发现位错. 事实也是如此, 更确切地说, 人们发现在晶体生长中出现了空间网格形式的位错排列: 位错以不同的方式连接成节点, 就如图 84 所示, 用拉紧的线来简化表示位错的平面结构.

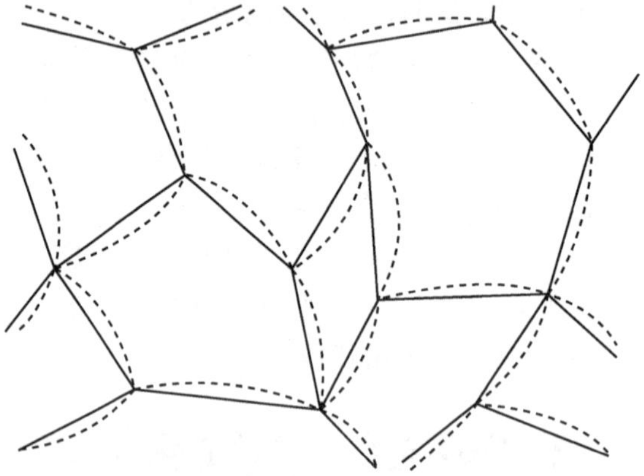

图 84 剪应力作用下晶格中位错的膨胀

从几何学角度可以解释, 一般来说, 节点的迁移会使节点轨迹上的晶格结构被严重破坏, 这就导致在局部需要非常大的能量, 而这通常难以实现. 因此可以认为这些节点是固定不动的, 它们能使位错网格稳定存在. 实际中这样的稳定性也是可以实现的, 因为如果不是这样, 晶体将不能承受由位错排列改变而引起的内能的被迫升高: 位错将要么成对湮灭, 要么通过晶体表面离开晶体. 粗略地说, 位错在实际中能做的最好的事情, 是从一个节点沿着最短的可能路径移向另一个节点.

当在具有位错网格的晶体上施加一剪应力时, 便可能会发生如下变化: 节点之间的位错线自然会对应力做出响应. 但另一方面这些位错线仍然被固定在节点上. 因此位错线首先会发生膨胀, 如图 84 中虚线表示的那样. 这从物理上不难想象并且可以被证明, 膨胀意味着能量增长. 只要应力不是太大, 就会产生一个阻碍应力

引起的膨胀的反作用力, 直到其最终与膨胀力达到平衡. 对于应力较大时的现象, 我们将在稍后再做讨论.

如果对于处于应力场中的位错存在一个平衡分布, 那么当应力撤掉后位错当然就必须又回到其初始位置, 有的情况下会先振荡几次再回到初始位置. 两个节点之间的位错线在某种意义上就如同拉紧的弦. 显然, 对于在足够小的应力作用下的具有位错的晶体的行为, 我们可以将其看作弹性和可逆塑性的叠加来描述. 但是这种说法并不十分令人满意, 因为可逆塑性效应本身就可以看作弹性的一种类型. 仿照电磁学理论中相似的关系, 我们在这里倾向于将这种位错膨胀的现象作为偏弹性 (dia-elasticity) 来描述. 其中的相似性如下：

位错膨胀可看作产生了新的闭合的位错环, 位错环的一半正好和原来的直线位错相互湮灭, 而位错环的另一半则代表了膨胀了的位错线 (如图 85 所示). 如同我们将在习题XI.6 进一步讨论的一样, 一个小的位错环在宏观上很大程度地等价于一个弹性偶极子, 而弹性偶极子就是指作用方向相反的一对力, 其大小无限大、作用点之间的距离无限小. 这种称谓使我们想到, 磁偶极子是指由一对符号相反的磁荷组成的排列, 其大小无限大而间距无限小. 众所周知, 这种排列就等效于一个无穷小的电流环, 这样我们就再次回到了曾经提到过的位错线和电流线的相似性的问题上来.

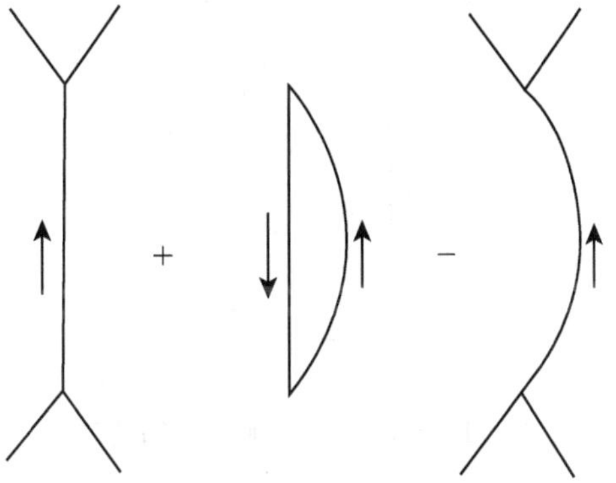

图 85　位错的膨胀可以看作产生了闭合的位错环

考虑到这种相似性, 人们显然可以利用偏弹性磁导率来描述位错膨胀引起的有效抗剪模数的降低效应. 这种效应的大小约为百分比的数量级, 并且取决于位错网格, 或者说取决于材料试样的位错状态. 我们将通过外推的方法得到的位错网格密度为零时的值称为真正的抗剪模数 μ, 而记录下这些值的大小是非常有用的. 由于在现今的表格资料中, 从这个角度出发进行的测量一般还没有得到重视, 大多数已给出的 μ 值都被认为存在几个百分点的不可靠性, 但是对像抗剪模数这样的基本量都存在这么大的不可靠性, 这是非常不能令人满意的.

一方面在偏弹性效应中所加的剪应力能激发弹性偶极子, 而另一方面在一个称之为反弹性 (para-elasticity) 的效应中却能激发出永久的弹性偶极子, 这种永久弹性偶极子经常能够沿着应力场的方向转动, 并因此引起反弹性磁导率. 可惜由于篇幅限制, 我们就不再赘述这种有趣的现象了.①

我们现在要研究的是, 当所加的应力逐渐不断增大时所发生的事件. 在这种情况下, 位错的膨胀同样也将增强, 节点之间的位错部分将按图 86 所示的从 a 到 e 的顺序发生变化, 也就是说, 最终将形成一个闭合的位错环, 并且在应力作用下不断扩大. 节点间保留下来的位错部分可重新膨胀, 产生又一个位错环. 以上所描述的 Frank-Ried 机制, 经常被拿来和肥皂泡的产生过程相比较, 是许多关于应力场中位错产生原理的描述中最著名的一个. 位错的线应力为产生线性应变提供了必要的功, 它与表面张力在肥皂泡产生过程中所起的作用类似. 每一个位错环的扩大都将导致被滑移面分开的晶体不同部分之间的塑性相对位移. 我们注意到, 与位错类型密切相关的滑移方向必要时部分垂直于、部分平行于和部分斜交于线性应变方向. 而圆环形位错具有部分刃型、部分螺型和部分两者混合型的特征, 它是一般性的沿着任意空间曲线延伸的位错线的又一特殊情形.

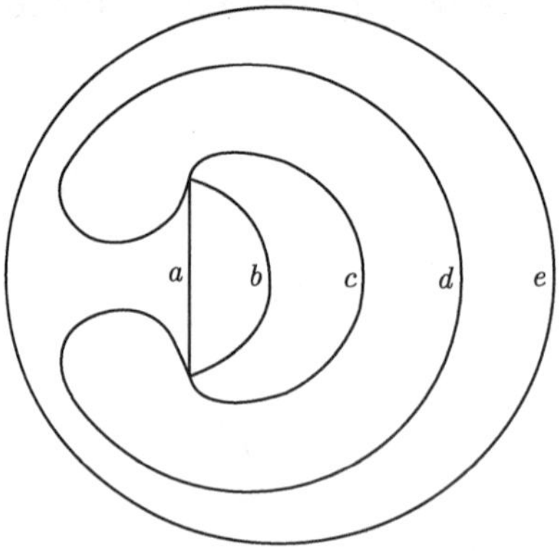

图 86　Frank-Ried 机制下位错的产生

当撤去应力时, 人们以为晶体不同部分会即刻往回滑移, 只要位错环还没有离开晶体表面, 它们也会随即消失. 与位错网格相反, 新产生的位错不会稳定在节点处, 因此这些位错的消失也不会存在任何阻碍. 但是这种看法却没有被实验所验证. 对此的解释同时也是对塑性现象中考察到的不可逆性的解释.

首先人们马上认识到, 位错环并不能不受拘束地扩大, 更确切地说, 它必须从所有位错网格 (也经常称为位错群) 中间穿过, 并突破滑移面. 通过对这种穿过过程的仔细观察可以发现, 此过程中除了需要增大的应力外还需要热激发, 所以此过

① 见 301 页脚注②中引用的 E. Kroener 的论文.

程很大程度上是不可逆的, 也就是说, 通常情况下再次穿过位错网格的往回滑移的过程不会发生. 如同将要提到的其他过程一样, 这种穿过的过程非常复杂, 在此就不再深入探讨.

引起不可逆性的其他原因可以通过不同根源产生的位错间的相互作用来说明. 位错环在扩大的过程中总会彼此相遇. 在所有能出现的可能性中首先要提到的又是彼此穿过的情形, 上面一段的相关讨论就适用于这种情形. 此外, 这些位错可能在彼此平行的滑移面上相互错过, 但此后它们也可能以某种方式相遇, 它们或者在具有不同符号时会彼此湮灭, 或者合成一个新型的复杂位错 (多层次位错), 比如合成经常讨论到的 Lomee-Cottrell 位错. 这种过程也被称为位错反应. 通过这种复杂位错 (多层次位错) 不仅可以使最初的相关位错对可塑性的作用被排除, 而且还能使此后在同一滑移面上彼此靠近的位错停止靠近. 另外, 这种复杂位错 (多层次位错) 只有在不断增大应力的情况下被可滑动的位错从中间穿过.

由于这种滑移阻碍的形成随着不断增加的位错产生, 也就是随着不断增大的塑性形变而增加, 因此可以认为, 如果要使物体继续发生变形, 就必须持续增大所施加的应力. 这也在某种程度上解释了物体在强化阶段长久以来无法解释的现象. 一般来说强化的原因和位错在穿过其自身应力场时的相互作用有关.

继续深入研究可以知道, 上面讨论的过程, 虽然只是需要讨论的众多过程中的一小部分, 但都是完全不可逆的, 借助这些过程完全可以帮助我们定性地理解塑性形变中观测到的不可逆性.

只进行定性的探讨, 如前面我们所做的一样, 是无法令人永久感到满意的. 而对于塑性物理理论以及其他固体问题的定量研究无论如何也没有结束, 这也为固体物理学家开辟了广阔的研究领域, 而其中非常典型的是, 如果没有相应的实验支持, 就无法取得进展. 这类研究的目的包括例如临界剪应力的推导、强化 (硬化) 的计算以及它们与外界条件如温度、变形速度和负荷大小等之间的关系. 为了处理这些问题, 就必须计算清楚位错间的相互作用以及由此产生的所有基本过程, 并且弄清这些基本过程在与上诉外界条件间的关系中的重要性. 例如, 在计算流变压力随形变增大的变化关系时, 就需要同时计算位错状态的变化过程, 而这个问题, 即使是人们不考虑其中的细节而只考虑其平均效应, 也是非常复杂的.

如今在被讨论的问题中, 已经有相当多情形, 即使其中多数只是得到了近似解, 但也逐渐地越来越多地为我们对塑性的物理学理解做出了贡献. 在几乎所有的单一问题中, 位错在彼此的应力场中的相互作用或者与其他应力场的相互作用都起着决定性的作用. 以下是一个典型例子:

若想要发展临界剪应力的理论, 那么确定极限应力的大肯定是非常基本的, 在极限应力下会按照图 86 所示的机理产生位错环. 这就必须计算图 86 中形状 d 的位置所代表的界限或鞍点, 如果到达这个鞍点位置, 即使所加应力没有继续增加, 位错也会从此位置过渡到位置 e. 显然, 要解决这一问题, 就需要研究复杂的位错变化过程中的应力关系.

这一任务的困难程度就在于, 只有对于直线型位错的情形, 其应力场才能通过基本函数表示出来, 虽然这一表示也只能作为一种近似, 这是因为作为计算根据的连续统理论 (在第 48 节中介绍) 在位错线附近不再适用 (其适用条件是: 应力场在几个原子间距范围内的变化不可觉察). 幸运的是, 一般来说理论中非常重要的位错应力场的能主要集中在位错的远场区域, 也就是说, 位于大于原子间距的范围内, 这样, 对于许多问题便足以应用连续性理论. 但是还是存在一些情形, 只使用连续统理论还不足以解决问题, 此时就需要应用所谓的晶格理论, 但可惜这一理论太过复杂, 即使是处理最简化的问题也需要最繁琐的运算才能达到目的.

通过以上阐述说明了为什么固体物理学家或者材料学家对连续性理论或者位错的场论如此感兴趣. 在接下来的章节中无论如何都将对应用这些理论的问题进行讨论.

6) 位错的严格定义

在 2) 小节我们已经对直线型的刃型位错和螺型位错做了临时性的定义, 以后只要没有特别阐明是曲线型的位错, 其存在就被作为理所当然而接受. 在本小节里将给出沿着任一空间曲线取向的位错的量化定义. 这个定义是所有关于位错的计算的基本依据.

我们从之前的讨论开始说起. 设 $\boldsymbol{n}$ 为晶体或者连续体内部一平面 f 的法向单位矢量, 而平面 f 的边缘线 l 用切向单位矢量 $\boldsymbol{t}$ 描述. 法向 $\boldsymbol{n}$ 和切向 $\boldsymbol{t}$ 的方向之间满足右手螺旋定则, 即切向 $\boldsymbol{t}$ 的方向与法向 $\boldsymbol{n}$ 的右旋螺旋线的方向一致. 显然对于任一给定的空间曲线, 总可以找到无数多个平面 f, 使得 l 是 f 的边缘线.

现在我们设想沿着材料内部的平面 f 切开, 并且使 f 切开的两侧分别沿着其法线 $\boldsymbol{n}$ 的方向及其反方向发生一个矢量推移, 设面 f 上各点发生的位移矢量相同, 为一常量 g, 只有面 f 边沿处一无限小宽度区域内的各点的位移矢量各不相同, 在此区域内位移从 g 减小到 0. 如果相对位移使得切口两侧彼此分开, 由此形成的间隙内就应该填充满相同种类的物质; 若与此过程相反, 就会有同样多的物质被从切口间驱离, 这样切口的两侧在发生相对位移后又会重新贴合到一起. 最后我们再设想沿着面 f 使切口的两侧重新粘接起来, 并且撤去使切口两侧发生相对位移的外力. 此时物体就回到了内应力状态, 这种情形显然与沿着 l 取向的位错极其相似. 实际上, 图 78 和图 80 中的刃型位错和螺型位错就可以通过上述步骤产生, Volterra 早在 1907 年将之称为畸变. 而那时, 对晶体的研究也只受到很少的关注, 更不用说位错了, 而 Volterra 就试图在几个相关领域中解释内应力问题. Volterra 的畸变理论与位错密切相关, 对此早在 1934 年就已经被 Taylor 在其关于位错的第一篇论文中所提及. 说到相关联程度, 例如, 前面提到的在通过切开和相对移动产生的缝隙中推入的恒定厚度材料薄层, 就可以对应于晶体内部中断的网格面.

显而易见, 上面关于位错产生的准则也同样可用于位错的定义, 这种定义方法的优点在于, 可适用于任意取向的位错. 这样, 描述位错的参数就包括切口平面的法向矢量 $\boldsymbol{n}$ (与位置有关) 和相对位移的恒定矢量 $\boldsymbol{g}$, 此外, 出于显而易见的原因, 我们也将矢量 $\boldsymbol{g}$ 称为滑移矢量. 切向矢量 $\boldsymbol{t}$ 并不需要作为独立参数专门给出, 因为它可以看成与法向矢量 $\boldsymbol{n}$ 相关联的边缘线矢量, 给出了 $\boldsymbol{n}$, 就自然给出了 $\boldsymbol{t}$. 顺便提一下, 按这种方式定义的位错线不可能在晶体内部终止, 只能终止于晶体的表面处, 这进一步增加了曾经提及的位错与 Helmholz 涡流线之间的相似性.

进一步分析可以知道, 这种位错的定义并不是完美无缺的. 矢量对 $\boldsymbol{n}$、$\boldsymbol{g}$ 显然是在一个平面上定义的, 而位错通常却是线状的构成. 这样, Volterra 畸变只有在这种情况下才能产生位错, 即最终结果与平面 f 无关, 而只与其边缘线 l 相关. 事实也是如此, 如同我们在习题Ⅸ.6 中将要见到的一样. 这绝对不是无关紧要的. 即使我们发现位错完全可以通过矢量 $\boldsymbol{t}, \boldsymbol{g}$ 来表征, 但这也并不是一种定义, 而是弹性理论的计算结果. 另外, 当位错只是沿着一条线存在时, 滑移矢量 $\boldsymbol{g}$ 却是和一平面相关联, 从这点来说通过 $\boldsymbol{t}, \boldsymbol{g}$ 定义位错至少并不完美.

给出位错的唯一正确也是最终定义的功劳属于 F. C. Frank(1951). 我们将通过简单立方晶体中的直线刃型位错这一特殊情形来阐明位错的定义. 显然, 这个定义也可以根据需要用于螺型位错、弯曲位错以及任意晶体结构. 以后我们将看到, 这一定义与 Cartan 在 1922 年给出的对某一物理量的定义之间存在着非常紧密的联系, 这一物理量如今被称为空间扭曲, 其在微分几何学及其应用领域起着核心作用. 这种联系本来就是位错场论的基础.

图 87a 中画出了一个有位错的晶体, 也被称为真实晶体, 而 b 中画出了一个没有位错的晶体, 这里也被称为标准晶体或者参照晶体. 在 a 中通过数字标出了一个包含位错线的闭合回路, 此回路起始于 P 点也终止于 P 点. 而对 b 中的基本晶体, 相应地从参考点 P' 出发, 按照与 a 中从 P 点出发的同样的步骤用数字进行标记 (带一撇' 的数字). 在完成这些相同的步骤后, 图 a 中形成了一个闭合回路, 而图 b 中却差一步才构成闭合回路, 这被称为相对于参考点的闭合误差 $\overrightarrow{O'P'} \equiv -b$.

J. M. Burgers 在 1939 年借助于当时以其他方式引入的矢量 $\boldsymbol{b}$ 发展起来了独特位错线的塑性理论, 为了纪念他, 矢量 $\boldsymbol{b}$ 被命名为 Burgers 矢量. 根据 Frank 可以利用 Burgers 矢量 $\boldsymbol{b}$ 和线性矢量 $\boldsymbol{t}$ 一起来定义位错, 其中还需要做如下习惯性假定: 由于闭合回路的方向对于 Burgers 矢量 $\boldsymbol{b}$ 的符号起着决定性作用, 因此要求闭合回路的方向与矢量 $\boldsymbol{t}$ 所描述的位错线方向构成右手螺旋关系. 我们可以任意确定 $\boldsymbol{b}$ 或者 $\boldsymbol{t}$ 的符号, 只要确定了其中一个矢量的符号, 另一个矢量的符号就随之确定下来. 如果两个位错分别沿着 $\boldsymbol{t}$ 和 $\boldsymbol{b}$ 的方向, 但却与 $\boldsymbol{t}$ 的符号乘以 $\boldsymbol{b}$ 的符号得到的符号不一致, 我们说这两个位错具有相反的符号.

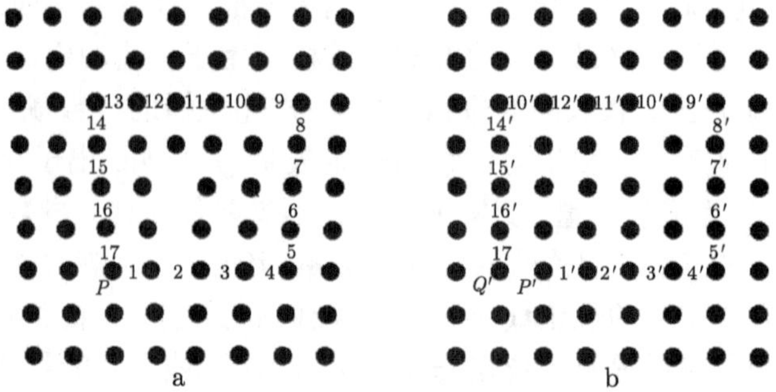

图 87 位错的定义

我们注意到, 以上对于符号的规定 ($\overrightarrow{O'P'} \equiv -b$ 中的负号), 与 Frank 以及包括本书作者在内的大多数作者到目前为止所习惯使用的规则相反. 对于规则的修改近期有一种重要的观点: 稍后我们会看到, 晶格会因为位错的出现而产生反作用扭矩. 如果人们仍然遵守扭矩和相应矢量方向间的右手螺旋定则, 这样就会在稍后讨论位错与反作用力矩间的材料方程时, 在 Frank 规定中出现一个负号, 这个负号同样不是人们所希望的, 就如同在 Hooke 定律中出现的负号一样, 这个负号也是人们在修改弹性应变的惯用符号规定时得到的. 由于除了多数作者目前还习惯沿用 Frank 规定外, 该规则并无其他作用, 因此我们决定修改符号规则, 另外这种修改实际上也应该是无关痛痒的.

人们很容易证明, 如今滑移矢量和 Burgers 矢量的分量在数值上是相等的, 即可表示成

$$\boldsymbol{b} = \boldsymbol{g} \tag{1}$$

这里 "=" 这一符号表示, 式 (1) 不能理解成通常的矢量等式. 矢量 $\boldsymbol{g}$ 是在一个平面基础上去定义的, 而矢量 $\boldsymbol{b}$ 却属于位错线自己. 在一个合理的矢量等式中, 等式两边的矢量必须拥有相同的空间定义域.

如果讨论的不是上面例子中的直线型位错, 那么准确的位错线轨迹就必须通过大量的闭合回路来确定, 为了能精确定位, 这些闭合回路应尽可能紧密地排列. 这样就出现了一个不再能如此简单地回答的问题, 即这些通过闭合回路确定的位错是否真的不会在介质内部终止. 我们将在第 48 节中论证, 只要位错的末端连接一个其他类型的晶格缺陷, 并且它能在一定程度上吸收晶格干扰并且传播到表面, 位错就确实能够终止在介质内部. 如果除了位错以外并不存在其他晶格干扰, 那么位错就仍然不可能终止于晶体内部.

7) 晶格点缺陷

在本中我们将短暂离题, 来讨论晶格点缺陷, 之后将简称为点缺陷. 虽然这种缺

陷比起线缺陷在塑性中出现较少, 但它在固体塑性的一系列过程中起着特别的作用.

最简单的晶格点缺陷是空位, 空位就是指晶格中原本应由一个原子占据但却空着的位置. 与空位相邻的原子通常会移向空位, 这就会引起晶格畸变, 这种畸变从空穴往外逐渐减轻并消失.

另一个相类似缺陷,与空穴相比较仅是符号相反,就是晶间原子,所谓晶间原子就是指在晶体结构中占据着格点之外的位置, 其位置也不可预知. 为了获得足够的空间, 这类原子会向外挤压相邻的原子, 这也会导致晶格畸变. 晶间原子可以与基本晶格原子相同, 或者也可以与基本晶格原子不同, 比如晶格铁中的碳原子, 这种情况下人们也称之为杂质原子. 如果这种原子不是在晶格之间的位置, 而是位于正常的晶格格点处, 也就是说它们替换了基本晶格原子, 因此人们也称之为置换型原子.

除了空位、晶间原子以及置换型原子以外, 还存在着一系列其他类型的点缺陷, 在这里就不再进一步阐释了. 所有这些缺陷都存在着共性: 它们或者将周围的原子向外边挤压, 或者拉扯周围的原子使之靠近. 与这种晶格畸变相联系的是应力, 它从点缺陷处往外逐渐减小并消失, 并且在没有外力的情况下也存在, 这种应力就是内应力. 为了定量分析内应力, 可以用作用在周围原子上的力及其作用点代替点缺陷. 在实际应用中通常感兴趣的是晶格缺陷的远场, 因此讨论力的准确分布并不重要, 只要给出 295 页中提到的复合力就已经足够了, 这种复合力可以概括为一个被称为塑性偶极矩的张量. 与电动力学中相反, 在这里偶极矩表现为张量, 这便与最后所说的理论是一矢量场理论中相联系, 而我们将之与张量场理论联系起来.

对于塑性偶极子, 可以用与电偶极子或磁偶极子相似的方法很好地进行计算. 塑性偶极子的能量公式及其在应变场中受到的力和力矩的公式, 都与电动力学中的相应公式相似地构成, 并且在几乎所有点缺陷参与的过程中都有着重要的作用. 这个非常有趣的领域和已经提到过的关于正、反塑性的现象联系紧密, 可惜在我们关于塑性的章节中已经没有篇幅进行深入讨论了. ①

48. 晶体缺陷场论②

1) 几何学基础

这里要介绍的**晶体缺陷场论**是对塑性理论的一个很有意义的概括. 由于在第

① 例如, 见 Knoeder 的论著.

② B. A. Bilby, Progr. Sol. Mech. A(1960) 329; W. L. Indenbom - und A. N. Omow, Uapechi Fis. Nauk 76 A962) 557; K. Komdo, Memoirs of the Unifying Study of the Basic Problems in Engineering Sciences by Means of Geometrie I, II, Gakujutsu Bunken Fukyu - Kai, Tokyo 1955/58; E. Kroener, Erg. angew. Math. 5 A958) 1; E. Krönei≫, Arch. Rat. Mech. Anal. 4 A960) 273, 5 A961) 78; R. de Witt, Solid State Physics 10 A960) 249.

47 节中我们并没有按照直接进行概括的方式引入需要的概念, 因此我们在这里从头开始.

一个严格的数学意义上的连续物质介质在现实中是不存在的. 只要观察的尺度足够小, 人们就会发现物质结构中显著的非连续性, 例如离散的原子、晶格缺陷及晶界等. 因为对这种离散性起着决定作用的尺度就是所谓的结构元件之间的距离, 而这相对于感兴趣的物体宏观尺度来说通常非常小, 所以用如下方法来证明"宏观连续性"通常是有效的.

人们把物体划分成大量的小区域, 称之为宏观体积元 ΔV, 其中包含了足够多的结构元件, 以至于当从一个体积元变化到相邻体积元时, 这些结构元件在数量和分布上的变化可以小到"忽略不计". 如果这样的划分是可能的, 即体积元 ΔV 的大小相较于我们感兴趣的宏观尺度来说足够小, 这样当人们从宏观体积元 ΔV 过渡到数学方法上需要的无限小体积微元 $\mathrm{d}V$ 时, 误差才会非常小. 以下我们要讨论的媒介就是以具有这种宏观连续性为前提. 一般情况下, 要在实际中得到宏观的连续性, 就需要施加在物体上的外界作用在宏观上连续分布, 而这些外界作用也是产生我们感兴趣的状态所必需的.

所要求的连续性的一个重要结论是: 所有的场量, 即使其大小随位置而改变, 但只要我们在关于媒介及其状态的任何论述中考虑这些场量, 这些场量在无限小范围内就是均匀的. 我们将尽量利用每一连续性理论的这一要求.

为了减小以下分析的难度, 我们将限制于只讨论理论的线性描述, 并且使用笛卡儿坐标系. 为了简化书写, 我们用记号 ∂_l 表示 $\partial/\partial x_l$, 另外我们还使用著名的求和约定, 即张量方程中某一项中的重复角标表示从 1 到 3 的求和. 例如, 在下式中人们采取了对角标 l, m 的双重求和:

$$\mathrm{d}C_k = -\Gamma_{mlk} C_l \mathrm{d}x_m \tag{1}$$

现在考虑介质的两种构型 A 和 B, 我们假定, B 是由 A 通过目前尚未准确定义的连续变形得到的. 为了避免在我们讨论的一般性中受到不必要的限制, 我们允许两种构型占据不同的空间. 这种想法的本质可以通过二维例子特别好地显示出来: 构型 A 为一个 (无限薄的) 弯曲薄膜, 它通过变形可以变成平面构型 B.

为了描述构型 A 上某点的位置, 我们通常使用曲线坐标系 x_μ, 而要确定构型 B 上某点的位置就需要借助于笛卡儿坐标系 x_m. 因为所有重要的定律都是在笛卡儿坐标系 x_m 中进行描述的, 所以我们不需要再进一步研究曲线坐标系 x_μ 的性质.

为了对从 A 到 B 的变化过程进行非常一般性的描述, 我们做了以下要求: $C_k(x_m)$ 为构型 B 中从介质中点 x_m 指向任意相邻点的无限小矢量. $C_k(x_m + \mathrm{d}x_m)$ 是从点 $x_m + \mathrm{d}x_m$ 起始的矢量. 对于两个矢量之差 $\mathrm{d}C_k$ 以及 $C_k(x_m + \mathrm{d}x_m)$ 我们按如下方式确定: 相对应地, 我们在构型 A 中作两个矢量 $C'_x(x_u)$ 和 $C'_x(x_u + \mathrm{d}x_u)$,

这两个矢量与构型 B 中的 $C_k(x_m)$ 一样连接相同的 (物质) 点. 我们规定, 矢量 $C'_x(x_u)$ 和 $C'_x(x_u+\mathrm{d}x_u)$ 在 A 中彼此平行且长度相等, 所以 $\mathrm{d}C_k$ 由 C_k, $\mathrm{d}X_m$ 以及变形来确定.

如果 A 和 B 真的不同, 则 $C_k(X_m)$ 和 $C_k(X_m+.\mathrm{d}X_m)$ 不会在 C_k 为任意位置 X_m 和沿任意方向时都彼此平行且长度相等. 如果没有关于从 A 到 B 发生的几何变化的完整信息, 关于特性化的所有可能的 $\mathrm{d}C_k$ 的整体知识显然就意义更加深远. 关于完整性的问题我们后面还会讨论到.

根据前面引入的连续性要求, $\mathrm{d}C_k$ 必须与 C_k 自己以及 $\mathrm{d}X_m$ 成正比. 仿照微分几何学中的类似术语, 我们将式 (1) 中的正比系数 Γ_{mlk} 称作线性联络或仿射联络 (affine connection), 或者简单地称作联络. 它的变换特征可以根据 $\mathrm{d}C_k, C_l$ 以及 $\mathrm{d}X_m$ 的特征求得. 因为这些量如同矢量一样进行变换, 所以 Γ_{mlk} 是一个三阶张量的分量*. $\mathrm{d}C_k$ 只有在不使用曲线坐标系的时候才具有矢量性. 如果使用曲线坐标系, 那么式 (1) 中的 $\mathrm{d}C_k$ 必须被重新定义, 这是因为在 B 中平行且等大的矢量 $C_k(X_m)$ 和 $C_k(X_m+\mathrm{d}X_m)$ 只有在笛卡儿坐标体系才有 $\mathrm{d}C_k=0$. 与此相联系的复杂性已在微分几何学中进行了详细的讨论, 这里就不再深入研究了.

根据式 (1), 只要知道了作为位置函数的 Γ_{mlk}, 也就知道了 $\mathrm{d}C_k$ 的整体. 用线性联络的形式来描述可变形介质的所有能想象得出的几何变形, 这一点并不能被证明并且严格来说也肯定是不正确的. 然而可以证明, 联络对于我们感兴趣的情形来说已经足够了. 因此, 我们借助一个由式 (1) 引入的仿射联络, 将几何描述的完整性提升成一个假定. 为了对在引入 Γ_{mlk} 时作为场量出现的弹性理论的概括留下印象, 我们注意到, 一般情况下 Γ_{mlk} 是一个具有 27 个独立分量的三阶张量 *, 或者如我们今后所说, Γ_{mlk} 具有功能性的自由度, 而弹性理论中的几何变化却是通过具有 3 个独立分量的位移场 s_i 来描述.

为了懂得 Γ_{mlk} 更多的物理意义, 我们将其分解为对称部分和反称部分:

$$\Gamma_{mlk}=\Gamma_{m(lk)}+\Gamma_{m[lk]} \tag{2}$$

这里我们使用了如下缩写:

$$\Gamma_{m(lk)}=(\Gamma_{mlk}+\Gamma_{mkl})/2, \quad \Gamma_{m[lk]}=(\Gamma_{mlk}-\Gamma_{mkl})/2 \tag{3}$$

我们也将这种缩写用于其他张量, 另外根据

$$-\Gamma_{mlk}\mathrm{d}x_m=\mathrm{d}\beta_{lk}, \quad -\Gamma_{m(kl)}\mathrm{d}x_m=\mathrm{d}\varepsilon_{lk}, \quad -\Gamma_{m[lk]}\mathrm{d}x_m=\mathrm{d}\omega_{lk} \tag{4}$$

自然可得

$$\mathrm{d}\beta_{lk}=\mathrm{d}\varepsilon_{lk}+\mathrm{d}\omega_{lk} \tag{5}$$

---

* 按照微分几何学, Γ_{mlk} 不是能量, 估计是德文排版差错. —— 译者注

因此式 (1) 变为

$$dC_k = C_l d\beta_{lk} = C_l(d\varepsilon_{lk} + d\omega_{lk}) \tag{6}$$

通过这个式子人们很容易看出其物理意义. 人们将它用于 x_m 点处的一个正交矢量三脚架, 这时对称部分 $d\varepsilon_{lk}$ 就给出了三脚架发生位移 dx_m 时的纯的相对应变, 而反对称部分 $d\omega_{lk}$ 就给出了纯的相对转动. 对这一说法可以通过画出草图而得到验证. 我们将相对应变和相对转动之和 $d\beta_{lk}$ 称为相对畸变.

根据式 (1) 和式 (6) 可知, 矢量三脚架发生的位移毫无疑问地给我们提供了直接的可能性, 既可以去描述从 A 到 B 的几何变化, 又可以去描述状态 B 随位置的变化. 当 $A = B$ 时, 显然三脚架是毫无变形地被平移 ($\Gamma_{mlk} = 0$), 这同样也适合于当 A 的整体发生了恒定畸变 (= 应变加转动) 的情形. 不考虑联络中的恒定畸变并不是真正的损失, 这是因为其中的恒定成分可以通过物理状态毫无困难地直接计算出来.

因为联络描述了相对应变和相对转动, 而我们又已经在弹性理论中引入了应变和转动, 所以人们一开始并不是很清楚理论的普遍性到底在哪里. 为了能解释这一问题, 我们将逐步给联络赋予某些条件, 直到最终得到弹性理论的特殊情况.

首先我们注意到: 如果任意规定联络, 那么式 (4) 是不可积分的, 而且式 (4) 中右边的微分也不是全微分; 在介质中的 P、Q 两点在畸变、应变和转动上的差异就取决于计算时选取的路径. 因为特别是闭合路径积分 $\oint d\beta_{lk}, \oint d\varepsilon_{lk}, \oint d\omega_{lk}$ 并不为零, 显然人们就不能在任意给出的联络下都合理地将畸变、应变或转动赋予构型 B 中的一个体积元.

为了明白这个特殊情形是如何出现的, 我们再次回到起始的关系式 (1). 通过我们对矢量 C_k 和 C'_k 的设定可以得出, 当构型 B 中的图像矢量 $C_k(x_\mu)$ 和 $C_k(x_\mu + dx_\mu)$ 满足定律 (1) 时, 构型 A 中的两个矢量 $C'_k(x_\mu + dx_\mu)$ 和 $C'_k(x_\mu)$ 是平行且等大的. 人们也可以说, 矢量 $C'_k(x_\mu + dx_\mu)$ 是由矢量 $C'_k(x_\mu)$ 沿着路径 dx_μ 平移得到的, 这里矢量 dx_μ 应在 A 中连接同样的点, 就和 B 中的矢量 dx_m 一样. 如果沿着一闭合路径平移矢量 C'_k, 那么就会出现一个问题, 即被平行移动矢量在回到闭合回路起点处时是否能与起始矢量相同. 只有当 A 中被平移矢量在移动一周后与起始矢量相同时, 才会在 B 中沿相应路径平移图像矢量 C_k 一周后也与起始图形矢量重合.

显然, 这种情形出现的条件是式 (1) 中的 dC_k 是一个全微分, 或者对于任意的闭合回路 L 以及由回路 L 围成的任意面积 F, 有

$$\oint_L dC_k = -\oint_L \Gamma_{lmk} C_l dx_m = \frac{1}{2}\oint_F [\partial_n(\Gamma_{lmk} C_l) + \partial_m(\Gamma_{nlk} C_l)] dF_{nm} = 0 \tag{7}$$

在式 (7) 中我们运用了 Stokes 定理, 把面元写成了不对称张量的形式. 这在微分几何学中非常常见. 表示成张量的面元和表示成矢量的面元之间的联系可以通过多次用到的置换张量给出.

$$\mathrm{d}F_{nm} = e_{nml}\mathrm{d}F_l, \quad \mathrm{d}F_l = \frac{1}{2}e_{nml}\mathrm{d}F_{nm} \tag{8}$$

其中 e_{ijk} 是一个反对称的 (轴向) 张量, 其分量为

$$e_{ijk} = \begin{cases} 1 \\ -1, \quad ijk = \\ 0 \end{cases} \begin{cases} \text{偶数的} \\ \text{奇数的用 123 置换} \\ \text{都不是} \end{cases}$$

张量属性仅适用于笛卡儿坐标系中, 但是一个对于任意曲线坐标系也适用的一般性结论也是可能的. e 张量经常用于把矢量转换成不对称张量. 例如, (无限小) 转动的两种形式可以利用 e 张量表示成

$$\mathrm{d}\omega_{nm} = e_{nml}C_l, \quad \mathrm{d}\omega_l = \frac{1}{2}e_{nml}\mathrm{d}\omega_{nm} \tag{9}$$

我们再回到式 (7), 因为这里 F 是任意的, 所以被积函数必须等于 0. 考虑由式 (1) 得到的如下关系式:

$$\partial_m C_k = -\Gamma_{mlk}C_l \tag{10}$$

由式 (10) 可得*

$$\Gamma_{nmlk} = \partial_n\Gamma_{mlk} - \partial_{ml}\Gamma_{nlk} - \Gamma_{npk}\Gamma_{nlp} + \Gamma_{npk}\Gamma_{lmp} \tag{11}$$

由式 (11) 定义的四阶张量 Γ_{nmlk} 被称为属于联络 Γ_{mlk} 的 Riemann-Kristoffel 曲率张量, 它在微分几何学和广义相对论中有着重要的作用. Γ_{nmlk} 等于 0 除说明, 矢量从 P 点到 Q 点的平移得到了与路径无关的结果. 因此, 其联络满足式 (11) 所示条件的空间具有远程并行的特征.

如果我们只考虑线性近似, 式 (11) 可以写成

$$\Gamma_{nmlk} = \partial_n\Gamma_{mlk} - \partial_m\Gamma_{nlk} = 0 \tag{12}$$

由式 (12) 可以很容易看出, 在这个条件下微分方程 (4) 变为了全微分, 这样在远程并行的情况下也存在明显持续的畸变场、应变场和转动场. 我们已经对这个问题进行了研究, 即是否是出于物理的原因就必须要求远程并行. 我们还将看到, 在一个广义相对论讨论的情形中, 像这种情形一样不存在远程平行.

* 现在的数学与物理学中, 把四阶曲率能量记为 R_{nmlk}. —— 译者注

弹性理论的一个最重要的结论是, 和转动不同, 弹性应变会改变体积元的状态. 状态函数和非状态函数之间的区别主要是热力学领域广泛研究的问题.

$$\Gamma_{nm(lk)} = 0 \tag{13}$$

此式 (13) 表示, 只有曲率张量中对应 l, k 的对称部分为零. 当人们去比较 A 中的矢量 C'_k 和其图像矢量 C_k 的长度时, 可以得到这一要求的最重要的结论, 首先是矢量 C_k 长度的平方在路径 $\mathrm{d}x_m$ 上的改变量

$$\mathrm{d}C^2 = \mathrm{d}(C_k C_k) = 2C_k \mathrm{d}C_k = -\Gamma_{lkm} C_k C_l \mathrm{d}x_m \tag{14}$$

显然, Γ_{mlk} 的对应 l, k 的非对称部分对此并无贡献, 因此, 根据式 (13) 可对 Γ_{mlk} 引入 $\partial_m \varepsilon_{lk}$. 因为在 Γ_{mlk} 中不考虑平方项, 所以有

$$\mathrm{d}C^2 = 2\partial_m(\varepsilon_{kl} C_l C_k)\mathrm{d}x_m \tag{15}$$

或者积分后得

$$C^2 - C'^2 = 2\varepsilon_{kl} C_l C_k \tag{16}$$

在这里我们这样选择积分常数, 使得从 C'_k 和 C_k 的相同长度对应于应变为零. 因为 C_k 是连接无限接近的两点的一个矢量, 因此我们也可以将它写成 $\mathrm{d}x_k$. 我们将 $\mathrm{d}x_k$ 的长度称为 $\mathrm{d}s$, 这样式 (16) 就可写成以下形式:

$$\mathrm{d}s^2 - \mathrm{d}s'^2 = 2\varepsilon_{kl} \mathrm{d}x_l \mathrm{d}x_k \tag{17}$$

这个方程通常在非线性弹性理论中用于定义应变张量. 人们看到了它的独特魅力, 应变意味着长度的改变. 一般性的观点认为式 (17) 并不是一个定义, 而是我们赋予联络的条件式 (13) 的一个结果. 只有在这个条件下才有可能在构型 A 和 B 中进行比较性的长度测量, 因为没有这个条件 $\mathrm{d}\left(C^2 - C'^2\right)$ 就不是全微分, 也就是 $C^2 - C'^2$ 根本不存在.

稍后我们将会看到, 最普遍的情形下构型 A 占据了一个非欧几里得空间, 它的性质将通过联络 Γ_{mlk} 来描述. (一般性的弹性理论认为, 这种情形下属于构型 A 的空间是欧几里得空间.) 在我们的讨论中出现的关于比较长度测量的问题在微分几何学中是众所周知和容易理解的. 从物理上看人们认为, 这种测量的可能性必须得到保证. 尽管如此至今仍然不能证明, 连续体中不存在这样的状态, 在其中进行这样的测量没有任何意义. 幸运的是, 在至今为止讨论过的由晶格缺陷引发的状态中还没有出现这种情形. 毫无疑问在这种情况下最好的做法就是将条件 (13) 提升为假定. 这样联络 Γ_{mlk} 以及属于构型 A 的空间, 如人们所说, 就是度量的 (metrical).

我们将在两个关于仿射和度量 (或度规) 的假定基础上建立需要发展的几何理论, 这里把这两个假定写在一起, 如下:

$$dC_k = -\Gamma_{lkm} C_l dx_m \tag{18}$$

$$\Gamma_{nm(lk)} = \partial_n \Gamma_{m(lk)} - \partial_m \Gamma_{n(lk)} = 0 \tag{19}$$

人们立即可以发现, 第二个假定把功能性自由度的数量由 27 个限制到了 15 个, 现在有

$$\Gamma_{mlk} = -\partial_m \varepsilon_{lk} + \Gamma_{m[lk]} \tag{20}$$

这个方程也可写成如下形式, 这对深入的研究非常有用.

$$\Gamma_{mlk} = -(\partial_m \varepsilon_{lk} + \partial_l \varepsilon_{mk} - \partial_k \varepsilon_{lm}) - K_{mlk} \tag{21}$$

$$K_{mlk} = -\left(\Gamma_{[ml]k} + \Gamma_{[km]l} - \Gamma_{[lk]m}\right) \tag{22}$$

这可以通过立即验证为三重角标的每一个量的身份来证明.

$$K_{mlk} = \Gamma_{m(lk)} + \Gamma_{l(mk)} - \Gamma_{[km]l} - \Gamma_{k(lm)} + \Gamma_{[ml]k} + \Gamma_{[km]l} - \Gamma_{[lk]m} \tag{23}$$

联络式 (21) 的形式与式 (20) 一样是度规假定的一个结果. 对比这两种形式可以发现, 式 (20) 中通过 $\Gamma_{m[lk]}$ 描述的经过路径 dx_m 的相对转动可以分解成两部分, 其中一部分, $-\partial_l \varepsilon_{mk} + \partial_k \varepsilon_{ml}$, 是随位置变化的应变 ε_{lk} 产生一个直接后果, 而另一部分 K_{mlk} 是其他原因造成的. 我们之后可以看到, K_{mlk} 描述了与位错存在相联系的晶格曲率, 而 $\Gamma_{[ml]k}$ 被解释为位错密度张量. 在微分几何学中 $\Gamma_{[ml]k}$ 被称为 Cartan 扭转.

有了这些准备工作, 我们就可以以图表的形式给出结晶固体场论的基本分类. 这里我们从仿射联络出发并逐步对其一般性进行限制.

这个简图需要更进一步地进行阐述. 我们从最简单的协调弹性理论开始, 这个理论一般简称为弹性理论.

首先我们看到, 方程 $\Gamma_{nm[lk]} = 0$ 使得式 (4) 中的 $d\omega_{lk}$ 成为全微分. 这样联络就具有如下形式:

$$\Gamma_{mlk} = -\partial_m \beta_{lk} = -(\partial_m \varepsilon_{lk} + \partial_m \omega_{lk}) \tag{24}$$

对式中 ml 表示的反对称部分有

$$\Gamma_{[ml]k} = -\frac{1}{2}(\partial_m \beta_{lk} - \partial_l \beta_{mk}) \tag{25}$$

由 $\Gamma_{[ml]k} = 0$, 有

$$\partial_m \beta_{lk} - \partial_l \beta_{mk} = 0 \tag{26}$$

由此得

$$\beta_{lk}=\partial_l s_k, \quad \varepsilon_{lk}=(\partial_l s_k+\partial_k s_l)/2, \quad \omega_{lk}=(\partial_l s_k-\partial_k s_l)/2 \tag{27}$$

这样我们得到了一个重要结论, 即当 $\Gamma_{nm[lk]}=0$ 和 $\Gamma_{[ml]k}=0$ 时, 应变场和转动场可以用以前要求的方式由位移矢量场推出.

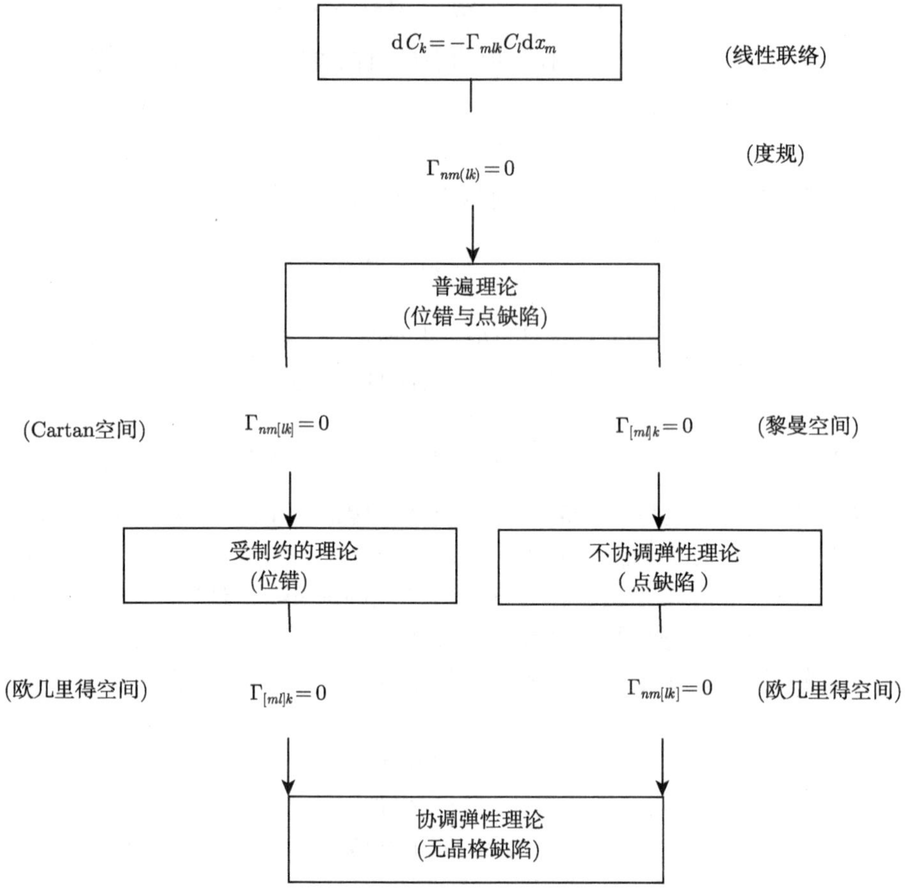

简图　晶格缺陷与微分几何的分类

根据式 (21) 条件 $\Gamma_{ml[k]}=0$ 也可以表示成如下形式:

$$\Gamma_{lmk}=-(\partial_m\varepsilon_{lk}+\partial_l\varepsilon_{mk}-\partial_k\varepsilon_{lm}) \tag{28}$$

对第二个条件有

$$\Gamma_{nm[lk]}=-(\partial_n\partial_l\varepsilon_{mk}-\partial_n\partial_k\varepsilon_{lm}-\partial_m\partial_l\varepsilon_{nk}+\partial_m\partial_k\varepsilon_{nl})=0 \tag{29}$$

或者简写成

$$4(\partial_n\partial_k\varepsilon_{lm})_{[nm],[lk]}=0 \tag{30}$$

这里 $[nm],[lk]$ 表示选取了这种角标的反对称部分.

这些所谓的相容性或协调方程是由 St. Venant 在 1861 年作为条件给出, 在此条件下可根据第二个方程 (27) 由位移矢量场 s_l 推导出应变场 ε_{lk}. 显然方程 (30) 给出了由六个同时进行的关于应变的二阶微分方程组成的系统 (即弹性理论中的 St. Venant 应变协调方程).

在我们的理论中 "相容性" 的概念非常重要, 我们想对此作进一步探讨. 从如下的思想试验中可以看到其中的本质: 我们将处于构型 B 状态 $\varepsilon_{lk} \neq 0, \Gamma_{[ml]k} = 0$ 下的介质分割成体相应的积元, 并让这些体积元消除内应力变为状态 A'. 这时有两种可能性: 消除内应力后或者这些体积元仍然彼此间无缝隙地贴合在一起, 或者彼此间出现缝隙. 第一种情况说明存在一个唯一恒定的位移场, 使构型 B 上的点移动到了构型 A' 的相应位置. 在第二种情况下这些体积元交界处的位移显然不恒定, 这种情况下应变场不再能由一个恒定位移场导出, 兼容性条件不再成立. 这个条件的满足能从纯粹几何学上保证, 一连续介质在转变为另外一种构型时不会丢失连续性的特征, 也就是说不会变成体积元间不相贴合的堆积.

后一种可能性讨论的实际上是内应力的情形, 对此我们可以这样理解: 将构型 A' 中彼此不相贴合的体积元的堆积通过弹性应变使之变得彼此间相贴合, 再将这些体积元焊在一起使之变成一个紧密的介质, 然后撤去产生应变所需的作用在体积元上的表面力, 这样就得到了一个处于拉紧状态的 B, 虽然此时并没有外力作用于介质上.

要使具有内应力的介质不经切割就消除内应力是不可能的, 这可以通过以下存在的约束进行解释, 即每一种材料都必须处于我们的三维欧几里得空间中. 如果这种约束突然被去除, 那么具有内应力的介质就可以作为整体消除内应力, 即在一个由应变及其所属的 Γ_{mlk} 决定的非欧几里得空间里. 对此用一个二维空间的例子就能很好地说明.

一个弯曲的无应力的膜片被两个刚性平板压迫成二维欧几里得空间里的一个平面. 这种二维情形可以证实内应力的存在, 而且只有通过分割才能消除其中的内应力. 如果去除刚性平板产生的约束, 膜片会重回弯曲状态, 内应力也会随之消失, 这都发生在一个弯曲的, 也就是非欧几里得二维空间内, 此空间可被可逆地明确赋予应变.

如果我们将这个结论推广到三维连续介质, 虽然不那么直观, 但是总可以将每一个通过应变场 ε_{lk} 或者一般来说通过联络 Γ_{mlk} 描述的构型 B 置于一个所谓自然的、一般是线性非欧几里得空间 A 中, 在其中介质可作为整体消除内应力. 这种观点无疑是非常吸引人的: 在微分几何中可以通过一个定则 (1) 中的仿射联络 Γ_{mlk} 定义一个线性空间, 通过此定则可以确定, 在所讨论的空间中什么可看成平行的和等长的. 如下是常见的关于线性空间的分类①：

$$\Gamma_{nm(lk)} \neq 0, \quad \Gamma_{nm[lk]} \neq 0, \quad \Gamma_{ml[k]} \neq 0: \text{普遍线性空间}$$

$$\Gamma_{nm(lk)} = 0 \begin{cases} \Gamma_{nm[lk]} \neq 0 \begin{cases} \Gamma_{ml[k]} \neq 0: \text{度量空间} = \text{黎曼与 Cartan 空间} \\ \Gamma_{ml[k]} = 0: \text{黎曼空间} \end{cases} \\ \Gamma_{nm[lk]} = 0 \begin{cases} \Gamma_{ml[k]} \neq 0: \text{Cartan 空间} \\ \Gamma_{ml[k]} = 0: \text{欧几里得空间} \end{cases} \end{cases}$$

我们发现, 微分几何空间的分类和 308 页中的简图完全一致. 特别是可以知道, 当欧几里得空间中的约束被去除后, 在什么样的自然空间中可以消除具有给定类型晶格缺陷 (位错、点缺陷) 的介质的内应力. 但还需要证明的是, 不为 0 的 $\Gamma_{[ml]k}$ 起源于位错密度, 而不为 0 的 $\Gamma_{nm[lk]}$ 起源于点缺陷密度.

对此首先是以下说明非常重要: 借助于对仿射性和度规的假定, 我们可以引入应变 ε_{lk} 和 Cartan 扭转 $\Gamma_{ml[k]}$ 来描述状态 B. 与这些量相反, 黎曼曲率 $\Gamma_{nm[lk]}$ 并不是独立的状态参量, 它完全可以通过 ε_{lk} 和 $\Gamma_{ml[k]}$ 来确定. 我们还将看到, $\Gamma_{ml[k]}$ 可以直接代表位错密度, 而 $\Gamma_{nm[lk]}$ 仅可以说明, 当点缺陷存在时, ε_{lk}, 如有必要还包括 $\Gamma_{ml[k]}$, 是如何出现的. 我们将其写成

$$\Gamma_{nm[lk]} = B_{nmlk} \tag{31}$$

我们将张量 B_{nmlk} 看作代表了点缺陷, 自然它和 $\Gamma_{nm[lk]}$ 一样至少有着相同的对称性.

$\Gamma_{ml[k]}$ 代表着位错密度, B_{nmlk} 代表着点缺陷的密度, 我们将对这一论点给出严谨的而不是说明性的证明. 对于位错密度我们将会在本章附录中给出证明, 其中我们会对位错定义中用到的 Frank 回路 (图 87) 进行定量计算.

我们将一个没有晶格缺陷和应力的介质 (构型 A'') 分割成对应的体积元, 并使之发生与畸变 β_{lk}^{P} 对应的塑性变形, 另外我们还使其中的杂质原子的浓度在不同体积元中上下变动. 这样产生的变形我们用畸变张量 β'_{lk} 来描述. 这样得到的构型应该就是前面讨论过的由彼此不贴切的体积元堆积而成的构型 A'(先前的前提条件 $\Gamma_{[ml]k} = 0$ 在这里不再成立). 通过一个弹性畸变 β_{lk}^{E} 和接下来的焊接我们就可以得到前面描述的构型 B.

从 A'' 到 B 的整个变形可表示成

$$\beta_{lk}^{G} = \beta_{lk}^{G} + \beta_{lk}^{E} + \beta'_{lk} \tag{32}$$

① 条件 $\Gamma_{nm(lk)} = 0$ 只是对非线性理论是必要的, 但对度规的存在却并非足够.

因为这种变形是从一个连续的欧几里得状态变为另一种这样的形态, 所以它满足条件 (26), 对相应的应变协调方程 (30) 是适用的. 我们可以得到如下的式子:

$$\partial_m\beta_{lk}^E-\partial_m\beta_{lk}^E+\partial_m\beta_{lk}^P-\partial_l\beta_{mk}^P=-(\partial_m\beta_{lk}'-\partial_l\beta_{mk}') \tag{33}$$

和

$$4(\partial_n\partial_k\varepsilon_{lm}^E+\partial_n\partial_k\varepsilon_{lm}^P)_{[nm],[lk]}=4(\partial_n\partial_k\varepsilon_{lm}')_{[nm],[lk]} \tag{34}$$

我们立即发现, 最后一个式子与之前的式 (31) 是等价的. 如果这是正确的, 那么在无外部物质的情况下, 只要用 β_{lk}^E 代替 β_{lk}, 方程 (33) 就一定会变为方程 (25). 我们因此得到

$$\Gamma_{[ml]k}=\frac{1}{2}(\partial_m\beta_{lk}^P-\partial_l\beta_{mk}^P) \tag{35}$$

这里就可以很快证明方程 (34) 和 (31) 是等价的: 我们只需要由方程 (21) 而不是方程 (28) 出发, 方程中的 $\Gamma_{[ml]k}$ 用式 (35) 代入, 并且按照规定 (12) 建立 $\Gamma_{nm[lk]}$. 从这个结果中可以得出, 方程 (31) 中的张量 B_{nmlk} 确实代表了外部物质, 也就是说给出了点缺陷密度.

最后还需要证明, 式 (35) 等号右侧必须被理解成位错密度. 这种联系定性说明: 不管是哪里, 只要塑性变形按照式 (35) 所给出的方式发生了改变, 就会出现不等于 0 的 $\Gamma_{[ml]k}$. 对于沿着一个平面的位错迁移来说, 这一现象恰巧是典型的. 此时, 两侧相邻的晶体区域就会可塑地发生滑动矢量 $\boldsymbol{g}_j$ 的移动. 平面上位错前面的其他区域并不会发生滑移. 因此, 在相关平面上的滑移发生改变, 这是在位错所在处从 0 到 $\boldsymbol{g}_j$ 的塑性畸变.

为了进行定量讨论, 我们首先按照 J. F. Nye(1953 年) 的方法来定义位移密度张量 α_{nk}, 这个张量给出了穿过任意取向的面元 ΔF_n 的所有位错的总 Burgers 矢量 $\Delta\boldsymbol{b}_k$:

$$\Delta\boldsymbol{b}_k=\alpha_{nk}\Delta\boldsymbol{F}_n \tag{36}$$

我们假定, 位错的分布在宏观上是稳定的, 这样我们就可以运用微分, 式 (36) 就可写成

$$\mathrm{d}\boldsymbol{b}_k=\alpha_{nk}\mathrm{d}\boldsymbol{F}_n \tag{37}$$

由式 (36) 给出的位错密度的形成与电动力学中电流密度的形成非常相似: 如果 $\Delta\boldsymbol{i}$ 是所有穿过面元 $\Delta\boldsymbol{F}_n$ 的电流线对应的总电流强度, 那么电流密度 j_n 就通过式 $\Delta\boldsymbol{i}=j_n\Delta\boldsymbol{F}_n$ 来定义.

为了解释 α_{nk} 的对角分量, 我们假设, 除了 α_{11} 外, α_{nk} 的其他所有分量都等于零. 式 (37) 表明, $\mathrm{d}\boldsymbol{b}_1=\alpha_{11}\mathrm{d}\boldsymbol{F}_1$, $\mathrm{d}\boldsymbol{b}_2=\mathrm{d}\boldsymbol{b}_J=0$. 由于穿过这个面元 $\mathrm{d}\boldsymbol{F}_1$ 的位

错线沿着 x_1 方向, 所以对于 α_{11} 位错来说位错线方向和 Burgers 矢量方向彼此平行. 因此我们得出结论, α_{nk} 的对角分量代表了螺型位错. 用相对应的方式可以得出, α_{nk} 的剩下的其他分量描述了刃型位错.

通常很方便地将式 (37) 写成另外一种形式, 即根据式 (8) 用张量面元来代替矢量面元, 这样就可以得到

$$\mathrm{d}\boldsymbol{b}_k = \alpha_{mlk}\mathrm{d}\boldsymbol{F}_{ml} \tag{38}$$

α_{mlk} 和 α_{nk} 间显然存在如下关系:

$$\alpha_{mlk} = \frac{1}{2}e_{nml}\alpha_{nk}, \quad \alpha_{nk} = e_{nml}\alpha_{mlk} \tag{39}$$

关于位错和由位错迁移引起的塑性畸变之间的联系, 我们确立如下：我们考虑一任意的、被密度为 α_{mlk} 的位错穿过的面 F. 这一构成的总 Burgers 矢量为

$$\boldsymbol{b}_k = \int_F \alpha_{mlk}\mathrm{d}\boldsymbol{F}_{ml} \tag{40}$$

我们设想位错是沿任意路径迁移到它们现在的位置. 图 88 画出了滑移面的痕迹. 在迁移过程中发生了经常提及的塑性相对位移, 其大小和反向就是滑动矢量. 沿着面 F 的边缘线, 把间隔为 $\mathrm{d}x_l$ 的对应点之间部分发生的塑性相对位移加起来, 并称之为 $\mathrm{d}s_l^P$, 可得

$$\mathrm{d}s_k^P = \beta_{lk}^P\mathrm{d}x_l \tag{41}$$

如人们立即看到的, 根据图 89 就可以再一次解释清楚 β_{lk}^P 的意义.

因为 $\mathrm{d}s_k^P$ 是由位错的每一个滑动矢量组成, 但每个滑动矢量与所属的 Burgers 矢量相同, 因此根据 Stokes 定律可得

$$b_k = \oint \mathrm{d}s_l^P = \oint \beta_{lk}^P\mathrm{d}x_l = \int_F \frac{1}{2}(\partial_m\beta_{lk}^P - \partial_l\beta_{mk}^P)\mathrm{d}F_{ml} \tag{42}$$

因为面 F 的任意性, 方程 (40) 和 (42) 中的积分可看成相等的, 可得

$$\frac{1}{2}(\partial_m\beta_{lk}^P - \partial_l\beta_{mk}^P) = \alpha_{lmk} \tag{43}$$

方程 (43) 给出了位错密度和塑性变形之间的重要联系. 需要注意的是, 在推导过程中用到了滑移矢量和 Burgers 矢量相等这一重要的条件, 这使得每个位错和其自身的滑动联系起来.

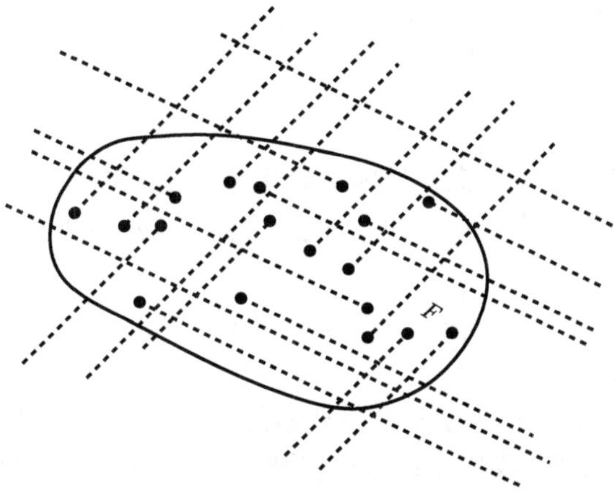

图 88　位错滑移面的痕迹. 可把每条痕迹的末端想成在垂直于纸张平面方向取向的位错

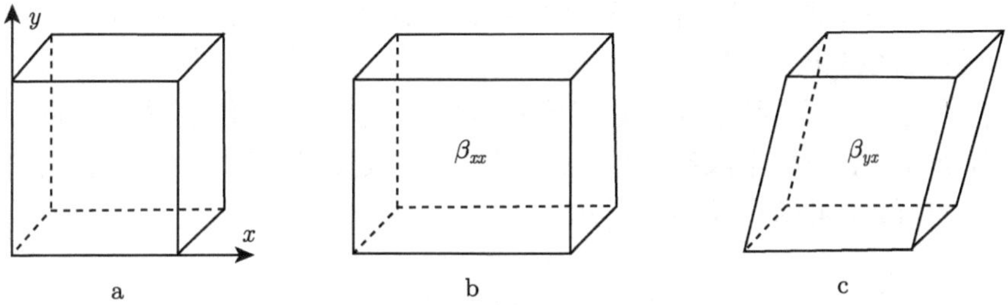

图 89　立方体 a 发生畸变 β_{xx} 变为形状 b, 而发生畸变 β_{yx} 则变为形状 c

将得到的结论式 (43) 与式 (35) 进行比较, 可以发现

$$\alpha_{lmk} = \Gamma_{[ml]k} \tag{44}$$

这样我们就解释了 $\Gamma_{[ml]k}$ 确实可以被看成位错密度.

我们注意到, 之前的论述并不是一个严谨的证明, 而更像是一种说明, 这种说明只是在涉及位错和塑性变形之间的联系时才有意义. 例如, 我们认为式 (33) 和式 (34) 所给出的划分还没有充分的依据. 我们可以设想在这里将 β_{lk}^P 和 β_{lk}' 的角色彼此对换一下. 这样就可以证明, 人们不能以令人满意的方式得到与位错相联系的转动.

我们的推导并没有完全结束, 人们还注意到, α_{mlk}, 如同它在方程 (38) 中被定义的一样, 是没有任何限制的, 也就是说它具有 9 个功能自由度. 与之相反, 由方程 (35) 可得

$$e_{lmk}\partial_n \Gamma_{[ml]k} = 0 \tag{45}$$

此式对应于将 $\Gamma_{[ml]k}$ 的自由度减小到 6 个. 人们还必须将同样的条件回过头来用

于 α_{lmk} 上. 转换为 α_{nk} 后就能得到散度条件

$$\partial_n \alpha_{nk} = 0 \tag{46}$$

这显然表明, 位错线是不可能在介质内部终止的. 由方程 (46) 可得, 流过一个包含某体积 V 的曲面的位错流 (式 (47)) 消失, 但这肯定并不适用于位错在体积 V 中终止的情形.

$$\int_F \alpha_{nk} \mathrm{d}F_n = \int_V \partial_n \alpha_{nk} \mathrm{d}V \tag{47}$$

我们真正应该证明的以及在本章附录里要做的, 就是从 α_{lmk} 和 $\Gamma_{[ml]k}$ 的定义中就已经得到了式 (44). 相反, 我们在这里仅仅解释了, 如果位错密度满足散度定律, 那么方程 (44) 就成立, 散度定律和位错的定义没有关系, 就像在电动力学中散度条件 $\mathrm{div}\boldsymbol{J} = 0$ 和电流密度的定义没有关系一样. 事实上在微分几何学中并不要求式 (45) 所描述的条件成立, 我们已经料定, 在比起思想实验中更普遍的条件下, 位错在介质内部就能终止.

由于对这一方面的细节还不是很清楚, 我们不对这一条件做进一步的研究, 特别是在迄今为止的应用中限制条件 (45) 以及 (46) 已经足够用了. 如同读者自己所能证明的, 式 (45) 可以写成如下形式:

$$\Gamma_{nm[lk]} - \Gamma_{lk[nm]} = 0 \tag{48}$$

再根据方程 (31) 这就意味着, 如果张量 B_{nmlk} 在互换角标对 nm 和 lk 时保持对称, 则位错不会终止于物体的内部. 在式 (34) 中这一对称性条件已得到自动满足.

我们现在简短地总结一下在这里已经建立起来的几何理论. 对此需要关于仿射性和度规的假设:

$$\mathrm{d}C_k = -\Gamma_{lkm} C_l \mathrm{d}x_m \tag{49}$$

$$\partial_n \Gamma_{m[lk]} - \partial_m \Gamma_{n(lk)} = 0 \tag{50}$$

以及相容原则

$$\partial_n \Gamma_{m[lk]} - \partial_m \Gamma_{n[lk]} = B_{nmlk} \tag{51}$$

由于相容原则的重要意义, 我们也将其视为几何学的基本定律. 物理客体可以通过解释得到这种关联:

$$\Gamma_{[ml]k} = \text{位错密度}$$

$$B_{nmlk} = B_{lknm} = \text{点缺陷密度}$$

在这个理论最具普遍性的释义中, B_{nmlk} 所满足的对称性条件不再成立.

几何学的基本定律 (51) 保证了介质的连续性, 正如从我们的思想实验中得到的: 畸变 β_{lk}^{P} 和 β_{lk}' 确实使介质从体积元彼此相关联的状态 A'' 变化到了体积元彼此不相贴切地堆积在一起的状态 A'. 如果接着再发生与定律 (51) 相一致的弹性应变, 则体积元间的这种关联性又将恢复. 式 (51) 具有和广义相对论基本定律一样 (线性的) 的形式 (忽略时间坐标). 在广义相对论中, 只要有物质存在的地方, 就存在 Riemann 曲率. 对我们所讨论的理论来说, 当存在外来物质时, 就具有相当的相似性: 介质在去掉了欧几里得空间中对剩余 (verbleiben) 的约束后, 介质变到了一个无内应力的空间, 此空间在相应位置处也同样包含 Riemann 曲率.

我们将有规则的晶格比喻为空旷的宇宙, 那么一个外来原子就如同宇宙中的一颗恒星. 因此把张量 B_{nmlk} 称为材料张量也显得合情合理.

由方程 (49)~(51) 就可以得到关于位错和点缺陷的通用几何; 作为例子我们指出了之前讨论过的通过位错得到的晶格曲率. 晶格曲率显然可通过联络 (21) 中的 K_{mlk} 部分给出, 并且在已知位错密度的情况下可由式 (22) 直接计算出来. 这同样适用于平面位错构型 (小角度晶界), 只要转动角度足够小, 这样就可以用一个反称张量足够精准地描述. 为此我们给出了一道附有解题指导的练习题.

这种形式的计算或者所有实际计算适用于我们的对偶描述中的一个, 这种描述的特征是, 所有其角标对是反对称的张量可以通过乘以 e 张量来降低一阶, 而这并不会带来内容的丢失. 我们已经在式 (8)、(9)、(39) 中了解了一些对于对偶量的配价规则. 下面是补充部分:

$$K_{nml} = e_{mlk}K_{nk}, \quad K_{nk} = \frac{1}{2}e_{mlk}K_{nml} \tag{52}$$

$$\Gamma_{nm[lk]} = e_{lmn}e_{jik}\Gamma_{ij}, \quad \Gamma_{ij} = \frac{1}{4}e_{inm}e_{jlk}\Gamma_{nm[lk]} \tag{53}$$

$$B_{nm[lk]} = e_{imn}e_{jlk}B_{ij}, \quad B_{ij} = \frac{1}{4}e_{inm}e_{jlk}\Gamma_{nmlk} \tag{54}$$

$$B_{[lk]} = e_{ijk}B_{k}, \quad B_{k} = \frac{1}{2}e_{ijk}B_{ij} \tag{55}$$

其中式 (22) 变为如下形式:

$$K_{ij} = \alpha_{ji} - \frac{1}{2}\alpha_{kk}\delta_{ij}, \quad \alpha_{lj} = K_{jl} - K_{kk}\delta_{ij} \tag{56}$$

式 (56) 在位错理论发展的初期就已被 Nye(1953) 发现, 并且可以方便地用于所提到的角度计算. 几何学的基本原理现在可写成

$$\Gamma_{ij} = B_{ij} \tag{57}$$

这一关系式我们也称为 Einstein 方程, 因为 Einstein 把广义相对论的基本原理也表示成这个形式.

借助于式 (53)、(12) 可以立刻证明, 所谓的 Einstein 张量 Γ_{ij} 满足散度条件 $\partial_i\Gamma_{ij}=0^*$. 这个特点对于广义相对论的建立起着十分重要的作用, Einstein 从中发现, 物质张量 B_{ij} 必须是无散的 (能量守恒和动量守恒). 显然在我们的理论中下式也成立:

$$\partial_i B_{ij}=0 \tag{58}$$

我们将式 (51) 两边同乘以 $e_{nml}/2$, 因为根据式 (54)、(55) 可得 $B_k=e_{nml}B_{nmlk}/4$, 再根据式 (39) 可得

$$\partial_n\alpha_{nk}+2B_k=0 \tag{59}$$

位错线的终止也就意味着 $B_k=0$.

对于以后的研究而言需要注意的是, 在式 (50) 成立的条件下, 式 (58)、(59) 完全可以替代基本定律 (51) 及 (57), 也就是说同一定律又有了一种新的表达方式. 首先可得到方程 (58)[参见第 3 节方程 (8)] 的通解

$$B_{ij}=e_{lnm}\partial_n C_{mj}=e_{imn}e_{jlk}\partial_n C_{mlk} \tag{60}$$

对于任意张量 C_{mj} 利用式 (55) 可得

$$2B_h=e_{inm}e_{jlk}e_{ijh}\partial_n C_{mlk} \tag{61}$$

因为方程 (59) 是由方程 (57) 与 e_{ijk} 相乘得到, 但其中的 Γ_{ij} 根据方程 (53) 用 $\Gamma_{nm[lk]}$ 替代, 因此方程 (59) 还可写为

$$2B_h=e_{inm}e_{jlk}e_{ijh}\partial_n\Gamma_{mlk} \tag{62}$$

这很容易验证, 在这里只有 K_{lmk} 部分对联络有一定贡献. 通过一小小的换算可得方程 (61) 和 (62) 彼此等价:

$$e_{hlk}(\partial_n\Theta_{mlk}-\partial_m\Theta_{nlk})=0,\qquad \Theta_{mlk}=C_{mlk}+K_{mlk} \tag{63}$$

左边方程的通解可用任意对称张量 ζ_{mk} 表示出来:

$$\Theta_{mlk}=\partial_l\zeta_{mk}-\partial_k\zeta_{ml} \tag{64}$$

特别是人们可以把 ζ_{mk} 和 ε_{mk} 视为相同, 并通过代入方程 (61), 从而得到作为方程 (58)、(59) 的结果的基本方程 (57). 这一结果将会使我们更加容易理解下面的统计思想.

* 严格地, 这里 $\partial_i\Gamma_{ij}$ 应该写成 $D_i\Gamma^{ij}=0$, 可以参考微分几何的书, 它应该是所谓绝对导数 (在弯曲空间, 即 Riemann 空间, 微分遵循绝对微分法则). —— 译者注

2) 统计基础

在第二章我们已经引入了应力的概念, 同时借助应力张量 σ_{ij} 来描述一个变形介质的应力状态. 应力张量可通过作用在一个任意取向的面元 ΔF_i 上的反作用力 Δp_j 来定义, 表达成微分形式即为

$$\mathrm{d}p_j = \sigma_{ij}\mathrm{d}F_i \tag{65}$$

反作用力是在发生间距变化, 也就是应变 ε_{ij} 的过程出现的, 其原因是材料的黏合性. 应力和应变间的关系在线性理论中是通过被看作物质规则的 Hooke 定律给出的, 我们现在将物质规则表示成更一般的形式, 在各向异性的弹性表示如下:

$$\sigma_{ij} = c_{ijkl}\varepsilon_{kl} \tag{66}$$

四阶 Hooke 弹性张量 c_{ijkl} 可以直接被换算成在第 40 节中引入的 Voigt 张量 c_{ij}. 如果使用 Lamé常数 λ 和 μ, 就可以从方程 (66) 回到第 9 节各向同性介质的表述式 (7).

$$c_{ijkl} = \lambda\delta_{ij}\delta_{kl} + \mu(\delta_{ik}\delta_{jl} + \delta_{il}\delta_{jk}) \tag{67}$$

定律 (66) 反过来可写成

$$\varepsilon_{ij} = s_{ijkl}\sigma_{kl} \tag{68}$$

其中对于各向同性的情形, 为

$$s_{ijkl} = \lambda'\delta_{ij}\delta_{kl} + \mu'(\delta_{ik}\delta_{jl} + \delta_{il}\delta_{jk}) \tag{69}$$

在 1) 小节描述的弹性理论的扩展中, 除了引入应变 ε_{ij} 来描述几何变形外, 我们还引入宏观上无应力的晶格曲率 K_{lmk} 及 K_{nk}, 它等价于位错密度. 这样的与通常同时出现的间距变化无关的曲率就意味着能量升高, 因此会引起一个特殊的反作用, 这在例如金属的情况下很容易看到: 晶格曲率使得对材料黏合性起作用的电子被强迫在弯曲的轨道上运动. 相应的波函数毫无疑问地属于能量, 其值与在不受干扰的或者仅仅是拉长的晶体内运动的电子的能量是不同的. 一般来说, 每个晶格都会阻止其原子几何排列上的每一个变化.

并不是所有能想到的几何变化都可用应变和晶格曲率来描述, 下面用一个例子加以说明: 在同素异形体间的转变温度附近 (例如, 钴的六边形结构转变为立方体结构), 人们经常会发现在稳定的相内存在大量具有不稳定晶体结构的小区域. 这就是一种应该有特殊反作用的几何变化. 如果要考虑这种几何变化, 就要求这一理论继续被扩展, 但在这里我们不准备深入研究了.

另一方面, 如果我们考虑无定形物质, 此时人们就不会再认为通过弯曲, 也就是相邻体积元间的相对转动, 能引起显著的能量升高. 这样, 这些弯曲以及位错在

无定形物体中就肯定不起任何作用. 尽管如此, 我们至少可以想象一下, 除了应变外还有其他几何变化能引起强烈的反作用: 这样的变化就对应于从非结晶状态向结晶状态的过渡. 对这个领域的研究也同样不在本书的讨论范围内.

对晶体物质而言, 是什么类型的反作用能对抗晶体弯曲, 对此人们不难猜到: 应变是通过相对位移产生并导致反作用力. 弯曲是通过相对转动产生并引起反作用力矩. 我们定义一个新张量 τ_{ij}, 这个张量标明了作用在任意取向的面元 ΔF_i 上的总的反作用力矩 Δm_j, 写成微分形式变为

$$\mathrm{d}m_j = \tau_{ij}\mathrm{d}F_i \tag{70}$$

我们继续将张量 σ_{ij} 和 τ_{ij} 称为力应力张量以及矩应力张量. 不难发现, τ_{ij} 的对角分量对应于扭转类型的应力, 其他分量则对应于弯曲类型的应力.

对于矩应力的引入我们不再陌生, 这一概念早已出现在 Gebr. E. 和 F. Cosseart 于 1909①年所著书中. 由于作者并没有成功地将数学理论和物理实际联系起来, 因此他们的研究成果长期以来并没有受到关注. 直到 1958 年, 它与位错理论之间的联系才被 Guenther 所发现. 接下来我们来推导力和力矩的平衡条件, 这已经被 Cosserats 给出. 设 V 是变形介质内被面 S 围成的一部分体积, 我们设想通过切割将体积 V 分离出来. 作用在面 F 上的力 $\mathrm{d}p_i = \sigma_{ij}\mathrm{d}S_i$, 作用在 V 内的是外力密度 F_j. 平衡就意味着所有力的合力为 0, 即

$$\int\limits_S \sigma_{ij}\mathrm{d}S_i = \int\limits_V \partial_i\sigma_{ij}\mathrm{d}V = -\int\limits_V F_j\mathrm{d}V \tag{71}$$

这里我们使用了 Gauss 定理. 因为 V 和 S 的任意性, 可得

$$\partial_i\sigma_{ij} = -F_j \tag{72}$$

这和第 8 节方程 (12) 相一致.

力矩平衡条件意味着在弹性理论中的应力张量是对称的. 这里我们可以得到另一个结论. 作用在 F 上的是扭矩 (式子), V 中的力矩密度 (式子) 及可能的外力矩密度 (数符). 平衡意味着合力矩为 0, 即

$$\int\limits_V \{\partial_i\tau_{ij} + e_{ijk}\partial_i(x_k\sigma_{ii}) + e_{ijk}x_kF_i + D_j\}\,\mathrm{d}V = 0 \tag{73}$$

在这里也用到了 Gauss 定理. 考虑到 $\partial_l x_k = \delta_{lk}$ 和条件 (72), 由于 V 的任意性我们就得到了 Cosserat 方程, 即

$$\partial_i\tau_{ij} + 2\sigma_j = -D_j \tag{74}$$

① E. and F. Cosserat, Theorie des corps deformation, A. Hermann et fils, Paris, 1909.

和

$$\sigma_k = \frac{1}{2}e_{ijk}\sigma_{ij}, \quad \sigma_{[ij]} = e_{ijk}\sigma_k \tag{75}$$

σ_j 是力应力张量的反对称部分的对偶向量, 如果没有矩应力和外部力矩, 它就等于 0. 通常情况下, σ_{ij} 是不对称的. 由图 90 可以直观地看出, 力矩 τ_{xz} 从负 x 面增加到正 x 面, 力矩平衡通过应力 $\sigma_{yx} = -\sigma_{xy}$ 再次达到.

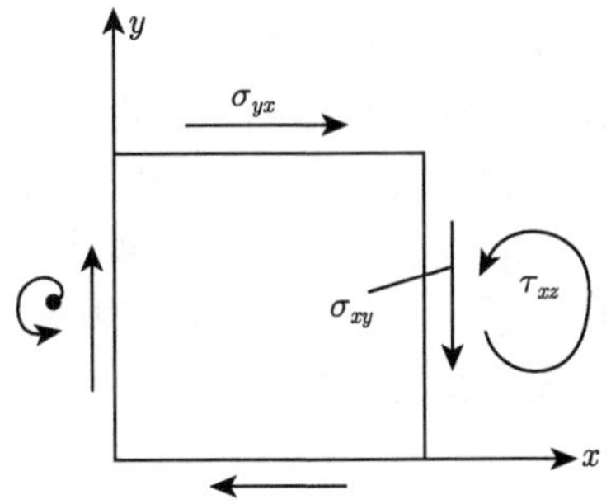

图 90　反对称的力应力可通过变化的矩应力保持平衡

介质对被强迫发生的晶格曲率的反作用对于相关材料自然是典型的. 人们希望建立进一步的物理定律将矩应力和曲率联系起来. 我们已经提到, 与此相关的研究还没有完全结束. 这虽然看上去是可信的, 但是也并不能确定, 在新的定律中必须表现出来的不是整个晶格曲率 $\Gamma_{m[lk]}$, 而只是其位错部分 Γ_{mlk} 以及 Γ_{nk}①. 这首先说明了, $\Gamma_{m[lk]}$ 的应变部分 $-(\partial_l e_{mk} - k_k e_{ml})$ 虽然肯定会导致矩应力, 但是这似乎小到了不能被观察到, 而与位错排列相联系的矩应力至少可以间接地验证小角度晶界的可测能量.

一个能将曲率 K_{nk} 和矩应力 τ_{ij} 联系起来的材料定则在线性理论中具有如下一般形式:

$$\tau_{ij} = a_{ijkl}K_{kl} \tag{76}$$

根据式 (56) 用位错密度替代这里的曲率, 可得

$$\tau_{ij} = b_{ijkl}\alpha_{kl}, \quad b_{ijkl} = a_{ijmn}\left(\delta_{km}\delta_{\mathrm{ln}} - \frac{1}{2}\delta_{kl}\delta_{mn}\right) \tag{77}$$

同 c_{ijkl} 相类似, a_{ijkl} 和 b_{ijkl} 也是材料张量的分量. 如果材料在宏观上各向同性, 也就是说多晶的取向分布杂乱无章, 这样 b_{ijkl} 就有如下形式:

$$b_{ijkl} = l\delta_{ij}\delta_{kl} + m(\delta_{ik}\delta_{jl} + \delta_{il}\delta_{jk}) + n(\delta_{ik}\delta_{jl} - \delta_{il}\delta_{jk}) \tag{78}$$

式中 l, m, n 为常数. 因为张量 τ_{ij} 及 α_{ij} 是不对称的, 因此需要 n 不能为 0.

① 这一点似乎是不确定的.

这里就出现一个问题, 是否因为在新理论中 σ_{ij} 不再对称, 从而会出现一个新的材料常数将 σ_{ij} 的反对称部分与转动 ω_{ij} 联系起来. 这显然是 Mac Cullaghschen 以太理论中的常数, 用于测量相对于绝对空间的扭转的反作用 (见第 15 节). 在这个情况下可以得到介质刚性转动的反作用; 这样的反作用会出现, 例如, 当使一个铁磁单晶在强磁场转动时, 因为此时存在一种趋势, 使晶体结构标出的方向和磁场方向趋于平行. 如果抛开这种与纯力学无关的情形, 这样就得到, 只有应力张量和畸变张量的对称部分才能表示在 Hooke 定律中.

要回答这个问题并不太简单, 在材料定则中是否不会出现交叉项, 如在式 (66) 中含有 K_{ij} 的项以及式 (76) 中含有 e_{ij} 的项. 显然, 这样的项并不存在, 因为可以通过力应力 σ_{ij} 直接引起应变 ε_{ij}, 也是因为一个宏观上恒定的曲率, 如果能表示成如图 91 所示的位错分布的形式, 那么即使在没有宏观应力 σ_{ij} 的情况下, 也能保持曲率不变, 至少在表面上看就是如此. 然而深入的探讨表明, 在非线性理论中确实存在上述类型的交叉项.

式 (78) 所表示的材料定则在线性情形下是正确的, 这可以通过以下分析加以说明. 由图 91 所示的一个被切开的体积元可以看出, 其截面上有宏观上均匀分布的 α_{zx} 刃型位错.

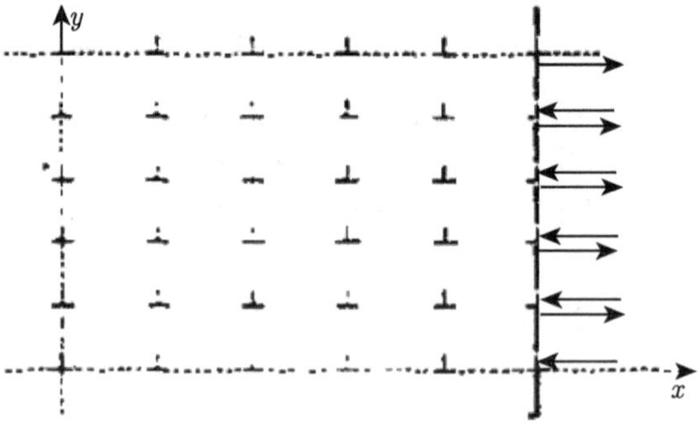

图 91　作为反作用于位错存在的宏观矩应力的出现

在此体积元的表面处我们画出了力的分布, 这些力能使位错在标定的位置稳定存在. 借助于下面要讨论的应力函数方法, 可以将这些力通过微观上波动的位错的应力场非常接近地计算出来. 可以看出, 在任何表面都不存在合力, 但是在 x 平面却存在合力矩 $\mathrm{d}m_z$. 在并未画出的 z 平面也可以找到一个力矩, 即 $\mathrm{d}m_x$. 所给出的位错分布 α_{zx} 引起了作为反作用的矩应力 τ_{zx} 和 τ_{xz}, 这样就得到与式 (78) 相一致的如下表达式:

$$\alpha_{zx} = m'(\tau_{zx} + \tau_{xz}) + n'(\tau_{zx} - \tau_{xz}) \tag{79}$$

当 l', m', n' 是张量 b^{-1}_{ijkl} 的常数时.

这里进行的讨论得到很有意思的结果, 如它表明, 均匀分布的位错排列的微观上波动、宏观上等于零的力应力场对宏观矩应力有贡献. 对宏观矩应力有贡献的还有第二种因素, 即微观矩应力, 这是一种应力, 除了在位错自身内部取很大的值外, 在其他地方都等于 0. 与第一种相反, 第二种贡献不能通过弹性理论算法被求出. 这无疑是这个理论的一个漂亮的结果, 即这种复杂的微观上波动的位错本征应力场可以当成宏观的矩应力来掌握.

如果我们将式 (66)、(77) 所表示的材料定则的存在视为已得到证实的, 这样便可以给出完整的方程组用于描述具有晶格缺陷的介质的状态. 这个方程组由以下方程组成:

几何学基本定则 (连续性)

$$\begin{cases} \Gamma_{(ij)} = e_{lmn}e_{jik}\partial_n\partial_k\varepsilon_{lm} \\ \Gamma_{[ij]} = -\dfrac{1}{2}e_{ijk}\partial_n\alpha_{nk} \end{cases} \tag{80}$$

静力学基本定则 (平衡)

$$\partial_i\sigma_{ij} = -F_j, \quad \partial_i\tau_{ij} + 2\sigma_j = -D_j \tag{81}$$

以及材料定则

$$\varepsilon_{ij} = s_{ijkl}\sigma_{kl}, \quad \tau_{ij} = b_{ijkl}\alpha_{kl} \tag{82}$$

如果介质不是无限延伸, 而是具有一个表面, 设在表面上作用着一定分布的外力 f_j 和外力矩 d_j, 那么在表面 F 上下式成立:

$$\sigma_{ij}n_j = f_i, \quad \tau_{ij}n_j = d_i \tag{83}$$

此式就像由方程 (65)、(70) 得出的一样. 此处 n_j 是属于表面 F 的外法线单位向量. 可与本书弹性理论的相关论述进行对照.

点阵缺陷理论应用中出现的问题中十分典型的是, 表面条件只起着相对来说较小的作用. 如同第 47 节里阐述的那样, 多数情况下讨论的是点阵缺陷之间的相互作用, 而点阵缺陷之间的距离比起它们到表面的距离小, 因此作用在表面的力和力矩对点阵缺陷之间的力的作用只有很小的调制作用. 因此下面讨论中将不再考虑表面条件的影响.

通过 ε_{ij}, K_{ij} 及 σ_{ij}, τ_{ij} 描述的介质状态的原因可以看成基本方程 (80)~(82) 中等号右边的量, 即外力、外力矩以及杂质. 如果考虑到 $\partial_i B_{ij}=0$, 则上述变量的功能自由度数为 12, 这比几何学或静力学中状况量的相应自由度数少了 3 或 6.

由于外部变量的自由度数小于内部变量自由度数, 因此处于一定应力状况的介质即使在撤掉所有外界影响的情况下也是可以实现的. 在这种情况下场方程 (80)、(81) 等号右侧就等于 0, 基本方程组变为

$$e_{inm}e_{jlk}\partial_n\partial_k\varepsilon_{mi}-(e_{inm}\partial_n\alpha_{jm})_{(ij)}=0,\quad \partial_n\alpha_{nk}=0 \tag{84}$$

$$\partial_i\sigma_{ij}=0,\quad \partial_i\tau_{ij}+2\sigma_j=0 \tag{85}$$

$$\varepsilon_{ij}=s_{ijkl}\sigma_{(kl)},\quad \tau_{ij}=b_{ijkl}\alpha_{kl} \tag{86}$$

此方程组有所有外界场量等于 0 后的特殊解. 由于相应的能量低于方程组 (84)~(86) 所有其他解的对应能量, 因此这被看作亚稳的: 如果存在动力学上的可能性, 介质就会过渡到能量最低的状况.

正如直接分析方程 (84)~(88), 亚稳态就对应于存在位错但同时又不存在外界影响的情形. 我们已经在第 47 节中通过定性的讨论强调过, 这样的位错状态是亚稳的. 这里我们又从场理论出发以令人满意的方式导出了这一事实.

在本章的剩余部分中, 我们将研究对各向同性方程组 (84)~(86) 的积分. 那些在弹性理论中发展起来的, 建立在弹性位移场存在的基础上的方法自然就不再好用. 一个解决方法存在于所谓的 "应力函数算式" 中. 如果我们将这里的方程组和被认为是几何学基本定律的非常有价值的表达式 (58)、(59) 进行比较, 首先就能立刻写出平衡条件下的通解. 这样就得到了令人惊讶的结果, 即几何学基本规则和静力学基本规则在不存在外力和外力矩的情况下, 可以写成完全相似的形式. 由于从方程 (58)、(59) 可得 $\Gamma_{ij}=B_{ij}$, 其中 Γ_{ij} 通过式 (80) 给出, 因此一定存在这样的可能性, 将静力学基本规则 (85) 表示成与式 (80) 相对应的形式①.

$$\begin{cases}\sigma_{(ij)}=e_{inm}e_{jlk}\partial_n\partial_k\chi_{ml}-(e_{inm}\partial_n\tau_{jm})_{(ij)}-(e_{inm}\partial_n\tau_{jm})_{(ij)}\\ \sigma_{[ij]}=-\dfrac{1}{2}e_{ijk}\partial_n\tau_{nk}\end{cases} \tag{87}$$

出于历史原因, 这里出现的对称张量 χ_{ml} 被称为 "应力函数张量".

我们将几何学定理 (84) 中的 ε_{ij} 用 $\sigma_{(ij)}$ 替换, 然后按照式 (87) 用 χ_{ij} 和 τ_{ij} 替换, 最后再依据式 (86) 用 α_{ij} 替换 τ_{ij}, 这样我们就得到如下关于量 x_{ij} 和 α_{ij} 的偏微分方程组:

$$\partial_i\alpha_{ij}=0,\quad b_{ijkl}\partial_i\alpha_{ij}+2\sigma_j=0 \tag{88}$$

$$s_{inkjrsuv}\partial_n\partial_k\partial_r\left(\partial_v\chi_{su}-\frac{1}{2}e_{luv}b_{lsgh}\alpha_{gh}\right)-(e_{inm}\partial_n\alpha_{jm})_{(ij)}=0 \tag{89}$$

① W. Guenter, Brauschw. Wiss. Ges., 1958.

其中

$$s_{inkjrsuv} \equiv e_{inm}e_{kjl}e_{prs}e_{quv}s_{mlpq} \tag{90}$$

它是一个对于 s_{ijkl} 的八阶对偶张量. 这个方程组的每一个解都描述了一种可能的位错状态. 在这些可能的状态中, 哪些能够在一定的物理环境下被实现, 却并不能通过求解这个方程组得到回答. 为此还需要进一步的物理信息, 尤其是那些关于已经发生的塑性变形的信息. 即使如此, 利用方程 (88)、(89) 也能处理一大类的问题, 即那些位错排列在模型图像或者其他物理认知的基础上被给出的情形. 特别是重要的相互作用的问题也属于此类.

我们首先来分析一下方程 (88). 给出的位错密度自然必须满足散度条件, 相应的位错也不允许在介质内部终止. 方程 (88) 中的第一个式子可以看成已解决.

方程 (88) 中的第二个式子保证了力矩平衡, 即通过调节应力张量 σ_{ij} 的反对称部分, 使其满足方程 (88) 的第二个式子. 这无论如何都是可能的, 因为 σ_j 不再受限于其他条件. σ_j 的这种特有的作用尚未被完全了解, 应该进一步进行讨论. 为此我们把图 99 所示的体积元看成一个宏观的介质. 其上位错分布就是 $\alpha_{zx} = \text{const} \cdot x$. 人们立刻就会发现, 一个这样的 α_{zx} 在方程 (89) 中不起任何作用, 也不会引起应力 σ_{ij}(见下). 从方程 (87) 下面一式可以得出, 除了矩应力 α_{zx} 和 α_{xz} 以外还存在力应力 $\sigma_{yx} = -\sigma_{xy} = 2\sigma_x$. 有趣的是只要简单地用 D_x 替换它, 方程组 (80)~(82) 就得到满足. 位错分布并不会因为这种替换而发生任何改变, 晶格自己也同样不受影响, 因为在替换前位错必须独自承担负荷, 而替换后外界承担了一部分负荷, 这样晶格承受的负荷就减小了. 介质的状态还取决于 $\sigma_{[ij]}$, 因此我们承认 $\sigma_{[ij]}$ 的三个特征自由度 (或本征自由度), 虽然这看上去不是那么令人满意, 即不应再有所属的几何学状况量. 希望今后的研究可以尽早解决这一问题①.

在现在依旧使我们感兴趣的问题类别中肯定有一类是不存在外力矩的情形, 此时方程 (88) 的第二个式子成立, 并且使我们直接得到了属于 α_{kl} 的力应力的反对称的部分. 唯一一个需要用非常规方法求解的方程就是方程 (89). 对于这个在这里第一次被完整写出的方程, 我们将在各向同性介质中专门研究. 由于我们并不知道任何材料的材料张量 b_{ijkl}, 并且也估计它在方程 (89) 中的作用不是太大, 因此将忽略相应的项, 这样就得到了文献中要找的关系. 这里我们运用了以下技巧: 因为根据方程 (87), χ_{ij} 中具有 $\alpha_i a_j + \alpha_j a_i$ 形式的部分显然对应力没有贡献, 所以 χ_{ij} 中至少存在这样一个部分不能确定. 我们因此可以赋予 χ_{ij} 一个辅助条件, 就如同在静磁学中赋予矢势 $\boldsymbol{\Pi}$ 辅助条件 $\operatorname{div}\boldsymbol{\Pi} = 0$ 一样, 这并不影响到理论的普遍性 (参见第三卷第 15 节). 在弹性各向同性的情形下, 最有利的辅助条件同样也是一个散度

① 较新的观点认为, 在我们的理论中不存在外力矩密度时, 矩密度 $\sigma_{[ij]}$ 等于 0(E.Kroener, Proc. XIth Cong. Appl., Mech. Muenchen, 1964, Springer-Verlag).

条件, 即

$$\partial_i \chi'_{ij} = 0 \tag{91}$$

这里还有

$$2\mu\chi'_{ij} = \left(\delta_{ik}\delta_{jl} - \frac{\nu}{1+2\nu}\delta_{ij}\delta_{kl}\right)\chi_{kl}, \quad \chi_{ij} = 2\mu\left(\delta_{ik}\delta_{jl} + \frac{\nu}{1-\nu}\delta_{ij}\delta_{kl}\right)\chi'_{kl} \tag{92}$$

如果考虑这个条件, 对于方程 (89) 以及下式:

$$\nabla^2\nabla^2\chi'_{ij} = \eta_{ij} \equiv (e_{jnm}\partial_n\alpha_{jm})_{(ij)} \qquad (93)^*$$

就得到一个在双势论中众所周知的方程形式, 这个方程相对更好处理.

如果不需要考虑表面, 那么就可以直接写出方程 (93)、(91) 的一般解:

$$\chi'_{ij}(\boldsymbol{r}) = -\frac{1}{8\pi}\int_V \eta_{ij}(\boldsymbol{r}')\,|\boldsymbol{r}-\boldsymbol{r}'|\,\mathrm{d}V' \tag{94}$$

证明是很容易的, 如果注意到, $\nabla^2\nabla^2|\boldsymbol{r}-\boldsymbol{r}'| = -8\pi\delta(\boldsymbol{r}-\boldsymbol{r}')$ 成立, 其中 $\delta(\boldsymbol{r}-\boldsymbol{r}')$ 作为三维 Diracδ 函数 (习题 IX.6). 这个在现代物理学广泛使用的函数可以通过

$$\int_V f(\boldsymbol{r}')\delta(\boldsymbol{r}-\boldsymbol{r}')\mathrm{d}V' = f(r) \tag{95}$$

来定义, 这里 f 是 $\boldsymbol{r}'$ 的任意函数, 并且仅要求积分体积 V 包含点 $\boldsymbol{r}$. 如果我们已经求出属于一个已给出的位错分布的 χ'_{ij} 以及 χ_{ij}, 那么就能够通过方程 (87) 的第一个式子得到所属的应力 $\sigma_{[ij]}$. 因为我们已经设 b_{ijkl}=0, 所以矩应力也不存在了, 因此有

$$\sigma_{(ij)} = e_{inm}e_{jlk}\partial_n\partial_k\chi_{ml} \tag{96}$$

且 $\sigma_{[ij]} = 0$. 通过这个近似得到了单个位错的真正的远场解, 这一点我们还会进一步说明.

3) 应力场和奇异位错的相互作用

在本小节中我们将根据我们的理论推导几个关于奇异位错的特别重要的结果. **奇异位错**指的是, 位错密度在除了位错线 (linie) 自身之外的其他地方处处为 0, 而在位错线 (linie) 上位错密度为无限大, 这样通过流过任意一个被位错线穿过的平面 F 的流 (flussbildung) 就能得到正确的 Burgers 矢量 $\boldsymbol{b}$:

$$b_j = \int_F \alpha_{ij}\mathrm{d}F_i \tag{97}$$

* 这里 ∇^2 代表三维 Laplace 算子. —— 译者注

为了计算这样的奇异量, 人们经常优先使用已经提到过的 Dirac δ 函数. 对于这种位错密度的三维中只要两维趋于 0 的情形, 就需要使用二维函数 $\delta(\boldsymbol{\rho}-\boldsymbol{\rho}')$, 其定义如下:

$$\int_F f(\boldsymbol{\rho})\delta(\boldsymbol{\rho}-\boldsymbol{\rho}')\mathrm{d}F = f(\boldsymbol{\rho}') \tag{98}$$

这里 $\boldsymbol{\rho}$ 是平面 F 上的位置向量, f 是向量 $\boldsymbol{\rho}$ 的任意函数. 如果平面 F 只包含作为内部点的 $\boldsymbol{\rho}'$ 点, 那么其大小可以取任意值.

为了得到属于一个奇异位错 α_{ij} 的表达式, 设平面 F 在 x 点处垂直于位错线. 这个面元矢量可写成这种形式: $\mathrm{d}F_i = \mathrm{d}Ft_i$, 其中 t_i 是位错线的切向单位向量. 方程 (97) 将通过下式解出:

$$\alpha_{ij}(\boldsymbol{\rho}) = t_i b_j \delta(\boldsymbol{\rho}) \tag{99}$$

因为如将上式代入方程 (97), 则可得

$$b_j = \int_F t_i t_i b t_i b_j \delta(\boldsymbol{\rho})\mathrm{d}F \tag{100}$$

由于 $t_i t_i = 1$, 这样等号的右侧就得到 b_j. 方程 (99) 清楚地显示, 单个**奇异位错的特性**完全**可以**通过其位错线走向 t_i 和 Burgers 向量 b_j 来描述.

方程 (99) 中的位置向量 $\boldsymbol{\rho}$ 可以通过位错线的走向来定义. 我们发现这并不会给进一步的计算带来任何困难.

为了计算无边界的介质中奇异位错的应力场, 我们将方程 (94) 通过偏微分改写成

$$\chi'_{ij}(\boldsymbol{r}) = -\frac{1}{8\pi}\left\{e_{inm}\left[\int_V \partial'_n(\alpha_{jm}(\boldsymbol{r}')\left|\boldsymbol{r}-\boldsymbol{r}'\right|)\mathrm{d}V'\right] + \int_V \alpha_{jn}(\boldsymbol{r}')\partial'_m\left|\boldsymbol{r}-\boldsymbol{r}'\right|\mathrm{d}V'\right\}_{(ij)} \tag{101}$$

这里我们利用了 $\partial'_n\left|\boldsymbol{r}-\boldsymbol{r}'\right| = -\partial'_n\left|\boldsymbol{r}'-\boldsymbol{r}\right|$ 这一关系式. 其中的第一个积分可通过 Gauss 定理改写成对一个无穷远表面 F_∞ 的积分的形式, 如下:

$$\int_V \alpha_{jm}(\boldsymbol{r}')\left|\boldsymbol{r}-\boldsymbol{r}'\right|\mathrm{d}F' \tag{102}$$

这个积分在所有有物理意义的位错分布中都不需要考虑, 就像我们在奇异位错的例子中证明了的一样. 如果位错不能延伸到无穷远处, 那么在 α_{jm}=0 的情况下这一积分也等于 0. 如果位错向两侧都趋向无穷远, 那么我们可以这样选取平面 F_∞, 使之被位错线垂直穿过. 这样被积函数只有在位错线和平面的交点处才有限, 其取值

表示成如下形式：

$$\int t'_j b_m \delta(\boldsymbol{\rho}') \left|\boldsymbol{r}-\boldsymbol{r}'\right| t'_n \mathrm{d}F' = t''_n t''_j b_m \left|\boldsymbol{r}-\boldsymbol{r}''\right| \tag{103}$$

这里 $\boldsymbol{r}''$ 是在 F_∞ 上的交点. 为了通过应力函数求出应力, 我们必须按照方程 (96) 进行两次微分, 得到其结果与 $1/|\boldsymbol{r}-\boldsymbol{r}''|$ 成正比. 如果 F_∞, 也就是 $\boldsymbol{r}''$ 确实在无穷远处, 那么就得不到应力的取值. 因此对于奇异位错线有下式成立：

$$\chi'_{ij}(\boldsymbol{r}) = \frac{1}{8\pi}\left\{e_{inm}\int\limits_V t'_j b_n \delta(\boldsymbol{\rho}')\partial'_m \left|\boldsymbol{r}-\boldsymbol{r}'\right| \mathrm{d}V'\right\}_{(ij)} \tag{104}$$

这里可以将 b_n 和 ∂_m 提到积分号前面. 再代入 $t'_j\mathrm{d}V' = \mathrm{d}F'\mathrm{d}L'_j$, 其中 $\mathrm{d}L'_j$ 是位错线元, 这样我们就可以依据规则 (98) 对 F 进行积分并得到

$$\chi'_{ij}(\boldsymbol{r}) = \frac{1}{8\pi}\left\{e_{inm} b_n \partial'_m \int\limits_L \left|\boldsymbol{r}-\boldsymbol{r}''\right| \mathrm{d}L''\right\}_{(ij)} \tag{105}$$

这里 $\boldsymbol{r}''$ 的意思与上面相似. 通过式 (105) 将应力函数场以及奇异位错的应力场归因于沿着位错线的线积分 $\int\limits_L |\boldsymbol{r}-\boldsymbol{r}'|\,\mathrm{d}L'$.

我们反复强调了位错线和电流线之间的相似性. 在稳恒电流理论中, 人们通过非常相似的处理, 得到了奇异电流线的矢势 $\boldsymbol{H}$, 也就得到了磁感应强度 $\boldsymbol{B}$. 实际上应力函数场就起着和矢势相似的作用, 实质上也就得到了, 无论是应力 $\boldsymbol{\sigma}$ 还是磁感应强度 $\boldsymbol{B}$ 都是无散的. χ 满足非齐次双势方程, $\boldsymbol{H}$ 满足非齐次势方程, 这和主要场量的张量和矢量性质有关. 这里的结果就是通过较为简单的线积分 $\int\limits_L |\boldsymbol{r}-\boldsymbol{r}'|\,\mathrm{d}L'$ 推导得到了属于电流线的 $\boldsymbol{H}$ 和 $\boldsymbol{B}$.

这里提到的相似性是如此广泛, 对于磁场理论中大多数的定理, 人们都能在位错理论中提出相似的定理. 例如, 方程 (105) 就对应于第三卷第 15 节中讨论的 Biot-Savart 定理 (此卷也已翻译, 即将出版.—— 译者). 我们还能看到更多这样的例子.

奇异位错的应力场所需要的线积分 $\int\limits_L |\boldsymbol{r}-\boldsymbol{r}'|\,\mathrm{d}L'$ 的计算并不是一件简单的事. 只有在直的位错线和一段一段是直的位错线的情形才能得到基本形式的解. 对于二次曲线人们就已经得到了椭圆积分. 虽然如此, 但由于现在计算机的普及, 所以情形还不算太坏：人们可以用内接多边形非常好地随意接近一曲线. 在许多应用中人们都要处理直线型位错的问题, 而它的应力场就可以简单地计算出来. 为了不过分纠缠于现在的讨论, 我们将把这一问题以习题的形式提出并附加解题指导.

我们仍需研究的是, 如果忽略矩应力, 是否会丢掉位错应力场的一个重要部分. 从方程 (89) 很容易看出, 方程 (105) 实际上应当被补充一项, 在这个附加项中线积分被微分三次. 此时应力场中相应部分按照 $\boldsymbol{r}$ 平方反比的规律急剧降低, 这样应力场在距离位错较远的地方就不能被察觉到. 而在距离位错较近时它又能明显地影响到应力场. 因为在线性理论中, 位错附近有较大扭曲的区域还一直没有被正确地处理过, 所以去计算上述附加项似乎显得不太值得了. 估计对于位错连续分布的情形这一项才是非常重要而有深远意义的, 此时位错应力场的远场会部分或者整个存在. 可以认为, 上面给出的计算方式可以在 10 个原子间距以上的距离时很好地给出位错应力场.

接下来我们将开始讨论相互作用的问题, 这里仍然忽略矩应力. 在这一方法中我们再一次参考第三卷第 15 节中给出的电流理论的模板.

对于弹性能量, 我们采用第 60 页的表达式:

$$E=\frac{1}{2}\int\sigma_{ij}\varepsilon_{ij}\mathrm{d}V \tag{106}$$

这里是在介质被看作无限大的体积上进行积分. 根据方程 (96) 将 σ_{ij} 代入上式, 这样我们就可以将微分翻转成对 ε_{ij} 的部分积分, 出于和之前相同的原因, 曲面积分会消失, 于是有

$$E=\frac{1}{2}e_{inm}e_{jlk}\int\chi_{nl}\partial_n\partial_k\varepsilon_{ij}\mathrm{d}V \tag{107}$$

这里 ε_{ij} 可以根据式 (84) 的第一个方程由 α_{ij} 取代. 同时我们再引入 χ'_{ij}, 就有

$$E=-\mu e_{nml}\left(\delta_{mp}\delta_{kq}+\frac{\nu}{1-\nu}\delta_{mk}\delta_{pq}\right)\int\chi'_{pq}\partial_n\alpha_{kl}\mathrm{d}V \tag{108}$$

根据方程 (101) 替换掉 χ'_{pq}, 就得到一个取代单重积分的双重体积分

$$E=m_{klnqrs}\iint\alpha_{qs}(\boldsymbol{r}')\alpha_{kl}(\boldsymbol{r})\partial'_r\partial_n\left|\boldsymbol{r}-\boldsymbol{r}'\right|\mathrm{d}V\mathrm{d}V' \tag{109}$$

$$m_{klnqrs}\equiv\frac{\mu}{16\pi}e_{prs}e_{nml}\left(\delta_{mp}\delta_{kq}+\delta_{mq}\delta_{kp}+\frac{2\nu}{1-\nu}\delta_{mk}\delta_{pq}\right) \tag{110}$$

这里已经将对 $|\boldsymbol{r}-\boldsymbol{r}'|$ 的微分 $\partial'_r\partial_n$ 翻转成了部分积分.

如果 E 是两个位错 A,B 的弹性能, 于是有

$$\alpha_{qs}(\boldsymbol{r}')\alpha_{kl}(\boldsymbol{r})=\left(\alpha^A_{qs}(\boldsymbol{r}')+\alpha^B_{qs}(\boldsymbol{r}')\right)\left(\alpha^A_{kl}(\boldsymbol{r})+\alpha^B_{kl}(\boldsymbol{r})\right) \tag{111}$$

这里我们得到了四个双重积分, 如果根据方程 (99) 替换掉所有的 α, 就可以和前面一样在定义适当的曲面 F^A, F^B 上进行积分并且得到

$$E=\frac{1}{2}\left(L^{AA}_{sl}b^A_sb^A_l+L^{AB}_{sl}b^A_sb^B_l+L^{BA}_{sl}b^B_sb^A_l+L^{BB}_{sl}b^B_sb^B_l\right) \tag{112}$$

其中

$$L_{sl}^{IJ} \equiv m_{klnqrs} \int\limits_{L_I} \int\limits_{L_J} \partial_r^I \partial_n^J |\boldsymbol{r}_I - \boldsymbol{r}_J| \, \mathrm{d}L_q^I \mathrm{d}L_k^J \tag{113}$$

这里 I, J 可以同 A, B 一样. 人们注意到, 一般性的 $L_{sl}^{IJ} = L_{sl}^{JI}$ 和 $L_{sl}^{IJ} = L_{ls}^{IJ}$ 都不成立.

很容易看出, 对于奇异位错的任意构型, 作为其总能量有

$$E = \frac{1}{2} \sum_{I,J} L_{sl}^{IJ} b_s^I b_l^J \tag{114}$$

I 和 J 都分别沿着所有的位错线延伸. 类似于电流理论中的相似结果, 我们将张量 L^{IJ} 称为位错自感张量 ($I = J$) 或位错互感张量 ($I \neq J$). 显然, 它们的单位与剪切弹性模数的相同.

根据有关细的电导体的知识 (第三卷), 人们期待位错的自感积分是发散, 因为可以通过引入 δ 函数来得到一个无限细的位错线. 虽然如此, 如果人们在点 $\boldsymbol{r}_I$ 附近对 J 积分时略过与 Burgers 矢量的长度相当的一小段, 就可以通过方程 (113) 得到合理的值. 至于细节参见文献 1).

对于所有需要研究两个已知位错是相互吸引还是相互排除的问题, 都属于方程 (112)、(113) 的应用. 对此方程 (112) 中以下部分的符号起着决定性作用:

$$\Delta E = \frac{1}{2} \left(L_{sl}^{AB} b_s^A b_l^B + L_{sl}^{BA} b_s^B b_l^A \right) \tag{115}$$

显然, 互感张量 L^{AB} 随着位错 A, B 之间距离的增大而减少, 并最后趋近于 0. 正的 ΔE 意味着在接近的过程中能量增大, 也就是说相互排斥, 而负的 ΔE 就意味着相互吸引. 如果将某一位错的 Burgers 向量方向反转, ΔE 的符号也会随之改变. 由于 ΔE 的上述作用, 它也被称为两个位错之间的相互作用能. 对相互作用能以及自能的实际计算适用于在计算积分 $\int |\boldsymbol{r} - \boldsymbol{r}'| \, \mathrm{d}L_j'$ 时所讨论的方法. 对此我们也将布置一习题并附加解题指导.

结果表明, 即使两个位错相距较远, 其中一个位错也能觉察到另外一个位错的存在. 作为从一个位错到另一个位错的关联量, 可以考虑的只有应变场或应力场. 这取决于一个位错是否有靠近或者离开另外一个位错的趋势. 换句话说, 一个位错, 或者准确地说, 也就是位错线元 $\mathrm{d}\boldsymbol{\rho}$, 在另一个位错的应力场中感受到一个作用力, 这也是我们现在要计算的.

线元在力的作用下发生了 $\mathrm{d}\boldsymbol{r}$ 的位移, 这样介质包含的弹性能就减少了, 我们将这种减少表示为 $\mathrm{d}E^l$. 与此相反, 促使线元发生位移的应力起源于外力, 这样应力就对产生与线元 $\mathrm{d}\boldsymbol{\rho}$ 移动相联系的变形提供了附加的功, 我们将此功表示成 $\mathrm{d}E^a$.

对于负载–内应力相联系的一般情形, 作用在位错线元上的力由下式定义:

$$\mathrm{d}E^l + \mathrm{d}E^a = -\mathrm{d}\boldsymbol{R} \cdot \mathrm{d}\boldsymbol{r} \tag{116}$$

我们将 $\mathrm{d}\boldsymbol{\rho}$ 的位移过程描述如下: $\mathrm{d}\boldsymbol{f} = \mathrm{d}\boldsymbol{r} \times \mathrm{d}\boldsymbol{\rho}$ 是 $\mathrm{d}\boldsymbol{\rho}$ 发生位移时所滑过的面元 (这样发生位移后的 $\mathrm{d}\boldsymbol{\rho}$ 就是 $\mathrm{d}\boldsymbol{f}$ 右手螺旋边界线). 我们沿着 $\mathrm{d}\boldsymbol{f}$ 剪开, 如果一开始还没有发生位移, 这样就得到了作用在一个截面上的力 $\mathrm{d}\boldsymbol{f} \cdot \boldsymbol{\sigma}$ 和作用在另一个截面上的力 $-\mathrm{d}\boldsymbol{f} \cdot \boldsymbol{\sigma}$. 我们现在将两个截面看作介质表面的一部分, 而其余部分就是介质原有的表面, 也就是说, 介质此后就是两部分连续的, 原来作用在 $\mathrm{d}\boldsymbol{f}$ 处的内力变成了外力. 紧接着就发生了 $\mathrm{d}\boldsymbol{\rho}$ 的两个截面间的大小为滑移矢量 $\boldsymbol{g} = \boldsymbol{b}$ 的相对移动, 这就意味着 $\mathrm{d}\boldsymbol{\rho}$ 正好发生了 $\mathrm{d}\boldsymbol{r}$ 的迁移. 我们可以把这个移动在虚拟位移原理的意义上看成无穷小–虚拟的, 也就是说不需要功: 因此介质处于平衡状态, 得出

$$\mathrm{d}E^l + \mathrm{d}E^a + \mathrm{d}\boldsymbol{f} \cdot \boldsymbol{\sigma} \cdot \boldsymbol{b} = 0 \tag{117}$$

与方程 (116) 相比, 如果再考虑 $(\mathrm{d}\boldsymbol{r} \times \mathrm{d}\boldsymbol{\rho}) \cdot \boldsymbol{\sigma} = \mathrm{d}\boldsymbol{r} \cdot (\mathrm{d}\boldsymbol{\rho} \times \boldsymbol{\sigma})$, 可得

$$\mathrm{d}\boldsymbol{R} = \mathrm{d}\boldsymbol{\rho} \times \boldsymbol{\sigma} \cdot \boldsymbol{b} \tag{118}$$

或者

$$\mathrm{d}K_i = e_{ijk}\sigma_{kl}b_l\mathrm{d}L_j \tag{119}$$

这是一个被 Peach 和 Koehler(1950) 经常用到的公式. 它同样与电动力学中的一个重要的关系式相似: 这个关系式给出电流元 $I\mathrm{d}\boldsymbol{l}$ 在磁感应强度为 $\boldsymbol{B}$ 的磁场中受到的作用力, 这就是洛伦兹力公式 $\mathrm{d}\boldsymbol{F} = \mathrm{d}\boldsymbol{L} \times \boldsymbol{B}I$.

由方程 (119) 可以知道, 如果要使一个已知位错沿着特定方向运动, 需要什么样的应力. 为了使一个沿着 z 方向取向的刃型位错在滑移面上移动, 而其滑移矢量沿着 x 轴方向, 这样 $\mathrm{d}\boldsymbol{R} = \mathrm{d}\boldsymbol{\rho} \times \boldsymbol{\sigma} \cdot \boldsymbol{b}$ 就必须指向 x 方向. 这样方程 (119) 要求

$$\mathrm{d}K_x = e_{xzy}\sigma_{yx}b_x\mathrm{d}L_z \tag{120}$$

对于单位长度的上述位错在应力场中受到的力, 有

$$\mathrm{d}K_x/\mathrm{d}L_z = -\sigma_{yz}b_z \tag{121}$$

对于一个沿着 z 方向取向的螺型位错发生了 x 方向的移动时的对应公式为

$$\mathrm{d}K_x/\mathrm{d}L_z = -\sigma_{yz}b_z \tag{122}$$

两个结果都与人们从图 (87, 89) 中立即可以看出的结论完全一致. Peach 和 Koehler 公式的其他应用例子将在习题中给出.

在前面的段落中, 我们已经通过对位错的特别处理给出了晶格缺陷的场理论的概况. 在这个理论中位错的线元起着重要的作用: 一个无论多复杂的位错构型都可以由这样的线元构成. 这一理论本身是一个数学上精确的连续介质理论, 它认为介质的拉伸和弯曲是由力应力和矩应力引起的. 其中这里带来的该理论的线性描述只讨论无穷小几形变的情形. 其应用领域则为单晶体和多晶体, 因为在单晶体和多晶体中确实产生了所说的反作用.

这里静力学理论的结论基本上可以被看作最终结果, 但是在动力学理论方面却只取得了较少的牢固而有相当影响的结果. 在这里, 我们不再讨论近几年来积累起来的有关晶格缺陷动力学的详细结果 1). 这一领域的这种情形使我们想起了前辈 Maxwell 的时代, 他从无数科学研究成果中收集了广泛的材料, 并最终把它们归类到他的普遍理论中.

我们只想非常简短地提一下动力学理论发展中的最大困难: 这一困难就是, 不仅介质本身, 而且包括晶格缺陷, 在它们运动中都有惯性. 因此, 人们必须赋予它们一个等效质量, 对于位错的情形就必须赋予一转动惯量. 这似乎就是在讨论一种有惯性的物质 (晶格缺陷) 在另外一种有惯性的物质 (晶格) 中运动的情形. 这一过程的一般性数学描述被证明比起人们最初想象的还要困难.

附录　位错密度以及 Cartan 扭转的确定

这里我们将补充一下有关张量 $\Gamma_{[ml]k}$ 确实代表了位错密度的论证. 在本章结尾, 我们将给出第 47 节引入的 Frank 回路的一种略有改动的描述, 我们也立刻能看出, 它与原来的描述是等价的. 我们设想将图 96 中的理想晶体 b 重叠放到真实晶体 a 上, 并使 P′ 点与 P 点重合, 使晶格 b 和晶格 a 在 P 点处相切 2). 与回路的第一步对应的 1′ 点和 1 点彼此重叠, 并且晶格 b 在 1 点处与晶格 a 相切. 我们将这一位置用符号 (1′1) 表示. 回路的第二步则使 b 来到位置 (2′2), 对此的描述与 (1′1) 的情形相似. 我们按这种方式继续前进, 直到回路的终点位置 $(Q'P)$ 处. 在 $(Q'P)$ 位置处的矢量 $\overrightarrow{P'Q'}$ 就是 Burgers 向量, 借助于这一矢量就可以定义位错. 我们目前所做的研究的目的是根据晶格 a 中沿着回路所发生的相对畸变计算晶格 a 的坐标系 x_k 中这个向量的分量. 这里将会发现, 这个向量只通过 $\Gamma_{[ml]k}$ 就确定, 由此可得, $\Gamma_{[ml]k}$ 一定反映了位错的特性.

下面, 在 $(n'n)$ 位置处, 我们用 $\underset{n}{\mathrm{d}x_k}$ 表示点 $n-1$ 和 n 之间的相对位置, $\underset{n}{\mathrm{d}x_k}+\underset{n}{\varepsilon_k}$ 表示点 $n'-1$ 和 n' 之间的相对位置. 在以后进行的过渡到连续的处理中我们将不断减小原子间距也就是减小 $\underset{n}{\mathrm{d}x_k}$. 这样至少对于线性理论处理的情形来说它显然是无限小应变, 即 $\underset{n}{\varepsilon_k}$ 在 $\underset{n}{\mathrm{d}x_k}$ 中是一个二阶或者高阶小量, 因此在过渡到连续的极限情形下将急剧趋向于 0.

在第一步后就得到一个矢量 $\overrightarrow{P'1'}$, 其分量为 $dx_k + \underset{1}{\varepsilon_k}$. 在第二步后我们感兴趣的是向量 $\overrightarrow{P'2'} = \overrightarrow{P'1'} + \overrightarrow{1'2'}$, 其中的 $\overrightarrow{1'2'}$ 部分的分量是 $\mathrm{d}x_k + \underset{2}{\varepsilon_k}$. 现在的关键点在于, 在所考虑的位置 $(2'2)$ 处的向量 $\overrightarrow{P'1'}$ 和上面用 $\mathrm{d}x_k + \underset{1}{\varepsilon_k}$ 表示的位置 $(1'1)$ 处的向量 $\overrightarrow{P'1'}$ 是不同的, 这是因为整个晶格 b 在由 $(1'1)$ 到 $(2'2)$ 的过程中发生了移动. 上面讨论中我们还不能完全确定, 如何去理解从一个位置到下一位置的每一步过程中发生的 "位移". 现在我们对此做个补充说明, 这通过以下可以确定, 即移动应该是和联络 Γ_{mlk} 相关的平移, Γ_{mlk} 则描述了实际晶格的形变, 或者换一种说法, 我们要求, 所有在理想晶体中连接位置 $(n'n)$ 处的两个相邻点矢量 C_k, 在接下来的一步中发生了如下式所示的改变:

$$\mathrm{d}C_k = -\Gamma_{lmk} C_l \underset{n+1}{\mathrm{d}x_m} \tag{123}$$

显然此式说明, 如果对于相应点是起点的情形, 就有在所有的位置处晶格 b 都与晶格 a 相切.

对于所求的位置 $(2'2)$ 处的向量 $\overrightarrow{P'2'}$, 我们现在可以得到其分量为 $\underset{1}{\mathrm{d}}x_k + \underset{2}{\mathrm{d}}x_k + \underset{1}{\varepsilon_k} + \underset{2}{\varepsilon_k} - \Gamma_{mlk} \underset{1}{\mathrm{d}}x_l \underset{2}{\mathrm{d}}x_m$.

在第三步过程中, 刚才描述的向量显然会按照相同的规律发生位移, 由此对于位置 $(3'3)$ 处的向量 $\overrightarrow{P'3'}$ 可得其分量为 $\underset{1}{\mathrm{d}}x_k + \underset{2}{\mathrm{d}}x_k + \underset{s}{\mathrm{d}}x_k + \underset{1}{\varepsilon_k} + \underset{2}{\varepsilon_k} + \underset{s}{\varepsilon_k} - \Gamma_{mlk} \underset{1}{\mathrm{d}}x_l \underset{2}{\mathrm{d}}x_m - \Gamma_{mlk} \underset{2}{\mathrm{d}}x_l \underset{3}{\mathrm{d}}x_m - \Gamma_{mlk} \underset{1}{\mathrm{d}}x_l \underset{3}{\mathrm{d}}x_m$. 这里忽略了 $\underset{n}{\mathrm{d}}x_k$ 中的三阶部分.

人们可以看到这是如何往下继续的. 当到达位置 $(Q'P)$ 处时, 就走完了整个闭合回路. 为了计算 Burgers 矢量 $\overrightarrow{P'Q'}$, 就必须将一个看上去非常复杂的求和计算出来. 为了减少工作量, 我们将在此进行向连续理论的过渡. 为此, 我们设晶格常数趋近于 0, 并且用强度无限小的连续分布的位错的构型来代替单个位错. 与我们之前提到的连续性假定相一致, 我们假定, 对于一个足够小的回路来说, 量 Γ_{mlk} 可以被看作常数. 对于被回路所包围的无限小位错的总 Burgers 向量 $\overrightarrow{P'Q'} = \Delta \boldsymbol{b}$, 我们有

$$\Delta b_k = \sum_n \underset{n}{\mathrm{d}x_k} + \sum_n \underset{n}{\varepsilon_k} - \Gamma_{mlk} A_{lm}, \quad A_{lm} = \left\{ \begin{array}{r} \underset{1}{\mathrm{d}}x_l \underset{2}{\mathrm{d}}x_m + \underset{1}{\mathrm{d}}x_l \underset{3}{\mathrm{d}}x_m + \underset{1}{\mathrm{d}}x_l \underset{4}{\mathrm{d}}x_m + \cdots \\ + \underset{2}{\mathrm{d}}x_l \underset{s}{\mathrm{d}}x_m + \underset{2}{\mathrm{d}}x_l \underset{4}{\mathrm{d}}x_m + \cdots \\ + \underset{s}{\mathrm{d}}x_l \underset{4}{\mathrm{d}}x_m + \cdots \\ + \cdots \end{array} \right\} \tag{124}$$

如果人们在这里考虑 $\underset{n}{\mathrm{d}}x_k \to 0$ 的极限情形, 就有 $\underset{n}{\mathrm{d}}x_k + \underset{n}{\varepsilon_k}$ 无限趋近于 $\underset{n}{\mathrm{d}}x_k$, 换句话说, 式 (124) 中第二项求和可以忽略不计. 但是第一项求和也是零, 因为这里讨论的是一个闭合回路.

为了证明括号表示的 A_{lm} 可写成以回路为边界的面元 ΔF_{lm}, 我们设图 87b 中的格点面为 xy 平面, 并设 $Q'P$ 这一步为回路中的第 18 步, 即 $N=18$, 这样就可以详细写出 A_{lm} 中对应于 $n=1\sim 18$ 的每一项, 可得

$$A_{xx}=N_xa^2,\quad A_{yy}=N_ya^2,\quad A_{xy}=N_xN_ya^2=\Delta F',\quad aA_{yx}=-N_xN_ya^2=-\Delta F'$$

这里的 N_x 与 N_y 代表了 x 方向与 y 方向的步数, a 为晶格常数, $\Delta F'$ 为回路围成的面积. 在向连续理论过渡时, 我们使 a 趋近于 0, 并同时提高步数, 使得回路的边长 N_xa、N_ya 保持恒定. 这样 A_{xx} 与 A_{yy} 也趋近于零, 但同时, 与由 $N=17$ 开始计算所得结果之间的差别也趋近于零. 这是因为面积 $\Delta F'$ 与图 96a 中的相应面积 ΔF 之间的差值的数量级大小是 $(\Delta F)^2$, 也就可以忽略不计, 如果我们将 ΔF 看作宏观上无限小, 就有 $A_{xy}=\Delta F_{xy}$ 以及 $A_{yx}=-\Delta F_{xy}$, 或者一般来说 $A_{lm}=\Delta F_{lm}$.

因为 ΔF_{lm} 的反对称, 所以 Γ_{mlk} 中只有 m,l 反对称的部分才对 Δb_k 有贡献, 我们得到

$$\Delta b_k=\Gamma_{[ml]k}\Delta F_{ml} \tag{125}$$

或者, 我们写成微分形式, 并且与式 (38) 相比较,

$$\Gamma_{[ml]k}=\alpha_{mlk} \tag{126}$$

如果所涉及空间的联络有一个 m,l 反对称的部分 (扭转), 则结果 (125) 中包含了所讨论回路的闭合差. 这一点早在 1922 年, 即在发现位错之前很久, 就被大数学家 Elie Cartan 所发现, 此外, 这位大数学家也被视作旋量之父. 关于 Cartan 扭转和位错密度之间的一致性的基础知识就要归功于 K. Kondo 和 B. A. Bilby, R. Bullough, 以及 E. Smite(1953/1955). 上述对于这种一致性的论证是作者于 1960 年给出的, 而这一论证并不以特殊形式的联络为前提.

49. 连续介质塑性理论[①]

在接下来对连续介质塑性理论的讨论中, 我们将限制在所谓的**准静态理论的**范围内, 因为单独这一领域就需要足够的专研了. 我们假定形变的过程非常缓慢, 这样就可以忽略惯性效应. 与这一理论相关的基本实验按如下方式进行: 我们预先确

① 关于对这项理论的研究现状总结如下: D. C. Drucker, Struotural Meclianics, Pror. Ist Symp. Naval Structural Mechanics, Pergamon Press, Oxford 1960, S. 407; P. M. Naghdi, Plasticity, 2nd Syinp. Naval Structural Mechanics, Pergamon Press, Oxford 1960, S. 121; W. Präger, und P. G. Hodoe, Theory of Perfectly Plattic Solids, J. Wiley & Sona, London 1951; R.Hill, Tlie Mathcmatical Theory of Plasticity,'Clarendon Press, Oxford 1950; A.A. Iljushin, Fragen der Plnstizitätstheorie, Verlag der Akademie der Wissenschaften der UdSSR, Moskau 1961 (俄文.).

定一段载荷传递路径, 这可以通过按照规定的顺序逐步给试样施加一个很小的载荷增量 ΔP_j 来实现. 如果载荷增量 ΔP_j 非常小且顺序加载的过程足够慢, 这样就能足够好地接近于要寻找的准静态的变形过程, 这自然也要求材料非常坚固, 也就是说, 可以排除材料在恒定负荷下发生不断的继续变形的情形. 在这种情形下, 我们可以用微分 $\mathrm{d}P_j$ 来代替载荷增量 ΔP_j.

首先, 我们从载荷传递路径开始讨论提出的任务, 该载荷传递路径会使试样内部均匀地产生应力以及应变. 我们继续假定, 可以用按顺序给出的应力路径 $\mathrm{d}\sigma_{ij}$ 来代替载荷传递路径. 这并不意味着对我们的讨论进行了限制, 因为按照弹性理论总是可以通过 $\mathrm{d}P_j$ 计算出 $\mathrm{d}\sigma_{ij}$. 在现在讨论的均匀应力的情形中, 这样的计算是非常普遍的.

我们在第 47 节中特别指出了塑性变形的不可逆性, 这使得我们必须在整个变形过程中密切跟踪材料的状态. 由于一个承受塑性应变 ε_{ij}^P 的试样的状态根本上是取决于应力路径的, 在这样的应力路径下试样才产生了这样的应变, 因此 ε_{ij}^P 就不可能是状态量, $\mathrm{d}\varepsilon_{ij}^P$ 也不可能是全微分.

在给定的 $\mathrm{d}\sigma_{ij}$ 下 ε_{ij}^P 如何改变, 这将由试样在相应时刻所处的状态决定. 为了利用该理论进行定量计算, 就需要一个描述状态量的完整定理. 毫无疑问 σ_{ij} 本身就是一个这样的状态变量, 由于它是由外界所加负荷引起的且在撤去外界负荷时也会随之消失, 因此我们称之为 "**外部状态变量**". 塑性过程也会使内部状态发生改变, 并且该变化在撤去负荷后依然存在. 我们已经看到, 这个过程是由于位错排列的构建和重组. 因此, 涉及的状态变量必须能描述位错结构的特征, 更确切地说, 在这里探讨的连续介质理论中自然应该在宏观层面上表示出来. 我们对此还将进行深入讨论. 目前只需假定存在 n 个内部状态变量 $q^{(v)}$, 这里 v 取从 1 到 n 的一系列整数, 这已经足够了. 一般来讲, $q^{(v)}$ 会是任意一个张量的分量.

不考虑 $q^{(v)}$ 的特殊物理含义, 根据如下三个假定: (Ⅰ) 屈服极限, (Ⅱ) 不可逆性, (Ⅲ) 内部状态变化, 就可以推导出塑性的应变–应力间的一个普遍适用的关系式. 我们已经在第 46 节中讨论了大部分的作为这三个假定的基础的物理现象. 假定Ⅰ和Ⅲ还在一定程度上体现了材料的理想化, 而假定Ⅱ在忽略温度效应的条件下被看作对真实材料的塑性特性的正确表述.

现在, 我们将逐一讨论这三个假定并在此基础上得出对于推导塑性应力–应变关系式所要求的结论.

对于接下来的讨论, 我们建议将二重角标的应力和应变转变成单重角标的变量, 这些变量在第 39 节中也曾使用过. 这样, 三维的应力张量就转变为一个六维矢量.

我们将此看作这样定义的六维欧几里得空间中的一个位置矢量 (本节中我们将忽略矩应力和反对称的力应力). 每一条应力路径就对应于该空间中的一条曲线.

如果对于相应的应力路径 $\mathrm{d}\sigma_i$ 是恒定的, 出于显而易见的原因, 我们在此只讨论线性载荷的情形. 我们给一个初始应力 $\sigma_i = 0$ 的试样加一不断线性增加的荷载, 这样最终将会到达一个临界值 σ_i^F, 该临界值定义如下：当在相同方向应力新增加 $\mathrm{d}\sigma_i$, 就会第一次得到一个 (无穷小的) 塑性应变.

如果对所有可能的线性应力路径重复进行同样的实验, 总是从相同的初始状态 $\sigma_i = 0, q^{(v)}$ 开始, 就会通过所有 σ_i^F 值的总时间得到应力空间中的一个五维超曲面, 该曲面将弹性区域与塑性区域分隔开来. 这个超曲面被称作承载面或是屈服面, 并且由试样的内部状态 $q^{(v)}$ 决定. 因此, 数学上可以表示成如下形式:

$$f(\ ,\ ) = 0 \tag{1}$$

受力函数或屈服函数f 显然反映了相应材料的特征. 屈服极限的存在, 此时按所讨论的方式出现了塑性流变, 这就构成了屈服极限的假定.

在加载过程的某一瞬间, 在还没有开始增加新的负荷之前, 此时在试样中存在一定的应力 σ_i. 由此应力 σ_i 将会推出 $f \leqslant 0$. $f \geqslant 0$ 在准静态问题中是不可能的, 这是因为样品在进行每一个新的步骤前都处于静止状态.

$$f < 0 \qquad \text{情形 A}$$

意味着, 材料在应力增加 $\mathrm{d}\sigma_i$ 时只会发生纯弹性的变化, 这被称作**弹性载荷**或**弹性卸荷**. 如果 $f = 0$, 试样就处于屈服极限, 此时可以分成以下三种情况:

$$f = 0, (\partial f/\partial\sigma_i)\mathrm{d}\sigma_i \leqslant 0 \qquad \text{情形 B}$$

$$f = 0, (\partial f/\partial\sigma_i)\mathrm{d}\sigma_i = 0 \qquad \text{情形 C}$$

$$f = 0, (\partial f/\partial\sigma_i)\mathrm{d}\sigma_i > 0 \qquad \text{情形 D}$$

这里的求和是对成对出现的角标从 1~6 的求和. 显然, $\partial f/\partial\sigma_i$ 是六维应力空间中 $f = 0$ 的平面族的梯度, $f = 0$ 的平面族是 $q^{(v)}$ 所拥有的参数. $\partial f/\partial\sigma_i$ 垂直于所考虑的屈服面. 表达式 $\left(\dfrac{\partial f}{\partial\sigma_i}\right)\mathrm{d}\sigma_i$ 是矢量 $\left(\dfrac{\partial f}{\partial\sigma_i}\right)$ 和矢量 $\mathrm{d}\sigma_i$ 之间的标积, 由此即可得出 B, C, D 三种情形的物理含义：对于情形 B, 矢量 $\mathrm{d}\sigma_i$ 终止于弹性区域, 相应的形变也是纯弹性的, 称之为**塑性卸荷**；对于情形 C, $\mathrm{d}\sigma_i$ 处在屈服面上, 形变虽为弹性的, 但导致处于屈服极限的一个相邻状态 (**中性塑性加载**).

情形 D 表明, $\mathrm{d}\sigma_i$ 指向塑性区域, 如果物体不能通过塑性流变的发生而避开这个区域, 屈服极限就会被超过, 在这个过程中 q 以及屈服极限自身都会发生改变, 直到重新回到屈服条件 $f = 0$. 对于形变中屈服极限的变化适用于所谓的**相容条件**

$$(\partial f/\partial \sigma_i)\mathrm{d}\sigma_i + \sum_r (\partial f/\partial q^{(r)})\mathrm{d}q^{(r)} = 0 \tag{2}$$

塑性载荷的情形 D 是唯一一个对于所求的塑性应力–应变关系式来说不具有普遍性的, 对于其他几个情形显然有

$$\mathrm{d}\varepsilon_i^P = 0, \qquad \text{情形 A, B, C}$$

接下来我们来讨论关于不可逆性的第二个假定, 根据 Iljushin 我们将该假定定量表述如下：若 $\varepsilon_i^G = \varepsilon_i^P + \varepsilon_i^E$ 为由塑性与弹性应变组成的总应变, 那么对于在 ε_i^G 的任意闭合回路中, 应力 σ_i 所做的功 A 为

$$A = \oint \sigma_i \mathrm{d}\varepsilon_i^G \geqslant 0 \tag{3}$$

这里的等号只在回路中不包含塑性成分的情况下才成立. 关系式 (3) 显然说明了在塑性形变的情况下, 功被消耗了, 也就是说, 功转化为了热.

联系 Iljushin 的观点, 我们现在可从假定 (3) 推导出另外一个重要的关系式. 我们将关系式 (3) 应用到一个回路 $ABCDE$ 中, 其中, A 为总应变的初始状态, E 为最终状态, 这不必与在应力中一致. 对于中间状态 B 和 D 同样要求如此. 形变路径具体如下：从弹性区域的 A 线性变化到屈服极限 f_B=0 的 B, 再从 B 点出发在屈服面 f_B=0 的另外一边线性变化到 C 点. 形变 BC 就包含塑性成分, 在此过程中, 屈服面变化到经过 C 点 ($f_C = 0$). 此后通过 D 点再变化回 E 点的过程又是纯弹性的. 对于 “变形量” $AB = DE = x$ 以及 $BC = CD = \xi$, 我们可以确定

$$\xi = x^2 \tag{4}$$

总体我们得到

$$A = \int_{BC} \sigma_i \mathrm{d}\varepsilon_i^G + \int_{CD} \sigma_i \mathrm{d}\varepsilon_i^G + \int_{AB} \sigma_i \mathrm{d}\varepsilon_i^G + \int_{AB} \sigma_i \mathrm{d}\varepsilon_i^G \tag{5}$$

不难看出, 前两个积分之和至少与 ξ 的二次幂及 x 的四次幂有关. 这是因为一方面共同的积分路径与 ξ 成比例, 另一方面 $\sigma_i(BC)$-$\sigma_i(CD)$ 也随 ξ 而变化. 我们马上就可以看到, 式 (5) 中其余的部分与 x 关系不大, 那么倘若 $x \to 0$, 则可以忽略式 (5) 中的前两个积分. 关系式 (3) 当然也必须适合于这样的无穷小回路.

由于在路径 AB 与 DE 上的相应点的总应变 ε_i^G 是相同的, 因此在两条路径上对应点各自的弹性应变不同且相差了在 B、D 间发生的塑性形变, 由于路径 BC 是线性的, 该塑性形变等于 $\xi \mathrm{d}\varepsilon_i^P/\mathrm{d}\xi$. 因此有

$$\sigma_i(AB) + \sigma_i(DE) = c_{ij}\xi \mathrm{d}\varepsilon_j^P/\mathrm{d}\xi \tag{6}$$

其中 c_{ij} 为 Voigt 弹性模量 (见 269 页), 对于功 A, 忽略式 (5) 中的前两个积分, 得

$$A=\int_{AB} c_{ij}\xi\left(\mathrm{d}\varepsilon_j^P/\mathrm{d}\xi\right)\mathrm{d}\varepsilon_i^G=\xi\left(\mathrm{d}\varepsilon_j^P/\mathrm{d}\xi\right)\int_{AB}\mathrm{d}\sigma_i \tag{7}$$

这里需要注意, 路径 AB 和路径 DE 上的总应变从大小到符号都是相同的, ξ 与 $\mathrm{d}\varepsilon_i^P/\mathrm{d}\xi$ 和 AB 上的总应变无关, 以及沿着 AB 与 DE 有 $\mathrm{d}\varepsilon_i^G$=$\mathrm{d}\varepsilon_i^E$, 也就是 $c_{ij}\mathrm{d}\varepsilon_i^G$= $\mathrm{d}\sigma_j$.

还需要注意, 这里 ξ 为正, 对于我们现在的回路来说, 假定 (3) 就意味着

$$\mathrm{d}\varepsilon_j^P t_j \geqslant 0 \tag{8}$$

这里 t_j 为应力空间中的一个六维的单位向量, 其方向与 $\int_{AB}\mathrm{d}\sigma_j$ 相同. 关系式 (8) 适用于每一个满足以下条件的 A、B 之间的相对位置: ① A, B 两点无限靠近; ② A 不在屈服极限 f_B= 0 的另一边. 由此可得, $\mathrm{d}\varepsilon_j^P$ 一定与屈服极限 f_B= 0 垂直, 也就是有

$$\mathrm{d}\varepsilon_j^P=\lambda\partial f/\partial\sigma j \tag{9}$$

这里 λ 为正. 现在使试样处于状态 B, 从状态 B 并不能知道, 变化到状态 B 之前的状态 A 到底在哪个方向上. 条件 (8) 必须同时适用于满足所列条件的所有可能的 A 点. 如果 $\mathrm{d}\varepsilon_j^P$ 不垂直于屈服极限 (面), 那么人们马上就可以找到一个与 B 点紧邻的 A 点, 比如在屈服极限 (面) 自己身上, 对于 A、B 来说有 $\mathrm{d}\varepsilon_j^P t_j<0$(对于这样的点来说, t_j 确实与屈服面相切).

我们已从假定 I 和 II 出发分别各推导得到了一个条件, 即方程 (2) 和 (9). 为了确立塑性应力–应变关系, 我们还需要另外一个关系式, 该关系式可通过关于内部状态变化的假定 (3) 导出.

为了发现这和什么相关, 我们设想使大量相同的试样发生 $\mathrm{d}\varepsilon_i^P$ 的变形并都处于相同的状态 $q^{(v)}$ 下. 在此过程中发生了内部状态的变化 $\mathrm{d}q^{(v)}$, 只要所涉及的实验具有足够的可重复性, 那么内部状态的变化 $\mathrm{d}q^{(v)}$ 对所有试样来说就都是相同的. 我们所关注的只有这样的实验. 如果我们选取另一种材料作为试样, 那么在同样的应变 $\mathrm{d}\varepsilon_i^P$ 下状态 $q^{(v)}$ 将按另一种方式发生变化. 我们期待得到一个反映内部状态变化 $\mathrm{d}q^{(v)}$ 和塑性应变增量 $\mathrm{d}\varepsilon_i^P$ 之间关系的特征关系式, 借助此关系式可以区分不同的材料.

这样一个塑性材料法则的一般形式如下所示:

$$\mathrm{d}q^{(v)}=g_i^{(v)}\mathrm{d}\varepsilon_i^P \tag{10}$$

该式中表示该材料特征的函数 $g_i^{(v)}$ 取决于状态变量 σ_j 和 $q^{(v)}$. 式 (10) 所表示的塑性材料法则的存在构成了假定III的内容.

对于变量 $q^{(v)}$ 与 $g_i^{(v)}$ 的意义我们稍后将会讨论. 在这里, 我们可以将由三个假定得到的关系式 (2)、(9) 和 (10) 结合起来, 以得到所求的塑性应力–应变关系:

$$\mathrm{d}\varepsilon_i^P=\frac{(\partial f/\partial\sigma_i)\partial f/\partial\sigma_j}{\sum\limits_v g_i^{(v)}(\partial f/\partial\sigma_i)\partial f/\partial g^{(v)}}\mathrm{d}\sigma_j \tag{11}$$

或者, 我们可以再次回到应力和应变的双重角标表示法, 同时将情形 A~D 概括起来, 则有

$$\begin{cases}\mathrm{d}\varepsilon_i^P=0, \quad A,B,C\\ \mathrm{d}\varepsilon_i^P=\dfrac{(\partial f/\partial\sigma_i)\partial f/\partial\sigma_j}{\sum\limits_v g_i^{(v)}(\partial f/\partial\sigma_i)\partial f/\partial g^{(v)}}\mathrm{d}\sigma_j, \quad D\end{cases} \tag{12}$$

其中

$$\mathrm{d}q^{(v)}=g_{ij}^{(v)}\mathrm{d}\varepsilon_{kl}^P \tag{13}$$

利用关于材料函数 f', $g_{ij}^{(v)}$ 的知识, 可以首先在已知状态 σ_{ij}, $q^{(v)}$ 下根据应力增量 $\mathrm{d}\sigma_{ij}$ 计算出相应的 $\mathrm{d}\varepsilon_{kl}^P$. 与此相联系的内部状态的变化 $\mathrm{d}q^{(v)}$ 可由方程 (13) 求出. 发生塑性形变 $\mathrm{d}\varepsilon_{kl}^P$ 之后的状态, 即 $\sigma_{ij}+\mathrm{d}\sigma_{ij}$, $q^{(v)}+\mathrm{d}q^{(v)}$ 也就随即知道. 这之后我们可以通过附加载荷 $\mathrm{d}\sigma_{ij}$ 来重新增加应力, 并计算出相应的 $\mathrm{d}\sigma_{ij}$ 和 $\mathrm{d}q^{(v)}$. 以这种方式我们可以在已知应力路径的情况下, 得到整个变化过程中的每一状态参量 $q^{(v)}$ 以及整个塑性形变的路径.

推导塑性应力–应变法则还需注意:

(1) 如前面所提到的, 在屈服假定中进行了少量的理想化处理. 结论 (9) 仅适用于面 $f=0$ 是连续的情形, 也就是说, 面 $f=0$ 不能具有拐角或折边. 比如对于单晶体的情形, 其只具有一个离散数目的滑移系统, 因此单晶就不存在连续性. 因为不连续性引起的困难我们在此将不做讨论, 具体请参阅专门文献.

(2) 我们将不可逆性假定视作正确的. 由此导出的普适条件 (9) 可经常从所谓的稳定性假定中得到. 该稳定性假定由 Drucker 以及 Hill 以稍有偏离的阐释给出. 对于在应力 σ_i 中的任意闭合回路, 该式可表示为

$$\oint(\sigma_i-\sigma_i^*)\mathrm{d}\varepsilon_i^P\geqslant 0 \tag{14}$$

这里 σ_i 为真实应力, σ_i^* 为满足 $f\leqslant 0$ 的任意应力. 根据 Drucker 式 (14) 确保了材料的稳定性, 这也是硬化的表达形式. 正如 Iljushin 所指出的那样, 由稳定性假定可以得到不可逆性假定, 反之则不成立, 第一个提到的假定更加清晰明确.

这里的假定虽然各不相同, 但是得出了相同的结论, 其原因如下: 由屈服极限假定的表述已经可以肯定, 物体会硬化, 这是因为我们假定在一定的应力增量 $\mathrm{d}\sigma_{ij}$

下只发生无穷小的塑性形变 $\mathrm{d}\varepsilon_{ij}^P$. 如果画出一个特殊形变类型的硬化曲线 (见第 46 节), 由屈服极限假定可得该曲线会单调上升. 接下来就需要补充考虑不可逆性假定, 即在塑性形变时会消耗功.

人们可以通过允许硬化曲线中出现水平变化段来相对弱化屈服极限假定. 若将硬化条件与不可逆性条件结合起来, 就得到了稳定性假定. 因此这两种理论的差异仅在于, 人们是在第一个假定还是第二个假定中讨论硬化的.

(3) 目前最大的困难和关于状态变化的第三个假定有关, 特别是状态变量 $q^{(v)}$ 的定义. 对此存在一系列的建议, 但是每一个建议都至少有两个基本的欠缺：首先, 对 $q^{(v)}$ 提出的变量并不是状态变量；其次, 原本可区分不同材料的法则 (13) 将与材料种类无关. 我们用两个著名的例子来加以说明.

如果做替换 $q^{(v)} \to \varepsilon_{kl}^P$, 那么式 (13) 将会变成

$$\varepsilon_{kl}^P = g_{ij}^{kl}\mathrm{d}\varepsilon_{ij}^P \tag{15}$$

在这个式子中, 显而易见, 对于所有材料来讲, $g_{ij}^{kl} = \delta_{ik}\delta_{ji}$ 普遍成立. 这种方程虽然便于计算, 但可惜只是一个无法控制的近似值.

如果做替换 $q^{(v)} \to \int \sigma_{ij}\mathrm{d}\varepsilon_{ij}^P$, 也就是说等于塑性功, 则法则 (13) 会变为

$$\sigma_{ij}\mathrm{d}\varepsilon_{ij}^P = g_{ij}\mathrm{d}\varepsilon_{ij}^P \tag{16}$$

也就是说, $g_{ij} = \sigma_{ij}$, 再一次与材料种类无关. 为了验证理论的合理性, 我们也注意到, 这两种理论的结果有时与实验符合得并不算太坏.

塑性理论所不能令人满意之处在以下 Drucker 的注释中很清晰地得以表达: “假设承载面 $f - k^2$ 和剩余量详细说明了材料的状态取决于载荷的整个过程. 不管怎样推导, 并不会存在状态方程, 或者出现状态变量的数量无穷的情况. 严格意义上来讲, 不可能预测给定的应力历程的应变分量. 为了得到答案必须还要依赖于实验本身. 当然, 实际上, 情况也并没有那么糟糕, 比如 Taylor 和 Quinney 以良好的精确性完成的简单实验, 需要适应这些实验的推导已经相当精彩了. ”

Drucker 如此悲观描述的情形在实际中却要好很多, 只要能够证明: ①存在一组完整的服从法则 (13) 的状态变量 $q^{(v)}$; ②该状态变量在数量上有限. 为了首先对第一个问题作出判断, 必须批判地看待在引入式 (13) 时作出的简短的解释.

我们假设, 两个相同种类的试样在相同的温度下及 t_0 时刻具有完全相同的位错构型. 而对于 $t_1 > t_0$ 的某一时刻, 其位错构型一般来说会变得不再完全相同, 这是因为晶格处于热振动之中, 位错也会通过围绕着某一平衡位置的振动参与其中, 而实际上两个试样中位错的振动相位总是不同的. 这两个试样中的位错分布只是对于定义好的平衡位置来说才是彼此一致的.

使两个试样在 t_1 时刻发生同样的塑性形变 $\mathrm{d}\varepsilon_{ij}^P$, 正如在第 47 节中提到过的那样, 或多或少地会发生基本的不可逆的位错过程, 所有的这些位错过程都需要借助热能量波动得以实现. 例如, 在其中一个试样中两个位错可能会发生交会, 因为恰巧晶格振动中的一个强烈波动在该位错过程发生的位置上提供了所需的热能. 而在另一个试样中这种能量恰巧没有出现在相对应的位置处, 而是出现在其他位置, 这样在这个试样中却是另外的位错发生了交会. 这个讨论清楚地表明, 两个试样在 t_1 时刻还有对于其平衡位置来说是相同的位错排列, 而在发生塑性形变 $\mathrm{d}\varepsilon_{ij}^P$ 后其位错排列却是不同了. 由此可以得出, 其中 $q^{(v)}$ 完全描述位错排列特征的定理 (13), 严格意义上并不存在. 对于在塑性形变下排列 $q^{(v)}$ 是如何变化的问题, 更多的只能靠概率论来继续探讨.

虽然如此, 但如果凭借经验可以证明, 在两个试样中通过由相同应力路径 $\mathrm{d}\sigma_{ij}$ 引起的一系列 $\mathrm{d}\varepsilon_{ij}^P$ 来描述的塑性形变路径是相同的, 这显然就意味着, 位错分布的统计涨落不会对宏观上的可观察量带来影响. 这在实际中是否正确, 正确程度又是多少, 衡量的标准就是相应实验的可重复性. 但是对于一大类的变形实验来说, 重复性的验证比起例如在屈服定律中所包含的 1%不确定性的验证要容易得多. (这并不适用于第 46 节中提到的负荷变化实验, 在这一实验中试样的表面状态起着决定性的作用.) 因此可以得出结论, 位错分布中的细微差异可以忽略不计.

实际中的统计涨落并不起重要作用, 这从物理上可以理解如下: 基本的位错过程自然绝不会以完全无规则的方式进行, 而是由所加应力决定这些过程通常的方向. 根据统计学上的大数定律, 单个过程与预计方向之间的平均偏差将会越来越微小. 因为每立方厘米中基本位错过程的数量非常大, 因此人们也就不期待出现宏观上大的涨落效应. 这里进行的讨论证明关于内部状态变化的假定的正确性, 但是存在一个局限, 即这一假定可以被理解成在相关实验的可重复性领域中的可能性表述.

现在问题出现了, 具体必须要引入一个怎样的状态变量 $q^{(v)}$ 呢? 为了找到答案, 我们假定, 单个位错的类型和线形都准确地知道. 位错排列可通过微观的位错密度 α_{ij} 来完全描述, 沿着位错线的位错密度具有 δ 函数的特征, 但在其他地方却处处为 0. 人们自然不愿意从这样一个复杂的函数开始进行讨论. 因此我们尝试, 用宏观上的平均量, 即所谓的**位错分布力矩**, 来替代微观变量 α_{ij}. 我们将这些力矩与宏观体积元 ΔV 联系起来, 并通过下式对其加以定义:

$$A_{ij} = \int\limits_{\Delta V} \alpha_{ij}\mathrm{d}V/\Delta V, \quad A_{ijk} = \int\limits_{\Delta V} \alpha_{ij}x_k\mathrm{d}V/\Delta V, \quad A_{ijkl} = \int\limits_{\Delta V} \alpha_{ij}x_kx_l\mathrm{d}V/\Delta V \quad (17)$$

这里, 在力矩积分中出现的 x_k 的数目, 按照旧的物理学的用法, 就决定了力矩的幂次. 关于所有的直至无穷高幂次的力矩的知识和关于微观位错密度 α_{ij} 的知识是彼此等价的.

将位错矩作为宏观状态变量引入, 只有在我们能成功地给出一个实验确定位错矩的测量准则的情况下, 才是有意义的. 能测量的变量是位错穿过截面 ΔF_i 的位置以及相应的 Burgers 矢量 (参见图 92). 因此, 我们将式 (18) 中的几个量看作是可测的.

$$\int\limits_{\Delta L} A'_j \mathrm{d}L_i = \int\limits_{\Delta L} \mathrm{d}L_i \int\limits_{\Delta F} \alpha_{ij} \mathrm{d}F_1, \quad i = lA'_{jk} = \int\limits_{\Delta F} x_k \mathrm{d}b_j$$

$$A'_{jkl} = \int\limits_{\Delta F} x_k x_l \mathrm{d}b_j \cdots \mathrm{d}b_j = \alpha_{lj} \mathrm{d}F_l t_1 \mathrm{d}L, \quad \mathrm{d}F_1 = t_1 \mathrm{d}F \tag{18}$$

现在我们来讨论, 如何通过这几个量来求得位错力矩. 对此, 我们从第 0 个力矩开始, 在体积元 ΔV 的长度 ΔL 上, 沿着垂直于面元 ΔF 的方向上, 来计算表达式 $\int\limits_{\Delta L} \mathrm{d}L_i A'_j$. 这样, 式 (19) 中的矢量 $\mathrm{d}L_i$ 与 $\mathrm{d}F_l$ 具有相同的方向.

$$\mathrm{d}b_j = \alpha_{lj} \mathrm{d}F_l \tag{19}$$

由此可得

$$\int\limits_{\Delta L} A'_j \mathrm{d}L_i = \int\limits_{\Delta L} \mathrm{d}L_i \int\limits_{\Delta F} \alpha_{ij} \mathrm{d}F_1, \quad i = l \tag{20}$$

将 $\mathrm{d}L_i$ 和 $\mathrm{d}F_l$ 写成 $\mathrm{d}L_i = t_1 \mathrm{d}L$, $\mathrm{d}F_l = t_l \mathrm{d}F$, 由于 $i = l$, $t_i = t_l$, 有

$$\int\limits_{\Delta L} A'_j \mathrm{d}L_i = \int\limits_{\Delta V} \alpha_{lj} t_i t_l \mathrm{d}V = \int\limits_{\Delta V} \alpha_{ij} \mathrm{d}V = A_{ij} \Delta V \tag{21}$$

因此有

$$A_{ij} = \int\limits_{\Delta L} A'_j \mathrm{d}L_i / \Delta V \tag{22}$$

以此类推还可以得出

$$A_{ijk} = \int\limits_{\Delta L} A'_{jk} \mathrm{d}L_i / \Delta V, A_{ijkl} = \int\limits_{\Delta L} A'_{jkl} \mathrm{d}L_i / \Delta V, \cdots \tag{23}$$

以上推导可以说明, 位错力矩在切削实验中是可测的.

如果考虑所有的直至无穷高幂次的力矩, 那么就可以给出微观位错分布的任何细节. 因为根据我们先前的思考, 太过微小的细节在这里并不是太重要, 我们因此期待, 有限数目的力矩, 特别是那些低阶的力矩, 已经可以很好地描述试样的塑性性能. 同时可以肯定的是, 上面建议的在大量密集放置的面 ΔF 上进行测量是不必

要的, 这是因为宏观连续性的前提要求, 宏观上重要的状态参量在 ΔL 大小的距离上只发生了不可被觉察的变化. 因此, 在我们现有的同类实验中, 为了能足够准确地确定位错状态, 对力矩的每一个幂次 (阶次) 进行三次测量应该就足够了, 即对每一个面 ΔF_x、ΔF_y 和 ΔF_z 进行 A' 的测量. 通过这些测量就可以实验确定材料定律 (13).

在同类形变实验中, 由于对称性, 会产生同样多的两种相反符号的位错, 这样第 0 次 (阶) 力矩就为 0, 这就是宏观位错密度. 我们现在将深入研究第 1 次 (阶) 力矩, 在此过程中我们特别注意多晶体的塑性形变. 正如在第 47 节中阐释的那样, 该体积元 ΔV 包含大量的晶粒, 正如实验所发现的一样, 塑性形变过程中产生的位错环 (图 87) 被限于一些晶粒内. 这些环与 ΔV 相比非常小. 现在非常有意思的是去讨论单个的位错环是如何对位错分布的第 1 次 (阶) 力矩产生贡献的. 我们从式 $(99)\alpha_{ij} = t_i b_j \delta(\boldsymbol{\rho})$ 开始讨论, 通过计算得到了与第 48 节 3) 小节相似的结果:

$$A_{ijk} = \int\limits_{\Delta L} A'_{jk} t_i x_k \delta(\boldsymbol{\rho}) \mathrm{d}V/\Delta V = b_j \int\limits_{\Delta L} \mathrm{d}l_i x_k/\Delta V \tag{24}$$

利用 Stokes 定理, 可得

$$A_{ijk} = \int\limits_{\Delta L} A'_{jk} t_i x_k \delta(\boldsymbol{\rho}) \mathrm{d}V/\Delta V = b_j e_{ilm} \int\limits_{\Delta L} \partial_m x_k/\Delta V \mathrm{d}f_l \tag{25}$$

第一次 (阶) 力矩 A_{ijk} 是任意形状的位错环的力矩, 即也是对于 i、k 反对称的位错环的任意构型, 且可被对偶张量 γ_{ij} 所替代, 对于对偶张量, 在我们讨论的情形, 有

$$e_{ilm} A_{ijk} = \int\limits_{\Delta L} \partial_m x_k/\Delta V \mathrm{d}f_l = b_j \int\limits_{\Delta L} (1/\Delta V) \mathrm{d}f_m \tag{26}$$

若该环位于一平面内且 n_i 为垂直于面 f 的法向单位矢量, 那么有

$$\gamma_{ij} = n_i b_j f/\Delta V \tag{27}$$

通过第一次 (阶) 力矩并不能区分具有不同形状但是相同面积 f 的平面位错环. 因为只有对于圆形位错环的情形, 其所有的高次 (阶) 力矩才同时为 0, 这也正如类似的计算所表明的一样, 因此实际中第一次 (阶) 力矩就是这样描述位错构型的, 犹如所有的位错环都是圆形的.

实际中该体积元包含大量的位错环. 我们用脚注 μ 来对此加以区分, 这样就得到了 A_{ijk} 的对偶张量:

$$\gamma_{ij} = \sum_v n_i^v b_j^v f^v/\Delta V \tag{28}$$

虽然这个关于位错状态的描述尚不完美, 但是无论如何其内容也是相当丰富了, 因此人们已经可以进行塑性计算的一阶近似了.

值得注意的是, 通过用 γ_{ij} 来标示 $q^{(v)}$, 我们就得到了一个系统性近似处理的一阶近似解, 由此人们可以根据需要通过计算高阶力矩而得到更好的近似解, 并且最终从假定的观点出发得到接近的正确解.

到现在为止, 我们已经讨论了均质的塑性试验. 如果我们转向异质实验, 在其中试样的状态随位置的不同而不同, 除了计算工作量外, 其实变化也不大. 因为现在要通过载荷增加来计算与位置有关的应力增长 $\mathrm{d}\sigma_{ij}$, 这就要求去求解一个不再普通的弹性问题, 因此数值计算工作量也大大增加. 一般来说, 此时宏观位错密度 A_{ij} 也不再为 0, 例如见图 83.

在本章中描述的将位错囊括进塑性连续体理论中都是最新的数据. 因此还完全没有关于收敛性能、详细的材料方程等方面的经验. 我们非常遗憾, 在这里只能给读者提供一个很不完善的思考方式, 用以解决塑性理论中的实际问题. 问题在于, 尚未有材料的材料函数 $f, g_{ij}^{(v)}$ 已经通过测量得到. 位错可视 (例如见图 83) 的现代方法将会保证这种测量的实现. 我们希望, 在可以预见的未来, 可以拥有对应用此处我们研究的理论来说必要的材料数据.

我们在这里没有考虑去描述被广泛应用的、极富数学美感的理想塑性体理论. 由于假定硬化曲线会出现水平段, 这里将彻底放弃去描述对于塑性来说最具标志性的一个特征 —— 硬化. 如果不得不承认, 使用该理论可以通过有用的近似求解技术上感兴趣的某些问题, 那么在这里作为基础的理想化在物理上就确实不能令人感到满意.

早在三十年前人们就已经知道, 位错是塑性的基本载体. 自那时起人们就投入了大量的精力来研究位错的基础性质. 与此相反, 在将已获得的知识用于塑性的宏观描述方面, 人们几乎没有做出什么努力. 我们相信, 特别是通过位错这一概念在塑性连续体理论中的引入, 该理论一定可以在实质上得以向前推动.

根据我们的观点, 没有位错的塑性理论就如同没有电流的电动力学: 在物理学上都是不可能之事.

习　　题

第一章习题

Ⅰ.1　**由线性向量函数给出的旋度 A 的定义与由微分算子给出的旋度定义之间的比较**

证明第 2 节式 (6) 中的旋度定义

$$\boldsymbol{B} = \text{curl}\boldsymbol{A}$$

和 (7a) 中的旋度定义

$$2(\boldsymbol{A} - \boldsymbol{A}_0) = \boldsymbol{B} \times \boldsymbol{r}$$

是等价的, 假设 $\boldsymbol{r}$ 是无穷小的. 注意由于要与第 1 节中一般运动的旋转部分 $\boldsymbol{v}_1$ 相一致, 因而当 $\boldsymbol{r} = 0$ 时方程 (7a) 中的场向量 $\boldsymbol{A}$ 为零. 为避免这个限制, 我们用 $\boldsymbol{A} - \boldsymbol{A}_0$ 来代替 $\boldsymbol{A}$, 这样 $\boldsymbol{A}_0$ 成为新的场向量在 $\boldsymbol{r} = 0$ 时的值. 当然, $\boldsymbol{A}_0$ 对应于与一般运动的平移部分 $\boldsymbol{s}_0 = \boldsymbol{v}\Delta t$ 相联系的速度 $\boldsymbol{v}_0$.

Ⅰ.2　**旋度 $\boldsymbol{A}$ 的矢量特征**

将第 2 节变换公式 (2) 运用于微分定义

$$\boldsymbol{B} = \text{curl}\boldsymbol{A}$$

来研究旋度的矢量特征 (注意 $\boldsymbol{A}$ 的分量和 "微分算子"$\partial/\partial x_i$ 必须要变换).

Ⅰ.3　**极坐标系中最重要的向量分析运算表**

在柱面坐标和球面坐标中建立grad, div, curl, ∇^2 和 D 的表达式.

Ⅰ.4　**符号 $\nabla^2\boldsymbol{A}$**

在柱面坐标系中计算表达式

$$\text{grad div}\,\boldsymbol{A} - \text{curl curl}\,\boldsymbol{A}$$

并与Ⅰ.3 中计算出的算子 ∇^2 应用到分量 A_r, A_φ, A_z 时所得到的结果进行比较. 这两个结果只在 "笛卡儿" 分量 A_z 情形是相同的 [参考第 3 节方程 (10) 后的注释].

Ⅰ.5　**考虑所谓势理论第二边界值问题**

沿区域边界用 $\partial U/\partial n$ 代替 U 时, 证明势问题除附加常数外有唯一解.

Ⅰ.6　张量不变量的几何意义

一个几何物体的真实的几何性质是那些在正交变换中没有发生变化的性质；相反，一个正交不变量必须总是有一个几何解释．与张量概念相联系的几何相关性是张量二次曲面，为方便起见，假定张量二次曲面是一个椭球，因而有可能将三个张量不变量第 4 节式 (10) 解释为与该椭球相联系的几何性质．

将三个张量不变量解释为张量椭球的几何性质．

Ⅰ.7　属于势场场线给定模式的条件

如果场向量 $\boldsymbol{F}$ 处处给定，则根据第 3 节方程 (7) 势 U 存在的条件是旋度 $\boldsymbol{F}=0$，但是如果场线给定，那么我们只知道比例 $F_x:F_y:F_z$，而数量乘子 λ 有待确定．是否有可能选择 λ 使得 $\boldsymbol{F}$ 有一个势？证明这是不可能的，除非有如下必要的条件：

$$\boldsymbol{F}_0 \perp \operatorname{curl} \boldsymbol{F}_0$$

式中 $\boldsymbol{F}_0$ 是满足所给比例条件的任何一个向量，例如，一个处处平行于场线的单位向量．

第二章习题

Ⅱ.1　多变大气的高度

a) 计算多变指数分别为 n=1.4(绝热情况)，n=1.2，n=1(等温情况) 时，多变大气高度 h 的值．

b) 将地球表面视为球面，而不是像第七章中的平面，求出作为距离地球表面高度函数的气压表达式．证明在该条件下，等温大气的压强在任意有限高度处不为零，而且在无限高度处，也不会像人们通常认为的那样为零值．

Ⅱ.2　离心力场中混合气体的分离

确定在转鼓轴线和周边之间产生等同于 40cm 高水柱的压力差所需的旋转速度．其中，转鼓直径为 60cm，内含温度为 0°C 的标准空气 (氧气和氮气体积分数分别为 21%和 79%)．计算转鼓周边处的空气组成．

Ⅱ.3　a)毛细管中流动的二维模拟

流体在相距为 $2h$ 的两平行板间流动，直流线与 x 轴平行，如图 19 所示．确定xy平面内的速度分布，以及距离为 l 的两横截面间的压力损失Ⅱ．求出能使两平板在流体作用力下保持静止所需的力．

b)层流小河(参见图 19a 和第 101 页中关于试验实现的注解)

证明层流小河的速度分布和本题 a) 中流体下半部分的速度分布完全相同．(假设河流深度和底部倾角 α 均为常数，并考虑 y=0 处的边界条件．) 在此用外部的重力代替 a) 中的驱动压力．

Ⅱ.4 **直线型和圆柱型 Couette 流动**

根据第 16 节式 (14), 直流线型的 Couette 流动 (参考图 19b) 的特点可由以下速度定律表征:

$$u = \frac{y}{h}U, \quad v = w = 0 \tag{1}$$

当 $p=$ 常数时, 满足第 10 节平衡条件 (8a, b); 由于上方的板在力 $\mu U/h$ 的作用下保持运动, 所以不需要驱动压力.

类似地, 对于发生在半径分别为 r_e, r_i 的两同轴圆筒间的 Couette 流动也不存在驱动压力, 仅有力矩 M_e 和 M_i, 其中一个力矩保持外部圆筒的运动, 另一个力矩使得内部圆筒保持静止. 建立并求解该流动的微分方程, 将结果和极限状态 $r_i \to \infty$ 时的式 (1) 进行比较, 计算力矩 M_e 和 M_i, 注意这两者并不相等.

Ⅱ.5 **Boussinesq 问题**

边界为水平面的无限大弹性体, 仅在平面上某一点处作用有垂直力 P. 计算弹性体的应力状态, 特别是圆周应力, 也就是与环绕 P 方向圆周相切的主应力.

第三章习题

Ⅲ.1 **极坐标系下流体动力学方程中的对流项**

证明根据第 11 节式 (6) 计算的对流项和由 "被曲解的" 符号 ($\boldsymbol{v}$ grad) 得到的结果之间有差异. 以柱坐标系为例, 人们可能会错误地给符号 ($\boldsymbol{v}$ grad) 赋予以下含义:

$$v_r\frac{\partial}{\partial r}, \quad v_\varphi\frac{\partial}{r\partial\varphi}, \quad v_z\frac{\partial}{\partial z}$$

验证两者间的差异存在于 r 和 φ 方向的分量, 而不存在于 z 方向的分量中. 将缺少的项和向心加速度与Coriolis 加速度联系起来.

Ⅲ.2 **管流中的相似性分析**

令单位长度上的压力梯度 Π/l 与平均速度 v 的关系如下:

$$\frac{\Pi}{l} = Cv^n \tag{1}$$

对于层流我们有 n=1, 对于湍流, 按 Reynolds 给定的有 n=1.722, 按 Hagen 给定的有 n=1.75(参见图 18 的示意图).

常数 C 取决于密度、动力黏度 ν 和管道半径 a.

a) 根据 Karman [Physik. Z. 12, (1911)283] 的分析, 假设 C 与这些量的幂的乘积成比例, 通过量纲分析确定这些指数值.

b) 关系式 (1) 一定也可以用无量纲数 R、S 和商 l/a 来表示

$$S=f\left(\frac{l}{a},\ R\right) \tag{2}$$

特别地, 如果也假设函数 f 为幂函数的乘积, 并且令 l/a 的指数为 1, 则由式 (2) 可得到

$$S=\lambda\cdot\frac{l}{a}R^{\delta} \tag{3}$$

其中λ是无量纲常数, δ可由式 (1) 中的指数 n 来表示.

c) 最后证明第 16 节式 (13) 中的关系式 $S=\lambda R^{-1/4}$ 与 Hagen 的 $n=1.75$ 是一致的.

III.3　存在外力时的流体的自由面

利用虚功原理, 建立受毛细力以及有势外 (体) 力作用下决定流体自由面形状的微分方程, 假定运动过程中流体质量的体积不变.

III.4　毛细管中液体的上升

上一题的结果可以用来确定狭窄毛细管中湿性 (或非湿性) 液体的上升量 (或下降量). 为此, 只要考虑管内液体表面为球面, 管外液体表面处处为平面即可获足够精度.

第四章习题

IV.1　双极坐标的计算

双极坐标 ρ,φ 由第 19 节方程 (10a,b) 定义, 证明在该坐标系下有下列微元关系:

$$\mathrm{d}s^2=g^2\left(\mathrm{d}\rho^2+\mathrm{d}\varphi^2\right),\quad g=\frac{c}{\cosh\rho-\cos\varphi} \tag{1}$$

在该坐标系下给出 ∇^2 的表达式及振动膜的方程第 17 节式 (8). 注意, 后一方程按 ρ,φ 并不是变量分离的, 即没有以下形式解:

$$u=f_1(\rho)\,f_2(\varphi) \tag{2}$$

IV.2　等强反向的两个涡旋流场

等价于第 19 节方程 (11) 的方程 (10) 给出速度场

$$\boldsymbol{v}=-\mathrm{grad}\Phi=A\mathrm{grad}\varphi,\quad v_\rho=0,\quad v_\varphi=\frac{A}{g}$$

式中 g 取值为上一题方程 (1) 的值. 用几何方法证明 $\boldsymbol{v}$ 的这个表达式等价于第 19 节方程 (14).

Ⅳ.3 椭圆坐标的计算

在椭圆坐标系下建立线微元ds和算子 ∇^2 的表达式. 振动膜方程在该坐标系下可分离变量求解, 即问题Ⅳ.1 中形式 (2) 的形式解

$$u = f_1(\rho) f_2(\varphi)$$

使得问题可解.

Ⅳ.4 从双极坐标到环向和"纺锤"坐标的过渡

通过绕 $\rho = 0$ 轴旋转双极坐标平面 (参考图 26) 可以获得一组环向坐标系; 通过绕 $\varphi = 0$ 轴旋转双极坐标平面可以获得另一组坐标系, 它们称为"纺锤"坐标系似乎是合适的. 在这些坐标系下建立线微元ds和算子 ∇^2 的表达式, 并讨论上述方程的可解性.

第五章习题

Ⅴ.1 水波的动能

作为第 26 节的补充, 对深水下的重力波计算横截面为 $\Delta x \cdot \Delta y = \lambda \cdot 1$, 由底部和自由面所围成的一个柱体的动能; 比较在这个柱中的势能值.

对中度深水进行计算并表明 S/E 的值与第 26 节方程 (13) 中 U/N 的值一致.

第六章习题

Ⅵ.1 漂流

沿海洋表面吹动的风引起的水的流动称为漂流. 表面层由于风的作用将运动通过摩擦压力传给邻近的层. 考虑海洋为无限延伸, 且密度和黏性处处为常数. 引入一坐标系 ξ, η, ζ 固定在地球的表面某点, ξ, η 轴分别平行于经线和纬线, ζ 轴与表面外法线方向一致, 这样, ξ, η, ζ 形成右手坐标系, ξ 轴指向朝南 (参考第一卷图 49). Navier-Stokes 方程现在必须通过第一卷 30.2 或 30.5 的 Coriolis 方法进行论述. 对于一个无限的均匀海洋, 分量 v_ξ, v_η 及 p 与 ξ, η 无关, 而分量 v_ζ 可被忽略.

如果假设风速在 ξ, η 坐标系中是常矢量, 研究稳态结果.

Ⅵ.2 分离具有不同速度两个流场的平面间断面的不稳定性

在第 30 和 32 节中, 指出间断面是不稳定的, 因为在摩擦影响下它们旋转成涡旋. 然而, 无摩擦时不稳定性依然存在; 这可以由最简单的平面间断面 y=0 来表明, 而流体在两侧相同.

假设沿 x 方向流体以常速度 U_1 和 U_2 在 $y>0$ 和 $y<0$ 分别流动. 问题限制在二维平面求解, 如果表面的微扰由母线平行于 z 轴的正弦曲线柱体的形式给定. 外部的力忽略.

使用速度势

$$\left.\begin{array}{l}\Phi_1=-U_1x\\ \varphi_1\end{array}\right\}y>0\qquad\left.\begin{array}{l}\Phi_2=-U_2x\\ \varphi_2\end{array}\right\}y<0\qquad\begin{array}{c}(\text{主要运动})\\ (\text{扰动})\end{array}$$

并应用第 11 节式 (15) 形式下的 Bernoulli 定理, 其对非稳态流动成立. 这样给出的运动方程的讨论表明对所有波长主要运动是非稳定的, 并且由于每一个扰动按照 Fourier 积分定理均可由正弦曲线合成, 所以流动对任何扰动是非稳定的.

按照 Helmholtz(Uber atmospharische Bewegungen, Akad Ber. Berlin, 1898 和 1899), 高卷积云的形成与同向但不同速度的两种气流边界不稳定性相关. 在减压区域以雾滴或冰晶的水蒸气凝结生成云. —— 对于不可压流体, 在此说明的间断面不稳定性在可压流体中必定发生, 只要所有速度相对于声速是小的 (参考第 13 节的附录).

Ⅵ. 3　对于变化风速的水平水面的稳定性

类似于前面问题的操作, 当考虑平行于表面气流的影响时, 研究静止水表面的稳定性. 气流密度并不能像第五章那样忽略, 虽然相当于水而已它很小. 重力在该问题中必须考虑.

第七章习题

Ⅶ.1　由 Lagrange 方程推导旋转液体自由表面的形状

不可压缩流体以常角速度旋转的自由表面由静力学在**44**页推导过, 现在要求用 Lagrange 方程推导. 流体的鼓形的轴取为垂直方向.

Ⅶ.2　对一维可压缩流体给出由 Euler 方程到 Lagrange 方程的转换

对一维可压缩流体无体积力的特殊情形, 从 Euler 方程推导流体动力学的 Lagrange 方程和质量守恒定律.

Ⅶ.3　按照 Hadamard 的方式简单地确定 Riemann 激波的线性微分方程

前一问题推导的一维 Lagrange 方程允许我们按照 J. Hadamard (Lecons sur la propagation des ondes, Paris, 1903) 缩短在第 37 节中二阶线性微分方程的转换. 假定可压缩流体具有初始常密度, 并且应用第一卷第 42 节方程 (8) 的 Legendre 变换, 参考本卷第**312**页的脚注 10.

Ⅶ.4　旋转球体的 Stokes 公式

类似于第 35 节对球体的平移运动，研究一个半径为 a 的其他的匀角速转动. 假设为层流和不可压缩流体，推导力矩 $M = 8\pi\mu a^3\omega$ 是以等角速度 ω 保持匀角速转动的结果.

第八章习题

Ⅷ.1　单一载荷作用下双支撑梁的弯曲

一根长为 $l = a + b$ 的梁，端点 A 和 B 自由地支承在两个高度相等的支承件上，力 P 垂直作用在与 A 端距离为 a 处. 绘制梁轴线方向的剪力图和弯矩图，并确定其挠度曲线.

Ⅷ.2　杆的振动

a) 一个垂直悬挂的棱柱杆，上端刚性固定，下端挂有质量 M 的物体，相比于杆自身的质量 m, M 是大质量. 该系统沿着杆的轴线方向自由振动. 确定纵向振动的圆频率，由于 m 相对于 M 为小质量，而物体 M 的弹性相对于杆的弹性而言无关紧要，因此可以忽略杆的质量 m 和物体 M 的弹性.

b) 现在假定系统 a) 绕杆的轴线进行扭转振动. 在计算扭转振动的频率时，可以忽略作用在杆轴线上的 M 的重量，因为它是恒定的且时时与杆的拉应力相平衡. 这时，还可适当假设质量 M 的转动惯量 θ 相对于杆的转动惯量而言是大惯量.

c) 我们最后考虑一个水平杆，它要么一端刚性固定，另一端作用有质量 M，要么像题Ⅷ.1 中一样，A 和 B 两端支承而在与 A 端距离为 a 处 (相应地与 B 端距离为 b 处) 作用有质量 M. 杆的平衡被一个垂直脉冲扰动. 如果也假设 $M \gg m$，确定垂直于杆轴向的振动 (弯曲振动) 的圆周频率.

Ⅷ.3　受冲击载荷的杆

假设题Ⅷ.2a) 中杆的质量载荷 M 不是稳定载荷，而是在 $t = 0$ 时放到杆上，并且在该时刻 M 的速度为 v_0. 计算质量 M 的最大位移 $\xi_{\max}$ 和杆的端部横截面处的最大应力 $\sigma_{\max}$，并证明：

a) $v_0 = 0$ 时，$\sigma_{\max}$ 是其静态值的两倍.

b) v_0 值较大时，在接触瞬间 $\sigma_{\max}$ 随 M 的动能增加而增大，并且依赖于杆的个别尺寸，但只是通过体积的形式.

Ⅷ.4　椭圆杆扭转问题的补充

对于椭圆截面杆，通过第 42 节式 (23) 中的积分确定其扭矩 M 和扭转角 φ_l，并将表示杆几何形状对其影响的因子和表示椭圆面积及惯性矩对其影响的因子进行比较.

Ⅷ.5　具有平面边界弹性固体内的平面横波和平面纵波的反射

作为对第 45 节的补充, 证明垂直于入射平面振荡的横波在不受力的自由平面内有规律地反射, 但不会同时产生纵波. 另外, 证明除了照例反射纵波之外, 平面纵波还产生了在入射平面内振荡的横波.

第九章习题

Ⅸ.1 e 张量

a) 证明

$$e_{ijk}e_{lmn}=\begin{vmatrix}\delta_{il}&\delta_{jl}&\delta_{kl}\\\delta_{im}&\delta_{jm}&\delta_{km}\\\delta_{in}&\delta_{jn}&\delta_{kn}\end{vmatrix},\quad e_{ijk}e_{lmk}=\begin{vmatrix}\delta_{il}&\delta_{jl}\\\delta_{im}&\delta_{jm}\end{vmatrix}$$

$$e_{ijk}e_{ljk}=2\delta_{il},\quad e_{ijk}e_{ijk}=6$$

b) 利用 e 张量证明下面公式:

$$a\times(b\times c)=a\cdot(cb-bc)$$

c) 在第 48 节式 (91) 和 $b_{ijkl}=0$ 的前提下, 由第 48 节式 (69) 推导出式 (93).

Ⅸ.2 直位错的应力场

在无限介质中, 沿 z 方向的

Ⅸ.3 位错的相互作用

给定无限介质中沿 z 方向的位错 1, 其 Burgers 矢量为 $(b_x,0,0)$, 有一平行位错 2 在 $x=x_0,y=y_0$ 具有 Burgers 矢量 $(-b_x,0,0)$.

a) 位错 2 受到位错 1 在 x 方向的力 $K_x(x_0)$ 为多少?

b) 计算两个位错的势能 $\Delta E(x_0)$.

c) 力 $K_x(x_0)$ 何以由位错 1 在 x 方向作用于位错 2?

d) 用一个简单的模型建立晶体的流动应力等于外加的应力, 人们至少需要两个相反的位错.

Ⅸ.4 位错和晶格曲率

在 $z=0$ 平面中的螺型位错, 一般的安置是建立一个方形网格, 可以一边沿 x 方向, 一边沿 y 方向, 我们可以选择它们的正方向.

a) 必须怎样选择 Burgers 矢量的方向, 以便建立小角度晶界?

b) 为了计算小角度晶界, 半空间 $z>0$ 和 $z<0$ 的相对转动与位错网格的晶格常数有关, 同时和 Burgers 矢量有关. 这里要用到位错密度和 Burgers 矢量的基本关系式.

c) 什么类型的外应力能够使得晶粒边界向 z 方向运动?

d) 位错排列, 能够成功和稳定?

Ⅸ.5 **位错与表面**

在半空间 $x \leqslant 0$, 在位置 $x=-d, y=0$ 存在一个螺型位错, 利用倒易辐射方法 (第三卷, 第 9 节), 计算受力表面对位错的影响. 为什么用这一方法, 当人们通过刃型位错准备研究螺型位错.

Ⅸ.6 **位错与弹性双重性**

利用普通弹性理论中位移场的等价性, 我们可以得到下面的简单形式:

$$D_{ij} s_i = -F_j, \quad D_{ij} = c_{ikjl} \partial_k \partial_l \tag{1}$$

通过关系

$$D_{ij} S_{jk}(r) = -\delta(r)\delta_{ik}, \quad r = |\tau - \tau'| \tag{2}$$

$S_{jk}(r)$ 是方程 (1) 的基本解. 在弹性理论中, 它起到了在势论 (见第六卷, 第 10 节) 中 Newton 势 $1/4\pi r$ 相类似的作用. 借助于基本解 S_{jk} 和 Green 函数方法 (见第六卷, 第 10 节), 在体积力 F_i 和表面力 f_i 作用下的表面位移可以表示成

$$\begin{aligned} s_i = & \int_V S_{jk}(r) F_j(r') \mathrm{d}V' + \int_F S_{jk}(r) f_j(r') \mathrm{d}f' \\ & + \int_F c_{jklm}(r) n'_j \bar{s}_k(r') \partial_l s_{ml}(r) \mathrm{d}f' \end{aligned} \tag{3}$$

a) 验证对于第 9 节方程 (18) 中的用在上面方程 (1) 的 c_{ijkl}, 在各向同性的第 48 节式 (67) 有

$$S_{ij} = \frac{1}{8\pi r}\left(-\frac{\lambda+\mu}{\lambda+2\mu}\partial_i\partial_j + \delta_{ij}\nabla^2\right) \tag{4}$$

b) 在无限介质中点 r' 作用一个点力 P_j, 求产生的位移场.

c) 求在无限介质中一对力 $P_{jk} = P_k dx_j$ 作用下的位移场.

d) 根据方程 (3) 求在双重势 $p_{ij} = \mathrm{d}P_{ij}/\mathrm{d}F$ 作用下表面 f 的位移场, 沿表面 f 一位错在运动.

习 题 解 答

第一章习题解答

Ⅰ.1　a) 对

$$2(\boldsymbol{A}-\boldsymbol{A}_0)=\boldsymbol{B}\times\boldsymbol{r}$$

的 z 分量关于 y 求偏导、y 分量关于 z 求偏导, 并把结果相减, 略去所有关于 r 同时为零的项, 则得到

$$\boldsymbol{B}=\mathrm{curl}\boldsymbol{A}$$

的 x 分量的通常表达式.

b) 注意: 略去的这些项具有如下形式

$$(\boldsymbol{r}\mathrm{grad})B_x-x\mathrm{div}\boldsymbol{B}$$

这指出与通常公式

$$\mathrm{curl}(\boldsymbol{a}\times\boldsymbol{b})=(\boldsymbol{b}\mathrm{grad})\boldsymbol{a}-(\boldsymbol{a}\mathrm{grad})\boldsymbol{b}+\boldsymbol{a}\mathrm{div}\boldsymbol{b}-\boldsymbol{b}\mathrm{div}\boldsymbol{a}$$

之间的联系, 对任意矢量 $\boldsymbol{a},\boldsymbol{b}$ 来说这是正确的, 但仅限于笛卡儿分量.

Ⅰ.2　从第 2 节式 (2) 得到

$$x_i'=\sum_k\alpha_{ik}x_k,\quad x_k=\sum_i\alpha_{ik}x_i',\quad A_l'=\sum_i\alpha_{li}A_i$$

微分后发现

$$\frac{\partial}{\partial x_i'}=\sum_k\frac{\partial x_k}{\partial x_i'}\frac{\partial}{\partial x_k}=\sum_k\alpha_{ik}\frac{\partial}{\partial x_k},\quad \frac{\partial A_l'}{\partial x_m'}=\cdots,\quad \frac{\partial A_m'}{\partial x_l'}=\cdots$$

当 (l,m) 取值 $(2,3)$、$(3,1)$ 和 $(1,2)$ 时, 偏导数之差 $\partial A_m'/\partial x_l'-\partial A_l'/\partial x_m'$ 分别给出了 $\mathrm{curl}'\boldsymbol{A}'$ 的 1、2、3 分量, 每个导数包含 9 项. 相减之后, 18 项中的 6 项消掉, 剩下的 12 项根据 6 个不同的 $\partial A_i/\partial x_k$ 分成 6 组, 最后重新排列成包含三个 $\partial A_k/\partial x_i-\partial A_i/\partial x_k$ 的 3 项. 因而变换后旋度的每个分量都是关于原来旋度分量的线性函数, 系数为第 2 节式 (5) 中变换行列式的元素的余因子. 这再一次指出了旋度的轴矢量特点.

第 2 节方程 (10)~(15) 中问题的处理值得借鉴.

Ⅰ.3 当然, 利用相应坐标的正交变换, 有可能从笛卡儿坐标的定义中得到必要的表达式, 但这是一个相当麻烦的过程. 一个有效的方法是对必需的坐标类型, 研究通常公式第 2 节式 (24)~(26), 第 3 节式 (9a) 和 (9b), 该计算结果整理成下表中的形式以方便后面使用, 表中也包含着柱面和球面坐标形式下问题Ⅰ.4 和Ⅲ.1 的答案. 要正确理解符号 $\nabla^2 \boldsymbol{A}$ 和 $(\boldsymbol{A}\text{grad})\boldsymbol{A}$ 的含义, 读者可以参考第 3 节方程 (10a) 和第 11 节方程 (6).

需要注意的是旋度符号依赖于坐标系的定向, 这里我们假定三个坐标 r, φ, z 或 r, ϑ, φ 符合右手规则, 只有在此条件下第 2 节式 (26) 的应用才是合理的. 在球面坐标情形下, ϑ 的通常定义是从北极指向南极, 此时, φ 的指向与地理经度坐标相反. 然而, 如果需要使 φ 与地理经度相符, 那么旋度分量的符号将会与第 2 节方程 (16) 相反, 原因是旋度为轴矢量. 当 r, ϑ, φ 的顺序变为 r, φ, ϑ 时, 也会产生类似结果.

柱面坐标:

$$r, \varphi, z, \quad \mathrm{d}s^2 = \mathrm{d}r^2 + r^2 \mathrm{d}\varphi^2 + \mathrm{d}z^2$$

$$g_1 = 1, \quad g_2 = r, \quad g_3 = 1$$

$$\text{grad} U = \left(\frac{\partial U}{\partial r}, \ \frac{1}{r}\frac{\partial U}{\partial \varphi}, \ \frac{\partial U}{\partial z} \right)$$

$$\text{div}\ \boldsymbol{A} = \frac{1}{r}\frac{\partial}{\partial r}(rA_r) + \frac{1}{r}\frac{\partial A_\varphi}{\partial \varphi} + \frac{\partial A_z}{\partial z}$$

$$\text{curl}_r\ \boldsymbol{A} = \frac{1}{r}\frac{\partial A_z}{\partial \varphi} - \frac{\partial A_\varphi}{\partial z}$$

$$\text{curl}_\varphi\ \boldsymbol{A} = \frac{\partial A_r}{\partial z} - \frac{\partial A_z}{\partial r}$$

$$\text{curl}_z\ \boldsymbol{A} = \frac{1}{r}\frac{\partial (rA_\varphi)}{\partial r} - \frac{1}{r}\frac{\partial A_r}{\partial \varphi}$$

$$\begin{aligned}
\nabla^2 U =& \frac{1}{r}\left\{ \frac{\partial}{\partial r}\left(r\frac{\partial U}{\partial r} \right) + \frac{\partial}{\partial \varphi}\left(\frac{1}{r}\frac{\partial U}{\partial \varphi} \right) + \frac{\partial}{\partial z}\left(r\frac{\partial U}{\partial z} \right) \right\} \\
=& \frac{1}{r}\frac{\partial}{\partial r}\left(r\frac{\partial U}{\partial r} \right) + \frac{1}{r^2}\frac{\partial^2 U}{\partial \varphi^2} + \frac{\partial^2 U}{\partial z^2} \\
=& \frac{\partial^2 U}{\partial r^2} + \frac{1}{r}\frac{\partial U}{\partial r} + \frac{1}{r^2}\frac{\partial^2 U}{\partial \varphi^2} + \frac{\partial^2 U}{\partial z^2}
\end{aligned}$$

$$DU = \left(\frac{\partial U}{\partial r} \right)^2 + \frac{1}{r^2}\left(\frac{\partial U}{\partial \varphi} \right)^2 + \left(\frac{\partial U}{\partial z} \right)^2$$

$$(\boldsymbol{A}\mathrm{grad})\ \boldsymbol{A} = \begin{cases} \boldsymbol{A} \cdot \mathrm{grad}A_r - \dfrac{A_\varphi^2}{r} \\ \boldsymbol{A} \cdot \mathrm{grad}A_\varphi + \dfrac{A_r A_\varphi}{r} \\ \boldsymbol{A} \cdot \mathrm{grad}\ A_z \end{cases}$$

$$\nabla^2 \boldsymbol{A} = \begin{cases} \nabla^2 A_r - \dfrac{A_r}{r^2} - \dfrac{2}{r^2}\dfrac{\partial A_\varphi}{\partial \varphi} \\ \nabla^2 A_\varphi - \dfrac{A_\varphi}{r^2} + \dfrac{2}{r^2}\dfrac{\partial A_r}{\partial \varphi} \\ \nabla^2 A_z \end{cases}$$

球面坐标:

$$r, \vartheta, \varphi, \quad \mathrm{d}s^2 = \mathrm{d}r^2 + r^2\mathrm{d}\vartheta^2 + r^2\sin^2\vartheta\mathrm{d}\varphi^2$$

$$g_1 = 1, \quad g_2 = r, \quad g_3 = r\ \sin\vartheta$$

$$\mathrm{grad}U = \left(\frac{\partial U}{\partial r}, \ \frac{1}{r}\frac{\partial U}{\partial \vartheta}, \ \frac{1}{r\ \sin\vartheta}\frac{\partial U}{\partial \varphi}\right)$$

$$\mathrm{div}\ \boldsymbol{A} = \frac{1}{r^2}\frac{\partial}{\partial r}(r^2 A_r) + \frac{1}{r\ \sin\vartheta}\frac{\partial}{\partial \vartheta}(\sin\vartheta\ A_\vartheta) + \frac{1}{r\ \sin\vartheta}\frac{\partial A_\varphi}{\partial \varphi}$$

$$\mathrm{curl}_r\ \boldsymbol{A} = \frac{1}{r\sin\vartheta}\left(\frac{\partial(\sin\vartheta\ A_\varphi)}{\partial\vartheta} - \frac{\partial A_\vartheta}{\partial \varphi}\right)$$

$$\mathrm{curl}_\vartheta\ \boldsymbol{A} = \frac{1}{r\ \sin\vartheta}\frac{\partial A_r}{\partial \varphi} - \frac{1}{r}\frac{\partial(rA_\varphi)}{\partial r}$$

$$\mathrm{curl}_\varphi\ \boldsymbol{A} = \frac{1}{r}\left(\frac{\partial(rA_\vartheta)}{\partial r} - \frac{\partial A_r}{\partial \vartheta}\right)$$

$$\begin{aligned}\nabla^2 U &= \frac{1}{r^2\sin\vartheta}\left\{\frac{\partial}{\partial r}\left(r^2\sin\vartheta\frac{\partial U}{\partial r}\right) + \frac{\partial}{\partial\vartheta}\left(\sin\vartheta\frac{\partial U}{\partial\vartheta}\right) + \frac{\partial}{\partial\varphi}\left(\frac{1}{\sin\vartheta}\frac{\partial U}{\partial\varphi}\right)\right\} \\ &= \frac{1}{r^2}\frac{\partial}{\partial r}\left(r^2\frac{\partial U}{\partial r}\right) + \frac{1}{r^2\sin\vartheta}\frac{\partial}{\partial\vartheta}\left(\sin\vartheta\frac{\partial U}{\partial\vartheta}\right) + \frac{1}{r^2\sin^2\vartheta}\frac{\partial^2 U}{\partial\varphi^2} \\ &= \frac{\partial^2 U}{\partial r^2} + \frac{2}{r}\frac{\partial U}{\partial r} + \frac{1}{r^2}\frac{\partial^2 U}{\partial\vartheta^2} + \frac{1}{r^2}ctg\vartheta\cdot\frac{\partial U}{\partial\vartheta} + \frac{1}{r^2\sin^2\vartheta}\frac{\partial^2 U}{\partial\varphi^2}\end{aligned}$$

$$DU = \left(\frac{\partial U}{\partial r}\right)^2 + \frac{1}{r^2}\left(\frac{\partial U}{\partial\vartheta}\right)^2 + \frac{1}{r^2\sin^2\vartheta}\left(\frac{\partial U}{\partial\varphi}\right)^2$$

$$(\boldsymbol{A}\mathrm{grad})\ \mathbf{A} = \begin{cases} \nabla^2 A_r - \dfrac{2}{r^2}\left[A_r + \dfrac{1}{\sin\vartheta}\dfrac{\partial}{\partial\vartheta}(\sin\vartheta\ A_\vartheta) + \dfrac{1}{\sin\vartheta}\dfrac{\partial A_\varphi}{\partial\varphi}\right] \\ \nabla^2 A_\vartheta + \dfrac{2}{r^2}\left[\dfrac{\partial A_r}{\partial\vartheta} - \dfrac{A_\vartheta}{2\sin^2\vartheta} - \dfrac{ctg\vartheta}{\sin\vartheta}\dfrac{\partial A_\varphi}{\partial\varphi}\right] \\ \nabla^2 A_\varphi + \dfrac{2}{r^2\sin\vartheta}\left[\dfrac{\partial A_r}{\partial\varphi} + ctg\vartheta\dfrac{\partial A_\vartheta}{\partial\vartheta} - \dfrac{A_\varphi}{2\sin\vartheta}\right] \end{cases}$$

Ⅰ.4　根据前面的表格, curl curl$\boldsymbol{A}$ 的 r 分量为

$$\begin{aligned}\text{curl}_r\text{curl}\,\boldsymbol{A} &= \frac{1}{r}\frac{\partial}{\partial\varphi}\text{curl}_z\,\boldsymbol{A} - \frac{\partial}{\partial z}\text{curl}_\varphi\,\boldsymbol{A} \\ &= \frac{1}{r^2}\frac{\partial}{\partial r}r\frac{\partial A_\varphi}{\partial\varphi} - \frac{1}{r^2}\frac{\partial^2 A_r}{\partial\varphi^2} - \frac{\partial^2 A_r}{\partial z^2} + \frac{\partial^2 A_z}{\partial r\partial z}\end{aligned}$$

类似地,

$$\text{grad}_r\text{div}\boldsymbol{A} = \frac{\partial^2 A_r}{\partial r^2} + \frac{\partial}{\partial r}\frac{A_r}{r} + \frac{1}{r}\frac{\partial^2 A_\varphi}{\partial r\partial\varphi} - \frac{1}{r^2}\frac{\partial A_\varphi}{\partial\varphi} + \frac{\partial^2 A_z}{\partial r\partial z}$$

因而得到

$$\text{grad}_r\text{div}\boldsymbol{A} - \text{curl}_r\text{curl}\boldsymbol{A} = \cdots - \frac{A_r}{r^2} - \frac{2}{r^2}\frac{\partial A_\varphi}{\partial\varphi}$$

如果使用柱面坐标系中 ∇^2 表达式的图表来计算 $\nabla^2 A_r$, 那么上式右端写出的所有项是那些缺少的项. 同样, 有

$$\text{grad}_\varphi\text{div}\,\boldsymbol{A} - \text{curl}_\varphi\,\text{curl}\,\boldsymbol{A} = \cdots - \frac{A_\varphi}{r^2} + \frac{2}{r^2}\frac{\partial A_r}{\partial\varphi}$$

Ⅰ.5　对两个解 U_1 和 U_2, 令 $U = U_1 - U_2$, 则 Laplace 算子 $\nabla^2 U$ 在内部为零, 沿法方向的偏导数 $\partial U/\partial n$ 在边界上为零. 如同第一边界值问题, 从第 3 节 Green 定理 (16a) 可知 $U = \text{const}$, 所以 $U_2 = U_1 + \text{const}$. 当然, 由此不再可能推断 $U_2 = U_1$.

Ⅰ.6　设三个半轴分别为 a, b, c 的应变椭球由方程

$$\sum \varepsilon_{ik}x_i x_k = 1 \tag{1}$$

给出, 坐标系为 x_1, x_2, x_3, 通过旋转可变换为主轴坐标系.

a) $\Theta = \Theta'$: 对 $x_2 = x_3 = 0$, 可得 $\varepsilon_{11} = 1/\bar{x}_1^2$, 其中 $|\bar{x}_1|$ 为从原点 O 到 x_1 轴与椭球交点的径向矢量. 相应地得到长度 $|\bar{x}_2|$ 和 $|\bar{x}_3|$ 的定义, 从而得到

$$\Theta = \frac{1}{\bar{x}_1^2} + \frac{1}{\bar{x}_2^2} + \frac{1}{\bar{x}_3^2} \tag{2}$$

Θ 的不变性给出下列几何解释: 如果一个椭球与三条正交线相交, 而且三条线的顶点与椭球的中心点重合, 那么截线长度平方的倒数之和与三条正交线的位置无关, 即

$$\Theta' = \frac{1}{a^2} + \frac{1}{b^2} + \frac{1}{c^2}$$

b) $\varDelta = \varDelta'$: 平面 $x_3 = 0$ 截椭球 (1) 为如下椭圆

$$\varepsilon_{11}x_1^2 + 2\varepsilon_{12}x_1x_2 + \varepsilon_{22}x_2^2 = 1$$

其中主半轴为 $1/\sqrt{\lambda_1}$ 和 $1/\sqrt{\lambda_2}$, λ_1 和 λ_2 为方程

$$\begin{vmatrix} \varepsilon_{11}-\lambda & \varepsilon_{12} \\ \varepsilon_{21} & \varepsilon_{22}-\lambda \end{vmatrix} = 0 \tag{3}$$

的根, 椭圆的面积为

$$F_3 = \frac{\pi}{\sqrt{\lambda_1\lambda_2}} \tag{4}$$

从式 (3) 和 (4) 我们得到

$$\lambda_1\lambda_2 = \varepsilon_{11}\varepsilon_{22} - \varepsilon_{12}^2 = \frac{\pi^2}{F_3^2}$$

相应地, 可以得到 F_1 和 F_2, 从而有

$$\Delta = \pi^2\left(\frac{1}{F_3^2} + \frac{1}{F_1^2} + \frac{1}{F_2^2}\right) \tag{5}$$

所以, 如果一个椭球与三个正交的平面相交, 而且三个平面的交点与椭球的中心点重合, 那么前面所述三个椭圆面积的平方的倒数之和与其位置无关, 即

$$\Delta' = \frac{1}{b^2c^2} + \frac{1}{c^2a^2} + \frac{1}{a^2b^2}$$

c) $D = D'$: 半轴为 a, b, c 的椭球的体积为

$$V = \frac{4\pi}{3}abc \tag{6}$$

当在主坐标系中建立行列式第 4 节式 (7) 时, 在主对角线上它可以简化为 $1/a^2, 1/b^2, 1/c^2$ 的乘积, 从而有

$$D' = \frac{1}{a^2b^2c^2} = \frac{16\pi^2}{9V^2} \tag{7}$$

另外, 通过正交变换将 D' 变为 D [参见第 4 节式 (7)], 则有

$$D = \frac{16\pi^2}{9V^2} \tag{8}$$

D 的不变性等价于体积 V 与坐标系的选取无关.

I.7 关系 $\boldsymbol{F} = \lambda\boldsymbol{F}_0$ 蕴含着

$$\mathrm{curl}\boldsymbol{F} = \lambda\,\mathrm{curl}\,\boldsymbol{F}_0 + \mathrm{grad}\,\lambda \times \boldsymbol{F}_0$$

与 $\boldsymbol{F}_0$ 作标量积, 并利用矢量公式

$$\boldsymbol{A}\cdot(\boldsymbol{B}\times\boldsymbol{C}) = \boldsymbol{B}\cdot(\boldsymbol{C}\times\boldsymbol{A})$$

可以得到一个方程, 并由此得到 $\boldsymbol{F}_0 \perp \mathrm{curl}\,\boldsymbol{F}_0$(假定 $\mathrm{curl}\,\boldsymbol{F} = 0$).

如果 U 是一个属于由 $\boldsymbol{F}_0$ 给出的场线模式的势函数, 使得 $\lambda\boldsymbol{F}_0 = \mathrm{grad}\,U$, 则 U 的任何函数 V 也是一个势, 并且关联乘子 $\lambda' = \lambda\,\mathrm{d}V/\mathrm{d}U$, 这样所考虑的问题如果有一个解, 那么它就有无穷多个解.

第二章习题解答

Ⅱ.1 a) 根据第 99 页中的 p_0 和 ρ_0 值, 我们可以利用第 7 节式 (9b) 计算得到 n 分别为 1.4, 1.2 和 1 时 h 的值. 最后一个值印证了第 7 节式 (14) 中的指数函数只有在 $z=\infty$ 时为 0.

在绝热情况下 ($n=1.4$), 温度递减率可由第 7 节方程 (11) 得到. 如果假设地面温度为 0°C= 273K, 则递减率约为每 100m 下降 1°C. 对于干燥空气, 这种同样的绝热递减率也存在于焚风①下降气流中**相同流线**的两点之间, 而在垂直方向, 也就是在不同流线间的过渡方向上, 其递减率只是上述数值的一半 (对应于大气的平均温度梯度).

b) 在第 7 节式 (7) 的第二个方程中代入

$$V=-\frac{GM}{r}$$

式中 G= 牛顿万有引力常数, M= 地球质量, r= 至地球中心的距离. 第 7 节式 (7) 中的常数由以下条件确定: $r=R$ 时 $p=pp_0$, 其中 R 为地球半径. 由此可通过式 (6a) 和 (7) 得到

$$p=p_0\left[1-\frac{n-1}{n}\frac{\rho_0}{p_0}GM\left(\frac{1}{R}-\frac{1}{r}\right)\right]^{n/(n-1)} \tag{1}$$

在地球表面我们有

$$\frac{GM}{R^2}=g \tag{2}$$

如果令 $p=0$ 则可得到大气极限高度; 令 $r=R+h$, 则由式 (1) 可得到

$$1=\frac{n-1}{n}\frac{\rho_0}{p_0}gh\frac{R}{R+h} \tag{3}$$

假如 $h\ll R$ 且 $n>1$, 这个结果与第 7 节式 (9b) 是一致的.

对于等温情况, n=1, 两个结果不再一致. 如果将 $G=R^2g/M$ 代入式 (1), 并取极限 $n\to 1$, 可得到

$$p=p_0\exp\left[-\frac{\rho_0}{p_0}\cdot gR\left(1-\frac{R}{r}\right)\right],\quad r>R \tag{4}$$

在这种情况下, 没有可以由 $p=0$ 定义的大气高度上限值: $r\to\infty$ 时会得到一个矛盾的结果 —— 压力很小但却是有限值

$$p=p_0\exp\left(-\frac{\rho_0}{p_0}gR\right) \tag{5}$$

① 这是欧洲阿尔卑斯山地区并不罕见的一种气候现象, 其主要特点是沿山坡下滑的空气质团.

Ⅱ.2　N_2 和 O_2 的初始分压力为 $(\omega=0)$

$$p_{01}=p_0\frac{21}{100}, p_{02}=p_0\frac{79}{100},\quad 其中 p_0=1033\times 981\mathrm{g/(cm\cdot s^2)} \tag{1}$$

由第 7 节式 (18) 可得到圆周 r 处的分压力分别为

$$\begin{cases} p_1=p_{01}\exp\left(\dfrac{\mu_1}{2}\dfrac{r^2\omega^2}{RT}\right), \mu_1=32 \\ p_2=p_{02}\exp\left(\dfrac{\mu_2}{2}\dfrac{r^2\omega^2}{RT}\right), \mu_2=28 \end{cases} \tag{2}$$

压力差 $(p_1+p_2)-p_0$ 已规定为 $40\times 981\mathrm{g/(cm\cdot s^2)}$, 根据式 (1) 和 (2) 可得

$$(p_1+p_2)-p_0=p_{01}\left[\exp\left(\frac{\mu_1}{2}\frac{r^2\omega^2}{RT}\right)-1\right]+p_{02}\left[\exp\left(\frac{\mu_2}{2}\frac{r^2\omega^2}{RT}\right)-1\right]$$

考虑到指数值很小, 通过展开指数函数并保留线性项即可获得良好的近似. 对 $R=8.31\times 10^7\mathrm{erg/grad}$, $T=273\mathrm{K}$ 时可得到

$$40=10.33\,(21\times 32+79\times 28)\,\frac{30^2\omega^2}{2\times 8.31\times 10^7\times 273}$$

由此 $\omega=260\mathrm{s}^{-1}$, $n=30\omega/\pi$ =2480r/min, 圆周处的压力 (或密度) 比为

$$\frac{p_1}{p_2}=\frac{\rho_1}{\rho_2}=\frac{p_{01}}{p_{02}}\cdot\frac{1+\dfrac{\mu_1}{2}\dfrac{r^2\omega^2}{RT}}{1+\dfrac{\mu_2}{2}\dfrac{r^2\omega^2}{RT}}=\frac{21}{79}\cdot\frac{1.043}{1.038}$$

只比中心处大 0.5%, 因此离心机不是分离气体或同位素混合物的有效手段. 即使是在第 45 页提到的超速离心机也只能分离胶体的聚集物, 充其量能分离大分子蛋白质混合物.

Ⅱ.3　a) 将问题与第 10 章方程 (11)~(17) 进行仔细类比可得到

$$u=\frac{A}{2h}\left(h^2-y^2\right),\quad u_m=\frac{Q}{2h}=A\frac{h^2}{3\mu},\quad \varPi=Al=3\mu l\frac{u_m}{h^2} \tag{1}$$

也就是如图 14 一样的抛物线速度分布以及和平均速度的一次方成正比、和半宽度 h 的二次方成反比的压力损失, 这里的 h 对应于第 10 章方程 (17) 中的半径. 在流动方向上作用在上板或下板上的作用力大小为每单位面积 $3\mu u_m/h$.

b) 图 19a 中重力沿 x 轴方向的分量为

$$F_x=\rho g\sin a \tag{2}$$

这里不需要考虑指向底部 $y=-h$ 的分量. 自由表面处的压力等于大气压力 ($p=0$). x 方向不需要有压力梯度, 因为体力 (2) 有相同的作用. 基于此, 第 10 章微分方程 (8a) 可表示为

$$-\mu\frac{\partial^2 u}{\partial^2 y}=\rho g\sin\alpha$$

在 y=0 处需要边界条件 $p=0$ 和 $p_{yz}=-\mu\partial u/\partial y=0$, 但是由于流体关于平面 y=0 对称, 这些条件在 a) 中都满足. 因此, 根据需要对常数 A 进行修改后, 该情况下的速度场与 a) 中下半部分的速度场完全相同.

II.4 参考习题 I.3 答案中在柱坐标系下得出的公式, 令

$$v=v_\varphi,\quad v_r=v_s=0$$

不可压缩条件

$$\cdots\frac{1}{r}\frac{\partial v}{\partial\varphi}+\cdots=0$$

要求 v 与 φ 无关, 所以 $v=v(r)$. 对压力 p 也一样.

再通过表 I.3 中 $\Delta^2 v$ 的表达式, 可以得到微分方程

$$\frac{\mathrm{d}^2 v}{\mathrm{d}r^2}+\frac{1}{r}\frac{\mathrm{d}v}{\mathrm{d}r}-\frac{v}{r^2}=0$$

该方程的通解是特解 $v=r$ 和 $v=1/r$ 的线性组合. 组合系数由下列边界条件确定:

$$r=r_i\text{时}v=0,\quad r=r_e\text{时}v=U$$

通过这种方法可获得

$$v=U\frac{r_e}{r}\frac{r^2-r_i^2}{r_e^2-r_i^2}$$

如果对 r_i 求极限令其趋于无穷大, 并记 $r_e=r_i+h$ 和 $r=r_i+y$, 则上式与直线型 Couette 流的结果第 16 节式 (14) 相同.

反力矩 (每单位圆柱轴的长度) 表示为

$$M_e=2\pi\mu U r_e\frac{r_e^2+r_i^2}{r_e^2-r_i^2},\quad M_i=2\pi\mu U r_e\frac{2r_i^2}{r_e^2-r_i^2}$$

它们在外筒单位周长上的差分为μU, 该值的量纲是单位面积上的扭矩. 实际上, 它和作用在直线型 Couette 流的两边界面单位面积上的扭矩值相等 (应力 $\mu U/h\times$ 力臂 h).

II.5 该问题给出了如何应用弹性力学基本方程的典型方法. 求解需要有些繁冗的计算, 我们在此将清晰地给出计算过程所需的每个环节. 有关过渡性的步骤留给读者来补充.

令力 P 的方向与柱坐标系 r, φ, z 的 z 轴重合, 其作用点为坐标系原点. 记位移矢量的分量为

$$\rho = \sqrt{\xi^2 + \eta^2}, \quad 0, \quad \zeta$$

因为该问题是关于 z 轴对称, 因此根据表 I.3 可获得体积应变 θ 的表达式

$$\theta = \frac{1}{r}\frac{\partial}{\partial r}(r\rho) + \frac{\partial \zeta}{\partial z} \tag{1}$$

a) 与第 14 节式 (2) 类似, 根据第 9 节式 (18) 可以得到关于 θ 的微分方程

$$\nabla^2 \theta = 0 \tag{2}$$

具有所需对称性的结果可从下列各式中选取 (参见第 248 页):

$$\theta = \frac{1}{R}, \frac{\partial}{\partial z}\frac{1}{R}, \frac{\partial^2}{\partial z^2}\frac{1}{R}, \cdots, R^2 = r^2 + z^2 \tag{3}$$

我们选择第二个, 因而有

$$\theta = -A\frac{\partial}{\partial z}\frac{1}{R} = A\frac{z}{R^3} \tag{4}$$

b) 根据第 9 节式 (18) 和表 I.3 得到 Cartesian 分量 ζ 的微分方程表达式

$$\frac{\partial^2 \zeta}{\partial r^2} + \frac{1}{r}\frac{\partial \zeta}{\partial r} + \frac{\partial^2 \zeta}{\partial z^2} = -\frac{\mu + \lambda}{\mu} A\left(\frac{1}{R^3} - \frac{3z^2}{R^5}\right) \tag{5}$$

该方程的一个特解为

$$\zeta = B\frac{z^2}{R^3}, \quad B = -\frac{\mu + \lambda}{\mu}\frac{A}{2} \tag{6}$$

在其基础上可以叠加形如式 (3) 的解. 选择式 (3) 中的第一个解, 我们假设 ζ 的一个更一般的形式

$$\zeta = \frac{C}{R} - \frac{\mu + \lambda}{\mu}\frac{A}{2}\frac{z^2}{R^3} \tag{7}$$

c) 从方程 (1) 容易得到 ρ 的微分方程, 即

$$\frac{1}{r}\frac{\partial}{\partial r}(r\rho) = \theta - \frac{\partial \zeta}{\partial z} = A\frac{z}{R^3} + C\frac{z}{R^3} + \frac{\mu + \lambda}{\mu}\frac{A}{2}\frac{z}{R^3}\left(1 - \frac{3}{2}\frac{z^2}{R^3}\right) \tag{8}$$

该式可以变形为

$$\frac{\partial}{\partial r}(r\rho) = -\left(\frac{2\mu + \lambda}{\mu}A + C\right) z\frac{\partial}{\partial r}\frac{1}{R} + \frac{\mu + \lambda}{\mu}\frac{A}{2}z^3\frac{\partial}{\partial r}\frac{1}{R^3} \tag{9}$$

并积分得

$$r\rho = -\left(\frac{2\mu + \lambda}{\mu}A + C\right)\frac{z}{R} + \frac{\mu + \lambda}{\mu}\frac{A}{2}\frac{z^3}{R^3} + f(z) \tag{10}$$

其中 $f(z)$ 是积分常数. 对于 $r=0$ 和 z 取正值时, 我们必须要求 $r\rho=0$. 那么取 $R=z$, 我们有

$$f(z)=C+\frac{3\mu+\lambda}{\mu}\frac{A}{2}$$

因此由方程 (10) 可得到

$$\rho=\left(C+\frac{3\mu+\lambda}{\mu}\frac{A}{2}\right)\frac{1}{r}-\left(C+\frac{2\mu+\lambda}{\mu}A\right)\frac{z}{rR}+\frac{\mu+\lambda}{\mu}\frac{A}{2}\frac{z^3}{rR^3} \tag{11}$$

d) 在表面 $z=0$ 的边界条件是, 对 $r>0$

$$\sigma_{zr}=0,\sigma_{z\varphi}=0,\sigma_{zz}=0 \tag{12}$$

第一个条件要求

$$\frac{\partial\zeta}{\partial r}+\frac{\partial\rho}{\partial z}=0 \tag{13}$$

由于对称性, 第二个条件不仅在 $z=0$ 表面还是在弹性体内部任何位置处都自动满足 (参见下文编号为 f) 的部分). 第三个条件等价于

$$\frac{\partial\zeta}{\partial z}=0$$

因为 $z=0$ 和 $r>0$ 时, $\theta=0$; 根据式 (7), 这一点也自动满足. 将由式 (7) 和 (11) 得到的 $z=0$ 时的下式代入式 (13)

$$\frac{\partial\zeta}{\partial r}=-\frac{C}{r^2},\quad \frac{\partial\rho}{\partial z}=-\left(C+\frac{2\mu+\lambda}{\mu}A\right)\frac{1}{r^2}$$

得到

$$C=-\frac{2\mu+\lambda}{\mu}\frac{A}{2} \tag{14}$$

e) 变形状态因此可用以下关系描述:

$$\begin{aligned}&\theta=A\frac{z}{R^3},\quad \zeta=-\frac{A}{2}\left(\frac{2\mu+\lambda}{\mu}\frac{1}{R}+\frac{\mu+\lambda}{\mu}\frac{z^2}{R^3}\right)\\&\rho=\frac{A}{2r}\left(1-\frac{2\mu+\lambda}{\mu}\frac{z}{R}+\frac{\mu+\lambda}{\mu}\frac{z^3}{R^3}\right)\end{aligned} \tag{15}$$

由此可知

$$\sigma_{zz}=2\mu\frac{\partial\zeta}{\partial z}+\lambda\theta=A(\mu+\lambda)\frac{3z^3}{R^5} \tag{16}$$

只有积分常数 A 有待进一步确定, 它必须与外力 P 联系起来进行求解. 如果在任意深度 z_0 处沿平面 $z = z_0$ 将弹性体切成两部分, 那么一定有下列平衡条件成立:

$$\text{当}z = z_0\text{时}, P = -2\pi \int_{r=0}^{\infty} \sigma_{zz} r \mathrm{d}r \tag{17}$$

根据式 (16) 代入 σ_{zz}, 并注意到

$$\int_{r=0}^{\infty} \frac{r\mathrm{d}r}{R^5} = -\frac{1}{3R^3}\bigg|_{r=0}^{\infty} = \frac{1}{3z^3}$$

我们可以得到

$$P = -2\pi A (\mu + \lambda) \tag{18}$$

f) 显然, 三个剪切应力 $\sigma_{r\varphi}$, $\sigma_{\varphi z}$, σ_{zr} 中的前两个在弹性体内处处为 0. 这意味着 $\varphi =$ 常数的表面上任意点处的正应力 $\sigma_{\varphi\varphi}$ 是**主应力**, 通常被称为**环向应力**. 相应的应力迹线是环绕力 P 作用线的圆. 在轴线为圆形应力轨迹的每个箍形或环形的无限小横截面内, 均作用有一个确定的应力 $\sigma_{\varphi\varphi}$, 这是环的特点. 承受内压的管道和锅炉也存在相同的环向应力, 其大小是结构是否安全的决定因素. 在当前情况下, 可以将构成半无限体的 "环" 上所施加的外力 P 的作用比作内部压力的作用. 由于 ρ 表示环半径的增量, 因此其长度的变化为 $2\pi\rho$, 其拉应变为 $2\pi\rho/2\pi r = \rho/r$. 因此有

$$\varepsilon_{\varphi\varphi} = \rho/r, \quad \sigma_{\varphi\varphi} = 2\mu\varepsilon_{\varphi\varphi} + \lambda\theta = 2\mu\frac{\rho}{r} + \lambda A\frac{z}{R^3} \tag{19}$$

或者, 利用式 (15) 得

$$\sigma_{\varphi\varphi} = \frac{A}{r^2}\left(\mu - (2\mu + \lambda)\frac{z}{R} + (\mu + \lambda)\frac{z^3}{R^3}\right) + \lambda A\frac{z}{R^3}$$

该式可以改写为以下形式:

$$\sigma_{\varphi\varphi} = \frac{A\mu}{r^2}\left(1 - 2\frac{z}{R} + \frac{z^3}{R^3}\right) \tag{20}$$

该表达式在 $r = 0$ 时仍为有限值, 因为括号内的表达式取值为 0.

必须看到, 之所以采用特解 (4) 和 (7) 是因为它们能满足该问题所有的连续性要求和边界条件. 位移和应力在无限远处为零也应被作为边界条件, 这一点可直接由方程 (15), (16) 和 (20) 进行验证.

假设负载集中作用于一点, 这在物理上看是不恰当的, 但却在数学上大大地简化了问题. 在沿 $z = 0$ 表面给定载荷分布的一般情况, 可以很容易根据上述公式通过积分求得.

1879 年, Boussinesq 发表了他的解, 并在他的书*Applications des Potentials Directes, inverses, Logarithmiques* (Paris, 1885) 中对其进行了完整的论述.

第三章习题解答

Ⅲ.1　**极坐标系下流体动力学方程中的对流项**

证明根据第 11 节式 (6) 计算的对流项和由 “被曲解的” 符号 ($\boldsymbol{v}$ grad) 得到的结果之间有差异. 以柱坐标系为例, 人们可能会错误地给符号 ($\boldsymbol{v}$ grad) 赋予以下含义:

$$v_r\frac{\partial}{\partial r},\quad v_\varphi\frac{\partial}{r\partial\varphi},\quad v_z\frac{\partial}{\partial z}$$

验证两者间的差异存在于 r 和 φ 方向的分量, 而不在于 z 方向的分量中. 将缺少的项和**向心加速度**与**Coriolis 加速度**联系起来.

Ⅲ.2　**管流中的相似性分析**

令单位长度上的压力梯度 Π/l 与平均速度 v 的关系如下:

$$\frac{\Pi}{l}=Cv^n \tag{1}$$

对于层流我们有 n=1, 对于湍流, 按 Reynolds 给定的有 n=1.722, 按 Hagen 给定的有 n=1.75(参见图 18 的示意图).

常数 C 取决于密度、动力黏度 ν 和管道半径 a.

a) 根据 Karman [Physik. Z. 12, (1911)283] 的分析, 假设 C 与这些量的幂的乘积成比例, 通过量纲分析确定这些指数值.

b) 关系式 (1) 一定也可以用无量纲数 R、S 和商 l/a 来表示

$$S=f\left(\frac{l}{a},R\right) \tag{2}$$

特别地, 如果也假设函数 f 为幂函数的乘积, 并且令 l/a 的指数为 1, 则由式 (2) 可得到

$$S=\lambda\cdot\frac{l}{a}R^\delta \tag{3}$$

其中λ是无量纲常数, δ可由式 (1) 中的指数 n 来表示.

c) 最后证明第 16 节式 (13) 中的关系式 $S=\lambda R^{-1/4}$ 与 Hagen 的 n= 1.75 是一致的.

Ⅲ.3　**存在外力时的流体的自由面**

利用虚功原理, 建立在毛细力以及有势外 (体) 力作用下决定流体自由面形状的微分方程, 假定运动过程中流体质量的体积不变.

Ⅲ.4　**毛细管中液体的上升**

上一题的结果可以用来确定狭窄毛细管中湿性 (或非湿性) 液体的上升量 (或下降量). 为此, 只要考虑管内液体表面为球面, 管外液体表面处处为平面即可获足够精度.

第四章习题解答

Ⅳ.1　从第 19 节式 (10a,b), 计算 $z = x + \mathrm{i}y$ 作为 $\rho + \mathrm{i}\varphi$ 的函数, 并微分, 将 $\mathrm{d}x + \mathrm{id}y$ 用 $\mathrm{d}\rho + \mathrm{id}\varphi$ 表示. 发现线微元的平方 $\mathrm{d}s^2$ 是 $\mathrm{d}x + \mathrm{id}y$ 的模的平方, 这直接给出关系式 (1).

这里, 因子 $\mathrm{d}\rho^2$ 和 $\mathrm{d}\varphi^2$[第 2 节式 (22) 中用 g_1^2 和 g_2^2 表示] 相等表示两族曲线 $\rho =$ 常数, $\varphi =$ 常数 由无穷小正方形网格组成 (如果增量 $\mathrm{d}\rho, \mathrm{d}\varphi$ 相等). 换句话说, 双极坐标按照前面意义是等距的. 注意到如果 $z = r\mathrm{e}^{\mathrm{i}\varphi}$ 取代为 $z = \mathrm{e}^{\rho+\mathrm{i}\varphi}$, 其中 $\rho = \ln r$, 平面上极坐标具有相同的作用.

再给出 ∇^2 的表达式, 第 3 节三维坐标系 (9b) 下必须对两个坐标 $p_1 = \rho, p_2 = \varphi$ 进行专门处理, 相当于

$$g_1 = g_2 = g, \quad g_3 = 1, \quad \frac{\partial}{\partial p_3} = 0$$

在势方程 $\nabla^2 U = 0$ 的情况下, 额外的因子 $1/g^2$ 是不重要的, 但是它的存在导致波动方程可分离变量的无效. 由于时间周期函数的假设 $U = u\mathrm{e}^{-\mathrm{i}\omega t}$, 波动方程 $\nabla^2 U + k^2 U = 0$ 化为

$$\frac{\partial^2 u}{\partial \rho^2} + \frac{\partial^2 u}{\partial \varphi^2} + k^2 g^2 u = 0, \quad k = \frac{\omega}{c}$$

一旦代入解 (2) 并除以 $f_1 f_2$, 如果关于 ρ 或 φ 微分一次或多次, 得到一个矛盾.

Ⅳ.2　我们从第 19 节式 (11) 开始, 即

$$\boldsymbol{v} = A\mathrm{grad}\varphi$$

对于任意一个双极坐标函数 $f(\rho, \varphi)$, 我们有

$$\mathrm{grad}_\rho f = \frac{1}{g}\frac{\mathrm{d}f}{\mathrm{d}\rho}, \quad \mathrm{grad}_\varphi f = \frac{1}{g}\frac{\mathrm{d}f}{\mathrm{d}\varphi}$$

特别地, 如果取 $f = \varphi$, 那么有 $v_\rho = 0$ 和 $v_\varphi = 1/g$, 就像问题提及的那样. 像第 19 节式 (8a), 由于 $A = \mu/\pi$, 我们于是有

$$\boldsymbol{v} = v_\varphi = \frac{\mu}{\pi c}(\cosh\rho - \cos\varphi) \tag{1}$$

将它与第 19 节式 (14) 给出的 $|\boldsymbol{v}|$ 的值比较得到

$$|\boldsymbol{v}| = \frac{\mu}{\pi}\left|\frac{\phi_1}{r_1} - \frac{\phi_2}{r_2}\right| \tag{2}$$

矢量 $\varphi_1/r_1(\varphi_2/r_2)$ 有大小为 $1/r_1(1/r_2)$, 并垂直于从 $z=+c(z=-c)$ 到场点的半径矢量. 两个半径矢量 $\boldsymbol{r}_1, \boldsymbol{r}_2$ 因此是 $\varphi=\varphi_1-\varphi_2$. 矢量加法给出

$$\sqrt{\frac{1}{r_1^2}+\frac{1}{r_2^2}-\frac{2}{r_1 r_2}\cos\varphi} = \sqrt{\frac{2}{r_1 r_2}}\sqrt{\frac{1}{2}\left(\frac{r_2}{r_1}+\frac{r_1}{r_2}\right)-\cos\varphi} = \sqrt{\frac{2}{r_1 r_2}}\sqrt{\cosh\rho-\cos\varphi}$$

当

$$\frac{1}{c}\sqrt{\cosh\rho-\cos\varphi} = \sqrt{\frac{2}{r_1 r_2}}$$

时, 关系式 (1) 和 (2) 是等价的. 这事实上就是应用角度为 $z=\pm c$ 和场点的三角形余弦定理.

Ⅳ.3 从第 19 节式 (15) 的椭圆坐标的定义, 像问题Ⅳ.1 中一样, 我们有

$$\mathrm{d}s^2 = g^2\left(\mathrm{d}\xi^2+\mathrm{d}\eta^2\right), \quad g = \frac{c}{\sqrt{2}}\sqrt{\cosh 2\xi - \cos 2\eta}$$

振动膜的方程与Ⅳ.1 的问题有相同的形式, 但是 g 的意义是不同的:

$$\frac{\partial^2 u}{\partial \xi^2} + \frac{\partial^2 u}{\partial \eta^2} + k^2 g^2 u = 0 \tag{1}$$

代入解并除以 $f_1 f_2$ 得到

$$\frac{f_1''}{f_1} + \frac{c^2k^2}{2}\cosh 2\xi = -\frac{f_2''}{f_2} + \frac{c^2k^2}{2}\cos 2\eta = \lambda \tag{2}$$

现在, 量 λ(“分量变量参数”) 与 ξ 和 η 无关; 关于 ξ 和 η 求导可以表明该点. (换句话说, 按照第一个方程, λ 仅是 ξ 的函数, 而由于第二个方程, 它又是 η 的函数, 所以它是常数). 偏微分方程 (2) 就有两个常微分方程

$$f_1'' = \left(\lambda - \frac{c^2k^2}{2}\cosh 2\xi\right) f_1, \quad f_2'' = \left(-\lambda + \frac{c^2k^2}{2}\cos 2\eta\right) f_2 \tag{3}$$

方程 (3) 的解称为 Mathieu 函数.

Ⅳ.4a 环向坐标首次出现在 Riemann 去世后发表的论文 *Ueber das Potential aeines Ringes* (Ges. Werke XXIV, p. 431) 中, 我们引入 ρ, φ, ψ, 并限制范围

$$0 \leqslant \rho < \infty, \quad 0 \leqslant \varphi < 2\pi, \quad 0 \leqslant \psi < 2\pi \tag{1}$$

ρ, φ 的几何意义由图 26 可知, 只需考虑右半部分 (ρ 为正的), 角度 ψ 是绕 $\rho=0$ 的旋转角, 表面 $\psi=$ 常数包含该轴的半平面. 在旋转中, 圆 $\rho=$ 常数产生关于轴 $\rho=0$ 的共轴环, 而圆弧 $\varphi=$ 常数产生球面部分.

现在我们改变第 19 节方程 (10a) 中的复变量 z 为 $\bar{z}=\bar{x}+\mathrm{i}\bar{y}$, 由第 19 节 (10a,b) 有

$$\bar{x}=-\frac{c\sinh\rho}{\cosh\rho-\cos\varphi},\quad \bar{y}=\frac{c\sin\rho}{\cosh\rho-\cos\varphi} \tag{2}$$

如果我们引入空间笛卡儿坐标系 x, y, z 使得 z 轴与 $\rho=0$ 重合, 原点位于图 26 的中心, 正 x 轴有 $\psi=0$, 在两个坐标系之间的点的坐标有下列关系:

$$x=\bar{x}\cos\psi,\quad y=\bar{x}\sin\psi,\quad z=y \tag{3}$$

从下面的微分 (参考习题Ⅳ.1) 可得线微元的平方

$$\mathrm{d}s^2=\mathrm{d}x^2+\mathrm{d}y^2+\mathrm{d}z^2=g^2\left(\mathrm{d}\rho^2+\mathrm{d}\varphi^2\right)+g_3^2\mathrm{d}\psi^2 \tag{4}$$

式中

$$g=g_1=g_2=\frac{c}{\cosh\rho-\cos\varphi},\quad g_3=-\bar{x}=\frac{c\sinh\rho}{\cosh\rho-\cos\varphi} \tag{5}$$

由第 3 节式 (9b) 可得 Laplace 算子

$$\nabla^2 U=\frac{1}{g^2 g_3}\left\{\frac{\partial}{\partial\rho}\left(g_3\frac{\partial U}{\partial\rho}\right)+\frac{\partial}{\partial\varphi}\left(g_3\frac{\partial U}{\partial\varphi}\right)+\frac{g^2}{g_3}\frac{\partial^2 U}{\partial\psi^2}\right\} \tag{6}$$

假设 U 有形式

$$U=\sqrt{\cosh\rho-\cos\varphi}V\mathrm{e}^{\mathrm{i}m\psi} \tag{7}$$

几个步骤之后可得到下面形式:

$$c^2\nabla^2 U=(\cosh\rho-\cos\varphi)^{5/2}\left\{\frac{\partial^2 V}{\partial\rho^2}+\coth\rho\frac{\partial V}{\partial\rho}+\frac{\partial^2 V}{\partial\varphi^2}+\left(\frac{1}{4}-\frac{m^2}{\sinh^2\rho}\right)V\right\}\mathrm{e}^{\mathrm{i}m\psi} \tag{8}$$

我们感兴趣的是势方程 $\nabla^2 U=0$, 通过让

$$V=f(\rho)\,\mathrm{e}^{\mathrm{i}n\varphi} \tag{9}$$

得到的微分方程能够分离变量求解. 关于 f 的常微分方程是

$$f''+\coth\rho f'+\frac{\partial^2 V}{\partial\varphi^2}+\left(\frac{1}{4}-n^2-\frac{m^2}{\sinh^2\rho}\right)f=0 \tag{10}$$

它的解是广义球面调和函数.

然而, 对于波动方程情况, 从式 (7) 获得的关于 V 的微分方程变为

$$\frac{\partial^2 V}{\partial\rho^2}+\coth\rho\frac{\partial V}{\partial\rho}+\frac{\partial^2 V}{\partial\varphi^2}+\left(\frac{1}{4}-\frac{m^2}{\sinh^2\rho}+\frac{k^2c^2}{(\cosh\rho-\cos\varphi)^{5/2}}\right)V=0 \tag{11}$$

按照 ρ 和 φ, 它并不是可分离的形式.

Ⅳ.4b 如果图 26 中的图形绕 $\varphi=0$ 旋转而不是绕 $\rho=0$ 旋转, 圆 $\rho=$ 常数生成球面, 圆弧 $\varphi=$ 常数生成 "纺锤"(它仅对 $\varphi<\pi/2$ 的表面合适). 第三个坐标是绕该轴的旋转角, 所以表面 $\psi=$ 常数是前面一样的半平面. 坐标现在取值范围

$$-\infty<\rho<\infty,\quad 0\leqslant\varphi<\pi,\quad 0\leqslant\psi<2\pi \tag{1$'$}$$

再次引入空间笛卡儿坐标系 x,y,z 使得 z 轴与旋转轴重合, 原点位于图 26 的中心. $\bar{x}$ 和 $\bar{y}$ 与前面有相同的意义, 现在代替式 (3) 有

$$x=\bar{y}\cos\psi,\quad y=\bar{y}\sin\psi,\quad z=\bar{x} \tag{3$'$}$$

求导数, 相同形式的线微元及式 (4) 有一样关系的 g 值可以导出, 但是现在的 g_3 变成

$$g_3=\bar{y}=\frac{c\sin\varphi}{\cosh\rho-\cos\varphi} \tag{5$'$}$$

关于 $\nabla^2 U$ 的表达式 (6) 仍然正确, 当使用 U 的形式 (7) 及现在 g_3 的值时, 有下列关系:

$$c^2\nabla^2 U=(\cosh\rho-\cos\varphi)^{5/2}\left\{\frac{\partial^2 V}{\partial\rho^2}+\cot\varphi\frac{\partial V}{\partial\varphi}+\frac{\partial^2 V}{\partial\varphi^2}-\left(\frac{1}{4}+\frac{m^2}{\sin^2\varphi}\right)V\right\}\mathrm{e}^{\mathrm{i}m\psi} \tag{8$'$}$$

我们感兴趣的是势方程 $\nabla^2 U=0$, 通过让

$$V=f(\varphi)\,\mathrm{e}^{\alpha\rho} \tag{9$'$}$$

得到的微分方程能够分离变量求解. 关于 f 的方程是

$$f''+\cot\varphi f'+\frac{\partial^2 V}{\partial\varphi^2}-\left(\frac{1}{4}-\alpha^2+\frac{m^2}{\sin^2\varphi}\right)f=0 \tag{10$'$}$$

通过像式 (10) 的广义球面调和函数能够求解该方程.

然而, 对于波**动方程**$\nabla^2 U+k^2U=0$, **在这些坐标下并不是可分离的形式.**

第五章习题解答

Ⅴ.1 计算的动能由下式给出:

$$E_{kin}=\frac{\rho}{2}\int_0^\lambda \mathrm{d}x\int_\eta^\infty \mathrm{d}y\left\{\left(\frac{\partial\Phi}{\partial x}\right)^2+\left(\frac{\partial\Phi}{\partial y}\right)^2+\left(\frac{\partial\Phi}{\partial z}\right)^2\right\} \tag{1}$$

按照第 26 节式 (6), 代入 $\varPhi$ 的表达式, 没有任何困难地得到下式:

$$E_{kin} = \rho k \pi A^2 \int_{\eta}^{\infty} \mathrm{e}^{-2ky} \mathrm{d}y = \frac{\rho}{2} \pi A^2 \mathrm{e}^{-2k\eta} \tag{2}$$

结果与第 26 节式 (7a) 的 E_{pot} 一致, 因为出现在 η 表达式中的振幅 A(参考第 26 节方程 (6)) 被认为是一阶无穷小, 而 $\mathrm{e}^{-2k\eta}$ 可以用 1 取代. 如果流体静止, 则 E_{kin} 为零, 同时表达式 (2) 是所讨论的空间域运动状态和静止状态的动能差.

问题的第二部分

$$\varPhi = C \cos(kx - \omega t) \cosh k(h - y)$$

由第 24 节式 (3) 和 (8) 我们有

$$\eta = -\frac{\omega}{g} \sin(kx - \omega t) \cosh kh$$

结果得到

$$S = \frac{\rho}{4} \pi C^2 (\sinh 2kh + 2kh), \quad E_{kin} = E_{pot} = \frac{\rho}{4} \pi C^2 \sinh 2kh$$

第六章习题解答

Ⅵ.1 具有 Coriolis 项的 Navier-Stokes 方程

$$2\rho \boldsymbol{v} \times \boldsymbol{\omega} + \mu \nabla^2 \boldsymbol{v} - \mathrm{grad} p + \boldsymbol{F} = 0 \tag{1}$$

简化表明, 在北半球一个点, 使用坐标具有 Coriolis 项的 Navier-Stokes 方程, 方程 (1) 可以化简为

$$\begin{cases} 2\omega \sin\varphi v_\eta + v \dfrac{\mathrm{d}^2 v_\xi}{\mathrm{d}\zeta^2} = 0 \\ 2\omega \sin\varphi v_\xi + v \dfrac{\mathrm{d}^2 v_\eta}{\mathrm{d}\zeta^2} = 0 \end{cases} \tag{2}$$

其中 φ 是地理纬度 (注意引力 $\boldsymbol{F}$ 垂直于 ξ 和 η). 因为 $v_\zeta = 0$, 并且 Coriolis 加速度的垂直分量与 g 相比小到可以忽略的程度, 方程 (1) 给出在 ζ 方向静水压力的梯度

$$-\frac{\mathrm{d}p}{\mathrm{d}\zeta} = \rho g$$

考虑了已经引进的简化, 不可压缩条件已经自动满足. 方程 (2) 的两个方程可以类似于 Foucault 摆 (第一卷 31.5 节) 理论写成复数形式的一个方程. 我们记

$$V = v_\xi + \mathrm{i} v_\eta$$

代替式 (2) 有

$$\frac{\mathrm{d}^2V}{\mathrm{d}\zeta^2}-2\mathrm{i}\lambda^2V=0,\quad \lambda^2=\frac{\omega}{v}\sin\varphi \tag{3}$$

积分后得到

$$V=A\mathrm{e}^{\lambda(1+\mathrm{i})\zeta} \tag{4}$$

如果 ζ 的定向得到考虑, 积分常数 A 通过风压去确定, 它的分量与表面 $\zeta=0$ 上摩擦压力 $p_{\zeta\xi}$ 和 $p_{\zeta\eta}$ 相平衡, 方向相反. 如果引进复摩擦压力 $\zeta=0$ 如下:

$$P=p_{\zeta\xi}+\mathrm{i}p_{\zeta\eta}=-\left(\frac{\mathrm{d}v_\xi}{\mathrm{d}\zeta}+\mathrm{i}\frac{\mathrm{d}v_\eta}{\mathrm{d}\zeta}\right)=-\mu\frac{\mathrm{d}V}{\mathrm{d}\zeta}$$

这里 v_ζ 已经再次被略去, 那么从式 (4) 在 $\zeta=0$ 时

$$-P_0=\mu A\lambda(1+\mathrm{i}) \tag{5}$$

这是在表面 $\zeta=0$ 处复数形式的风压, 它必须考虑为一个已知的矢量. 我们引进记号

$$P_0=|P_0|\,\mathrm{e}^{\mathrm{i}\delta},\quad v_0=-\frac{|P_0|}{\mu\lambda\sqrt{2}},\quad \zeta=-z$$

并且可以得到速度 v_ξ 和 v_η, 如果我们从式 (5) 得到 A, 把它代入式 (4), 同时分离实部与虚部:

$$\begin{cases} v_\xi=v_0\mathrm{e}^{-\lambda z}\cos\left(\lambda z+\dfrac{\pi}{4}-\delta\right) \\ v_\eta=-v_0\mathrm{e}^{-\lambda z}\sin\left(\lambda z+\dfrac{\pi}{4}-\delta\right) \end{cases} \tag{6}$$

这个结果可以给出如下的解释: 在表面上的漂流与风的方向成 $-45°$ 漂流速度 $|v|$ 随着深度的增加而减弱, 并且改变其方向, 以这种方式, 在深度

$$z_E=\frac{\pi}{\lambda}=\frac{\pi}{\sqrt{\dfrac{\omega}{v}\sin\varphi}} \tag{7}$$

漂流成了反方向的表面流. 在这个深度 (Ekman 摩擦深度)$|v|=v_0\mathrm{e}^{-\pi}$.

Ⅵ.2　φ_1 和 φ_2 的高阶项被忽略, 并且 Bernoulli 方程中的常数项 $U_1^2/2$ 和 $U_2^2/2$ 被吸收到常数 C_1 和 C_2 中去, 从第 11 节式 (15) 得到湍流势 φ_1 和 φ_2 的方程如下:

$$\frac{p_1}{\rho}=\frac{\partial\varphi_1}{\partial t}+U_1\frac{\partial\varphi_1}{\partial x}-C_1,\quad y>0$$
$$\frac{p_2}{\rho}=\frac{\partial\varphi_2}{\partial t}+U_2\frac{\partial\varphi_2}{\partial x}-C_2,\quad y<0$$

因为在间断面 y=0 处压力必须相等, 我们得到

$$\frac{\partial\varphi_1}{\partial t}+U_1\frac{\partial\varphi_1}{\partial x}=\frac{\partial\varphi_2}{\partial t}+U_2\frac{\partial\varphi_2}{\partial x}+c,\quad y=0 \tag{1}$$

这里 $c=C_1-C_2$ 必须等于零, 因为我们已经假定 φ_1 和 φ_2 是周期函数.

为了方便, 把表面上的扰动写成周期的形式

$$\eta=A\mathrm{e}^{\mathrm{i}kx},\quad k=\frac{2\pi}{\lambda},\quad A=\text{时间 } t \text{ 的函数} \tag{2}$$

紧挨间断面的流体质点在 y 方向的速度 $-\partial\varphi_1/\partial y$, 除了二价项之外, 为

$$\frac{\mathrm{d}\eta}{\mathrm{d}t}=\frac{\partial\eta}{\partial t}+U_1\frac{\partial\eta}{\partial x}$$

我们得到

$$\frac{\mathrm{d}\eta}{\mathrm{d}t}=\frac{\partial\eta}{\partial t}+U_1\frac{\partial\eta}{\partial x}=-\frac{\partial\varphi_1}{\partial y} \tag{3}$$

相应地

$$\frac{\mathrm{d}\eta}{\mathrm{d}t}=\frac{\partial\eta}{\partial t}+U_2\frac{\partial\eta}{\partial x}=-\frac{\partial\varphi_2}{\partial y} \tag{4}$$

因为问题是二维的, 我们取

$$\varphi_1=A_1\mathrm{e}^{\mathrm{i}k(x+\mathrm{i}y)},\quad \varphi_2=A_2\mathrm{e}^{\mathrm{i}k(x-\mathrm{i}y)},\quad A_1,A_2\text{为时间 } t \text{ 的函数} \tag{5}$$

注意 $\varphi_1(\varphi_2)$ 满足不可压条件, 并且在 $y=+\infty(y=-\infty)$ 保持有限. 问题只在式 (5) 中的波数 k 与式 (2) 中的波数相同时有一个解.

把式 (2) 和 (5) 代入式 (1), (3) 和 (4), 波幅 A_1,A_2 和 A_3 可以由下列线性微分方程组确定:

$$\frac{\mathrm{d}A_1}{\mathrm{d}t}+\mathrm{i}kU_1A_1=\frac{\mathrm{d}A_2}{\mathrm{d}t}+\mathrm{i}kU_2A_2 \tag{6}$$

$$\frac{\mathrm{d}A}{\mathrm{d}t}+\mathrm{i}kU_1A=kA_1 \tag{7}$$

$$\frac{\mathrm{d}A}{\mathrm{d}t}+\mathrm{i}kU_2A=-kA_2 \tag{8}$$

解可以取

$$A=a\mathrm{e}^{\alpha t},\quad A_1=a_1\mathrm{e}^{\alpha t},\quad A_2=a_2\mathrm{e}^{\alpha t} \tag{9}$$

把式 (9) 中的 A_1 和 A_2 代入式 (7) 和 (8), 可以计算出 a_1 和 a_2, 由式 (6) 可以得到 α 的二次方程, 它有两个根

$$\alpha=\frac{k}{2}\left[\pm(U_1-U_2)-\mathrm{i}(U_1+U_2)\right] \tag{10}$$

除非 $U_1 = U_2$, 这两个根中之一具有正的实部, 暗示方程的解是具有连续增长振幅的函数. 对任何波数, 具有初始正旋型的扰动, 随时间而增长.

VI.3 在习题VI.2 解答中第一对方程, U_1 为 U(风速) 替代, 同时令 $U_2 = 0$(水是静止的), 加一个引力 $-g\eta$(η 为正, 向上), 再引进两个密度 ρ_1 与 ρ_2 以替代 ρ. 同以前一样, 记 $s = \rho_1/\rho_2$ 和 $c = 0$, 这些方程化成

$$s\left(\frac{\partial \varphi_1}{\partial t} - g\eta + U\frac{\partial \varphi_1}{\partial x}\right) = \frac{\partial \varphi_2}{\partial t} - g\eta \tag{1'}$$

习题VI.2 解答中的方程 (2) 和 (5) 还有 (3) 和 (4), 除去 U_1 和 U_2 已经确定的值之外, 均保持不变. 人们可以得到在形式上与习题VI.2 解答中式 (9) 一样的解, 相应的方程 (6)~(8), 以及 a, a_1 和 a_2 的表示. 以这种方式我们得到 α 的二次方程

$$s\,(\alpha + \mathrm{i}kU)^2 + \alpha^2 = -gk(1-s) \tag{10'}$$

这个方程的两个根中的一个, 在

$$U^2 > \frac{g}{k}\frac{1-s^2}{s} \tag{11'}$$

时具有正的实部.

现在, $\sqrt{g/k}$ 按照第 23 节式 (16) 是深水波的相速度 V, 如果空气的惯性可以忽略 (如果考虑空气的惯性, 如第 23 节计算中显示的那样, 则 V 的值小到没有意义的程度), 如是条件 (11′) 可以写成

$$U > V\sqrt{\frac{1-s^2}{s}}$$

为了激发波长 λ 的扰动, 风速 U 必须比此波长相应的相速度 V 大得多. 在所考虑的波长下, 平面水波表面在所有风速

$$U < \frac{V}{\sqrt{0.0013}} = 28V$$

下是稳定的. 如果引力毛细现象被考虑, 则引力稳定趋势增强, 平面水波表面对条件

$$U < 28V_{\min}, V_{\min} = 23.2\mathrm{m/s}$$

下的所有波长保持绝对稳定.

第七章习题解答

Ⅶ.1 让 a,b,c 是时间 $t=0$ 的流体元在坐标系 r,φ,z 的柱坐标

$$\begin{cases} a=x_0=r\cos\varphi \\ b=y_0=r\sin\varphi \\ c=z_0 \end{cases} \tag{1}$$

因为匀角速度旋转情形, 在时间 t, 相同元的坐标可以得到, 只需 φ 换成 $\varphi+\omega t$, 其中 ω 为角速度, 由此得到

$$\begin{cases} x=a\cos\omega t-b\sin\omega t \\ y=b\cos\omega t+a\sin\omega t \\ z=c \end{cases} \tag{2}$$

容易验证第 34 节不可压缩条件 (3) 被满足. 第 34 节 Lagrange 条件 (1) 在现在的情形为 (引力是唯一的外力, z 轴为正的向下的方向, 见图 7)

$$\begin{cases} \dfrac{\partial^2 x}{\partial t^2}\cos\omega t+\dfrac{\partial^2 y}{\partial t^2}\sin\omega t+\dfrac{1}{\rho}\dfrac{\partial p}{\partial a}=0 \\ -\dfrac{\partial^2 x}{\partial t^2}\sin\omega t+\dfrac{\partial^2 y}{\partial t^2}\cos\omega t+\dfrac{1}{\rho}\dfrac{\partial p}{\partial b}=0 \\ \dfrac{\partial^2 z}{\partial t^2}-g+\dfrac{1}{\rho}\dfrac{\partial p}{\partial c}=0. \end{cases} \tag{3}$$

根据式 (2), 方程 (3) 中的加速度可以计算出来, 可以得到 p 的微分方程如下:

$$\frac{1}{\rho}\frac{\partial p}{\partial a}=\omega^2 a,\quad \frac{1}{\rho}\frac{\partial p}{\partial b}=\omega^2 b,\quad \frac{1}{\rho}\frac{\partial p}{\partial c}=g \tag{4}$$

关于 p 的值, 在考虑式 (2) 的条件下, 积分式 (4) 而得到, 将与第 6 节式 (10) 一致.

对可压缩气体进行相同的计算是很有益的; 连续性方程给出 $\partial\rho/\partial t=0$, 并且运动方程 $P=gz+r^2\omega^2/2$, 这与第 7 节方程 (19) 一致, 同时考虑第 7 节式 (18)(关于 z 的定向, 和现在不同).

Ⅶ.2 从第 13 节一维 Euler 方程 (1) 开始, 不考虑体积力时

$$\frac{\mathrm{d}u}{\mathrm{d}t}=-\frac{1}{\rho}\frac{\partial p}{\partial x} \tag{1}$$

其中$\dfrac{\mathrm{d}u}{\mathrm{d}t}=\dfrac{\partial u}{\partial t}+u\dfrac{\partial u}{\partial x}$, 引进 t 和 a 作为独立自变量. 这里, $a=x_0$ 是一体积元的初

始坐标, 该坐标在任意随后的时刻为 $x(t)$. 包含在这个体积元中的质量为

对于 $t=0:\rho_0\mathrm{d}a$, 对于 $t>0:\rho\mathrm{d}x=\rho\dfrac{\partial x}{\partial a}\mathrm{d}a$

质量守恒要求

$$\rho\frac{\partial x}{\partial a}=\rho_0 \tag{2}$$

因而得到

$$\frac{\partial}{\partial t}\left(\rho\frac{\partial x}{\partial a}\right)=0 \tag{3}$$

这和第 34 节方程 (3b) 一致.

按照第 34 节方程 (1), 我们能够表示式 (1) 中的材料的加速度为

$$u=\frac{\partial x}{\partial t}, \text{因而}\frac{\mathrm{d}u}{\mathrm{d}t}=\frac{\partial^2 x}{\partial t^2} \tag{4}$$

压力梯度为

$$\frac{\partial p}{\partial x}=\frac{\partial p}{\partial a}\frac{\partial a}{\partial x}=\frac{\partial p}{\partial a}\bigg/\frac{\partial x}{\partial a} \tag{5}$$

将这些微商代入式 (1) 得到

$$\frac{\partial^2 x}{\partial t^2}\frac{\partial x}{\partial a}=-\frac{1}{\rho}\frac{\partial p}{\partial a} \tag{6}$$

这与式 (1) 一致, 如果考虑而且只需要考虑在第 34 节式 (3a) 说明的可压缩流体 Lagrange 方程的修正.

Ⅶ.3 如果可压缩流体具有初始的常密度 ρ_0, 人们可以得到结论: 由习题Ⅶ.2 的解答的方程 (2) 对 a 微分

$$\frac{\partial}{\partial a}\left(\rho\frac{\partial x}{\partial a}\right)=0 \tag{1}$$

或者

$$\frac{1}{\rho}\frac{\partial \rho}{\partial a}=-\frac{1}{\omega}\frac{\partial^2 x}{\partial a^2} \tag{2}$$

其中我们用了 Hadamard 缩写

$$\omega=\frac{\partial x}{\partial a} \tag{3}$$

如果存在一个 p-ρ 关系 $p=\varphi(\rho)$, 利用式 (2) 得到

$$\frac{1}{\rho}\frac{\partial \rho}{\partial a}=\frac{\varphi'(\rho)}{\rho}\frac{\partial \rho}{\partial a}=-\frac{\varphi'(\rho)}{\omega}\frac{\partial^2 x}{\partial a^2} \tag{4}$$

前一问题的回答 (6) 将导出

$$\frac{\partial^2 x}{\partial t^2}=\Omega\frac{\partial^2 x}{\partial a^2},\quad \Omega=\frac{\varphi'(\rho)}{\omega^2} \tag{5}$$

式中的 Ω 仅是 ω 的单一函数, 又由前一习题的解答 (2), ρ 与 ω 成反比这提示可以引进 ω 为独立变量, 从我们的目的出发, 另外一个适宜的独立变量为

$$u=\frac{\partial x}{\partial t} \tag{6}$$

从式 (3) 和 (6), 人们得到

$$\mathrm{d}x=\omega\mathrm{d}a+u\mathrm{d}t \tag{7}$$

如果按照 Lagrange 变换规则引进独立变量

$$z(u,\omega)=ut+\omega a-x(t,a) \tag{8}$$

并且形成全微分, 得到

$$\mathrm{d}z=t\mathrm{d}u+a\mathrm{d}\omega \tag{9}$$

从式 (8) 和 (9), 有

$$\frac{\partial^2 x}{\partial a^2}=\omega_a,\quad \frac{\partial^2 x}{\partial t^2}=u_t \tag{10}$$

$$\frac{\partial^2 z}{\partial \omega^2}=a_\omega,\quad \frac{\partial^2 z}{\partial u^2}=t_u \tag{11}$$

由式 (5) 和 (10) 导出

$$u_t=\Omega\omega_a \tag{12}$$

利用一个熟知变换规则, 由式 (12) 得到

$$a_\omega=\Omega t_u \tag{13}$$

方程 (11) 是一个 z 的二阶线性微分方程, 其系数 Ω 仅与独立变量 ω 有关. 用变量表示方程 (13), 我们有

$$\frac{\partial^2 z}{\partial \omega^2}=\Omega\frac{\partial^2 z}{\partial u^2} \tag{14}$$

这是 Hadamard 讨论 Riemann 激波的基础. 事实上式 (14) 当然与第 37 节式 (11) 不一致, 因为新的关系与独立变量意义不同.

Ⅶ.4　引进球坐标 r,ϑ,φ, 所以 $r=0$ 为球心, $\vartheta=0$ 为旋转轴. 令 $\dot{\vartheta}=\omega$ 代表常角速度. 假设流体按圆形流线关于 $\vartheta=0$ 的轴运动, 方向为 φ 增加的方向. 这个非常简单的假设是成立的 —— 三个速度分量 $v_r,v_\vartheta,v_\varphi=v$ 中的前两个等于零, 又因为假设为不可压缩, 所以有

$$\frac{\partial v}{\partial \varphi}=0$$

然而 $\partial v/\partial\vartheta$ 和 $\partial v/\partial r$ 异于零. 第 35 节方程 (6) 再次成为我们的出发点. 发挥关于 curl curl 的表达式和借助于习题 I.3 的答案, 我们有

$$\mathrm{curl}_r\mathrm{curl}\boldsymbol{v}=\mathrm{curl}_\vartheta\,\mathrm{curl}\boldsymbol{v}=0 \tag{1}$$

$$\mathrm{curl}_\varphi\,\mathrm{curl}\boldsymbol{v}=\mathrm{curl}_\vartheta\,\mathrm{curl}\boldsymbol{v}=-\frac{1}{r}\frac{\partial^2(rv)}{\partial r^2}-\frac{1}{r}\frac{\partial}{\partial\vartheta}\frac{1}{r\sin\vartheta}\frac{\partial(\sin\vartheta v)}{\partial\vartheta} \tag{2}$$

由第 35 节式 (6) 和上面的式 (1), 可以得到

$$\mathrm{grad}_r p=\mathrm{grad}_\varphi p=0$$

$\mathrm{grad}_\varphi p=0$ 是由于对称性, 综合以上因素, 有

$$p=\mathrm{const} \tag{3}$$

$$\frac{\partial^2 v}{\partial r^2}+\frac{2}{r}\frac{\partial v}{\partial r}+\frac{1}{r^2}\left(\frac{\partial^2 v}{\partial\vartheta^2}+\cot\vartheta\frac{\partial v}{\partial\vartheta}-\frac{v}{\sin^2\vartheta}\right)=0 \tag{4}$$

假设 $v=\mathrm{const}\cdot f(r)g(\vartheta)$, 由式 (4) 得到两个常微分方程

$$f''(r)+\frac{2}{r}f'(r)-\frac{\lambda}{r^2}f(r)=0,\quad g''(\vartheta)+\cot\vartheta g'(\vartheta)+\left(\lambda-\frac{1}{\sin^2\vartheta}\right)g(\vartheta)=0 \tag{5}$$

其中 λ 是分量变量时得到的一个参量. 方程组 (5) 有一个在无穷远保持有限并且对 $0<\vartheta<\pi$ 都成立的解① 如下:

$$f(r)=\frac{1}{r^2},\quad g(\vartheta)=\sin\vartheta,\quad \lambda=2 \tag{6}$$

速度可以得到, 为

$$v=\omega\frac{a^3}{r^2}\sin\vartheta \tag{7}$$

可以选取前面的待定常数 const, 使得在球的表面, 速度为 $v=\omega a\sin\vartheta$. 考虑到边界条件, 取 $\lambda=2$ 是合适的.

为了由式 (7) 进而计算黏性压力, 需要从第 4 节式 (26)~(28) 得到 $\delta\dot q_1=\delta\dot q_2=0,\delta\dot q_3=v=\omega\sin\vartheta a^3/r^2$ 和变形速度张量的分量:

$$\dot\varepsilon_{rr}=\dot\varepsilon_{\vartheta\vartheta}=\dot\varepsilon_{\varphi\varphi}=\dot\varepsilon_{\vartheta\phi}=\dot\varepsilon_{r\vartheta}=0$$
$$\dot\varepsilon_{r\varphi}=\frac{1}{2g_1}\frac{\partial v}{\partial r}-\frac{1}{2g_3g_1}v\frac{\partial g_3}{\partial r}=-\frac{3}{2}\omega\sin\vartheta\frac{a^3}{r^3}$$

---

① 更一般的解

$$f(r)=\frac{1}{r^n},\quad g(\vartheta)=\mathrm{P}_n^1(\cos\vartheta),\quad \lambda=n(n+1)$$

这里 P_n^1 是第一类 Legendre 连带多项式, 见 Sommerfeld 理论物理学第六卷第四章中文译本即将出版.

黏性应力张量的其他分量均等于零, 除了

$$p_{r\varphi}=-2\mu\dot{\varepsilon}_{r\varphi}=3\mu\omega\frac{a^3}{r^3}\sin\vartheta \tag{8}$$

阻力的力矩为

$$-M=2\pi a^3\int p_{r\varphi}\sin^2\vartheta\mathrm{d}\vartheta=8\pi\mu\omega a^3 \tag{9}$$

与第 35 节式 (21) 一致.

第八章习题解答

Ⅷ.1　我们用相同的字母来表示点 A 和点 B 处的反作用力

$$A=P\frac{b}{l},\quad B=P\frac{a}{l}$$

这两个反力决定了在区域Ⅰ (A 和 P 之间) 和区域Ⅱ (B 和 P 之间) 上, 第 41 节式 (12) 上下文中介绍的剪切力

$$S_{\mathrm{I}}=A,\quad S_{\mathrm{II}}=-B \tag{1}$$

注意, x 正方向是从 A 到 B, S_{I} 和 S_{II} 指的是图 6 意义上的正 x 面上的剪切力. 剪切力无论在区域Ⅰ还是Ⅱ中都是处处恒定的, 但在载荷作用点处有跳变量 P, 当然, 这种不连续性是由不现实的集中载荷假设造成的. 在距离 A 点为 x(区域Ⅰ) 的横截面中, 弯矩等于

$$M_{\mathrm{I}}=Ax=P\frac{b}{l}x \tag{2}$$

在区域Ⅱ距离 B 点为 ξ 处横截面中, 弯矩等于

$$M_{\mathrm{II}}=B\xi=P\frac{a}{l}\xi \tag{3}$$

M_{II} 是正 ξ 面上的, 该面显然相当于负 x 面. 因此 M 图包括在 $x=a$(或者 $\xi=b$) 处相交的两条直线. 根据式 (2) 和 (3), 在相交点有 $M=M_{\max}=Pab/l$.

根据下列方程可以求出区域Ⅰ的挠度 y_{I}:

$$\frac{\mathrm{d}^2y_{\mathrm{I}}}{\mathrm{d}x^2}=\frac{P}{EJ}\frac{b}{l}x \tag{4}$$

而由下列方程可以求出区域Ⅱ的挠度 y_{II}:

$$\frac{\mathrm{d}^2y_{\mathrm{II}}}{\mathrm{d}\xi^2}=\frac{P}{EJ}\frac{a}{l}\xi \tag{5}$$

方程 (4) 和 (5) 解中的常数必须由以下边界条件和连续性条件确定:

a) 挠度 y_{I} 在 A 处为零, y_{II} 在 B 处为零.

b) 在负载的施加点处, 两个曲线必须连续地相接并且有公切线. 由这些条件可得

$$\begin{cases} y_{\mathrm{I}}=\dfrac{P}{EJ}\dfrac{a^2b^2}{6l}\left(\dfrac{x^2}{a^2b}-2\dfrac{x}{a}-\dfrac{x}{b}\right) \\ y_{\mathrm{II}}=\dfrac{P}{EJ}\dfrac{a^2b^2}{6l}\left(\dfrac{\xi^2}{ab^2}-2\dfrac{\xi}{b}-\dfrac{\xi}{a}\right) \end{cases} \tag{6}$$

由上面两式求得在加载点处的挠度为

$$y=y_{\max}=\frac{P}{EJ}\frac{a^2b^2}{3l} \tag{7}$$

剪力 (1) 和弯矩 (2)、(3) 的关系式为

$$S=\frac{\mathrm{d}M}{\mathrm{d}x} \tag{8}$$

如果梁在给定的多点受到多个垂直力作用, 则可以通过单个载荷的相应表达式叠加获得剪力、弯矩和挠度.

Ⅷ.2 a) 令 F 为杆的截面面积, M 的位移 ξ(也是杆底端截面的位移) 的正方向朝下. M 受到向下的重力作用, 以及向上的杆的弹性力作用 $\sigma\cdot F=FE\cdot\xi/l$. 位移 ξ 的方程为

$$M\ddot{\xi}=Mg-k\xi,\quad k=\frac{FE}{l} \tag{1}$$

求解后得到

$$\xi=\frac{g}{\omega_0^2}+A\cos\omega_0 t+B\sin\omega_0 t \tag{2}$$

其中

$$\omega_0=\sqrt{\frac{k}{M}}=\sqrt{\frac{EF}{Ml}} \tag{3}$$

常数 A 和 B 由给定的初始条件得到. 我们可以看到, ξ 以常数值 $\xi_0=g/\omega_0^2$ 为平衡位置作往复振动, 而该常数值不是别的正是令 $\xi=0$ 由式 (1) 得到的静态拉伸量.

b) 记 $J_p=$ 杆横截面的极惯性矩 (假定为圆形), $\mu=$ 扭转模量, $\varphi=$ 质量 M 绕杆轴线的扭转角, 根据第 42 节式 (6) 我们有

$$\theta\ddot{\varphi}=\frac{-\mu J_p}{l}\varphi \tag{4}$$

和

$$\omega_0=\sqrt{\frac{\mu J_p}{\theta l}} \tag{5}$$

c) M 的运动可以很好地用垂直位移来近似表述 (对于 $a=b=l/2$ 的两个支承杆这就是精确的), 因此可以再次套用方程 (1), 但是 ξ 现在表示的是 M 的横向位移.

"弹簧常数"k 是

对于一端固定的杆：$k=3EI/l^3$

对于两端固定的杆：$k=3EIl/(a^2b^2)$

其中 I 是截面的轴惯性矩, 所以频率相应地为

$$\omega_0=\sqrt{\frac{3EI}{Ml^2}} \tag{6}$$

$$\omega_0=\sqrt{\frac{3EIl}{Ma^2b^2}} \tag{7}$$

在拉压、扭转和弯曲振动的更精确的理论中, 须考虑杆自身的质量. 这时需要采用二阶偏微分方程而不是常微分方程 (1) 和 (4). 除了先前确定的频率为 ω 的基本振动外, 我们还要根据弹性杆现在具有的无限个自由度获得一个无限次的谐振动序列.

Ⅷ.3　当 $t=0$ 时, 我们有 $\xi=0, \dot{\xi}=v_0$；然后, 根据前面解答中的方程 (2) 我们可以得到

$$\xi=\frac{g}{\omega_0^2}(1-\cos\omega_0 t)+\frac{v_0}{\omega_0}\sin\omega_0 t \tag{1}$$

因此

$$\xi_{\max}=\frac{g}{\omega_0^2}+\sqrt{\left(\frac{g}{\omega_0^2}\right)^2+\left(\frac{v_0}{\omega_0}\right)^2} \tag{2}$$

最大拉伸量可以根据 Hooke 定律得到

$$\sigma_{\max}=\frac{E}{l}\xi_{\max} \tag{3}$$

现在, 假设

a) $v_0=0$, 则

$$\xi_{\max}=2\frac{g}{\omega_0^2}=\frac{2gMl}{EF},\quad \sigma_{\max}=2\frac{gM}{F}$$

b) 对于大 v_0 值情况,

$$\xi_{\max}=\frac{v_0}{\omega_0}=\sqrt{\frac{Mv_0^2l}{EF}},\quad \sigma_{\max}=\sqrt{\frac{Mv_0^2E}{Fl}}$$

这两个结果都验证了题中的结论 a) 和 b).

Ⅷ.4　方程

$$y = a\cos u, z = b\sin u, 0 < u < 2\pi$$

构成了横截面椭圆边界的参数化表达；而一族相似的同心椭圆则可由下列方程给出:

$$y = a\lambda\cos u, z = b\lambda\sin u, 0 < \lambda < 1$$

这里的参数 λ 和 u 适合作为计算积分第 42 节式 (23) 的坐标. 由 $y, z \to \lambda, u$ 变换的雅可比矩阵为

$$D = \begin{vmatrix} \dfrac{\partial y}{\partial \lambda} & \dfrac{\partial y}{\partial u} \\ \dfrac{\partial z}{\partial \lambda} & \dfrac{\partial z}{\partial u} \end{vmatrix} = ab\lambda$$

由此得到

$$M = \mu\alpha\frac{\pi a^3 b^3}{a^2+b^2}, \quad \varphi_l = \alpha l = \frac{Ml}{\mu}\frac{a^2+b^2}{\pi a^3 b^3}$$

另一方面, 通过将两个轴惯性矩 I_y 和 I_z 相加, 可以方便地计算出椭圆面积的极惯性矩 J_p, 它也可以从半径为 a 的圆形域的轴惯性矩$I = a^4\pi/4$*通过 "均匀压缩" 得到. 这意味着 I_y 和 I_z 各占 $\dfrac{b^3}{a^3}$ 和 $\dfrac{b}{a}$, 则极惯性矩为

$$J_p = \left(\frac{b^3}{a^3} + \frac{b}{a}\right) I = \frac{\pi}{4}ab\left(a^2+b^2\right)$$

它不同于 M 和 φ 中出现的几何因子, 即

$$\frac{\pi a^3 b^3}{a^2+b^2}$$

这两个因子仅在 $a = b$ 的圆形横截面中是相同的.

VIII.5　假设入射平面像第 45 节一样为 xy 平面. 偏振垂直于该平面意味着三个位移 ξ, η, ζ 中只有 ζ 被激发. 根据327 页的表, 入射角为 α_1 并且反射角为 α_2 的**横波**由下式给定:

$$\zeta_i = A\exp\left[\mathrm{i}k\left(x\sin\alpha_1 - y\cos\alpha_1\right)\right]$$
$$\zeta_r = B\exp\left[\mathrm{i}k\left(x\sin\alpha_2 + y\cos\alpha_2\right)\right]$$

由于两个波的频率 ω 是一样的, 因此波数 k 也相同, 参见第 45 节式 (5). 第 45 节式 (1) 的三个条件 (边界 $y = 0$ 不受力) 缩减为一个

$$\sigma_{yz} = 2\mu\varepsilon_{yz} = \mu\frac{\partial\xi}{\partial y} = \mu\left(\frac{\partial\xi_i}{\partial y} + \frac{\partial\xi_r}{\partial y}\right) = 0$$

* 原书误写为 $I = a^2\pi/4$. —— 译者注

该条件无需假设另外的纵波即可满足, 只要简单令

$$\alpha_1 = \alpha_2 \quad 和 \quad B = A \tag{1}$$

这是具有恒定幅值的规则反射.

另一方面, 如果一个**纵波**以角度 α_1 入射并以角度 α_2 反射, 则我们必须处理两个分量 ξ, η, 如下式给定:

$$\left.\begin{matrix} \xi_i \\ \eta_i \end{matrix}\right\} = \left.\begin{matrix} \sin\alpha_1 \\ -\cos\alpha_1 \end{matrix}\right\} A\exp\left[\mathrm{i}k\left(x\sin\alpha_1 - y\cos\alpha_1\right)\right] \tag{2}$$

$$\left.\begin{matrix} \xi_r \\ \eta_r \end{matrix}\right\} = \left.\begin{matrix} \sin\alpha_2 \\ \cos\alpha_2 \end{matrix}\right\} B\exp\left[\mathrm{i}k\left(x\sin\alpha_2 + y\cos\alpha_2\right)\right] \tag{3}$$

同样地, 由于两个波的频率 ω 相同, 因此波数 k 也相同 (由第 45 节式 (10) 给出).

现在第 45 节式 (1) 的三个条件只有 $\sigma_{yz} = 0$ 同样满足. 另两个条件

$$\sigma_{yx} = 0, \quad \sigma_{yy} = 0 \tag{4}$$

也要在规则反射时才满足, 也就是, $\alpha_2 = \alpha_1 = \alpha$, 但不能通过调整一个常数 B/A 就满足. 必须增加一个平行于入射平面偏振的反射横波, 该波可以根据 271 页的表的正中间一列写成以下形式:

$$\left.\begin{matrix} \xi_t \\ \eta_t \end{matrix}\right\} = \left.\begin{matrix} \cos\alpha_t \\ -\sin\alpha_t \end{matrix}\right\} C\exp\left[\mathrm{i}k_t\left(x\sin\alpha_t - y\cos\alpha_t\right)\right] \tag{5}$$

两个角度 α_i 和 α 的关系满足第 45 节 “折射定律”(12)

$$\sin\alpha = n\sin\alpha_t, \quad n = \frac{k_t}{k} = \left(2 + \frac{\lambda}{\mu}\right)^{1/2}$$

由式 (2), (3), (5) 计算得到总位移为

$$\xi = \xi_i + \xi_r + \xi_t, \quad \eta = \eta_i + \eta_r + \eta_t$$

并根据式 (4) 中的两个方程两个条件求出两个比率 $A : B : C$(参见第 45 节类似方程 (13) 和 (14)).

第九章习题解答

Ⅸ.1　e 张量在张量分析中具有两个基本意义：首先, 通过矢量乘积在所谓的张量表达中有关系

$$(\boldsymbol{a} \times \boldsymbol{b})_i = e_{ijk} a_j b_k$$

其次, 通过 e 张量的组合, 由线性叠加可以得到所有的各向同性张量, 它们在坐标旋转下具有不变性. 作为例子, 第 48 节方程 (67) 的 Hooke 定律中的弹性常数张量 c_{ijkl} 就是这种张量. 这种张量通过普通的各向同性张量 δ_{ij} 就可以构造出来. 张量 δ_{ij} 可以由 e_{ijk} 得到, 但是反之不行. 本题 a) 就是表示, e 张量可以由各向同性张量 δ_{ij} 得到.

e 张量可以写成 $e_{ijk} = e_i \cdot (e_j \times e_k)$, 其中 e_l 代表给定坐标系中的基矢量. 要求验证笛卡儿坐标系中的张量 e_{ijk}. 变到一般的坐标系, 改变的仅仅是, e_{ijk} 的不变量不再是 ± 1, 而是 $\pm V_s$, V_s 是基矢量平行六面体的体积, 自然地, 在每种曲线坐标系中的计算, 在附录 I~IV 中可以查到.

问题 a) 中的行列式, 由张量的行与列的下标 ijk 和 lmn 表达. 关于行列式的行或列等于零的熟知的规则与 304 页关于张量 (也就是第 48 节的式 (7)~ 式 (9)——译者) 给出的算式是一致的. 这样计算可以立即得出. 问题 a) 中的其他公式, 通过把行列式展开并且利用张量的缩并而得到.

问题 b) 由问题 a) 中部分公式而得解. 同样, 问题 c) 的解是问题 a) 公式的系统的应用. 张量 c_{ijkl} 由第 48 节方程 (69) 定义.

Ⅸ.2 在线积分 $\int |\boldsymbol{r} - \boldsymbol{r}'| \mathrm{d}L_i'$ 中, $\mathrm{d}L_i' = \mathrm{d}L_z' = \mathrm{d}z'$, 我们由 $-L/2$ 到 $L/2$ 积分, 进而令 $L \to \infty$, 同时令 z 固定. 存在基本解 $-\rho^2 \ln \rho$, 其中 $\rho^2 = x^2 + y^2$, 补充一些项, 导出应力三次微分等于零. 由第 48 节方程 (105), z 轴方向的应力函数场 χ_{ij}' 为

$$\chi_{zj}' = \chi_{jz}' = \frac{1}{16\pi} \left(e_{jkl} + e_{zkl} \delta_{zj} \right) b_l \partial \left(\rho^2 \ln \rho \right) / \partial x_k, \quad \chi_{ij}' = 0, \quad 对于 i \neq z, j \neq z \tag{1}$$

对于刃型位错, 我们取沿 x 方向的 Burgers 矢量 $\boldsymbol{b} = (b_x, 0, 0)$, 也就是 $b_y = b_z = 0$, 这样除去 χ_{zz}' 之外, 所有 $\chi_{ij}' = 0$. 由方程 (1) 得到

$$\chi_{zz} \equiv \chi = \frac{A}{2} \partial(\rho^2 \ln \rho) / \partial y, \quad A \equiv \frac{b_x}{2\pi} \frac{\mu}{1 - v} \tag{2}$$

和

$$\chi_{xx} = \chi_{yy} = \frac{2\mu v}{1 - v} \chi_{zz}' = v\chi \tag{3}$$

由 χ 计算得到应力 [第 48 节方程 (96)]

$$\sigma_{xx} = \partial^2 \chi / \partial y^2, \sigma_{yy} = \partial^2 \chi / \partial x^2, \sigma_{xy} = -\partial^2 \chi / \partial x \partial y, \sigma_{zz} = v(\partial^2 \chi / \partial x^2 + \partial^2 \chi / \partial y^2) \tag{4}$$

在弹性理论中, 平面弹性问题借助于方程 (4) 的前三个方程定义的所谓的 Airy 应力函数去表述. 它具有丰富的应用, 特别是在平面受力的情形下. Airy 应力函数特别受青睐的是, 借助于它, 双调和势问题的数学求解得到非常优美的解答. 人们求

解双调和方程 $\nabla^2\nabla^2\chi=0$ 在边界上给定 χ 和法向导数 $\partial\chi/\partial n$ 的边值问题的问题,因而确定了物体内部的位移和应力场.

对于刃型位错的应力场, 由式 (2)~(4), 得到

$$\begin{aligned}&\sigma_{xx}=Ay\left(3x^2+y^2\right)/\rho^2, \quad \sigma_{xy}=-Ax(x^2-y^2)/\rho^2, \quad \sigma_{xz}=0\\&\sigma_{yy}=-Ay\left(x^2-y^2\right)/\rho^2, \quad \sigma_{zz}=2Avy/\rho^2, \quad \sigma_{yz}=0\end{aligned} \tag{5}$$

对于螺型位错, Burgers 矢量 $\boldsymbol{b}=(0,0,b_z)$, 也就是 $b_x=b_y=0$, 人们得到非零的应力函数只有 χ_{zy} 和 χ_{zz}. 对于函数 $\varPhi=\partial\chi_{zz}/\partial y-\partial\chi_{zy}/\partial x$, 在忽略一个附加常数的情形下, 我们有

$$\varPhi=-\frac{\mu b_z}{2\pi}\ln\rho \tag{6}$$

因为具有关系

$$\sigma_{zx}=\partial\varPhi/\partial x, \quad \sigma_{zy}=-\partial\varPhi/\partial y \tag{7}$$

在扭转的弹性理论, 按照 Prandtl 对这些方程定义了应力函数, 用于求解柱体的扭转很美妙. 现在这里用的是标准的势论的数学问题, 也就是方程 $\nabla^2\varPhi=0$ 的扭转边值问题, 在扭转问题中 $\varPhi$ 的边值与外扭矩有关.

对于沿 z 方向螺型位错, 其应力场为

$$\sigma_{zx}=\frac{\mu b_z}{2\pi}y/\rho^2, \quad \sigma_{zy}=-\frac{\mu b_z}{2\pi}x/\rho^2 \tag{8}$$

而相应的位移场为

$$s_x=0, \quad s_y=0, \quad s_z=-\frac{b_z}{2\pi}\varphi, \quad \varphi=\arctan\frac{y}{x} \tag{9}$$

因而带螺型位错的晶格的螺型特征就呈现出来.

Ⅸ.3 a) 从第 48 节方程 (119), 得到由位错 1 的应力场 $\sigma_{ij}^{(1)}$ 对位错 2 产生的 x 方向的力 $K_x=-\sigma_{yz}^{(1)}b_x$, 人们得知在 $x_s=0$ 和 $x_s=\pm y_s$ 处 $K_x=0$.

b) 通常有第 48 节方程 (115) 和 (113). 在 x 方向的两个 Burgers 矢量表明, 人们只需要 L_{xz}^{AB}, 在 e 张量中, s 和 l 等于 x, 这样两个位错在 z 方向运动, 也就是 $k=q=z$. 由于 e 张量特别的属性, r 和 n 两者等于 y 或者 z, 所以只能

$$I_{yy}=\int_{-L/2}^{L/2}\int_{-L/2}^{L/2}\mathrm{d}L_z^A\mathrm{d}L_z^B\frac{\partial^2}{\partial y_A^2}\left|\boldsymbol{r}_A-\boldsymbol{r}_B\right|=2L\left(\ln\frac{2\mathrm{L}}{\rho_0}-1-\frac{y^2}{\rho_0^2}\right), \quad \rho_0^2=x_0^2+y_0^2 \tag{1}$$

并且 $I_{zz}=2L$. 单位长度的交换作用能量为

$$\Delta E/L=-\frac{\mu b_x^2}{2\pi(1-v)}\left(\ln\rho_0+\frac{y_0^2}{\rho_0^2}\right)+c(L) \tag{2}$$

含有一个常数 $c(L)$, 在 $L\to\infty$ 时发散. 不过无限尺寸在物理上是无意义的. 对我们的应用来说, 从含有 x_s 的能量得到位错的力是最有趣的

$$K_x/L=-\mathrm{d}(\Delta E/L)/\mathrm{d}x_s=\frac{\mu b_x^2}{2\pi(1-v)}x_0\left(x_0^2-y_0^2\right)/\rho_0^4 \tag{3}$$

这些结果与 a) 是一致的. 在位错沿x方向运动时, 最有趣的是得到非常简单的结果

$$K_x=\int\mathrm{d}(\Delta E)=-\int K_x(x_0)\mathrm{d}x_0+f\left(y_0\right) \tag{4}$$

其中$f\left(y_0\right)$ 未知.

c) 直到离位错很小的距离, 交换作用能量不是单调的. 位错 2 在范围 $-y_0<x_0<y_0$ 内运动, 被位错 1 以反方向排斥.

d) 外加激活应力在数量上至少等于源自位错 1 的在给定位置 y_0 的阻力 $\sigma_{zz}^{(1)}$ 的最小值. 该最小值在位置 $x_0=ay_0, a=1/\sqrt{3}+\sqrt{8}$. 取 $v=0.3, b_x=2\times10^{-8}\mathrm{cm}$, 这样得到外应力 $\sigma_{yz}^{(a)}$ 在数量上为 $\cong\mu/10y_0$, 这里 y_0 在 $10^2\sim10^4$, 因而 "临界剪应力" 在 $10^{-4}\sim10^{-8}\mu$ 数量级, 因而按照第 47 节, 这个值是合理的. 模型的合理性包含了考虑与变形相关的滑移面的距离. 自然人们希望得到在数量级上合理与复杂相互作用一致的简单模型.

Ⅸ.4 a) 只有 α_{xx},α_{yy} 为非零的分量, 指出两种 Burgers 矢量: 在坐标的正方向 $\alpha_{xx}=\alpha_{yy}$ 和 $\alpha_{xx}=-\alpha_{yy}$. 在第一种情形, 曲率张量 K_{ij} 为 $K_{zz}=\alpha_{xx}+\alpha_{yy}$, 其余的分量等于零. 在第二种情形, $K_{xx}=\alpha_{xx}, K_{yy}=\alpha_{yy}$, 其余的分量等于零. 一个平面位错排列是一个小角度晶界. 如果这一排列的相对转动取定为

$$\mathrm{d}\omega_j=K_{ij}\mathrm{d}x_i \tag{1}$$

同时, 这种排列与宏观应力 σ_{ij} 无直接联系. 这种联系只考虑第一类排列, 不考虑第二类排列. 宏观应力无关性要求, 按照第 48 节方程 (89), 应力源为

$$\eta_{ij}=\left(e_{inm}\partial_n\alpha_{jm}\right)_{(ij)} \tag{2}$$

我们得到

$$\eta_{ij}=0,\text{对}i=j;\eta_{yz}=\partial_x\alpha_{yy},\eta_{zx}=-\partial_y\alpha_{xx},\eta_{xy}=\partial_z(\alpha_{xx}-\alpha_{yy}) \tag{3}$$

在宏观上, 在 xy 平面 α_{xx},α_{yy} 是均匀的, 所以 $\eta_{yz}=\eta_{zx}=0$. 剩下的情形, 在 $\alpha_{xx}=\alpha_{yy},\eta_{xy}=0$, 不过在 $\alpha_{xx}=-\alpha_{yy}$, 没有这一结果, 在这一情形, 宏观应力会出现.

b) 在 xy 平面, 在范围 $\mathrm{d}z$ 上相对转角是

$$\mathrm{d}\omega_z=K_{zz}\mathrm{d}z=\frac{1}{2}\left(\alpha_{xx}+\alpha_{yy}\right)\mathrm{d}z \tag{4}$$

但是 $\alpha_{xx}\mathrm{d}z\mathrm{d}y$ 等于通过面元 $\mathrm{d}F_x$ 的位错 α_{xx} 流. 我们取 $\mathrm{d}y=a$, 这里 $\alpha_{xx}\mathrm{d}z\cdot a=b_x$ 代表若干数量位错的尺寸, 该位错流等于这些位错的 Burgers 矢量 b_x, 也就是 $\alpha_{xx}\mathrm{d}z\cdot a=b_x$. 如果取 $b_x=b_y=b$, 那么相对转动为 b/a.

c) 从第 48 节方程 (119), 有

$$\mathrm{d}K_z=e_{ijz}\sigma_{jl}b_l\mathrm{d}L_i \tag{5}$$

取 $i=l=x$ 或 $i=l=y$, 那么 $\mathrm{d}K_z/\mathrm{d}L=\sigma_{yz}b_x$ 或 $-\sigma_{zy}b_x$. 由于两者均沿 x 方向运动, 所以得到反对称应力 $\sigma_{yz}=-\sigma_{zy}$.

d) 平衡 y 方向的剪切, 在 x 方向作用剪切, 这种排列是稳定的. 按照 c), 在 x 方向作用剪切. 根据 IX.2 的方程 (8), 在 x 方向作用剪切应力为

$$\sigma_{xy}=\frac{\mu b_x}{2\pi}z/\rho^2,\quad \rho^2=y^2+z^2 \tag{6}$$

在平面 $z\leqslant 0, z\geqslant 0$, 在 $\pm z$ 方向作用的力起排斥作用, 则 $\sigma_{xx}=-\sigma_{yy}$ 的排列不稳定.

IX.5　第 48 节表面关系 (83) 在我们的例子中

$$\sigma_{xx}=\sigma_{xy}=\sigma_{xz}=0,\quad 对于 x=0 \tag{1}$$

在一个无限介质中的螺型位错 $(-d,0)$, 有

$$\sigma_{xx}^{-}=\sigma_{xy}^{-}=0,\quad \sigma_{xz}^{-}=\frac{\mu b_z}{2\pi}\frac{y}{(x+d)^2+y^2} \tag{2}$$

重复上面的分析, 对螺型位错 $(+d,0)$, 借助回推的方式, 对于 $x=0$, 得到 $\sigma_{xx}=\sigma_{xx}^{-}+\sigma_{xx}^{+}=0$. 总的应力场满足半空间 $x\leqslant 0$ 问题的微分方程和边界条件. 位错 $(-d,0)$ 上的力可以形式地作为像位错 $(+d,0)$ 上的力. 在 $y=0x=-d$, $\sigma_{xz}^{+}=0$, $\sigma_{yz}^{+}=-\mu b_z/4\pi d$. 位错单位长度上的力由第 48 节方程 (119), 为 $\mathrm{d}K_x/\mathrm{d}z=\mu b_z^2/4\pi d$, 它是位错被表面排斥需要达到的.

在刃型位错情形, 边界条件 $\sigma_{xx}=0$ 和 $\sigma_{xy}=0$ 两者不可能同时满足. 深刻的基础是, 螺型位错由 $\varPhi$ 的调和方程 $\nabla^2\varPhi=0$ 描写, 而刃型位错由 χ 的双调和方程 $\nabla^2\nabla^2\chi=0$ 描写, 它们的边值问题必须用不同的方法求解.

IX.6　a) 在无限介质中的第 20 节方程 (2)~(4)

$$\varPhi(\tau)=\int\frac{\nabla'^2\varPhi(\tau')}{-4\pi r}\mathrm{d}V'=\int\varPhi(\tau')\nabla^{2'}\frac{1}{-4\pi r}\mathrm{d}V' \tag{1}$$

这里用了 Green 定理 (因为是无限介质, 面积分 =0). 与第 48 节方程 (95) 相比较, 得到

$$\nabla^2\nabla^2\frac{r}{8\pi}=\nabla^2\frac{1}{4\pi r}=-\delta(r) \tag{2}$$

这第二部分解决了问题 a).

b) 对于点力 $F_j = P_j\delta(r)$, 比较习题的方程 (3), 则本题自然解决, 即

$$s_i(\tau) = S_{ij}(r)P_j \tag{3}$$

c) 在点 $\tau' + \mathrm{d}\tau'$ 和 τ' 的力 $\pm P_j$ 产生的位移

$$\begin{aligned} s_i &= \left[S_{ij}(|\tau' + \mathrm{d}\tau' - \tau|) - S_{ij}(|\tau' - \tau|)\right] P_j \\ &= (\partial_k' S_{ij}(r))\,\mathrm{d}x_k P_j = -P_{kj}\partial_k S_{ij}(r) \end{aligned} \tag{4}$$

d) 对双层势, 存在

$$s_i(r) = -\int_f P_{ml}(\tau')\partial_l S_{mi}(r)\mathrm{d}F' \tag{5}$$

我们应用第 47 节描写的位错的 Volterra 结果的本章习题的方程 (3), 通过切开平面 f 上的长度和正或负割岸的位移 s_i^+ 或 s_i^-. 作为表面, 我们考虑两个割岸和无限远的表面, 在那里, 所有的量均等于零. 由于 $F_j = f_j = 0$, 位错的位移场为

$$s_i(r) = -\int_f c_{jklm} n'_{j'} b_k \partial_l S_{mi}(r)\mathrm{d}F' \tag{6}$$

其中 $\mathrm{d}F$ 为正的割岸, 应该和负的割岸面积相等. 方程 (6) 与方程 (5) 一致, 导出

$$P_{ml} = -c_{jklm} n'_{j'} b_k \tag{7}$$

附　　录

附录 I　在正交曲线坐标系中矢量与张量分析，一阶微分的表示

曲线在三维正交曲线坐标系中的坐标 p_1, p_2, p_3 和直角坐标系中的坐标的 x_1, x_2, x_3 关系为

$$x_i = x_i\left(p_1, p_2, p_3\right)$$

在三维正交曲线坐标系中的微元为

$$\mathbf{d}s^2 = \sum_i \mathbf{d}x_i^2 = \sum_k g_k^2 dp_k^2 \tag{1}$$

其中

$$g_k^2 = \sum_i \left(\frac{\partial x_i}{\partial p_k}\right)^2, \quad g_k = g_k\left(p_1, p_2, p_3\right) \tag{1'}$$

我们想象在空间每一点取 3 个互为正交的基矢量 $\boldsymbol{e}_1, \boldsymbol{e}_2, \boldsymbol{e}_3$, 附录图 1 仅仅给出了二维的示意.

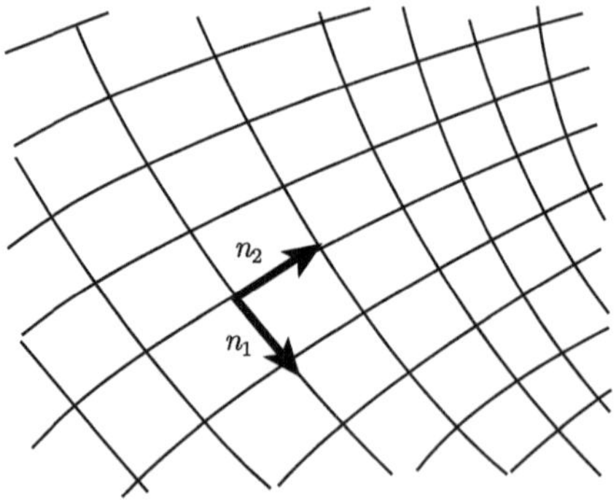

附录图 1

在直角坐标系中 $\boldsymbol{x}_1, \boldsymbol{x}_2, \boldsymbol{x}_3$ 在整个空间都是不变的, 但是在这里 $\boldsymbol{e}_1, \boldsymbol{e}_2, \boldsymbol{e}_3$ 却不是常矢量, 相反为

$$e_k = \sum_i \frac{1}{g_k} \frac{\partial x_i}{\partial p_k} x_i \tag{1''}$$

通过转角为 $\mathrm{d}\omega$ 的无穷小转动 $\mathrm{d}\boldsymbol{e}_i = \mathrm{d}\boldsymbol{\omega} \times \boldsymbol{e}_i$ 使得点 $P = (p_1, p_2, p_3)$ 变成 $P' = (p_1 + dp_1, p_2 + dp_2, p_3 + dp_3)$, 该转动同 $\boldsymbol{e}_i$ 垂直。

人们容易得到转角 $\mathrm{d}\omega$ 引起的变化

$$\mathrm{d}s = \sum_k g_k \mathrm{d}p_k e_k \tag{2}$$

注意参考点有三个坐标而位移

$$PP' = g_k \mathrm{d}p_k e_k \tag{3}$$

引起变化 $\mathrm{d}\boldsymbol{e}_i$ 能够得到, 这里 p_k 是点的坐标.

点 P 的三个坐标也同时确定三个坐标面 (通过 $\boldsymbol{e}_i$ 和 $\boldsymbol{e}_k$).

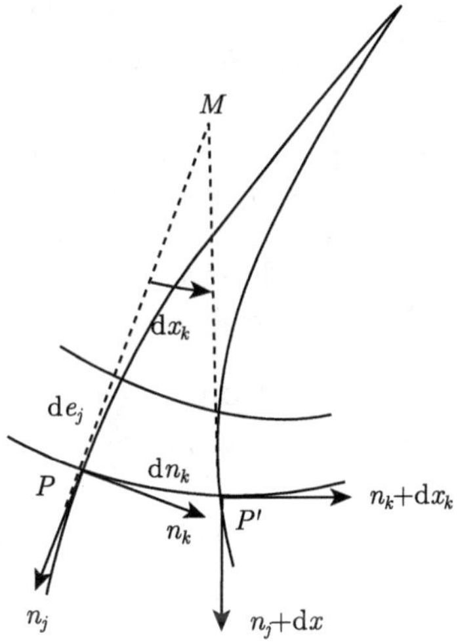

附录图 2

注意到值 $PMP' = \partial d\varepsilon_k / \partial s_i$ 相应于过度 PP' 的无穷小的转动具有 l 分量

$$\mathrm{d}\omega_l = \frac{1}{g_l}\frac{\partial g_k}{\partial p_i}\mathrm{d}p_k e_i \tag{4}$$

虽然 p 曲线的曲率并没有改变

$$\mathrm{d}\omega_i = -\frac{1}{g_l}\frac{\partial g_k}{\partial p_l}\mathrm{d}p_k e_i \tag{5}$$

$$\frac{\partial e_k}{\partial p_k} = -\frac{1}{g_l}\frac{\partial g_k}{\partial p_l}e_i - \frac{1}{g_i}\frac{\partial g_k}{\partial p_i}e_i \tag{6}$$

$$\frac{\partial e_i}{\partial p_k} = +\frac{1}{g_i}\frac{\partial g_k}{\partial p_i}e_k, \quad \frac{\partial e_k}{\partial p_l} = +\frac{1}{g_k}\frac{\partial g_l}{\partial p_k}e_l$$

$$\frac{\partial e_i}{\partial p_k}=\frac{1}{g_l}\frac{\partial g_k}{\partial p_i}e_k,\quad \frac{\partial e_k}{\partial p_i}=+\frac{1}{g_k}\frac{\partial g_i}{\partial p_k}e_i$$

$$\frac{\partial e_k}{\partial p_l}=+\frac{1}{g_k}\frac{\partial g_l}{\partial p_k}e_l-\delta_{kl}\sum_h\frac{1}{g_h}\frac{\partial p_k}{\partial p_h}e_h \tag{7}$$

$$\nabla=e_1\frac{1}{g_1}\frac{\partial}{\partial p_1}+e_2\frac{1}{g_2}\frac{\partial}{\partial p_2}+e_3\frac{1}{g_3}\frac{\partial}{\partial p_3} \tag{8}$$

$$a=a_1e_1+a_2e_2+a_3e_3 \tag{9}$$

$$\mathrm{div}a=\nabla\cdot a=\sum_k\frac{1}{g_k}\frac{\partial a_k}{\partial p_k}+\sum_k a_k\nabla\cdot e_k \tag{10}$$

$$\nabla\cdot e_k=\frac{1}{g_ig_k}\frac{\partial g_i}{\partial p_k}+\frac{1}{g_lg_k}\frac{\partial g_l}{\partial p_k} \tag{11}$$

$$\mathrm{rot}a=\nabla\times a=\sum_k e_k\left(\frac{1}{g_i}\frac{\partial a_i}{\partial p_l}-\frac{1}{g_i}\frac{\partial a_l}{\partial p_i}\right)+\sum_k a_k\left(\nabla\times e_k\right) \tag{12}$$

$$\nabla\times e_k=-e_i\frac{1}{g_kg_l}\frac{\partial g_k}{\partial p_l}+e_l\frac{1}{g_kg_i}\frac{\partial g_k}{\partial p_i} \tag{13}$$

$$\nabla a=\sum_{i,k}e_ie_k\frac{1}{g_i}\frac{\partial a_k}{\partial p_i}+\sum_k a_k\nabla e_k \tag{14}$$

$$\nabla e_k=-e_ke_l\frac{1}{g_kg_l}\frac{\partial g_k}{\partial p_l}-e_ke_i\frac{1}{g_kg_i}\frac{\partial g_k}{\partial p_i}+e_ie_i\frac{1}{g_ig_k}\frac{\partial g_i}{\partial p_k}+e_le_l\frac{1}{g_lg_k}\frac{\partial g_l}{\partial p_k} \tag{15}$$

$$\begin{cases}(\nabla a)_{kk}=\dfrac{1}{g_k}\dfrac{\partial a_k}{\partial p_k}+\dfrac{a_i}{g_kg_i}\dfrac{\partial g_k}{\partial p_i}+\dfrac{a_l}{g_kg_l}\dfrac{\partial g_k}{\partial p_l}\\(\nabla a)_{ik}=\dfrac{1}{g_i}\dfrac{\partial a_k}{\partial p_i}-\dfrac{a_i}{g_ig_k}\dfrac{\partial g_i}{\partial p_k}\end{cases} \tag{16}$$

$$\begin{cases}(\nabla\delta q)_{kk}=\dfrac{\partial\delta p_k}{\partial p_k}+\displaystyle\sum_h\dfrac{\delta p_h}{g_k}\dfrac{\partial g_k}{\partial p_h}\\(\nabla\delta q)_{ik}=\dfrac{g_k}{g_i}\dfrac{\partial\delta p_k}{\partial p_i}+\dfrac{\delta p_k}{g_i}\dfrac{\partial g_k}{\partial p_i}-\dfrac{\delta p_i}{g_k}\dfrac{\partial g_i}{\partial p_k}\end{cases}$$

$$\begin{cases}s_{kk}=\dfrac{\partial\delta p_k}{\partial p_k}+\displaystyle\sum_h\dfrac{\delta p_h}{g_k}\dfrac{\partial g_k}{\partial p_h}\\s_{ik}=\dfrac{1}{2}\left(\dfrac{g_k}{g_i}\dfrac{\partial\delta p_k}{\partial p_i}+\dfrac{g_i}{g_k}\dfrac{\partial\delta p_i}{\partial p_k}\right)\end{cases} \tag{17}$$

$$
\begin{aligned}
(a\cdot\nabla)\,b=(a\cdot\mathrm{grad})\,b&=\sum_i\frac{a_i\partial}{g_i\partial p_i}\sum_k b_k e_k\\
&=\sum_{i,k}\left(e_k\frac{a_i}{g_i}\frac{\partial b_k}{\partial p_i}+b_k\frac{a_i}{g_i}\frac{\partial e_k}{\partial p_i}\right)\\
&=\sum_{i,k}e_k\left(\frac{a_i}{g_i}\frac{\partial b_k}{\partial p_i}+\frac{a_k b_i}{g_k g_i}\frac{\partial g_k}{\partial p_i}-\frac{a_i b_i}{g_i g_k}\frac{\partial g_i}{\partial p_k}\right)
\end{aligned}\tag{18}
$$

$$
(\nabla\cdot\sigma)_i=\sum_{hkl}\frac{1}{g_k g_k g_l}\frac{\partial}{\partial p_l}(g_h g_k\sigma_{il})+\sum_i\frac{1}{g_i g_l}\left(\sigma_{il}\frac{\partial g_i}{\partial p_l}-\sigma_{ll}\frac{\partial g_l}{\partial p_i}\right)\tag{18'}
$$

附录 II　附录 I 的结果在柱坐标和球坐标中的应用

$$
(r,\varphi,z)=(p_1,p_2,p_3)
$$

$$
\begin{aligned}
&\mathrm{d}s^2=\mathrm{d}r^2+r^2\mathrm{d}\varphi^2+\mathrm{d}z^2\\
&g_1=1,g_2=r,g_3=1
\end{aligned}\tag{19}
$$

$$
\begin{cases}
\dfrac{\partial g_1}{\partial p_1}=0,\dfrac{\partial g_1}{\partial p_2}=0,\dfrac{\partial g_1}{\partial p_3}=0,\\
\dfrac{\partial g_2}{\partial p_1}=1,\dfrac{\partial g_2}{\partial p_2}=0,\dfrac{\partial g_2}{\partial p_3}=0,\\
\dfrac{\partial g_3}{\partial p_1}=0,\dfrac{\partial g_3}{\partial p_2}=0,\dfrac{\partial g_3}{\partial p_3}=0,
\end{cases}\tag{20}
$$

$$
\begin{cases}
\dfrac{\partial e_1}{\partial r}=0,\dfrac{\partial e_1}{\partial\varphi}=e_3,\dfrac{\partial e_1}{\partial z}=0,\\
\dfrac{\partial e_2}{\partial r}=0,\dfrac{\partial e_2}{\partial\varphi}=-e_1,\dfrac{\partial e_2}{\partial z}=0,\\
\dfrac{\partial e_3}{\partial r}=0,\dfrac{\partial e_3}{\partial\varphi}=0,\dfrac{\partial e_3}{\partial z}=0,
\end{cases}\tag{21}
$$

$$
\begin{aligned}
&\mathrm{d}s^2=\mathrm{d}r^2+r^2\mathrm{d}\vartheta^2+r^2\sin^2\vartheta\mathrm{d}\varphi^2\\
&g_1=1,g_2=r,g_3=r\sin\vartheta
\end{aligned}\tag{22}
$$

$$
\begin{cases}
\dfrac{\partial g_1}{\partial p_1}=0,\dfrac{\partial g_1}{\partial p_2}=0,\dfrac{\partial g_1}{\partial p_3}=0,\\
\dfrac{\partial g_2}{\partial p_1}=1,\dfrac{\partial g_2}{\partial p_2}=0,\dfrac{\partial g_2}{\partial p_3}=0,\\
\dfrac{\partial g_3}{\partial p_1}=\sin\vartheta,\dfrac{\partial g_3}{\partial p_2}=r\cos\vartheta,\dfrac{\partial g_3}{\partial p_3}=0,
\end{cases}\tag{23}
$$

$$\left\{\begin{aligned}&\frac{\partial e_1}{\partial r}=0,\frac{\partial e_1}{\partial \vartheta}=e_3,\frac{\partial e_1}{\partial \varphi}=\sin\vartheta e_3,\\&\frac{\partial e_2}{\partial r}=0,\frac{\partial e_2}{\partial \vartheta}=-e_1,\frac{\partial e_2}{\partial \varphi}=\cos\vartheta e_3,\\&\frac{\partial e_3}{\partial r}=0,\frac{\partial e_3}{\partial \vartheta}=0,\frac{\partial e_3}{\partial \varphi}=-\sin\vartheta e_1-\cos\vartheta e_3,\end{aligned}\right. \tag{24}$$

$$\operatorname{div} a=\frac{1}{r}\frac{\partial}{\partial r}(ra_r)+\frac{1}{r}\frac{\partial a_\varphi}{\partial\varphi}+\frac{\partial a_z}{\partial z} \tag{25}$$

$$\operatorname{rot} a=\left\{\begin{aligned}&e_1\left(\frac{1}{r}\frac{\partial a_z}{\partial\varphi}-\frac{\partial a_\varphi}{\partial z}\right)\\&+e_2\left(\frac{\partial a_r}{\partial z}-\frac{\partial a_z}{\partial r}\right)\\&+e_3\left(\frac{1}{r}\frac{\partial(ra_r)}{\partial r}-\frac{1}{r}\frac{\partial a_r}{\partial\varphi}\right)\end{aligned}\right. \tag{26}$$

$$\nabla a=\begin{pmatrix}\dfrac{\partial a_r}{\partial r} & \dfrac{\partial a_\varphi}{\partial r} & \dfrac{\partial a_z}{\partial r}\\ \dfrac{1}{r}\dfrac{\partial a_r}{\partial\varphi}-\dfrac{a_\varphi}{r} & \dfrac{1}{r}\dfrac{\partial a_\varphi}{\partial\varphi}+\dfrac{a_r}{r} & \dfrac{1}{r}\dfrac{\partial a_z}{\partial\varphi}\\ \dfrac{\partial a_r}{\partial z} & \dfrac{\partial a_\varphi}{\partial z} & \dfrac{\partial a_z}{\partial z}\end{pmatrix} \tag{27}$$

$$\varepsilon=\begin{pmatrix}\dfrac{\partial a_r}{\partial r} & \dfrac{1}{2}\left(\dfrac{1}{r}\dfrac{\partial a_r}{\partial\varphi}+\dfrac{\partial a_\varphi}{\partial r}-\dfrac{a_\varphi}{r}\right) & \dfrac{1}{2}\left(\dfrac{\partial a_r}{\partial z}+\dfrac{\partial a_z}{\partial r}\right)\\ & \dfrac{1}{r}\dfrac{\partial a_\varphi}{\partial\varphi}+\dfrac{a_r}{r} & \dfrac{1}{2}\left(\dfrac{\partial a_\varphi}{\partial z}+\dfrac{1}{r}\dfrac{\partial a_z}{\partial\varphi}\right)\\ & & \dfrac{\partial a_z}{\partial z}\end{pmatrix} \tag{28}$$

$$(a\cdot\nabla)b=\left\{\begin{aligned}&e_1\left(a_r\frac{\partial b_r}{\partial r}+a_\varphi\frac{\partial b_r}{r\partial\varphi}+a_z\frac{\partial b_r}{\partial z}-\frac{a_\varphi b_\varphi}{r}\right)\\&+e_2\left(a_r\frac{\partial b_\varphi}{\partial r}+a_\varphi\frac{\partial b_\varphi}{r\partial\varphi}+a_z\frac{\partial b_\varphi}{\partial z}+\frac{a_\varphi b_r}{r}\right)\\&+e_3\left(a_r\frac{\partial b_z}{\partial r}+a_\varphi\frac{\partial b_z}{r\partial\varphi}+a_z\frac{\partial b_z}{\partial z}\right)\end{aligned}\right. \tag{29}$$

$$\operatorname{div} a=\frac{1}{r^2}\frac{\partial}{\partial r}\left(r^2a_r\right)+\frac{1}{r\sin\vartheta}\frac{\partial}{\partial\vartheta}(\sin\vartheta a_\vartheta)+\frac{1}{r\sin\vartheta}\frac{\partial a_\varphi}{\partial\varphi} \tag{30}$$

$$\operatorname{rot} a=\left\{\begin{aligned}&e_1\left(\frac{1}{r\sin\vartheta}\frac{\partial}{\partial\vartheta}(\sin\vartheta a_\varphi)+\frac{1}{r\sin\vartheta}\frac{\partial a_\vartheta}{\partial\varphi}\right)\\&+e_2\left(\frac{1}{r\sin\vartheta}\frac{\partial a_r}{\partial\varphi}-\frac{1}{r}\frac{\partial(ra_\varphi)}{\partial r}\right)\\&+e_3\left(\frac{1}{r}\frac{\partial(ra_\vartheta)}{\partial r}-\frac{1}{r}\frac{\partial a_r}{\partial\vartheta}\right)\end{aligned}\right. \tag{31}$$

$$\nabla a=\begin{pmatrix}\dfrac{\partial a_r}{\partial r} & \dfrac{\partial a_\vartheta}{\partial r} & \dfrac{\partial a_\varphi}{\partial r}\\ \dfrac{1}{r}\dfrac{\partial a_r}{\partial \vartheta}-\dfrac{a_\vartheta}{r} & \dfrac{1}{r}\dfrac{\partial a_\vartheta}{\partial \vartheta}+\dfrac{a_r}{r} & \dfrac{1}{r}\dfrac{\partial a_\varphi}{\partial \vartheta}\\ \dfrac{1}{r\sin\vartheta}\dfrac{\partial a_r}{\partial \varphi}-\dfrac{a_\varphi}{r} & \dfrac{1}{r\sin\vartheta}\dfrac{\partial a_\vartheta}{\partial \varphi}-\dfrac{a_\varphi}{r}\cot\vartheta & \dfrac{1}{r\sin\vartheta}\dfrac{\partial a_\varphi}{\partial \varphi}+\dfrac{a_r}{r}+\dfrac{a_\vartheta}{r}\cot\vartheta\end{pmatrix} \tag{32}$$

$$\varepsilon=\begin{pmatrix}\dfrac{\partial a_r}{\partial r} & \dfrac{1}{2}\left(\dfrac{\partial a_\vartheta}{\partial r}+\dfrac{1}{r}\dfrac{\partial a_r}{\partial \vartheta}-\dfrac{a_\vartheta}{r}\right) & \dfrac{1}{2}\left(\dfrac{\partial a_\varphi}{\partial r}+\dfrac{1}{r\sin\vartheta}\dfrac{\partial a_r}{\partial \varphi}-\dfrac{a_\varphi}{r}\right)\\ & \dfrac{1}{r}\dfrac{\partial a_\vartheta}{\partial \vartheta}+\dfrac{a_r}{r} & \dfrac{1}{2}\left(\dfrac{1}{r}\dfrac{\partial a_\varphi}{\partial \vartheta}+\dfrac{1}{r\sin\vartheta}\dfrac{\partial a_\vartheta}{\partial \varphi}-\dfrac{a_\varphi}{r}\cot\vartheta\right)\\ & & \dfrac{1}{r\sin\vartheta}\dfrac{\partial a_\varphi}{\partial \varphi}+\dfrac{a_r}{r}+\dfrac{a_\vartheta}{r}\cot\vartheta\end{pmatrix} \tag{33}$$

$$(a\cdot\nabla)\,b=\begin{cases} e_1\left(a_r\dfrac{\partial b_r}{\partial r}+\dfrac{a_\vartheta}{r}\dfrac{\partial b_r}{\partial \vartheta}+\dfrac{a_\varphi}{r\sin\vartheta}\dfrac{\partial b_r}{\partial \varphi}-\dfrac{a_\vartheta b_\vartheta}{r}-\dfrac{a_\varphi b_\varphi}{r}\right)\\ +e_2\left(a_r\dfrac{\partial b_\vartheta}{\partial r}+\dfrac{a_\vartheta}{r}\dfrac{\partial b_\vartheta}{\partial \vartheta}+\dfrac{a_\varphi}{r\sin\vartheta}\dfrac{\partial b_\vartheta}{\partial \varphi}+\dfrac{a_\vartheta b_r}{r}-\dfrac{a_\varphi b_\varphi}{r}\cot\vartheta\right)\\ +e_3\left(a_r\dfrac{\partial b_\varphi}{\partial r}+\dfrac{a_\vartheta}{r}\dfrac{\partial b_\varphi}{\partial \vartheta}+\dfrac{a_\varphi}{r\sin\vartheta}\dfrac{\partial b_\vartheta}{\partial \varphi}+\dfrac{a_\varphi b_\varphi}{r}+\dfrac{a_\varphi b_\vartheta}{r}\cot\vartheta\right)\end{cases} \tag{34}$$

附录III 二阶微分表示, 在柱坐标和球坐标中的应用

$$\begin{aligned}\nabla^2 &= \left(\sum_k e_k\frac{1}{g_k}\frac{\partial}{\partial p_k}\right)\cdot\left(\sum_i e_i\frac{1}{g_i}\frac{\partial}{\partial p_i}\right)\\ &=\sum_k\left(\frac{\partial}{g_k\partial p_k}+\left[\sum_i\frac{\partial g_i}{g_i g_k\partial p_k}-\frac{\partial g_k}{g_k g_k\partial p_k}\right]\right)\frac{\partial}{g_k\partial p_k}\end{aligned} \tag{35}$$

$$\nabla^2 U=\frac{1}{g_1g_2g_3}\sum_i\frac{\partial}{\partial p_i}\frac{g_kg_l}{g_i}\frac{\partial U}{\partial p_i} \tag{36}$$

$$\nabla^2=\frac{1}{r}\frac{\partial}{\partial r}r\frac{\partial}{\partial r}+\frac{1}{r^2}\frac{\partial^2}{\partial\varphi^2}+\frac{\partial^2}{\partial z^2} \tag{37}$$

$$\begin{cases}\dfrac{\partial^2 e_i}{\partial r^2}=0,\\ \dfrac{1}{r^2}\dfrac{\partial^2 e_1}{\partial\varphi^2}=-\dfrac{1}{r^2}e_1,\ \dfrac{1}{r^2}\dfrac{\partial^2 e_2}{\partial\varphi^2}=-\dfrac{1}{r^2}e_2,\ \dfrac{1}{r^2}\dfrac{\partial^2 e_3}{\partial\varphi^2}=0,\\ \dfrac{\partial^2 e_i}{\partial z^2}=0\end{cases} \tag{38}$$

$$\nabla^2 a = \begin{cases} e_1\left(\nabla^2 a_r - \dfrac{2}{r^2}\dfrac{\partial a_\varphi}{\partial \varphi} - \dfrac{a_r}{r^2}\right) \\ +e_2\left(\nabla^2 a_\varphi + \dfrac{2}{r^2}\dfrac{\partial a_r}{\partial \varphi} - \dfrac{a_\varphi}{r^2}\right) \\ +e_3 \nabla^2 a_z \end{cases} \tag{39}$$

$$\nabla^2 = \frac{1}{r^2}\frac{\partial}{\partial r}\left(r^2\frac{\partial}{\partial r}\right) + \frac{1}{r^2 \sin\vartheta}\frac{\partial}{\partial \vartheta}\left(\sin\vartheta\frac{\partial}{\partial \vartheta}\right) + \frac{1}{r^2\sin^2\vartheta}\frac{\partial^2}{\partial \varphi^2} \tag{40}$$

$$\begin{cases} \dfrac{\partial^2 e_i}{\partial r^2} = 0, \\ \dfrac{\partial^2 e_1}{\partial \vartheta^2} = -e_1, \dfrac{\partial^2 e_2}{\partial \vartheta^2} = -e_2, \dfrac{\partial^2 e_3}{\partial \vartheta^2} = 0, \\ \dfrac{\partial^2 e_1}{\partial \varphi^2} = -\sin^2\vartheta e_1 - \sin\vartheta\cos\vartheta e_2, \dfrac{\partial^2 e_2}{\partial \varphi^2} = -\sin\vartheta\cos\vartheta e_1 - \cos^2\vartheta e_2, \\ \dfrac{\partial^2 e_3}{\partial \varphi^2} = -e_3, \end{cases} \tag{41}$$

$$\nabla^2 a = \begin{cases} e_1\left(\nabla^2 a_r - \dfrac{2}{r^2}\left[a_r + \dfrac{1}{\sin\vartheta}\dfrac{\partial}{\partial\vartheta}(\sin\vartheta a_\vartheta) + \dfrac{1}{\sin\vartheta}\dfrac{\partial a_\varphi}{\partial\varphi}\right]\right) \\ +e_2\left(\nabla^2 a_\vartheta + \dfrac{2}{r^2}\left[\dfrac{\partial a_r}{\partial\vartheta} - \dfrac{a_\vartheta}{2\sin^2\vartheta} - \dfrac{\cot\vartheta}{\sin\vartheta}\dfrac{\partial a_\varphi}{\partial\varphi}\right]\right) \\ +e_3\left(\nabla^2 a_\varphi + \dfrac{2}{r^2\sin\vartheta}\left[\dfrac{\partial a_r}{\partial\varphi} + \cot\vartheta\dfrac{\partial a_\vartheta}{\partial\varphi} - \dfrac{a_\varphi}{2\sin\vartheta}\right]\right) \end{cases} \tag{42}$$

$$e_1\left(\nabla^2 a_r + \frac{2}{r^2}\frac{\partial}{\partial r}(r a_r)\right) \tag{43}$$

$$\text{grad div}a = \nabla(\nabla\cdot a) = \sum_k e_k \frac{1}{g_k}\frac{\partial}{\partial p_k}\frac{1}{g_1 g_2 g_3}\sum_i \frac{\partial}{\partial p_i}(g_k g_l a_i) \tag{44}$$

$$\text{grad div}a = \begin{cases} e_1\left(\dfrac{1}{r}\dfrac{\partial}{\partial r}r\dfrac{\partial a_r}{\partial r} - \dfrac{a_r}{r^2} + \dfrac{1}{r}\dfrac{\partial^2 a_\varphi}{\partial r\partial\varphi} - \dfrac{1}{r^2}\dfrac{\partial a_\varphi}{\partial\varphi} + \dfrac{\partial^2 a_z}{\partial r\partial z}\right) \\ +e_2\left(\dfrac{1}{r}\dfrac{\partial^2 a_r}{\partial r\partial\varphi} + \dfrac{1}{r^2}\dfrac{\partial a_r}{\partial\varphi} + \dfrac{1}{r^2}\dfrac{\partial^2 a_\varphi}{\partial\varphi^2} + \dfrac{1}{r}\dfrac{\partial^2 a_z}{\partial\varphi\partial z}\right) \\ +e_3\left(\dfrac{\partial^2 a_r}{\partial r\partial z} + \dfrac{1}{r}\dfrac{\partial a_r}{\partial z} + \dfrac{1}{r}\dfrac{\partial^2 a_\varphi}{\partial\varphi\partial z} + \dfrac{\partial^2 a_z}{\partial z^2}\right) \end{cases} \tag{45}$$

$$\text{grad div}a=\begin{cases} e_1\left(\dfrac{1}{r^2}\dfrac{\partial}{\partial r}r^2\dfrac{\partial a_r}{\partial r}-\dfrac{2a_r}{r^2}+\dfrac{1}{r}\dfrac{\partial^2 a_\varphi}{\partial r\partial\varphi}-\dfrac{1}{r^2}\dfrac{\partial a_\vartheta}{\partial\vartheta}+\right.\\ \left.+\dfrac{\cot\vartheta}{r}\dfrac{\partial a_\vartheta}{\partial r}-\dfrac{\cot\vartheta}{r^2}a_\vartheta+\dfrac{1}{r\sin\vartheta}\dfrac{\partial^2 a_\varphi}{\partial r\partial\varphi}-\dfrac{1}{r\sin\vartheta}\dfrac{\partial a_\varphi}{\partial\varphi}\right)\\ +e_2\left(\dfrac{1}{r}\dfrac{\partial^2 a_r}{\partial r\partial\vartheta}+\dfrac{2}{r^2}\dfrac{\partial a_r}{\partial\vartheta}+\dfrac{1}{r^2}\dfrac{\partial^2 a_\vartheta}{\partial\vartheta^2}+\dfrac{\cot\vartheta}{r^2}\dfrac{\partial a_\vartheta}{\partial\vartheta}-\dfrac{a_\vartheta}{r^2\sin^2\vartheta}\right.\\ \left.+\dfrac{1}{r^2\sin^2\vartheta}\dfrac{\partial^2 a_\varphi}{\partial\vartheta\partial\varphi}-\dfrac{\cos\vartheta}{r^2\sin^2\vartheta}\dfrac{\partial^2 a_\varphi}{\partial\vartheta\partial\varphi}\right)\\ +e_3\dfrac{1}{r\sin\vartheta}\left(\dfrac{\partial^2 a_r}{\partial r\partial\varphi}+\dfrac{2}{r}\dfrac{\partial a_r}{\partial\varphi}+\dfrac{1}{r}\dfrac{\partial^2 a_\vartheta}{\partial\vartheta\partial\varphi}\right.\\ \left.+\dfrac{\cot\vartheta}{r}\dfrac{\partial a_\vartheta}{\partial\varphi}+\dfrac{1}{r\sin\vartheta}\dfrac{\partial^2 a_\varphi}{\partial\varphi^2}\right)\end{cases} \tag{46}$$

$$\text{rot rot}a=\text{grad div}a-\nabla^2 a \tag{47}$$

$$\sigma_{ik}=2\mu\varepsilon_{ik}+\lambda\delta_{ik}\sum\varepsilon_{ii},\varepsilon_{ik}=\frac{1}{2}\left(\frac{\partial u_i}{\partial x_k}+\frac{\partial u_k}{\partial x_i}\right)$$

$$\sigma_{ik}=2\bar{\mu}\dot{\varepsilon}_{ik}+\bar{\lambda}\delta_{ik}\sum\dot{\varepsilon}_{ii},\dot{\varepsilon}_{ik}=\frac{1}{2}\left(\frac{\partial v_i}{\partial x_k}+\frac{\partial v_k}{\partial x_i}\right)$$

$$\sigma=(\nabla\cdot\sigma)_i=\mu\sum_k\frac{\partial^2 u_i}{\partial x_k^2}+(\mu+\lambda)\frac{\partial}{\partial x_i}\sum_k\frac{\partial u_i}{\partial x_k} \tag{48}$$

$$\sigma=\mu\nabla^2 u+\ (\mu\,+\,\lambda)\,\text{graddiv}u \tag{49a}$$

$$\sigma=\bar{\mu}\nabla^2 v+\ (\bar{\mu}\,+\,\bar{\lambda})\,\text{graddiv}v \tag{49b}$$

附录Ⅳ　与广义相对论的联系

$$f_\alpha g^\beta=\delta_\alpha^\beta=\begin{cases}1, & \alpha=\beta\\ 0, & \alpha\neq\beta\end{cases} \tag{50}$$

$$a=\sum_\alpha a^\alpha f_\alpha$$

$$a^\alpha=a\cdot g^\alpha \tag{51}$$

$$a\cdot b=\sum_\alpha a^\alpha b_\alpha=\sum_\alpha a_\alpha b^\alpha=\sum_{\alpha,\beta}g_{\alpha\beta}a^\alpha b^\beta=\sum_{\alpha,\beta}g^{\alpha\beta}a_\alpha b_\beta \tag{52}$$

$$g_{\alpha\beta}=f_\alpha\cdot f_\beta=g_{\beta\alpha};\ g^{\alpha\beta}=g^\alpha\cdot g^\beta=g^{\beta\alpha} \tag{53}$$

$$=\mathrm{d}s^2=\sum_{\alpha,\beta}g_{\alpha\beta}dx^\alpha dx^\beta \tag{54}$$

$$a^{\alpha}=\sum_{\beta}g^{\alpha\beta}a_{\beta},\quad a_{\alpha}=\sum_{\beta}g_{\alpha\beta}a^{\beta} \tag{55}$$

$$x^{\alpha}=x^{\alpha}\left(p^{1},\cdots,p^{m}\right)=x^{\alpha}\left(\cdots p^{i}\cdots\right)$$

$$r=\sum_{\alpha}x^{\alpha}\left(\cdots p^{i}\cdots\right)f_{\alpha}=r\left(\cdots p^{i}\cdots\right)$$

$$\mathrm{d}r=\mathrm{d}s=\mathrm{d}p^{i}f_{i}$$

$$\mathrm{d}s^{2}=g_{ik}\mathrm{d}p^{i}\mathrm{d}p^{k}$$

$$g_{ik}=(f_{i}\cdot f_{k}) \tag{56}$$

$$\mathrm{d}f_{i}=\frac{\partial^{2}x}{\partial p^{i}\partial p^{k}}\mathrm{d}p_{k} \tag{57}$$

$$\frac{\partial f_{i}}{\partial p^{k}}=\frac{\partial^{2}x}{\partial p^{i}\partial p^{k}}=\frac{\partial f_{i}}{\partial p^{i}} \tag{58}$$

$$\frac{\partial^{2}x}{\partial p^{i}\partial p^{k}}=\Gamma_{ik}^{i}f_{i} \tag{59}$$

$$\Gamma_{ik}^{i}=\Gamma_{ki}^{i}=\frac{\partial^{2}x}{\partial p^{i}\partial p^{k}}\cdot g^{i} \tag{60}$$

$$g_{hl}\Gamma_{ik}^{l}=\Gamma_{h,ik}$$

$$\Gamma_{h,ik}=\Gamma_{h,ki}=\frac{\partial^{2}x}{\partial p^{i}\partial p^{k}}\cdot f_{h} \tag{61}$$

$$\frac{\partial f_{i}}{\partial p^{k}}=\frac{\partial f_{k}}{\partial p^{l}}=\Gamma_{ik}^{l}f_{l} \tag{62}$$

$$\frac{\partial g_{ik}}{\partial p^{l}}=\frac{\partial}{\partial p^{l}}\left(f_{i}\cdot f_{k}\right)=\frac{\partial^{2}r}{\partial p^{i}\partial p^{k}}\cdot f_{k}+f_{i}\frac{\partial^{2}r}{\partial p^{l}\partial p^{k}}=\Gamma_{k,il}+\Gamma_{i,ki}$$

$$\frac{\partial g_{ik}}{\partial p^{l}}+\frac{\partial g_{il}}{\partial p^{k}}-\frac{\partial g_{kl}}{\partial p^{i}}=2\Gamma_{i,kl}$$

$$\Gamma_{kl}^{h}=\frac{1}{2}g^{hi}\left(\frac{\partial g_{ik}}{\partial p^{l}}+\frac{\partial g_{il}}{\partial p^{k}}-\frac{\partial g_{kl}}{\partial p^{i}}\right) \tag{63}$$

$$\mathrm{d}s^{2}=\sum_{i}g_{ii}\mathrm{d}p^{i2}==\sum_{i}\left(g_{i}\mathrm{d}p_{i}\right)^{2}\quad(g_{ik}=0,\text{当}i\neq k\text{时})$$

$$g^{ii}=\frac{1}{g_{i}^{2}},g^{ik}=0,\text{当}i\neq k\text{时} \tag{64}$$

$$\Gamma_{ik}^{l}=\frac{1}{2g_{l}^{2}}\left(\frac{\partial g_{li}}{\partial p^{k}}+\frac{\partial g_{kl}}{\partial p^{i}}-\frac{\partial g_{ik}}{\partial p^{l}}\right)$$

$$\Gamma_{lk}^{l}=\frac{1}{g_{l}}\frac{\partial g_{l}}{\partial p^{k}},\quad\Gamma_{kk}^{l}=-\frac{g_{k}}{g_{l}^{2}}\frac{\partial g_{k}}{\partial p^{l}},\quad\Gamma_{ll}^{l}=\frac{1}{g_{l}}\frac{\partial g_{l}}{\partial p^{l}} \tag{65}$$

$$\frac{\partial f_k}{\partial p^l} = \frac{1}{g_l}\frac{\partial g_l}{\partial p^k} f_l + \frac{1}{g_k}\frac{\partial g_k}{\partial p^l} f_k = \frac{\partial f_l}{\partial p^k}$$
$$\frac{\partial f_k}{\partial p^k} = \frac{1}{g_k}\frac{\partial g_k}{\partial p^k} f_k - \frac{g_k}{g_i^2}\frac{\partial g_k}{\partial p^i} f_i - \frac{g_k}{g_l^2}\frac{\partial g_k}{\partial p^l} f_l \tag{66}$$

$$f_k = g_k e_k \tag{67}$$

$$\frac{\partial e_k}{\partial p^l} = \frac{1}{g_k}\frac{\partial g_l}{\partial p^k} e_l$$
$$\frac{\partial e_k}{\partial p^k} = -\frac{1}{g_i}\frac{\partial g_k}{\partial p_i} e_i - \frac{1}{g_l}\frac{\partial g_k}{\partial p_i} e_l$$

$$\mathrm{d}U = \mathrm{d}s \cdot \nabla U = \mathrm{d}p^k \frac{\partial U}{\partial p^k}$$

$$\mathrm{grad}U = \nabla U = \frac{\partial U}{\partial p^k} g^k = g^{ki}\frac{\partial U}{\partial p^i} f_k \tag{68}$$

$$\mathrm{d}a = \mathrm{d}p^k \left(\frac{\partial a^i}{\partial p^k} f_i + a^i \frac{\partial f_i}{\partial p_k}\right) = \mathrm{d}p^k \left(\frac{\partial a^i}{\partial p^k} f_i + a^i \Gamma^i_{ik} f_i\right)$$
$$= \mathrm{d}p^k \left(\frac{\partial a^i}{\partial p^k} + \Gamma^i_{ik} a^l\right) f_l = \mathrm{d}p^k D_k a^i f_i \tag{69}$$

$$D^k = g^{ki} D_i \tag{70}$$

$$\mathrm{d}a = \mathrm{d}\boldsymbol{s} \cdot (\nabla a)$$

$$\nabla a = D^i a^k f_i f_k = (\nabla a)^{ik} f_i f_k$$

$$g^{ik} = \frac{1}{2}\left[(\nabla\delta)^{ik} + (\nabla\delta)^{ki}\right] = \frac{1}{2}\left(D^i \xi^k + D^k \xi^i\right) \tag{71}$$

$$D^i = \frac{1}{g_i^2} D_i$$

$$\varepsilon = \varepsilon^{ik} f_i f_k = \frac{1}{2}\left(\frac{g_i}{g_k} D_k \xi^i + \frac{g_k}{g_i} D_i \xi^k\right) e_l e_k \tag{72}$$

$$Div^i \sigma = D^k \sigma^i_k$$